KOLBENRINGE

VON

DR.-ING. CARL ENGLISCH

IN ZWEI BÄNDEN

BAND II

BETRIEBSVERHALTEN UND PRÜFUNG

MIT 245 TEXTABBILDUNGEN
UND 137 EINZELBILDERN IM ANHANG

WIEN
SPRINGER-VERLAG
1958

ISBN 978-3-7091-5773-2   ISBN 978-3-7091-5772-5 (eBook)
DOI 10.1007/978-3-7091-5772-5

Vorwort

Während der erste Band in erster Linie sich mit der Theorie der Kolbenringe, ihrer Herstellung und ihren Werkstoffen beschäftigt, wird im zweiten Band — und zwar wohl erstmalig in geschlossener Form — auf die praktische Verwendung der Kolbenringe im Aufbau von Kolbenringdichtungen sowie auf ihr Betriebsverhalten eingegangen; ausführlich werden auch die Fragen des Verschleißes sowie die im Betrieb vorkommenden Schwierigkeiten mit Ringen, vor allem das Ringbrechen sowie das Festsetzen behandelt. Ein kurzer Abschnitt ist der Ringprüfung gewidmet, wie sie zweckmäßig vom Ringverbraucher vorgenommen werden kann.

Abgeschlossen im Herbst 1957.

C. Englisch

Inhaltsverzeichnis

Zweiter Teil

Kolbenringprüfung und Untersuchung

Erster Teil

Aufbau von Ringdichtungen — Kolbenringe im Betrieb

I. Aufbau von Kolbenringdichtungen

A. Ringbestückung der Kolben; Ringzahl und Ringformen

Soll für einen gegebenen Fall ein neuer Kolben entworfen werden, so wird zunächst die Ringpartie und damit die Ringbestückung festzulegen sein. Dabei muß über folgende Einzelpunkte entschieden werden:

1. Die Ringzahl,
2. die Ausführung der einzelnen Ringe in der Ringdichtung, und zwar:
   a) die Ringhöhe,
   b) der Anpreßdruck,
   c) das Ringprofil,
3. den Ringwerkstoff,
4. die Einbauspiele der Ringe im Kolben, bzw. Zylinder.

Je nach der Art der in Frage stehenden Kolbenmaschine haben die einzelnen Gesichtspunkte verschiedenes Gewicht und sind danach zu beurteilen.

1. Verbrennungsmotoren

Die Anzahl der — bei Tauchkolben oberhalb des Kolbenbolzens angeordneten — Ringe bestimmt neben der achsialen Ringhöhe und der Höhe der Ringstege einschließlich des Feuerstegs die Kolbenlänge, bzw. die Kolbenoberlänge. Natürlich wird man trachten, sowohl die Ringzahl als auch die Höhenabmessungen der Ringe und Stege so gering als eben möglich und mit der Betriebssicherheit vereinbar zu bemessen; denn die Länge des Kolbens, bzw. des Kolbenoberteils ist direkt mitbestimmend für die Bauhöhe der Maschine.

1. Ringzahl. a) Verdichtungsringe. Für die Zahl der Verdichtungsringe sind der Zylinderdurchmesser, die Länge und Führung des Kolbens sowie dessen Spiel im Zylinder von Bedeutung. Sie wird weiters beeinflußt durch die Höhe des Maximaldrucks im abzudichtenden Raum und dessen verhältnismäßige sowie absolute Wirkungsdauer, das heißt also auch durch die Maschinendrehzahl, ferner durch die Geschwindigkeit des Druckanstiegs und schließlich auch von der aus dem Kolben abzuführenden Wärmemenge; auch die Art und die Anordnung der Ringe selbst ist aber dabei mitbestimmend.

Höhere Drehzahlen gestatten im allgemeinen die Anwendung geringerer Ringzahlen.

Bei Verbrennungsmotoren ist damit zu rechnen, daß nach längerer Betriebsdauer der oberste oder auch noch die nachfolgenden Ringe allmählich zum Festsetzen kommen können; sollen weiter abwärts gelegene Ringe die Funktion der ausfallenden oberen Ringe übernehmen, so sollte dies in der Ringzahl berücksichtigt werden. Es spielen also auch die zur Verwendung gelangenden Kraftstoffe und Schmieröle, die Güte der Verbrennung und die Reichlichkeit der Schmierung bei der Festlegung der Ringzahl eine Rolle. — Endlich soll jede Ringdichtung in der Lage sein, auch nach dem Eintritt eines gewissen Verschleißes wirksam zu bleiben; je weiter die Forderungen in dieser Richtung gespannt werden, desto höher ist die Ringzahl zu bemessen.

Je kleiner die Ringzahl gewählt wird, desto höher wird das von den einzelnen Ringen zu beherrschende Druckgefälle und desto stärker wird jeder einzelne Ring durch den Gasdruck auf seinen Flankensitz gepreßt — desto unbeweglicher sitzt aber auch der Ring in seiner Nut; zu geringe Ringzahlen können auch aus diesem Grund zu Schwierigkeiten führen.

α) *Kleinmotoren*. Für Kleinmotoren kann die erforderliche Ringzahl aus den Abb. 1 (Ottomotoren) und 2 (Dieselmotoren) herausgelesen werden. Beide

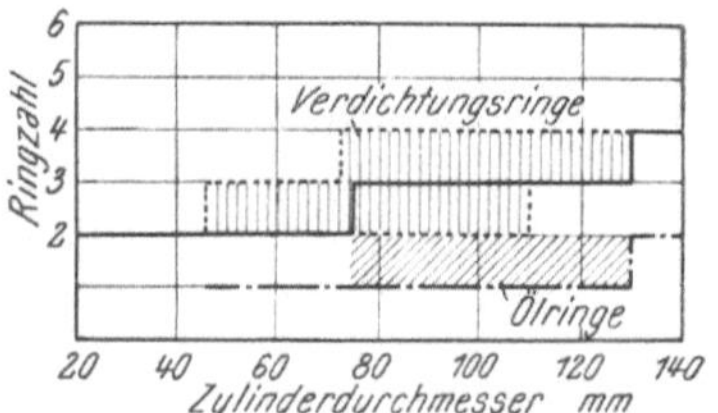

Abb. 1. Anzuwendende Ringzahl für Ottomotoren
— im allg. entsprechende Zahl der Verdichtungsringe für mittlere Verhältnisse moderner Motoren

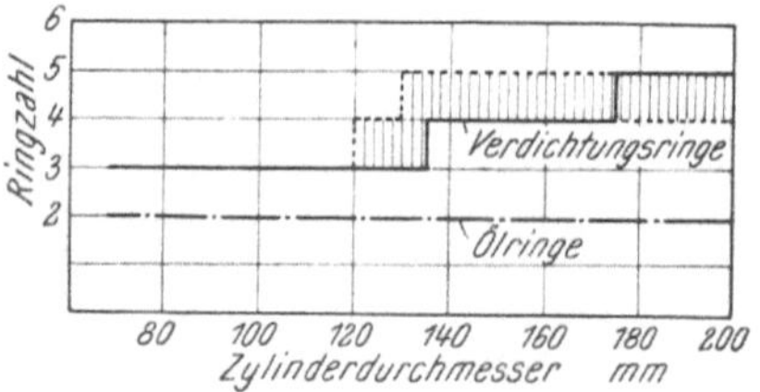

Abb. 2. Anzuwendende Ringzahl für Dieselmotoren bis 200 ∅
— im allg. entsprechende Zahl der Verdichtungsringe für mittlere Verhältnisse bei modernen Motoren

stützen sich auf bewährte Ausführungen aus der Praxis, wobei die stark ausgezogenen Linien die bevorzugten und in den allermeisten Fällen unter durchschnittlichen Verhältnissen für moderne, gut durchkonstruierte Maschinen auch hinreichenden und zutreffenden Ringzahlen bezeichnen. Die schraffierten Felder geben überdies das bei den praktischen Ausführungen anzutreffende Streugebiet an. Oberhalb der normalen Ringzahl wird man bei sehr langsamlaufenden Maschinen oder bei solchen bleiben müssen, die mit abnormal hohen Drücken oder sehr großen Kolbenspielen arbeiten; unterhalb der normalen Werte kann man dagegen bei mäßigen Spitzendrücken, allmählichen Drucksteigerungen und sehr hohen Drehzahlen bleiben oder auch dann, wenn das Kolbenspiel sehr knapp gehalten werden kann, wie dies manche Kolbenbauarten gestatten.

β) *Großmotoren*. Für Großmotoren gibt die Zahlentafel 1 einen Anhalt für die Wahl der Ringzahl.

Im Hinblick auf die innerhalb der Ringdichtung auftretenden Drücke, den Totalgasverlust, die Reibung an den oberen Ringen und deren Verschleiß erscheint eine höhere Ringzahl besonders bei langsamlaufenden Motoren erwünscht; doch dürften im Hinblick auf die zustande kommende Gesamtreibung (das heißt auf den mechanischen Wirkungsgrad der Maschine) geringere Ringzahlen vielleicht vorteilhafter erscheinen, wenn dies auch durchaus nicht sicher ist. Im allgemeinen neigt man heute dazu, die Ringzahl zu verringern.

Zahlentafel 1. *Anzahl der Verdichtungsringe bei Großdieselmotoren*

Motorbauart	Anzahl der Verdichtungsringe		
	D mm	ohne Aufladung	aufgeladen
Einfachwirkender Viertakt, Tauchkolben	$170-400$	$4-5$	$4-5$
	>400	$4-6$	$4-6$
Einfachwirkender Zweitakt, Tauchkolben	$170-300$	$4-5$	$4-5$
	>300	$4-6$	$4-6$
Einfachwirkender Viertakt, Kreuzkopf	$\leqq400$	$4-5$	$4-6$
	$400-600$	$4-6$	$4-7$
	>600	$5-6$	$5-7$
Einfachwirkender Zweitakt, Kreuzkopf	>600	$5-6$	$5-7$
Doppeltwirkender Zweitakt		$4+4$ bis $7+7$	$5+5$ bis $8+8$

Werden — außer in der ersten und zweiten Ringnut — zwei- oder mehrteilige sogenannte „gasdichte" Ringe verwendet, so können anstelle von je drei normalen Ringen zwei gasdichte Ringe, u. U. auch nur ein solcher, eingebaut werden.

b. Ölringe. Die Zahl der Ölringe bestimmt sich nach der Menge des in den Zylinder gelangenden und abzustreifenden Öls, ferner nach der zur Schmierung des Kolbenschaftes und der Verdichtungsringe erforderlichen Ölmenge und nach der Größe des Kolbenspiels im Zylinder. Wo aber die Ölringe im Kolben anzuordnen sind, hängt davon ab, wieviel Öl am Kolbenschaft zur Verfügung stehen muß und ob das abgestreifte Öl, wie öfters bei Tauchkolbenmaschinen, auch zur Schmierung der Lagerung des Kolbenbolzens in den Bolzenaugen herangezogen werden muß.

Je nach der Menge des verfügbaren Öls müssen die Ringe mit Speichermöglichkeiten für das Öl versehen und entweder als Abstreifringe oder als Verteilringe ausgebildet werden.

Im allgemeinen kann gesagt werden, daß geschlitzte Ölringe ihr Anwendungsgebiet in erster Linie bei schnellaufenden Tauchkolbenmaschinen finden; langsamer laufende Maschinen mit gesonderter Zylinderschmierung arbeiten vorwiegend mit Abstreifringen. Bei Viertakt-Gasmotoren und Dieselmotoren werden häufig am unteren Kolbenende Abstreifringe, oberhalb des Bolzens Schlitzringe in erforderlicher Zahl angeordnet; bei Zweitaktmotoren muß die Hauptabstreifung in den meisten Fällen am unteren Kolbenrand erfolgen.

2. Achsiale Ringhöhe und Anpreßdruck. Hinsichtlich der für Verdichtungs- und Ölringe zu wählenden Ringhöhen, sowie über die Höhe des erforderlichen

Anpreßdrucks wurde im Abschnitt XI Bd. 1 bereits das Erforderliche mitgeteilt; vgl. hierzu jedoch auch Abschn. III dieses Bandes.

3. Ringprofile. Nachdem die anzuwendende Ringzahl festgelegt ist, sind bei der Wahl der Ringbestückung, das heißt der in den einzelnen Ringnuten einzubauenden Ringformen, folgende Umstände zu berücksichtigen:

α) Bei Verdichtungsringen:
1. Abdichtungsvermögen,
2. Flatterneigung,
3. Ölabstreifvermögen,
4. Ölspeicherungsvermögen.

β) Bei Ölringen:
1. Abstreifvermögen,
2. Verteilvermögen,
3. Speicherungsvermögen.

Dazu kommt noch in allen Fällen das mit Rücksicht auf die Formbeständigkeit des Zylinders erforderliche Anschmiegungsvermögen der Ringe, ferner ihre Neigung zum Festbrennen oder Festsetzen sowie schließlich die Neigung zum Brechen.

Jede Ringform läßt sich nach den oben angeführten einzelnen Gesichtspunkten bewerten und jede Kolbenabdichtung wird hinsichtlich der gleichen Gesichtspunkte bestimmte Anforderungen stellen; für die Ringe geben die folgenden Zusammenstellungen, Tafeln I a und I b, einen Überblick über die einzelnen Eigenschaften mit jeweils in den einzelnen Spalten von oben nach unten zunehmender Wirkung.

Schließlich müssen bei der Festlegung der Zahl und der Profilierung sowohl der Verdichtungsringe als auch der Ölringe sowie bei ihrer Anordnung im Kolben noch folgende Fragen überlegt, bzw. entschieden werden:

Wo erfolgt die Zufuhr des Schmieröls?

Wieviel Schmieröl soll innerhalb der Ringpartie gespeichert werden und wo soll dies erfolgen?

Wie und wo soll eine Verteilung des Schmieröls erfolgen bzw. möglich sein?

Wieviel Schmieröl muß abgestreift werden und wo muß oder kann dies am besten erfolgen?

Wie wird das abgestreifte Öl abgeführt?

Weder bei Spritzschmierung noch bei gesonderter Druckschmierung der Zylinder erfolgt die Schmierölzufuhr am ganzen Zylinderumfang gleichmäßig; bei Spritzschmierung macht sich z. B. der Einfluß der Lage der ölabschleudernden Bauteile relativ zur Zylinderbohrung sowie der Drehrichtung der Kurbelwelle, bei Tauchkolben überdies jener der Gestalt des Kolbens, seiner Ovalität, die Ausbildung seiner Unterkante, der Einfluß etwa vorhandener Ausnehmungen und Fenster im Schaft geltend. — Diese und mannigfache andere Umstände machen die den Ringen gestellten Aufgaben recht vielseitig, so daß sie — insbesondere bei Verwendung kleiner Ringzahlen — manchmal recht schwer zu erfüllen sind.

Den Ölabstreifringen fällt dabei die Hauptaufgabe zu, den Großteil der am unteren Kolbenende durchgelassenen und als Überschuß in den Zylinder geförderten Ölmenge zu entfernen und im groben nur soviel Öl an den Kolbenschaft und in die Ringdichtung gelangen zu lassen, als zur Aufrechterhaltung des erforderlichen Schmierzustandes und für einen hinreichenden Ölwechsel an den zu schmierenden Teilen, ferner zur Ermöglichung der Abdichtung an diesen erforderlich ist. Die Verteilung des Öls innerhalb der Ringdichtung und die genaue Regelung des Ölverbrauchs obliegt den Ölverteilringen sowie den Verdichtungsringen, zusammen mit einer zweckentsprechenden Gestaltung des Kolbens.

Die Ölabflußmöglichkeiten für das von den Ölringen abgestreifte Öl sollen, um jeden Rückstau im Öl und das Verlegen der Ölbohrungen zu vermeiden, recht reichlich gewählt werden; also: große Durchmesser der Ölablauflöcher im Kolben und große Anzahl derselben. Doch muß ihre Lage gut überlegt werden, so daß unter keinen Betriebsumständen Öl aus dem Kolbeninneren auf die Zylinderlauffläche gelangen kann; dies kann bei Motoren, die unter stark schwankenden Betriebsbedingungen arbeiten, aber auch bei manchen Zylinderanordnungen zu Schwierigkeiten führen; auch darf die Festigkeit des Kolbens nicht gefährdet werden.

Für Tauchkolben werden Ölablauflöcher etwa in folgender Anzahl und Größe empfohlen, (vgl. auch SAE-Normen):

Zahlentafel 2. *Ölablaufbohrungen*

Zylinder-durchmesser mm	Anzahl der Ablauf-bohrungen	Nutenhöhe mm		Bohrungsdurchmesser mm	
		a	b	a	b
38— 49,5	6	3		2,5	
50— 64,5	8	4		3,5	
65— 74,5	10	5		4,5	
75— 89,5	12	6		5,5	
90—109,5	12	7		6	
110—139,5	14	8		6,5	
140—199,5	16	10	8	8,5	6,5
200—274,5	18	11	10	9,5	8
275—349,5	20	12	10	10	8
350—424,5	22	13		10	
425—524,5	24	14	12	12	10
525—624,5	26	15	14	12	12
625—750	28	18	16	14	12

Grundsätzlich sollte bei der Wahl der Ringformen auch noch Nachstehendes berücksichtigt werden:

1. Vorzuziehen sind möglichst einfache Ringformen; kompliziertere Gestaltungen sollten nur dann verwendet werden, wenn dies unbedingt erforderlich ist. und ein nennenswerter Erfolg gesichert erscheint. — In vielen Fällen, wie z. B. für Schiffsmotoren, Motoren in Übersee usw., ist es auch wünschenswert, möglichst wenig verschiedene Ringtypen innerhalb einer Ringdichtung zu verwenden, um Lagerhaltung und Ersatz möglichst zu vereinfachen.

2. Auch der Ringstoß soll möglichst einfach sein. Im allgemeinen soll bei mittleren und höheren Drehzahlen — zumindest in neuen oder wenig verschlissenen Zylindern und bei niedrigen Ringen — der gerade Stoß vorgezogen werden. Bei niedrigen Drehzahlen können — auch in der obersten Nut — Ringe mit überlapptem Stoß verwendet werden; sie erweisen sich jedoch deutlich als vorteilhaft in bereits stärker verschlissenen Zylindern.

Tafel I a. *Wirksamkeit von Verdichtungsringen*

Die einzelnen angeführten Eigenschaften nehmen in jeder Gruppe von oben nach unten zu

	Abdichtungsvermögen	Einlaufvermögen	Flatterneigung	Bruchneigung
A. Form- gebung	rundbearbeiteter Ring formgedrehter Ring		I formgedrehter Ring II runder Ring	
B. Ring- spannung	1. Niederspannungsring 2. Hochspannungsring 3. Ring mit Stützfeder[1]	1. Niederspannungsring 2. Hochspannungsring 3. Ring mit Stützfeder[1]	1. Ring mit Stützfeder[1] 2. Hochspannungsring 3. Niederspannungsring	Hochspannungsring Niederspannungsring
C. Ober- flächen- ausführung	a) Nutenringe b) Füllnutenringe c) Bimetallringe	a) ohne Oberflächenbehandlg. b) oberflächenbehandelt c) Ring mit Bimetalleinlage d) Ring mit Füllnuten		
D. Ringhöhe	α) hoher Ring β) niedriger Ring	α) hoher Ring β) niedriger Ring	α) niedriger Ring β) hoher Ring	α) hoher Ring β) niedriger Ring
E. Ringprofil	Fasenring Fasen-Nasenring[1] Minuten-Winkelring Minutenring Winkelring Doppelkon. Verd.-Ring Zylindr. Verd.-Ring Nasenring Nasenring m. ged. Stoß[1] Ansatzring Ansatzring m. ged. Stoß Bimetallring gasdichter (mehrteiliger) Ring[1]	Zyl. Verdichtungsring Ansatzring m. ged. Stoß Ansatzring Rillenring Nasenring m. ged. Stoß[1] Nasenring Minutenring Winkelring Minuten-Winkelring doppeltkon. Verd.-Ring	Zylindr. Verd.-Ring Winkelring Minutenring Minuten-Winkelring Ansatzring mit gedeckt. Stoß Ansatzring Nasenring mit ged. Stoß[1] Nasenring[1] doppeltkon. Verdichtungsring Fasenring[1] Fasen-Nasenring[1]	zylindrische Ringe profilierte Ringe Ringe mit ebenen Flanken. Ringe mit konischen Flanken (Trapezringe) mehrteilige gasdichte Ringe
F. Stoßaus- führung	offener Stoß überlappter Stoß gasdichter Stoß		gasdichter Stoß offener Stoß	Gerader und Schrägstoß überlappter Stoß gasdichte Stöße

	Neigung zum Festbrennen	Anschmiegungsvermögen	Ölabstreifvermögen	Ölspeicherungsvermögen
A. Form-gebung	I. formgedrehter Ring II. thermisch gespannter Ring			
B. Ring-spannung	1. Hochspannungsring 2. Niederspannungsring	1. Hochspannungsring 2. Niederspannungsring 3. Ring mit Stützfeder 4. Segmentring mit Stützfeder	1. Niederspannungsring 2. Hochspannungsring 3. Ring mit Stützfeder	
C. Ober-flächen-ausführung				a) Glatte Ringe b) Füllnutenringe c) genutete Ringe
D. Ringhöhe	a) niedriger Ring β) hoher Ring	a) hoher Ring β) niedriger Ring		a) niedriger Ring β) hoher Ring
E. Ringprofil	Ringe mit kon. Flanken (Trapezringe) doppelseitig einseitig Ringe mit ebenen Flanken		zyl.. Verd.-Ring Minutenring doppelkon. Verd.-Ring. Winkelring Minuten-Winkelring { Ansatzring Ansatzring m. ged. Stoß Nasenring Nasenring m. ged. Stoß[1] Fasenring[1] Fasen-Nasenring[1]	{ zyl. Verd.-Ring Minutenring Winkelring Minuten-Winkelring doppelkon. Verd.-Ring Rillenring Ansatzring m. ged. Stoß Ansatzring Nasenring m. ged. Stoß[1] Nasenring[1] Fasenring[1] Fasen-Nasenring[1]
F. Stoßaus-führung	gasdichter Stoß offener Stoß		offener Stoß gasdichter Stoß gasdichter (mehrteiliger) Ring[1]	

Jede einzelne Position der Gruppen A, B, C, D kann wechselseitig kombiniert und mit jedem Ringprofil nach E ausgeführt werden.

[1] Nicht in der ersten Nut verwenden.

{ Zusamengeklammerte Ringausführungen verhalten sich etwa gleich.

Tafel I b.

Die einzelnen angeführten Eigenschaften

		Abstreifvermögen	Ölverteilvermögen
A. Form- gebung		I. Rundbearbeitete Ringe II. Formgedrehte Ringe	
B. Ring- spannung		1. Niederspannungsring 2. Hochspannungsring 3. Ring mit Stützfeder	
C. Ringhöhe		α) niedriger Ring β) hoher Ring	
D. Ringprofil	a) *Vollringe*	Ansatzring Ansatzring m. ged. Stoß Nasenring Nasenring m. ged. Stoß Fasenring Doppel-Fasenring Fasen-Nasenring	Ansatzring Nasenring Kronenring Ölschlitzring Kronenring abgefast Topfasenring Keilschlitzring Fasen-Nasenring Fasenring
	b) *Schlitzringe*	mit normaler Schlitz- breite Breitschlitzring	Dachfasenring Fasenring verkehrt eingebaut
	c) *Ringprofile*	Keilschlitzring Fasen-Nasen- Schlitzring Ölschlitzring Dachfasenring Topfasenring Kronenring Schlitzring beids. mit Stahllamellen und mit Stützfedern Kronenring mit Stütz- feder	
	d) *Stahlband- Ölringe*	3- und 4teilige Ringe mit Tangentialfeder- wirkung	
E. Stoß- ausführung		offener Stoß gasdichter Stoß	

Wirksamkeit von Ölringen

nehmen in jeder Gruppe von oben nach unten zu

Ölabflußvermögen	Anschmiegungsvermögen	Neigung zum Festsetzen	Neigung zum Verkleben (Verschmutzen)
	1. Hochspannungsring 2. Niederspannungsring 3. Ring mit Stützfeder 4. Segmentring mit Stützfeder 5. In Umfangsrichtung federnder Stahlring	1. Ring mit Stützfeder 2. Hochspannungsring 3. Niederspannungsring	
niedriger Ring hoher Ring	α) hoher Ring β) niedriger Ring		α) hoher Ring β) niedriger Ring
		Ringe mit konischen Flanken Ringe mit ebenen Flanken	Breitschlitzringe Kronenringe Ring mit schmalen Schlitzen ungeschlitzte Ringe

gebohrte Ölringe
geschlitzte Ringe
  schmale Schlitze
  Breitschlitze
 	
Stahlband-Ölringe			

3. Das Einlegen von zwei voneinander unabhängigen niedrigen Verdichtungsringen in eine Nut kann sich in manchen Fällen als vorteilhaft erweisen; die Verwendung spannungsloser Ringe, die infolge ihrer Trägheitswirkung einen in der gleichen Nut angeordneten selbstspannenden Ring durch Zertrümmern etwa sich bildender Ölkohlerückstände freischlagen sollen (sog. Trägheits- oder Inertieringe), hat sich nur in vereinzelten Sonderfällen bewährt.

4. Ringe mit konischen Flanken (Trapezringe) erweisen sich dort als recht wirksam, wo die Neigung der Ringe zum Festbrennen sehr groß ist und alle anderen Maßnahmen zur Verhinderung des Festbrennens bereits ausgeschöpft wurden. Sie müssen jedoch, ebenso wie die zugehörigen Nuten, mit höchster Präzision ausgeführt sein. Ihre Neigung zum Brechen liegt höher als bei normalen Ringen mit rechteckigem Querschnitt; Ausführung daher oft in Sonderwerkstoffen.

5. Bimetallringe werden dort mit Vorteil eingesetzt, wo sich infolge des Verzugs der Zylinder oder mit ungünstigen Zylinderwerkstoffen, oder wie z. B. bei Kompressoren bei manchen Arbeitsmitteln Einlaufschwierigkeiten ergeben können. Sie sind auch überall dort am Platz, wo gute Abdichtung nach sehr kurzen Einlaufzeiten erforderlich ist.

6. Mehrteilige Ringe als „gasdichte" Ringe sollen nicht in den obersten Nuten, sondern am besten erst ab der dritten Nut eingebaut werden. Sie bewähren sich vor allem bei niedrigen Drehzahlen und größeren Zylinderdurchmessern, jedoch auch hier nur dann, wenn sie selbst sowie die zugehörigen Nuten mit höchster Genauigkeit und Sorgfalt hergestellt sind. Ihre Montage ist schwieriger als jene einfacher Ringe, ihre Bruchgefahr größer, wenn die Querschnitte schwach ausfallen.

Auch Ringe mit gasdichtem Stoß sollen bei Dieselmotoren nicht in der obersten, sondern womöglich erst, von der dritten Nut abwärts Verwendung finden.

Auf jeden Fall ist aber auf die durch den Einbau gasdichter Ringe veränderte Druckverteilung innerhalb der Ringdichtung zu achten; überdies kann bei ihrer Verwendung die Neigung zum Brechen für die oberhalb der gasdichten liegenden Ringe verstärkt werden.

7. Verchromte Ringe als oberste Ringe — bei Dieselmotoren wohl auch in den zwei oder, bei großen Durchmessern, in den drei obersten Nuten — bewähren sich immer zur Minderung des Verschleißes der Zylinder und meist auch aller übrigen Ringe; nur in verchromten Zylindern dürfen sie nicht zur Anwendung kommen. Ebenso ist ihr Einbau dort, wo der Verschleiß im Zylinder bereits mehr als 0,15% des Durchmessers erreicht, nicht zulässig.

In diesen Fällen werden mit Vorteil — wie häufig auch grundsätzlich in den oberen Nuten von Zweitaktmotoren — Ringe mit Füllnuten verwendet.

8. In Zweitaktmotoren müssen außer den Schlitzkanten auch die Ringkanten gut abgerundet und, wenn die Ringe nicht gegen Verdrehen gesichert sind, die Stoßenden stark zurückgesetzt werden, um das Anschlagen der Ringkanten und dadurch bewirktes Abbrechen der Stoßenden zu verhüten; diese Maßnahmen sind besonders bei verchromten Ringen wichtig, um ein Abblättern der Chromschicht zu vermeiden.

9. Anschmiegsame Ringe sind dort am Platz, wo in unrund verschlissenen oder sich oval verziehenden Zylindern eine befriedigende Abdichtung oder gute Ölabstreifwirkung erzielt werden soll.

4. Charakteristische Ringanordnungen. Aus den im Einzelfall für die Verdichtungs- und Ölringe erwachsenden Aufgaben haben sich eine Reihe charakteristischer Ringanordnungen herausgebildet, die in den folgenden Übersichten, Tafeln II und III, dargestellt erscheinen; zu jeder Ringanordnung sind ferner einige Beispiele über die einzusetzenden Ringprofile angegeben, die sich aber natürlich beliebig kombinieren lassen.

Tafel II. *Kleinmotoren*

Aufbau der Ringdichtung	Ring Nr.	Anwendung für	a	b	c	d	e	f
B	1	Zweitakt-Ottomotoren bis etwa 70 ⌀	V^1	V^1				
	2		V^1	Va^2				
C	1	Zweitakt- und Viertakt-Ottomotoren von etwa 50 bis 75 ⌀	$V(Cr)^1$	$V(Cr)^1$	$V(Cr)^1$	$V(Cr)^1$	$V(Cr)^1$	$V(Cr)^1$
	2		V^1	V^1	Va^2	V^1	Va^2	V
	3		V^1	Va^2	$A^{3,5}$	$S^{4,5}$	$S^{4,5}$	Vs^7
D	1	Ottomotoren von etwa 65 bis 125 ⌀ Dieselmotoren von etwa 80 bis 110 ⌀ bei sparsamer Ölversorgung der Zylinder	$V(Cr)_6^1$	$V(Cr)_6^1$	$V(Cr)_6^1$	$V(Cr)_6^1$		
	2		V_6^1	V_6^1	V_6^1	V_6^1		
	3		V^1	V^1	Va^2	$A^{3,5}$		
	4		$A^{3,5}$	$S^{4,5}$	$S^{4,5}$	$S^{4,5}$		
D_1	1	Ottomotoren über etwa 90 ⌀ Dieselmotoren von etwa 80 bis 95 ⌀ bei reichlicher Ölversorgung der Zylinder	$V(Cr)_6^1$	$V(Cr)_6^1$	$V(Cr)_6^1$	$V(Cr)_6^1$	$V(Cr)_6^1$	$V(Cr)_6^1$
	2		V_6^1	V_6^1	V_6^1	V_6^1	V_6^1	V_6^1
	3		V^1	Va^4	$A^{3,5}$ $A^{3,5}$	$S^{4,5}$	$S^{4,5}$	V_6^1
	4		$S^{4,5}$	$S^{4,5}$	$S^{4,5}$	$A^{3,5}$	$S^{4,5}$	Vs^7
E	1	Dieselmotoren von etwa 95 bis 140 ⌀ bei mittelmäßiger Ölversorgung der Zylinder	$V(Cr)_6^1$	$V(Cr)_6^1$	$V(Cr)_6^1$	$V(Cr)_6^1$	$V(Cr)_6^1$	
	2		V_6^1	V_6^1	V_6^1	V_6^1	V_6^1	
	3		V^1	V^1	$Va^{1,2}$	V^1 $Va^{1,2}$	Vd G A^3	
	4		V^1	$S^{4,5}$	A^3	$S^{4,5}$	$S^{4,5}$	
	5		$S^{4,5}$	A^3	$S^{4,5}$	$S^{4,5}$	$S^{4,5}$	

Fußnoten siehe S. 13   *Fortsetzung der Tafel II s. S. 12*

Fortsetzung der Tafel II

Aufbau der Ringdichtung	Ring Nr.	Anwendung für	a	b	c	d	e	f
E_1	1		$V(Cr)_6$[1]	$V(Cr)_6$[1]	$V(Cr)_6$[1]	$V(Cr)_6$[1]	$V(Cr)_6$[1]	
	2	Ottomotoren über etwa 140 ⌀ Dieselmotoren von etwa 95 bis 140 ⌀ bei reichlicher Ölversorgung der Zylinder	V_6[1]	V_6[1]	V_6[1]	V_6[1]	V_6[1]	
	3		V[1]	V[1]	Va[1,2]	$\frac{dV}{G}$	$\frac{dV}{G}$	
	4		A[3,5]	S[4,5]	S[4,5]	A[3,5]	$\frac{dV}{G}$	
	5		S[4,5]	A[3,5]	S[3,5]	S[4,5]	S[4,5]	
E_2	1		$V(Cr)_6$[1]	$V(Cr)_6$[1]	$V(Cr)_6$[1]	$V(Cr)_6$[1]	$V(Cr)_6$[1]	
	2	Wie *D* 1, bei größerer Oberlänge der Kolben	V_6[1]	V_6[1]	V_6[1]	V_6[1]	V_6[1]	
	3		V[1]	V[1]	Va[1,2]	Va[1,2]	$\frac{Vd}{G}$	
	4		A[3,5]	S[4,5]	S[4,5]	S[4,5]	S[4,5]	
	5		S[4,5]	A[3,5]	A[3,5]	S[4,5]	S[4,5] A[4,5]	
F_1	1		$V(Cr)_6$[1]	$V(Cr)_6$[1]	$V(Cr)_6$[1]	$V(Cr)$[1]	$V(Cr)$[1]	
	2	Dieselmotoren über etwa 140 ⌀ bei hohen Verbrennungsdrücken und reichlicher Ölversorgung der Zylinder	$V(Cr)_6$[1]	$V(Cr)_6$[1]	$V(Cr)_6$[1]	$V(Cr)$[1]	$V(Cr)$[1]	
	3		V[1]	V[1]	V[1] Va[2]	$\frac{dV}{G}$	$\frac{dV}{G}$	
	4		V[1] Va[2]	V[1] Va[2]	A[3,5]	Va[2]	$\frac{dV}{G}$	
	5		A[3,5]	S[4,5]	A[3,5]	A[3,5]	S[4,5]	
	6		S[4,5]	A[4,5]	S[4,5]	S[4,5]	A[3,5] S[4,5]	

Fußnoten siehe S 13   *Fortsetzung der Tafel II auf S. 13*

Fortsetzung der Tafel II von S. 12

Aufbau der Ringdichtung	Ring Nr.	Anwendung für	a	b	c	d	e	f
F_2	1		$V(Cr)_6{}^1$	$V(Cr)_6{}^1$	$V(Cr)_6{}^1$	$V(Cr)_6{}^1$	$V(Cr)_6{}^1$	$V(Cr)^1$
	2	Dieselmotoren über etwa 85 ⌀	$V(Cr)_6{}^1$	$V(Cr)_6{}^1$	$V(Cr)_6{}^1$	$V(Cr)_6{}^1$	$V(Cr)_6{}^1$	$V(Cr)^1$
	3	In Ausnahmsfällen für Ottomotoren über etwa 140 ⌀	V^1	V^1	V^1	V^1	$Va^{1,2}$	dV G
	4		V^1	$Va^{1,2}$	$Va^{1,2}$	$A^{3,5}$	$A^{3,5}$	dV G
	5	bei reichlicher Ölversorgung der Zylinder	$S^{4,5}$	$S^{4,5}$	$S^{4,5}$	$S^{4,5}$	$A^{3,5}$ $S^{4,5}$	$S^{4,5}$
	6		$A^{3,5}$	$A^{3,5}$	$S^{4,5}$	$A^{3,5}$ $S^{4,5}$	$A^{3,5}$ $S^{4,5}$	$S^{4,5}$

V	Zylindr.-Verdichtungsring	k	konisch
M	Minutenring	S	Ölschlitzring
W	Winkelring	BS	Breitschlitzring
Va	Ansatzring	DS	Dachfasenring
T	Trapezring	TS	Topfasenring
Vs	Anschmiegsamer Verdichtungsring	NS	Nasen-Schlitzring
A	Abstreifring	K	Kronenring
N	Nasenring	GS	Gasdichter Schlitzring
F	Fasenring	SL	Schlitzring zwischen Stahllamellenringen
DF	Doppelfasenring	SSt	Mehrteiliger Stahlband-Ölring
FN	Fasen-Nasenring		
NF	Nasen-Fasenring		
G	Gasdichter Ring	Cr	Verchromter Ring
g	gedeckter Stoß	x	Mit Füllnuten
d	gasdichter Stoß		

[1] V kann mit zunehmender Abstreifwirkung und verkürzter Einlaufzeit ersetzt werden durch M, W oder kV; unter ungünstigen Bedingungen auch durch Vx.

Cr muß in manchen Fällen ersetzt werden durch Vx.

[2] Kann ersetzt werden durch Ansatzring mit gedecktem Stoß Vag.

[3] Abstreifringe können mit steigender Abstreifwirkung wie folgt ausgeführt werden: N, Ng, F, FN, NF, DF, DFN.

[4] Schlitzringe können mit steigender Wirkung wie folgt Verwendung finden: S, DS, TS, NS, K, SL, SSt. — Eventuell BS und GS.

[5] Eventuell mit Stützfeder.

[6] Wo starke Neigung zum Festbrennen: T verwenden.

[7] Bei Kurbelkastenmotoren am unteren Kolbenende in einer gebohrten Nut. In Klammer gesetzte Zeichen: gegebenenfalls und falls zulässig verwenden.

Tafel III. *Mittlere und Großmotoren*
Tauchkolbenmotoren

Aufbau der Ringdichtung	Ring Nr.	Anwendung für	Viertakt					Zweitakt				
			a	b	c	d	e	a	b	c	d	e
D 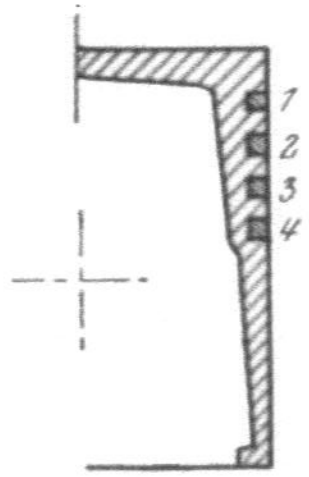	1		$V(Cr)$[1] Vx[1]	$V(Cr)$[1] Vx[1]	$V(Cr)$[1] Vx[1]	$V(Cr)$[1] Vx[1]		Vx[1] $V(Cr)$[1]	Vx[1] $V(Cr)$[1]	Vx[1] $V(Cr)$[1]		
	2	Diesel- und Gasmotoren 160 bis 220 $\varnothing$ $n = 210 - 600$	$V(Cr)$[1] Vx[1]	$V(Cr)$[1] Vx[1]	$V(Cr)$[1] Vx[1]	$V(Cr)$[1] Vx[1]		Vx[1] $V(Cr)$[1]	Vx[1] $V(Cr)$[1]	Vx[1] $V(Cr)$[1]		
	3		V[1]	V[1]	Va[2]	G		$V(x)$[1]	$V(x)$[1]	Vx[1]		
	4		A[3,5]	S[4,5]	S[4,5]	A[3,5] S[4,5]		$V(x)$[1]	A[3,5]	S[4,5]		
E 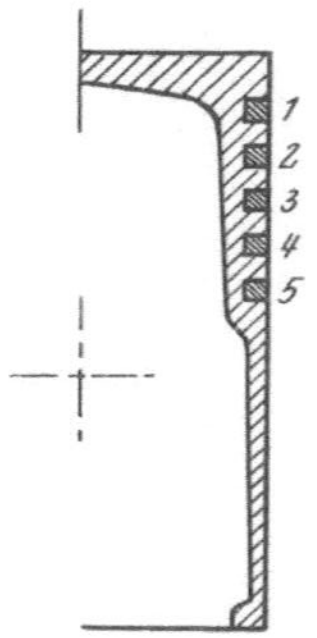	1		$V(Cr)$[1] Vx[1]	$V(Cr)$[1] Vx[1]	$V(Cr)$[1] Vx[1]	$V(Cr)$[1] Vx[1]		Vx[1] $V(Cr)$[1]	Vx[1] $V(Cr)$[1]	Vx[1] $V(Cr)$[1]		
	2	Diesel- und Gasmotoren 160 bis 380 $\varnothing$ $n = 250 - 500$	$V(Cr)$[1] Vx[1]	$V(Cr)$[1] Vx[1]	$V(Cr)$[1] Vx[1]	V[1]		Vx[1] $V(Cr)$[1]	Vx[1] $V(Cr)$[1]	Vx[1] $V(Cr)$[1]		
	3		$V(x)$[1]	$V(x)$[1]	$V(x)$[1]	G		$V(x)$[1]	$V(x)$[1]	dV G		
	4		V[1] Va[1]	$V(x)$[1]	A[3,5]	G		$V(x)$[1]	Va[1] A[3,5]	dV G		
	5		V[1] Va[1]	A[3,5] S[4,5]	S[4,5]	S[4,5]		$V(x)$[1]	A[3,5] S[4,5]	A[3,5] S[4,5]		
E_1 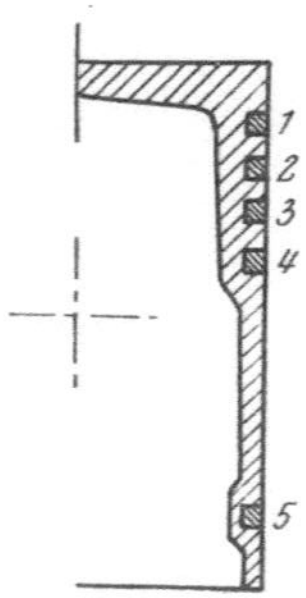	1		$V(Cr)$[1] Vx[1]	$V(Cr)$[1] Vx[1]	$V(Cr)$[1] Vx[1]	$V(Cr)$[1] Vx[1]	$V(Cr)$[1] Vx[1]	$V(x)$[1] $V(Cr)$[1]	Vx[1] $V(Cr)$[1]	Vx[1] $V(Cr)$[1]	Vx[1] $V(Cr)$[1]	
	2	Diesel- und Gasmotoren 160 bis 400 $\varnothing$ $n = 400 - 900$	$V(Cr)$[1] Vx[1]	$V(Cr)$[1] Vx[1]	$V(Cr)$[1] Vx[1]	$V(Cr)$[1] Vx[1]	$V(Cr)$[1] Vx[1]	Vx[1] $V(Cr)$[1]	Vx[1] $V(Cr)$[1]	Vx[1] $V(Cr)$[1]	Vx[1] $V(Cr)$[1]	
	3		$V(x)$[1]	$V(x)$[1]	$V(x)$[1]	dV G	dV G	$V(x)$[1]	$V(x)$[1]	$V(x)$[1]	$V(x)$[1]	
	4		$V(x)$[1]	A[3,5]	S[4,5]	A[3,5]	dV G	$V(x)$[1]	Va[2]	A[3,5]	S[4,5]	
	5		A[3,5]	S[4,5]	S[4,5]	S[4,5]	S[4,5]	$V(x)$[1] A[3,5]	A[3,5] S[4,5]	A[3,5] S[4,5]	A[3,5] S[4,5]	

Fußnoten s. S. 20

Fortsetzung der Tafel III auf S. 15

Fortsetzung der Tafel III von S. 14

Aufbau der Ringdichtung	Ring Nr.	Anwendung für	Viertakt					Zweitakt				
			a	b	c	d	e	a	b	c	d	e
E₂	1		V(Cr)[1] Vx[1]	V(Cr)[1] Vx[1]	V(Cr)[1] Vx[1]	V(Cr)[1] Vx[1]		Vx[1] V(Cr)[1]	Vx[1] V(Cr)[1]	Vx[1] V(Cr)[1]		
	2		V(Cr)[1] Vx[1]	V(Cr)[1] Vx[1]	V(Cr)[1] Vx[1]	V[1]		Vx[1] V(Cr)[1]	Vx[1] V(Cr)[1]	Vx[1] V(Cr)[1]		
	3	Diesel- und Gasmotoren 160 bis 225 ⌀ $n = 400 - 1000$	V(x)[1]	V(x)[1]	Va(x)[1]	dV G		Vx[1] V[1]	Va(x)[1]	dV G		
	4		A[3,5]	S[4,5]	S[4,5]	GS SL[5] S[4,5]		A[3,5]	A[3,5]	A[3,5]		
	5		A[3,5]	A[3,5]	S[4,5]	SL[5]		A[3,5]	S[4,5]	A[3,5]		
F	1		V(Cr)[1] Vx[1]	V(Cr)[1] Vx[1]	V(Cr)[1] Vx[1]	V(Cr)[1] Vx[1]	V(Cr)[1] Vx[1]	Vx[1] V(Cr)[1]	Vx[1] V(Cr)[1]	Vx[1] V(Cr)[1]	Vx[1] V(Cr)[1]	
	2		V(Cr)[1] Vx[1]	V(Cr)[1] Vx[1]	V(Cr)[1] Vx[1]	V(Cr)[1] Vx[1]	V(Cr)[1] Vx[1]	Vx[1] V(Cr)[1]	Vx[1] V(Cr)[1]	Vx[1] V(Cr)[1]	Vx[1] V(Cr)[1]	
	3	Diesel- und Gasmotoren 220 bis 560 ⌀ $n = 120 - 700$	V[1]	V[1]	V[1]	dV G	V[1]	V(Cr)[1] Vx[1]	V[1]	V[1]	dV G	
	4		V[1]	V[1]	A[3,5]	dV G	dV G	V[1]	V[1]	A[3,5]	dV G	
	5		V[1] A[3,5]	S[4,5]	A[3,5] S[4,5]	A[3,5] S[4,5]	dV G	V[1]	S[4,5]	S[4,5]	S[4,5]	
	6		S[4,5]	S[4,5]	S[4,5]	S[4,5]	S[4,5]	S[4,5]	S[4,5]	V[1]	A[3,5] S[4,5]	

Fußnoten s. S. 20   *Fortsetzung der Tafel III auf S. 16*

Fortsetzung der Tafel III von S. 15

Aufbau der Ringdichtung	Ring Nr.	Anwendung für	Viertakt					Zweitakt				
			a	b	c	d	e	a	b	c	d	e
F_1	1		V(Cr)[1] Vx[1]	V(Cr)[1] Vx[1]	V(Cr)[1] Vx[1]	V(Cr)[1] Vx[1]	V(Cr)[1] Vx[1]	Vx[1] V(Cr)[1]	Vx[1] V(Cr)[1]	Vx[1] V(Cr)[1]	Vx[1] V(Cr)[1]	
	2		V(Cr)[1] Vx[1]	V(Cr)[1] Vx[1]	V(Cr)[1] Vx[1]	V(Cr)[1] Vx[1]	V(Cr)[1] Vx[1]	Vx[1] V(Cr)[1]	Vx[1] V(Cr)[1]	Vx[1] V(Cr)[1]	Vx[1] V(Cr)[1]	
	3		V(Cr)[1] Vx[1]	V(Cr)[1] Vx[1]	V(Cr)[1] Vx[1]	dV G	dV G	Vx[1] V(Cr)[1]	Vx[1] V(Cr)[1]	Vx[1] V(Cr)[1]	Vx[1] V(Cr)[1]	
	4	Diesel- und Gasmotoren	V[1] Vx[1]	V[1] Vx[1]	V(x)[1] Va	, Va	dV G	Vx[1] V[1]	Vx[1] V[1]	V(x)[1] Va[1]	dV G	
	5	285 bis 400 ø	S[4,5]	A[3,5]	S[4,5]	S[4,5]	GS[5]	Vx[1] V[1]	A[3,5]	S[4,5]	dV G	
	6		A[3,5]	S[4,5]	S[4,5]	S[4,5] A[3,5]	A[3,5]	A[3,5] S[4,5]	S[4,5]	S[4,5] A[3,5]	S[4,5]	
F_2	1		V(Cr)[1] Vx[1]	V(Cr)[1] Vx[1]	V(Cr)[1] Vx[1]	V(Cr)[1] Vx[1]	V(Cr)[1] Vx[1]	Vx[1] V(Cr)[1]	Vx[1] V(Cr)[1]	Vx[1] V(Cr)[1]		
	2		V(Cr)[1] Vx[1]	V(Cr)[1] Vx[1]	V(Cr)[1] Vx[1]	V(Cr)[1] Vx[1]	V(Cr)[1] Vx[1]	Vx[1] V(Cr)[1]	Vx[1] V(Cr)[1]	Vx[1] V(Cr)[1]		
	3		V(x)[1]	V(x)[1]	V(x)[1]	V(x)[1] G	dV G	Vx[1] V(Cr)[1]	Vx[1] V(Cr)[1]	dV G		
	4	Diesel- und Gasmotoren 200 bis 400 ø	V(x)[1]	Va	A	S[4,5]	dV G	V(x)[1]	A[3,5]	dV G		
	5		A[3,5]	S[4,5]	A	S[4,5]	S[4,5] GS[5]	A[3,5]	S[4,5]	S[4,5]		
	6		S[4,5]	S[4,5]	A	S[4,5] A[3,5]	S[4,5] A[3,5]	A[3,5]	A[3,5] S[4,5]	A[3,5]		

Fußnoten s. S. 20

Fortsetzung der Tafel III auf S. 17

Fortsetzung der Tafel III von S. 16

Aufbau der Ringdichtung	Ring Nr.	Anwendung für	Viertakt					Zweitakt				
			a	b	c	d	e	a	b	c	d	e
G	1		$V(Cr)$[1] Vx[1]	$V(Cr)$[1] Vx[1]	$V(Cr)$[1] Vx[1]	$V(Cr)$[1] Vx[1]		Vx[1] $V(Cr)$[1]	Vx[1] $V(Cr)$[1]	Vx[1] $V(Cr)$[1]		
	2		$V(Cr)$[1] Vx[1]	$V(Cr)$[1] Vx[1]	$V(Cr)$[1] Vx[1]	$V(Cr)$[1] Vx[1]		Vx[1] $V(Cr)$[1]	Vx[1] $V(Cr)$[1]	Vx[1] $V(Cr)$[1]		
	3		$V(Cr)$[1] Vx[1]	$V(Cr)$[1] Vx[1]	$V(Cr)$[1] Vx[1]	$V(Cr)$[1] Vx[1]		Vx[1] $V(Cr)$[1]	Vx[1] $V(Cr)$[1]	Vx[1] $V(Cr)$[1]		
	4	Diesel- und Gasmotoren 250 bis 450 ⌀	$V(x)$[1]	$V(x)$[1]	$V(x)$[1]	dV G		$V(x)$[1]	$V(x)$[1]	$V(x)$[1]		
	5		$V(x)$[1]	$V(x)$[1]	A [3,5]	dV G		$V(x)$[1]	$V(x)$[1]	dV G		
	6		$V(x)$[1]	A [4,5]	S [4,5]	A [3,5]		$V(x)$[1]	Va[1] A [3,5]	dV G		
	7		V[1] A [3,5]	S [4,5]	A [3,5] S [4,5]	S [4,5]		$V(x)$[1] A [3,5]	S [4,5]	A [3,5] S [4,5]		
G_1	1		$V(Cr)$[1] Vx[1]	$V(Cr)$[1] Vx[1]	$V(Cr)$[1] Vx[1]	$V(Cr)$[1] Vx[1]	$V(Cr)$[1] Vx[1]	Vx[1] $V(Cr)$[1]	Vx[1] $V(Cr)$[1]	Vx[1] $V(Cr)$[1]		
	2		$V(Cr)$[1] Vx[1]	$V(Cr)$[1] Vx[1]	$V(Cr)$[1] Vx[1]	$V(Cr)$[1] Vx[1]	$V(Cr)$[1] Vx[1]	Vx[1] $V(Cr)$[1]	Vx[1] $V(Cr)$[1]	Vx[1] $V(Cr)$[1]		
	3		$V(Cr)$[1] Vx[1]	$V(Cr)$[1] Vx[1]	$V(Cr)$[1] Vx[1]	$V(Cr)$[1] Vx[1]	$V(Cr)$[1] Vx[1]	Vx[1] $V(Cr)$[1]	Vx[1] $V(Cr)$[1]	Vx[1] $V(Cr)$[1]		
	4	Diesel- und Gasmotoren 325 bis 500 ⌀	V[1]	V[1]	V[1]	$V(x)$[1]	dV G	$V(x)$[1]	$V(x)$[1]	$V(x)$[1]		
	5		V[1]	V[1]	Va[1]	dV G	dV G	$V(x)$[1]	$V(x)$[1]	dV G		
	6		V[1]	A [3,5] S [4,5]	A [3,5] S [4,5]	dV G	dV G	$V(x)$[1]	A [3,5]	dV G		
	7		A [3,5] S [4,5]	S [4,5]	S [4,5]	S [4,5]	S [4,5]	A [3,5] S [4,5]	A [3,5] S [4,5]	S [4,5]		

Fußnoten s. S. 20 — Fortsetzung der Tafel III auf S. 18

Fortsetzung der Tafel III von S. 17

Aufbau der Ringdichtung	Ring Nr.	Anwendung für	Viertakt					Zweitakt				
			a	b	c	d	e	a	b	c	d	e
G_2	1		$V(Cr)^1$ Vx^1	$V(Cr)^1$ Vx^1	$V(Cr)^1$ Vx^1	$V(Cr)^1$ Vx^1	$V(Cr)^1$ Vx^1	Vx^1 $V(Cr)^1$	Vx^1 $V(Cr)^1$	Vx^1 $V(Cr)^1$	Vx^1 $V(Cr)^1$	Vx^1 $V(Cr)^1$
	2		$V(Cr)^1$ Vx^1	$V(Cr)^1$ Vx^1	$V(Cr)^1$ Vx^1	$V(Cr)^1$ Vx^1	$V(Cr)^1$ Vx^1	Vx^1 $V(Cr)^1$	Vx^1 $V(Cr)^1$	Vx^1 $V(Cr)^1$	Vx^1 $V(Cr)^1$	Vx^1 $V(Cr)^1$
	3	Diesel- und Gasmotoren 200 bis 450 $\varnothing$	$V(Cr)^1$ Vx^1	$V(Cr)^1$ Vx^1	$V(Cr)^1$ Vx^1	dV G	dV G	Vx^1 $V(Cr)^1$	Vx^1 $V(Cr)^1$	Vx^1 $V(Cr)^1$	dV G	dV G
	4		$V(x)^1$	$V(x)^1$	$V(x)^1$	dV G	A 3,5	$V(x)^1$	$V(x)^1$	$dV(x)^1$ G	$dV(x)^1$ G	$dV(x)^1$ G
	5		$V(x)^1$	A 3,5	S 4,5	A 3,5 S 4,5	S 4,5	$V(x)^1$	A 3,5	dV G	A 3,5 S 4,5	dV G
	6		S 4,5	S 4,5 A 3,5	S 4,5	S 4,5	S 4,5	A 3,5 S 4,5	A 3,5 S 4,5	A 3,5 S 4,5	A 3,5 S 4,5	A 3,5 S 4,5
	7		A 3,5	S 4,5 A 3,5	A 3,5	S 4,5 A 3,5	S 4,5 A 3,5	A 3,5 S 4,5	A 3,5 S 4,5	A 3,5 S 4,5	A 3,5 S 4,5	A 3,5 S 4,5
G_3	1		$V(Cr)^1$ Vx^1	$V(Cr)^1$ Vx^1	$V(Cr)^1$ Vx^1	$V(Cr)^1$ Vx^1		Vx^1 $V(Cr)^1$	Vx^1 $V(Cr)^1$	Vx^1 $V(Cr)^1$	Vx^1 $V(Cr)^1$	
	2		$V(Cr)^1$ Vx^1	$V(Cr)^1$ Vx^1	$V(Cr)^1$ Vx^1	$V(Cr)^1$ Vx^1		Vx^1 $V(Cr)^1$	Vx^1 $V(Cr)^1$	Vx^1 $V(Cr)^1$	Vx^1 $V(Cr)^1$	
	3	Diesel- und Gasmotoren 240 bis 480 $\varnothing$	$V(x)^1$ Vx^1	$V(Cr)^1$ Vx^1	dV G	dV G		Vx^1 $V(Cr)^1$	Vx^1 $V(Cr)^1$	$dV(x)^1$ G	$dV(x)^1$ G	
	4		$V(x)^1$	A 3,5	dV G	A 3,5 S 4,5		$V(x)^1$	$V(x)^1$	$V(x)^1$	$dV(x)^1$ G	
	5		A 3,5 S 4,5	A 3,5 S 3,5	A 3,5 S 4,5	A 3,5 S 4,5		$V(x)^1$	A 3,5 S 4,5	A 3,5 S 4,5	S 4,5	
	6		A 3,5 S 4,5	A 3,5 S 4,5	A 3,5 S 4,5	A 3,5 S 4,5		A 3,5 S 4,5	A 3,5 S 4,5	A 3,5 S 4,5	S 4,5	
	7		A 3,5 S 4,5	A 3,5 S 4,5	A 3,5 S 4,5	A 3,5 S 4,5		A 3,5 S 4,5	A 3,5 S 4,5	A 3,5 S 4,5	A 3,5 S 4,5	

Fußnoten s. S. 20

Fortsetzung der Tafel III auf S. 19

Fortsetzung der Tafel III von S. 18

Aufbau der Ringdichtung	Ring Nr.	Anwendung für	Viertakt					Zweitakt				
			a	b	c	d	e	a	b	c	d	e
H₁	1	Diesel- und Gasmotoren 325 bis 450 ⌀	V(Cr)[1] Vx[1]	V(Cr)[1] Vx[1]	V(Cr)[1] Vx[1]	V(Cr)[1] Vx[1]	V(Cr)[1] Vx[1]	Vx[1] V(Cr)[1]	Vx[1] V(Cr)[1]	Vx[1] V(Cr)[1]	Vx[1] V(Cr)[1]	Vx[1] V(Cr)[1]
	2		V(Cr)[1] Vx[1]	V(Cr)[1] Vx[1]	V(Cr)[1] Vx[1]	V(Cr)[1] Vx[1]	V(Cr)[1] Vx[1]	Vx[1] V(Cr)[1]	Vx[1] V(Cr)[1]	Vx[1] V(Cr)[1]	Vx[1] V(Cr)[1]	Vx[1] V(Cr)[1]
	3		V(Cr)[1] Vx[1]	V(Cr)[1] Vx[1]	V(Cr)[1] Vx[1]	V(Cr)[1] Vx[1]	V(Cr)[1] Vx[1]	Vx[1] V(Cr)[1]	Vx[1] V(Cr)[1]	dV(x)[1] G	Vx[1] V(Cr)[1]	Vx[1] V(Cr)[1]
	4		V(x)[1]	V(x)[1]	V(x)[1]	dV[1] G	dV[1] G	V(x)[1]	V(x)[1]	dV(x)[1] G	dV(x)[1] G	dV(x)[1] G
	5		V(x)[1]	V(x)[1]	V(x)[1]	dV G	dV[1] G	V(x)[1]	V(x)[1]	V(x)[1]	dV(x)[1] G	dV(x)[1] G
	6		V(x)[1]	V(x)[1]	A[3,5]	V(a)[1]	dV[1] G	V(x)[1]	V(x)[1]	V(x)[1]	dV(x)[1] G	A[3,5] S[4,5]
	7		V(x)[1]	A[3,5]	S[4,5]	A[3,5] S[4,5]	S[4,5]	V(x)[1]	A[3,5] S[4,5]	A[3,5] S[4,5]	A[3,5] S[4,5]	A[3,5] S[4,5]
	8		A[3,5]	S[4,5]	S[4,5]	S[4,5]	S[4,5]	A[3,5] S[4,5]	A[3,5] S[4,5]	A[3,5] S[4,5]	A[3,5] S[4,5]	A[3,5] S[4,5]
H₂	1	Diesel- und Gasmotoren 230 bis 550 ⌀	V(Cr)[1] Vx[1]	V(Cr)[1] Vx[1]	V(Cr)[1] Vx[1]	V(Cr)[1] Vx[1]	V(Cr)[1] Vx[1]	Vx[1] V(Cr)[1]	Vx[1] V(Cr)[1]	Vx[1] V(Cr)[1]	Vx[1] V(Cr)[1]	
	2		V(Cr)[1] Vx[1]	V(Cr)[1] Vx[1]	V(Cr)[1] Vx[1]	V(Cr)[1] Vx[1]	V(Cr)[1] Vx[1]	Vx[1] V(Cr)[1]	Vx[1] V(Cr)[1]	Vx[1] V(Cr)[1]	Vx[1] V(Cr)[1]	
	3		V(Cr)[1] Vx[1]	V(Cr)[1] Vx[1]	V(Cr)[1] Vx[1]	V(Cr)[1] Vx[1]	dG G	Vx[1] V(Cr)[1]	Vx[1] V(Cr)[1]	Vx[1] V(Cr)[1]	dV(x)[1] G	
	4		V(x)[1]	V(x)[1]	V(x)[1]	dV[1] G	dG G	V(x)[1]	V(x)[1]	Vx[1] V(Cr)[1]	dV(x)[1] G	
	5		V(x)[1]	V(x)[1]	A[3,5]	dV[1] G	V[1]	V(x)[1]	V(x)[1]	A[3,5] S[4,5]	dV(x)[1] G	
	6		V(x)[1]	A[3,5]	S[4,5]	A[3,5]	S[4,5]	V(x)[1]	A[3,5] S[4,5]	A[3,5] S[4,5]	A[3,5] S[4,5]	
	7		A[3,5] S[4,5]	A[3,5] S[4,5]	S[4,5] A[3,5]	A[3,5] S[4,5]	S[4,5]	A[3,5] S[4,5]	A[3,5] S[4,5]	A[3,5] S[4,5]	A[3,5] S[4,5]	
	8		A[3,5] S[4,5]	A[3,5] S[4,5]	S[4,5] A[3,5]	A[3,5] S[4,5]	GS[5]	A[3,5] S[4,5]	A[3,5] S[4,5]	A[3,5] S[4,5]	A[3,5] S[4,5]	

Fußnoten s. S. 20

Fortsetzung der Tabelle III auf S. 20

2*

Fortsetzung der Tafel III von S. 19

Aufbau der Ringdichtung	Ring Nr.	Anwendung für	Viertakt					Zweitakt				
			a	b	c	d	e	a	b	c	d	e
H₃	1	Diesel- und Gasmotoren 350 bis 550 ⌀	V(Cr)[1] Vx[1]	V(Cr)[1] Vx[1]	V(Cr)[1] Vx[1]			Vx[1] V(Cr)[1]	Vx[1] V(Cr)[1]	Vx[1] V(Cr)[1]	Vx[1] V(Cr)[1]	
	2		V(Cr)[1] Vx[1]	V(Cr)[1] Vx[1]	V(Cr)[1] Vx[1]			Vx[1] V(Cr)[1]	Vx[1] V(Cr)[1]	Vx[1] V(Cr)[1]	Vx[1] V(Cr)[1]	
	3		V(Cr)[1] Vx[1]	V(Cr)[1] Vx[1]	V(Cr)[1] Vx[1]			Vx[1] V(Cr)[1]	Vx[1] V(Cr)[1]	dV(x)[1] G	dV(x)[1] G	
	4		V(x)[1]	V(x)[1]	Va(x)[1]			V(x)[1]	V(x)[1]	dV(x)[1] G	A[3,5]	
	5		V(x)[1]	A[3,5]	A[3,5] S[4,5]			V(x)[1]	A[3,5] S[4,5]	A[3,5] S[4,5]	A[3,5] S[4,5]	
	6		A[3,5] S[4,5]	S[4,5]	A[3,5] S[4,5]			S[4,5] A[3,5]	S[4,5] A[3,5]	S[4,5] A[3,5]	S[4,5]	
	7		A[3,5] S[4,5]	S[4,5]	A[3,5] S[4,5]			S[4,5] A[3,5]	S[4,5] A[3,5]	S[4,5] A[3,5]	S[4,5]	
	8		A[3,5] S[4,5]	A[3,5]	A[3,5] S[4,5]			A[3,5] S[4,5]	A[3,5] S[4,5]	A[3,5] S[4,5]	A[3,5] S[4,5]	

Legende zu Tafel III

V	Zylinder-Verdichtungsring
M	Minutenring
W	Winkelring
Va	Ansatzring
kV	konischer Verdichtungsring
kkV	doppelkonischer Verdichtungsring
T	Trapezring
A	Abstreifring
N	Nasenring
FN	Fasen-Nasenring
F	Fasenring
NF	Nasen-Fasenring
DF	Doppel-Fasenring
DFN	Doppel-Fasen-Nasenring
d	mit gasdichtem Stoß
G	Gasdichter (2-teiliger) Ring
S	Ölabstreif-Schlitzring
DS	Dachfasen-Schlitzring
TS	Topfasen-Schlitzring
NS	Nasen-Schlitzring
K	Kronenring
FNS	Fasen-Nasen-Schlitzring
SL	Schlitzring zwischen Stahllamellenringen
SSt	Mehrteiliger Stahlband-Ölring
GS	Gasdichter zweiteiliger Schlitzring
Cr	Verchromter Ring
x	Ring mit Füllnuten

[1] V kann mit zunehmender Abstreifwirkung, bzw. verkürzter Einlaufzeit ersetzt werden durch M, W, Va, KV, kkV. — Wo starke Neigung zum Festsetzen: T verwenden.

[2] Kann ersetzt werden durch Ansatzring mit gedecktem Stoß.

[3] Abstreifringe können mit steigender Abstreifwirkung ausgeführt werden als N, F, FN, NF, DF, DFN.

[4] Schlitzringe können mit zunehmender Abstreifwirkung wie folgt Verwendung finden: NS, S, DS, TS, K, SL, SSt. — Eventuell GS.

[5] Eventuell mit Stützfeder.

In Klammer gesetzte Zeichen bedeuten: eventuell und falls zulässig verwenden.

Stehen in einer Rubrik zwei verschiedene Bezeichnungen, so bedeutet dies, daß die eine oder die andere Ausführungsart anwendbar ist.

Tafel IV. Mittlere und große Kreuzkopfmotoren und Motoren mit gesonderter Zylinderschmierung

<table>
<thead>
<tr><th rowspan="4">Ringnut</th><th colspan="6">Viertakt</th><th colspan="12">Zweitakt</th></tr>
<tr><th colspan="6" rowspan="3"></th><th colspan="6">einfachwirkend</th><th colspan="6">doppeltwirkend</th></tr>
<tr><th>a</th><th>b</th><th>c</th><th>d</th><th>e</th><th>f</th><th>a
o.u.u.</th><th>b
o.u.u.</th><th>c
o.u.u.</th><th>d
o.u.u.</th><th>e
o.u.u.</th><th>f
o.u.u.</th></tr>
<tr><th colspan="2">500 — 650</th><th colspan="2">620 — 780</th><th colspan="2">> 720</th><th colspan="2">530 — 650</th><th colspan="4">> 600</th></tr>
</thead>
<tbody>
<tr><td>1</td><td>V(Cr)[1]
Vx[1]</td><td>V(Cr)[1]
Vx[1]</td><td>V(Cr)[1]
Vx[1]</td><td>V(Cr)[1]
Vx[1]</td><td></td><td></td><td>Vx[1]
V(Cr)[1]</td><td>Vx[1]
V(Cr)[1]</td><td>Vx[1]
V(Cr)[1]</td><td>Vx[1]
V(Cr)[1]</td><td>Vx[1]
V(Cr)[1]</td><td>Vx[1]
V(Cr)[1]</td><td>Vx[1]
V(Cr)[1]</td><td>Vx[1]
V(Cr)[1]</td><td>Vx[1]
V(Cr)[1]</td><td>Vx[1]
V(Cr)[1]</td><td>Vx[1]
V(Cr)[1]</td><td>Vx[1]
V(Cr)[1]</td></tr>
<tr><td>2</td><td>V(Cr)[1]
Vx[1]</td><td>V(Cr)[1]
Vx[1]</td><td>V(Cr)[1]
Vx[1]</td><td>V(Cr)[1]
Vx[1]</td><td></td><td></td><td>Vx[1]
V(Cr)[1]</td><td>Vx[1]
V(Cr)[1]</td><td>Vx[1]
V(Cr)[1]</td><td>Vx[1]
V(Cr)[1]</td><td>Vx[1]
V(Cr)[1]</td><td>Vx[1]
V(Cr)[1]</td><td>Vx[1]
V(Cr)[1]</td><td>Vx[1]
V(Cr)[1]</td><td>Vx[1]
V(Cr)[1]</td><td>Vx[1]
V(Cr)[1]</td><td>Vx[1]
V(Cr)[1]</td><td>Vx[1]
V(Cr)[1]</td></tr>
<tr><td>3</td><td>V(Cr)[1]
Vx[1]</td><td>dV[1]
G</td><td>V(Cr)[1]
Vx[1]</td><td>V(Cr)[1]
Vx[1]</td><td></td><td></td><td>Vx[1]
V(Cr)[1]</td><td>dV[1]
G</td><td>Vx[1]
V(Cr)[1]</td><td>dV[1]
G</td><td>Vx[1]
V(Cr)[1]</td><td>Vx[1]
V(Cr)[1]</td><td>Vx[1]
V(Cr)[1]</td><td>dV[1]
G</td><td>Vx[1]
V(Cr)[1]</td><td>Vx[1]
V(Cr)[1]</td><td>Vx[1]
V(Cr)[1]</td><td>Vx[1]
V(Cr)[1]</td></tr>
<tr><td>4</td><td>V(x)[1]</td><td>dV[1]
G</td><td>V(x)[1]</td><td>dV
G</td><td></td><td></td><td>V(x)[1]</td><td>dV[1]
G</td><td>V(x)[1]</td><td>dV[1]
G</td><td>V(x)[1]</td><td>dV[1]
G</td><td>V(x)[1]</td><td>dV[1]
G</td><td>dV[1]
G</td><td>V(x)[1]</td><td>dV[1]
G</td><td>V(x)[1]</td></tr>
<tr><td>5</td><td>V(x)[1]
Fv</td><td>Fv
A[3,5]</td><td>Vx[1]</td><td>dV
G</td><td></td><td></td><td>V(x)[1]
Fv</td><td>V(x)[2]
Fv</td><td>V(x)[1]
Fv</td><td>V(x)[1]
Fv</td><td>V(x)[1]</td><td>dV[1]
G</td><td>V(x)[1]
Fv</td><td>V(x)[1]
Fv</td><td>dV[1]
G</td><td>V(x)[1]</td><td>dV[1]
G</td><td>V(x)[1]</td></tr>
<tr><td>6</td><td></td><td></td><td>Vx[1]</td><td>Fv
A[3,5]</td><td></td><td></td><td></td><td></td><td>V(x)[1]
Fv</td><td>V(x)[1]
Fv</td><td>V(x)[1]
Fv</td><td>dV[1]
G</td><td></td><td></td><td></td><td>V(x)[1]
Fv</td><td>dV[1]
G</td><td>V(x)[1]</td></tr>
<tr><td>7</td><td></td><td></td><td></td><td></td><td></td><td></td><td></td><td></td><td></td><td></td><td></td><td>V(x)[1]
Fv</td><td></td><td></td><td></td><td></td><td>V(x)[1]
Fv</td><td>V(x)[1]</td></tr>
<tr><td>8</td><td></td><td></td><td></td><td></td><td></td><td></td><td></td><td></td><td></td><td></td><td></td><td></td><td></td><td></td><td></td><td></td><td></td><td>V(x)[1]
Fv</td></tr>
</tbody>
</table>

Legende zu Tafel IV:

V	Zylindr. Verdichtungsring		Fv	Verkehrt eingebauter Fasenring
KV	Konischer Verdichtungsring		G	Zweiteiliger gasdichter Ring
KKV	doppeltkonischer ,,		Cr	Verchromter Ring
W	Winkelring		x	Ring mit Füllnuten

[1] Kann ersetzt werden durch W, KV, oder KKV.

Stehen in einer Rubrik zwei verschiedene Bezeichnungen, so bedeutet dies, daß wahlweise die eine oder die andere Ausführungsart anwendbar ist.

In Klammer gesetzt bedeutet: eventuell und falls zulässig anzuwenden.

5. Einbau von Ersatzringen. Sollen die nach längerer Betriebszeit infolge des fortschreitenden Verschleißes und der nachlassenden Ringspannung notleidend gewordenen Abdichtungsverhältnisse durch den Ersatz der Ringe allein verbessert werden, so muß der Zustand des Zylinders sowie der Kolbenringnuten sorgfältig überprüft und nachgemessen werden. Bis zu einem gewissen Grad kann durch richtige Auswahl und Anordnung der Ersatzringe der Zylinderverschleiß einigermaßen kompensiert werden; niemals aber dürfen Ersatzringe in verschlissene oder ausgeschlagene Ringnuten eingebaut werden, da sie in diesem Fall keinen nennenswerten Effekt erzielen lassen.

Die Wahl der Ringe nach Profilierung und Spannung und ihre Anordnung muß umso sorgfältiger überlegt werden, je weiter der Zylinderverschleiß fortgeschritten ist; auch das Verschleißprofil des Zylinders und seine Ovalität müssen berücksichtigt werden.

Ist der Zylinder, wie dies in der Regel der Fall ist, trompetenförmig verschlissen, so verschlechtern sich die Arbeitsbedingungen für die Kolbenringe in Nähe der oberen Totlage enorm: Die Ringlauffläche kann sich der Zylinderlauffläche nicht mehr voll anpassen, das Stoßspiel vergrößert sich in bedeutendem Maß, die Ringauflage auf der Unterflanke wird beträchtlich schmäler und die Tendenz des Ringes, sich unter dem Einfluß der Gasdrücke durchzuwölben, wird verstärkt.

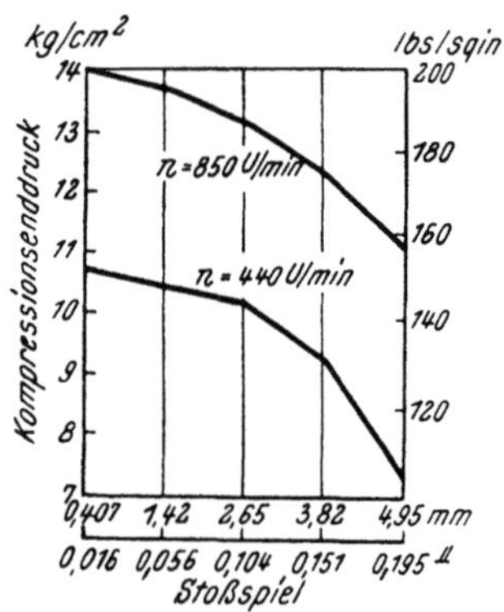

Abb. 3. Abhängigkeit des Kompressionsenddrucks vom Stoßspiel
Versuchsmotor: Einzylinder-Viertakt-Dieselmotor,
$D = 146,1$, $S = 203,2$ mm,
3 zylindrische Verdichtungsringe
(Nach Cook [1])[1]

Ersatzringe für die Verwendung in verschlissenen Zylindern müssen daher anschmiegsamer sein, als die zur Verwendung in neuen oder neuausgebohrten Zylindern bestimmten; ihr Anpreßdruck darf aber keinesfalls niedriger, er sollte im Gegenteil etwas höher liegen als bei den letzteren. Die Verwendung von Stützfedern (Expandern) erscheint häufig angezeigt.

Wie stark sich das vergrößerte Stoßspiel auf den Gasverlust auswirken kann, zeigt die Abb. 3; sie veranschaulicht den Abfall des Verdichtungsenddruckes in Abhängigkeit von der Stoßspielgröße für einen fremdangetriebenen kleinen Einzylinder-Viertaktmotor.

Abb. 4 zeigt die Ergebnisse eines Versuches mit dem gleichen Motor, bei welchem die Zylinderbüchse von Versuch zu Versuch fortschreitend stärker konisch ausgebohrt wurde, um derart einen fortschreitenden Verschleiß nachzuahmen; dabei blieb der Zylinderdurchmesser 150 mm unterhalb der unteren Totlage des ersten Ringes stets dem Nenndurchmesser D gleich, während in der oberen Totlage des ersten Ringes folgende Durchmesser ausgeführt wurden:

Versuch	Zylinder ⌀ in O.T. 1. Ring	Durchmesservergrößerung	
		mm	in % von D
A	155,0	0	0
B	155,55	0,55	0,377
C	155,908	0,908	0,622
D	156,29	1,29	0,88
E	156,72	1,72	1,18

[1] Die in eckigen Klammern [ ] beigefügten Zahlen beziehen sich auf das Literaturverzeichnis am Ende dieses Buches.

Wo der Zylinderverschleiß bereits erheblich geworden ist und insbesondere auch dort, wo er sich im Zylinder weiter nach abwärts erstreckt, kann der Einbau sogenannter gasdichter mehrteiliger Ringe merklichen Erfolg bringen; die Kurve *b* in der erwähnten Abb. 4 zeigt, wie weit der Gasverlust damit herabgesetzt werden kann.

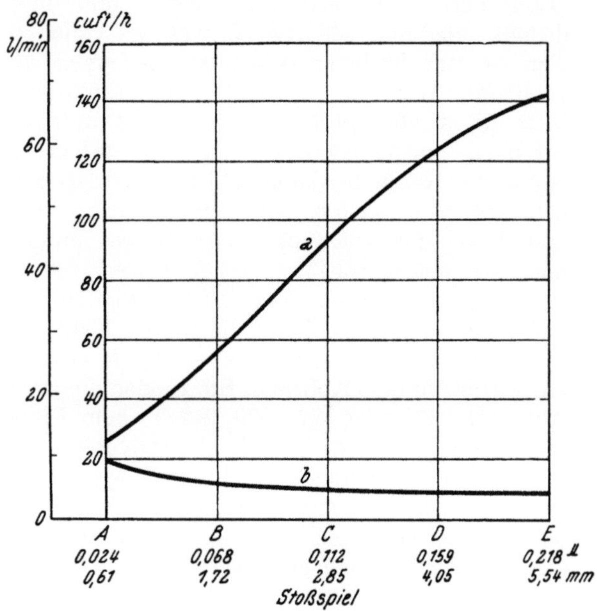

Abb. 4. Durchblaseverlust in Abhängigkeit vom Stoßspiel der Verdichtungsringe und von der Ringausführung

Versuchsmotor: Einzylinder-Viertakt-Dieselmotor $D = 146{,}1$, $S = 203{,}2$ mm, 18 PS bei $n = 900$, $p_e = 4{,}7$ kg/cm²

Kurve *a*: 1. Nut zylindr.-Verdichtungsring Schrägstoß $h = 4{,}76$ mm
2. Nut zylindr.-Verdichtungsring überlappter Stoß $h = 3{,}96$ mm
3. Nut zylindr.-Verdichtungsring überlappter Stoß $h = 3{,}96$ mm
4. Nut gebohrter Ölring

Kurve *b*: 1. Nut zylindr.-Verdichtungsring Schrägstoß $h = 5{,}38$ mm
2. Nut zylindr.-Verdichtungsring überlappt $h = 5{,}38$ mm
3. Nut gasdichter zweiteiliger Ring $h = 5{,}38$ mm
4. Nut gebohrter Ölring mit Expander
5. Nut gebohrter Ölring mit Expander (nur bei Versuchen *C*, *D* und *E*)
(Nach Cook [1])

Wo aus Betriebsgründen ein sehr großer Zylinderverschleiß zugelassen werden muß, wie z. B. in Schiffsmotoren, werden daher für Ersatzzwecke häufig gasdichte Ringe eingebaut; doch müssen Kolbenringnuten und Kolbenringstege so reichlich bemessen sein, daß eine hinreichend kräftige Bemessung der Ringe möglich und ihre unnachgiebige, verformungsfreie Abstützung auf den Ringstegen gesichert ist.

In verschlissenen Zylindern dürfen verchromte Ringe nur mit großer Sorgfalt angewendet werden; überschreitet der Zylinderverschleiß an irgend einer Stelle etwa 0,15% des Zylinderdurchmessers, so ist von ihrer Verwendung entschieden abzuraten.

Dagegen empfiehlt es sich, an ihrer Stelle Ringe mit Ferrox-Füllnuten, Ringe mit umlaufenden Ölrillen an den Laufflächen oder Bimetallringe anzuwenden.

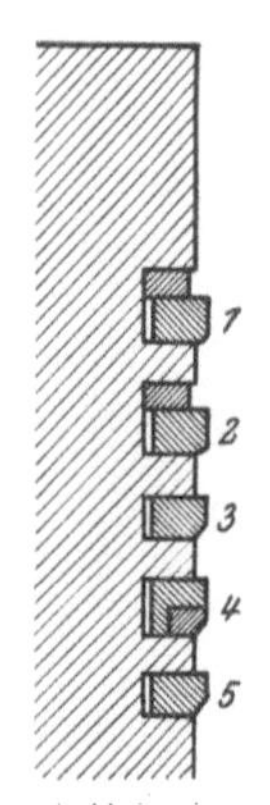

Für Schiffsmotoren in Kreuzkopfbauart, Viertakt und Zweitakt, wird für Instandsetzungen aus der Betriebspraxis heraus auch eine Ringanordnung nach Abb. 5 empfohlen. In die erste und zweite Nut kommen Doppelringe zum Einbau, von denen der obere nach innen federt und im Nutengrund abdichtet; dadurch soll der Aufbau des vollen Gasdrucks hinter dem — am höchsten belasteten — ersten und zweiten Ring verzögert, bzw. in der Höhe beschränkt werden. — Diese Wirkung ist aber problematisch; es ist durchaus möglich, daß der nach innen federnde Ring sich bei der Kolbenbewegung gegen die Nutenoberflanke anlegt, so daß zwischen ihm und dem normalen, nach außen federnden Ring ein Spalt offenbleibt, und damit die Belastung dieses Ringes durch die Gasdrücke durchaus normal bleibt. — Die Unterkante jedes Dichtungsringes ist abgerundet. Der dritte Ring ist an der Laufffläche auf halber Höhe konisch, die untere Kante ist gerundet. In der vierten Nut kommt ein Ring mit gasdichtem Stoß etwa nach Abb. 362 oder Abb. 363, Bd. 1, oder ein gasdichter Ring nach Abb. 371—373 oder 377—379, Bd. 1, zum Einbau; auch dessen Unterhälfte ist zum Zweck der Ölverteilung abgefast. Der Einbau eines solchen gasdichten Ringes ist vor allem dann zu empfehlen, wenn der Zylinder bereits stärker verschlissen oder wellig geworden ist. — In der fünften Nut wird ein weiterer Ölverteilring eingesetzt.

Abb. 5. Für Ersatzzwecke vorgeschlagene Ringanordnung für große Schiffsdieselmotoren in Kreuzkopfbauart

2. Kompressoren und Kolbengebläse

1. Verdichtungsringe. Bei Kompressoren (Verdichtern) richtet sich die Ringzahl nach der Höhe des abzudichtenden Druckgefälles, nach dem Kolbendurchmesser, nach der Drehzahl und nach den Ansprüchen, die an die Güte der Abdichtung gestellt werden; Zahlentafel 3 kann hierfür als Unterlage dienen.

Zahlentafel 3. *Anzahl der Verdichtungsringe in Kolbenverdichtern*

Zylinder-durchmesser mm	Arbeitsdruck atü								
	0—5	5—10	10—25	25—50	50—75	75—100	100—150	150—200	>200
<50	2—4	2—5	3—5	3—6	4—8	6—10	10—16	12—16	12—20
50—75	3—4	2—5	3—5	3—6	5—8	8—10	12—16	12—16	12—20
75—100	3—5	3—5	3—5	4—8	6—10	8—12	12—16	12—20	12—20
100—150	3—5	3—5	3—6	4—8	6—10	8—12	12—16		
150—200	3—5	3—6	3—6	5—8	8—12	10—12			
200—275	3—5	3—6	3—7	5—8					
275—400	3—6	4—6	3—7	6—10					
400—550	3—6	4—6	4—8	6—10					
>550	4—6	4—7	4—8	6—10					

Je nach den Anforderungen an die Gasdichtheit kommen außer normalen einteiligen Ringen auch mehrteilige Ringe, Ringe mit gasdichtem Stoß, gasdichte

Ringe und Segmentringe zur Anwendung; die gewählte Ringform bestimmt auch wieder die vorzusehende Ringzahl.

Werden Gase auf sehr hohe Drücke verdichtet, so muß der Ringanpreßdruck und damit die radiale Ringbreite — letztere überdies auch aus Gründen des Verschleißes — verhältnismäßig groß gewählt werden; man wendet Wandstärkenverhältnisse bis zu 10 an. Überstreifbare Ringe sind für so schwere Beanspruchungen nicht widerstandsfähig genug. Dagegen sind einteilige Ringe von hinreichendem Querschnitt, die natürlich, weil nicht überstreifbar, nur mit Distanzringen und Zwischenscheiben oder Kammerringen auf einen zusammengebauten Kolben, Abb. 6 verwendet werden können, oft nicht biegsam und anschmiegsam genug, um richtig arbeiten zu können. Hier bringen mehrteilige Segmentringe mit gasdichten Stößen nach Abb. 413, 414, Bd. 1, mit einer elliptischen Stützfeder angedrückt, sehr gute Ergebnisse. — Als Bronzeringe ausgeführt erreichen sie z. B. beim Verdichten von Erdgas bis auf 350 at außerordentlich günstige Lebensdauer.

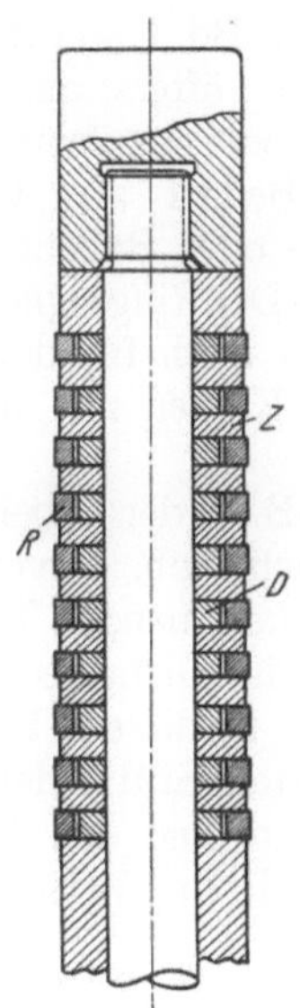

Abb. 6. Zusammengebauter Hochdruck-Verdichterkolben, bestückt mit nicht überstreifbaren selbstspannenden Kolbenringen
R Kolbenring   D Distanzring
Z Zwischenscheibe

Kombinierte einteilige Gußeisen-Bronzeringe nach Abb. 7, bei denen die beiden Werkstoffe fest und dauernd miteinander verbunden sind, finden in langsamlaufenden Ammoniak-, Gas- und Luftverdichtern mit Arbeitsdrücken unter 70 at, solche nach Abb. 8 in Luft- und Gasverdichtern bei mehr als 70 at Arbeitsdruck Verwendung; im letzteren Fall schützt der an der Nutenflanke anliegende Bronzering auch diese vor Verschleißangriffen.

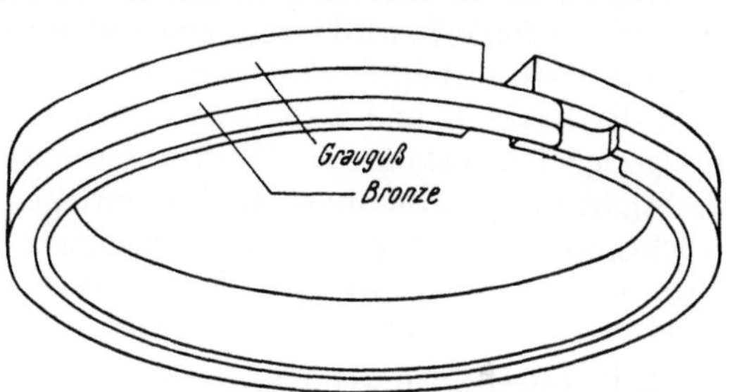

Abb. 7. Einteiliger kombinierter Bronze-Gußeisen-Ring mit Bronze-Dichtungszunge. — Ausgeführt von 50 bis 800 mm Durchmesser (USA-Pat. 1972 083 und 1975 344)

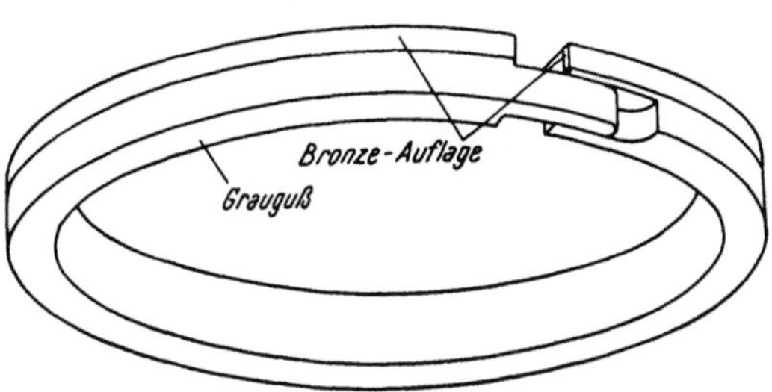

Abb. 8. Einteiliger kombinierter Bronze-Gußeisen-Ring mit hart eingelöteter Dichtungszunge aus Speziallegierung (USA-Pat. 1972 083 und 1975 344)

Zweiteilige gasdichte Ringe, bestehend aus einem L-förmigen Grauguß-Grundring und einem in diesem eingelegten Bronzering, Abb. 9, bewähren sich dort, wo ein sehr sparsamer Ölverbrauch garantiert werden soll oder auch gar nicht geschmiert werden kann, also in Sauerstoff- und Wasserstoffverdichtern, ferner aber auch in Ammoniak- und CO_2-Kompressoren.

Auch in radialer Richtung zweigeteilte Ringe nach Abb. 380, 381, Bd. 1, werden in Verdichtern öfters angewendet; der äußere Laufring wird je nach Bedarf aus Gußeisen, Bronze oder Bakelit angefertigt. — Der Ring eignet sich besonders auch für doppeltwirkende Kolben mit nur einer Nut.

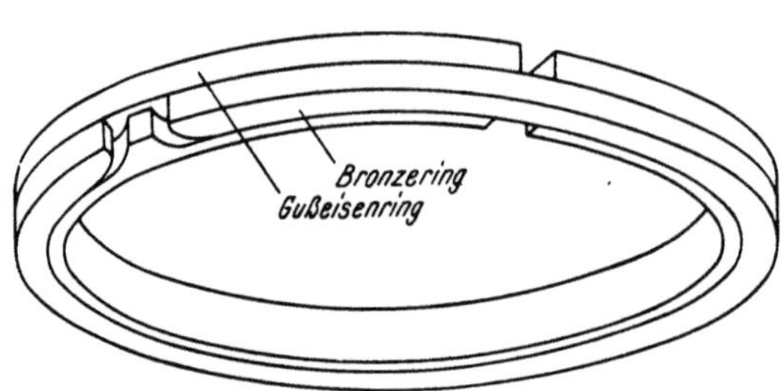

Abb. 9. Zweiteiliger kombinierter Bronze-Gußeisen-Ring; ausgeführt von 25 bis 2400 mm Durchmesser
L-förmiger Grundring aus Gußeisen
Dichtungsring aus Bronze (eventuell Gußeisen)
(USA-Pat. 1750 381)

Werden für die Lieferung ölfreier Druckluft, wie sie z. B. in der Lebensmittelindustrie gefordert wird, zusammengebaute Kolben nach Abb. 6 verwendet, so werden sämtliche mit der Zylinderwand in Berührung kommenden Teile, also auch die Ringe R und Zwischenscheiben Z, aus Kohle, die Distanzscheiben D aus geeigneten metallischen Werkstoffen ausgeführt. Die in diesem Fall meist als Segmentringe gestalteten Dichtungsringe werden mittels Stützfedern angedrückt, wobei durch geeignete Formgebung der letzteren und der Zwischenringe ein Anlaufen der Stützfedern auch bei vollständigem Verschleiß der Dichtungsringsegmente verhindert wird.

2. Ölabstreifringe werden bei hohen Anforderungen an das Abstreifvermögen manchmal auch mit Stützfedern versehen und zuweilen mit gasdichtem Stoß oder auch als gasdichte Ringe ausgeführt.

Kolbengebläse, die mit Drücken bis zu etwa 1,5 atü arbeiten und ebenso auch Spülluftpumpen verwenden häufig nur einen einzigen Kolbenring zur Abdichtung; dieser wird dann zumeist mit gasdichtem Stoß ausgeführt; auch Ringe nach Abb. 364 a, Bd. 1, eignen sich für diesen Zweck.

3. Hydraulik

Für die in der Hydraulik in Abhängigkeit vom Durchmesser und vom Druck des Arbeitsmittels zu wählenden Ringzahlen gibt Abb. 10 einen Hinweis.

Bei Verwendung von Ringen mit doppelt überlappten (gasdichten) Stößen werden für die Hydraulik sowie für pneumatische Anlagen auch folgende Ringzahlen empfohlen:

Bis 70 at		70—140 at		140—210 at		210—350 at	
< 600 ⌀	2 Ringe	< 160 ⌀	2 Ringe	< 140 ⌀	3 Ringe	< 215 ⌀	4 Rin
600—900 ⌀	3 Ringe	160—370 ⌀	3 Ringe	140— 370 ⌀	4 Ringe	215—300 ⌀	5 Rin
> 900 ⌀	4 Ringe	370—900 ⌀	4 Ringe	370—1200 ⌀	5 Ringe	300—800 ⌀	6 Rin
		> 900 ⌀	5 Ringe	> 1200 ⌀	6 Ringe		

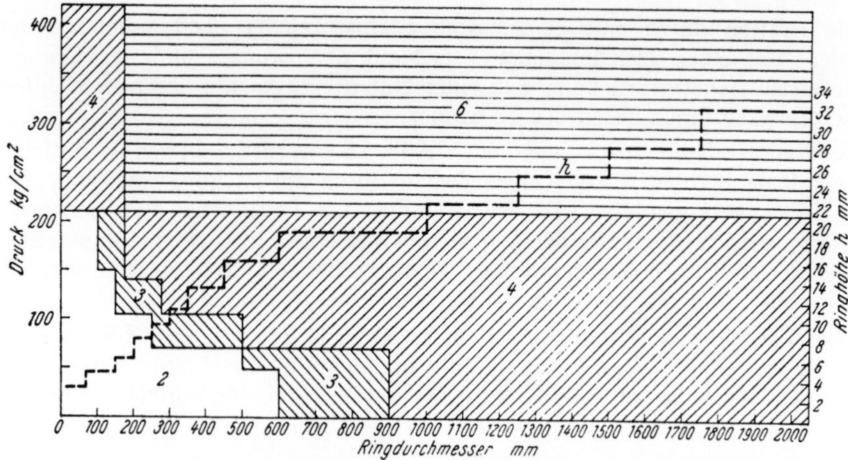

Abb. 10. Ringzahl und Ringhöhe h für Anwendungsfälle in der Hydraulik (bei Verwendung von Ringen mit doppelt überlapptem Stoß nach Abb. 362, 363, Bd. 1)

4. Dampfmaschinen

Die Ringzahl wird sehr niedrig gewählt; meist sind es nur 2 bis 3, höchstens jedoch 6, womit sich die höchsten praktisch vorkommenden Drücke beherrschen lassen. Sehr häufig finden sich jedoch Ringe mit gasdichten Stoß oder mehrteilige gasdichte Ringe, z. B. Duplexringe nach Abbildung 371 — 373, Bd. 1, oder Ringe nach Abb. 493, Bd. 1, wobei jedoch auch der Hilfring von quadratischem Querschnitt in Grauguß ausgeführt werden kann. — Je mehr sich aber die Maschine dem schnellaufenden, mit hohen Drücken arbeitenden Dampfmotor nähert, desto mehr stimmt die Ringausrüstung mit jenen der Verbrennungsmotoren überein.

Hinsichtlich der Bemessung der Ringe vgl. Abb. 319 bis 322, Bd. 1. — Für langsamlaufende Kompressoren und Dampfmaschinen werden daneben auch folgende achsiale Ringhöhen empfohlen:

200—250 ∅	8 mm	450—525 ∅	14 mm	800— 900 ∅	23 mm
250—300 ∅	9,5 mm	525—600 ∅	16 mm	900—1000 ∅	26 mm
300—350 ∅	11 mm	600—700 ∅	18 mm	1000—1150 ∅	28 mm
350—400 ∅	12,5 mm	700—800 ∅	20 mm	1150—1300 ∅	32 mm
400—450 ∅	14 mm				

Im allgemeinen bewähren sich in Dampfmaschinen Büchsengußringe besser als Einzelgußringe; die Ringhärte soll 20 bis 30 Brinellpunkte höher liegen, als jene der Zylinder. Die Ringe sollen leicht offene Struktur aufweisen.

Auch kombinierte Grauguß-Bronze-Ringe finden häufig Verwendung; Ringe nach Abb. 7 für langsamlaufende Dampfmaschinen für Sattdampf bei niedrigem Druck oder auch für überhitzten Dampf bei hohem Druck; Ringe nach Abb. 8 für überhitzten Dampf von 18 at und darüber.

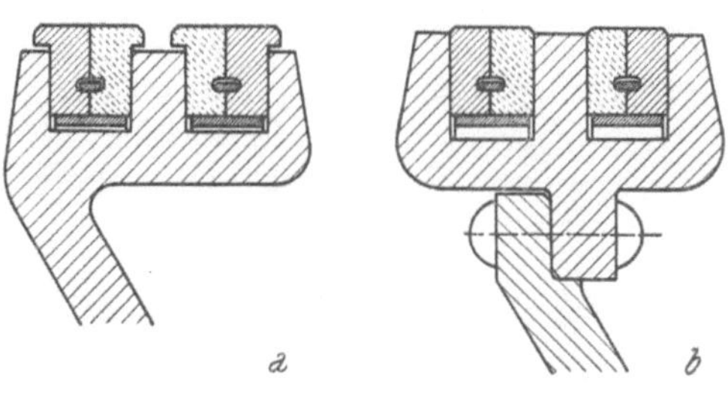

Abb. 11

Für die leichten Stahl-Scheibenkolben von Lokomotiven werden in Amerika kombinierte Grauguß-Bronze-Segmentringe nach Abb. 11 verwendet, deren beide Hälften durch eine gemeinsame Stahlstützfeder nach außen gedrückt werden; um einen gleichmäßigen Verschleiß der Bronze- und der Graugußlamellen zu sichern, drückt eine in einer Nut der Segmente liegende Stahlfeder dieselben nach innen gegen den Expander.

Lokomotiv-Kolbenpackungen nach Abb. 11 *a* werden angewendet für leichte Stahlkolben, bei denen das Kolbengewicht durch die Packungsringe und deren Stützfedern getragen wird. Die Ringe sind an den Laufflächen flanschartig verbreitert; wird der Zylinder nach stärkerem Verschleiß auf Übermaß aufgebohrt, so bleibt der Kolben unverändert und dem größeren Zylinderdurchmesser wird durch stärkere Flanschen an den Ringsegmenten Rechnung getragen.

Bei flanschlosen Segmentringen nach Abb. 11 *b* wird das Kolbengewicht vom Ringflansch des Kolbens selbst aufgenommen und die Ringsegmente werden durch den Gleitbahndruck des Kolbens nur teilweise über die Stützfedern belastet.

B. Wahl des Ringwerkstoffs

Bei der Wahl des Ringwerkstoffs sollten folgende Faktoren berücksichtigt werden:

1. Art der Kolbenmaschine; Arbeitsverfahren; Arbeits-, bzw. Betriebsmittel;
2. Art und Güte der Zylinder-, bzw. Kolben- und Kolbenringschmierung;
3. Höhe der Biegebeanspruchungen in den Ringen;
4. Betriebstemperatur der Ringe;
5. Zylinderwerkstoff, bzw. Werkstoff der Zylinderlauffläche.

Während die ersteren vier Umstände an anderer Stelle Erwähnung finden, soll hier einiges zum letzten Punkt gesagt werden, insbesondere soweit Verbrennungsmotoren in Frage kommen; für andere Maschinengattungen gilt sinngemäß Ähnliches:

Für Verbrennungsmotoren kommen als Ringwerkstoffe Grauguß, Sonderstähle, Sonderbronzen und eventuell auch Sphärographitgußeisen und Sinterwerkstoffe in Frage; die Übersicht Tafel V gibt einen ersten Anhalt für die in der Zusammenarbeit mit den verschiedenen üblichen Zylinderwerkstoffen geeigneten Ringwerkstoffe, und zwar ausschließlich mit Rücksicht auf das Gleitverschleißverhalten der zusammenarbeitenden Teile. Da aber in den meisten Fällen die Spannungshaltung der Ringe in höherem Grad von ausschlaggebender Bedeutung für die Betriebssicherheit ist, als das reine Verschleißverhalten, ist man häufig gezwungen, von der verschleißmäßig günstigsten Werkstoffpaarung mehr oder weniger weit abweichen zu müssen. Im ganzen gesehen ergibt sich aber mit einem derartigen Kompromiß dennoch ein günstigerer Gesamtverschleiß. Denn verliert z. B. ein Ring aus einem verschleißmäßig noch so günstigen Werkstoff seine Spannung, so schnellt der Verschleiß infolge Durchblasens, Überhitzung usf. sofort derart in die Höhe, daß dagegen die Verschleißerhöhung mit einem verschleißmäßig etwas ungünstiger gewählten Ring, der aber dauernd dicht hält, gar nicht ins Gewicht fällt.

Ein etwa infolge notwendig werdender sehr hoher Wärmebeständigkeit bei den obersten Ringen im Kolben stark verschlechtertes Verschleißverhalten wird dadurch wettgemacht, daß man — soferne zulässig — diese Ringe verchromt; dafür können in den weiter abwärts gelegenen Nuten, wo die Temperaturen niedrig genug liegen, Ringe mit besten Laufeigenschaften zur Verwendung kommen.

Tafel V. *Verschleißgünstige Werkstoffpaarungen Ring-Zylinder für Verbrennungsmotoren und Kompressoren*

Ringwerkstoff und dessen ungefähre mittlere Härte[1])

Zylinderwerkstoff	Büchsenguß[2]		Schleuderg.[2]		Einzelguß[2]			vergütet. Grauguß	spezialleg. karbid. Guß	SG-Eisen	Temper-guß	Stahl	Verchromung zulässig?[7]
	unleg	leg	unleg	leg	unleg	leg	m. hoh. P						
Sandguß perlitisch													
$HB = 170-190$	180	180	220	220	210					240 [3, 4, 5]			ja
190—210	200	200	220	220	230	230		230 [3, 4,]		240 [3, 4, 5]		240 [5]	ja
210—240	225	225	235	240	240	240	260	250 [3, 4,]	300 [3, 4, 5, 6]	270 [3, 4, 5, 6]		240 [5]	ja
240—270	250	260	250	260	240	260	280	280 [3, 4, 6]	350 [3, 4, 5, 6]	300 [3, 4, 5, 6]	260 [3, 4, 6]	270 [2, 3, 6]	ja
Schleuderguß perlitisch													
$HB = 220-240$	225	225	230	230	260	260	280	>350	>350 [3, 4, 5, 6]	260 [3, 4, 5, 6]		240 [5]	ja
240—270	250	250	260	260	260	260	280	>350	>350 [3, 4, 5, 6]	280 [3, 4, 5, 6]		240 [5, 6]	ja
270—300			280	280	280	280	300	>350	>350 [3, 4, 5, 6]	>300 [2, 4, 6]	>350 [3, 4, 6]	>270 [3, 4, 6]	ja
Vergüteter Grauguß													
$HB < 300$	200	200	240[6]	240[6]	260	260		>275 [3, 4, 6]	>350 [3, 4, 5, 6]				ja
300—400	200[6]	200[6]	240[6]	240[6]	260	260	280	>350 [3, 4, 6]	>400 [3, 4, 5, 6]		≦300 [3, 4, 6]		ja(6)
> 400	200[6]	200[6]	240[6]	240[6]	360	260	360	>400 [3, 4, 6]	>400 [3, 4, 5, 6]		≦300 [3, 4, 6]		ja(6)
Gehärteter Grauguß													
$HB \geqq 450$	200[6]	200[6]	230[6]	230[6]	260[6]	260[6]	280[6]		>450 [3, 4, 5, 6]		≦300 [3, 4, 6]		ja(6)
SG-Eisen													
$HB = 270-300$	220[6]	220[6]	240[6]	240[6]	260[6]	260[6]	260[6]	≧300 [3, 4, 6]	>350 [3, 4, 5, 6]				ja
300—400	220[6]	220[6]	260[6]	260[6]	280[6]	280[6]	280[6]	≧300 [3, 4, 6]			≦300 [3, 4, 6]		ja(6)
> 400				240[6]		240[6]	240[6]	≧300 [3, 4, 6]			≦300 [3, 4, 6]		ja(6)
Stahl													
vergütet $HB - 240-270$				250[6]			250[6]						ja
270—300				270[6]			270[6]						ja(6)
300—400				280[6]			280[6]						ja(6)
Hochharte Zylinder													
Stahl, einsatzgehärtet	200[6]		240[6]	240[6]	240[6]	240[6]	250[6]	>350 [3, 6]					nein
Stahl und GE, nitriert	200[6]		240[6]	240[6]	240[6]	240[6]	250[6]				350 [3, 4, 6]		ja
Stahl, GE} porösverchromt	200[6]			250[6]	260[6]	260[6]	280[6]				≦300 [3, 4, 6]		nein
und Al } hartverchromt				230[6]	240[6]	240[6]	240[6]	>350 [3 (6)]	>350 [3, 6]				nein

[1] Die Härtewerte können im allgemeinen um ± 20 Punkte nach Brinell streuen.
[2] im Gußzustand.
[3] über Martensit vergütet
[4] zwischenstufenvergütet.
[5] an Luft normalisiert.
[6] oberflächenbehandelt verwenden
[7] Grundwerkstoff unwesentlich.
(in Klammer bedeutet: eventuell)

So z. B. wird man wählen:

Bei niedrigen Wärmebeanspruchungen des Ringes: einen unlegierten oder niedrig legierten Grauguß mit hohem C- (bzw. Graphit-)gehalt;

bei hohen Wärmebeanspruchungen des Ringes: einen auf hohe Lage der Warmbiegestreckgrenze legierten Einzel-, bzw. Schleuderguß mit niedrigerem C- (bzw. Graphit-)gehalt und feiner Graphitausbildung;

bei hohen mechanischen und thermischen Beanspruchungen und damit erhöhter Bruchgefahr für die Ringe (insbesondere auch als Grundringe für hochbeanspruchte verchromte Ringe): einen vergüteten legierten Einzel- oder Schleuderguß, vergütete legierte Tempergußringe, Ringe aus legiertem SG-Eisen oder auch entsprechend legierte Stahlringe;

bei reichlicher und vor allem sicherer Schmierung bei mäßigen Temperaturbeanspruchungen können die Laufeigenschaften des Ringwerkstoffs in den Hintergrund treten; es können dann graphitärmere Gußeisensorten, bzw. Stahlringe Verwendung finden;

bei sehr sparsamer oder unverläßlicher Schmierung muß auf die selbstschmierenden Eigenschaften und auf das Laufverhalten der Werkstoffe dagegen größter Wert gelegt werden.

Je weicher der Zylinderwerkstoff ist, desto wichtiger ist eine sehr sorgfältige Abstimmung zwischen diesem und dem Ringwerkstoff; darüber bringt Abschnitt III, S. 102 Näheres. Das Einhalten gewisser Beziehungen zwischen Zylinder- und Ringhärte ist dabei meist nur insofern wichtig, als diese die Gefügeausbildung in beiden Teilen charakterisieren und nur in diesem Sinne sind auch die in der Übersicht Tafel V gemachten Härteangaben zu verstehen. — Je höher die Härte des Zylinders ist, desto weniger wichtig wird das Härteverhältnis. Ist der Härteunterschied zwischen beiden Teilen sehr groß, so ergeben sich zumeist befriedigende Verhältnisse (z. B. hartverchromte Ringe oder auf hohe Härte vergütete Ringe in weichen Zylindern, weiche Ringe in hartverchromten oder nitrierten Zylindern).

Dagegen dürfen auf hochharten Zylinderlaufflächen keine hochharten Ringe verwendet werden; es sind also z. B. unzulässig hartverchromte Ringe in hartverchromten Zylindern. — Dagegen spielt in hochharten Zylindern die im Graugußring erzielbare Härte — unvergütet oder auch vergütet — keine große Rolle.

Auch auf den Kolbenwerkstoff muß schließlich bei der Wahl des Ringwerkstoffs in manchen Fällen Rücksicht genommen werden. So eignen sich z. B. Stahlringe nicht in Kolben, bzw. Kolbenoberteilen aus Stahl; aber auch die Nutenflanken von Grauguß- und insbesondere jene von Leichtmetallkolben werden durch Stahlringe stärker angegriffen.

In Leichtmetallzylindern kann es bei Verwendung von perlitischen, bzw. martensitischen Grauguß- oder Stahlringen zu Schwierigkeiten infolge des großen Unterschiedes in den Wärmedehnungsbeiwerten von Ring- und Zylinderwerkstoffen kommen. In solchen Fällen kann die Verwendung von Kolbenringen aus austenitischem Gußeisen Abhilfe bringen, die nach Erfordernis verchromt oder mit anderen entsprechenden Auflagen auf der Lauffläche versehen werden können (vgl. deutsche Pat.-Anm. M 17 930 Ia/46 c[1]).

Die Angaben der Tafel V geben in erster Linie Hinweise für Verbrennungsmotoren. Sinngemäß gelten sie aber grundsätzlich auch für andere Kolbenmaschinen. — Bei Kompressoren richtet sich die Wahl des Ringwerkstoffs überdies auch nach dem Arbeitsmittel; Zahlentafel 4 gibt hierfür einen Anhalt.

Zahlentafel 4.

Ring-Werkstoff	Arbeitsmittel												Maximale Temperatur °C [2]
	Luft	Ammoniak	Kohlensäure	Wasserstoff	Helium	Kohlenwasserstoffgase			Propan, Butan	SO_2, trocken	Wasserdampf	Ungeschmierte Luftkompressoren	
						trocken	feucht	korrosiv					
Gußeisen	a	a	a	a	a	a	b	.	b	.	b	.	450
Gußeisen-Bimetall	.	.	.	.	.	.	.	.	.	b	.	.	—
Bakelit geschichtet	.	.	.	.	.	.	.	a	.	.	.	.	135
Bakelit graphitiert	.	.	.	.	.	.	.	b	.	.	.	.	135
Bakelit Hochtemp.	.	.	.	.	.	.	.	c	.	.	.	.	175
Bronze[1]	b	b	b	b	b	b	a	.	a	a	a	a	345
Kohle	.	.	.	.	.	.	.	.	.	.	.	.	260

Die Wahl des Werkstoffs soll in der Reihenfolge *a*, *b*, *c* erfolgen.

[1] Hinsichtlich der Wahl der Bronzen vgl. auch S. 442, Bd. 1.
  Bleibronze mit hohem Pb-Gehalt für feuchte Gase,
  Bleibronze mit niedrigem Pb-Gehalt für höhere Temperaturen,
  Zinnbronzen nicht verwenden bei hochkorrosiven Gasen.

[2] Grenztemperatur in bezug auf den Werkstoff (nicht auf die Schmierung).

C. Einbauverhältnisse für Kolbenringe

1. Ringspiel in den Nuten und im Stoß

1. Kleinkolbenringe. *a) Seitliches Spiel in den Nuten (Flankenspiel).* Um den Ringen die erforderliche Beweglichkeit in ihren Nuten — für Verbrennungsmotoren zumindest auf eine entsprechend lange Zeitdauer — zu sichern, müssen die Ringe ein aus der Erfahrung zu bestimmendes seitliches Spiel erhalten. Weil aber das richtige Spiel dabei ganz von den in jedem Einzelfall vorliegenden Verhältnissen bestimmt wird und überdies auch von der Herstellungs- und Bearbeitungsgenauigkeit der Ringe und Ringnuten abhängt, können allgemein und vollständig zutreffende Angaben nicht aufgestellt werden. Für die Erstausrüstung lassen sich daher nur ungefähre Richtwerte angeben; die endgültigen Spiele sollten immer erst auf Grund von Dauererprobungen festgelegt werden und hängen schließlich auch vom verwendeten Kraftstoff und Schmieröl ab. Die auf Grund solcher Versuche von den ausführenden Motorfabriken gemachten Vorschriften müssen daher beim Ersatz der Ringe streng berücksichtigt werden. — Zu große Seitenspiele begünstigen ein rasches Ausschlagen der Ringnuten und starken Flankenverschleiß der Ringe.

Dem Gesagten entsprechend machen die TE hinsichtlich der einzuhaltenden Spiele keine Angaben; die Praxis folgt aber im allgemeinen sinngemäß den z. B. in den SAE-Normen gegebenen Hinweisen, die für Kraftfahrzeug- und

Bootsmotoren gelten. Danach erhalten Ölringe und Verdichtungsringe — ausgenommen die in der obersten Nut sitzenden — gleiches Gesamtseitenspiel, während für die letzteren das Spiel etwas vergrößert wird, vgl. Zahlentafel 5:

Zahlentafel 5

Seitliches Spiel in der Nut	bei Durchmessern von	
	$< 4^3/_4''$ (< 120 mm)	$4^3/_4''$ und größer ($\geqslant 120$ mm)
für den ersten Verdichtungsring	$.0015'' = 0{,}038$ mm	$.002'' = 0{,}05$ mm
für alle weiteren Verdichtungsringe sowie für Ölringe	$.001'' = 0{,}025$ mm	$.0015'' = 0{,}038$ mm

Aus der Praxis des deutschen und österreichischen Motorenbaues stammende Werte für das seitliche Ringspiel in den Nuten gibt die Zahlentafel 6; sie setzt Ringe mit einer Höhentoleranz von $^{-0,010}_{-0,022}$ mm entsprechend den TE bzw. den Normen DIN 73102—73105 voraus.

Zahlentafel 6. *Seitliches Mindestspiel der Ringe in den Nuten bei Fahrzeugmotoren*
(bis 150 ⌀).
(Leichtmetall- und Graugußkolben.)

Ottomotoren

Ring ⌀	Gattung	Viertakt		Zweitakt	
	Kühlung	Wasser	Luft	Wasser	Luft
25—60	1. Verdichtungsring	0,03	0,04	0,05	0,07
	2. und folgende Ringe	0,03	0,03	0,03	0,03
	Ölring	0,03	0,03	0,03	0,03
60—100	1. Verdichtungsring	0,04	0,05	0,06	0,09
	2. und folgende Ringe	0,03	0,04	0,04	0,05
	Ölring	0,03	0,03	0,03	0,03
100—170	1. Verdichtungsring	0,06	0,08	0,10	0,12
	2. und folgende Ringe	0,04	0,05	0,06	0,06
	Ölring	0,04	0,04	0,04	0,04

Dieselmotoren

Ring ⌀	Gattung	Viertakt		Zweitakt	
< 100	1. Verdichtungsring	0,10	0,12	0,12	0,15
	2. Verdichtungsring	0,08	0,09	0,09	0,10
	3. und folgende Ringe	0,04	0,04	0,04	0,04
	Ölring	0,03	0,03	0,03	0,03
100—150	1. Verdichtungsring	0,10	0,13	0,14	0,17
	2. Verdichtungsring	0,08	0,09	0,10	0,10
	3. und folgende Ringe	0,04	0,05	0,06	0,06
	Ölring	0,04	0,04	0,05	0,05
150—220	1. Verdichtungsring	0,12		0,16	
	2. Verdichtungsring	0,08		0,10	
	3. und folgende Ringe	0,05		0,08	
	Ölring	0,05		0,06	

b) Spiel im Nutengrund. Für den Nutengrunddurchmesser D_N in mm gibt die SAE-Norm folgende Berechnungsformeln an:

Kompressionsringnuten

$$D_N = [D - (2\,a + x \cdot D + 0,5)]^{+0}_{-0,025}$$

Ölringnuten

$$D_N = [D - (2\,a + x \cdot D + 1,5)]^{+0}_{-0,025}$$

Es bedeuten:
  D Nenndurchmesser des Ringes
  a radiale Ringbreite
  x für Aluminiumkolben $x = 0,006$
    für Graugußkolben $x = 0,004$

Abb. 12 zeigt die nach verschiedenen Angaben im Nutengrund einzuhaltenden Mindestspiele. Ist der Nutengrund ausgerundet oder abgeschrägt, so muß die dadurch bewirkte Verringerung der nutzbaren Nutentiefe berücksichtigt werden; die Gesamtnutentiefe muß dann der aus dem Mindestspiel berechneten, um den Ausrundungsradius oder die Abschrägung vermehrten Nutentiefe entsprechen, oder es müßten die Ringinnenkanten entsprechend abgefast werden.

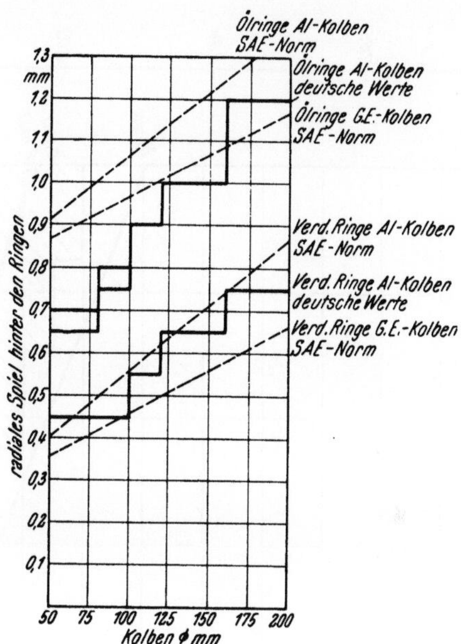

Abb. 12. Radiales Spiel für Kolbenringe im Nutengrund

c) Stoßspiel. Wo die Temperatur des Kolbenrings höher liegt, als jene des Zylinders, wie z. B. im allgemeinen bei Verbrennungsmotoren, dort muß, um ein Aufeinandersetzen der Ringstoßenden infolge der größeren Wärmedehnung der Ringe zu vermeiden, das Stoßspiel im kalten Zustand umso größer sein, je größer die zu erwartende Temperaturdifferenz zwischen dem Ring und dem Zylinder an dessen kältester Stelle ist, die vom Ring noch erreicht wird. Kämen die Ringstoßenden im Betrieb zum gegenseitigen Aufsitzen, so würde der Anpreßdruck des Ringes infolge der behinderten Wärmedehnung ungemein hoch ansteigen, was unfehlbar ein Fressen der Ringe und schwere Beschädigungen an diesen, im Zylinder und an den Kolben zur Folge hätte.

Bei Verwendung von Grauguß sowohl als Ring- als auch als Zylinderwerkstoff muß das Stoßspiel mindestens betragen:

bei einer Temperaturdifferenz zwischen Ring und Zylinder von °C	kleinstes Stoßspiel im kalten Zustand $\delta =$
100	0,0038 D
150	0,0057 D
200	0,0075 D
250	0,0095 D

Die deutschen Normen, bzw. die TE nehmen eine Temperaturdifferenz von 100° zwischen Ring und Zylinder an und lassen das danach ermittelte Mindest-

spiel für Verdichtungsringe gelten. Es kann aber ohneweiteres möglich sein, daß
dieses Spiel bei sehr heiß gehenden Ringen zu knapp wird. Dagegen kann es bei
Kompressoren, Pumpen usf. vermindert werden.

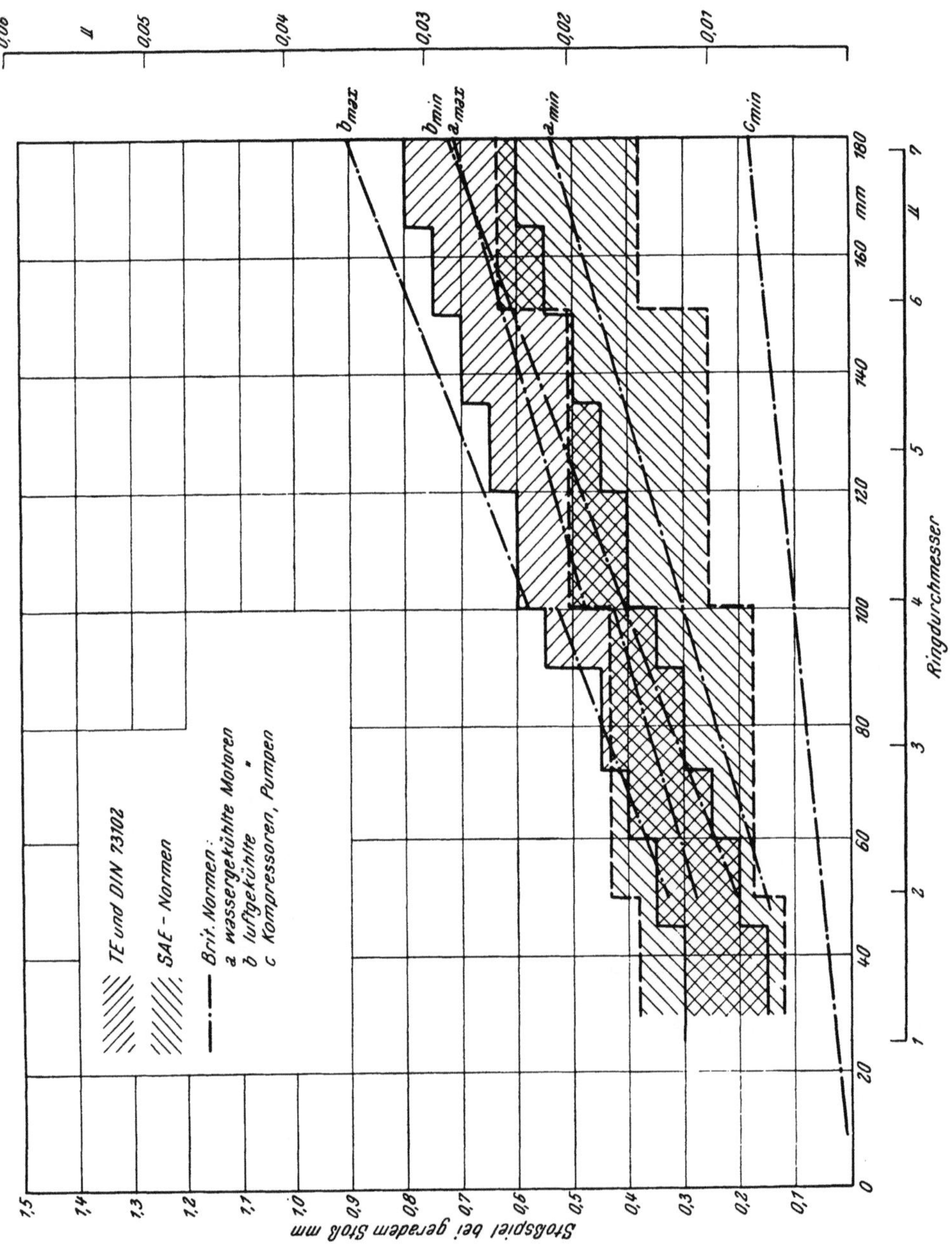

Abb. 13. Größe des nominellen Einbaustoßspiels nach verschiedenen Kolbenringnormen

Die britischen Normen schreiben als unterste Werte für das Stoßspiel vor:

für wassergekühlte Maschinen	$\delta = 0{,}003 \times D$,
für luftgekühlte Maschinen	$\delta = 0{,}004 \times D$,
für Kompressoren, Pumpen	$\delta = 0{,}001 \times D$

und geben zu diesen Werten folgende Plustoleranzen:

$$\text{für Ringe} \ < 100 \ \varnothing \qquad + 0,005'' = 0,125 \ \text{mm,}$$
$$\text{für Ringe} \ \geqslant 100 \ \varnothing \qquad + 0,007'' = 0,175 \ \text{mm.}$$

In Abb. 13 sind die nach deutschen, britischen und SAE-Normen einzuhaltenden Stoßspiele einander gegenübergestellt; letztere liegen mit ihren Werten verhältnismäßig niedrig.

Abweichend hiervon gibt aber z. B. KOPPERS Hammered Piston Ring Co. für verschiedene Motorenbauarten das einzuhaltende Minimalstoßspiel mit den in Zahlentafel 8, S. 36 angegebenen Werten an.

Besondere Maschinenbauarten verlangen häufig auch ein vom normalen abweichendes Stoßspiel; wo von den Motorenfirmen diesbezügliche, auf Prüfstandläufen beruhende Vorschriften gemacht werden, müssen sie sorgfältig beachtet werden.

Liegen die Ringtemperaturen dauernd sehr niedrig, so kann auch — im Interesse einer besseren Abdichtung — mit kleineren Stoßspielen das Auslangen gefunden werden; so z. B. bei allen Ölringen, dann aber auch bei Ringen für Kompressoren, Pumpen usf. — Für solche und andere Anwendungsfälle können die erforderlichen Stoßspiele der Zahlentafel 9, S. 38 entnommen werden.

Alle gemachten Angaben gelten für den geraden Stoß; beim Schrägstoß sind die Werte mit 0,7 zu multiplizieren.

Ferner gelten die gemachten Angaben für perlitischen Kolbenringgraguß und für Stahlringe. Werden andere Ringwerkstoffe verwendet, so sind die Unterschiede der Wärmeausdehnungsbeiwerte, vgl. Zahlentafel 7, zu berücksichtigen:

Zahlentafel 7. *Wärmedehnungsbeiwerte von Kolbenringwerkstoffen*

Grauguß (perlitisch)	$\alpha = \quad 11 \cdot 10^{-6}$
Stahl	$\alpha = \quad 12 \cdot 10^{-6}$
Austenitischer Grauguß (z. B. Ni resist)	$\alpha = \quad 16 \cdot 10^{-6}$
Leichtmetall	$\alpha = 22{-}24 \cdot 10^{-6}$
Sinterkolbenring auf Eisenbasis	$\alpha = \quad 9{-}12 \cdot 10^{-6}$
Bronze	$\alpha = \quad 18 \cdot 10^{-6}$
Bakelit	$\alpha = 21{-}36 \cdot 10^{-6}$
Graphit	$\alpha = \quad 2,2 \cdot 10^{-6}$

In manchen Fällen reicht das allein aus Wärmedehnungsrücksichten bestimmte Stoßspiel nicht hin. So läßt sich z. B. bei den obersten Verdichtungsringen, besonders bei niedrigem Anpreßdruck, in vielen Fällen sogar auch bei Ölringen beobachten, daß trotz theoretisch reichlichen Stoßspiels die Stirnseiten der Stoßenden blankgescheuert sind, also zu gegenseitiger Berührung kommen. Dies deutet auf Flattererscheinungen an den Ringen hin. Das Aufeinanderschlagen der Stoßenden kann zu raschem Ringbrechen führen; verschwindet das Blankschlagen nach Vergrößern des Stoßspiels, so kann damit die Lebensdauer der Ringe verbessert werden, doch stellt diese Maßnahme nicht den richtigen Ausweg vor.

2. Großkolbenringe. *a) Seitliches Spiel in den Nuten (Flankenspiel).* Das Seitenspiel der Ringe sollte eigentlich vom Ringdurchmesser und von der Ringhöhe unabhängig bleiben; es hängt jedoch von den Temperaturverhältnissen an der Nut, bzw. im Ring sowie von den Arbeits- und Betriebsverhältnissen des betreffenden Motors ab. Das im kalten Zustand vorhandene Flankenspiel müßte sich unter der Betriebswärme in der Regel vergrößern, und zwar etwas mehr bei Leichtmetallkolben als bei Graugußkolben, weil im geordneten Betrieb die

Zahlentafel 8

1. Ottomotoren, wassergekühlt

a) Viertakt

Durchmesser D		Kleinstes Stoßspiel (Geradstoß)		Kleinstes Seitenspiel in der Nut					
		Verdicht. Ringe	Ölringe	1. Verd.-Ring		übrige Verd.-Ringe		Ölringe	
''	mm			''	mm	''	mm	''	mm
$< 4^{3}/_{4}$	< 120			.0015	0,040	.001	0,025	.001	0,025
$4^{3}/_{4}$—$5^{15}/_{16}$	120—150	$0{,}003 \times D$		.002	0,050	.0015	0,040	.0015	0,04
$> 5^{15}/_{16}$	> 150			.004	0,100	.003	0,075	.002	0,05

b) Zweitakt

Durchmesser D		Kleinstes Stoßspiel (Geradstoß)		1. Verd.-Ring		übrige Verd.-Ringe		Ölringe	
$< 4^{3}/_{4}$	< 120			.004	0,100	.003	0,075	.002	0,05
$4^{3}/_{4}$—$5^{15}/_{16}$	120—150	$0{,}003 \times D$		.005	0,125	.004	0,100	.0025	0,065
$> 5^{15}/_{16}$	> 150			.006	0,150	.005	0,125	.003	0,075

2. Dieselmotoren, wassergekühlt

a) Viertakt, Kolben ungekühlt

Durchmesser D		Kleinstes Stoßspiel (Geradstoß)		1. und 2. Verdicht.-Ring[1]		übrige Verd.-Ringe[2]		Ölringe			
		Verdicht. Ringe	Ölringe					oberh.		unterh.	
''	mm			''	mm	''	mm	Bolzen			
< 6	< 150			.005	0,125	.003	0,075			.0015	0,04
6—$8^{15}/_{16}$	150—225	$0{,}005 \times D$	$0{,}003 \times D$	.006	0,15	.004	0,10	.003	0,075	.002	0,05
9—12	225—300			.007	0,175	.005	0,125	.004	0,10	.003	0,075
> 12	> 300			.008	0,20	.006	0,150	.004	0,10	.003	0,075

Kolben gekühlt

Durchmesser D		Kleinstes Stoßspiel		1. und 2. Verdicht.-Ring[1]		übrige Verd.-Ringe[2]		Ölringe oberh.		Ölringe unterh.	
< 6	< 150			.004	0,10	.003	0,075			.0015	0,04
6—$8^{15}/_{16}$	150—225	$0{,}005 \times D$	$0{,}003 \times D$	.005	0,125	.003	0,075	.0025	0,06	.002	0,05
9—12	225—300			.006	0,150	.004	0,100	.003	0,075	.002	0,05
> 12	> 300			.007	0,175	.005	0,125	.0035	0,09	.003	0,075

b) Zweitakt, Kolben ungekühlt

Durchmesser D		Kleinstes Stoßspiel		1. und 2. Verdicht.-Ring[1]		übrige Verd.-Ringe[2]		Ölringe oberh.		Ölringe unterh.	
< 6	< 150			.008	0,20	.006	0,15	.003	0,075	.003	0,075
6—$8^{15}/_{16}$	150—225	$0{,}006 \times D$	$0{,}003 \times D$	.009	0,225	.007	0,175	.004	0,10	.004	0,10
9—12	225—300			.011	0,275	.009	0,225	.0045	0,11	.0045	0,11
> 12	> 300			.013	0,325	.011	0,275	.005	0,125	.005	0,125

Kolben gekühlt

Durchmesser D		Kleinstes Stoßspiel		1. und 2. Verdicht.-Ring[1]		übrige Verd.-Ringe[2]		Ölringe oberh.		Ölringe unterh.	
< 6	< 150			.007	0,175	.005	0,125	.003	0,075	.003	0,075
6—$8^{15}/_{16}$	150—225	$0{,}005 \times D$	$0{,}003 \times D$	.008	0,20	.006	0,15	.003	0,075	.003	0,75
9—12	225—300			.010	0,25	.008	0,20	.004	0,10	.004	0,10
> 12	> 300			.012	0,30	.010	0,25	.005	0,125	.005	0,125

Fortsetzung s. S. 37

Fortsetzung der Zahlentafel 8

3. Gasmotoren, wassergekühlt
Viertakt, Kolben ungekühlt

Durchmesser D		Kleinstes Stoßspiel (Geradstoß)		1. und 2. Verdicht.-Ring[1]		übrige Verd.-Ringe[2]		Ölringe oberh.		Ölringe unterh.	
"	mm	Verdicht. Ringe	Ölringe					Bolzen			
6—$8^{15}/_{16}$	150—225			.008	0,20	.006	0,15	.004	0,10	.003	0,075
9—12	225—300	$0,005 \times D$	$0,003 \times D$	.010	0,25	.007	0,175	.005	0,125	.004	0,10
> 12	> 300			.012	0,30	.009	0,225	.005	0,125	.004	0,10

Kolben gekühlt

Durchmesser D		Verdicht. Ringe	Ölringe	1. und 2. Verdicht.-Ring[1]		übrige Verd.-Ringe[2]		Ölringe oberh.		Ölringe unterh.	
6—$8^{15}/_{16}$	150—225			.007	0,170	.005	0,125	.003	0,075	.002	0,05
9—16	225—300	$0,004 \times D$	$0,003 \times D$	.008	0,20	.006	0,15	.004	0,10	.003	0,075
> 12	> 300			.010	0,25	.008	0,20	.0045	0,11	.003	0,075

[1] Bei sehr hohen Wärmebelastungen kann es erforderlich werden, das Spiel am ersten Ring um etwa 20% größer zu bemessen.

[2] Bei gasdichten zweiteiligen Ringen muß das Spiel um .002″ = 0,05 mm größer gehalten werden.

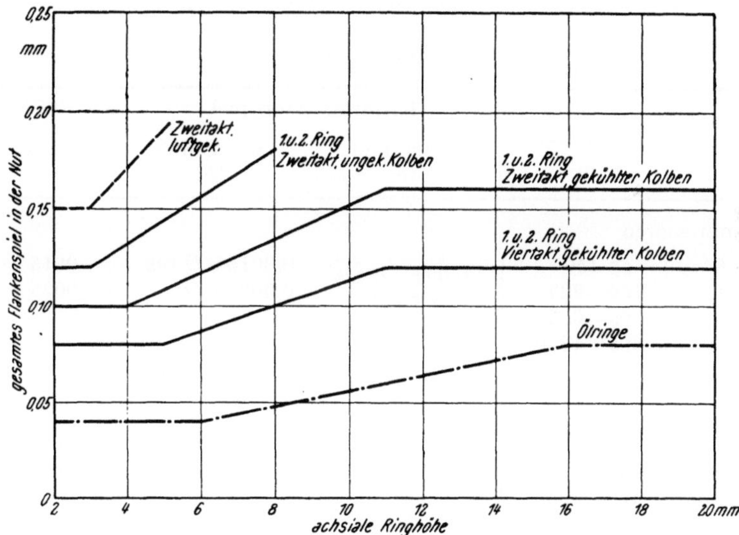

Abb. 14. Kleinstes Gesamt-Seitenspiel der Ringe in den Ringnuten von Mittel- und Groß-Diesel und Gasmotoren, nach Angaben der Davy Robertson A. B.
Für ungekühlte Kolben von Viertaktmotoren können gleiche Spiele angenommen werden, wie für gekühlte Kolben von Zweitaktmotoren. Die voll ausgezogenen Linien gelten für wassergekühlte Motoren

Kolbentemperatur höher liegt, als die Ringtemperatur. Allerdings lassen sich auch Fälle beobachten, wo bei gekühlten Kolben und schlecht laufenden Ringen ein umgekehrter Wärmefluß aus den Ringen zum Kolben eintritt.

Praktisch machen sich auch noch die Bearbeitungsgenauigkeit, die Planheit sowie die Oberflächengüte von Ring- und Nutenflanken auf das einzuhaltende

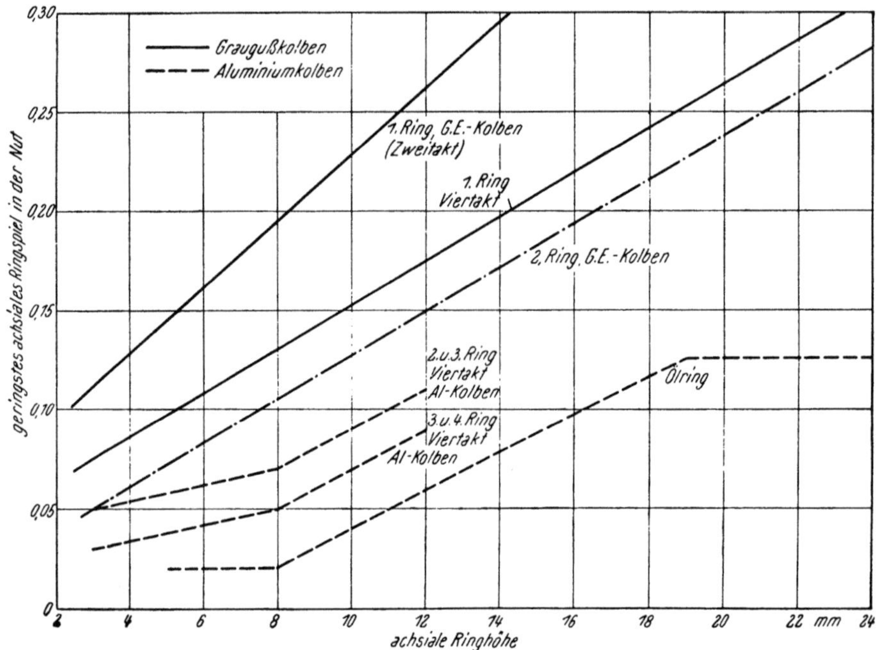

Abb. 15. Kleinstes Gesamt-Seitenspiel der Ringe in den Ringnuten für mittlere und große Diesel- und Gasmotoren, nach amerikanischen Angaben

Zahlentafel 9

Durchmesser D		Kleinstes Stoßspiel		Kleinstes Seitenspiel der Ringe in den Nuten	
''	mm	Gerader und überlappter Stoß	Schrägstoß 45°	''	mm
1. Kompressoren					
< 6	< 150	0,002 × D bis	0,0015 × D bis	.0015	0,04
≤ 6	150—325	0,003 × D	0,002 × D	.0025	0,06
	325—625				0,08
	625—1250				0,10
2. Dampfmaschinen					
a) Sattdampf					
< 6	< 150			.002	0,05
6—12¹⁵/₁₆	150—325	0,0035 × D	0,0025 × D	.003	0,07
13—25	325—625			.0035	0,09
> 25	> 625	.125'' = 3,15 mm	2,0	.004	0,10
b) Überhitzter Dampf					
< 6	< 150			.003	0,07
6—12¹⁵/₁₆	150—325	0,007 × D	0,005 × D	.005	0,12
13—25	325—625			.0055	0,14
> 25	> 625	.20'' = 5 mm	3,5	.006	0,15
3. Dampfhammer, Schmiedepressen					
< 13	< 325	0,005 D		.003	0,07
13—25	325—625			.004	0,10
> 25	> 625	.125'' = 3,15 mm		.004	0,10

Seitenspiel geltend. Aus dem letztangeführten Grund wird dieses daher meist nicht nur mit steigender Ringhöhe, sondern auch mit wachsendem Ringdurchmesser größer ausgeführt. Je besser aber Ringe und Nuten ausgeführt sind, desto enger kann das Spiel gehalten werden. Auf jeden Fall wird man jedoch anstreben, das Spiel so knapp als eben möglich zu bemessen.

Abb. 14 gibt Richtwerte für das bei Mittel- und Großmotoren einzuhaltende Mindest-Seitenspiel unter der Voraussetzung sehr guter Bearbeitung und Ausführung. — Die Zahlentafel 8 sowie Abb. 15 zeigen dagegen Werte, wie sie für Graugußkolben amerikanischer Motoren angegeben werden, doch erscheinen diese Spiele sehr reichlich.

Für besondere Anwendungsfälle, wie für Kompressoren, Dampfmaschinen, Dampfhämmer sowie in der Hydraulik enthält Zahlentafel 9 einige Richtwerte.

b) Spiel im Nutengrund. Die Spiele im Nutengrund können unter Zugrundelegung der Abb. 16 angenommen werden.

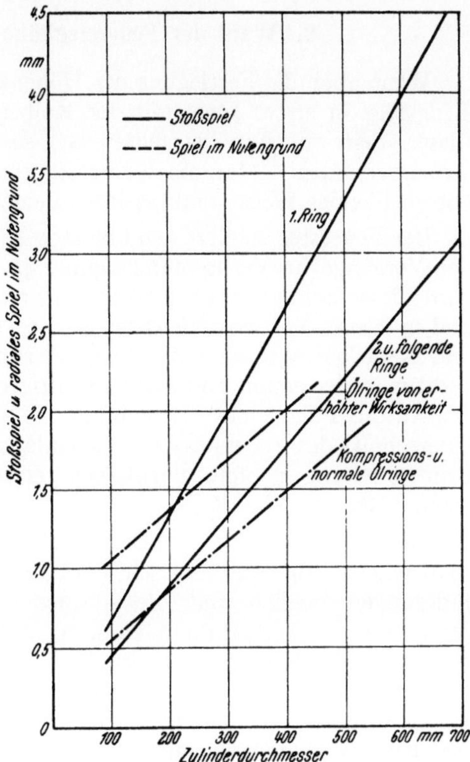

Abb. 16. Stoßspiel und Spiel im Nutengrund für Kolbenringe mittlerer und großer Dieselmotoren nach amerikanischen Angaben

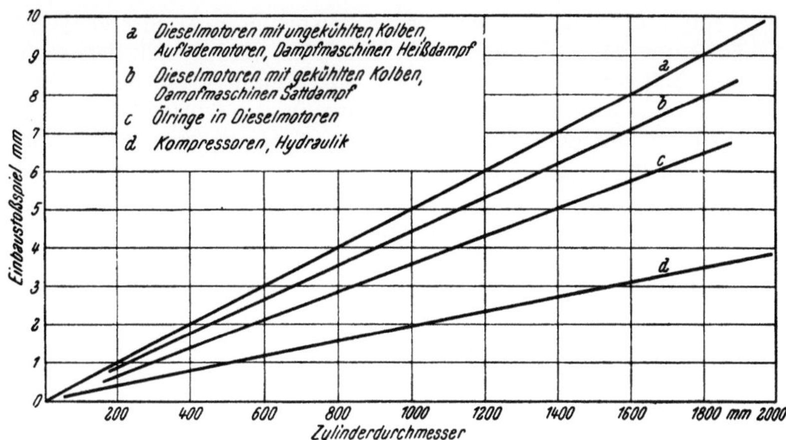

Abb. 17. Einbaustoßspiel von Großkolbenringen für verschiedene Gattungen von Kolbenmaschinen (nach Angaben der Davy Robertson A. B.)

c) Stoßspiel. Bei großen Durchmessern wirken sich Temperaturunterschiede zwischen Ring und Zylinder in sehr erheblichen Unterschieden der absoluten Größe des Stoßspiels in der Betriebswärme aus; daher werden die Stoßspiele je nach Verwendung verschieden bemessen, wie dies auch Abb. 17 angibt.

2. Wahl der Feuersteghöhe und der Ringstegbreiten

Wenn auch die Festlegung der Höhenabmessungen für den Feuersteg und die Ringstege in erster Linie mit der Kolbengestaltung zusammenhängt und von dieser Seite her zu betrachten ist, so beeinflussen diese dennoch auch die Arbeitsverhältnisse für die Kolbenringe und damit deren Wirkungsweise in so entscheidender Weise, daß bei ihrer Bemessung folgendes beachtet werden muß:

Der Feuersteg schützt den obersten Ring gegen die unmittelbare Einwirkung der Vorgänge im Verbrennungsraum; je höher der Feuersteg, desto wirksamer wird dieser Schutz, desto niedriger liegt die Betriebstemperatur im ersten Ring und in dessen Nut, desto leichter wird es, die Ringschmierung aufrecht zu halten und desto geringer wird die Neigung zum Festbrennen der Ringe. Die Temperatur in der ersten Nut soll so niedrig liegen, daß ein vorzeitiges Ausschlagen der Nut als Folge eines Härteabfalls des Kolbenwerkstoffs vermieden wird. Der Querschnitt des Feuerstegs muß jedenfalls so groß sein, daß er den auftretenden Beanspruchungen ohne unzulässige elastische oder bleibende Verformungen stand hält.

Gleiches gilt auch für die Bemessung der übrigen Ringstege; auch sie müssen genügend kräftig und steif sein, so daß weder elastische oder bleibende Formänderungen möglich sind, die — auch nur vorübergehend — derartige Spielveränderungen herbeiführen könnten, daß die Ringe in den Nuten klemmen. Aber auch die Kolbenkonstruktion als Ganzes muß so gestaltet und bemessen sein, daß Durchbiegungen des Kolbens oder ein Verziehen infolge der einwirkenden Kräfte, bzw. unter dem Einfluß der Betriebswärme nicht auftreten können. Die Ringnuten müssen unter allen Betriebszuständen vollkommen eben in senkrechter Lage zur Kolbenachse bleiben und dürfen keine Verengungen erleiden.

D. Gegenmaßnahmen bei auftretenden Ringschwierigkeiten

Es erscheint wohl kaum oder nur höchst selten möglich, bei einer Neuausführung die Ringanordnung von vorneherein so treffend zu wählen, daß der gewünschte Effekt in voll befriedigender Weise erzielt wird; durch Versuche am Prüfstand und in Dauerläufen wird man sich schrittweise an den vorteilhaftesten Aufbau der Ringdichtung und deren vorteilhafteste Gestaltung heranarbeiten müssen.

Um einzelnen Schwierigkeiten, die sich bei solchen Probeläufen oder in den ersten Betriebszeiten erfahrungsgemäß am häufigsten zeigen, zu begegnen, können der folgenden Übersicht einige Hinweise entnommen werden:

Beobachtung:	Abhilfe:
Mangelhafte Abdichtung, Durchblasen	Bei Kleinmotoren: Ringe mit geänderter Anpreßdruckcharakteristik. Höher gespannte Ringe. Bei größeren Motoren: Ringe mit gasdichtem Stoß. Gasdichte Ringe.
Abnormaler Ring- und Zylinderverschleiß	Ringeinbauspiele und Stoßspiel überprüfen. Verchromte Ringe. Ringe mit Füllnuten (Abb. 322 Bd. 1). Ringe mit Bimetalleinlagen (Abb. 330 Bd. 1). Kombinierte Gußeisen-Bronzeringe (Abb. 379, 491—493 Bd. 1).

Beobachtung:	Abhilfe:
Ringfressen	Ringeinbauspiele und Stoßspiel überprüfen.
	Verchromte Ringe.
	Oberflächenbehandelte Ringe.
	Ringe mit Füllnuten.
	Ringwerkstoff mit anderen Laufeigenschaften.
	Ringe mit Bimetalleinlagen.
	Änderung des Ölspeichervermögens innerhalb der Ringdichtung.
	Gasdichte Ringe.
Übermäßiger Ölverbrauch	Durchblasen kontrollieren.
	Überprüfen der Ölabflußmöglichkeiten.
	Überprüfen des seitlichen Ringspiels und der Stoßöffnungen bei allen Ringen.
	Wirksamere Ölabstreifringe.
	Ringe mit Stützfedern.
	Verstärkte Ölablaufmöglichkeiten am Kolben.
	Konische Verdichtungsringe oder Winkelringe.
	Ansatzringe.
	Gasdichte Ringe.
	Gasdichte Ölringe.
Ringstecken	Erhöhen des seitlichen Spiels in den Ringnuten.
	Trapezringe. (Abb. 332 Bd. 1).
	Tiefersetzen des ersten Ringes.
	Verbessern der Kolbenkühlung.
Ringbrechen	Vergrößern des Stoßspiels.
	Vergrößern des Ringquerschnitts.
	Ringwerkstoff von höherer Festigkeit.
	Verlegen des Zündzeitpunktes, bzw. Einspritzbeginns.
	Ändern der Druckanstiegcharakteristik während der Verbrennung.
Anstoßen der Ringe an den Schlitzrändern	Zurücknehmen und Abschrägen der Stoßenden.
	Sichern der Ringe gegen Verdrehen.
	Gasdichte Doppelringe mit sich gegenseitig sichernden Stoßenden.

II. Wärmebeanspruchungen der Kolbenringe im Betrieb

A. Einfluß der Temperatur auf das Verhalten der Ringe

In vielen Fällen, so vor allem in Verbrennungsmotoren, aber auch in Heißdampfmaschinen, in manchen Kompressoren usf., arbeiten die Ringe in Arbeitsmedien von zum Teil recht hohen Temperaturen und nehmen daher selbst, soferne die Kolben nicht gekühlt werden, zusammen mit den sie umgebenden Kolbenpartien nicht unwesentliche Temperaturen an.

Diese werden für die Wirkungsweise der Ringe insofern bedeutungsvoll, als sie:
den Schmierzustand an den Ringen maßgebend mitbestimmen,

die Ringe durch Wärmedehnung und Wärmespannungen in ihrer Gestalt, Federwirkung, Anpreßdruckverteilung usf. beeinflussen,
die elastischen und Festigkeitseigenschaften der Ringwerkstoffe verändern.

1. Temperatur der Ringe im Betrieb. Welche Temperatur die Kolbenringe im Betrieb erreichen, hängt außer von der Gattung, Bauart und Belastung der Maschine auch vom Werkstoff des Kolbens, von seiner Gestaltung und Kühlung, ferner von der Temperatur der Zylinderwandung, also auch von der Gestaltung und Kühlung des Zylinders ab.

Welche Temperaturen aber mit Rücksicht auf den Betrieb zugelassen werden können, wird in erster Linie durch die Forderung bestimmt, daß die Schmierung der Ringe effektiv bleiben muß, das heißt, das Schmieröl muß auch am obersten Ring seine Schmierfähigkeit solange bewahren, bis es durch neu zugeführtes Frischöl ersetzt wird; es darf in der Ringnut nicht verkoken. Es ist daher neben der Ölqualität — und gegebenenfalls auch der Qualität des verwendeten Kraftstoffs — eine Frage der in den Zylinder und bis in die Ringpartie des Kolbens gelangenden Ölmenge, welche Temperatur an den Ringen noch zugelassen werden kann: Wird die Nut reichlich mit Öl durchspült, so daß verharzende oder verkokende Rückstände aus der Nut herausgeschwemmt werden können, so kann die Temperatur in der Ringpartie des Kolbens höher liegen; ist die Ölversorgung sparsam, so darf sie nicht so hoch ansteigen.

Direkte Messungen der Temperaturen, welche die Ringe im Betrieb von Kolbenmaschinen annehmen, wurden wegen den außerordentlichen damit verbundenen Schwierigkeiten, nur ganz vereinzelt durchgeführt. — Über ältere Untersuchungen dieser Art berichtet HILLMANN [2], wobei er die Temperaturen mittels in den Kolbenringen eingesetzter Schmelzpfropfen mit folgenden Ergebnissen bestimmte:

Motorbauart	HP je Zyl.	Last %	Drehzahl U/min	D mm	S mm	Temperatur °C		
						1. Ring	2. Ring	6. Ring
Busch-Sulzer Typ B 4 Takt, ungekühlter Kolben	91	—	225	412	535	—	145—168	< 111
De La Vergne 4 Takt, ungekühlter Kolben	65	79	227	370	458	145—168	111—145	—
Fairbanks Morse Y—VA 2 Takt, ungekühlter Kolben	60	82	257	356	433		111—145 145—168	111—145 < 111
Nordberg 2 Takt, wassergekühlter Kolben	110	35	225	382	508		168—198	< 111
Busch-Sulzer Typ C 2 Takt, wassergekühlter Kolben	187	35	—	434	—		149—166 145—168	88—111 < 111

Bass [3] gibt für verschiedene kleinere Motoren die folgenden, ebenfalls mittels Schmelzpfropfen im ersten Ringsteg bestimmten Temperaturen an:

Motorengattung	V_h/Zyl. lit	Kühl- mittel	p_e kg/cm^2	Drehzahl U/min	Leistung PS/2	Temp. 1. Ring- steg °C
4 T Benzin ortsfest	0,75	Wasser	4,64	1100	5,6	300
4 T Benzin ortsfest	2,50	Wasser	5,70	1000	6,2	250—290
4 T Diesel ortsfest	0,5	Wasser	5,06	1100	6,7	320
2 T Benzin, Kraftw.	0,35	Wasser	4,36	3000	28,7	250—300
4 T Benzin, Kraftw.	0,32	Wasser	2,88	2500	8,1	160
4 T Benzin, Flugmotor	3,00	Luft	11,95	2500	32,6	340—350

Einige der hier angeführten Temperaturen lassen jedenfalls bereits erhebliche Schwierigkeiten mit den Ringen und deren Schmierung erwarten.

Schmelzpfropfen-Temperaturmessungen sind verhältnismäßig ungenau und lassen Streuungen von schätzungsweise 20° bis 30° zu.

Die Abb. 18 und 19 zeigen dagegen die Ergebnisse neuerer, direkter Temperaturmessungen an den Ringen selbst mittels unmittelbar in die Ringe eingebauter Thermoelemente und gleichzeitig in den sie umgebenden Partien des Kolbens.

Wie aus diesen zu erkennen, liegt die mittlere Ringtemperatur im geordneten Betrieb im allgemeinen niedriger als jene des unterhalb des Ringes befindlichen Ringsteges. — Dies bestätigen auch Kalorimeterversuche, bei denen ein ruhender, an seiner Oberseite beheizter Kolben von oben her durch gleichbleibenden Gasdruck belastet wurde, so daß die Ringe dauernd auf ihren Unterflanken aufsaßen (vgl. [5]). Im bewegten Kolben trifft dies aber nur zu, wenn der Ring am ganzen Umfang vollständig abdichtet, so daß kein Aufheizen durch durchströmendes Gas erfolgt und, wenn überdies nicht durch abnormale Verschleißvorgänge an der Ringfläche selbst größere zusätzliche Wärmemengen durch Reibung erzeugt werden. In diesen Fällen und ebenso auch solange die Abdichtung am Ringumfang nicht vollständig ist — so z. B. auch während des Einlaufens der Ringe — liegt die Ringtemperatur höher als die der benachbarten Kolbenpartie und kann diese unter Umständen beträchtlich übersteigen.

Die Beziehung zwischen Belastung und Drehzahl einerseits, der Ringtemperatur andererseits kann aber sehr verschieden sein und hängt stark von der Bauart des Motors, dem Verbrennungsverfahren, dem Werkstoff des Kolbens und dessen Kühlung ab. — Sie scheint nicht ganz proportional mit der in den Zylinder eingebrachten Kraftstoffmenge anzusteigen.

Bezieht man die bei verschiedenen Drehzahlen eines Motors gemessenen Ringtemperaturen auf die je Zeiteinheit in den Zylinder je Einheit des Hubvolumens eingebrachte Kraftstoffmenge, so ergibt sich z. B. für eine Reihe von Dieselmotoren das in Abb. 18 wiedergegebene Bild.

Es gibt demnach Motoren, bei denen die Ringtemperatur praktisch von der Drehzahl unbeeinflußt bleibt, wie in den Beispielen E und F, während bei anderen, wie in den Beispielen B, A und D, der Drehzahleinfluß sehr groß ist.

Bei Maschinen von ähnlicher Bauart, die nach dem gleichen Verbrennungsverfahren arbeiten, liegen die Temperaturen umso höher, je größer die absoluten

Abmessungen sind — eine bekannte Tatsache, die es notwendig macht, von bestimmter Abmessung ab die Kolben zu kühlen; unterscheiden sich Motoren

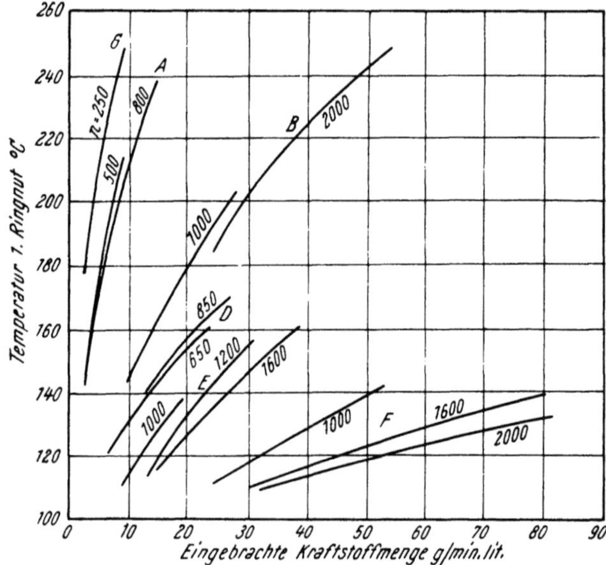

Abb. 18. Temperatur am ersten Ring (in der ersten Ringnut gemessen) in Abhängigkeit von der Drehzahl, für Dieselmotoren verschiedener Bauart

Motor	Bauart	D mm	S mm	VH lit	Kolben- werkstoff	kühlung
A	4-T. Wirbelkammer	190	260	7,4	Al	Ölspritz
B	4-T. Wirbelkammer	115	140	1,45	Al	ohne
C	4-T. direkt. Einspr.	152	203	3,7	Al	ohne
D	4-T. Vorkammer	145	200	3,3	Al	ohne
E	4-T. direkt. Einspr.	108	152	1,4	Al	ohne
F	2-T. direkt. Einspr. Gleichstrom	108	127	1,16	Temperg.	Ölspritz
G	2-T. direkt. Einspr. Querstrom	480	700	110	GE	Öldurchfluß

(Nach [4])

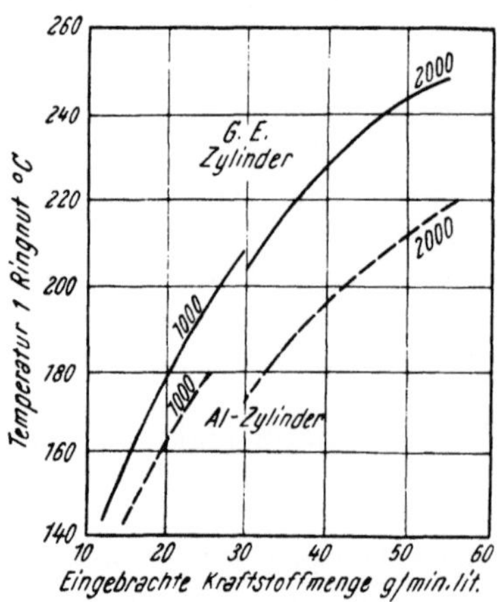

gleicher Abmessungen nur durch das Verbrennungsverfahren, so liegen die Temperaturen dort höher, wo die Verwirbelung des Brennrauminhaltes stärker ist: in Wirbelkammermotoren also z. B. höher als in Motoren mit direkter Einspritzung.

Erhöhung der Kühlmitteltemperatur um einen bestimmten Betrag hat im allgemeinen eine Erhöhung der Ringtemperatur um den gleichen Betrag zur Folge.

Abb. 19. Einfluß des Zylinderwerkstoffs auf die Temperatur des ersten Ringes Versuchsmotor B nach Abb. 18
(Nach [4])

Eine wesentliche Senkung der Ringnutentemperatur kann durch Verwendung eines (verchromten) Aluminiumzylinders anstelle eines Gußeisenzylinders erzielt werden, Abb. 19; der Al-Zylinder gestattete in diesem Fall infolge des bewirkten Temperaturabfalls an den Ringen eine etwa 30%ige Mehrbelastung der Maschine.

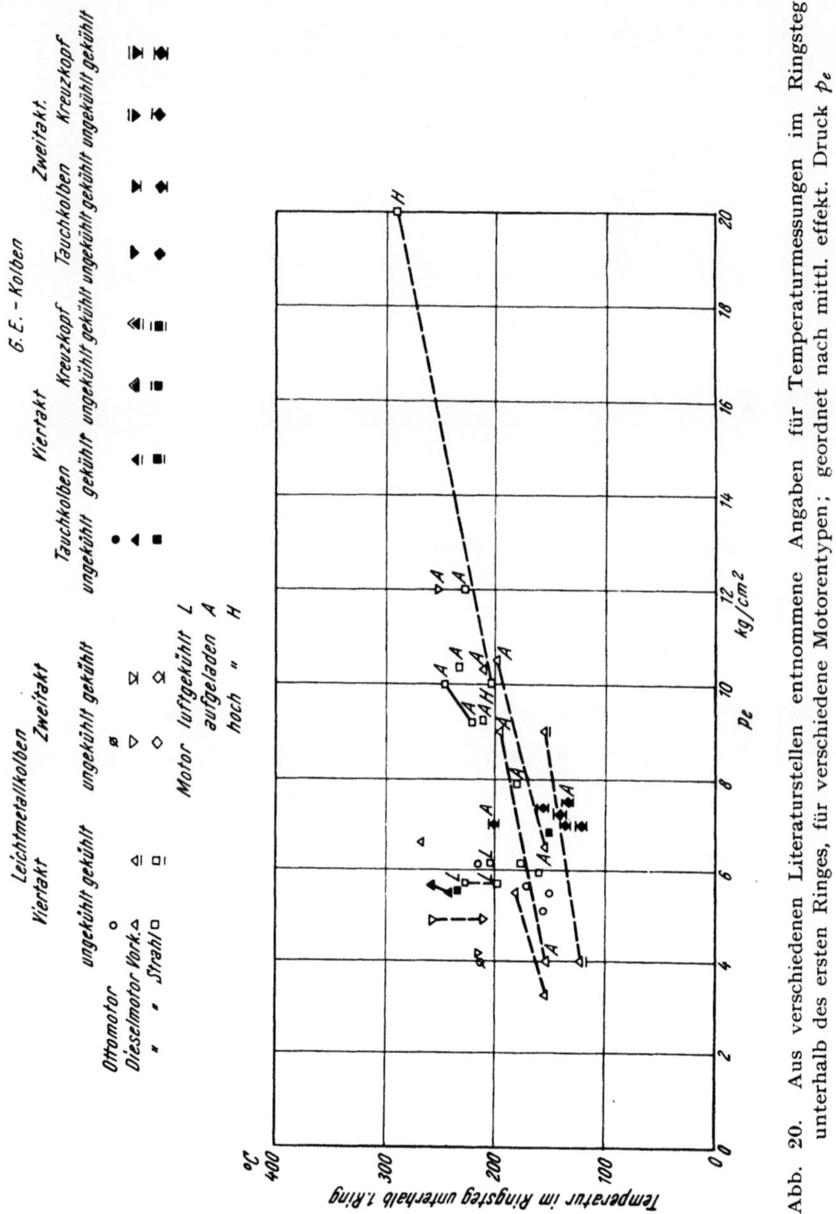

Abb. 20. Aus verschiedenen Literaturstellen entnommene Angaben für Temperaturmessungen im Ringsteg unterhalb des ersten Ringes, für verschiedene Motorentypen; geordnet nach mittl. effekt. Druck p_e

Die Abb. 20 bis 22 geben eine Übersicht über die an den ersten Ringen, bzw. an den ersten Ringstegen moderner Motoren beobachteten Temperaturen, geordnet nach mittlerem effektivem Druck, nach Zylinderdurchmesser und

Motordrehzahl und aufgezeichnet nach den nicht allzu reichlich bekanntge-wordenen Temperaturbestimmungen an den Kolben laufender Motoren. — Man kann daraus entnehmen, daß man bei kleinen, schnellaufenden Motoren etwas

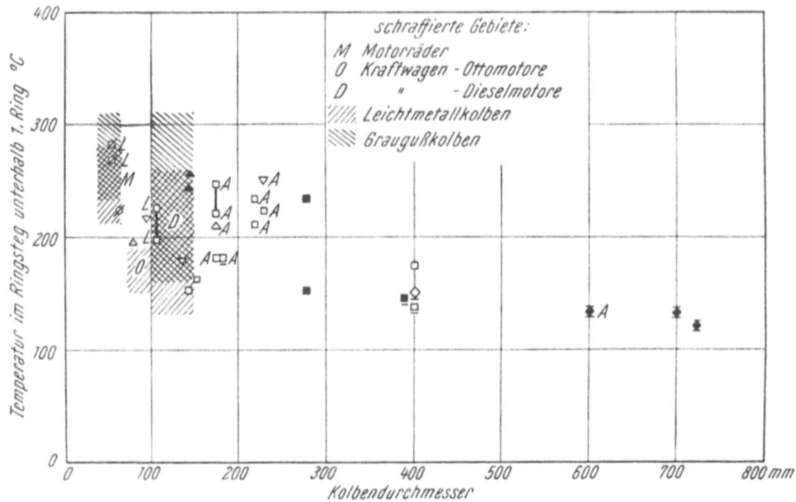

Abb. 21. Aus verschiedenen Literaturstellen entnommene Angaben für Temperatur-messungen im Ringsteg unterhalb des ersten Ringes, für verschiedene Motorentypen; ge-ordnet nach Kolbendurchmessern.   Zeichenerklärung vgl. Abb. 20

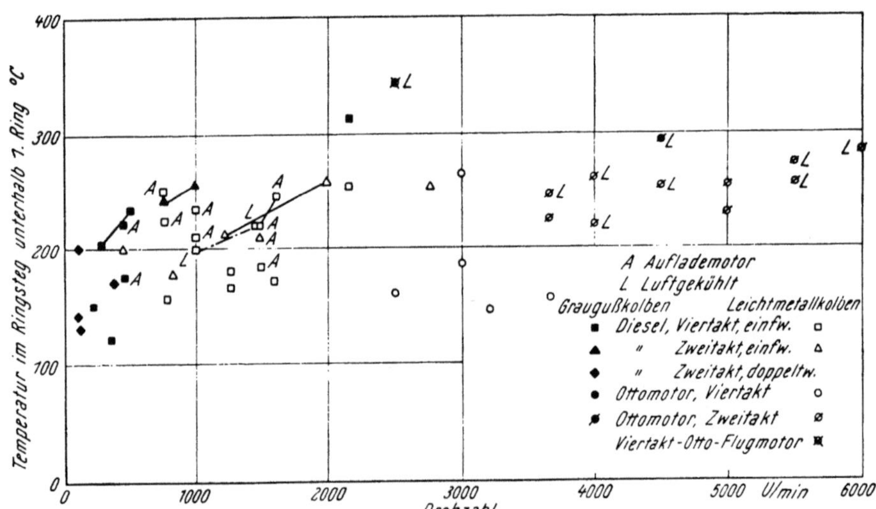

Abb. 22. Aus verschiedenen Literaturstellen entnommene Angaben für Temperatur-messungen im Ringsteg unterhalb des ersten Ringes, für verschiedene Motorentypen; ge-ordnet nach der Drehzahl

höhere Temperaturen zuläßt, daß man aber im allgemeinen bestrebt ist, die Temperatur am obersten Ring bei Dauerleistung und bester, reichlicher Schmierung mit etwa 250° zu begrenzen. Je länger ein störungsfreier Betrieb ge-währleistet sein soll, desto niedriger muß diese Temperatur liegen. Als oberste

Temperaturgrenze, mit welcher ein Kolbenring dauernd im Zylinder eines Verbrennungsmotors arbeiten kann, können heute etwa 325° C angesehen werden. An diese Grenze im Dauerbetrieb unter den für den Motor normalen Betriebsverhältnisse heranzugehen wäre aber deshalb sehr gefährlich, weil die Kolben- und die Ringtemperaturen schon durch geringe Veränderungen des Betriebszustandes sehr stark beeinflußt werden und damit rasch zur Katastrophe führen können.

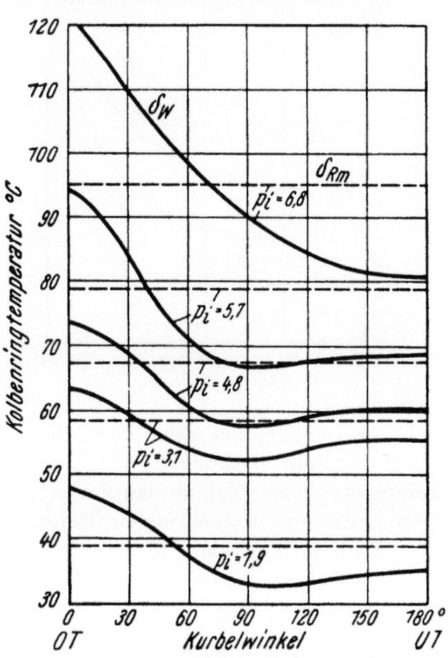

Abb. 23. Oberflächentemperaturen für Kolbenringe und Zylinderwand (Nach EICHELBERG [6] und SALZMANN [7])

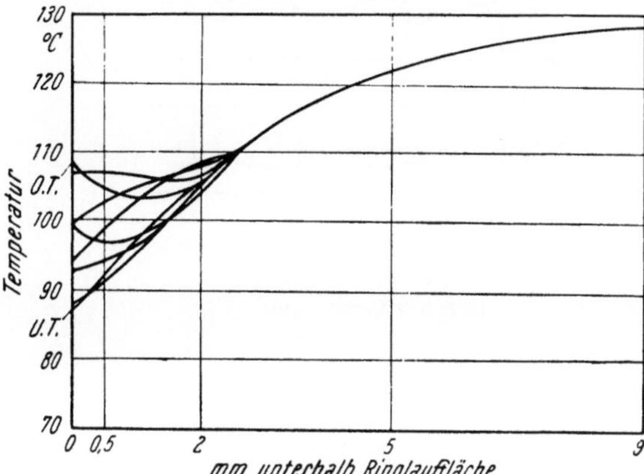

Abb. 24. Temperaturen im Kolbenring bei $p_i = 6{,}5$ at (Nach SALZMANN [7]) (vgl. Abb. 28)

Die vom Kolben aufgenommenen Wärmemengen müssen, wenn die Kolben- und Ringtemperaturen richtig beherrscht werden sollen, auf irgendwelchen Wegen zum Kühlmittel abgeleitet werden.

Ergebnisse eingehender Versuche über diesen Wärmeübergang sowie über die Temperaturverteilung in den Kolben und Ringen selbst haben EICHELBERG und seine Mitarbeiter [6, 8, 9, 10] mitgeteilt. Sie geben gleichzeitig das Verfahren an, wie diese Temperaturverteilung aus einzelnen Meßpunkten ermittelt und wie sie endlich für Neuentwürfe auch vorausbestimmt werden kann.

Der mehrfach ermittelten und bestätigten Temperaturverteilung an den Ringen und in der Ringpartie des Kolbens sowie dem Temperaturverhältnis zwischen Ring- und Zylinderlaufflächen entsprechend, fließt, wenigstens, bei ungekühlten Kolben, ein großer Teil der vom Kolben aus den Verbrennungsgasen aufgenommenen Wärme über die Ringe, ein beträchtlicher Teil aber auch vom Kolben direkt zur Zylinderwand. Der über die Ringe abfließende Teil ist verhältnismäßig größer bei kleinen Drehzahlen und größeren Kolbenspielen; er wird bei gut gekühlten Kolben zu Null.

Die Ringe bewegen sich dabei vom heißen oberen zum kälteren unteren Teil des Zylinders, so daß sich nach EICHELBERG [6, 8] z. B. für einen mit direkter Einspritzung arbeitendem Viertakt-Dieselmotor 280 ∅ × 420, $n = 211$, mit ungekühlten Kolben bei verschiedenen Belastungen in Abhängigkeit von der Zylindertemperatur, die in Abb. 23, bzw. 24 und 25, verzeichneten Temperaturen an der Ringlauffläche, bzw. im Ring einstellen; daher fließt am oberen heißen

Zylinderende Wärme vom Zylinder zum Ring, weiter im Abwärtsgang jedoch umgekehrt viel mehr Wärme vom Ring zum kälteren Zylinder. Die Abb. 24

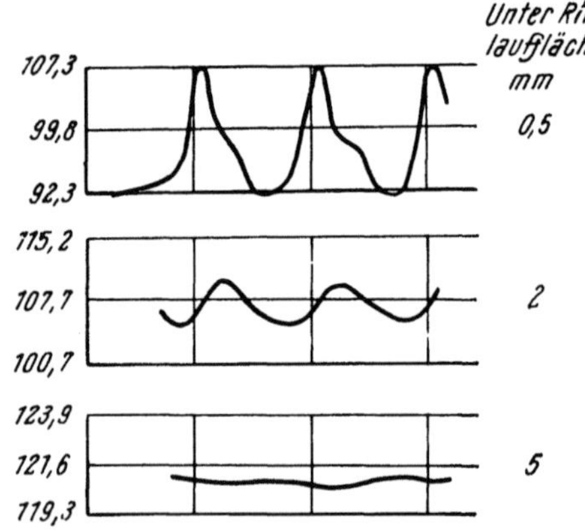

Abb. 25. Gemessene Temperaturschwankungen im Ring
(Nach EICHELBERG [6])

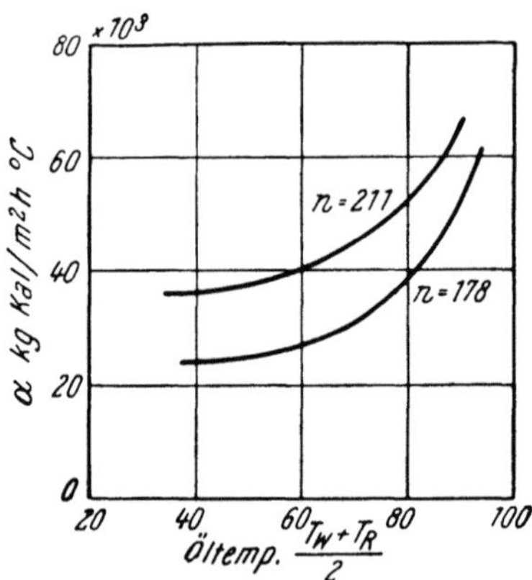

Abb. 26. Wärmeübergangszahl vom Ring zum Zylinder
T_W Temperatur der Zylinderlauffläche
T_R Temperatur der Kolbenringlauffläche
(Nach EICHELBERG [6])

und 25 zeigen die dabei in bzw. unterhalb der Ringlauffläche gemessenen Temperaturschwankungen sowie deren Verlauf nach dem Ringinneren.

Der Mittelwert für die Wärmeübergangszahl zwischen Ring und Zylinder liegt dabei außerordentlich hoch (Abb. 26); sie erhöht sich mit steigender Tem-

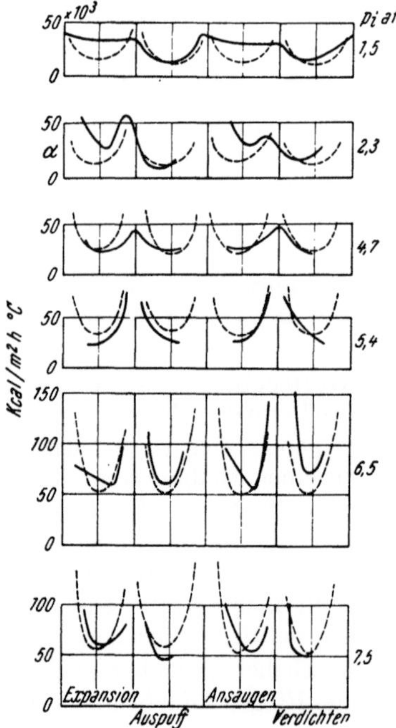

Abb. 27. α-Kurven für den Wärmefluß vom Kolbenring zum Zylinder für verschiedene indizierte Belastungen p_i
Viertakt-Dieselmotor $D = 280$, $s = 420$ mm, $n = 211$. — Ungekühlter Kolben
(Nach EICHELBERG [6])
(vgl. Abb. 28)

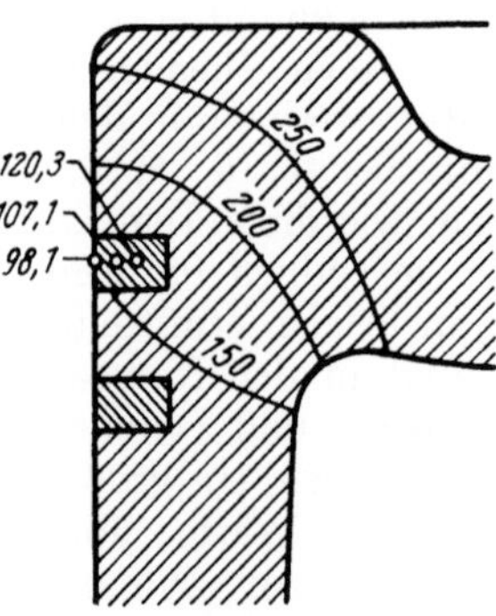

Abb. 28. Temperaturverteilung in Kolben und Ringen. Viertakt-Dieselmotor
$D = 280$, $S = 420$ mm, $n = 211$
Direkte Einspritzung Graugußkolben, ungekühlt
(Nach EICHELBERG [6]), bzw. SALZMANN [7])

peratur, weil eine höhere Öltemperatur einen dünneren Ölfilm zwischen den Laufflächen und daher besseren Wärmeübergang ergibt. — Die Augenblickswerte für
die Wärmeübergangszahlen steigen jedoch zu noch viel höheren Werten an
(Abb. 27). — Diese hier mitgeteilten α-Werte dürften für Viertakt- und Zweitaktmotoren in gleicher Weise zutreffen.

Wegen des günstigen Wärmeübergangs von der Ring- zur Zylinderlauffläche
liegt hier die mittlere Ringtemperatur nur wenige Celsiusgrade höher als die
mittlere Temperatur der Zylinderlauffläche; wo nun aber, wie bei ungekühlten Kolben, nach den Meßergebnissen der Kolben in der die Ringnut
umgebenden Partie viel heißer ist, muß zwischen Kolben und Ring ein beträchtlicher Temperatursprung bestehen und innerhalb des Ringes selbst ein
recht bedeutender Temperaturabfall von innen nach außen hin herrschen; für
die erwähnte Viertaktmaschine ergibt sich für Vollast die in Abb. 28 gezeigte
Temperaturverteilung.

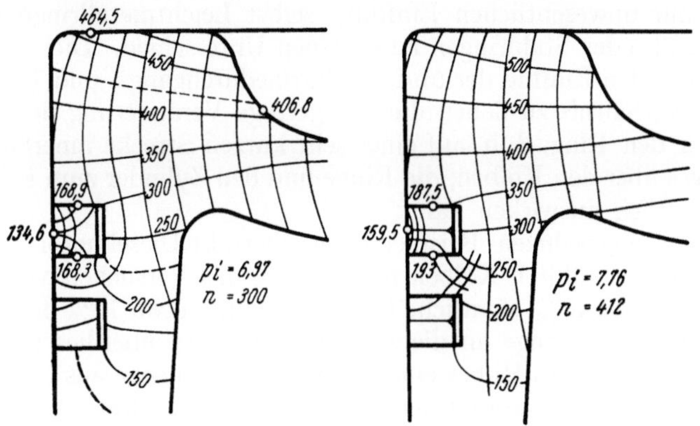

Abb. 29. Temperaturverteilung in der Ringpartie
Zweitakt-Dieselmotor, $D = 600$, $S = 1060$ mm, $n = 100$
Graugußkolben, ölgekühlt
(Nach EICHELBERG [6])

Für einen doppeltwirkenden Zweitaktmotor $D = 380$, $S = 460$ mit ölgekühltem
Kolben veranschaulicht dagegen Abb. 29 die Temperaturverteilung in Ringpartie und Ringen, und zwar bei $p_i = 6{,}97$ (links) sowie bei $p_i = 7{,}6$ kg/cm²
(rechts); im ersteren Fall beträgt die Temperatur an der Lauffläche des ersten
Ringes 135° und an dessen Innenkante 175°, im Fall der Überlast 160°, bzw. 200°,
das heißt die Temperaturdifferenz in radialer Richtung innerhalb des Ringes selbst
(dessen Breite leider nicht angegeben ist) erreicht jeweils etwa 40°. Die Temperaturen an Ringober- und Unterflanke sind dabei nahezu die gleichen, das heißt
die Temperaturverteilung im Ring ist nahezu symmetrisch. — Die korrespon-
dierenden Temperaturen an den Nutenflanken unterscheiden sich jedoch um etwa
100° und überdies liegen alle Temperaturen rund um die Nut beträchtlich höher,
als jene des Ringes. Daraus folgt, daß der Wärmeübergang an der Unterflanke
viel besser sein muß, als an der Oberflanke und daß auch der erstere noch weit
übertroffen wird vom Wärmeübergang an der Lauffläche.

HUG [9] gibt zu diesem Problem für einen ölgekühlten Graugußkolben
380 ∅, ausgerüstet mit Ringen 380/354 ∅ × 10, folgende Wärmeübergangszahlen an:

Wärmeübergangszahl an der Unterflanke 14 000 kcal/m²h°C,
an der Oberflanke 600 ,,

Die Temperaturdifferenz zwischen Ring und der ihn umgebenden Kolbenpartie wird umso größer, je heißer der Kolben ist und je weniger innig der Kontakt mit der Unterflanke ist. Damit wächst vermutlich auch das Temperaturgefälle in radialer Richtung innerhalb des Ringes selbst, doch scheint dies nur in geringem Maß der Fall zu sein.

Hinsichtlich der Höhe des Wärmeüberganges und damit der sich einstellenden Kolben- und Ringtemperaturen kommt dem zwischen den Kontaktflächen befindlichen Ölfilm eine ausschlaggebende Bedeutung zu: Dieser besitzt etwa die vierfache Wärmeleitfähigkeit wie Luft; daher steigen die Temperaturen bei einer Vergrößerung des Kolbenspiels beträchtlich an, weil der Wärmefluß vom Kolbenschaft zum Zylinder verschlechtert wird und die Ringe damit höher belastet werden. Auch die häufig auf der Druckseite von Tauchkolben zu beobachtenden niedrigeren Temperaturen sind auf die ungleiche Verteilung des Kolbenspiels zurückzuführen.

Die Wärmeleitfähigkeit des Ringwerkstoffs nimmt dagegen auf die Temperaturen nur unwesentlichen Einfluß; selbst Leichtmetallringe zeigen gegenüber Grauguß- oder Stahlringen kaum einen Unterschied. Dies erklärt sich aus dem überragenden Einfluß der übrigen Wärmedurchgangs- und Übergangswiderstände, im Verhältnis zu denen die nur geringe Veränderung des Wärmedurchgangs durch den Ring, d. h. auf einer sehr kurzen Strecke innerhalb des langen Wärmeweges über den Kolben, die Ringe und den Zylinder zum Kühlmittel, sich nur unwesentlich auswirken kann.

Im früher angeführten Beispiel eines Viertakt-Dieselmotors 280 $\varnothing \times$ 420, $n = 211$, mit ungekühlten Kolben führen nach den Versuchen von EICHELBERG der erste Ring etwa 40%, sämtliche Ringe zusammen etwa 70% der in den Kolben einfallenden Wärmemenge an die Zylinderwand ab; überdies nimmt der erste Ring im oberen Teil des Hubes eine gewisse Wärmemenge aus der Zylinderwand auf und transportiert sie zum unteren Teil des Zylinders hin; diese Wärmemenge beträgt etwa 10% der gesamten Wärmeverluste durch den Kolben. Je höher aber die Drehzahl und je schlechter die Schmierung an den Ringen ist, desto kleiner wird der über die Ringe abgeführte Wärmeanteil. — Dichten die oberen Kompressionsringe nur unvollkommen ab, so erfolgt eine starke Aufheizung dieser Ringe sowie der oberen Ringpartie und das Temperaturgefälle innerhalb der ganzen Ringzone wird vergrößert. Das Durchblasen heißer Verbrennungsgase bewirkt dann eine Verlängerung jener Zone des Kolbens, innerhalb welcher Wärme in diesen einfällt. Eine Wärmeabfuhr erfolgt dann erst im unteren Teil der Ringzone, wo die Ringe gut dichten, und am Schaft; der über die Ringe abgeführte Wärmeanteil wird dann unter Umständen viel geringer.

Bei besonders hohem Gasdurchlaß und geringer Schmiermittelzuteilung können die oberen Ringe bei hohen Gasdrücken derart aufgeheizt werden, daß sie sogar um 20° bis 30° höhere Temperaturen annehmen, als die benachbarten Kolbenpartien; dann ist jeder Wärmefluß vom Kolben über die Ringe zum Zylinder unmöglich gemacht; ja der Kolben kann unter Umständen über die Ringe noch aufgeheizt werden. Dies ist vermutlich auch dann der Fall, wenn die Ringe zum Flattern, sicherlich aber, wenn die Ringe zum Festsetzen und vor allem, wenn sie zum Fressen kommen: Wie hoch die Temperaturen in den Ringen in solchen Fällen ansteigen können geht daraus hervor, daß ihr Perlitgefüge zum Zerfall kommen kann, ja daß vollkommen ferritisch-weichgeglühte Ringe beobachtet werden können.

Die Kolben- und damit die Ringtemperaturen steigen mit der Temperatur des Zylinders; der Anstieg erfolgt aber, wie Abb. 29 zeigt, nicht im gleichen Verhältnis. — Sie steigen ferner bei gleichbleibendem p_e und gleichbleibender Kühlmitteltemperatur mit der Drehzahl, bei gleichbleibender Drehzahl mit der Belastung, d. h. mit p_e.

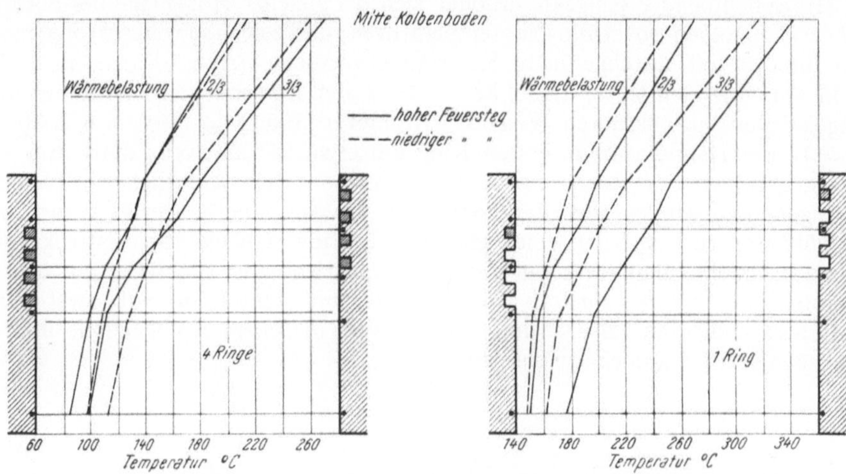

Abb. 30. Einfluß der Höhenlage der Ringe im Kolben auf die Kolben- und Ringtemperaturen bei verschiedenen Ringzahlen; Kalorimeterversuch
(Nach BRECHT [10])

Je höher der oberste Ring im Kolben sitzt, desto kürzer wird der Wärmeflußweg über den Ring; dadurch wird die Temperatur im Kolbenboden und in der

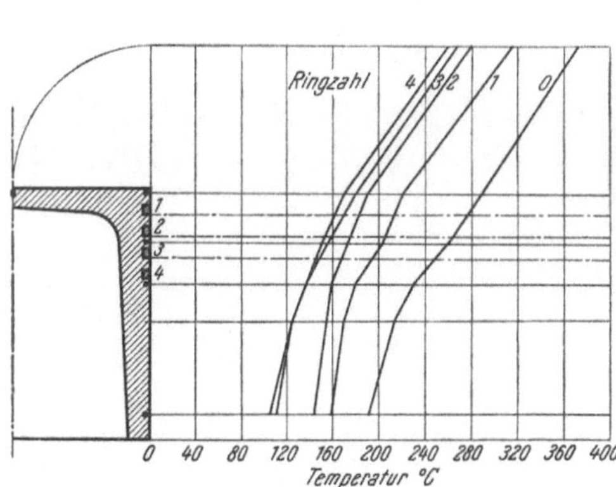

Abb. 31. Kolben- und Ringtemperaturen in Abhängigkeit von der Ringzahl; Kalorimeterversuch
(Nach BRECHT [10])

Abb. 32. Kolbentemperaturen in Abhängigkeit von der Ringzahl
(Motorversuch. AS 10 C-Einzylinder, luftgekühlt)
1 1 Ring, in oberster Nut
2 2 Ringe, in erster und zweiter Nut
3 3 Ringe
(Nach BRECHT [10])

Ringpartie etwas gesenkt: Dieser Einfluß zeigt sich umso stärker, je weniger Ringe verwendet werden (vgl. Abb. 30). Der höher sitzende Ring selbst wird jedoch heißer und ist überdies der direkten Einwirkung der Feuergase stärker ausgesetzt, insbesondere dann, wenn, wie z. B. bei Dieselmotoren, die Spiele am Feuersteg groß gehalten werden müssen. Er dichtet damit schlechter ab und erscheint wesentlich stärker gefährdet. Vor allem bei Dieselmotoren müssen daher die obersten Ringe weiter nach abwärts verlegt werden.

Mit abnehmender Ringzahl erhöhen sich bei gleicher Höhenlage des obersten Ringes die Kolben- sowie die Ringtemperaturen; dies zeigen sowohl entsprechende, von BRECHT [10] durchgeführte Kalorimeterversuche (Abb. 31) als auch Versuche am laufenden Motor (Abb. 32). — Nach den letzteren steigt z. B. in einem aufgeladenen luftgekühlten Viertakt-Ottomotor 105 $\varnothing \times$ 116, $n = 3000$ bei $p_e = 11$ die Temperatur im ersten Ring um etwa 25° an, wenn statt drei Verdichtungsringen nur zwei eingebaut werden. — Bei wesentlichen Drucksteigerungen im Zylinder oder Veränderungen des Druckverhältnisses derart, daß ein höherer Druck sich auf einen größeren Teil des Arbeitshubes erstreckt, sind die zu beobachtenden stärkeren Temperaturanstiege aber nicht nur auf den geänderten Wärmefluß, sondern auch darauf zurückzuführen, daß zwei Ringe schlechter abdichten als drei und infolgedessen die obere Kolbenpartie und die Ringzone stärker aufgeheizt werden.

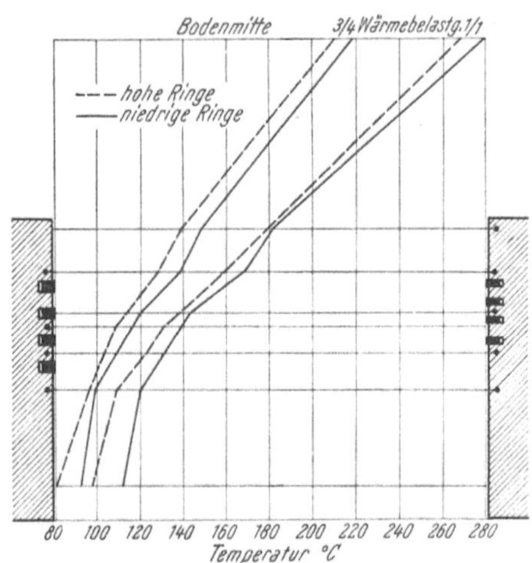

Abb. 33. Einfluß der achsialen Ringhöhe auf die Kolben- und Ringtemperatur; Kalorimeterversuch (Nach BRECHT [10])

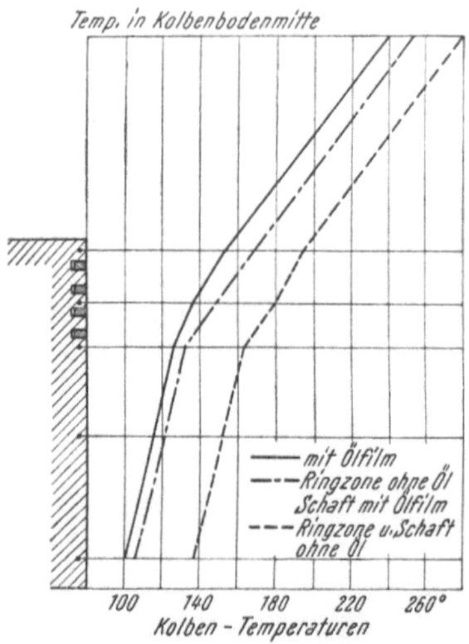

Abb. 34. Einfluß des Ölfilms auf die Wärmeabfuhr aus dem Kolben und auf die Kolben- und Ringtemperaturen (Nach BRECHT [10])

Die achsiale Ringhöhe wirkt sich auf die durch die Ringe fließende Wärmemengen und damit auf die Temperaturen kaum aus; auch dies geht z. B. aus den erwähnten Kalorimeterversuchen von BRECHT hervor (Abb. 33).

Befand sich bei den erwähnten Kalorimeterversuchen zwischen Kolbenring- und Zylinderlauffläche, bzw. zwischen Ring- und Nutenflanke ein Ölfilm, so wurden die Temperaturen gegenüber dem trockenen Zustand nicht unwesentlich gesenkt, Abb. 34. — Die Ringtemperaturen werden übrigens auch im Betrieb durch die an die Ringe gelangende Ölmenge beeinflußt, vgl. Abb. 196, wobei das Öl sowohl die Wärmeabfuhr an die Zylinderwand verbessert, als auch, soweit es durch die Ringdichtung strömt, kühlend wirkt und endlich durch Verbesserung der Abdichtung den Wärmeeinfall auf die Ringe verringert.

Gering blieb dagegen der Einfluß des Kolbenringwerkstoffes, soferne größere Ringzahlen zur Verwendung kamen; wurde jedoch nur ein Ring eingebaut, so war die Temperatursenkung durch Verwendung eines Ringwerkstoffs von hoher Wärmeleitfähigkeit, also z. B. eines Leichtmetallringes, nicht unerheblich, Abb. 36.

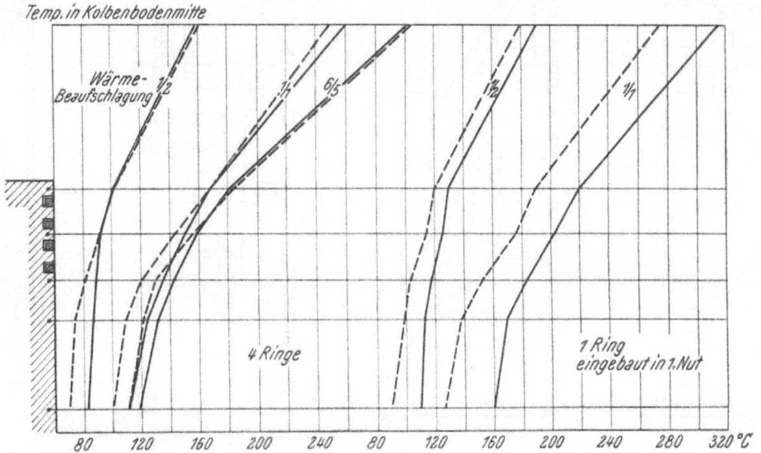

Abb. 35. Einfluß des Ringwerkstoffs auf die Kolben- und Ringtemperaturen
——— Graugußringe   --- Leichtmetallringe
(Nach BRECHT [10])

Beim Ottomotor nehmen Zündzeitpunkt und Sättigung des Gemisches auf die Kolben- und Ringtemperaturen in dem Sinn Einfluß, daß Frühzündung dieselben erhöht, Spätzündung dagegen gegenüber jenen bei günstigster Zündpunktlage absenkt. — Fettes Gemisch ergibt Temperatursenkungen, zu mageres Gemisch dagegen meist unveränderte Ringtemperatur gegenüber dem der Bestleistung entsprechenden Gemisch.

Beim Auflademotor können die fraglichen Temperaturen durch Rückkühlung der Ladeluft wesentlich gesenkt werden.

Jedenfalls muß immer getrachtet werden, die Ringtemperatur so niedrig als nur möglich zu halten;

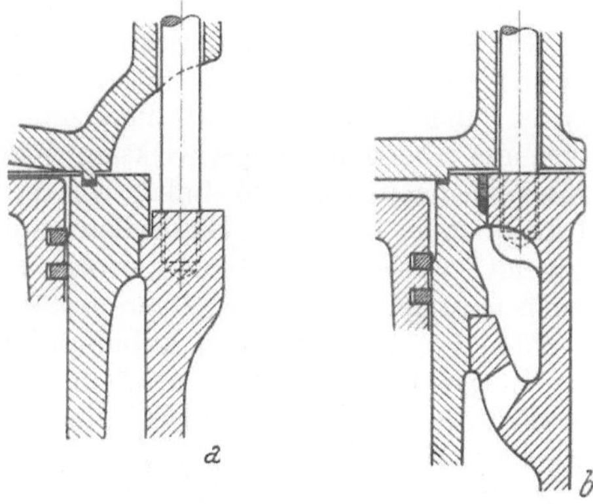

Abb. 36. Verschiedene Kühlung des oberen Zylinderbüchsenflansches
a Ringe gelangen im oberen Totpunkt in die ungekühlte, heiße Zone der Büchse
b Ringe gelangen im oberen Totpunkt in gut gekühlte Zone der Büchse

die Mittel hierzu sind: Kolbenwerkstoffe von hohem Wärmeleitvermögen, richtig bemessene Wärmeflußquerschnitte im Kolben, Kühlung des Kolbens und hinreichende Kühlung des Zylinders; die beiden letzteren finden allerdings ihre Grenze mit Rücksicht auf die Korrosionsvorgänge an der Zylinderlauffläche und in den Ringnuten und dem durch diese begünstigten Verschleiß.

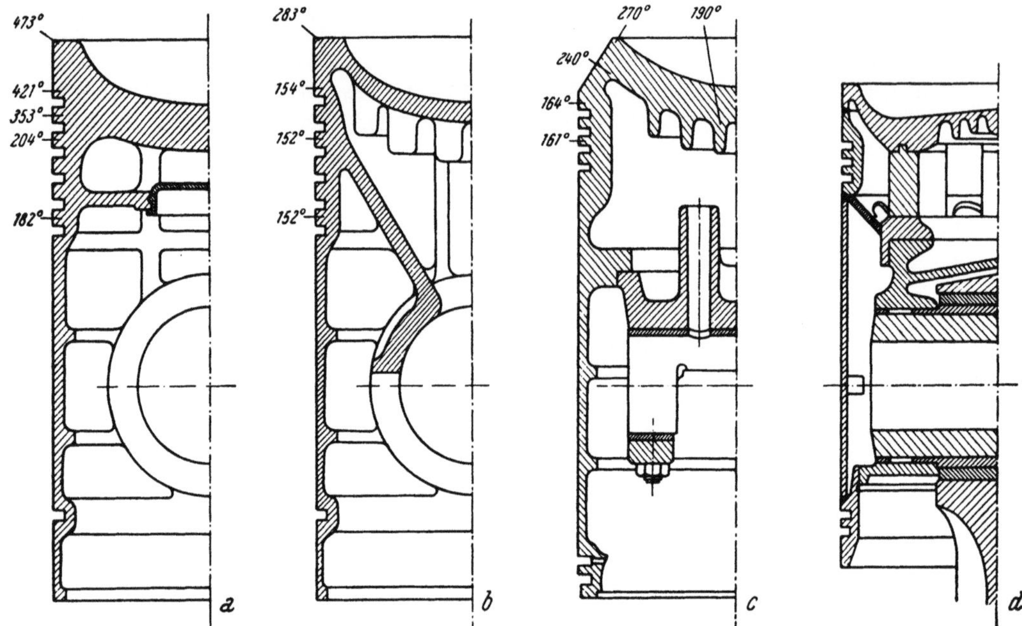

Abb. 37. Verschiedene Ausführungen von Grauguß-Dieselmotorkolben
a Viertakt, Ringpartie ungekühlt   *b* Viertakt, Ringpartie gut gekühlt
c Zweitakt, Ringpartie gut gekühlt
Beachtenswert ist der nahezu vollkommene Temperaturausgleich innerhalb der ganzen Ringzone in den Fällen *b* und *c*

Im Hinblick auf eine Beherrschung, bzw. Senkung der Ringtemperaturen
kann eine geschickte Gestaltung von großem Erfolg begleitet sein. In jedem Fall
ist es zunächst wichtig, daß die Zylinderwandung auch noch in der oberen Totlage des obersten Ringes wirksam gekühlt wird; schlecht ist daher eine Ausführung nach Abb. 36 links, wo die Kühlung unterhalb der oberen Ring-
totlage endet und der Zylinderflansch überdies durch einen Luftspalt isoliert erscheint; wesentlich günstiger erfolgt die Kühlung für den obersten Ring bei der
nach neuzeitlichen Grundsätzen gestalteten Büchsenflanschausführung nach der
rechten Figur der gleichen Abbildung.

In gleicher Weise ist auch auf die gleichmäßige Kühlung aller Ringe einschließlich des obersten bei gekühlten Kolben Rücksicht zu nehmen. Die Kühlung
wird so weit hochgezogen, daß der oberste Ring auch noch von der Oberseite her
gekühlt wird und der Wärmefluß in die Ringpartie wird durch entsprechende
Querschnittsverminderung gedrosselt, Abb. 37. — Bemerkenswert ist die
gleichmäßige Temperatur aller Ringe, die durch diese Maßnahme erzielt werden
kann, vgl. Figur *b* und *c* der Abbildung.

2. Einfluß der Ringtemperatur auf die Anpreßdruckverteilung. Unter dem
Einfluß der Erwärmung ändert sich das elastische Verhalten des Kolbenrings
und seine Beanspruchung, was SALZMANN [7] eingehend untersuchte. — Wird
der in einem Zylinder von gleicher Temperatur mit gleichförmigem Anpreßdruck
anliegende Ring heißer als der Zylinder, so verhält er sich wie ein Ring von größerem
Nenndurchmesser in einem Zylinder von kleinerem Nenndurchmesser, das heißt
er liegt am Rücken mit einem zwar erhöhten, immerhin aber doch gleichförmigen
Anpreßdruck an, ferner kommen die beiden Stoßenden zum Tragen; rechts und

links vom Stoß hebt er sich jedoch von der Zylinderwand ab, und zwar auf einem umso größeren Peripheriewinkel, je größer der Temperaturunterschied zwischen Ring und Zylinder ist.

Ist der Ring dagegen kälter als der Zylinder, wie z. B. im allgemeinen in Motoren nahe der oberen Kolbentotlage, so liegt er auch wieder am Ringrücken mit erhöhtem gleichförmigen Anpreßdruck an; dagegen sind die Stoßenden frei, der Ring hebt sich an diesen sowie in den benachbarten Partien vom Zylinder ab; dieser Umstand bedeutet einen der schwersten Nachteile für den selbstspannenden Ring und macht es notwendig, die Ringe mit entsprechender Ovalität und erhöhtem Anpreßdruck an den Stoßenden auszuführen.

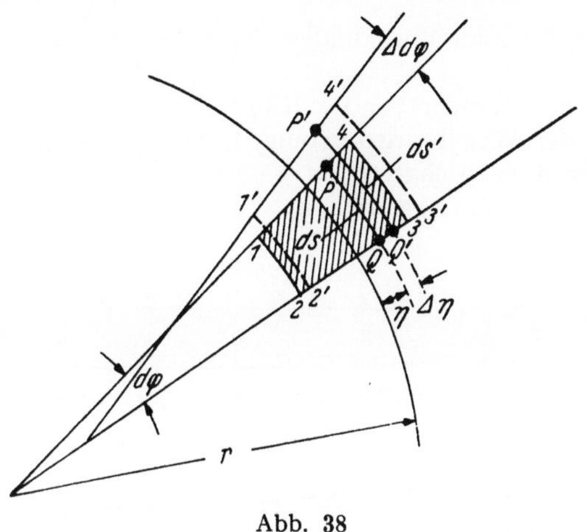

Abb. 38

Für den Zusammenhang zwischen Ringspannung und Erwärmung des Ringes gibt SALZMANN folgende, für einen beliebigen radialen Abstand η (vgl. Abb. 38) von der Ringmittellinie gültige Gleichung an:

$$\sigma_\eta = \frac{M}{F\,r\,\lambda} \cdot \frac{\eta}{r+\eta} + E\,\beta\,(\vartheta_m - \vartheta) + E\,\beta \cdot \vartheta_m \left[\lambda \frac{\vartheta_m{}^* - \vartheta_m{}^{**}}{\vartheta_m} + \frac{q}{r} \right] - $$

$$ - \frac{E\,\beta \cdot \vartheta_m}{\lambda} \left[\lambda \frac{\vartheta_m{}^{**}}{\vartheta_m} - \frac{q}{r} \right] \frac{\eta}{r+\eta} + E \frac{\Delta\eta}{r+\eta} $$

worin bedeuten:

E Elastizitätsmodul,

β linearer Ausdehnungskoeffizient,

σ Normalspannung in Richtung der Ringmittellinientangente, im Abstand η,

F Ringquerschnittsfläche,

$$q = \frac{1}{\vartheta_m \cdot F} \int_F \vartheta \cdot \eta \cdot df \qquad (q \text{ ist die Schwerpunktsordinate der Temperaturfläche}),$$

ϑ_m Temperatur,

$$\vartheta_M{}^* = - \frac{1}{\Delta F\,\lambda} \int_F \frac{\eta}{r+\eta}\,df,$$

$$\vartheta_m{}^{**} = \frac{1}{\beta\,F\,r\,\lambda} \int_F \frac{\eta\,\Delta\eta}{r+\eta}\,df,$$

λ Wärmeleitfähigkeit.

Der zweite Teil der obenstehenden Gleichung gibt die allein infolge der Temperaturverteilung im sonst vollkommen freien Ring erwachsende Spannung an. Für gleichbleibende Temperatur im Ring wird $q = 0$ und $\vartheta_m{}^* \equiv \vartheta_m{}^{**} = \vartheta_m$.

Wie durchgerechnete Beispiele ergeben, kann die Spannungserhöhung infolge der Temperaturverteilung etwa 25% betragen.

B. Spannungsverlust selbstspannender Kolbenringe

Unter der Einwirkung höherer Temperaturen verlieren die auf ihren Nenndurchmesser zusammengespannten Kolbenringe an Spannung, ihre Federkraft läßt nach.

Die Größe dieses Spannungsabfalles hängt — unter statischer Biegebelastung — ab:

von der Höhe der Temperatur im Ring;

von der Höhe der Biegebeanspruchung unter Einbauverhältnissen;

von den Werkstoffeigenschaften;

von der Art der Spannungserteilung.

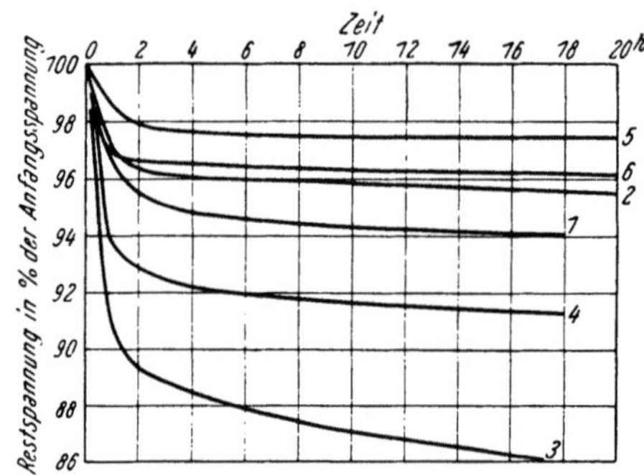

Abb. 39. Spannungsabfall für Grauguß-Ringe aus verschiedenen Werkstoffen unter ruhender Belastung, eingespannt in Büchsen vom Nenndurchmesser („Büchsenversuch") Versuchstemperatur 340° C

Ringkr.	Gießart	C	C_{geb}	Si	Mn	P	Cr	Cu	Mo	Herstellungsverf.
1	Einzelguß	3,76	0,73	2,70	0,61	0,74	0,04	—	—	formgedreht
2	Schleuderguß	3,36	0,81	2,46	0,91	0,64	0,34	—	0,41	therm. gesp.
3	Büchsenguß	3,35	0,61	2,17	0,68	0,33	0,16	—	—	therm. gesp.
4	Einzelguß	3,81	0,63	2,72	0,66	0,62	—	—	—	therm. gesp.
5	Einzelguß	wie 1, warmfest behandelt								
6	Einzelguß „Low carbon"	3,18	0,87	3,19	0,79	0,29	0,34	0,78	0,80	formgedreht

Im Betrieb wird der Spannungsabfall ferner noch beeinflußt:

durch Verschleißvorgänge an der Lauffläche;

durch mechanische Erschütterungen und Schwingungen der Ringe;

durch Abbau von Eigenspannungen im Werkstoff und Erhöhung der Biegespannungen infolge von Temperaturunterschieden innerhalb des Ringes;

indirekt durch alle Vorgänge, welche die Ringtemperatur beeinflussen, wie Durchblasen, Reibungswärme an der Lauffläche usw.

Der Spannungsverlust der Ringe ist ein Umstand, der bei Beurteilung ihrer Wirkungsweise und Güte häufig übersehen wird. Nicht selten sind aber Fälle zu beobachten, wo dieser Verlust nach längerer Verwendung im Betrieb bis auf 50% und darüber ansteigt, wodurch die Abdichtung und die Beherrschung des Ölverbrauchs in hohem Maß beeinträchtigt werden.

Wärmeeinflüsse und mechanische Erschütterungen bewirken eine Verkleinerung der Stoßöffnung des Ringes und einen dieser proportionalen Spannungsabfall; dazu gesellt sich im Betrieb noch jener durch den Ringverschleiß an der Lauffläche; der der dritten Potenz der Ringwandstärke verhältige Anpreßdruck fällt mit deren Verringerung außerordentlich rasch ab. So bewirkt z. B. eine Abnahme der Wandstärke von 3,0 auf 2,9 mm bereits einen 10%igen Spannungsverlust. — Nur Ringe, die ihre Spannung durch Kaltverformungen auf der Innenseite erhalten haben, machen hiervon eine Ausnahme.

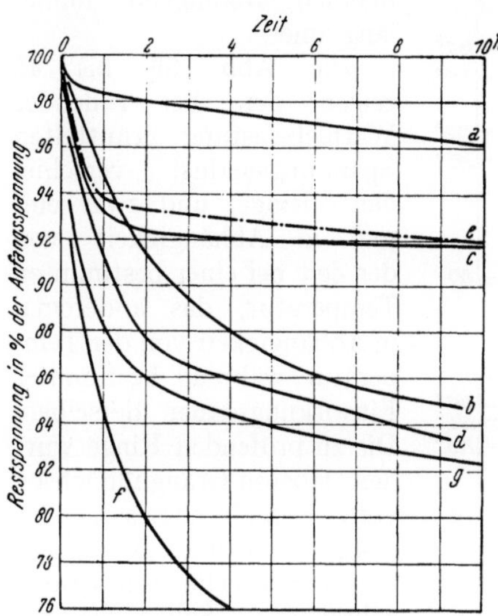

Abb. 40. Spannungsabfall für Grauguß-Ringe aus verschiedenen Werkstoffen im Büchsenversuch
Versuchstemperatur 340° C
a Chromlegierter Schleuderguß
b Chrom-Nickel-legierter Schleuderguß
c Chrom-Molybdän-legierter Schleuderguß
d unlegierter Einzelguß
e Chrom-Molybdän-legierter Einzelguß
f unlegierter Büchsenguß
g Chrom-legierter Büchsenguß
(Nach GEISSLER; vgl. [11])

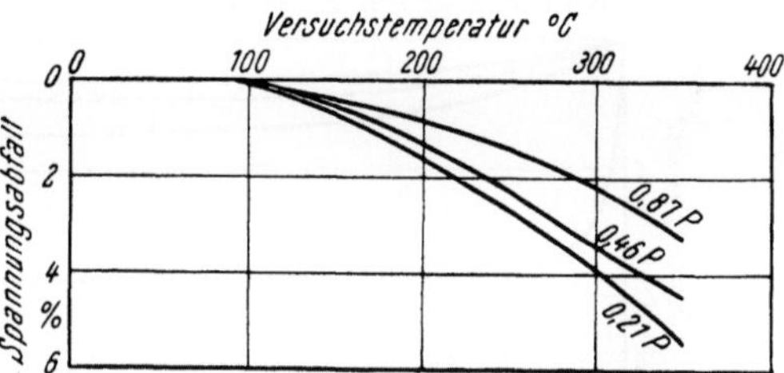

Abb. 41. Abhängigkeit der Spannungshaltung perlitischer Graugußringe vom P-Gehalt

Wird der Ring beim Zusammenspannen auf Nenndurchmesser über seine Elastizitätsgrenze hinaus .beansprucht, so erfährt er eine bleibende plastische Verformung im Sinn einer Verkleinerung seiner Spannöffnung, das heißt Ringspannung und Anpreßdruck sinken ab; liegt die Elastizitätsgrenze bereits bei Raumtemperatur niedriger als die aufgebrachte Biegebeanspruchung, so tritt dieser Spannungsverlust bereits bei Raumtemperatur, also z. B. beim Zusammendrücken des Ringes von Hand aus, auf. — Mit steigender Temperatur sinkt die Elastizitätsgrenze; wird diese abgesunkene Elastizitätsgrenze durch die Einbau-Biegebeanspruchung überschritten, so wird diese solange abgebaut, bis sie der abgesunkenen Höhe der Elastizitätsgrenze entspricht. Dieser Spannungsverlust ist ohneweiters erklärlich.

Nun ist aber immer zu beobachten, daß der Spannungsabfall bei Temperaturbeanspruchungen auch dann eintritt, wenn die Elastizitätsgrenze des Werkstoffs, wie sie im statischen Zug- oder Biegeversuch ermittelt werden kann, noch keineswegs erreicht ist. Dies findet seine Erklärung in folgendem:

Das Kristallhaufenwerk, aus dem sich ein Gußstück aufbaut, befindet sich nach dem Erkalten nach außen hin natürlich im Gleichgewicht; dies hindert aber nicht, daß sich örtlich im Gußteil zwischen einzelnen Kristallen Spannungen von sehr unterschiedlicher und teilweise beträchtlicher Höhe ausbilden können. Wo nun beim Erwärmen die örtlichen Spannungen die der betreffenden Temperatur entsprechende Elastizitätsgrenze überschreitet, dort wird diese abgebaut und der Spannungsabfall im Ring tritt ein: dieser beginnt beim neuen Ring bereits bei niedrigen Temperaturen und erfolgt zunächst sehr rasch, dann weiterhin allmählich abklingend immer langsamer.

Die Abb. 39 bis 42 zeigen den bei ruhender Wärmebelastung ermittelten Spannungsverlust verschiedener Ringe, und zwar einmal in Abhängigkeit von der Zeit bei einer bestimmten Temperatur, das anderemal in Abhängigkeit von der Temperatur während bestimmter Einwirkungsdauer derselben. Die zu prüfenden Ringe wurden dabei in Graugußbüchsen vom Nenndurchmesser eingelegt und mit diesen auf die erforderliche Temperatur gebracht. — Sollen die Ergebnisse derartiger Versuche vergleichbar sein, so muß Gewähr dafür gegeben sein, daß die Einwirkungsdauer der Temperatur tatsächlich genau eingehalten wird, sowie daß das Anwärmen und Abkühlen in allen Fällen in übereinstimmender Weise erfolgt. Eine werkstoffmäßige Vergleichsbeurteilung ist überdies nur dann möglich, wenn auch die dabei auf den Ring aufgebrachte Einbau-Biegebeanspruchung bekannt ist:

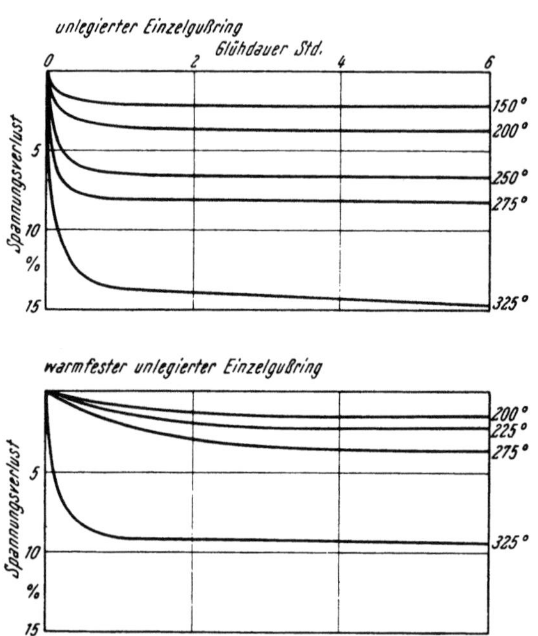

Abb. 42. Spannungsverlust von Einzelgußringen beim Erhitzen in Büchsen vom Nenndurchmesser, in Abhängigkeit von Temperatur und Zeit

Allgemein läßt sich feststellen, daß der Spannungsabfall bei gleicher Zusammensetzung für jeden Grauguß-Ringwerkstoff umso geringer wird, je feinkörniger der Gußteil ist. Er sinkt ferner bei gleichem Gesamtkohlenstoffgehalt und somit übereinstimmender Analyse mit steigendem Gehalt an C_{geb}, also mit fallendem Graphitgehalt, bei gleichem Graphitgehalt mit zunehmender Verfeinerung des Graphits.

Der P-Gehalt nimmt unter sonst gleichen Voraussetzungen eindeutig in dem Sinn Einfluß, daß der Spannungsabfall mit steigendem P-Gehalt geringer wird (Abb. 41); dies trifft jedoch nur dann zu, wenn sich das Phosphideutektikum in Form eines feinmaschigen kräftigen Netzes ausbildet.

Durch Legieren mit karbidstabilisierenden Elementen kann die Spannungshaltung ebenfalls gesteigert werden; nicht nur, daß damit der Gehalt an C_{geb} erhöht werden kann: es sind auch die gebildeten Doppelkarbide wärmebeständiger, als der Zementit und überdies wirkt die durch die Legierung erzielte Verfeinerung des Perlits im gleichen Sinn; gleichzeitig wird die Streckgrenze der Grundmasse erhöht. — Die bei der normalen Abkühlung entstandenen Gefügebestandteile sind bei dauernder Einwirkung höherer Temperaturen durchaus nicht beständig und jedem Temperaturniveau entspricht ein anderes Gleichgewicht innerhalb des Gefüges. Die Gefügebeständigkeit kann aber durch geeignetes Legieren wesentlich verbessert werden.

Für Ringe von hoher Spannungsbeständigkeit wird man also anstreben:

Möglichst feines Korn; niedrigen Graphitgehalt bei möglichst feiner Graphitausbildung und gleichmäßiger, ungeordneter Graphitverteilung; hohen Gehalt an C_{geb}; Legieren mit karbidstabilisierenden Elementen, die die Streckgrenzenlage der Grundmasse heben.

Die Art der Spannungserteilung macht sich auf den durch Temperatureinflüsse zurückzuführenden Spannungsverlust ebenfalls geltend. — Der Unterschied zwischen thermisch gespanntem Ring und formgedrehtem Ring ist, gleiche Bedingungen vorausgesetzt, zwar nicht sehr wesentlich; dennoch aber zeigt sich im allgemeinen eine deutliche Überlegenheit zu Gunsten der letzteren.

Sehr stark ist jedoch der Einfluß der Bearbeitung: Sind die Rohlinge sehr genau, mit möglichst geringer Bearbeitungszugabe an der Innenseite gegossen, so verbessert dies die Spannungshaltung ganz wesentlich.

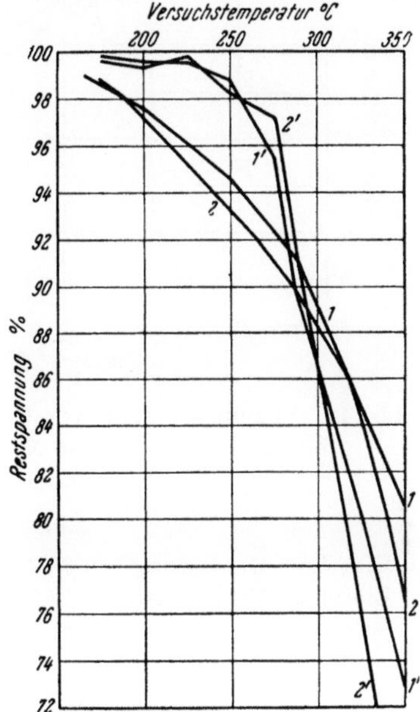

Abb. 43. Spannungsverlust von Kolbenringen 325/301 ⌀ × 8 beim Erhitzen in Büchsen vom Nenndurchmesser, in Abhängigkeit von der Temperatur

	HB	C_{ges}	C_{geb}	Si	Mn	P
1 Einzelgußring thermisch gespannt	241	3,62	0,64	1,98	0,72	0,44
1' Einzelgußring gehämmert						
2 Büchsengußring thermisch gespannt	207	3,31	0,76	1,36	0,96	0,21
2' Büchsengußring gehämmert						

Sowohl bei thermisch gespannten als auch bei formgedrehten Ringen läßt sich manchmal beobachten, daß die Ringspannung während der ersten Laufstunden im Motor nicht absinkt, sondern ansteigt. Dies ist auf das Auslösen von Eigenspannungen zurückzuführen, die bei der Ringbearbeitung als Tiefenwirkung infolge von Kaltverformungen in den Oberflächenschichten wachgerufen wurden.

Abweichend von den vorgenannten verhalten sich durch Hämmern gespannte Ringe. Im statischen Belastungsversuch zeigen sie zunächst bis zu einer Temperatur von 250° bis 260° keinen oder nur sehr geringen Spannungsabfall; bei dieser Temperatur setzt jedoch plötzlich ein sehr starker Abfall ein und die Restspannung liegt unterhalb derjenigen unter gleichen Verhältnissen geprüfter thermisch gespannter Ringe aus gleichen Werkstoffen (Abb. 43 und 44).

Im Motorversuch zeigen gehämmerte Ringe auch bei niedrigen Ringtemperaturen einen, wenn auch geringen, so doch stetigen Spannungsanstieg, der häufig auch nach langen Laufzeiten nicht zum Stillstand kommt.

Durch Vergüten über **Martensithärtung** mit nachfolgendem Anlassen wird die Spannungshaltung von Graugußringen entschieden verschlechtert; Abb. 45

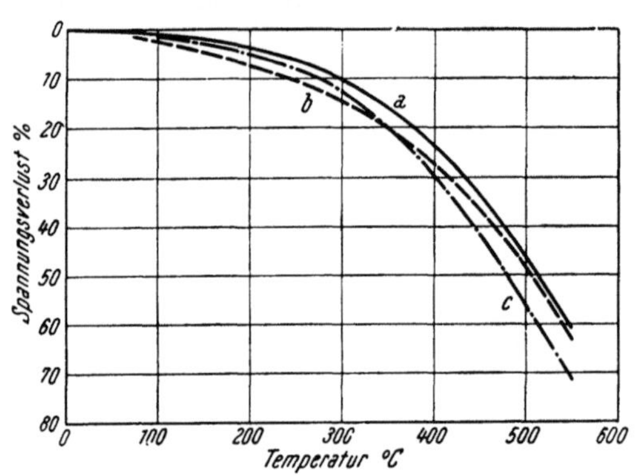

Abb. 44. Spannungsabfall von Graugußringen beim Erhitzen in Büchsen vom Nenndurchmesser
(Nach Ebihara [12])

		Ringabmessung	p_m kg/cm²
a	Einzelguß-Unrundring	88,9× 82,98×4,77	0,57
b	Einzelguß-Unrundring	127,0×118,66×4,17	0,98
c	Schleuderguß, gehämmert	88,9× 82,50×6,34	0,87

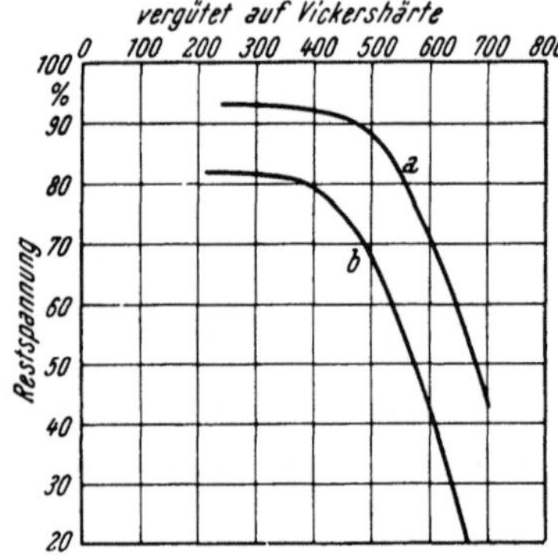

Abb. 45. Beziehung zwischen Härte und Spannungsverlust von vergüteten Graugußringen (Schleuderguß) nach $6^1/_2$-stündigem Erhitzen in Büchsen vom Nenndurchmesser auf 350° C
(Nach Hepworth [13])

Legierg.	C_{ges}	Si	Mn	P	Cr	Ni	V
a	2,85	2,00	0,60	0,35	0,55	—	0,20
	3,05	2,40	1,00	0,50	0,85		0,40
b	3,30	2,20	0,60	0,55	0,30	max 0,25	—
	3,50	2,50	0,80	0,70	0,45		

Der Verwendungsbereich liegt für beide Legierungen bei
$$H_V = 370 - 430$$

zeigt z. B. das Verhalten vergüteter Schleudergußbüchsenringe von der dort angegebenen Zusammensetzung unter höheren Temperaturen: Der perlitische Werkstoff *b* zeigt unter den angeführten Versuchsbedingungen einen Spannungsverlust von 19,5 Prozent; nach dem Vergüten wird der Spannungsverlust des gleichen Werkstoffs deutlich größer, doch ist diese Erhöhung nur unbeträchtlich, solange die Vergütungshärte $\leqq$ 420 Vickers bleibt; darüber steigt der Spannungsverlust sehr rasch an: Der Vergütungsbereich von $H_V = 360 - 435$ ist der günstigste Bereich für diesen Werkstoff. — Durch geeignetes Legieren mit die Anlaßbeständigkeit hebenden Elementen läßt sich die Spannungshaltung vergüteter Ringe jedoch wesentlich verbessern. — Der Werkstoff *a* stellt ein Gußeisen mit im Gußzustand feinperlitisch-sorbitischem Gefüge mit eingelagerten freien Karbiden vor: seine Überlegenheit in bezug auf die Spannungshaltung ist deutlich; wird dieser Werkstoff auf etwa $H_V = 450$ vergütet, so bleibt der Spannungsverlust recht niedrig; auch bei $H_V = 525 - 575$ bleibt er noch erträglich; für allgemeine Zwecke befriedigt diese Legierung im Härtebereich von 550 bis 600 H_V.

Recht günstige Spannungshaltung zeigen auch richtig legierte, zwischenstufenvergütete Ringe, wenn ihr Gefüge vollständig stabilisiert wurde.

Heute werden Kolbenringe zur Beurteilung ihrer Güte häufig auch auf ihre Spannungshaltung hin geprüft und es wird z. B. von manchen Kolben- und Motorenfabriken für Hochleistungsringe ein Spannungsabfall von maximal 3% bis 5% nach einstündiger Erhitzungsdauer auf 300° im zusammengespannten Zustand (statisch belastet) verlangt.

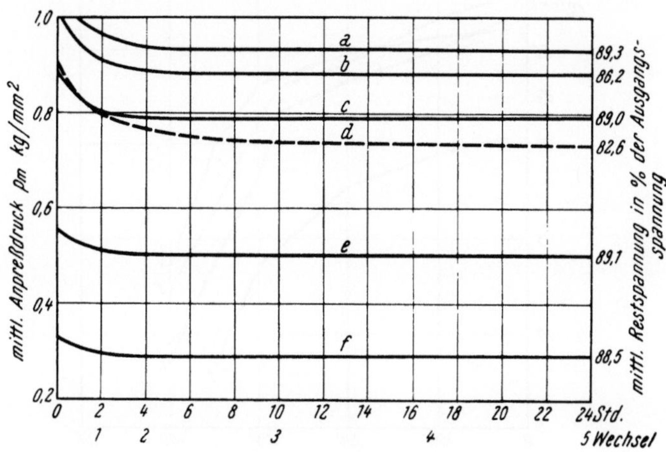

Abb. 46

Ring	Abmessung	p_m kg/cm²	Spannungsgebung	σ_{bmax} kg/mm²
a	88,9 × 82,2 × 4,74	1,04	unrund gedreht	21,9
b	88,9 × 81,85 × 4,74	1,02	gehämmert	19,3
c	88,9 × 82,58 × 4,74	0,89	unrund gedreht	21,0
d	88,9 × 82,46 × 6,34	0,88	gehämmert	20,3
e	88,9 × 83,04 × 4,77	0,56	thermisch gespannt	15,4
f	88,9 × 83,78 × 4,74	0,32	thermisch gespannt	11,5

Versuchstemperatur: 300° C
Spannungsabfall unter ruhender thermischer Belastung von in Büchsen vom Nenndurchmesser erhitzten Ringen nach wiederholtem Aufbringen der Versuchstemperatur
Nach EBIHARA [12])

Nach den SAE-Werkstoffvorschriften für Kolbenringe liegen die gestellten Anforderungen allerdings bedeutend niedriger; demnach soll der Spannungsabfall folgende Werte nicht überschreiten (vgl. hierzu auch Bd. 1, S. 201):

Für unlegierte oder legierte Ringe (Werkstoffe X und Y):
Maximaler Spannungsabfall nach Erhitzen auf 300°, 1ʰ . . . . 20%.
Für hochfeste Ringe (Werkstoff Z) nach Erhitzen auf 315°, 1ʰ . . . . 10%.

Für den Verbraucher ist natürlich nur von Interesse, wie günstig sich ein Ring in bezug auf seine Spannungshaltung verhält; für die Beurteilung des Ringwerkstoffs ist es aber gleichzeitig von Bedeutung, wie hoch die Biegebeanspruchung im Einbauzustand liegt. Je höher die Biegebeanspruchung, desto größer wird für einen bestimmten Ringwerkstoff der Spannungsabfall.

Nach Untersuchungen von EBIHARA [12] scheint diese Abhängigkeit allerdings nicht zu bestehen; denn wie aus Abb. 46 zu entnehmen, beträgt der Spannungsabfall — fast unabhängig von der Höhe der Biegebeanspruchung — bei längerer Einwirkung einer Temperatur von 300° etwa 11% für formgedrehte und thermisch gespannte Ringe, etwa 14% bis 18% für gehämmerte Ringe, doch fehlen hier nähere Angaben hinsichtlich der Zusammensetzung der Ringe und ihrer Gefügeausbildung.

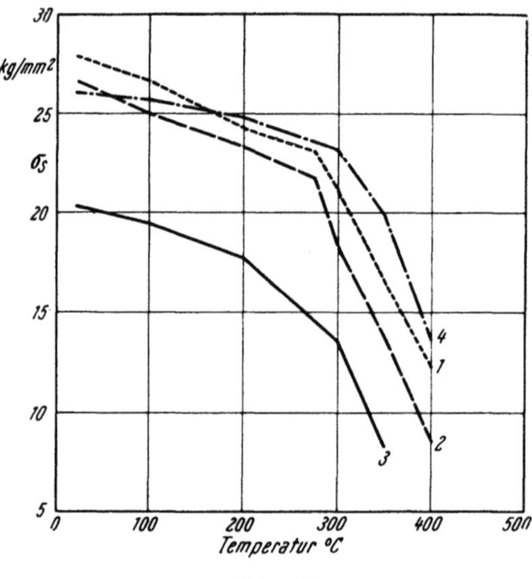

Abb. 47

	Probe	Vergossener Querschnitt mm	C	Si	Mn	P	Cr	Cu	Mo	HB
1	Einzelguß	3 × 4,5	3,76	2,48	0,79	0,73	0,12	0,21	0,14	276
2	Einzelguß	4,5 × 6,0	3,76	2,19	0,76	0,73	0,10	0,17	0,26	249
3	Büchsenguß	11	3,41	1,97	0,84	0,16	Sp	Sp	—	226
4	Schleuderguß	7	3,46	2,17	0,96	0,46	0,29	—	—	261

„Warmstreckgrenze" verschiedener Kolbenring-Gußeisen (bestimmt an bearbeiteten Stäben vom Ringquerschnitt)

Wie eingehende Untersuchungen jedoch zeigten, besteht hinsichtlich des Spannungsabfalls durch Wärmeeinwirkung allein eine klare Beziehung mit der Lage der Warmstreckgrenze bzw. Dauerstandfestigkeit: Diese wurde für verschiedene Kolbenringwerkstoffe bei reiner Zugbeanspruchung gemäß Abb. 47 festgestellt. — Nimmt man an, daß die Kurve für die Warmbiegestreckgrenze, bzw. Biegefließgrenze etwa ähnlich verläuft, wie für die Warmstreckgrenze, so ergibt sich etwas schematisiert etwa der in Abb. 48 für vier verschiedene Ringwerkstoffe dargestellte Zusammenhang zwischen Einbaubiegebeanspruchung, Warmbiegestreckgrenze, Temperatur und Spannungsabfall.

Da die Biegebeanspruchungen in den einzelnen Ringquerschnitten des auf Einbaustoßspiel zusammengespannten Ringes ungleich hoch liegen — sie steigen von Null an den Stoßenden allmählich zum Maximalwert am Ringrücken an —, wäre zu vermuten, daß sich unter dem Einfluß der Wärme auch die Anpreß-druckcharakteristik des Ringes mehr oder weniger ändert. Von WILLIAMS [14], Abb. 49 und von EBIHARA [12], Abb. 50 vorgenommene Messungen zeigen jedoch, daß der Charakter der Anpreßdruckverteilung grundsätzlich im allgemeinen erhalten bleibt; es handelt sich im letzteren Fall um Untersuchungen des Temperatureinflusses auf ruhend in Büchsen eingespannten Ringen, bei den Versuchen von WILLIAMS jedoch um Ringe, die im Motor einlaufen gelassen wurden, so daß der Verschleiß an der Lauffläche auch bereits eine Rolle spielt. (Hinsichtlich der bei diesen Versuchen angewandten Meßmethoden vgl. S. 271.) —

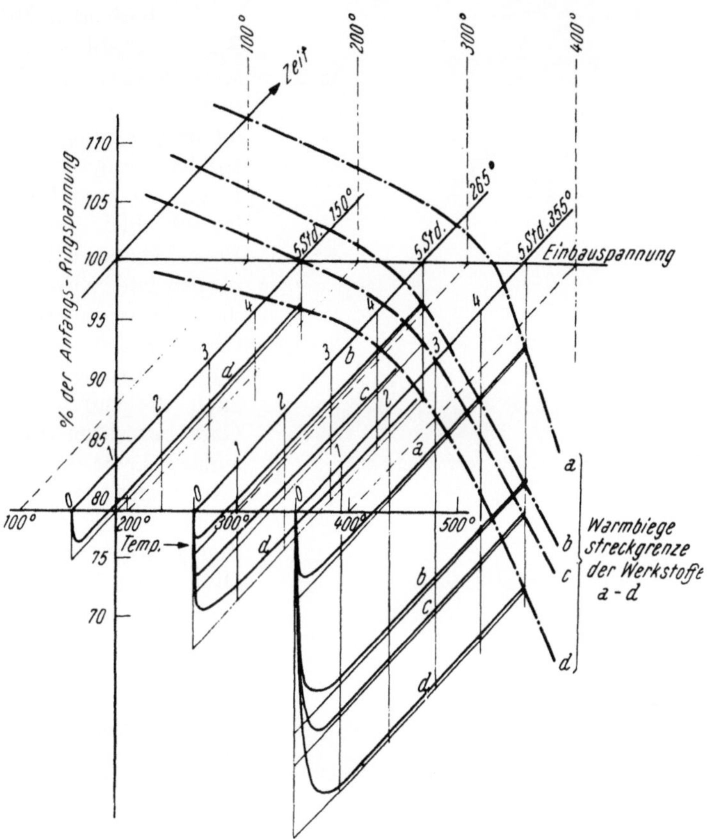

Abb. 48. Spannungshaltungskurven und „Warmbiegestreckgrenze" von Kolbenringwerkstoffen (schematisch)

Nach einem Betrieb im Flatterbereich jedoch, wo starkes Durchblasen wesentlich gesteigerte Ringtemperaturen bei ungleichmäßiger Temperaturverteilung und höhere Beanspruchungen, bzw. stärkere Erschütterungen und Schwingungen auftreten, zeigen sich erhebliche Veränderungen der Anpreßdruckverteilung (vgl. die voll ausgezogenen Linien in der Abb. 49). — Die Ausgangs-Anpreßdruckverteilung der untersuchten Ringe war allerdings in allen diesen Fällen unbefriedigend.

Im allgemeinen neigen thermisch gespannte Ringe etwas weniger zur Veränderung ihrer Anpreßdruckcharakteristik, als formgedrehte Ringe, gehämmerte Ringe bei höheren Temperaturbeanspruchungen jedoch etwas stärker als diese. — Während längerer Betriebszeiten gleichen sich — störungsfreies Arbeiten der Ringe und Kolben innerhalb zulässiger Temperaturbereiche vorausgesetzt — anfängliche Ungleichmäßigkeiten in der Anpreßdruckverteilung immer mehr aus: Insbesondere an den Stoßenden sinkt dabei der Anpreßdruck fortlaufend und stärker als am übrigen Ringumfang ab; positiv ovale Ringe erhalten daher allmählich mehr oder weniger die Charakteristik runder Ringe und zeigen schließlich nach längerer Laufzeit — ebenso wie anfänglich runde Ringe bereits nach kürzerer Laufzeit — eingefallene Stoßenden.

Im laufenden Motor ist der Spannungsabfall an den Ringen stets größer, als dies etwa nach den an den Ringen selbst oder an den diese umgebenden Kolbenpartien festgestellten Temperaturen zu erwarten wäre. Einlaufverschleiß und fortlaufender Betriebsverschleiß, Erschütterungen und Schwingungen sowie die Spannungserhöhungen infolge der Temperaturen im Ring tragen dazu bei, überdies aber auch die durch durchblasende Gase bewirkten örtlichen Erhitzungen sowie der rasche Temperaturwechsel in der Ringlauffläche als der am höchsten auf Zug beanspruchten Schicht. — Die Abb. 51 gibt z. B. die Meßergebnisse über den Spannungsabfall wieder, die mit verschiedenen Ringen in einem thermisch hoch belasteten Motor gemacht wurden (luftgekühlter Otto-Viertaktmotor, aufgeladen, 105 $\varnothing$ × 116, $p_i = 9{,}81$, $n = 3000$ U/min). — Bemerkenswert ist die Höhe des Spannungsabfalles nicht nur am ersten, sondern auch an den weiter abwärts gelegenen Ringen. — Der anfängliche stärkere Spannungsabfall tritt stets sehr rasch ein; daß er in der Abb. 51 erst bei sechs bis zehn Stunden eingetragen erscheint, ist darauf zurückzuführen, daß eben die ersten Beobachtungen erst nach dieser Zeit gemacht wurden.

Wie sehr der Spannungsabfall im Motorbetrieb sowohl vom Abdichtungsvermögen der

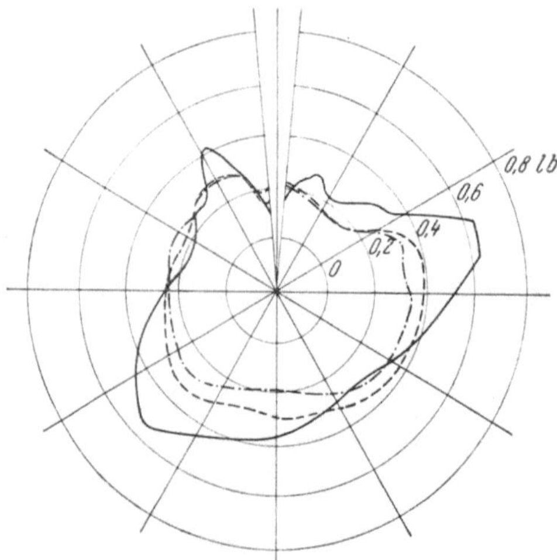

Abb. 49. Veränderung der Höhe und Verteilung des Anpreßdrucks von Kolbenringen im Betrieb (Nach WILLIAMS [14])

Ringe als auch von der Wärmebeständigkeit ihres Werkstoffs abhängt, zeigen z. B. nach Abb. 51 die mit den Ringen *II a* und *II b*, sowie mit den Ringen *III a* und *III b* gemachten Beobachtungen:

Die Ringe *II b* waren mit geschliffener und geläppter Lauffläche, die aus dem gleichen Werkstoff bestehenden Ringe *II a* jedoch mit feingedrehter Lauffläche ausgeführt. Erstere waren nicht im Stande, genügend rasch einzulaufen; ihr Spannungsverlust ist daher bedeutend größer, als jener der rascher und besser abdichtenden feingedrehten Ringe. — Ähnliches kann z. B. auch bei nicht von Haus aus gut abdichtenden verchromten Ringen der Fall sein.

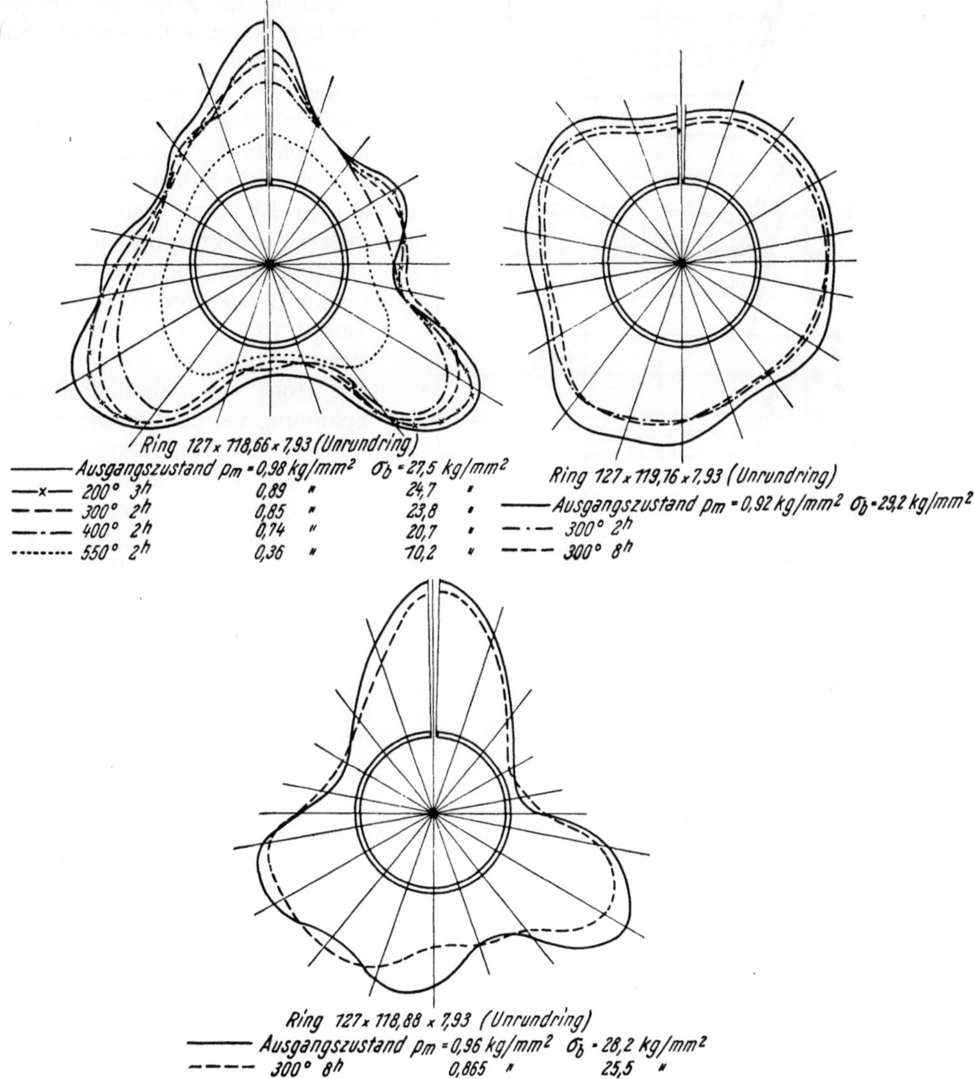

Abb. 50. Veränderung der Anpreßdruckverteilung von Kolbenringen durch Temperatureinwirkungen. — Erhitzen der Ringe in Büchsen vom Nenndurchmesser
(Nach Ebihara [12])

Die Büchsengußringe *III a* und *III b* zeigten dagegen bei gleicher Oberflächenbearbeitung wie die Ringe *II a* gemäß ihres weniger temperaturbeständigen Werkstoffs einen bedeutend rascheren Spannungsverlust trotz anfangs guter Abdichtung. Bei der Beurteilung eines Ringes in Hinsicht auf seine

Spannungshaltung auf Grund des Verhaltens im Motor muß daher immer auch sorgfältig geprüft werden, ob die Voraussetzungen dafür, daß der Ring im Zylinder vollkommen abdichten kann, unter Berücksichtigung des Zustandes der Zylinderbohrung, bzw. des Kolbens auch tatsächlich gegeben sind.

Warmfeste Ringe. — Der anfängliche, als Folge der Temperatureinwirkung aufzufassende Spannungsverlust kann dadurch zum großen Teil vorweggenommen werden, daß man die Ringe zunächst auf höhere Spreizung spannt, als sie endgültig haben sollen, sie hierauf in Büchsen vom Nenndurchmesser einlegt und sie auf eine oberhalb der höchsten zu erwartenden Betriebstemperatur gelegene Temperatur — z. B. etwa während einer Stunde auf 350° — erhitzt. Die Höhe des dabei eintretenden Spannungsverlustes sowie das dem entsprechend anzuwendende Maß für die Überspannung müssen nach Erfahrung gewählt werden. Man kann durch diese „Warmfestbehandlung" der Ringe den zu Betriebsbeginn auftretenden Spannungsverlust wesentlich herabsetzen (vgl. Abb. 39 und 42), jedoch aus den früher erwähnten Gründen nicht ganz zum Verschwinden bringen.

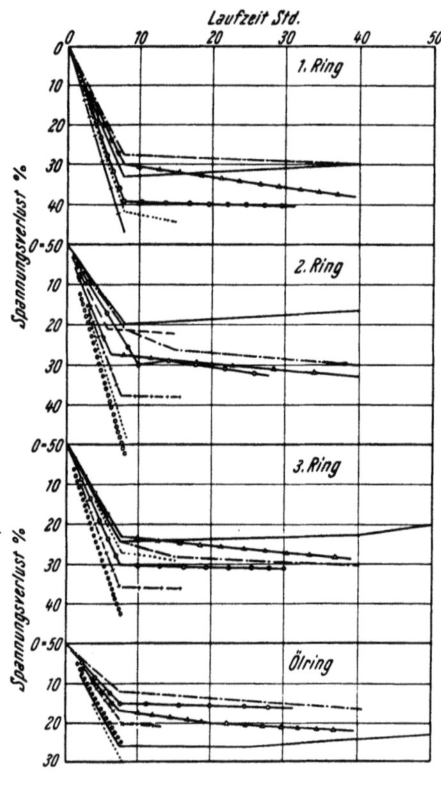

Abb. 51. Spannungsabfall verschiedener Ringsorten beim Motorversuch unter gleichen Bedingungen

Ringgattung		C_{ges}	C_{geb}	Graphit	Si	Mn	P	Cr	Mo	Ni	HB	Anmerkung
I a	Einzelguß	3,69	0,66	3,03	2,95	0,69	0,81	0,17	0,16	—	242	Lauffläche feingedreht
I b	Einzelguß	3,65	—	—	3,12	0,65	0,75	—	—	—	256	Lauffläche feingedreht
I c	Einzelguß	3,64	—	—	2,91	0,59	0,75	0,25	—	0,65	302	Lauffläche feingedreht
II a	Einzelguß ⎫	3,68	0,71	2,97	2,68	0,63	0,65	0,18	0,26	—	254	Lauffläche feingedreht
II b	Einzelguß ⎭											Lauffläche geläppt
III a	Einzelguß	3,43	0,54	2,89	—	—	0,83	—	—	—	—	Lauffläche feingedreht
III b	Einzelguß vergütet	3,36	—	—	—	—	—	—	—	—	—	Lauffläche feingedreht
III c	Einzelguß	3,90	—	—	—	—	—	—	—	—	—	mit Bimetalleinlage

Versuchsmotor: luftgekühlter Einzylinder-Otto-Motor SAM 325, $D = 105{,}5$, $S = 116$, $n = 3000$, $c_m = 11{,}6$ m/sek, $N_c = 23$ PS, $p_i = 9{,}81$ kg/cm², $p_e = 6{,}83$ kg/cm², $\varepsilon = 6{,}35$
Zylinderwerkstoff: Stahl. — Temperatur am Zylinder: oben 190°, unten 100° C
Kolben: Leg ECY
Kraftstoff: Fliegerbenzin O.Z.87, Schmieröl Stanavo 120, Schmierölverbrauch 6g/PSh
(Nach KUHM [15])

III. Kolbenringverschleiß

Der Verschleiß der Kolbenringe, vorzugsweise an ihrer Lauffläche — und eng verbunden damit jener der Zylinder selbst — war und ist, und zwar vor allem im Hinblick auf die in Verbrennungsmotoren herrschenden Bedingungen, Gegenstand vielfacher und eingehender Untersuchungen und eines entsprechend ausgedehnten Schrifttums (vgl. z. B. [16 bis 23, 215, 216]). Hier soll auf dieses Problem nur so weit eingegangen werden, als die Ringe selbst und ihre Wirkungsweise durch den Verschleiß betroffen werden.

A. Verschleißarten — Ursachen und Erscheinungen

Nach den heutigen Erkenntnissen können für den Verschleiß von Kolbenringen folgende Arten einer unerwünschten Materialabtragung in Betracht kommen, die, jeweils in verschiedenem Grad und mit unterschiedlichem Anteil am Vorgang beteiligt, in ihrer Summenwirkung den Gesamtverschleiß ausmachen:

1. Eigentliche Verschleißvorgänge:

a) Mechanisches Abtragen von Oberflächenteilchen: mechanischer Reibverschleiß.

b) Verschleiß durch die Wirkung zwischenmolekularer Kräfte auf die Oberflächenteilchen.

c) Verschleiß durch örtliches Verschweißen der Oberflächenteilchen (Bindungsverschleiß).

d) Verschleiß durch Oberflächenermüdung (Gefügezerrüttung):
α) infolge mechanischer Kräfteeinwirkungen,
β) infolge von Temperatureinwirkungen.

e) Verschleiß infolge der Wirkung von zwischen die Oberflächen gelangenden Fremdteilchen (Staub, Sand, usf., aber auch Abrieb).

2. Unterstützung des Verschleißes durch Korrosionsvorgänge:
chemische bzw. elektrochemische Angriffe.

Welche von den aufgezählten Verschleißarten unter bestimmten Betriebsbedingungen auftritt oder überwiegt läßt sich nicht in allen Fällen angeben; immer aber wirken mehrere der angegebenen Vorgänge gleichzeitig ein. — Es ist deshalb auch außerordentlich schwierig, das Verschleißverhalten von Kolbenringen durch Laboratoriumsversuche auf eigenen Verschleißvorrichtungen klären zu wollen, weil es praktisch unmöglich ist, den wahren Beanspruchungen im Motor auch nur halbwegs nahe zu kommen. Dennoch sind solche Versuche keineswegs wertlos, da sie es gestatten, das Verhalten der Werkstoffe unter eindeutigeren Verschleißbeanspruchungen aufzuhellen und den verwickelten tatsächlichen Verschleißvorgang auf verschiedene Einzeleinflüsse hin zu untersuchen; selbstverständlich bleibt aber schließlich nur der Versuch im Motor für das betriebsmäßige Verschleißverhalten der Ringe aufschlußgebend.

LEUNIG [17] hat über die auf dem Gebiet des Zylinderverschleißes von Verbrennungsmotoren vorliegenden neueren Forschungsarbeiten einen sehr vollständigen zusammenfassenden Überblick gegeben. Die für den Zylinderverschleiß maßgebenden Vorgänge gelten sinngemäß vielfach auch für den Kolbenringverschleiß, wobei jedoch zu berücksichtigen ist, daß die gesamte Laufflächenbeanspruchung für die letzteren jene an der Zylinderlauffläche, mit welcher sie zusammenarbeiten, immer weit übersteigt und daß die Temperaturen an der Ringlauffläche andere sind als an der Zylinderlauffläche.

1. Eigentliche Verschleißvorgänge

1. Mechanischer Reibverschleiß. Bekanntlich tritt an belasteten Gleitflächen einer Verschleißpaarung praktisch kein Verschleiß auf, solange zwischen den aufeinander gleitenden Flächen ein hydrodynamisch ausreichend tragfähiger Schmierfilm vorhanden ist. Hierzu ist außer einer geeigneten gegenseitigen Lage und Form der Flächen bzw. ihrer in Bewegungsrichtung vorne gelegenen Kanten eine bestimmte relative Gleitgeschwindigkeit erforderlich. Wie aber bereits im Abschnitt IV, Bd. 1, ausgeführt, muß es, weil die Bewegungsgeschwindigkeit der Ringe gegenüber der Zylinderlauffläche in den Umkehrpunkten zu Null wird, in der Nähe der Totpunktlagen auf jeden Fall zu halbflüssiger oder Grenzreibung und damit zu einer — mehrfach bewiesenen — Durchbrechung des Schmierfilms kommen, die anteilsmäßig am Gesamthub umso länger und ausgiebiger ist, je niedriger die Drehzahl der Maschine und je höher der Gasdruck hinter dem Ring wird. Der stärkste Verschleiß durch mechanisches Abtragen erfolgt daher auch an den Ringen nahe der oberen Totlage, wohin überdies nur wenig Schmieröl gelangt, wobei der Schmierfilm ferner durch die herrschenden höheren Temperaturen am stärksten geschwächt wird und auch andere Umstände den Verschleiß begünstigen. Dementsprechend muß die Verschleißbeanspruchung in der Regel auch an den obersten Ringen höher liegen, als an den tiefer gelegenen.

2. Wirkungen zwischenmolekularer Kräfte. Die zwischen den Atomen und Molekülen eines festen Körpers wirkenden, seine Kohäsion bedingenden Kräfte sind in seinem Inneren abgesättigt; an den in den Oberflächen liegenden Teilchen bleiben aber nach außen gerichtete Restkräfte frei, die — im Molekülmaßstab gesprochen — auf kleine Entfernungen außerordentlich wirksam sind und nach Absättigung streben. Werden zwei technisch glatte Flächen, die ja bekanntlich, wieder im Molekülmaßstab gesehen, aus stark zerklüfteten Gebirgen und Tälern bestehen, aufeinander gedrückt, so werden sie zunächst nur an verhältnismäßig vereinzelten vorspringenden Erhebungen zur Berührung kommen: Die wirkliche Berührungsfläche kann z. B. selbst bei sorgfältig eben bearbeiteten Stahlflächen vor Beginn eines Einlaufvorganges weniger als 0,01% der Gesamtfläche betragen und zwar hängt dieser Wert nur ziemlich wenig vom Grad der Oberflächenrauhigkeit [24], bei gleicher Gesamtbelastung aber auch nur wenig von der Größe der sich berührenden Flächen ab. An diesen wenigen Stellen werden aber die sich berührenden Oberflächenteilchen zweier aus gleichem metallischen Werkstoff bestehenden Stücke, soferne sie metallisch blank und nicht durch andere Zwischenschichten getrennt sind, durch atomare Kräfte mit einer Bindung zusammengehalten, die der Festigkeit des Werkstoffes etwa entspricht. Bei der Berührung verschiedener Werkstoffe hängt die Bindungskraft von den Eigenschaften beider Werkstoffe ab.

Bei gegenseitiger Verschiebung der beiden Körper müssen diese Bindungskräfte überwunden werden; es ist durchaus möglich, daß dabei eine Lostrennung von Partikelchen längs gewisser Zonen im Inneren der Körper verläuft, in denen die Kohäsion niedriger ist, als die an den Berührungspunkten wirksamen Kräfte.

3. Schweißbrückenbildungen. Stehen die sich berührenden Gleitflächen unter Belastung, so können die zunächst zur Berührung kommenden und infolge der hier erfolgenden Belastungskonzentration außerordentlich hochbelasteten Gipfel — soferne der Werkstoff es erlaubt — infolge der auftretenden hohen spezifischen Drücke zunächst plastisch verformt werden, so lange, bis sich die Berührungsflächen soweit vergrößert haben, daß sie die aufgebrachte Belastung ohne weiteres Fließen tragen können. — Infolge der beim Fließen auftretenden, auf enge Bereiche beschränkt bleibenden Temperaturerhöhungen kann die Oberflächentemperatur örtlich hoch genug ansteigen, um ein Erweichen und Schmelzen zu bewirken und schließlich kann es zum Verschweißen an den Berührungsstellen kommen: Das Vorhandensein solcher Schweißstellen wurde mehrfach nachgewiesen; sie entstehen nicht nur beim Gleiten ungeschmierter Flächen, vielmehr können metallische Berührungen mit den erwähnten Wirkungen auch an geschmierten Flächen durch den Schmierfilm hindurch erfolgen. — Durch Anwendung radioaktiv gemachter Ringe wurde z. B. festgestellt (vgl. [25]), daß während des Einlaufvorganges Materialteilchen von den Ringen auf die Zylinderlauffläche übertragen werden, wobei die mengenmäßige Verteilung der Spuren etwa dem üblichen Verschleißprofil entspricht. Diese Metallübertragung trat auch im nur geschleppten Motor, also ohne die Einwirkung hoher Zünddrücke auf den Anpreßdruck der Ringe, auf.

Werden nun die belasteten Gleitflächen gegeneinander verschoben, so müssen die entstandenen Schweißbrücken getrennt werden. Nach BOWDEN [26] stellt deshalb das Gleiten zweier Flächen aufeinander keinen stetigen Vorgang vor, vielmehr tritt beim Gleiten tatsächlich ein abwechselndes Haften und Lösen der beiden Flächen auf und sowohl die Reibungskraft, als auch die Größe der wahren Berührungsfläche sowie die örtlichen Oberflächentemperaturen schwanken dabei lebhaft innerhalb sehr weiter Grenzen. Dabei werden fortlaufend Teilchen aus den Grundwerkstoffen losgerissen und es ergibt sich damit ein fortlaufender Verschleiß, dessen Art und Größe durch die Höhe der zwischen den Molekülen herrschenden Anziehungskräfte, durch die Festigkeit der Schweißverbindungen und durch die Festigkeit des Werkstoffes selbst bedingt ist: Wo die Abtrennung erfolgt, hängt vom Verhältnis der Festigkeit der Schweißverbindungen zu jener der Grundwerkstoffe sowie von der Lage der schwächsten Stellen im letzteren ab: Ist die Schweißverbindung weniger fest, so geht der Bruch durch die Schweißnaht und der Verschleiß bleibt wahrscheinlich gering, die Oberflächen können sich unter Umständen „glätten". Ist die Verbindung fester als eines der Grundmetalle oder als beide, so erfolgt das Abscheren in der Regel, jedoch keineswegs immer, im Grundmaterial von geringerer Festigkeit; wo bei diesem Vorgang auch Kaltverfestigung eine Rolle spielt, tritt die Abtrennung außerhalb der kaltverfestigten Zone auf: durch das Herausreißen von Teilchen aus der Oberfläche tritt dann Verschleiß, in der Regel verbunden mit zunehmendem „Aufrauhen" auf.

Die durch das örtliche Verschmelzen der Oberflächenteilchen entstandenen metallischen Verbindungen können vermutlich von dreierlei Art sein:

1. Die erste Art ist kennzeichnend für ein Gleitstück aus einem harten Metall von hohem Schmelzpunkt, das auf einer weichen Unterlage von niedrigerem Schmelzpunkt gleitet: Die Bewegung erfolgt dann ruckweise, doch ist der schnelle Schlupf dabei klein. Die Oberfläche des harten Gleitstückes wird nicht wahrnehmbar verändert; aus der bei niedrigerer Temperatur schmelzenden Gegenfläche wird beim Gleiten eine Spur von bestimmter Breite herausgescheuert: Die Oberflächenunregelmäßigkeiten des harten Teils dringen in den weichen ein und der Bewegungswiderstand entsteht hauptsächlich dadurch, daß letzteres aufgerissen wird. Der Vorgang entspricht, grob gesprochen, dem Ziehen einer Anzahl von Pflugscharen durch weichen Boden.

2. Gleitet ein Teil von niedrigerem Schmelzpunkt auf einer Gegenfläche von hohem Schmelzpunkt, so geht die Bewegung zwar auch wieder sprungweise vor sich; das Ausmaß des schnellen Schlupfes ist aber jetzt viel größer. Die Gegengleitfläche wird dabei nicht abgescheuert, sie bleibt offenbar unverformt; Teilchen des Gleitstücks mit niedrigem Schmelzpunkt werden aber auf ihr verschmiert.

3. Arbeitet ein Gleitstück schließlich auf einer Gegenfläche aus dem gleichen Werkstoff, so sind die Verhältnisse wieder andere: Die Reibung wird nun viel höher und es treten sehr starke Schwankungen auf; doch läßt sich während der Gleitbewegung kein schnelles Schlupfen beobachten. Aus der Gleitfläche werden breite Spuren herausgescheuert und das Metall in diesen zeigt sich stark verformt. — In diesem Fall tritt unter örtlich hohem Druck ein gleichartiges Fließen an beiden Teilen ein; beide Teile tragen zum Entstehen der Schweißverbindungen bei. Werden diese zerrissen, so werden beide Flächen verformt und abgetragen.

Diese unter bestimmten Voraussetzungen deutlich verschiedenen drei Arten metallischer Wechselwirkungen beim Gleitvorgang sind in praktisch auftretenden Fällen immer deutlich zu unterscheiden; sie können jedoch auch gleichzeitig aufscheinen. — Reibung und Oberflächenzerstörung beim Gleitvorgang werden geringer sein, wenn die physikalischen Eigenschaften der beiden Metalle und besonders ihre Schmelzpunkte sehr verschieden sind, so daß Verbindungen der dritten Art nicht auftreten können: Die wichtigere Oberfläche sollte daher einen möglichst hohen Schmelzpunkt haben; dann werden die hohen Drücke an den Berührungspunkten zwar ein Verschmelzen bewirken, wobei aber nur das Material mit niedrigerem Schmelzpunkt flüssig wird. Die Fläche des Metalls von hohem Schmelzpunkt wird dagegen weitgehend unbeschädigt bleiben, abgesehen davon, daß etwa Klümpchen des Gegenwerkstoffs daran haften bleiben können.

Wenn gleichartige Metalle aufeinander gleiten, so muß mit höherem Verschleiß und höherer Reibung gerechnet werden, weil beide Teile gleichmäßig zum Entstehen der Schweißverbindungen beitragen und somit beide Oberflächen aufgerauht werden. Gleiten Teile aus gleichen Werkstoffen aufeinander, so ist es wichtig, daß sie aus einer inhomogenen Legierung bestehen, damit die gebildeten Schweißverbindungen nicht totale oder wenigstens nicht nur solche nach der dritten Art sind. Gußeisen stellt infolge seiner Struktur einen derartigen sehr inhomogenen d. h. günstig aufgebauten Werkstoff vor.

Kommt das Metall des einen Gleitteiles infolge örtlicher Temperatursteigung zum Schmelzen, so werden dadurch weitere Temperaturanstiege verhindert und das geschmolzene Metall verschmiert sich über relativ größere Bereiche, wo es rasch abgekühlt wird und erstarrt. Bilden sich dabei Perlen oder Klumpen, so können sie die Oberflächenrauhigkeit vermehren, womit sich die Bedingungen für das weitere Darübergleiten ungünstiger gestalten: Die Temperatur steigt infolgedessen im weiteren Verlauf weiter an, die Schmierung wird in einem größeren Bereich verschlechtert und es werden immer größere Bereiche von der Zerstörung erfaßt, so daß ein „Fressen" in größerem Umfang auftritt.

Geht der Verschleißvorgang aber glättend vor sich, wobei die erwähnte Perlenbildung unterbleibt, das geschmolzene Metall sich vielmehr auf größere Flächen ausbreitet und die Vertiefungen ausfüllt, wie z. B. bei Paarungen von Werkstoffen, die schnell miteinander verschweißen, so soll nach der Theorie von Beilby (vgl. [27]) die oberste Schicht der Verschleißteile allmählich amorph werden, das heißt der Charakter des flüssigen Zustandes bleibt in der dünnsten geschmolzenen und rasch wieder erstarrten Schicht erhalten und erreicht damit die als „Beilby-Schicht" bekannte Ausbildung. Diese amorphe Schicht, deren Bestehen von anderen Forschern verneint wird und nach denen diese dünne ausgebreitete Schicht dennoch kristallinisch, mit Kristallabmessungen von etwa 50 Å erstarrt, ist härter und zäher als der darunter liegende Werkstoff, was für den weiteren Verschleiß sehr bedeutungsvoll ist.

Zwischenmolekulare Kräfte von ähnlicher Art wie zwischen Metalloberflächen wirken auch zwischen Metalloberfläche und Schmiermittel: darauf beruht die hohe Haftfestigkeit des Ölfilms am Metall und seine hohe Zerreißfestigkeit;

ob aber durch das Abreißen des Ölfilms z. B. bei schnellaufenden Maschinen Metallteilchen aus den Gleitflächen herausgerissen werden können und auch auf diesen Weg ein Verschleißvorgang zustandekommt (vgl. z. B. [28]) erscheint noch nicht bewiesen. — Die infolge der Molekularkräfte festgehaltenen dünnsten Schmierölschichten (Grenzflächen-Schmierfilme, Epilame) können aber das geschilderte Entstehen von Mikroschweißstellen auch bei sehr geringen Belastungen nicht ganz verhindern, wenn auch das Öl natürlich durch Verdampfen örtlich stark kühlend wirken kann. — Das beim Gleitvorgang bewirkte Abbrechen der durch den Grenzflächen-Schmierfilm hindurch entstandenen Mikroschweiß-brücken bildet neben der Schubfestigkeit der Schmiermittel selbst immer einen wesentlichen Anteil des Gleitwiderstandes geschmierter Flächen, solange nicht vollflüssige Reibung herrscht.

Nach BROEZE [29] ist die Haftfähigkeit von Kohlewasserstoff-Schmiermitteln — im Gegensatz zu anderen älteren Ansichten — keineswegs unendlich groß, sondern nur begrenzt. Es besteht daher immer die Möglichkeit, daß sie abgeschert werden und daß es zur örtlichen Berührung von Metall und Metall kommen kann; dabei ist bekannt, daß polare Substanzen ihre Adhäsion durch festere Bindung an Metalle verbessern, womit die Reibung häufig geringer wird. Der Charakter dieser Adhäsionskräfte wird öfters als physikalisch angesehen; doch gibt es keine strenge Grenze zwischen diesen physikalischen Kräften und einer chemischen Bindung: So kann z. B. ein chemischer Angriff erfolgen, die zur Bildung von Metallseifen führt; diese wiederum unterliegen ihrerseits den abscherenden Kräften unter normalen Reibungsbedingungen und führen zu schnellem Verschleiß. Solche Einflüsse wurden z. B. von WILLIAMS [30] und anderen festgestellt, wenn Ölsäurezusätze zu Maschinenölen gemacht wurden; (vgl. S. 160).

Von den geschilderten Verschleißformen kann sich jene durch punktweises Verschweißen am zerstörendsten auswirken, wenn durch das Aufreißen der Schweißverbindungen die Oberfläche aufgerauht wird: Damit verschlechtert sich die Möglichkeit für die Ölfilmbildung, gleichzeitig wird die Intensität der lokalen Wärmeentwicklung erhöht: Der Verschleiß führt über die mildere Form des Aufrauhens (galling, scoring) schließlich zum Fressen.

4. Oberflächenermüdung. *a) Infolge äußerer Kräfteeinwirkungen.* — In den Oberflächenschichten aufeinander gleitender Teile treten, oft auf kleine Zonen begrenzt, aus den übertragenen Drücken und Reibungskräften, daneben aber auch aus den früher erwähnten molekularen Kräften erwachsende Beanspruchungen von beträchtlicher Höhe auf, die außerordentlich rasch zwischen Null und Höchstwerten oder auch zwischen positiven und negativen Werten schwanken können und in ihrem dauernden und häufigen Wechsel zur Ermüdung des Werkstoffs auf eine gewisse Tiefe unter der Oberfläche hin führen können.

Bei Abwesenheit eines tangentialen Widerstandes wird die Spannungsverteilung an den Berührungsstellen der beiden Gleitflächen — wenn diese der Vereinfachung halber als kugelige Flächen betrachtet werden — den bekannten HERTZschen Gleichungen entsprechen: die höchste Schubspannung tritt dann in einer gewissen Tiefe unterhalb der Oberfläche auf und das Fließen wird hier einsetzen. Bei Vorhandensein eines tangentialen Widerstandes liegen die höchsten Schubspannungen jedoch in der Nähe der Berührungsfläche oder in dieser selbst und das Fließen beginnt in der Oberfläche: MOORE [31] stellt bei ungeschmiertem Gleiten eine beträchtliche plastische Verformung im Bereich der Gleitbahn fest, bei geschmiertem Gleiten dagegen eine Verformung unterhalb der Oberfläche.

Wenn nun auch die an den Oberflächen auftretenden Spannungen nicht imstande sind, den Werkstoff — außer in den äußersten Oberflächenschichten — zum plastischen Fließen zu bringen, tritt nach WALZEL [32] dennoch Oberflächenermüdung unter Gleitbeanspruchung bei jedem Überschreiten der Schwingungsfestigkeit und des Kaltverformungsvermögens des Werkstoffs auf; dies ist örtlich sehr leicht möglich und bei genügend häufigem Lastwechsel können auch verhältnismäßig niedrige Spannungen schließlich zur Abtragung der Oberfläche in Form kleinster Teilchen führen. Da, den Oberflächenunregelmäßigkeiten folgend, bei der Bewegung auch die im Schmierfilm auftretenden Drücke örtlich rasch wechseln und hoch ansteigen können, ist eine Oberflächenermüdung auch von dieser Seite her denkbar, so daß die Erscheinung auch bei völlig unverletztem Ölfilm auftreten kann. Es ist anzunehmen, daß ein erheblicher Teil des normalen Kolbenringverschleißes, das heißt also des Verschleißes bei hinreichender Schmierung, günstigen Temperaturbedingungen und Abwesenheit schmirgelnder Verunreinigungen, auf Oberflächenermüdung zurückzuführen ist.

b) Durch Temperatureinflüsse. Außer einem raschen Wechsel der angreifenden Kräfte nach Richtung und Größe ist die Oberflächenschicht der Ringe auch einem raschen Temperaturwechsel unterworfen. Die Größe dieser Temperaturschwankung beträgt bei höherer Belastung und für den obersten Ring in der äußersten Schicht bei jedem Hub etwa $\pm$ 30, ja unter Umständen auch $\pm$ 50 °C um den sich einstellenden Mittelwert und klingt nach der Tiefe des Ringes hin sehr rasch ab. Es ist bis heute noch wenig erforscht, welchen Einfluß die damit wachgerufenen rasch wechselnden Wärmespannungen auf eine Auflockerung der Oberflächenschicht und auf die Verschleißvorgänge haben.

5. Verschleiß durch schmirgelnde Teilchen. Der durch zwischen die Gleitflächen gelangende Fremdteilchen — zu denen schließlich auch der von den Verschleißteilen selbst stammende Abrieb zählt — bewirkte Verschleiß geht grundsätzlich auf die gleichen Vorgänge und Erscheinungen zurück, wie der Verschleiß durch unmittelbare mechanische Reibwirkung; als zusätzliche, den Verschleiß nach Größe und Fortschritt beeinflussende Faktoren kommen hier jedoch noch Zahl, Größe und Form und die mechanischen, mittelbar auch die chemischen Eigenschaften der schmirgelnden Teilchen hinzu. Sie sind häufig sehr hart, so daß auch das Einbettungsvermögen der Werkstoffe beider Teile der Verschleißpaarung Bedeutung gewinnt (vgl. [33]). Es zeigt sich dabei auch im Betrieb von Kolbenmaschinen oft, daß sich die Fremdteilchen im weicheren, zäheren Teil einbetten und diesen schützen, den härteren dagegen angreifen.

Wegen der zahlreichen dabei mitwirkenden Veränderlichen ist unsere Kenntnis über den Einfluß der Fremdteilchengröße und deren Konzentration noch etwas begrenzt. Es erscheint jedoch ziemlich unzweifelhaft, daß mit zunehmender Teilchengröße und steigender Konzentration der Verschleiß ansteigt. Andererseits ist es wahrscheinlich, daß Partikelchen, die kleiner als etwa $< 1 \mu$ sind, nur geringeren Einfluß haben, weil sie den Ölfilm nicht durchbrechen. Dennoch aber schwächen sie den Film und begünstigen das Altern des Schmieröls (vgl. S. 197). Schädlich werden auch sie aber sicherlich, wenn sie in großen Mengen anfallen oder sich im Schmieröl anreichern.

Es wird öfters auch vermutet, daß ebenso wie harte Fremdteilchen auch aus dem Gefüge der Verschleißteile selbst herausgelöste harte Teilchen, wie z. B. aus dem Grauguß stammende Zementitkörner, andere harte Karbide oder Phosphidteilchen wirken und daß daher das Vorhandensein dieser Gefügebestandteile ein ungünstiges Verschleißverhalten bedingt. Im allgemeinen ist aber die Ver-

ankerung solcher Teilchen im Gefüge so fest, daß sie, in der Oberfläche der Verschleißteile gelegen, allmählich und in so feinen Partikelchen abgetragen werden,
daß sie — ebenso wie der übrige metallische Abrieb — zwar eine gewisse Rolle
beim Verschleißvorgang spielen, ohne jedoch Anlaß zu besonderen Zerstörungen
zu geben. Ist das Gefüge von Graugußteilen jedoch von lockerer Art, das heißt
von Mikrolunkern durchsetzt und liegt das Phosphid in groben Kristallen vor,
so kann tatsächlich auch das Herausreißen größerer harter Partikelchen erfolgen,
besonders wenn der Verschleiß durch stärkere korrodierende Einflüsse unterstützt wird.

Einige Ergebnisse von Verschleißversuchen, die mit der Paarung: weiches
Gußeisen - weicher Stahl durchgeführt wurden, wobei dem Schmieröl 0,1%
Schmirgel zugesetzt waren, sind auf S. 98 und in den Abb. 77 und 78
wiedergegeben: Es zeigt sich dabei geringe Abhängigkeit des Verschleißes von
der Gleitgeschwindigkeit bei etwa linearer Abhängigkeit vom Anpreßdruck und
starker Anstieg der Freßneigung sowohl mit der Geschwindigkeit als auch mit
dem Anpreßdruck.

2. Unterstützung des Verschleißes durch chemische Angriffe

1. Einfluß von Oxydschichten. Auf blanken, reaktionsfähigen metallischen
Oberflächen bildet sich unter Einfluß des Luftsauerstoffes ein Oxydfilm von
einer mehrere Moleküllagen umfassenden Dicke. Dieser kann ein Verschweißen
der Oberflächenvorsprünge beim Gleitvorgang auch bei geringen Anpreßdrücken
zwar meist nicht verhüten, hat aber dennoch starken Einfluß auf Reibung und
Verschleiß; die Wirkung hängt vom Verhältnis seiner Härte gegenüber jener
des Grundwerkstoffs sowie von seiner Haftung an letzterem ab. Bei wiederholtem
Übereinandergleiten und hoher Gleitgeschwindigkeit können bei ungeschmierten
Metallflächen Oxydteilchen insbesondere aus härteren, spröderen Oxydschichten
bis zu beträchtlicher Tiefe in die durch Gleiten, Überschiebungen, Kaltverformung und örtliche Schweißwallbildungen zerrütteten Oberflächenschichten
eingeschlossen werden [34]. Diese Teilchen wirken hemmend auf das Korn-
wachstum bei etwa auftretenden lokalen Temperatursteigerungen und tragen so
zur Stabilisierung der zerrütteten Oberflächenschicht bei.

Die Oxydation der Oberflächen wirkt ferner dem unmittelbaren metallischen
Kontakt entgegen; die beim Gleitvorgang abgetrennten Oxydteilchen füllen
überdies zusammen mit anderen Verschleißteilchen die Oberflächenunebenheiten
aus und setzen so die Oberflächenbelastung herab: so stellte DAVIES [35]
bei Schmierung mit raffiniertem Schmieröl solange einen hohen Verschleiß fest,
bis sich in den Oberflächenvertiefungen genügend Verschleißtrümmer ange-
sammelt hatten, um diese auszufüllen; diese Verschleißtrümmer bestanden aus
Verbänden feinzermahlener Oxyde von etwa $1\,\mu$ Durchmesser. Wurde dem
Schmieröl ein oberflächenaktives Mittel, z. B. Ölsäure, zugesetzt, so konnten sich
die Verschleißteilchen nicht absetzen und es ergab sich erhöhter Verschleiß. —
Entstehen beim Verschleiß an den Oberflächen Riefen oder Kratzer, so werden
Teilchen des aufgebrochenen Oxydfilms auf den Grund der Verletzungen gedrückt
und schützen diese z. B. vor Korrosionsangriffen (vgl. z. B. [36]).

Besonders erwähnenswert ist die sich äußerst rasch bildende und sehr zähe
und fest haftende Oxydschicht auf Chrom, wodurch dessen hoher Verschleißwiderstand mitbedingt wird.

2. Chemische und elektrochemische Einflüsse. — Korrosion. Korrosion
wird ausgelöst durch eine Wechselwirkung der Reaktion zwischen dem Metall und

einer korrodierenden Komponente, welche das Metall in eine seiner Verbindungen
übergehen läßt. — Stärke und Geschwindigkeit des Korrosionsangriffs hängen
sowohl von der Art des chemisch angreifenden Mittels, als auch von den
physikalischen Bedingungen, wie z. B. Temperatur, Konzentration usw. ab.

Bei rein chemischer Korrosion verläuft die Reaktion direkt zwischen den
beteiligten Komponenten in ihrem molekularen Zustand; sie kommt häufig
durch eine schützende Schicht aus den sich bildenden Reaktionsprodukten
bald zum Stillstand. — Bei elektrochemischen Reaktionen dagegen reagieren die
Metalle in Gegenwart von Wasser oder anderen entsprechenden Lösungsmitteln
bei gleichzeitigem Transport elektrischer Ladungen durch gebildete Ionen.

Praktisch arbeiten alle Verbrennungsmotoren mit Kraftstoffen, die sich aus
Kohlenstoff und Wasserstoff enthaltenden organischen Verbindungen aufbauen.

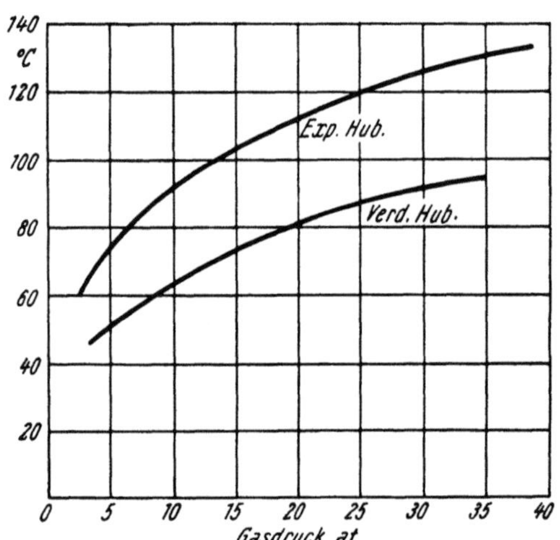

Abb. 52. Taupunkt von Wasser (rein) im Zylinder
einer Zweitaktmaschine
(Nach VAN DER HORST [37])

Wasser und Kohlensäure sind
daher die Hauptprodukte der
Verbrennung: Sehr bedeutend
ist deshalb immer die bei der
Verbrennung gebildete Menge
von Wasserdampf: bei reinen
Kohlenwasserstoffen ist dessen
Gewicht etwa gleich dem ver-
brannten Brennstoffgewicht. —
Unter normalen Betriebsbedingungen tritt eine Kondensation
des Wasserdampfes nur an
stark gekühlten Teilen des Zylinders ein; sie kann nur dort
erfolgen, wo der Teildruck des
Wasserdampfes höher wird als
sein Sättigungsdruck, das heißt
sein Taupunkt erreicht wird.
Dieser liegt für schwefelfreie Verbrennungsgase bei einem Druck
von 2 atü zwischen 50 und 60° C
und steigt mit steigendem Druck
an (Abb. 52).

Das Unterschreiten der Taupunktstemperatur der Verbrennungsprodukte an
den Zylinderwandungen, bzw. in den Ringnuten hat wesentlichen Einfluß auf
den korrosiven Verschleiß der genannten Teile sowie der Ringe.

GROTH [38] errechnet unter der Annahme abgeschlossener Verbrennung
eines schwefelfreien Kraftstoffs für einen Fahrzeug-Dieselmotor den Volumsanteil
des Wasserdampfes am Verbrennungsprodukt und daraus bei den bekannten
herrschenden Gesamtdrücken die Teildrücke und den Taupunkt; Abb. 53 zeigt
die für verschiedene Stellungen des ersten Kolbenringes über der Zylinderwand-
erzeugenden aufgetragenen Sättigungstemperaturen. Sollen Korrosionsangriffe
vermieden werden, so dürfen diese an keiner Stelle der freigelegten Zylinderwand,
bzw. in der Ringnute unterschritten werden, wobei zu berücksichtigen ist, daß die
unmittelbar an der Zylinderwand anliegenden Gasteilchen die Temperatur der
berührten Wandung besitzen dürfen.

Unter der von GROTH gemachten Annahme fallen also bei Vollast die Sättigungstemperaturen zwischen oberem und unterem Totpunkt um etwa 100°, bei
kleineren Teillasten um etwa 75° C. Bei kleineren Motoren zeigt sich aber weder
beim Anfahren noch im Beharrungszustand tatsächlich ein derartiger Temperatur-

unterschied: Ist also im unteren Totpunkt des obersten Ringes nur eine gerade ausreichende Temperatur vorhanden, so ist der obere Teil des Zylinders stark gefährdet; ist dagegen die obere Partie warm genug, so wird im unteren Teil des Zylinders keine Gefahr für Korrosionsangriffe bestehen. — Die absolute Lage der Sättigungstemperatur hängt stark von der Motorbelastung ab; es ist daher notwendig, daß z. B. bei Belastungssteigerungen die Zylinderwand- und die Kolbenringnuttemperatur in genügendem Maß und rasch folgen. Besonders für das niedrigste Luftverhältnis λ liegen die errechneten Temperaturen im oberen Totpunkt, gemessen an beobachteten Werten wassergekühlter Viertaktmotoren, verhältnismäßig hoch. Wenn es auch Motoren gibt, bei denen diese Temperatur

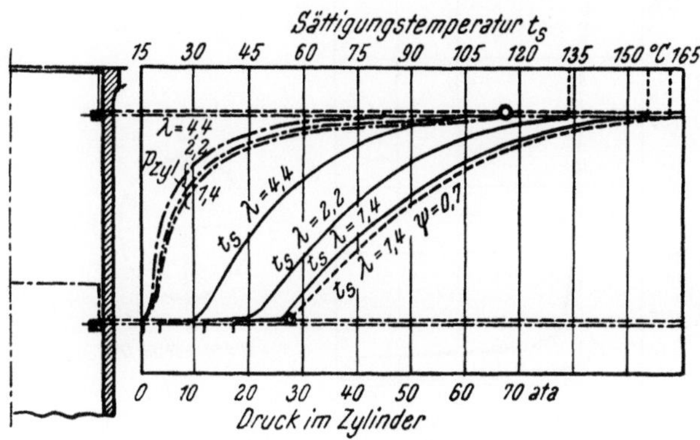

Abb. 53. Sättigungstemperaturen der Verbrennungsgase im Zylinder eines Fahrzeug-Dieselmotors (wassergekühlt) in Abhängigkeit von der Kolbenstellung
λ Luftverhältnis
ψ Sättigungsgrad der Luft
⊙ Kritische Werte nach Broeze und Wilson [42]
Nach GROTH [38]
für einen Kraftstoff aus 86 Gew.-% C, 11% H, 1%O, 2% N

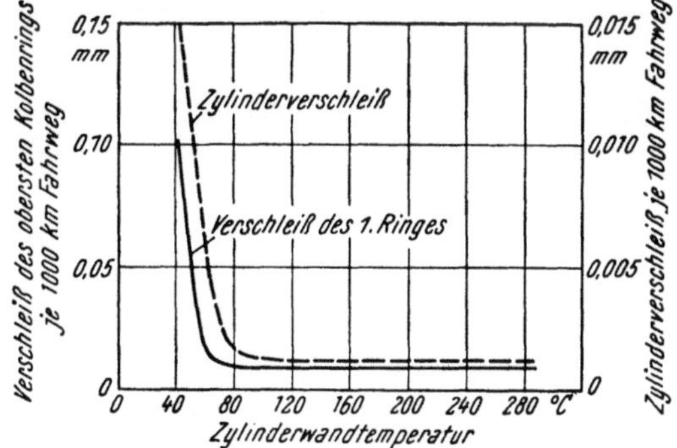

Abb. 54. Einfluß der Zylinderwandtemperatur auf den Verschleiß von Kolbenringen und Zylindern im Ottomotor
(Nach WILLIAMS [40])

200° C und darüber erreicht, so erscheint doch der Bereich zwischen der errechneten Taupunktstemperatur als unterster Grenze und der Gefahr erhöhter thermischer Angriffe auf das Schmieröl als oberer Grenze sehr klein. Derart hohe Temperaturen werden z. B. bei Zweitakt- und bei wenig zu Korrosionsangriffen neigenden Viertaktmotoren beobachtet; schon bei kleinen Abwärtsbewegungen des ersten Ringes sinkt aber die Temperatur nach Abb. 53 bereits beträchtlich ab.

Wie ungünstig sich ein längerer Betrieb mit kalten Zylindern auf den Ring- und Zylinderverschleiß auswirkt, zeigten zuerst RICARDO [39], später WILLIAMS [40] (Abb. 54), BECK [41] und andere. Bei Spritzölschmierung trägt auch die infolge der hohen Zähigkeit des kalten Schmieröls ungenügende Schmierölversorgung der Zylinder dazu bei. In sehr hohem Maß beruht der Verschleiß unter diesen Verhältnissen jedoch auf Korrosionsangriffen, wie ähnliche Beobachtungen an mit Druckschmierung versehenen Zylindern von Großmotoren deutlich nachwiesen.

Bei schlitzgesteuerten Zweitaktmotoren werden die Zylinderoberfläche und ebenso die Ringe örtlich auch durch die Spülluft stark gekühlt, wodurch Wasserdampf und Schwefelsäure, sobald sie an diesen Oberflächenstellen vorbeistreichen, kondensieren und dabei den Zerstörungsprozeß einleiten können.

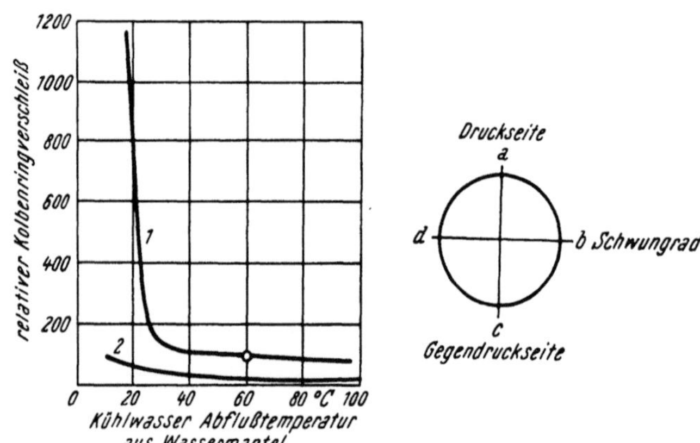

Abb. 55. Einfluß der Kühlwasser-Abflußtemperatur auf den Kolbenringverschleiß bei verschiedenen Schwefelgehalten des Kraftstoffs

1   1,5% S,
2   0,8% S (aus 1 durch Entschwefeln gewonnen)

Der Verschleiß mit Kraftstoff 1 bei 60° wurde gleich 100 gesetzt
Effektiver Mitteldruck des Versuchsmotors: $p_e = 4{,}9$ kg/cm²

Zugehörige Zylinderwandtemperaturen bei einer Kühlwassertemperatur von

	im Punkt	20°				50°				80°			
		a	b	c	d	a	b	c	d	a	b	c	d
O.T.	1. Ring	84	105	85	109	108	125	104	126	132	149	123	148
Mittellage	1. Ring	50	56	52	52	73	78	74	72	96	102	97	101
U.T.	1. Ring	57	58	54	56	78	79	76	76	99	102	98	99

Die Kühlwassertemperatur beeinflußt — soweit sie die Temperatur der Zylinderwandungen bestimmt — nicht nur den korrosiven Verschleiß, sondern auch die Bildung von Rückständen in und um den Verbrennungsraum. Je höher die Kühlwassertemperatur gehalten werden kann, umso eher verläuft die Verbrennung vollständig und desto geringer wird die Neigung zur Bildung verschleißfördernder Produkte, sei es abreibender oder korrodierender Natur. — Es wird auch berichtet, daß bei Großmaschinen, die mit Dampfkühlung arbeiten, die Verbrennungsräume reiner bleiben. Freilich darf dabei die Temperatur nicht so hoch ansteigen, daß die zulässige obere Grenze für die Ring- und Ringnutentemperatur bzw. für das Schmieröl überschritten wird.

Trockene Kohlensäure CO_2 setzt an ungeschmierten Gleitflächen aus Stahl den Verschleiß und die Freßneigung stark herab (vgl. [22]) und dürfte den gleichen Einfluß auch auf Graugußflächen ausüben. — CO_2 hat keinen Einfluß auf die Lage des Taupunkts. Schlägt sich Wasser im Zylinder nieder, so ist die Konzentration der CO_2-Lösungen immer so niedrig, daß auch ihre korrodierende Wirkung sehr gering bleiben muß.

Bei der motorischen Verbrennung entsteht überdies noch eine ganze Reihe anderer Verbindungen, teils als Folge von Nebenreaktionen bei hohen Temperaturen, teils infolge unvollkommener Verbrennung des Kraftstoffs, teils auch aus besonderen, unerwünschten Gehalten des Kraftstoffs, vor allem an Schwefel. Der Gehalt der Verbrennungsgase an verschiedenen anorganischen und organischen Säuren, an Aldehyden und schließlich auch an festen Stoffen wird außer von der Kraftstoffgattung auch von der Motorbelastung und daneben sehr wesentlich vom Verbrennungsverfahren beeinflußt. So finden sich z. B. beim Arbeiten nach dem Dieselprinzip im Vorkammermotor verhältnismäßig geringe Säuremengen und wenig Aldehyde, während diese Anteile im Luftspeichermotor hoch sind. Der Motor mit Strahl-zerstäubung hat eine weniger vollkommene Verbrennung und seine Abgase enthalten daher mehr unverbrannten Kohlenstoff. Unvollkommene Verbrennung ergibt sich aber nicht nur als Folge einer ungenügenden Vermischung von Kraftstoff und Luft, sondern auch durch zu niedrige Temperatur: an gekühlten Flächen besteht immer die Möglichkeit des Auftretens unvollständiger Umsetzungen.

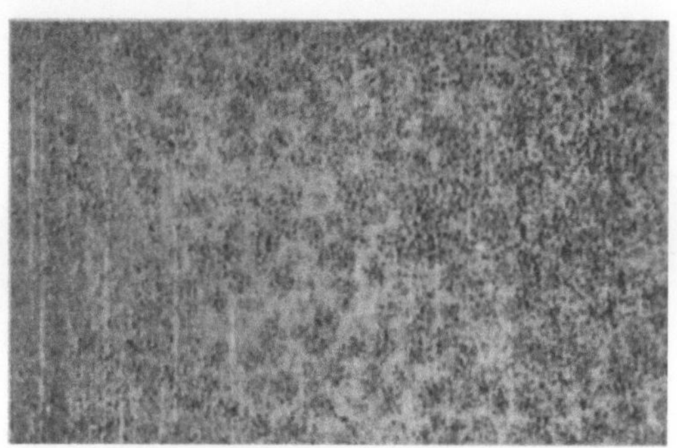

Abb. 56. Im Betrieb mit Schweröl von hohem Schwefelgehalt korrodierte Kolbenringlauffläche mit Grübchenbildung

HCl, Salzsäure, die unter Umständen in geringen Mengen vorhanden sein kann, verhält sich unterschiedlich; ihr Einfluß auf den Taupunkt ist wesentlich geringer, als jener von SO_3 und hängt von der Menge und dem Partialdruck ab. Unter bestimmten Bedingungen kann sie an verhältnismäßig heißen Oberflächen kondensieren. Tritt dies ein, so kann der Korrosionsangriff sehr heftig werden. — In modernen Schiffsmotoren mit Frischwasserkühlung ist die Gefahr für das Eindringen größerer Mengen von Chloriden in die Zylinder nicht sehr groß; in der Regel stammen solche, soweit sie nachgewiesen werden, aus dem Kraftstoff, seltener aus der Ansaugluft.

Stickstoff-Sauerstoffverbindungen bilden sich bei jeder motorischen Verbrennung, doch sind die anfallenden Mengen nur sehr gering. Ihre Wirkung ist, falls sie in Form von salpetriger oder Salpetersäure anfallen, ähnlich wie jene von Chlorwasserstoff.

Für organische Säuren schwankt der Taupunkt etwa in gleicher Weise wie für HCl; doch können sie in recht hohen Konzentrationen auftreten, so daß ihr korrodierender Einfluß, obwohl sie an sich schwache Säuren vorstellen, bei der Anwesenheit aktiven Sauerstoffs, also besonders während der Verdichtung sowie bei Betrieb mit niedriger Belastung während längerer Zeiten, recht bedeutend werden kann.

Wesentlich verstärkt werden die Korrosionserscheinungen unter Umständen jedoch bei Verwendung hochschwefelhaltiger Kraftstoffe. Die Erfahrung zeigt, daß Korrosionsverschleiß bei niedrigen Zylinder- und Kolbentemperaturen in umso stärkerem Maß auftritt, je höher der S-Gehalt des Kraftstoffs ist; bei höherer Betriebstemperatur ist im Gegensatz hierzu sowohl der Einfluß der Temperatur selbst als auch jener des Schwefelgehaltes geringer. Dabei erfolgt die Verbrennung des Schwefels im Dieselzylinder zunächst zu Schwefeldioxyd SO_2; dieses Gas hat im trockenen Zustand keine wesentlichen nachteiligen Wirkungen. Die Anwesenheit von SO_2 im Zylinder beeinflußt auch den Taupunkt nicht; wird schweflige Säure im kondensierenden Wasser gelöst, so ist ihre Konzentration so niedrig, daß ihr Angriff nur gering sein kann.

Abb. 57. Korrosionserscheinungen an den Kolbenringen eines Zweitakt-Schiffsdieselmotors, betrieben mit Schweröl von hohem Schwefelgehalt
oben: an der Lauffläche　　　　　unten: an den Flanken

In den Verbrennungsgasen werden aber immer auch mehr oder weniger große Mengen von Schwefeltrioxyd SO_3 festgestellt: Die Bildung desselben aus SO_2 findet unter dem Einfluß von Druck und Wärme, vor allem aber bei Anwesenheit geeigneter Katalysatoren statt; als solche wirken in erster Linie vermutlich Aldehyde, daneben auch Metalloxyde, die, wie z. B. das sehr schädliche Vanadiumpentoxyd zum Teil aus der Asche des Kraftstoffs stammen, sich aber auch aus dem Abrieb der Kolbenringe und Zylinder bilden können. — Auch SO_3 greift aber im trockenen Zustand die Zylinder- und Ringwerkstoffe nicht sonderlich an; bei Anwesenheit von Feuchtigkeit wird jedoch durch die gebildete Schwefelsäure H_2SO_4 in wässeriger Lösung eine starke korrodierende Wirkung auf Ringe und Zylinder ausgeübt; wie stark solche Angriffe sich auswirken können, zeigen z. B. die Abb. 56, 57 und 58. Der Korrosionsangriff durch Schwefelsäure ($SO_3 + H_2O$) hängt von ihrer Konzentration ab: Am gefährlichsten sind solche von 20 bis 60%; höhere Konzentrationen sind verhältnismäßig wenig aggressiv.

In mehreren Darstellungen wird der Zusammenhang zwischen Kühlwassertemperatur und Verschleiß gezeigt; maßgebend ist aber natürlich nicht die erstere an sich, vielmehr die durch die Kühlwassertemperatur beeinflußte Temperatur der dem Korrosionsangriff und dem Verschleiß ausgesetzten Oberflächen, die deshalb wie z. B. in Abb. 55 immer mitangeführt werden sollten.

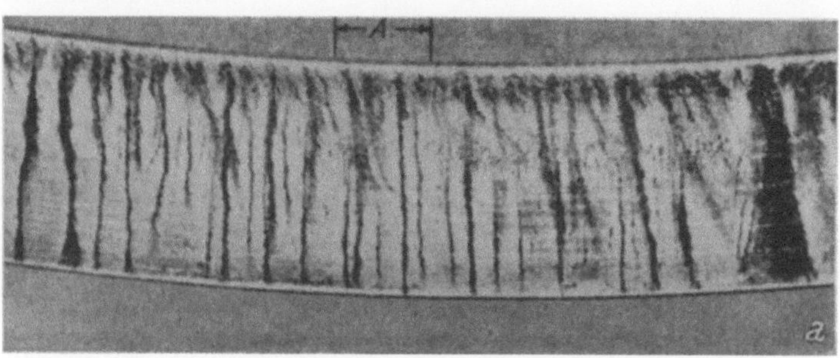

Der Taupunkt erhöht sich unter Atmosphärendruck bei Anwesenheit von SO_3 nach Untersuchungen von GUMZ [43] bis auf etwa 150° und bei einer Steigerung des Drucks auf 10 at weiter auf etwa 180° (vgl. Abb. 59, nach HOEGH [18]).

Von Einfluß auf die wirkliche Taupunktstemperatur und den Grad ihrer Auswirkung beim Unterschreiten derselben sind nach GROTH [38] in erster Linie:

der S-Gehalt des Kraftstoffs,

die Beschaffenheit des Schmierölfilms an den Wandungen.

Der Sättigungsgrad der Verbrennungsluft ist im übrigen offenbar nicht von Bedeutung. Von Einfluß ist aber, welche Gleichgewichtszustände sowohl hinsichtlich des Vorhandenseins von SO_3 bei

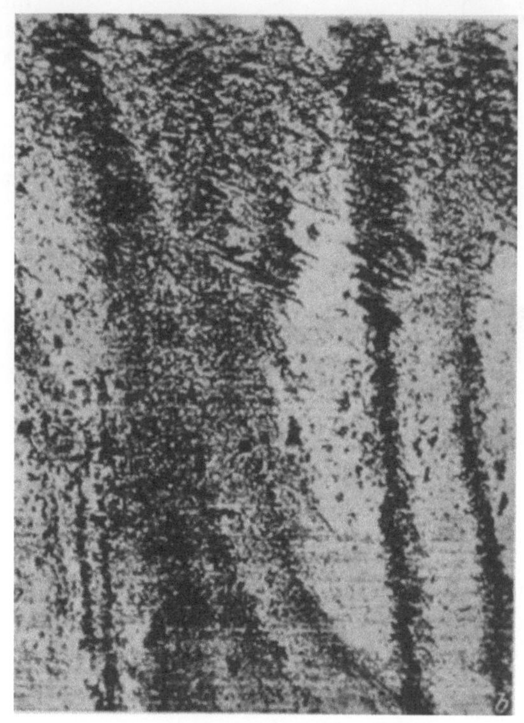

Abb. 58. Im Betrieb mit Schweröl von hohem Schwefelgehalt korrodierte Ringflanken
a 1 : 1
b etwa 6 ×, Stelle A aus a

dem dauernden Wechsel der Reaktionsbedingungen und der katalytischen Einflüsse sowie beim Kondensationsvorgang des Gemisches von H_2O und H_2SO_4 jeweils erreicht werden und an welchen Stellen die Zeit zur Kondensation einer praktisch wirksamen Menge ausreicht; schließlich ist noch von Bedeutung, wie die periodisch um einen Mittelwert schwankenden Innenwandtemperaturen sich auswirken.

Es ist noch ungeklärt, welcher Anteil des S im Kraftstoff bei der Verbrennung zu SO_3 oxydiert; der zu SO_2 verbrannte Anteil ist, weil kaum gefährlich, vernachlässigbar. Das Verhältnis von gebildetem $SO_2 : SO_3$ hängt dabei vom Verbrennungsverfahren und von den Betriebsbedingungen, vor allem auch von der Temperatur und dem Sauerstoffgehalt der Ladung ab: Theoretisch tritt bei niedriger Temperatur und hohem Luftüberschuß, also z. B. im Leerlauf, anteilmäßig mehr SO_3 auf als bei Vollast; bei Temperaturen unterhalb von etwa 400° bis 450° C setzt sich SO_2 fast vollständig zu SO_3 um. Der Einfluß der Katalysatoren auf die Bildung von SO_3 ist noch nicht klar.

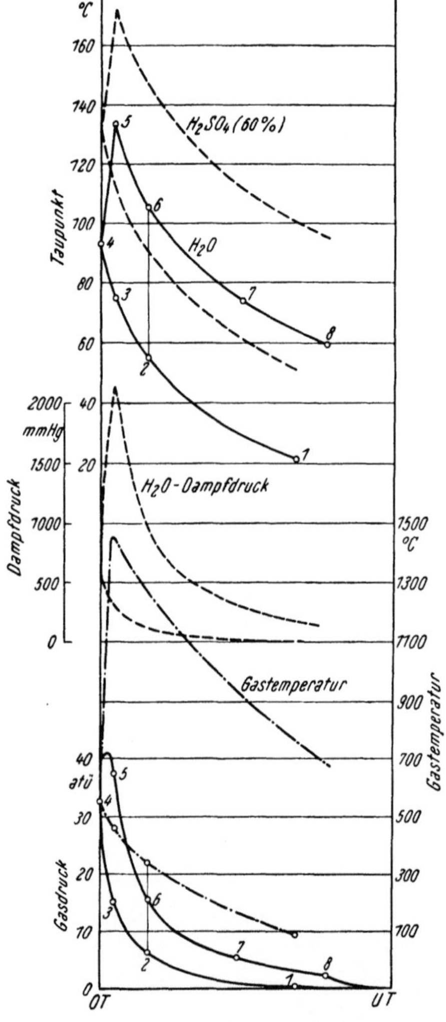

Abb. 59. Veränderungen des Wasserdampfdruckes und des Taupunktes während des Arbeitshubes im Zylinder eines Zweitakt-Dieselmotors

$V_1 = 432,6$ dm³ $V_5 = 60,5$ dm³
$V_4 = 32,6$ dm³ $V_8 = 499$ dm³
(Nach HOEGH [18])

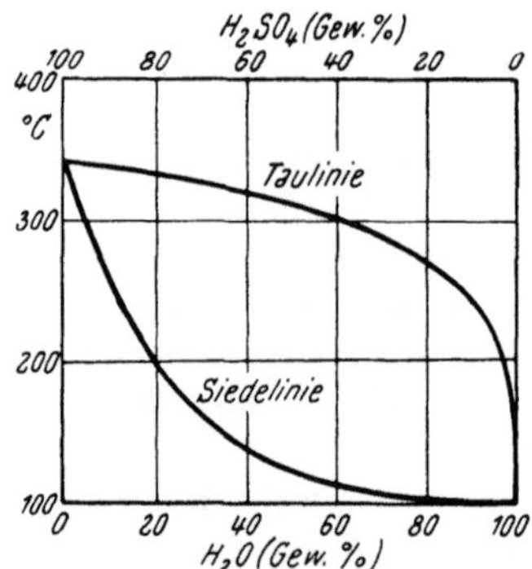

Abb. 60. Zustandsdiagramm des Gemisches H_2O-H_2SO_4 (Nach GROTH [38])
(GROTH, Temperaturverhalten und niedrige Zylinderwandtemperaturen eines Dieselmotors.

Abb. 60 zeigt das Zustandsdiagramm für das Gemisch H_2O-H_2SO_4; es zeigt schon bei sehr kleinen H_2SO_4-Gehalten einen sehr starken Anstieg der Taupunktstemperaturen. Nach dem Schaubild würde bei niedrigem H_2SO_4-Gehalt zunächst immer hochprozentige H_2SO_4 kondensieren; dies ist aber für den Angriff auf

Gußeisen weniger gefährlich, da das Angriffsmaximum erst bei Konzentrationen von 10% bis 20% H_2SO_4 liegt. Erst wenn demnach bei wesentlich niedrigeren Temperaturen eine stärkere Verdünnung vorliegt, ist die Voraussetzung für starke Korrosionsangriffe gegeben; dies ist aber in Nähe des Kondensationspunktes für reines Wasser der Fall.

Lehrreiche Aufschlüsse über die durch Angriffe gefährdete Zonen erhält man durch Untersuchung des Zeiteinflusses auf die Vorgänge. — Damit während einer bestimmten kurzen Zeitspanne eine bestimmte Flüssigkeitsmenge abgeschieden werden kann, muß zur Wand hin ein Partialdruckgefälle vorhanden sein, das heißt die Temperatur der unmittelbar an der Zylinderwand gelegenen Gasteilchen muß in einem bestimmten Abstand unterhalb der Sättigungstemperatur nach Abb. 60 liegen. Die Gesetzmäßigkeiten für den Wärmeübergang und die Stoffübertragung ergeben nach GROTH [38] folgende Zusammenhänge:

$$\delta = \frac{\beta}{\gamma_W} \cdot \frac{z}{R_D \cdot T} (P_D - P_S),$$

worin bedeuten

δ	Dicke der kondensierten Flüssigkeitsschicht	m
γ_W	spezifisches Gewicht des Wassers	kg/m^3
z	Zeit	h
R_D	Gaskonstante für Wasserdampf	$m/°K$
T	Temperatur der Grenzschicht	°K
P_D	Partialdruck des Wasserdampfs	kg/m^2
P_S	zur Wandtemperatur gehörender Sättigungsdruck	kg/m^2

Die Stoffübertragungszahl β (m/h) findet sich zu
$$\beta = \alpha / [\lambda_R / k \, (k \, \gamma_R \, c_p / \lambda_R)^{0,3} \cdot A + B].$$

Darin sind:

α	Wärmeübergangszahl	$kcal/m^2 \cdot h$
λ_R	Wärmeleitzahl der Rauchgase	$kcal/m^2 \cdot h \cdot °C$
γ_R	spezifisches Gewicht der Rauchgase an der Grenzschicht	kg/m^3
R	Diffusionszahl von Wasserdampf in Rauchgas	m^2/h
c_p	spezifische Wärme des Rauchgases	$kcal/kg \cdot °C$

Mit dem Faktor A und den Summanden B wird das Vorhandensein hoher Partialdrücke und großer Partialdruckdifferenzen berücksichtigt. Die Diffusionszahl R ist dem Gesamtdruck umgekehrt proportional und sonst von der Temperatur abhängig.

Abb. 61 zeigt die errechneten Filmdicken der Flüssigkeit an der Zylinderwand für verschiedene mittlere Wärmeübergangszahlen α und für die Luftverhältnisse $\lambda = 1,4$ und $\lambda = 4,4$ sowie für $z = 0,03$ sek (das ist für $n = 1000$ die Zeitdauer eines Expansionshubes). — Man sieht, daß bei niedrigem Luftverhältnis die Kondensationsstärke ein Mehrfaches jener bei hohem Luftverhältnis beträgt, wobei angenommen wird, daß die Wasserdampf-Sättigungstemperaturen um 5° unterschritten wurden. — Berücksichtigt man noch die Veränderlichkeit der Wärmeübergangszahl α während des Expansionshubes, deren Verlauf nach HUG [9] und EICHELBERG [8] angenommen wurde, so erhält man in ungefährer Annäherung die strichpunktiert ausgezogenen Linien; eine Fehlannahme in bezug auf α ändert nichts am Wesentlichen der Betrachtungen. — Aus dem Verlauf der Linien ist zu erkennen, daß in Nähe vor oberem Totpunkt die größte Stärke der Kondensationsschicht auftritt: Hier ist also die Gefährdung von Zylinder- und Ringlauffläche am größten. In den Ringnuten wird der Angriff je nach Temperatur der Ringstege verschieden hoch liegen; er kann unter Umständen in der zweiten oder dritten Nut wesentlich größer sein, als in der ersten.

BROEZE und WILSON [42] fanden, daß bei Gehalten von 0,8, bzw. 1,5 S im Kraftstoff der Verschleiß beim Unterschreiten folgender Temperaturen stark ansteigt:

Erster Ring in oberer Totpunktlage $t_w = 115°$ C   für   0,08% S.

Erster Ring in unterer Totpunktlage $t_w = 55°$ C   für   1,5% S.

Diese beiden Punkte sind in Abb. 53 eingetragen.

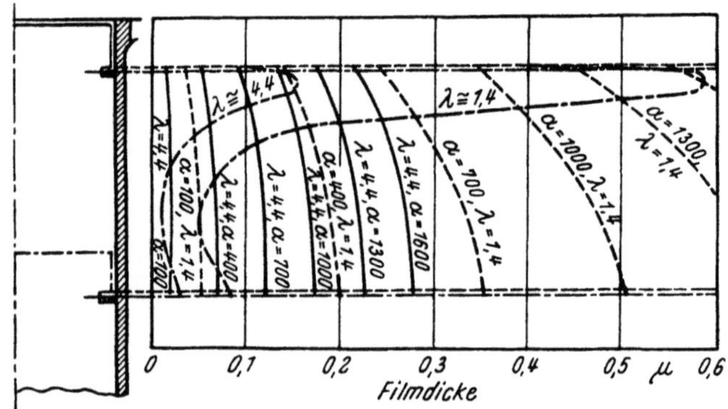

Abb. 61.   Filmdicke der an der Zylinderwand eines wassergekühlten Fahrzeug-Dieselmotors gebildeten Kondensate

Zeit 0,03 Sek $t_s - t_w = 5°$ C

λ Luftverhältnis

α Wärmeübergangszahl

— · — Filmdicke bei angenommenem α-Verlauf

Nach GROTH [38]

Zusammenfassend ist zu sagen:

Durch den S-Gehalt des Kraftstoffs wird der Taupunkt zumindest theoretisch erhöht und die Angriffsgefahr im Zylinder in den Totpunktlagen der Kolbenringe, besonders im oberen Totpunkt, und ebenso in den Ringnuten bei gekühlten Kolben gesteigert. Andererseits findet ein gewisser Ausgleich dadurch statt, daß die Wandtemperaturschwingung des Zylinders sich günstig auswirkt, wobei der Ölfilm — soweit vorhanden — schützend und isolierend wirkt und hochprozentige H_2SO_4 kaum aggressiv ist. Schließlich ist auch die Zeitspanne für die Kondensation bei raschlaufenden Motoren besonders in den unteren Zylinderpartien begrenzt.

Bei gleichen Zylindertemperaturen ist der Zweitaktmotor wegen der doppelten für Kondensation und Korrosion zur Verfügung stehenden Zeitspannen dem Viertaktmotor gegenüber im Nachteil.

Der Schmierfilm stellt einen gewissen Schutz für die Ringe und Zylinder vor, teils infolge seiner geringen Wärmeleitfähigkeit, hauptsächlich aber weil er bis zu einem gewissen Grad den direkten Kontakt zwischen den Metalloberflächen und den Kondensationsprodukten verhindert. Immerhin finden letztere ihren Weg durch einzelne Stellen, wo der Film aufgerissen ist, insbesondere im obersten Teil des Zylinders, wo der Film ohnehin sehr dünn ist, wenn er nicht ganz fehlt, oder es bilden sich Emulsionen, wodurch die Schutzwirkung des Films hinfällig wird.

Wie weit die korrodierenden Einflüsse sich auswirken können hängt auch davon ab, welche Zeit bei jeder Maschinenumdrehung hierzu zur Verfügung steht; denn das Abkühlen der Gase bis auf die Taupunkttemperatur erfordert Zeit, ebenso der Kondensationsvorgang selbst. Auch die Oxydation von SO_2 zu SO_3 verläuft verhältnismäßig langsam, kann jedoch durch die oben erwähnten katalytischen Vorgänge wesentlich beschleunigt werden. Es kann aber wohl mit Recht angenommen werden, daß bei schnellaufenden Maschinen eine größere Temperaturdifferenz zwischen Gasen und Zylindern erforderlich sein wird, um tatsächliche Kondensationen und Korrosionsangriffe zu ermöglichen, als bei langsamlaufenden: so wiesen z. B. Versuche des JAE [23] nach, daß in einem schnellaufenden Ottomotor, wo der Taupunkt in OT bei etwa 120⁰ lag, korrosiver Verschleiß erst dann auftrat, wenn die Wandungstemperatur unter 90⁰ abfiel, während er bei großen Motoren praktisch nicht vermieden werden kann.

Während des Anlassens und Warmlaufens des Motores, beim Betrieb mit niedrigen Kühlwassertemperaturen, bei rasch aufeinanderfolgenden druckluftgesteuerten Manövern umsteuerbarer Schiffsmotoren und unter besonderen Betriebsbedingungen sind aber die Zylinderwände und auch die Ringtemperaturen unter allen Umständen nicht hoch genug, um Kondensation zu verhindern, insbesondere dann nicht, wenn der Feuchtigkeitsgehalt der Ansaugluft — wie meist bei Schiffsmotoren — sehr hoch liegt.

Bei großen Einspritzmengen, z. B. beim Anlassen von Dieselmotoren, tritt zudem häufig, insbesondere bei kaltem Motor, unvollständige Verbrennung auf; auch kann flüssiger Kraftstoff dabei bis an die Wandungen gelangen. Die Zwischenprodukte einer unvollständigen Verbrennung wirken verstärkt korrodierend [18] und dies umso mehr, als die Ölfilmausbildung bei niedriger Temperatur ungenügend und ein vorhandener Film fortgewaschen sein kann.

3. Elektrolytische Vorgänge. Bei jedem Korrosionsangriff an Metallen spielen sich elektrochemische Vorgänge ab: Kommt eine blanke Metalloberfläche mit einem Elektrolyten, also Wasser oder wässerigen Lösungen in Berührung, so gehen positiv geladene Ionen von ersterer in die Flüssigkeit über; sie werden gebildet, weil das Metallatom beim Ablösen von der Elektrode ein oder mehrere Elektronen an die Elektrode abgibt. Durch den Überschuß an Elektronen wird das Metall aufgeladen, und zwar umso höher, je mehr Ionen in die Flüssigkeit ausgesendet werden. Werden nun die Elektronen aus dem Metall nicht abgeleitet, so stellt sich bald ein Gleichgewichtszustand ein und die Flüssigkeit kann keine weiteren Ionen mehr aufnehmen; damit stellt sich ein bestimmtes Potential zwischen Metall und Flüssigkeit ein. (Vgl. hierzu BODEY [44]).

Nach BERGENHEIM [45] ist anzunehmen, daß diese Bedingungen auch für die im Motorenzylinder liegenden Metalloberflächen zutreffen, wenn an ihnen ein Elektrolyt, wie z. B. Schwefelsäure in wässeriger Lösung, vorhanden ist. — Er stellt ferner fest, daß der Zylinder von Verbrennungsmotoren durch den Verbrennungsvorgang negativ, der Kolben dagegen positiv aufgeladen wird. Die negative Ladung empfängt der Zylinder, wie er annimmt, wahrscheinlich aus den Elektronen des Gases, die infolge ihrer hohen Geschwindigkeit im verbrennenden Gemisch vornehmlich gegen die kühleren Zylinderwandungspartien geschleudert werden; infolge dieses „Bombardements" weisen diese einen Elektronenüberschuß auf. Das damit erzeugte Potential bedingt einen Stromfluß in dem aus Zylinder, Maschinengestell, Kurbelwelle, Pleuelstangen und Kolben gebildeten Kreis.

Die dadurch bewirkten Korrosionserscheinungen können überdies noch wesentlich verstärkt werden, wenn die am Verschleiß beteiligten Metallflächen gleichzeitig unter der Einwirkung zusätzlicher, von außen aufgebrachter elektrischer Spannungen stehen. — Hat z. B. auf Schiffen, oder auf Diesellokomotiven, Triebwagen, aber auch auf Kraftfahrzeugen, die Isolierung der elektrischen Anlage einen geringen Widerstand, so daß das Metall der Zylinderwand einer elektrischen Spannung ausgesetzt ist, so werden die aus dem elektrochemischen Vorgang freigemachten Elektronen abgeleitet und fortdauernd neu freiwerdende Ionen in den Elektrolyten entsandt, ohne daß sich ein Gleichgewichtszustand einstellt. Trifft diese Annahme zu, so muß die Folge sein, daß die im Maschinenkörper gespeicherten Elektronen an der Elektronenbewegung der elektrischen Anlage teilnehmen: Unter diesen Bedingungen sendet jeder Metallteil, der mit Wasser oder einem anderen Elektrolyten in Kontakt steht, kontinuierlich Metallionen in diesen aus und das sichtbare Ergebnis sind Korrosionsangriffe an allen diesen Stellen.

Unter den geschilderten Voraussetzungen erfolgt also zunächst an den Ringlaufflächen und ebenso auch an den Ringflanken eine elektrolytische Korrosion; durch die Gleitbeanspruchung wird die sowohl an den Oberflächen des Ringes als auch der Zylinder gebildete aufgelockerte Oberflächenschicht abgerieben, und zwar im allgemeinen wesentlich rascher und leichter, als eine nicht korrodierte Metallschicht; neue Oberflächenschichten werden für den Korrosionsangriff freigelegt, der Vorgang geht kontinuierlich weiter und resultiert in einem — unter Umständen um ein Vielfaches — beschleunigten Verschleiß.

Es ergeben sich also nach der Hypothese von BERGENHEIM [45] bei Schiffsmotoren folgende Vorgänge, die sich natürlich unter Umständen auch auf andere Betriebsverhältnisse mehr oder weniger übertragen lassen:

Auf Grund des Vorhandenseins eines Elektrolyten im Zylinder werden von der Zylinderoberfläche Metallionen ausgesendet; Elektronen werden frei.

Hat die elektrische Isolierung des Schiffes geringen Widerstand, so werden die freien Elektronen abgeleitet und neue Metallionen können in den Elektrolyten übergehen. Das sichtbare Ergebnis sind Korrosionsangriffe am Metall.

Die freigewordenen und aus der Zylinderoberfläche abgeleiteten Elektronen bewirken eine Oxydation des Zylinder-Schmieröls; die entstandenen Oxydationsprodukte überziehen die Zylinderoberflächen und geben überdies Anlaß zum Auftreten detonationsartiger Verbrennung.

Letztere Erscheinung verstärkt wieder die Bildung eines Elektronenstroms durch die Maschine.

B. Das Verschleißverhalten der Kolbenringwerkstoffe

Wegen der in den Zylindern von Verbrennungsmotoren möglichen Schmierzustände ist das Verschleißverhalten der Ringwerkstoffe sowohl bei flüssiger Reibung, als auch bei Grenzschmierung und schließlich auch unter trockener Reibung von Bedeutung; weil überdies zwischen die Verschleißflächen im Zylinder häufig auch noch Fremdteilchen geraten können, ist auch das Verhalten beim Verschleiß durch Schmirgelwirkung (Metall-Metallkorn-Gleitverschleiß nach WAHL [46]) von Wichtigkeit.

Da aber das Verschleißverhalten nur zum Teil eine Eigenschaft des Werkstoffs an sich ist, daneben aber stets auch vom Gegenwerkstoff der Verschleißpaarung mitbeeinflußt wird, ist das Verhalten bei den in Frage kommenden Paarungen — und bei jeder Paarung wieder für die verschiedenen Schmierzustände — getrennt zu behandeln.

Interessant wäre auch die Prüfung des Verschleißverhaltens bei gleichzeitig wirkenden korrodierenden Einflüssen: Untersuchungen in dieser Richtung sind jedoch bisher nicht bekannt geworden.

1. Verschleißverhalten von Grauguß auf Grauguß

Das Verschleißverhalten von Grauguß auf Grauguß wurde gerade im Zusammenhang mit dem Problem des Kolbenring- und Zylinderverschleißes von zahlreichen Forschern eingehend untersucht. Trotz sehr umfangreicher Arbeiten auf diesem Gebiet ist aber die Frage des Verschleißverhaltens von Grauguß-Kolbenringen in Grauguß-Zylindern noch keineswegs vollständig geklärt.

Hinsichtlich des Trockenverschleißes von Grauguß auf Grauguß können folgende Erkenntnisse als gesichert angesehen werden:

1. Der Gefügeausbildung in den Verschleißteilen kommt überragender Einfluß zu.

Dabei ist folgendes festzustellen:

a) Für perlitische Gußeisensorten:

α) Am günstigsten verhält sich ein reinperlitisches Gefüge, und zwar ist ein gleichmäßig mittelfeiner Perlit von gröberem Korn einem sehr feinlamellaren in feinem Korn überlegen; wesentlich ungünstiger als lamellarer oder sorbitischer Perlit verhält sich kugeliger Perlit. Damit ergibt sich eine eindeutige Abhängigkeit des Verschleißwiderstandes vom Anteil an C_{geb}., wie dies auch die Abb. 62 erkennen läßt.

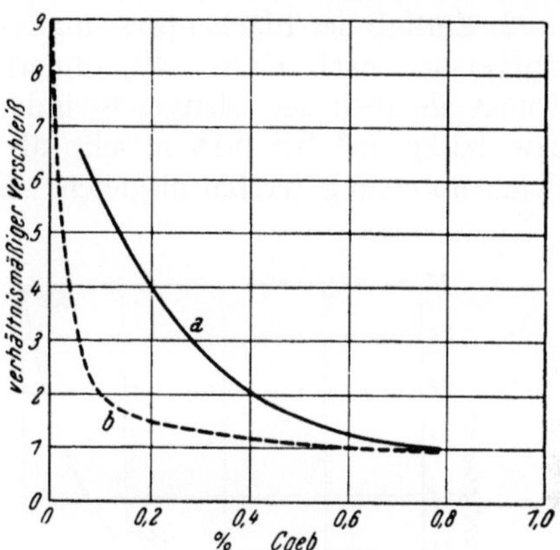

Abb. 62. Einfluß der Höhe des Anteils an C_{geb} im (zementitfreien) Grauguß auf den Verschleiß

a nach LEHMANN
b nach BOEGEHOLD
(vgl. LEHMANN [47] bzw. HELLER [48])

β) Der Graphit soll gleichmäßig verteilt in mittelstarken, nicht zu langen und nicht verworren-gekrümmten Adern vorliegen. Ungünstig ist zu reichlicher Graphit, übereutektischer (Garschaum-)Graphit sowie die Ausbildung in feinschuppiger Form als sogenannter eutektischer Graphit. Vor allem schädlich ist jede geordnete Anordnung in Dendriten- oder Netzform sowie die Anordnung in deutlichen Rosetten mit stark ungleichmäßiger Graphitausbildung innerhalb derselben.

γ) Eine wichtige Rolle spielt das im Graugußgefüge stets vorhandene Phosphideutektikum; sein Einfluß macht sich umso stärker bemerkbar, je feinkörniger der Guß und je mehr Ferrit in der Grundmasse vorhanden ist. Am verschleißhemmendsten hat sich ein feinmaschiges, kräftiges Phosphidnetz erwiesen; weniger günstig ist eine dendritisch angeordnete Verteilung oder eine Anordnung in vereinzelten großen Kristallhaufen.

δ) Jede Form von Ferrit erweist sich als schädlich; besonders nachteilig zeigt sich Primärferrit im Zusammenhang mit eutektischem Graphit.

b) Für martensitisches Gußgefüge:

α) Der Verschleißwiderstand eines durch Abschrecken gehärteten Gußeisens ist im gehärteten Zustand etwas geringer als nach dem Anlassen bei niedrigen Temperaturen; nach dem Anlassen bei 150° bis 180° C scheint sich der günstigste Verschleißwiderstand gegenüber gleitender trockener Reibung zu ergeben.

Je höher über die angegebenen Temperaturen hinaus angelassen wird, desto weiter sinkt der Verschleißwiderstand ab.

β) Grauguß mit martensitischem Gußgefüge zeigt den höchsten Verschleißwiderstand im Gußzustand; jede Anlaßbehandlung senkt ihn ab.

γ) Die Freßneigung ist umso größer, je höher die Härte liegt; sie sinkt bei höherem Anlassen und erreicht ihren Kleinstwert zwischen 240 bis 300 HB; unterhalb $HB = 200$ steigt sie wieder rasch an.

δ) Je höher die Härte, desto weniger macht sich die Ausbildungsform des Graphits fühlbar; unterhalb $HB = 400 - 380$ tritt jedoch die Wirkung der Ausbildungsform des Graphits wieder voll in Erscheinung.

ε) Je höher die Härte der Probe, desto empfindlicher reagiert sie auf die Bearbeitungsgüte der Oberfläche.

2. Einfluß der Flächenpressung. — Der Gewichtsverlust zeigt sich im Trockenlaufversuch nach Kehl [49] innerhalb weiter Grenzen sowohl des Anpreßdrucks als auch der Gleitgeschwindigkeit (z. B. 5 bis 40 kg/cm² bei 3,7 m/sek, bzw. 80 kg/cm² bei 0,18 m/sek) als der Flächenpressung verhältnisgleich. Diese

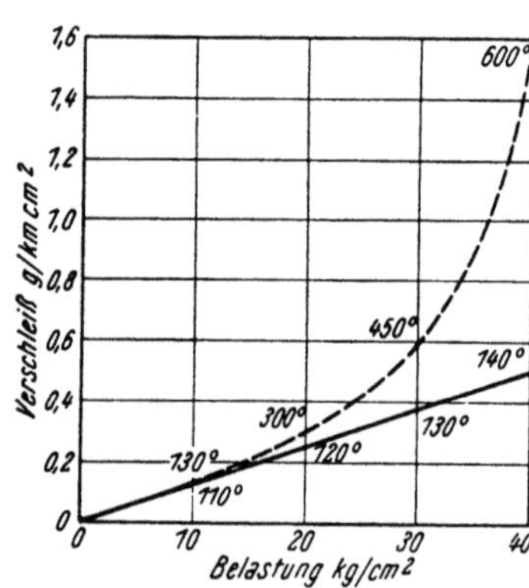

Abb. 63. Einfluß von spezifischer Belastung und Temperatur auf den Verschleiß perlitischen Gußeisens (gleich auf gleich, Trockenlauf, $v =$ 3,7 m/sek). Die den Kurven beigefügten Zahlen geben die unterhalb der Probenaufflächen gemessenen Temperaturen an

Analyse des Gußeisens:
C_{ges} 2,8   Si 1,6   Mn 0,8   P 0,2   S 0,1
——— gekühlt
— — — ungekühlt
(Nach Kehl [49])

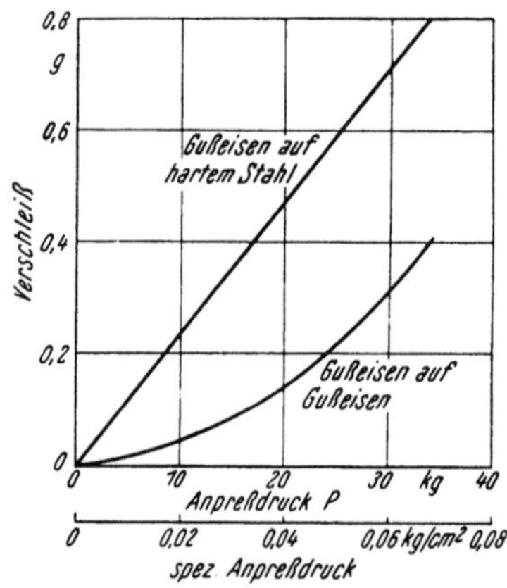

Abb. 64. Einfluß des spezifischen Anpreßdrucks auf den Verschleiß bei gleitender trockener Reibung
(Nach E. Söhnchen und E. Piwowarsky [50])

Proportionalität herrscht bei allen Geschwindigkeiten, unabhängig davon, ob letztere z. B. 0,05 oder 5 m/sek beträgt, solange nur für eine genügende Abfuhr der erzeugten Reibungswärme gesorgt wird.

Abb. 63 zeigt diesen Zusammenhang zwischen Belastung und Verschleiß für ein perlitisches Gußeisen. — Eine Untersuchung von Söhnchen und Piwowarsky [50] führt zu ähnlichen Ergebnissen (Abb. 64).

Das lineare Anwachsen des Verschleißes mit der Belastung wird jedoch wesentlich gestört, sobald die Temperatur in den Gleitflächen etwa 300° übersteigt, wie der Abb. 63 zu entnehmen ist; dies würde also unter Umständen eine für Graugußkolbenringe bedeutsame Temperaturgrenze vorstellen.

3. Der Reibbeiwert hängt von der Gleitgeschwindigkeit ab; er zeigt in dieser Abhängigkeit nach Kehl [49] einen für alle Gußeisensorten ähnlichen charakteristischen Verlauf.

Der Einfluß der Gleitgeschwindigkeit ist nicht eindeutig. Abb. 65 zeigt beispielsweise den gegenseitigen Verschleiß verschieden harter Gußeisensorten gleich auf gleich, Abb. 66 jenen zweier verschiedener Gußeisensorten bei verschiedenen Gleitgeschwindigkeiten. Der Verschleiß nimmt, wie beide Abbildungen zeigen, zunächst bei kleiner Geschwindigkeit mit dieser rasch bis auf einen Höchstwert zu, um dann plötzlich auf einen Tiefstwert abzusinken und hierauf mit der Geschwindigkeit langsamer wieder anzusteigen. Die Erklärung für diese Erscheinung gibt z. B. DIES [51], nach welchem es sich bei dieser Unstetigkeit um den Übergang von einer zu einer grundsätzlich anderen Verschleißart handelt. — Bei Kolbenringen wird daher in Nähe der oberen Totlage, wo bei kleinen Geschwindigkeiten mit nahezu trockener Reibung zu rechnen ist, stets mit diesem um mehrere Zehnerpotenzen höheren Verschleiß als dort zu rechnen sein, wo die Gleitgeschwindigkeit höhere Werte erreicht.

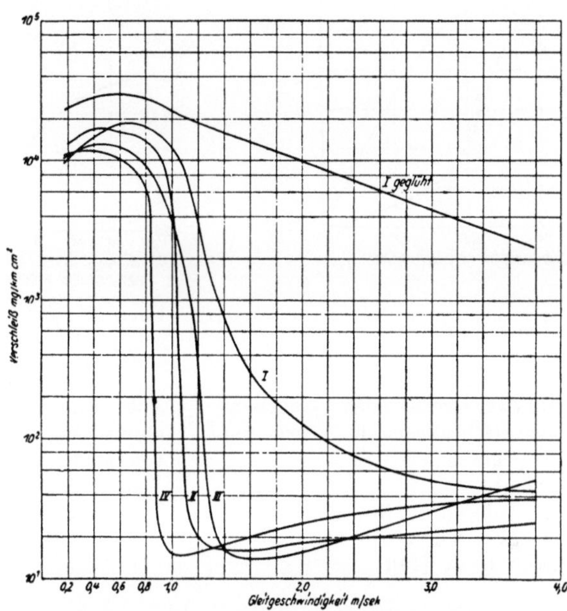

Abb. 65. Einfluß der Gleitgeschwindigkeit auf den Verschleiß von Gußeisen (gleich auf gleich) im Trockenversuch. Anpreßdruck 10 kg/cm²

I $HB = 160$: Grobe Graphitadern, Perlit und Ferrit, wenig Phosphid
I geglüht $HB = 92$: Sehr grobe Graphitadern, Ferrit, wenig Phosphid
II $HB = 195$: Viel grober Graphit, Perlit, viel Phosphid
III $HB = 205$: Lange dünne Graphitadern, Perlit, Phosphidnetz
IV $HB = 240$: Wenig dünne Graphitadern, Perlit, wenig Phosphid
(Nach KEHL [49])

4. Die Brinellhärte steht in keiner eindeutigen Beziehung zum Verschleiß. Innerhalb recht weiter Grenzen gibt sie zwar einen Anhalt für die Gefügeausbildung: So wird z. B. ein Gußeisen mit $HB = 140$ wahrscheinlich stark ferritisch, mit $HB = 220$ feinperlitisch, mit $HB = 300$ vielleicht schon teilweise zementitisch sein; doch können Graugußwerkstoffe zwischen etwa $HB = 170$ und $HB = 300$ auch einwandfrei perlitisches, bzw. perlitisch sorbitisches Gefüge aufweisen. Die Härte kennzeichnet in erster Linie das Sekundärgefüge des Werkstoffs, während der Verschleiß aber überdies auch von einer Reihe von Eigenschaften mitbeeinflußt wird, die durch das Primärgefüge bedingt erscheinen, so daß auf Grund der Härte allein nicht auf bessere oder schlechtere Lauf- oder Verschleißeigenschaften geschlossen werden kann. — Vgl. Abb. 68.

Bei grundsätzlich gleichartiger Gefügeausbildung ist jedoch der Härteunterschied zwischen beiden Verschleißteilen von einiger Bedeutung:

α) Am geringsten wird der Summenverschleiß an beiden Teilen, wenn diese aus dem gleichen Werkstoff bestehen, also beim Härteunterschied Null, wie Abb. 67 zeigt; die Angaben dieser Abbildung haben allerdings nur für eine bestimmte Gleitgeschwindigkeit Geltung und verschieben sich bei anderen Relativgeschwindigkeiten.

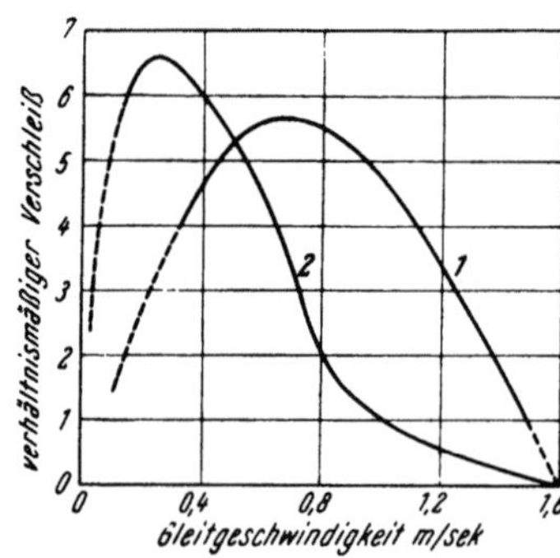

Abb. 66. Verschleiß zweier verschiedener Gußeisensorten, im Trockenverschleißversuch, gleich auf gleich
Anpreßdruck 10 kg/cm²
1　Gußeisen *II* aus Abb. 65, $HB = 195$
2　Gußeisen *IV* aus Abb. 65, $HB = 240$
(Nach KEHL [49])

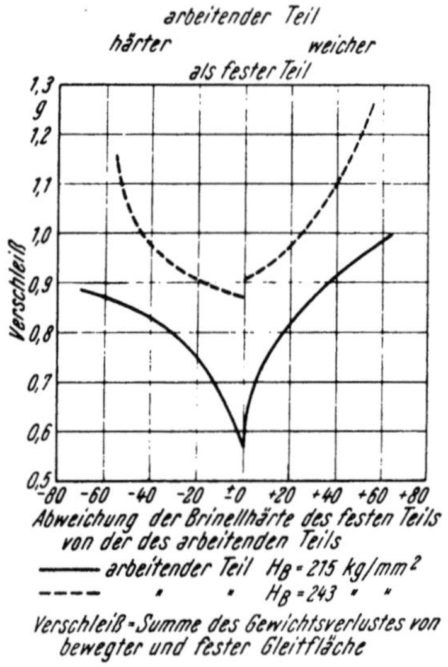

Abb. 67. Einfluß des Härteunterschiedes auf den Verschleiß von Gußeisen auf Gußeisen bei gleitender trockener Reibung (Nach KLINGENSTEIN [52] und KNITTEL [53])

Mit steigendem Härteunterschied der beiden Teile der Paarung steigt der Verschleiß an; je höher die Härte liegt, umso fühlbarer wird der Einfluß des Härteunterschiedes (vgl. [52, 53] und Abb. 67).

β) Paart man Teile gleicher Härte, so sinkt der Verschleiß an beiden um so weiter ab, je höher die Härte liegt.

Der Einfluß der Härte auf den Verschleiß wird aber vielfach falsch eingeschätzt. Eine weitgehende Härtesteigerung kann sich unter Umständen gerade entgegen der Absicht auswirken, wenn auf die Gefügeausbildung und Struktur nicht genügend Rücksicht genommen wird. So hat z. B. das Vergießen weicher Eisensorten gegen abschreckende Kokillen zwar eine wesentliche Härtesteigerung zur Folge, doch ergibt sich dabei leicht eine sehr ungünstige Gefügeausbildung, verbunden mit sehr feinem Korn; es tritt dabei außer einer dendritischen Struktur in der Regel eutektischer Graphit, meist in Begleitung von Primärferrit in Nestern und häufig auch in gerichteter Anordnung auf. Das Verschleißverhalten solcher Teile ist trotz ihrer hoch liegenden Härte dementsprechend ungünstig. Ebenso hat der aus dem martensitischen Gefüge von gehärtetem Grauguß entstandene Anlaßorbit, bzw. das Bainitgefüge im vergüteten Grauguß trotz der gegenüber dem Gußzustand erzielbaren höheren Härte keineswegs unbedingt günstigere Verschleißeigenschaften. — Eher als die Eindringhärte mag vielleicht eine Art Ritzhärteprüfung eine Beziehung zum Verschleißwiderstand geben.

Wallichs [54] untersuchte den Zusammenhang zwischen Verschleiß und der linearen Graphitdurchsetzung zugleich mit der Härte; als „lineare Graphitdurchsetzung" gilt dabei die Summe aller Graphiteinschlüsse, die auf einer Schlifffläche je mm Länge eines darübergelegten Hilfsnetzes von 1 mm Maschenweite geschnitten werden: Bei gleichbleibender Härte steigt der Verschleiß mit der linearen Graphitdurchsetzung sehr stark an; mit zunehmender Härte bei konstanten Werten für die Graphitdurchsetzung ist die Verschleißabnahme dagegen gering (Abb. 69).

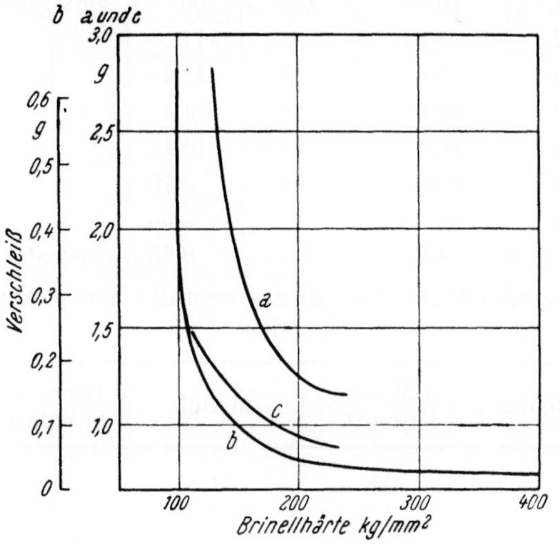

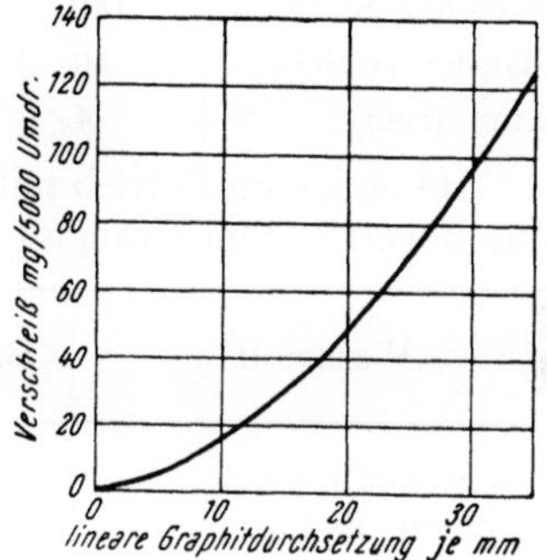

Abb. 68. Einfluß der Brinellhärte auf den Verschleiß. — Trockenversuch gleich auf gleich
a nach Lehmann [47]
b nach Soehnchen und Piwowarsky [50]
c nach Knittel [53]

Abb. 69. Lineare Graphitdurchsetzung und Verschleiß (Nach Wallichs und Gregor [54])

Zur Verwirklichung guter Verschleißeigenschaften — wohl bei reiner trockener Abriebbeanspruchung — soll der Werkstoff nach Rosen [55] die Fähigkeit besitzen, bei der Einwirkung von harten Vorsprüngen der Gegenfläche oder von harten Fremdteilchen zwischen den Laufflächen elastisch nachgeben zu können; neben der Härte H spielt daher die Elastizität bzw. der Elastizitätsmodul E des Werkstoffs eine Rolle.

Oberle [56] nimmt dementsprechend einen als „Modul" bezeichneten Werkstoffkennwert an, welcher dem Verhältnis H/E entspricht und setzt den Verschleißwiderstand umso günstiger an, je größer dieser Wert wird; man müßte daher bei Verschleißteilen Werkstoffe von hoher Härte und niedrigem E-Modul anstreben.

Als geeignete Wege zur Senkung des E-Moduls gibt Oberle folgende an: Unterbrechungen, wie z. B. Poren oder Mikrolunker im stetigen Gefüge des Werkstoffs;

eine derartige Orientierung der Kristalle im Gefüge, daß ihr Oberflächen-E-Modul nach der gewünschten Richtung möglichst niedrig ist.

Der ersteren Forderung schließt sich in bezug auf Zylinderbüchsen auch Braendel [57] an, der die Verwendung sandgegossener Büchsen mit offener Struktur vertritt; solche Büchsen bewähren sich allerdings weniger unter stark korrosiven Einflüssen. Für Kolbenringe ist — Fälle sehr niedrig liegender Beanspruchungen ausgenommen — eine dichte Struktur immer günstiger.

Für Vergleiche mit Zylinder-, bzw. Kolbenringwerkstoffen führt OBERLE folgende Beispiele als Beleg für die Gültigkeit der Beziehung zwischen Höhe des Moduls und Verschleiß an:

Werkstoff	Brinell-härte	E-Modul		Modul im System		Verschleiß
		lb/sq. in	kg/mm² · 10³	lb in Syst	metrisch	
Alundum (Al₂O₃)	2000	14	10	143	200	geringster
Chromplattierung	1000	12	8,55	83	117	
Hartes Gußeisen	500	15	10,6	33	47,2	
Harter Stahl	600	29	20,6	20	29,1	
Weiches Gußeisen	150	15	10,6	10	14,1	
Weicher Stahl	180	29	20,6	6	8,75	
Kupfer (weich)	40	1	11,2		3,56	
Zinn (rein)	4		4,2		0,95	höchster

Auf einige im Betrieb mit unterschiedlicher Bewährung geprüfte Kolbenringe aus unvergütetem Grauguß bezogen ergibt sich folgendes:

Werkstoff	Brinellhärte	E-Modul kg/mm²	Modul	Betriebs-bewährung
Büchsenguß weich	180	9000	20	sehr gut
Büchsenguß hart	220	11000	20	gut
Einzelguß weich	245	9000	27	sehr gut
Einzelguß hart	280	11000	25,5	gut
Schleuderguß weich	240	11000	21,8	schlecht
Schleuderguß hart	300	14000	21,4	minder

Die Betriebsbewährung der Ringe, die allerdings außer dem Verschleiß auch durch eine Anzahl anderer Faktoren bestimmt wird, gruppiert sich demnach nicht nach den hier ermittelten Modulwerten, wobei allerdings die Betriebsverhältnisse sehr unterschiedlich waren. — Genauere Beobachtungen in dieser Richtung sind erforderlich.

Der „Modul" nach OBERLE berücksichtigt offenbar sowohl das Primär- als auch das Sekundärgefüge des Verschleißteils; ob sich diese aber einfach im linearen Verhältnis von Härte und E-Modul auswirken, erscheint noch fraglich.

Hinsichtlich des Einflusses der genannten Größen auf den Verschleiß ist auch zu berücksichtigen, daß die normalen Betriebsverschleißvorgänge an den Ringlaufflächen sich in sehr kleinen Oberflächenbezirken und an einzelnen Kristallen abspielen, E-Modul und Härte aber gerade bei Gußeisen Durchschnittswerte für größere Kristallverbände angeben. Der Einflußbereich größerer Oberflächenverletzungen bei Verschleißvorgängen, wie z. B. beim Auftreten von Riefen, Furchenbildungen u. dgl. erfaßt allerdings ebenfalls größere Bereiche. — Vgl. hierzu auch [20].

5. Je grobkörniger und je dichter die Struktur des Gußeisens ist, desto höher liegt — gleiche Oberflächenbearbeitung vorausgesetzt — die Freßneigung; diese hängt aber daneben auch vom Graphitgehalt und von der Ausbildungsform des Graphits ab.

6. Bis zu Temperaturen von etwa 250° werden die Verschleißeigenschaften von Gußeisen nicht nennenswert beeinflußt; nur hochphosphorhaltige Sorten zeigen bereits unterhalb dieser Temperatur einen Anstieg des Verschleißes mit der Temperatur.

7. Durch Legieren läßt sich der Verschleißwiderstand steigern; wirksam zeigen sich die Karbidbildner, wie Cr, Mo und V. — Bemerkenswerte Verbesserungen lassen sich überdies durch Zulegieren von Cu oder Ni gemeinsam mit Karbidbildnern, vor allem mit V, erzielen.

Die einzelnen Legierungselemente machen ihren Einfluß wie folgt geltend (vgl. Abb. 70, 71 und 72):

α) Phosphor wirkt bei gleitender Reibung stark verschleißmindernd. Allerdings ist für die Größe seiner Wirksamkeit die Ausbildung des Grundgefüges von Bedeutung (Abb. 70), ferner die Form und Art, in welcher das Phosphideutektikum in diesem eingebettet ist.

β) Chrom erhöht als starker Karbidbildner den Gehalt an gebundener Kohle, macht das Gußeisen feinkörniger und steigert dadurch die Härte; von einem Gehalt von etwa 0,30 aufwärts wirkt es deutlich verschleißmindernd.

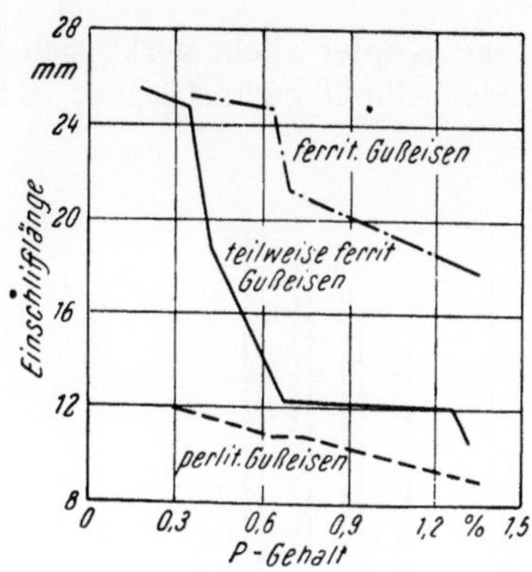

Abb. 70. Beziehung zwischen P-Gehalt und Verschleiß von Gußeisen auf Stahlscheiben (Spindel-Verschleißmaschine)
Belastung 5 kg, n = 400 U/min
(Nach KLINGENSTEIN [52])

γ) Molybdän wirkt als Karbildbildner milder als Chrom; es wird daher in der Regel gemeinsam mit diesem zulegiert; nur bei sehr kleinen Gußquerschnitten wird Mo allein verwendet. Seine Karbide sind sehr temperaturbeständig, außerdem wirkt es stark gefügeverfeinernd.

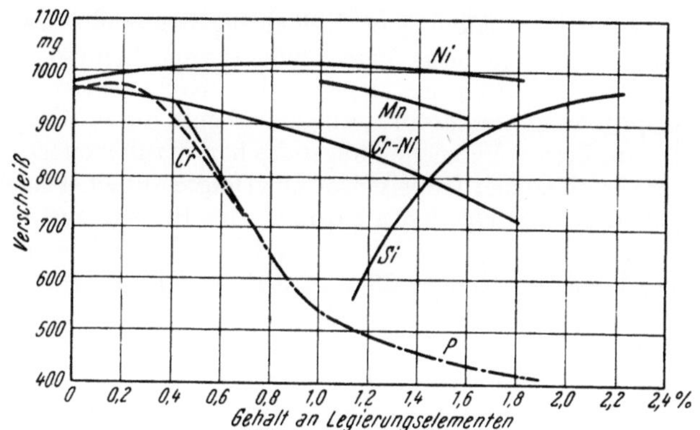

Abb. 71. Einfluß verschiedener Legierungselemente auf den Verschleiß von Gußeisen
(Nach KLINGENSTEIN [52])

Cr-Mo-legierte Gußeisen zählen zu jenen mit den günstigsten Verschleißeigenschaften bei gleitender Reibung; insbesondere ist das vorteilhafte Verhalten bei höheren Temperaturen hervorzuheben. Die verschleißmindernde Wirkung zeigt sich schon bei verhältnismäßig niedrigen Molybdängehalten.

δ) Vanadium zeigt auch bereits bei sehr niedrigen Anteilen eine verschleißmindernde Wirkung. Bei kleinen Querschnitten darf V aber nur sehr vorsichtig zugesetzt werden, da die Neigung zu zementitisch-ledeburitischer Gefügeausbildung sehr groß wird; höhere Zusätze als 0,35 bis 0,45 V setzen in der Regel eine Wärmebehandlung der Ringwerkstoffe voraus.

ε) Kupfer allein wirkt sich im Kolbenring bei Zusätzen bis höchstens 0,30 verschleißmäßig günstig aus; es fördert die Ausbildung eines glatten Laufspiegels.

In höheren Anteilen wirkt es verschleißfördernd; werden jedoch gleichzeitig die oben erwähnten Karbidbildner zulegiert, so wirkt es entschieden verschleißhemmend. Da Kupfer gleichzeitig auch die Korrosionsempfindlichkeit herabsetzt, sind geringe, bzw. der sonstigen Legierung entsprechende Kupfergehalte immer von Vorteil.

ζ) Hoher Schwefelgehalt — etwa bis zu 0,12% — scheint zumindest nicht von Nachteil, u. U. vielleicht sogar von Vorteil zu sein. Die im Gefüge zerstreut eingelagerten Sulfide verstärken offenbar die Heterogenität der Struktur und verbessern, da sie nicht spröd sind, vielleicht den Verschleißwiderstand.

Es sei hier schließlich ausdrücklich darauf hingewiesen, daß Darstellungen, wie eine solche z. B. in Abb. 71 wiedergegeben ist, leicht falsch ausgelegt werden können: Der Verschleiß auch von legiertem Grauguß wird eindeutig von der Gefügeausbildung und Struktur bestimmt und es wäre natürlich abwegig, wenn angenommen werden würde, daß das Legieren unter allen Umständen bestimmte Verschleißminderungen zur Folge haben muß.

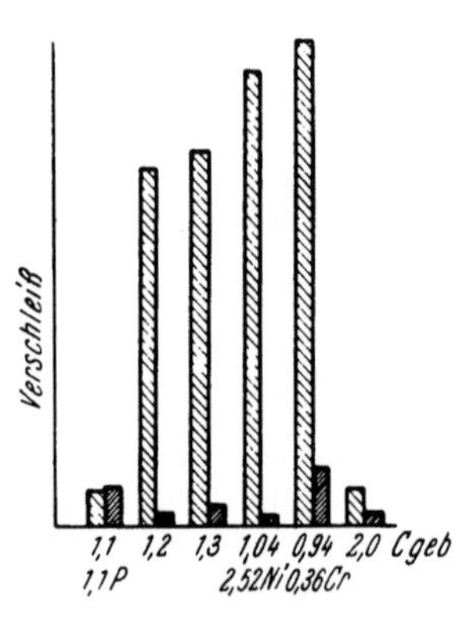

Abb. 72. Einfluß des Verschleißscheiben-Werkstoffes auf die Abnützung verschiedener Gußeisensorten bei gleitender Reibung (Nach HEIMES und PIWOWARSKY [59])

Spezielles Verschleißverhalten von Kolbenring-Grauguß. Das im Trockenverschleißversuch gefundene beste Verschleißverhalten bedingt aber keineswegs auch das günstigste Verhalten des betreffenden Kolbenringwerkstoffs bei der Verschleißbeanspruchung im Motor. Eingehend mit dieser Frage befaßte sich LANE [59, 60], aus dessen Versuchen folgendes hervorzuheben ist:

Die Prüfung verschiedener Gußeisensorten erfolgte auf einer nach dem Bremsklotzprinzip gebauten Verschleißvorrichtung; die Proben aus Kolbenringeisen hatten, soferne es sich um große Ringe handelte, die Abmessung 12,7 × 12,7 × 7,26 mm, bei kleineren Ringen 25,4 × 3,17 × 3,17 mm. Als Gegenproben dienten Trommeln aus Zylindergußeisen 88,8/81 $\varnothing$ × 31,7 mm mit $HB = 230$ und feingedrehter Oberfläche. Der Anpreßdruck wurde für große Proben mit 2 bis 5 lbs, für kleine Proben mit 2 lbs eingestellt. Zu Beginn der Versuche herrscht zwischen Probe und Gegenprobe nur Linienberührung und dementsprechend zunächst ein sehr hoher, mit fortschreitendem Verschleiß allmählich sinkender spezifischer Anpreßdruck. Die Versuche wurden trocken unter folgenden Bedingungen durchgeführt: $n = 1425$ U/min (entsprechend einer Gleitgeschwindigkeit von 6,62 m/sek), Versuchsdauer jeweils 60 Minuten; die Verschleißgröße wurde am Gewichtsverlust festgestellt. Nach dem beobachteten Verschleiß teilt er die geprüften Eisen in Gruppen ein:

Verschleißwiderstand	Gewichtsverlust mg / Std
ausgezeichnet	$\leqslant 18$
gut	20 bis 24
hinreichend	26 bis 30
schlecht	> 30

Die Extreme lagen aber noch viel weiter auseinander und reichten von etwa 10 im Minimum bis 100 mg/Std im Maximum; die Eisen mit schlechterem Verschleißverhalten zeigen größere Streuungen: da sie schneller verschleißen, wirken sich verhältnismäßig kleine Gefügeunterschiede hier sehr stark aus.

Nach 4 Einstunden-Probeläufen läßt eine Prüfung der Proben folgende Einzelheiten von Interesse erkennen:

a) Den „relativen Verschleißwert" in mg/Stde.

b) Die Neigung des Werkstoffs zur Bildung eines Laufspiegels. — Die Prüfung unter dem Mikroskop gestattet eine gute Beurteilung, ob er zur Härtung unter Arbeitsbedingungen, zur Spiegelbildung, oder zum Polieren neigt.

c) Die Fähigkeit des Werkstoffs zur Selbstschmierung; seine Freßneigung: Manche Eisensorten nutzen sich beim Versuch sehr schnell zu pulverartigem Abrieb ab, wobei erhebliche Mengen von Graphitstaub entstehen; andere wieder zeigen sich an den Verschleißflächen dagegen etwas „knotig" mit dazwischenliegenden Vertiefungen (ähnlich z. B. dem Aussehen eines Antimon-Weißmetalllagers nach längerem Betrieb). Dies deutet auf hohen Verschleißwiderstand, der in der Regel von geringem Gewichtsverlust begleitet wird. — Wieder andere Sorten reiben an und rauhen auf, die Oberfläche erscheint zerschrammt oder zerkratzt.

Die spezifische Wirkung der verschiedenen Sorten auf den Gegenproben-Zylinder ist leicht zu erkennen, da für jeden Versuch eine neue Trommel verwendet wird: so wird z. B. auch ein Eisen, das dank seiner hohen Härte nur geringe Verschleißwerte aufweist, für Verschleißteile aber wegen seiner zerstörenden Wirkung auf die Gegenfläche ungeeignet erscheint, durch den Zustand der Trommellauffläche leicht erkannt.

d) Schließlich läßt sich die Neigung des Eisens zur Grat- oder Bartbildung leicht feststellen.

Die LANEschen Versuche bestätigen folgendes wieder:

1. Daß zwischen der chemischen Zusammensetzung und der Härte des Eisens einerseits sowie dem Verschleißverhalten andererseits keine einfache Beziehung besteht.

2. Viel eindeutiger ist dagegen die Beziehung zwischen Verschleiß und Gefüge: Sehr feiner und vor allem eutektischer Graphit, wie er durch Unterkühlung entsteht, ist immer verbunden mit schlechtem Verschleißwiderstand; dies gilt über einen weiten Härtebereich. — Grauguß, der bis zum Erreichen eines ferritischen Grundgefüges geglüht wurde, zeigt ebenso wie ein mit ferritischem Grundgefüge erstarrtes Gußeisen immer schlechtes Verschleißverhalten.

3. Grobkörnige oder mittelfeinkörnige Eisen scheinen größeren Verschleißwiderstand zu besitzen, als feinkörnige. Die durch das Phosphidnetzwerk gekennzeichnete (Primär-)Korngröße und die Größe der Graphitlamellen scheinen den Verschleiß weitgehend zu beeinflussen.

4. Eisensorten mit kräftiger Netzausbildung scheinen — unter sonst gleichen Bedingungen — bessere Laufeigenschaften zu haben als solche, wo das Netz nur schwach oder unvollkommen angedeutet ist; es ist anzunehmen, daß bei ersterem die interkristalline Kohäsion besser ist.

5. Es ist heute noch nicht einwandfrei geklärt, weshalb mäßig feine mittlere oder grobe Mikrogefügebestandteile die Verschleißeigenschaften verbessern, doch bestätigen dies sehr zahlreiche Beobachtungen. Es wird vermutet, daß in sehr feinkörnigen Eisensorten die „wirksame" Korngröße so klein ist, daß die sowohl beim Trockenverschleiß als auch bei Schmierung entstehenden Verschleißteilchen und vielleicht auch die zur Wirkung gelangenden Oberflächenkräfte die kleinen Kristalle aus ihrem Verband herausreißen oder sie zumindest in der Grund-

masse lockern. Diese gleichen Verschleißteilchen kratzen dagegen größere Körner oder Kristalle (größer nach drei Dimensionen!) bloß an und tragen sie allmählich ab, ohne die fester im Verband der Grundmasse sitzenden großen Kristalle lockern zu können. Das Verhältnis von Kornvolumen zu Kornoberfläche ist jedenfalls für grobkörnigere Werkstoffe günstiger. — Hat der Werkstoff überdies die Tendenz zur Spiegel- oder Filmbildung, so nimmt diese herausschneidende Wirkung während des Verschleißvorganges allmählich auch an Intensität ab, sie wird immer gleichmäßiger und es ergibt sich damit der Fall des „normalen" glättenden Verschleißes.

Wird eine Gußeisenschmelze in verschiedenen Querschnitten vergossen, so zeigen daher, solange die Grundmasse perlitisch bleibt, die größeren Querschnitte in der Regel einen höheren Verschleißwiderstand, als die kleineren, da in letzterem das Korn feiner wird. Dies gilt natürlich nur, solange die Gußteile vollkommen dicht bleiben. Auf Grund der Versuche ist ferner anzunehmen, daß für jeden vergossenen Querschnitt mit einer bestimmten Eisensorte ein Optimum der Graphitverteilung erreicht werden kann, das bestes Verschleißverhalten ergibt.

Sehr hohe Gießtemperaturen verschlechtern den Verschleißwiderstand, wenn sie zu feines Korn und zu feine Graphitausbildung zur Folge haben.

6. Der Schmelzofen beeinflußt den Verschleißwiderstand nur insofern, als er auf die Treffsicherheit zur Erzielung einer bestimmten Struktur und Gefügeausbildung und vielleicht auch, soweit er auf die Reinheit des Erzeugnisses Einfluß nimmt; aus allen Öfen können jedoch Gußeisensorten von hohem und niedrigem Verschleißwiderstand hergestellt werden.

7. Korngröße, Gesamtkohlenstoffgehalt und Gehalt an gebundener Kohle (bzw. Höhe des Graphitanteils) dürften hauptsächlich den Verschleißwiderstand bedingen. Der günstigste Gesamtkohlenstoffgehalt, der für eine gegebene Gefügetype größten Verschleißwiderstand ergibt, liegt bei etwa 3,40 oder darunter.

8. Beim Zusammenarbeiten mit grobkörnigen Eisensorten haben feinkörnige die Neigung, unter ungünstigen Beanspruchungsverhältnissen einseitig stark zu verschleißen; sie „opfern" sich zu Gunsten der verschleißfesteren Gegenstücke. Trotz des unter Umständen sehr raschen Verschleißes des feinkörnigen Teiles kommt es jedoch nicht zum Fressen. Das Härteverhältnis der beiden Teile spielt dabei kaum eine Rolle, ebensowenig wie Analyse oder Sättigungsgrad.

9. Einzelgußringe gehören, wenigstens soweit es sich um kleinere Querschnitte wie bei Ringen für Fahrzeugmotoren oder Motoren mittlerer Größe handelt, stets zur feinkörnigen Gruppe. Beim Zusammenarbeiten mit den im allgemeinen grobkörnigeren Zylinderwerkstoffen liegt dementsprechend beim Trockenverschleiß der stärkere Verschleißangriff stets auf Seite des Ringes.

10. Auf das Verhalten von mit kleineren Querschnitten vergossenen Einzelgußringen geht LANES Bericht nur wenig ein; doch läßt sich aus den stark streuenden, mit allerdings recht weichen Ringproben von $1'' \times 1/8'' \times 1/8''$ unter 2 lbs Belastung bei Trockenverschleißversuchen ermittelten Werten folgendes herauslesen:

Gruppe	mittl. Verschleißwert	Mittelwerte der						Sätt.-grad Sc
		Härte RB	Analyse					
			C_{ges}	C_{geb}	Graph	Si	Mn	P	
1	12,9	101,5	3,80	0,71	3,09	2,84	0,63	0,48	1,155
2	17,6	99,8	3,82	0,72	3,10	2,74	0,62	0,40	1,142
3	22,2	100	3,88	0,73	3,15	2,59	0,59	0,32	1,143

Bei nahezu gleichen Werten für Härte, Sättigung und C_{geb} weist die Gruppe mit dem höchsten Graphitgehalt sowie gleichzeitig mit dem niedrigsten P-Gehalt den geringsten Verschleißwiderstand auf; zu diesem Ergebnis dürften beide genannten Umstände gemeinsam beitragen.

Wird die Belastung weiter gesteigert, so bleibt die Reihenfolge zunächst erhalten. Bei Belastungen von 5 lbs rücken jedoch die Proben mit höherem P-Gehalt an die Spitze des Verschleißes; es liegen aber zu wenig Versuchswerte vor, um verläßliche Gesetzmäßigkeiten feststellen zu können.

Eigene Vergleichsversuche zeigten daß nicht wärmebehandelte Grauguß-Einzelgußringe von kleinem Querschnitt mit zu hohem Sättigungsgrad (im allgemeinen bei $s_c > 1{,}19$), ferner solche mit geringer bleibender Formänderung ($< 5\%$) und hohem E-Modul ($> 13\,500$) im Motorenbetrieb ungünstige Verschleißwerte ergaben.

11. Aus den Ergebnissen der Verschleißversuche allein kann nicht direkt auf die Bewährung im Betrieb zurückgeschlossen werden.

Grauguß-Kolbenringe, die sich in der Praxis in Graugußzylindern von Verbrennungsmotoren bewähren, gehören im allgemeinen nicht der Gruppe der hochverschleißfesten Eisensorten, sondern jener mit geringerem Verschleißwiderstand an; das heißt sie sind von feinerem Korn als die zugehörigen Zylinder und die gesamte Struktur einschließlich der Graphitausbildung ist feiner; ihre Netzstruktur soll ausgeprägt sein.

Solche Ringeisen sollen zwei sehr wünschenswerte Eigenschaften aufweisen:

ihre Freßneigung soll gering sein und

sie sollen unter ungünstigen Schmierungsbedingungen „sich selbst opfern", ohne den Zylinder zu beschädigen.

Das Fehlen der Freßneigung verdanken sie hauptsächlich der Ausbildungsform des Graphits, seiner Verteilung und Menge sowie der Freiheit des Grundgefüges von Ferrit: richtige Kolbenringeisen gestatten ein leichtes Entfernen der Verschleißprodukte von der Lauffläche ohne die Tendenz, diese einzubetten; sie bieten der Gegenlauffläche stets eine glatte, unbeschädigte Oberfläche. Ihre eigenen Verschleißteilchen können sich nicht aufbauen, vielmehr werden sie zu Pulver oder feinem Staub zerrieben.

Sie entsprechen im allgemeinen auch auf Zylinderwerkstoffen mit in einem weiten Bereich unterschiedlichen Eigenschaften; sie greifen den Gegenwerkstoff nur wenig oder gar nicht an, dagegen werden sie selbst abgenutzt und tragen den Hauptteil des Reibungsverschleißes.

Kolbenring-Grauguß soll daher folgende im Trockenverschleißversuch festzustellenden Eigenschaften haben:

a) Verhältnismäßig hohe Trockenverschleißwerte bei geringster Freßneigung.

b) Eine körnige, feinriefige, nicht spiegelnde Verschleißfläche, die sich selbst von den Verschleißprodukten befreit und der Gegenfläche dauernd eine zwar nicht glänzende, jedoch glatte, unbeschädigte Berührungsfläche bietet, auch unter nachteiligen Belastungen.

c) Geringere Neigung zum Blankwerden als die grobkörnigeren Zylindereisensorten.

d) Möglichst geringe Neigung zum Einbetten des Abriebs.

Einen klaren Gegensatz zu einem guten Kolbenringwerkstoff stellt z. B. ein weicher Stahl dar: Dieser neigt durch seine Zähigkeit und hohe Verformbarkeit sehr stark zum Fressen; beim Trockenlauf verschweißen hier die Verschleißprodukte und es ergibt sich ein fortschreitendes Aufrauhen verbunden mit tiefer Riefenbildung an der Lauffläche.

Gegenwärtig werden, soweit Graugußwerkstoffe in Frage kommen, wohl allgemein für die Zylinder grobkörnigere, für die Ringe feinkörnigere Eisensorten verwendet. Dies war zunächst wohl in beiden Fällen eher auf ein mehr oder weniger zufälliges Ergebnis der Gießereipraxis als auf eine zielgerechte Forschung oder Auswahl zurückzuführen; es ergaben sich damit aber sehr brauchbare Verhältnisse, so daß der Weg heute planmäßig weitergegangen wird.

Nach heutigen Erkenntnissen geben grobkörnige Eisen die besten Zylinderlaufflächen, weil sie dank der ihnen eigenen Oberflächenzähigkeit polieren und glatte Laufspiegel ergeben; dies sichert geringen Verschleiß, solange eine hinreichende Schmierung vorhanden ist. Versagt die Ölversorgung aber aus irgend einem Grund und kommt es zu metallischer Berührung zwischen Ring- und Zylinderlauffläche, so übernimmt ersterer normalerweise den Verschleiß und schützt den Zylinder; wird aber der Trockenlauf zu ausgeprägt, so tritt natürlich trotzdem Fressen ein. Es ist anzunehmen, daß dies — richtige Werkstoffpaarung vorausgesetzt — immer zuerst am Zylinder beginnt und sich auf den Ring überträgt, mit dem Ergebnis schließlich, daß — wenn die Bedingungen sich nicht ändern und die Schmierung wieder einsetzt — grobe Riefenbildung und ein schweres Fressen an beiden Teilen eintritt.

1. Vergüteter Grauguß. Nach weiteren Versuchen von LANE, ebenso ausgeführt wie die auf S. 92 beschriebenen, ließen sich durch Vergüten von Kolbenring-Gußeisenproben auf hohe Härte beim Trockenverschleißversuch auf weichem Zylindergußeisen von $HB\sim180$ als Gegenprobe sehr günstige Verschleißwerte erzielen (Abb. 73), allerdings bei gleichzeitig schlechten Laufeigenschaften und hoher Freßneigung; erst wenn die Härte durch Anlassen auf $HB = 225$ und darunter gebracht worden war, ergab sich ein brauchbares Laufverhalten, jedoch bei Verschleißgrößen, die höher lagen als mit unvergüteten Proben gleicher Härte und des gleichen Werkstoffs.

Auch im Betrieb zeigen auf höhere Härte vergütete Graugußringe (z. B. schwach chromlegiert, Härte 380 bis 435 H_V) gegenüber aus gleichem Werkstoff im Gußzustand (Härte 230 bis 260 H_V) belassenen Ringen einen etwas geringeren Laufflächen- und Flankenverschleiß; ihr Spannungsverlust wird aber bedeutend größer, was bei der Ringherstellung berücksichtigt werden muß. Der Zylinderverschleiß (schwach chromlegierter Schleuderguß, Härte 230 bis 260 H_V) wird jedoch merklich herabgesetzt.

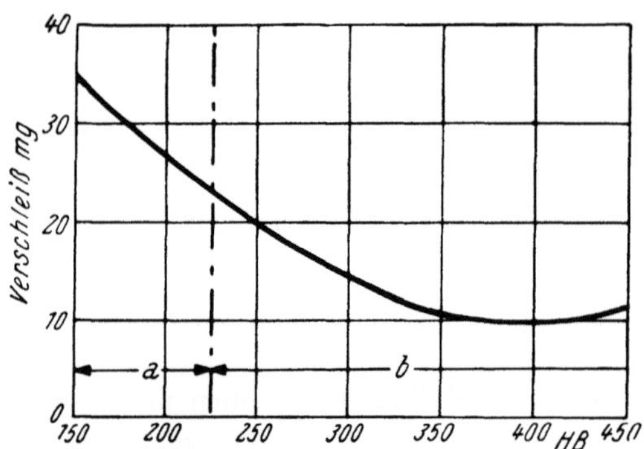

Abb. 73. Vergütetes Gußeisen. Beziehung zwischen Verschleiß (Gewichtsverlust) und Härte

Analyse C_{ges} 3,35   S 0,12
Si 1,75   Cr 0,40
Mn 0,70   Ni 1,25
P 0,30

Büchsenguß; Härte im Gußzustand $HB = 195$
Härtung von 820° in Öl
Bei Prüfung auf normalem Zylindereisen als Gegenwerkstoff ergeben sich:
im Bereich a: Gute Laufeigenschaften, guter Zustand der Gegenlauffläche
im Bereich b: Gegenlauffläche riefig aufgerauht (Nach LANE [60])

Der unerwünscht hohe Spannungsverlust vergüteter Ringe kann auch durch geeignetes höheres Legieren beherrscht werden; zwar steigt er auch dann mit der Endhärte der Vergütung, doch erreicht er selbst noch bei Vergütungshärten von $H_V = 550 - 600$ noch nicht jenen Betrag, wie bei unlegierten oder schwachlegierten unvergüteten Ringen (vgl. Abb. 45).

Ergebnisse von auf breiter Basis in den Jahren 1947/48 in Fahrzeugdieselmotoren ausgeführten Betriebsversuchen, über die HEPWORTH [61] berichtet, sind in Abb. 74 dargestellt. Verglichen wurden 20 Maschinen gleicher Bauart, die in verschiedenen Städten liefen, wobei insgesamt fünf verschiedene Kombinationen von Ringwerkstoffen eingebaut waren. Die dargestellten Ergebnisse sind Durchschnittswerte. Danach zeigt der vergütete Werkstoff *ah* gegenüber dem unvergüteten weichen Material gleicher Zusammensetzung *aw* einen etwas geringeren Umfangs- und Flankenverschleiß; ebenso ist der Zylinderverschleiß etwas geringer.

Der Werkstoff *bw* ist im Gußzustand (weich) dem Werkstoff *ah* im gehärteten Zustand in jeder Beziehung überlegen; lediglich der Zylinderverschleiß liegt etwas höher. Im gehärteten Zustand zeigt der Werkstoff *bh* dagegen sehr günstiges Verschleißverhalten; im Zylinderverschleiß ist er unwesentlich schlechter als der Werkstoff *ah*.

WALZEL [32] fand für auf gleiche Härte vergütete Gußeisen je nach Art der Vergütung (Gefügeausbildung) folgende Unterschiede im Verschleißversuch (Abriebversuch, Probengewicht 250 g, 25 000 Hübe):

	unlegiert		niedrig Cr Mo-legiert	
Härte HB	268	269	295	295
Härte RC	28	28	30	31
Vergütungsart:	N	S	N	S
Verschleiß %	2,3	0,12	0,67	0,03

N...normal vergütet S...sondervergütet

d. h. je nach Art der Vergütung kann der Verschleiß auf ein Vielfaches anwachsen.

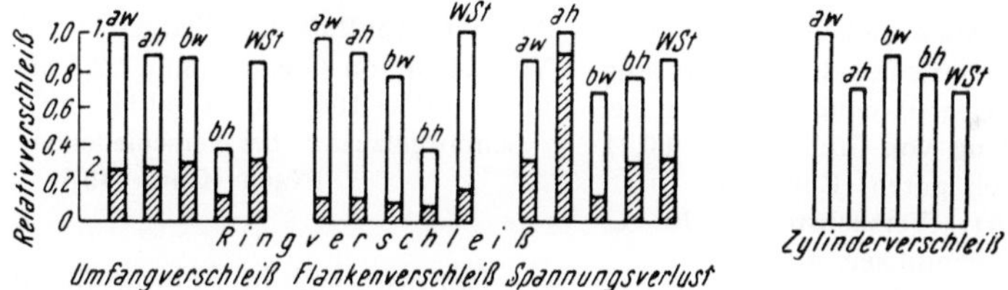

Abb. 74. Verschleißergebnisse von Betriebs-Großversuchen mit verschiedenen Ringwerkstoffen in unvergütetem und vergütetem Zustand. Ringverschleiß am ersten und zweiten Ring (Nach HEPWORTH [61])

Ringwerkstoffe:

Bez.	C_{ges}	Si	Mn	P	Cr	Ni	V	W	HVN	E kg/mm²	σ_B kg/mm²	Anmerkung
aw	3,3	2,2	0,6	0,55	0,30	max	—	—	230	min	25,2	Gußzustand
	3,5	2,5	0,8	0,70	0,45	0,25			260	10 900	28,4	(Schleuderguß)
ah	3,3	2,2	0,6	0,55	0,30	max	—	—	380	min	25,2	vergütet
	3,5	2,5	0,8	0,70	0,45	0,25			435	10 900	28,4	
bw	2,85	2,0	0,6	0,35	0,55	—	0,20	—	270	14 000	44,2	geglüht
	3,05	2,4	1,0	0,50	0,85		0,40		300	14 700	47,3	(Schleuderguß)
bh	2,85	2,0	0,6	0,35	0,55	—	0,20	—	550	14 000	44,2	vergütet
	3,05	2,4	1,0	0,50	0,85		0,40	—	600	14 700	47,3	
WSt	0,95	max	0,4	max	—	—	—	1,6	520	19 700	~158	vergüteter
	1,1	0,35	0,6	0,05				2,0	550	21 000		Wolframstahl

2. Verschleißverhalten von Grauguß auf Stahl

Das Verschleißverhalten von Grauguß auf Stahl ist durch die gegenüber der
Paarung mit Grauguß wesentlich höhere Freßneigung bestimmt. Bei gleitender
Reibung von ungehärteten Kohlenstoffstählen auf Gußeisen ist der auftretende
Verschleiß, gleichgültig ob geschmiert oder ungeschmiert, von der Gleitgeschwindigkeit nahezu unabhängig; er fällt im allgemeinen mit steigender Geschwindigkeit
etwas ab. Groß ist aber auch hier die Ab-
hängigkeit des Verschleißes von der Art
und Güte der Oberflächenbearbeitung, wie
Abb. 75 zeigt.

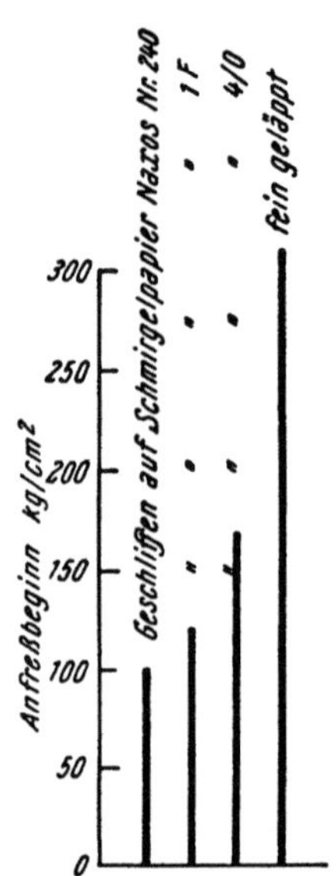

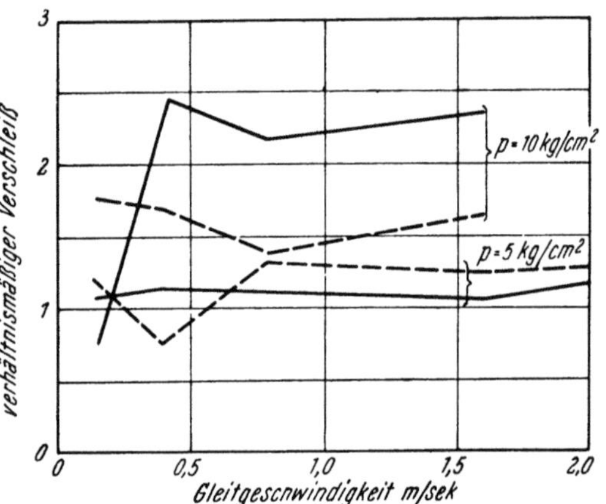

Abb. 75. Abhängigkeit der den Freßbeginn einleitenden Flächenpressung
von der Oberflächenbearbeitung bei
der Paarung von G.E. auf St. 60.11
nach gutem Einlaufen
Geschmiert; Versuchstemp. 70° C,
Gleitgeschwindigkeit 4,2 m/sek
G.E.: 3,3 C_{ges} 1,6 Si
      0,9 Mn 0,4 P
      0,1 S
      $HB = 205$
Einlaufen erfolgte während 5 Min
bei 2,1 m/sek Geschwindigkeit und
15 kg/cm² Belastung
(Nach Kehl [49])

Abb. 76. Einfluß der Gleitgeschwindigkeit auf den
Verschleiß von G.E. A (3,5 C 2,5 Si 0,6 Mn 0,5 P
0,1 S $HB = 160$) auf St. 60.11 im Ölbad mit 0,1%
Schmirgelzusatz bei verschiedenen Belastungen
(Nach Kehl [49])

Befindet sich im Schmieröl ein Verschleißmittel, so bleibt der Verschleiß von der Gleitgeschwindigkeit ebenfalls fast unbeeinflußt;
die Freßneigung nimmt jedoch mit der Geschwindigkeit stark zu, das heißt sie wird in das
Gebiet niedrigerer Flächenpressungen herabgedrückt (Abb. 76, 77). Die hier gefundene
Kurve erfüllt ziemlich genau die Gleichung
$p \cdot v^{1/3} =$ konst. — Außer der Reibungs-
wärme, die im Schmierfilm entsteht, scheinen auch noch andere Einflüsse das
Anfressen zu bedingen: Wahrscheinlich werden bei höherer Gleitgeschwindigkeit
durch die stärker werdende Schmierschicht mehr und vor allem größere Teilchen
des Verschleißmittels zwischen die Gleitflächen gerissen, wo aber weniger große
Körner viel gefährlicher wirken, als mehrere kleine.

Die spezifische Belastung wirkt sich dabei so aus, daß, wie aus Abb. 78
zu entnehmen, der Verschleiß beim Paaren von St 60,11 mit Gußeisen bei
Schmierung mit Schmirgelzusatz zunächst bei allen Geschwindigkeiten etwa
proportional mit der Belastung zunimmt (vgl. auch Abb. 64). Bei Geschwindigkeiten > 1 m/sek steigt dann bei einer bestimmten Belastungsgrenze der Ver-

schleiß plötzlich infolge beginnenden Fressens auf mehrhundertfache Höhe an; bei Geschwindigkeiten < 1 m/sek fällt er dagegen nach Erreichen eines Höchstwertes nochmals ab, um dann neuerlich langsam bis zum Freßbeginn anzusteigen. Dieser Verlauf ist offenbar auf Vorgänge der Reiboxydation zurückzuführen.

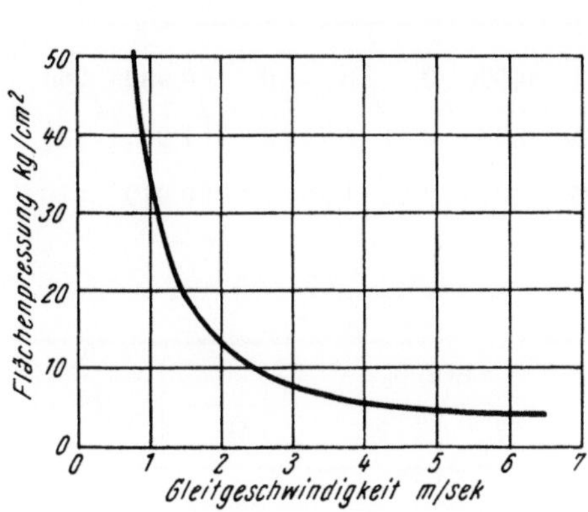

Abb 77. Einfluß der Gleitgeschwindigkeit auf den Beginn des Anfressens von G.E. A (vgl. Abb. 76) auf St. 60.11 im Ölbad mit 0,1% Schmirgelzusatz bei 70° C (Nach Kehl [49])

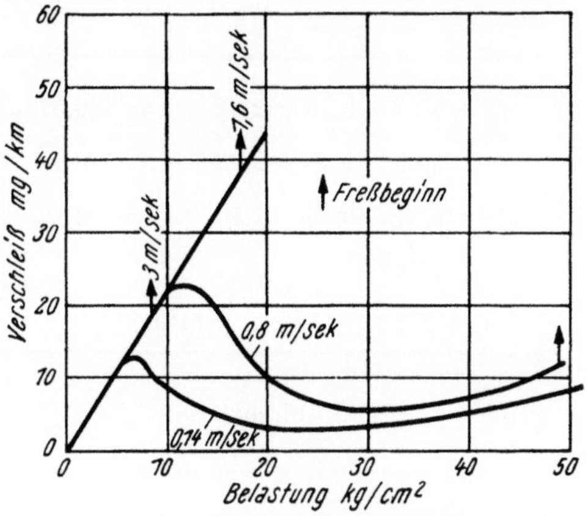

Abb. 78. Einfluß von Flächenpressung und Gleitgeschwindigkeit auf den Verschleiß von G.E. A (vgl. Abb. 76) auf St. 60.11 im Ölbad mit 0,1% Schmirgelzusatz (Nach Kehl [49])

Die Freßneigung von Stahl auf Gußeisen sinkt mit steigendem Kohlenstoffgehalt des Stahles und ebenso mit steigendem Gehalt an C_{geb} im Gußeisen; sie ist daher eindeutig von der Gefügeausbildung beider Teile abhängig und für perlitisches Gefüge am geringsten; wesentlich größer ist sie auf ferritischem Gußeisen, nicht ganz so hoch auf martensitischem.

Abb. 78 zeigt, daß innerhalb des zulässigen Belastungsbereiches, also unterhalb der Freßgrenze, der Verschleiß im Ölbad mit Schmirgelzusatz mit der Belastung ansteigt, von der Gleitgeschwindigkeit jedoch — wenigstens innerhalb gewisser Grenzen — fast unabhängig bleibt.

Unter sonst gleichen Umständen geben beim Trockenverschleiß Paarungen von gleich hohem Gehalt an C_{geb} im Stahl und im Gußeisen den geringsten Gesamtverschleiß; er sinkt umso weiter ab, je höher der erstere liegt. Der Verschleißwiderstand steigt über das perlitische Gefüge in beiden Teilen weiter hinaus über die niedrigeren Anlaßstufen des Martensits zum reinmartensitischen Gefüge weiter an.

Höherer P-Gehalt im Gußeisen setzt den Verschleiß an beiden Teilen der Paarung Kohlenstoffstahl-Gußeisen stark herab, insbesondere für das perlitische und für das perlitisch-ferritische Gefüge; im Martensit scheint er keine Wirkung zu haben.

Lane [60] hat auch das Verschleißverhalten von Kolbenring-Grauguß auf verschiedenen Stählen, wie sie für die Zylinderherstellung in Frage kommen, auf der auf S. 92 besprochenen Vorrichtung geprüft. Die Anordnung der Proben war dabei so getroffen, daß der umlaufende Teil von 88,9 mm Durchmesser und $1^1/_4$ Zoll Höhe aus dem Ringwerkstoff hergestellt, bzw. aus vier Ringen von je $5/_{16}$ Zoll Höhe zusammengebaut wurde, während die Zylinderwerkstoff-Probe als Gleitstück an diese Trommel angedrückt wurde.

Es wurden drei verschiedene Ringwerkstoffe und acht Zylinderstähle untersucht; die Zusammensetzung der einzelnen Proben war folgende:

a) Ringproben (Grauguß):

Probe	C_{ges}	C_{geb}	Graph	Si	Mn	P	S	Cr	Ni	Mo	s_c	HB
A	3,57	0,75	2,82	1,88	0,51	0,39	0,080	0	0	0	0,982	260
B	3,63	0,70	2,93	2,02	0,46	0,42	0,080	0,34	1,71	0	1,01	235
C [1]	3,54	0,63	2,91	1,96	0,47	0,37	0,075	0,22	1,26	1,17	0,979	410

[1] vergütet

b) Zylinderproben (Stähle):

Probe	Stahlmarke	etwa %				HV
		C	Cr	Ni	Mo	
1	SAE 1050	0,50				184
2	SAE 1050	0,50				240
3	SAE 4140	0,40	0,95		0,20	230
4	SAE 4140	0,40	0,95		0,20	315
5	SAE 4140	0,40	0,95		0,20	410
6	SAE 8515 (0,9 mm tief eingesetzt)	0,15[1]		5,0		695
7	Nitralloy G (3,8 mm tief nitriert)					975
8	Hartguß					870

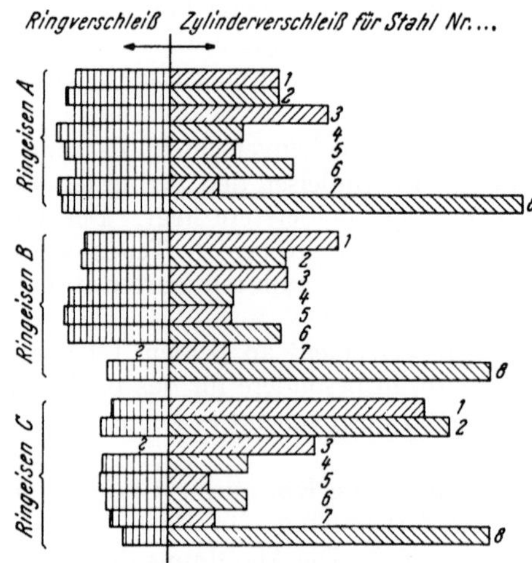

Abb. 79. Verschleißverhalten von drei verschiedenen Kolbenringeisen A, B und C auf acht verschiedenen Zylinderstählen (Nach Lane [60])

Die durchgeführten Erprobungen gelten natürlich in gleicher Weise auch umgekehrt für das Verhalten von Stahlringen auf Graugußzylindern.

Die gefundenen Verschleißwerte zeigt die Abb. 79. Wie daraus hervorgeht, weicht das Verschleißverhalten der einzelnen Paarungen weit voneinander ab; hinsichtlich der Stahlproben ist zu bemerken, daß bis zu einer Härte von 315 Vickers der Verschleiß auf vergütetem Grauguß (Probe c) höher, über 400 Vickers im allgemeinen aber geringer ist, als bei der Prüfung mit weichen Graugußsorten.

Der Verschleiß der Stahlproben 3, 4 und 5 (Stahl SAE 4140) auf der Graugußprobe B entspricht etwa der Paarung von Stahlkolbenringen auf Graugußzylindern. Höherer Vergütungshärte des Stahles entspricht demnach ein Rückgang des Verschleißes an der Stahlprobe und ein Verschleißanstieg an der Graugußprobe.

Daß aber der Verschleiß auch bei der Paarung Stahl-Grauguß wieder weit mehr durch andere Umstände als durch die Härte oder das Härteverhältnis bestimmt wird, zeigt ein Vergleich der Verschleißwerte der Zylinderwerkstoffe 4 und 8. Der letztere, obwohl mehr als doppelt so hart, ergibt vierfach höhere Verschleißwerte, wie ersterer. Der Verschleiß beim Werkstoff 8 trat dadurch ein, daß sich schon nach verhältnismäßig kurzer Versuchsdauer oberflächliche Querrisse in der Hartgußschicht bildeten, die bald zum Ausbröckeln des Materials führten.

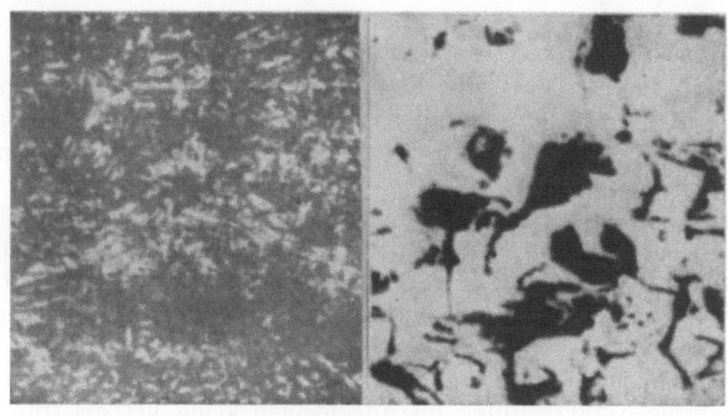

Abb. 80. Zylinderstahl SAE 4140, vergütet auf $HB = 300$
links: Gefüge geätzt
rechts: Aussehen der Lauffläche nach einer Stunde Laufzeit (Trockenverschleißversuch)
(Nach LANE [60])

Der Zylinderwerkstoff 3 hatte sich im Motorbetrieb schlecht bewährt; auch der Verschleißversuch läßt den Werkstoff als weniger geeignet erkennen. Ferner wurden im praktischen Betrieb die Werkstoffe 1 und 2 durch Stahl 4 ersetzt, wodurch sich wesentlich bessere Verhältnisse ergaben; auch hier bestätigt das Ergebnis der Verschleißversuche die praktische Bewährung.

Es ist von Interesse, festzustellen, daß die Stahl-Zylinderwerkstoffe mit guten Verschleißeigenschaften auch günstige relative Verschleißwerte über einen weiten Bereich der Ringhärte ergaben, während die Proben mit ungünstigen Verschleißeigenschaften ein schlechtes Verhalten sowohl auf sehr weichen als auch auf sehr harten Ringen zeigten und nur mit mittelharten Sorten annehmbar zusammenarbeiten, also irgendwie empfindlicher waren.

Hinsichtlich des Ringverschleißes ergibt sich, daß die Zylinderstähle von höherer Härte bei normalen Ringeisen im allgemeinen einen höheren Ringverschleiß ergaben, daß sie aber den gehärteten Ringwerkstoff C (mit $HB = 410$) wenig angreifen. Das mit Chrom und Nickel legierte Kolbenringeisen B zeigt durchschnittlich einen etwas geringeren Verschleiß, als das unlegierte Eisen A. Das auf $HB = 410$ vergütete Kolbenringeisen C, welches Chrom, Nickel und Molybdän enthält, ergibt gegenüber allen Zylinderwerkstoffen den geringsten Verschleiß der untersuchten Ringeisensorten. Aus diesen Verschleißergebnissen auf der Verschleißvorrichtung kann aber auch hier nicht unmittelbar auf die Betriebsbewährung im Motor geschlossen werden.

Wie erwähnt, zeigt der Stahl 3 günstiges Verschleißverhalten über einen weiten Härtebereich der Graugußproben. Das Gefüge dieses Stahls ist in Abb. 80 bei 500facher Vergrößerung gezeigt; die gleiche Abbildung zeigt in der rechten Hälfte das Aussehen der verschlissenen Lauffläche nach einer Stunde Laufzeit bei 100facher Vergrößerung: Die dunklen Stellen in der letzteren Abbildung sind Grübchen im normalen Werkstoff, während die weißen Flächen die verschlissenen Partien in der Bildebene zeigen. In der ganzen Oberfläche des normalen Stahles sind zahlreiche Haarrisse zu erkennen, ähnlich den Rissen in einem zerbröckelten Firnis-Überzug. Es wird vermutet, daß es sich hier um amorphes Material (die sog. BEILBY-Schicht?) handelt, welches durch die Erhitzung und durch die Reibungskräfte während des Versuches entstanden ist. Vorhergehende Beobachtungen zeigten, daß der Stahl 3 für dieses Oberflächenfließen besonders zugänglich ist. — Schichten von dieser Art sind, unter der Voraussetzung, daß sie genügend fest haften, außerordentlich verschleißmindernd.

Übereinstimmende Erscheinungen treten auch an den Gleitflächen von Graugußproben der grobkörnigen Gruppe auf.

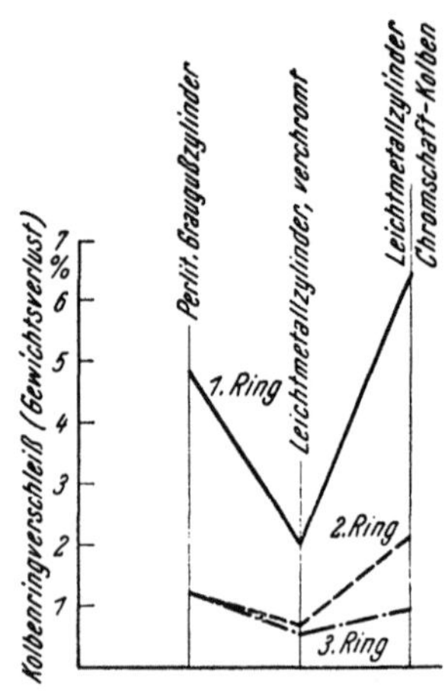

Abb. 81. Verschleißverhalten von Graugußkolbenringen in Leichtmetall- und Graugußzylindern

(Nach ROSSENBECK [62])

Es sei hier auch erwähnt, daß stark kaltverformte, feinkörnige Stähle gegenüber grobkörnigen Werkstoffen im allgemeinen keine verbesserten Verschleißeigenschaften haben.

3. Graugußringe in Leichtmetallzylindern

Abb. 81 zeigt einen Vergleich des Kolbenringverschleißes (perlitische Graugußringe, Einzelguß) in einem verchromten Leichtmetallzylinder sowie im unverchromten Leichtmetallzylinder, jedoch bei Verwendung eines am Schaft hartverchromten Leichtmetallkolbens mit dem im perlitischen Graugußzylinder unter gleichen Bedingungen beobachteten Verschleiß. — Demnach ist in verchromten Leichtmetallzylindern ein Ringverschleiß etwa in gleicher Höhe wie in verchromten Graugußzylindern zu erwarten; in nichtverchromten Leichtmetallzylindern liegt er dagegen bedeutend höher als in Graugußzylindern.

4. Das Abstimmen von Ring- und Zylinderwerkstoff

Es lohnt sich, hier auch auf das oft besprochene Härteverhältnis und das sogenannte „Abstimmen" der Werkstoffe von Ringen und Zylindern einzugehen.

Bei der Wahl der Werkstoffe erscheint es erwünscht, daß — bei möglichst langer Lebensdauer beider Teile — der Kolbenring als der leichter und wirtschaftlicher zu ersetzende Teil eher jenen Abnützungsgrad erreicht, der einen Austausch oder Ersatz notwendig macht, als der Zylinder.

HOLZER [19] gibt an, daß es üblich ist, die Zylinderbüchsen um etwa 30 Punkte nach Brinell härter zu wählen, als die Ringe. Die geringere Ringhärte soll die Zylinder schützen und den Verschleiß möglichst auf die Ringe beschränken. Eine andere Theorie vertritt die Ansicht, daß Ringe und Zylinder möglichst gleiche Härte aufweisen sollen; besonders für große Ringabmessungen wird dieses Verhältnis bei Dieselmotoren mit verhältnismäßig weichen Zylindern eingehalten und hat sich bewährt, wobei allerdings Abweichungen der Ringhärte von etwa $\pm$ 20 Brinellpunkten gegenüber der Zylinderhärte keine Rolle zu spielen scheinen.

Wieder andere Forscher, wie z. B. v. SCHWARZ [63] empfahlen, daß bei Ottomotoren der Ring um etwa 20 bis 30 Punkte härter, bei Dieselmotoren jedoch entweder gleich hart oder bis zu 20 Punkten härter als der Zylinder sein soll. — Diese Ansicht stützt sich unter anderem darauf, daß die Ringlauffläche im Vergleich zur überschliffenen Zylinderlauffläche nur klein ist und daß der Ring deshalb, um ein richtiges Verschleißverhalten zu erzielen, im allgemeinen härter als der Zylinder sein sollte; dies insbesondere dann, wenn der Zylinderwerkstoff die Fähigkeit hat, Abriebteilchen einzubetten. — Besonders soll diese Forderung bei schlechter Luftfilterung und unter sehr staubigen Arbeitsbedingungen, wie beim Betrieb in Steinbrüchen, Ölfeldern, für Geländefahrzeuge usf. Berücksichtigung finden.

Endlich wird auch das Verhältnis „gleich auf gleich" — etwa gestützt auf die S. 88, Abb. 67, angeführten Beobachtungen von KNITTEL [53] — als das vorteilhafteste empfohlen. Es ist aber dabei zu beachten, daß bei einer dahingehenden Vorschrift auch die Abkühlungsverhältnisse der Gußteile beim Guß mitberücksichtigt werden müssen: Wenn die Vorschrift „gleich auf gleich" dahin ausgelegt wird, daß ein und derselbe Werkstoff mit genau übereinstimmender Ausbildung der entsprechenden Gefügebestandteile sowohl für die Ringe als auch für die Zylinder verwendet werden soll, so gibt dies durchaus keine im Betrieb sich besonders bewährende Verschleißpaarung. Dazu liegen die Beanspruchungsverhältnisse der beiden Teile zu verschieden.

Die Erfahrung zeigt eben — ebenso wie die früher mitgeteilten Versuchsergebnisse —, daß dem durch den Gefügeaufbau und die Struktur bedingten Verschleißverhalten der Werkstoffpaarung in erster Linie Beachtung geschenkt werden muß. Die Härte, bzw. das Härteverhältnis ist erst von sekundärer Bedeutung. Bei richtiger Gefügeabstimmung kann die Härte der Ringe gegenüber jenen der Zylinder ohne weiteres innerhalb recht erheblicher Grenzen nach beiden Richtungen schwanken; insbesondere können sehr feinkörnige Einzelgußringe erheblich härter — bzw. bei hochharten Zylindern auch erheblich weicher — sein als die Zylinder an ihren Laufflächen.

Schließlich ließe sich auf Grund der Erfahrung und mittels mehr oder weniger langwieriger Verschleißversuche zu jedem Zylinderwerkstoff auch der verschleißmäßig bestgeeignete Kolbenringgrauguß ausmitteln. Ein allzu weitgehendes derartiges „Abstimmen" der Werkstoffe ist aber — wenigstens vorläufig — praktisch nicht möglich und wäre auch zwecklos, da weder von Seite der Zylindergießereien noch von Seite der Ringhersteller eine absolute Gleichmäßigkeit des Werkstoffs eingehalten werden kann. Bei Zylinderblöcken, Rippenzylindern oder nassen Büchsen, die mit stark wechselndem Wandstärkenprofil gegossen wurden, finden sich bereits innerhalb ein und desselben Gußstückes häufig so weitgehende Gefüge- und Härteunterschiede, daß ein exaktes Abstimmen auch aus diesem Grund unmöglich wird.

Grundsätzlich bleibt aber die Frage offen, ob im Interesse eines günstigeren Verschleißverhaltens für die Herstellung von Kolbenringen ein Guß mit gröberem Korn oder feinkörniger Einzelguß, ob eine offene oder eine dichte Struktur verwendet werden soll. Es besteht kein Zweifel, daß Grauguß mit einem ausgereiften, gut ausgebildeten lamellaren Perlit höhere Zähigkeit besitzt, als ein solcher mit ungleichmäßigem oder allzu feinem Perlit. Die Laufeigenschaften des in größeren Querschnitten vergossenen Büchsengusses sind daher jenen des in kleineren Querschnitten vergossenen Einzelgusses hinsichtlich der Ausbildung eines einwandfreien Tragspiegels überlegen; ebenso ist der Verschleißwiderstand des ersteren gegenüber rein mechanischen Abriebbeanspruchungen günstiger und dies kann z. B. für thermisch niedrig beanspruchte Ringe von Bedeutung sein: Sipp [64] stellt z. B. fest, daß der Zylinderverschleiß und gleichzeitig die Lebensdauer der Kolbenringe in Glühkopfmotoren, d. h. also bei verhältnismäßig niedrigen motorischen Beanspruchungen, nach dem Ersatz von früher verwendeten Einzelgußringen durch Büchsengußringe aus gleichem Werkstoff wie die Zylinder auf einen Bruchteil zurückging. — Hinsichtlich des Verschleißverhaltens von gut ausgereiftem Perlitguß gleich auf gleich entspricht dies dem früher Gesagten. Über die Gefügeausbildung der zum Vergleich herangezogenen Einzelgußringe wird jedoch nichts ausgesagt und es ist zu vermuten, daß diese fehlerhaft war.

Rein perlitischer, grobkörniger Büchsenguß neigt aber stärker als der feinkörnige Einzelguß zur plastischen Verformung an den Ringkanten; es kommt hier, besonders bei der Verwendung in Stahlzylindern oder in harten Zylindern, aber auch bei hohen Betriebstemperaturen oder unzureichender Schmierung, eher zur Ausbildung der gefürchteten scharfen Kanten und Grate (Bartbildung); auch die höhere Freßneigung kann gefährlich werden.

Endlich ist der Büchsenguß (Sandguß), bzw. jeder grobkörnige Guß, dem feinkörnigen hinsichtlich der Spannungshaltung unterlegen. Wenn es auch möglich ist, aus Sandgußbüchsen Ringe mit einem hohen E-Modul herzustellen, so ist deren Spannungsverlust im Betrieb, zumindest bei gleich hoher Legierung, dennoch stets größer als jener von Einzelgußringen.

Beim Herstellen der Ringe aus Schleudergußbüchsen werden die erwähnten Nachteile allerdings vermieden. Trotz des feinen Korns ist aber das Verschleiß- und vor allem das Laufverhalten von Schleudergußringen von kleineren Abmessungen oft weniger günstig als jenes von Einzelgußringen, weil — abgesehen von der schwierig zu beherrschenden und daher oft recht mangelhaften Gefügeausbildung — der Graphitgehalt bei den ersteren doch immer fühlbar niedriger liegt. (Vgl. hierzu auch Tafel V, S 29)

C. Der Betriebsverschleiß von Kolbenringen

I. Einlaufverschleiß

Wo die gegenseitige Lage der beiden Teile einer Gleitpaarung den auftretenden Beanspruchungen und Schmierungsverhältnissen entsprechend sehr genau eingehalten werden kann, wird man die Gleitflächen auf höchste Oberflächengüte bearbeiten, um einen Einlaufverschleiß hintanzuhalten und womöglich auf ein Einlaufen überhaupt verzichten zu können.

Bei Kolbenringen ist dieser Vorgang im allgemeinen nicht anwendbar. Wohl können z. B. in kleinen Luft- oder Kältekompressoren, wo mit sehr kleinen Einbauspielen des Kolbens gearbeitet werden kann und wo mit meßbaren Verformungen des Zylinders im Betrieb nicht zu rechnen ist, mit Vorteil an den Laufflächen geschliffene und eingeläppte Ringe verwendet werden; man macht hiervon dann Gebrauch, wenn beste Abdichtung insbesondere auch gegen Öldurchtritt von vornherein gewährleistet sein muß. Aber schon bei kleinen Verbrennungsmotoren machen die erforderlichen größeren Einbauspiele, die mehrfachen Überlagerungen der Ausführungstoleranzen der Bauteile, ferner auch deren nicht genau zu erfassenden Wärmedehnungen unbedingt ein Einlaufen erforderlich und die Güte der Oberflächenbearbeitung soll und darf zumindest an einem der Verschleißteile — in der Regel ist dies aus Gründen der Beanspruchung sowie der Werkstoffeigenschaften der Kolbenringe — nicht zu weit getrieben werden.

Andererseits soll aber der Einlaufverschleiß nicht zu groß werden um unerwünschte Spielvergrößerungen und Spannungsverluste zu vermeiden; das Einlaufen soll aus wirtschaftlichen Gründen rasch erfolgen, dann soll der Verschleiß rasch abklingen und in einen möglichst geringen Betriebsverschleiß übergehen.

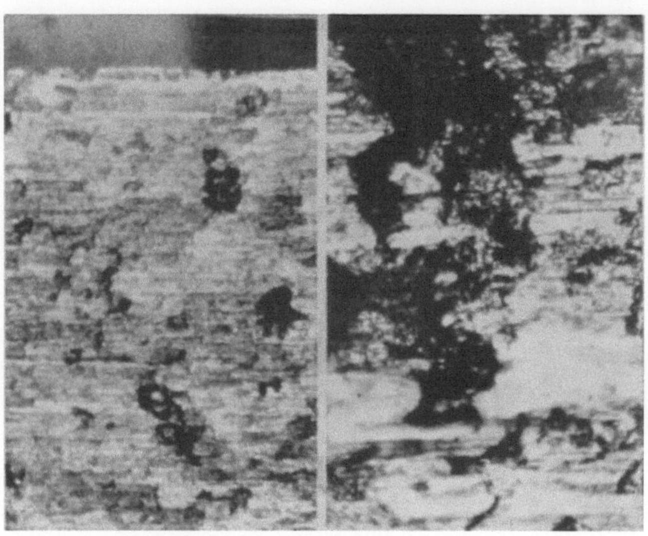

Abb. 82. Aussehen einer normal bearbeiteten, feingedrehten Kolbenringlauffläche links 80 ×, rechts 450 × vergrößert

Während des Einlaufens spielen sich an den Verschleißteilen grundsätzlich andere Vorgänge als während des normalen Betriebsverschleißes der bereits „eingelaufenen" Flächen ab. — Als Kennzeichen des beendeten Einlaufes sollen dabei folgende Feststellungen dienen:

Der Reibbeiwert erreicht den unter den gegebenen Umständen möglichen Kleinstwert;

die Laufflächen lassen keine Spuren der vorangegangenen Bearbeitung mehr erkennen.

Für ein rasches und störungsfreies Einlaufen einlauffähiger Werkstoffe, das ist solcher mit nicht zu hoher Härte und Festigkeit sowie von entsprechendem Verschleißverhalten, ist erfahrungsgemäß die mit verhältnismäßig spitzen Stählen feingedrehte Lauffläche am günstigsten. Sie bietet bei verhältnismäßig starker Zerklüftung eine große Zahl ungleichmäßig hoher, stark vorspringender Gipfel und Grate, an denen der früher geschilderte Verschleiß durch unmittelbare Oberflächenberührung einsetzt; auf einen reinen Abriebverschleiß sowie auf die Bildung und das nachfolgende Aufbrechen von Mikroschweißstellen dürfte der Hauptanteil des Verschleißes im Einlaufvorgang zurückzuführen sein, wobei das Losreißen der Teilchen aus der durch die Bearbeitung (oder auch durch Oberflächenbehandlungsverfahren) gelockerten Oberflächenzone verhältnismäßig leicht erfolgen dürfte. Doch kommt wohl gerade hier infolge der niedrigen Belastung und niedrigen Temperatur auch der Korrosion einiger Einfluß zu.

Eine normal bearbeitete Kolbenringlauffläche zeigt bei 80-, bzw. 450-facher Vergrößerung das in Abb. 82 wiedergegebene Aussehen; es finden sich große

Metallteilchen, die von kleinen Stützpunkten getragen werden und andere Teilchen, die wie kleine Inseln in der Oberfläche liegen. Überdies finden sich große Metallteilchen, die bereits angebrochen, aber noch nicht aus der Oberfläche herausgebrochen sind. Die nicht gut abgestützten vorspringenden Teilchen können unter Belastung — seien es mechanische, hydrodynamische, oder hydrostatische Drücke — leicht plastisch fließen, je nach dem Charakter der Be-

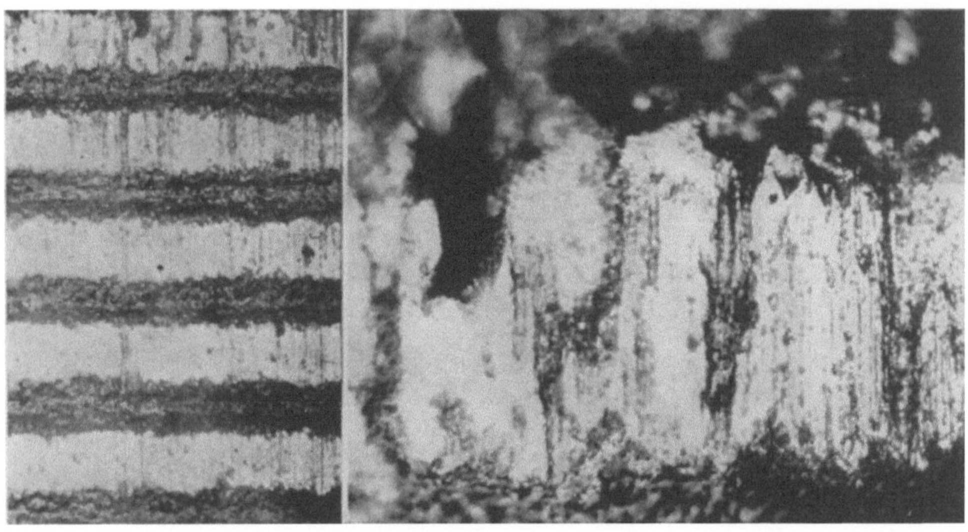

Abb. 83. Kolbenringlauffläche des gleichen Ringes wie Abb. 82 nach teilweisem Einlaufen
links 75 × ,   rechts 450 × ;   Aufnahme am oberen Ringrand

lastung und dem Grad der Abstützung im Material. Vergleicht man die nur bearbeiteten, nicht eingelaufenen Flächen in Abb. 82 mit jenen nach dem Einlaufen, Abb. 83, so erkennt man, daß der Einlaufvorgang die Orientierung der Partikelchen um 90° gegenüber der ursprünglichen von der Ringbearbeitung herrührenden, geändert hat. Es ist ein plastisches Fließen eingetreten und die Bilder zeigen die verhältnismäßig großen Abmessungen vieler Teilchen, die abgetrennt wurden. Abb. 83 läßt in der rechten Figur insbesondere die schweren Zerstörungen erkennen, die dabei an der Oberkante des Ringes erfolgten.

Fest im Verband sitzende vorspringende Teilchen jedes der beiden Verschleißteile werden, ebenso wie bereits losgerissene Teilchen, als Abriebteilchen auf die Gleitflächen wirken, sobald sie unter Druck über dieselben fortbewegt werden. Sie können dabei etwa wie eine Pflugschar wirken und ein Verschieben des beeinflußten Materials ohne bedeutendere Maßänderungen verursachen; die Gestalt des abreibenden Teilchens bedingt dabei die Gestalt der entstehenden Furche und — solange kein Fressen eintritt — muß das Material in und an der Furche elastisch ausweichen oder seitlich verschoben werden.

In dem Maß, als die hoch druckbelasteten Zonen sich verformen und fließen, bzw. verdrückt werden, nimmt die Größe der Tragfläche zu und die Drücke werden so weit abgebaut, bis der Werkstoff nicht mehr fließen kann; im weiteren Verlauf werden die Oberflächenteilchen aber elastisch verformt, abgeschliffen oder abgeschert. Plastisches Verformen sowie Verschweißen mit nachfolgendem

Abschrecken haben eine Verfestigung des Werkstoffs zur Folge, die das Formänderungsvermögen herabsetzen und die Härte steigern; an den Rändern von Schweißzonen kann diese auch bei Graugußteilen bis zur vollen Martensithärte, ja bis auf $H_V = 850$ ansteigen. Ragen solche harte Stellen über die Oberfläche vor, so können auch diese wieder im Gegenwerkstoff tiefe scharfe Furchen aufreißen, oder, wenn sie aus dem Verband herausbrechen, zwischen den Laufflächen hin- und hergewälzt, eingedrückte Rillen an beiden erzeugen.

Gutes Einlaufen verlangt, daß die Materialverschiebungen bei Furchen- und Rillenbildungen ohne Fressen, das heißt, ohne weitflächiges Verschweißen und grobe Materialabtrennungen vor sich gehen; dies setzt zunächst voraus, daß der sehr freßfreudige weichere Ferrit in der Nähe der Lauffläche vermieden wird und hängt überdies weitgehend von der Art und Verteilung von Vertiefungen oder Poren ab, die sich in nächster Nähe der Werkstoffzerschiebungen vorfinden und in welche das verdrängte Material ausweichen kann. Sind nicht genügend Grübchen oder Poren vorhanden, so wird das Material solange in Richtung der Kolbenbewegung verschoben, bis ein in der Bewegungsrichtung liegendes Graphitnest erreicht ist. — Je dichter, je graphitärmer das Gußeisen und je höher seine Härte gesteigert ist, desto ungünstiger wird daher sein Einlaufverhalten. Bei solchen härteren Werkstoffen ist der Einlaufvorgang verwickelter und neben der Bildung von Schweißbrücken spielen mechanischer Reibverschleiß und Verschleiß durch Wirkung molekularer Nahkräfte wahrscheinlich eine größere Rolle.

Die oberste Schicht metallischer Körper soll während des Polierens oder ähnlicher Glättungs- und Einlaufvorgänge nach BEILBY amorph werden („BEILBY-Schicht"). Diese gegenüber dem Grundwerkstoff härtere und zähere Schicht soll sich auf den weiteren Verschleißwiderstand günstig auswirken. Im allgemeinen haben allerdings nur weichere und verhältnismäßig grobkörnige Graugußsorten die Fähigkeit zur Ausbildung eines solchen harten kaltverfestigten Laufspiegels.

Bei der Ausbildung der geglätteten und härteren Lauffläche spielen auch Poliervorgänge eine Rolle: Glättung einer Oberfläche unter Anwendung eines Poliermittels tritt aber nach BOWDEN [65] nur dann ein, wenn der Schmelzpunkt des Poliermittels höher liegt als jener des zu polierenden Metalls; die relativen Härten von Poliermittel und Metall sind dabei von geringerer Bedeutung. Als Poliermittel können daher Rückstände aus der Verbrennung, wie Koks- und Ascheteilchen, Staubteilchen aus der Ansaug- oder Spülluft, aber auch gewisse aus dem Abrieb der Verschleißteile selbst stammende Teilchen in Frage kommen, soferne sie nur genügend fein sind; auch künstlich auf die Ringlaufflächen aufgetragene, Poliermittel enthaltende Schichten wirken auf diese Weise.

1. Einfluß der Oberflächenbearbeitung. Der Einlaufverschleiß der Ringe gestaltet sich bei gröberer Oberflächenbearbeitung günstiger als bei hoch getriebener Oberflächengüte; am ungünstigsten verhalten sich geschliffene oder polierte Ringe, vgl. Abb. 84—87.

Um den eigentlichen Einlaufverschleiß rasch zum Stillstand zu bringen und in den normalen Betriebsverschleiß allmählich überzuleiten, hat sich für weiche und mittelharte Werkstoffe das Feindrehen als am günstigsten erwiesen. Durch Drehen mit hoher Schnittgeschwindigkeit und mit kleinem Vorschub wird die Oberfläche eben in jener günstigsten Weise und auf jene Tiefe aufgelockert, die den gewünschten Einlaufverschleiß ergibt. Abb. 88 zeigt die Wirkung verschiedener Bearbeitungsverfahren auf die Oberfläche.

Vorschub und Drehrillentiefe sollen, ebenso wie der Radius an der Spitze des Drehstahls, umso größer gewählt werden, je gröber die Struktur des Werkstoffs ist. Als kleinster Vorschub kann für Ringe aus dichten feinkörnigen Werkstoffen etwa 0,06 bis 0,08 mm angenommen werden. Der Nachteil zu glatt bearbeiteter Oberflächen besteht darin, daß sich die tatsächlich tragende Fläche wegen des langsamen Verschleißfortschrittes nur sehr langsam vergrößert. Die Unebenheiten einer sehr glatten Fläche haben überdies häufig nur sehr flache

Abb. 84. Feingedrehte Kolbenringlauffläche. — Vorschub $\sim$ 0,095 mm

Abb. 85. Geschliffene Kolbenringlauffläche

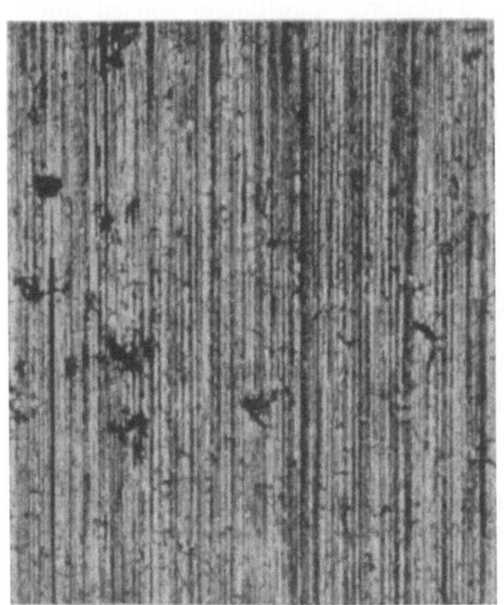

Abb. 86. Guter normaler Laufspiegel eines feingedrehten und phosphatierten Graugußkolbenringes nach dem Einlaufen

Abb. 87. Starke Zerstörungen an der Lauffläche eines geschliffenen Graugußkolbenringes

Bei Abb. 84 bis 87 handelt es sich um den gleichen Ringwerkstoff
(Nach Goetzewerke [66])

Böschungswinkel, so daß ihrer plastischen Verformung größerer Widerstand entgegengesetzt wird; die Größe der Berührungsflächen nimmt aber bei flachen Neigungswinkeln rasch zu: Der Anfangsverschleiß glatter Flächen bleibt daher gering, das Einlaufen dauert übermäßig lang und selbst nach längerer Betriebsdauer kann noch Fressen infolge ungenügenden Einlaufens auftreten.

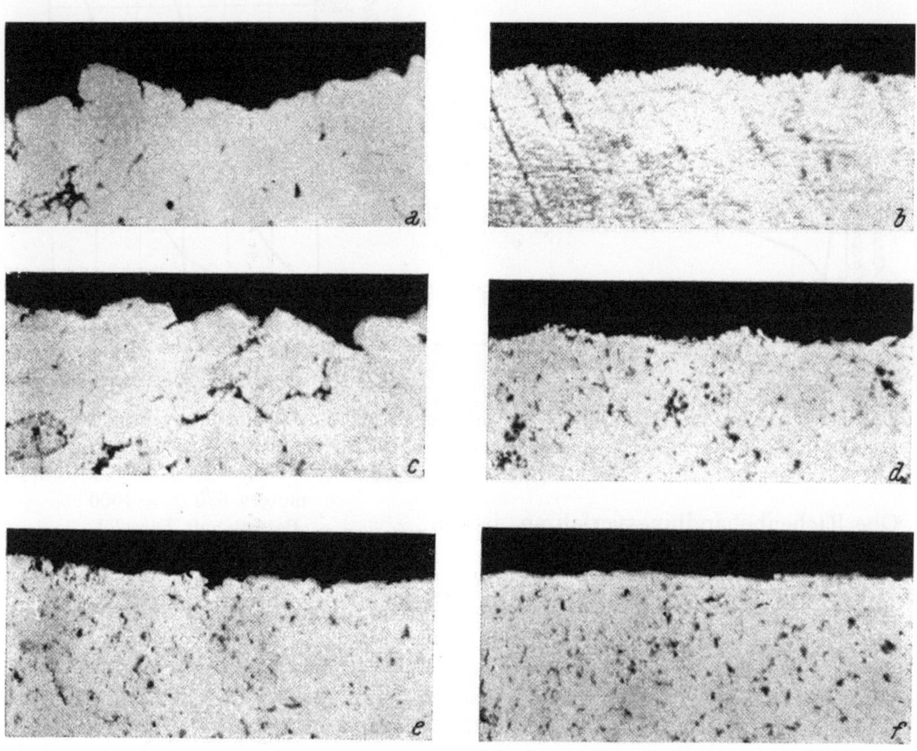

Abb. 88. Laufflächenprofile von Graugußkolbenringen mit verschiedener Bearbeitung. — 150 ×

a grob gedreht, Vorschub ~ 0,3 mm
b feiner gedreht, Vorschub ~ 0,12 mm
c fein gedreht mit niedriger Schnittgeschwindigkeit
d fein überdreht mit hoher Schnittgeschwindigkeit, Vorschub ~ 0,18 mm
e geschliffen
f geläppt

(Nach Goetzewerk [66])

Durch die Bearbeitung wird die Oberflächenschicht von plastisch verformbaren Werkstoffen kaltverfestigt; die Härtesteigerung reicht umso tiefer, je weicher und zäher der Werkstoff ist und mit je größeren Krafteinwirkungen und Kaltverformungen die Bearbeitung verbunden war; das heißt sie hängt von der Schnittgeschwindigkeit und der Schneidenform des Drehstahls, bzw. von der Art des Bearbeitungsverfahrens ab.

Die Oberfläche soll aber durch die Bearbeitung nur zerklüftet und aufgelockert, keinesfalls darf sie zerstört werden; ein Herausbrechen größerer, aus dem Verband gelockerter Teilchen aus der Lauffläche darf auch während des Einlaufens nicht stattfinden.

Ist dagegen die Oberfläche — insbesondere bei hochverschleißfesten Werkstoffen — zu rauh, so ist der Anfangsverschleiß zwar hoch, der gesamte Einlaufvorgang bis zum Abtragen der Oberflächen-Unebenheiten dauert aber länger und es kann zu Zerstörungen der Oberfläche ohne eigentlichen Einlaufvorgang kommen.

Auflockerung der Oberflächen und Herabsetzen der Freßneigung durch bewährte

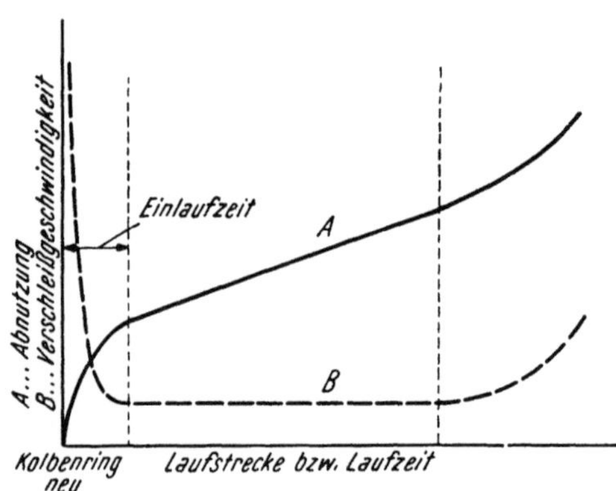

Abb. 89. Schema für den zeitlichen Verlauf des Verschleißfortschrittes von Kolbenringen

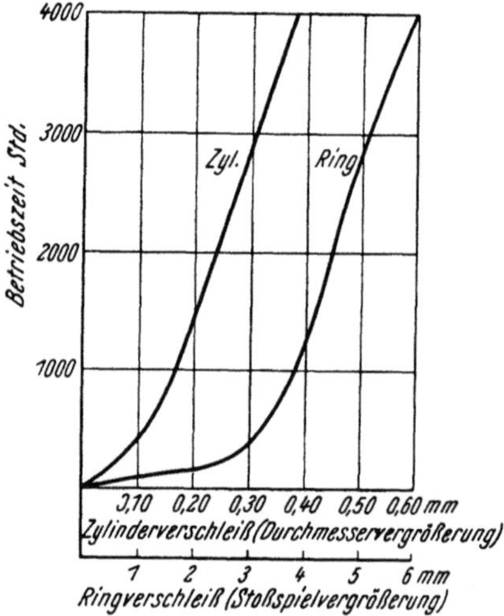

Abb. 90. Beobachtungen über den Verschleißfortschritt an den Ringen und im Zylinder eines Zweitakt-Schiffsdieselmotors 620 ∅ × 1000 Betrieb mit Dieselöl

Oberflächenbehandlungsverfahren ist in allen Fällen von Vorteil.

Der Einlaufverschleiß ist in der Regel infolge stärkeren Durchblasens an den noch unzureichend abdichtenden Ringen, ferner auch infolge der verhältnismäßig großen abzutragenden Materialmengen, die nur langsam von den Laufflächen entfernt werden, weil ein abspülender Schmierölüberschuß fehlt und die daher als verschleißende Fremdteilchen zwischen den Laufflächen wirken, verhältnismäßig hoch; viel Leerlauf und Stillstände tragen zu seiner weiteren Steigerung erheblich bei. — Besonders ansteigen kann aber der Einlaufverschleiß und die Freßgefahr für die Ringe kann erheblich wachsen, wenn sich im Zylinder oder im Schmieröl verschleißende Rückstände von der Bearbeitung her vorfinden: Bohrspäne, Schleif- und Honstaub u. dgl. können sehr unangenehme Folgen zeitigen.

Der auf die Zeiteinheit bezogene Einlaufverschleiß an Ringen und Zylindern ist unter normalen Umständen daher immer wesentlich größer, als der weitere Verschleißfortschritt im regulären Betrieb (Abb. 89, 90). Werden verschiedene Zylinder- und Ringwerkstoffe miteinander verglichen, so sollte deshalb der Einlaufverschleiß immer außer Betracht gelassen werden und der Verschleißfortschritt erst von jenem Punkt an gemessen werden, von dem an er, gleichbleibende Betriebsbedingungen vorausgesetzt, in gerader Linie stetig fortschreitet.

Die Oberflächen eingelaufener Teile sind in der Regel härter als die Grundwerkstoffe. So fanden sich z. B. bei einem Fahrzeugdieselmotor bei der Härteprüfung mit entsprechend niedriger Belastung der Prüfeinrichtung:

Kolbenringlaufflächen		Zylinderlaufflächen (nasse Büchsen)	
neu	nach 30 000 km	neu	nach 30 000 km
$HB = 262$	274	232	258

In der von der Bearbeitung her kaltverformten Oberflächenschicht des Ringes herrschen vorwiegend Druckspannungen. Wird die Schicht durch den Einlaufverschleiß abgetragen, so kann es vorkommen, daß zunächst ein Ansteigen der Ringspannung zu beobachten ist. Dies ist bei gehämmerten Ringen, wenn sie thermisch nicht hoch beansprucht werden, immer der Fall, weil die die Spannung tragende Innenschicht des Ringes vom Verschleißvorgang an der Lauffläche unbeeinflußt bleibt. Doch zeigen auch thermisch gespannte Ringe, die nach dem Spannen an der Lauffläche nochmals überdreht wurden, oft sehr deutlich diese Erscheinung.

2. Einbau neuer Ringe in gelaufene Zylinder. Wird ein neuer Kolbenring in einen bereits eingelaufenen und entsprechend verschlissenen Zylinder eingebaut, so gestaltet sich der Einlaufvorgang schwieriger; auf der bereits geglätteten und durch Kaltverformung (bzw. Bildung der BEILBY-Schicht) gehärteten Zylinderlauffläche, die sich überdies durch verminderte Ölhaftfähigkeit auszeichnet, fehlen die abtragenden, Furchen ziehenden Erhebungen; die glatte Zylinderlauffläche wird zunächst während des Einlaufvorganges der neuen Ringe allerdings etwas aufgerauht, doch liegen die Zerstörungen nur in Hubrichtung der Ringe und wirken nur wenig einlaufverschleißfördernd auf den Ring. — Um in schwierigen Fällen, insbesondere dort, wo längere Einlaufzeiten unzulässig sind, wie z. B. in Lokomotivmotoren, das Einlaufen neuer Ringe in spiegelglatt gelaufenen Zylindern zu erleichtern, wird vielfach auch empfohlen, die Zylinderlaufflächen durch einen Honvorgang leicht aufzurauhen; für diesen Zweck werden auch eigene Geräte gebaut. Die Maßnahme bringt aber nur dann Vorteile, wenn der anfallende Honstaub mit Sicherheit aus den Zylindern vollständig entfernt werden kann. — Ist der Zylinder bereits stark von der Kreisform abweichend verschlissen, so liegt der Ring mit sehr ungleichmäßiger Anpreßdruckverteilung an und es besteht die Gefahr örtlicher Lichtspaltbildung. Denn vollzieht sich der Einlaufvorgang zunächst nur an den Stellen hohen Anpreßdrucks und der Ring kann dabei, unterstützt durch an den Lichtspaltstellen durchtretende Gase, leicht unzulässig hohe Temperaturen erreichen. Deshalb sind gerade für diesen Fall oberflächenbehandelte Ringe mit wärmeunempfindlichen Einlaufschichten und vor allem auch anschmiegsame Ringe vorteilhaft; jedenfalls muß der Laufflächenbearbeitung von für Ersatzzwecken bestimmten Ringen besondere Aufmerksamkeit gewidmet werden.

3. Einfluß der Schmierung. Freßgefahr in größerem Umfang besteht während des Einlaufens der Kolbenringe — ebenso wie späterhin im normalen Motorbetrieb —, wenn die Ölzufuhr unter eine gewisse Mindestmenge sinkt. Diese hängt stark von der Motorbauart und der Kolbengestaltung und -ausführung, der Anordnung und Gestaltung der Ringe, der Motordrehzahl und anderen Umständen ab. HEPWORTH [13] gibt diese Mindestmenge mit etwa 0,55 bis 1,10cm³/PSh an; es erschiene aber wohl vorteilhafter, diese auf eine andere Größe, als die Motornutzleistung zu beziehen. — Freßgefahr besteht aber auch beim Überschreiten einer bestimmten Höchsttemperatur an der Zylinderwand oder an den Kolbenringen, weil dann das Schmieröl seine Schmierfähigkeit verliert.

Das Auftreten des Fressens läßt sich nach HEPWORTH durch fortlaufende Ölverbrauchsmessungen an einem Motor, der mit übermäßig scharfer Ölabstreifung arbeitet, beobachten (Abb. 91). Mit noch neuen Teilen nimmt mit Beginn des Einlaufens der Ölverbrauch zunächst rasch ab, bis die Ringe soweit voll eingelaufen sind, daß der oberste Ring nicht mehr genug Öl erhält und zu fressen beginnt; die dabei losgerissenen Werkstoffteile führen zum Schadhaftwerden der Laufflächen der unteren Ringe und der Ölringe, deren Wirksamkeit dadurch absinkt, der Ölverbrauch geht steil in die Höhe: die nunmehr reichlich geschmierten Ringe beginnen sich zu erholen, laufen wieder ein und der Ölverbrauch sinkt wieder ab. Ist die kritische Grenze wieder erreicht, so beginnt das Spiel von neuem. Der Vorgang kann sich, wenn er nicht sorgfältig überwacht, erkannt und abgestellt wird, beliebig oft wiederholen und führt zu hohem mittleren Ölverbrauch und hohem Verschleiß.

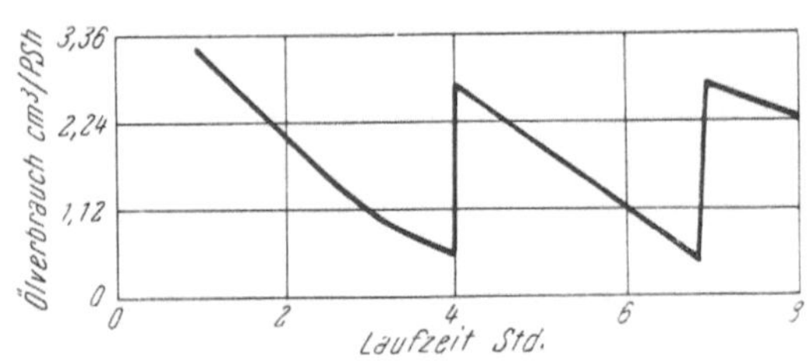

Abb. 91. Ölverbrauch eines Einzylindermotors bei zu starker Abstreifwirkung der Ölringe (Nach HEPWORTH [13])

4. Versuche über Einlaufvorgänge bei Kolbenringen. *a) Versuche von Teetor.*

Interessante Versuche zur Klärung des Einlaufverhaltens von Graugußkolbenringen, insbesondere der zulässigen Belastungen bei verschiedenen Oberflächenbearbeitungen, führte TEETOR [131] auf einer Verschleißvorrichtung durch, auf welcher ein aus einem Ring herausgeschnittenes Segment auf einem aus der Zylinderbüchse entnommenen Längsstreifen bei hin- und hergehender Bewegung lief. Der Versuch wurde zunächst mit einem Einlaufen begonnen, der auch dem genauen gegenseitigen Ausrichten der Probe diente. Die Vorrichtung lief unter Schmierung mit $n =$ 620 Hüben/min und einer spezifischen Belastung der Proben von 600 lbs/sq. in. (42 kg/cm²) so lange, bis die wenige 1/1000 Zoll unterhalb der Gleitflächen eingebauten Thermoelemente konstant bleibende Temperaturen anzeigten; dann erschienen die Proben für den eigentlichen Versuch fertig vorbereitet.

Dieser erfolgte bei der gleichen Drehzahl, die Belastung wurde dabei jedoch

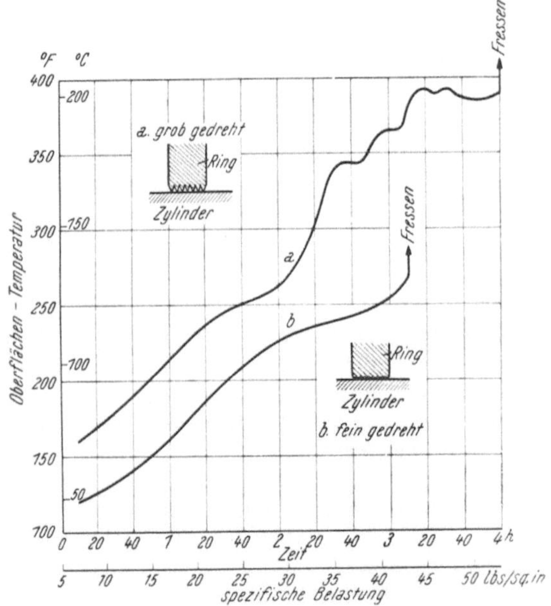

Abb. 92. Belastungsfähigkeit von rauher und glatter gedrehten Laufflächen von Kolbenringen. Nach Versuchen auf der Prüfeinrichtung von TEETOR bei $n = 620$ und Sprühölschmierung

a Belastungsfähigkeit in Abhängigkeit von der Größe der Berührungsfläche

b Zulässige spezifische Belastung je °F Temperaturerhöhung

(Nach TEETOR [67])

alle fünf Minuten um je 100 lbs/sq. in. (7 kg/cm²) gesteigert. Abb. 92 zeigt z. B. jene Temperaturen, die mit zwei verschiedenen Proben aufgezeichnet wurden.

Die Zylindereisenproben waren auf eine Rauhigkeit von 4 bis 6 Mikroinch (0,1 bis 0,15 μ) gehont und stimmten, ebenso wie die Ringproben, untereinander im Gefüge überein. Letztere wiesen jedoch unterschiedliche Oberflächenbearbeitung auf: Die glatten Proben ergaben niedrigere Oberflächentemperaturen als die rauheren bei gleicher Oberflächenbelastung; trotzdem war die maximal zulässige Belastung bei den ersteren geringer. TEETOR nimmt an, daß entsprechend den höheren angezeigten Temperaturen auch die Oberflächentemperatur an den wirksamen Tragpunkten der rauheren Fläche höher liegt, aber die Fähigkeit dieser kleinen tragenden Bezirke zur Abkühlung ist größer und dies gestattet es, höhere Belastungen aufzunehmen, ehe der Schmelzpunkt erreicht wird. Je glatter die Lauffläche eines Kolbenringes ist, desto leichter reibt sie

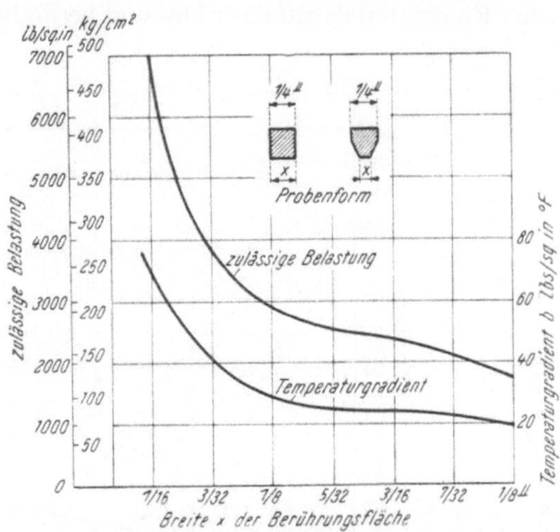

Abb. 93. Zulässige Belastung (Freßgrenze) von Kolbenringlaufflächen in Abhängigkeit von der achsialen Ringhöhe (Nach TEETOR [68])

erfahrungsgemäß während des Einlaufens an. Nach TEETOR ist der wahrscheinliche Grund für die höhere Belastungsfähigkeit rauher bearbeiteter Proben darin gelegen, daß die rauhe Oberfläche besser kühlt — entgegen der üblichen Annahme, daß es ihr besseres Anpassungsvermögen an die Gegenlauffläche oder ihr erhöhtes Ölaufnahmevermögen ist.

Aus den Versuchsergebnissen wurden die Kurven der Schaubilder Abb. 93 entwickelt; daraus ist die Belastungsfähigkeit für Ringproben verschiedener Breite zu entnehmen. Mit abnehmender Breite der tragenden Fläche steigt demnach die zulässige spezifische Belastung. Die Punkte der Kurve A wurden als Mittelwerte von einer größeren Anzahl von Probeläufen ermittelt. Ringproben von weniger als 1/4 Zoll Breite wurden, wie in der Abbildung angedeutet, aus Ringen dieser Breite durch Anschrägen an den Kanten hergestellt, so daß die tragende Fläche beim Versuch in der Mitte der Ringhöhe lag und alle Proben zur Ableitung der erzeugten Wärme gleich gefaßt waren. Abb. 94 gibt schließlich die gefundene Abhängigkeit der erreichten Temperatur von der Ringhöhe für zwei verschieden hohe Anpreßdrücke wieder; je höher der Ring, desto eher wird die mit Rücksicht auf die Temperatur und das Anfressen zulässige Belastungsgrenze erreicht. — Wie UNDERWOOD [69] zu den Versuchen von TEETOR bemerkt, ist die je Einheit des Ringumfanges bis zum Versagen zulässige Belastung für alle Ringhöhen die gleiche: Je Zoll Ringlänge errechnet sich eine Grenzbelastung von 390 bis 450 lbs, das sind je cm Ringlänge etwa 70—80 kg. Die Belastungsfähigkeit ist demnach unter gewissen Bedingungen von den Abmessungen der Oberfläche unabhängig: Glatt bearbeitete Oberflächen besitzen eben keine größeren wahren Kontaktflächen, als rauhere unter gleicher Belastung; in beiden Fällen verformen die Oberflächenungenauigkeiten solange, bis praktisch genau gleich große Flächen miteinander in Berührung stehen. Dieselbe Überlegung gilt bei gleichen Werkstoffen auch für verschiedene Ringhöhen.

Weitere Versuche führte Teetor [68] zur Ermittlung der Belastungsfähigkeit verschiedener als Ring-, bzw. Zylinderwerkstoffe in Frage kommenden Werkstoffpaarungen — wieder bei hin- und hergehender Bewegung und unter sparsamer Schmierung mit zerstäubtem Öl — durch, wobei ein Stück des zu erprobenden Ringmaterials auf einer hin- und herdrehenden Trommel aus Zylindermaterial

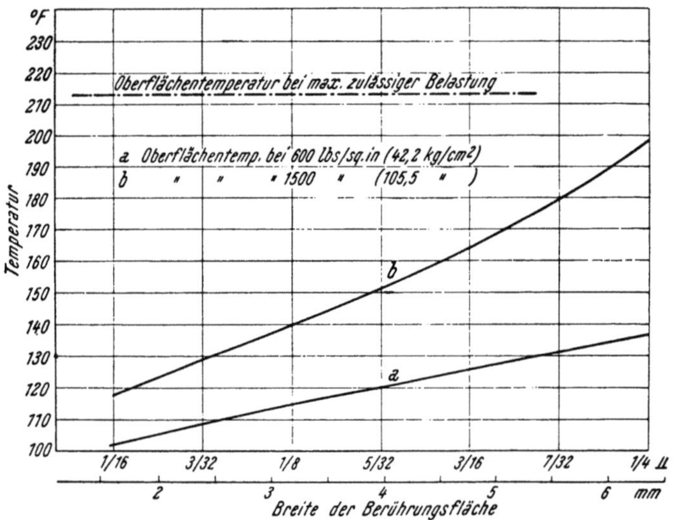

Abb. 94. Abhängigkeit der Temperatur in der Lauffläche von der Ringhöhe (Breite der Berührungsfläche), für Anpreßdrücke von 42,2 bzw. 105,5 kg/cm²
(Nach Teetor [68])

lief. Das beginnende Aufrauhen der Probenlaufflächen wurde aus dem beobachteten Temperaturanstieg bestimmt, wobei die Temperaturmessung auch hier mittels knapp unterhalb der Lauffläche der (stillstehenden) Kolbenringprobe angeordneter Thermoelemente erfolgte; ein plötzliches Ansteigen der Temperatur zeigte immer eine fortschreitende Oberflächenzerstörung größeren Umfanges an, ein Absinken konnte dagegen entweder je nach der Lage der Störungs- gegenüber der Temperaturmeßstelle größere oder auch geringere örtliche Zerstörungen anzeigen: Lag die Zerstörung unmittelbar über dem Thermoelement, so erfolgte natürlich ein Anstieg, lag sie abseits, so ließ sich ein Temperaturabfall beobachten, weil die Abriebteilchen die beiden Gleitflächen voneinander entfernten und das dadurch vermehrt eindringende Schmieröl kühlend wirkte. — Beim Arbeiten unter Einlaufbedingungen, das heißt bei niedriger Hubzahl (600 U/min) und niedriger Belastung (42 kg/cm²) erfolgte bei der Prüfung halbwegs geeigneter Werkstoffe ein Polieren der Oberflächen; wurden nach beendetem Einlauf schließlich Geschwindigkeit oder Belastung oder auch beide gleichzeitig gesteigert, so wurde schließlich ein Punkt in der Beziehung zwischen diesen beiden Veränderlichen erreicht, bei welchem eine vom Temperaturschreibgerät angezeigte Oberflächenzerstörung eintrat. War der Defekt einmal eingeleitet, so dauerte die Zerstörung unter gleich gehaltenen Bedingungen in der Regel an und schritt weiter fort, bis schließlich die ganze Oberfläche aufgerauht war; eine geringe Verbesserung der Arbeitsbedingungen konnte jedoch wieder ein Ausheilen, das heißt ein Glätten mit sich bringen: Der kritische Zustand ist offenbar jener, bei dem der Verschleiß vom abnehmenden zum zunehmenden Fortschreiten wechselt.

Die Untersuchung einer Reihe von Werkstoffen mit verschiedenartigem Gefüge ließ erkennen, daß die Ermittlung dieses kritischen Zustandes, oberhalb welchem es zu einem Zusammenbruch der Oberfläche kommt, es gestattet, Werkstoffe für Kolbenringe und Zylinder, die unter Grenzschmierung zusammenarbeiten sollen, auszuwählen; als geeignete Strukturen erwiesen sich bei den Versuchen jene, bei denen der Verschleißwiderstand nicht allzu groß war, die aber beim Verschleißen einen möglichst feinen Abrieb ergaben, der unterhalb der kritischen Kurve eine polierende Wirkung ausübt.

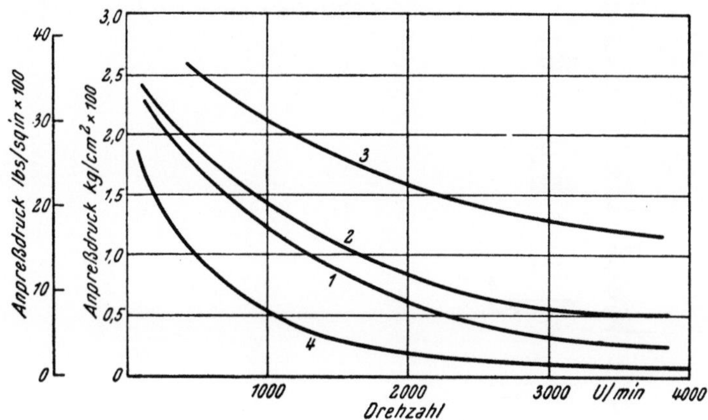

Abb. 95. Kritische Aufrauhungskurven für verschiedene Ring- und Zylinderwerkstoffe, ermittelt auf Verschleißeinrichtung
(Nach TEETOR [68])
1 Einzelgußring auf Standard-Graugußzylinder
2 Einzelgußring auf Graugußzylinder aus Einzelgußringeisen (gleich auf gleich)
3 Ferroxierter Kolbenring auf Standard-Graugußzylinder
4 Stahlprobe auf Standard-Graugußzylinder
Als Standard-Zylindereisen diente ein Grauguß mit verhältnismäßig viel freiem Ferrit in perlitischer Grundmasse

Die Abb. 95 zeigt einige von TEETOR mit verschiedenen Ringwerkstoffen aufgenommene kritische Kurven: Kurve 1 gibt z. B. das Verhalten eines Einzelgußringes auf dem für die Versuche als Standard-Zylinderwerkstoff ausgewählten Material, einem perlitischen Grauguß mit verhältnismäßig viel freiem Ferrit, wieder; Kurve 2 jenes des gleichen Ringwerkstoffs auf einem Zylinder von grundsätzlich gleicher Struktur wie der Ring.

Kurve 4 zeigt das Verhalten einer Stahlprobe auf dem Standard-Zylindermaterial; die Belastungskurve liegt hier wesentlich niedriger, als für Grauguß.

Die Kurve 3 veranschaulicht das Verhalten einer ferroxierten Ringprobe auf dem Standard-Graugußzylinder: Hier war es nicht möglich, unter Grenzschmierung ein Anfressen der Proben zu erreichen. Die Grenzkurve 3 wurde vielmehr als jener Zustand bestimmt, bei welchem die Temperatur so hoch angestiegen war, daß das Schmieröl zum Verdampfen kam.

Eine andere Versuchseinrichtung von TEETOR zur Prüfung des Einlaufverhaltens ungeschmierter Oberflächen arbeitet mit jeweils zwei zu vergleichenden Proben, deren Belastung gegenseitig ausgeglichen ist. Die aus Ringeisen bestehenden Proben mit unterschiedlicher Oberflächenbearbeitung laufen dabei auf bis auf 4 bis 6 Mikroinch (0,1 bis 0,15 μ) gehonten Zylindergußproben.

Abb. 96 und 97 zeigen die Ergebnisse; bei den Versuchen arbeitete jeweils gleichzeitig Probe 1 mit Probe 2, Probe 2 mit Probe 3 usf., doch wurden für jeden Versuchslauf neue Proben verwendet. Die Oberflächenausführungen sind bei den Abbildungen angegeben. Die Gesamtbelastung der Lauffläche betrug

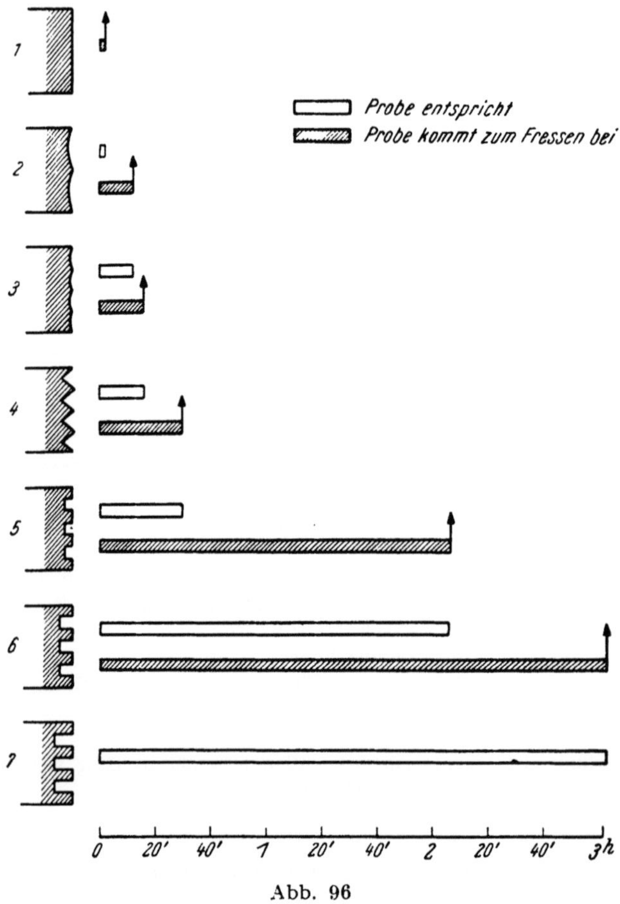

Abb. 96

Abb. 96 und 97. Einfluß der Oberflächenbearbeitung, bzw. -ausführung auf die Belastungsfähigkeit

Verschleißvorrichtung II von TEETOR; Proben ungeschmiert $n = 144$ U/min
Belastung 536 lbs/sq.in (37,7 kg/cm²)

Oberflächenausführung:

Probe 1 sehr glatt gedreht
Probe 2 sehr fein gedreht mit stark gerundetem Stahl, großer Vorschub
Probe 3 sehr fein gedreht mit weniger gerundetem Stahl, kleinerer Vorschub
Probe 4 grob gedreht wie Kolbenringlaufflächen bei großem ⌀
Probe 5—13 wie 4, jedoch Lauffläche verschieden tief genutet
Bei Proben 8 und 11: Nutentiefe 0,25 mm
          9 und 12: Nutentiefe 0,50 mm
      10 und 13: Nutentiefe 0,75 mm
Bei Proben 8—10 sind die Nuten leer
      11—13 sind die Nuten ferroxgefüllt

(Nach TEETOR [68])

einheitlich 37,7 kg/cm². — Wie aus den Abbildungen eindeutig hervorgeht, steigt die Belastungsfähigkeit der Laufflächen mit zunehmender Unterteilung durch umlaufende Nuten; dabei spielt auch die Nutentiefe eine erhebliche Rolle, und zwar auch dann, wenn die Belastungsfähigkeit der Laufflächen durch eine Ferroxfüllung in den Nuten weiterverbessert wurde.

Daß sich bei diesen Versuchen wesentlich höhere Grenzwerte für die Belastungsfähigkeit ergaben, als bei den im Abschn. III, Bd. 1 erwähnten Versuchen von TISCHBEIN, ist wohl auf die abweichende Probenform, daneben aber auf die

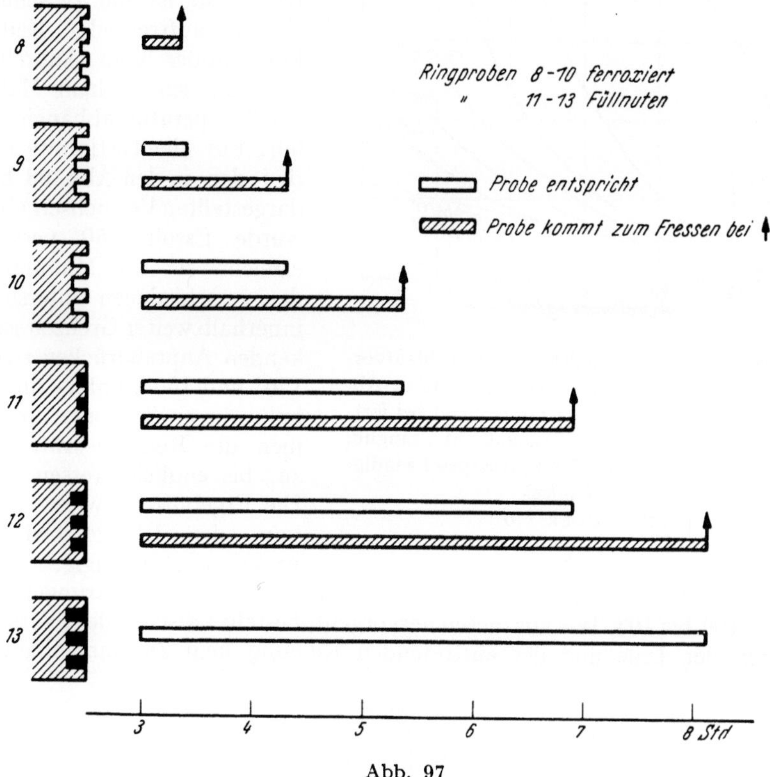

Abb. 97

gänzlich andere Art der Probenlagerung zurückzuführen: Während sie hier ziemlich nachgiebig ausgeführt ist, war sie dort recht starr und der Probering lag ziemlich verspannt in seiner Nut.

b) Versuche von Moser. Auch ältere Versuche von MOSER [70] über das Einlauf- und Laufverhalten von Graugußproben auf verschiedenen Gegenwerkstoffen gestatten weitere Einblicke in bezug auf den Einfluß der Werkstoffpaarung. — Zu seinen Versuchen verwendete er eine Pendelreibungsmaschine, bei welcher auf eine rotierende Scheibe aus dem Zylinderwerkstoff die in einem pendelnden Gehäuse befindliche Kolbenringprobe angedrückt wird; die zwischen den Verschleißteilen auftretende Reibungskraft wird an einem am Gehäuse befestigten Hebel ausgewogen. Im Gehäuse selbst befindet sich Schmieröl, das durch einen Heizwiderstand auf bestimmte Temperaturen gebracht werden kann. Die Gleitgeschwindigkeit wurde mit 6,7 m/sek konstant eingehalten.

Abb. 98 zeigt die beim Gleiten von Grauguß auf Grauguß während des Einlaufes ermittelten Abhängigkeiten; ist die Probe noch nicht eingelaufen, so steigt die Reibungskraft stärker als verhältnisgleich mit dem Anpreßdruck an; je weiter der Einlauf fortschreitet, desto flacher wird der Verlauf der Kurve, bis endlich im Endzustand lineare Abhängigkeit zu beobachten ist.

Ist der Einlaufzustand erreicht, so ist die zwischen den Teilen auftretende Reibungskraft außer vom Anpreßdruck auch in sehr hohem Maß von der Temperatur abhängig (Abb. 99): Für eine bestimmte Ölsorte (bei den in den Abb. 98 bis 103 dargestellten Versuchsergebnissen wurde Essolub 50 verwendet) erreicht sie ihr Minimum bei den verschiedenen untersuchten, innerhalb weiter Grenzen schwankenden Anpreßdrücken zwischen 120° und 160°; unter- und oberhalb dieser Temperaturen nehmen die Reibungskräfte rasch zu, bis endlich Fressen eintritt. Die Ergebnisse erwiesen sich als von der Gleitgeschwindigkeit praktisch unabhängig.

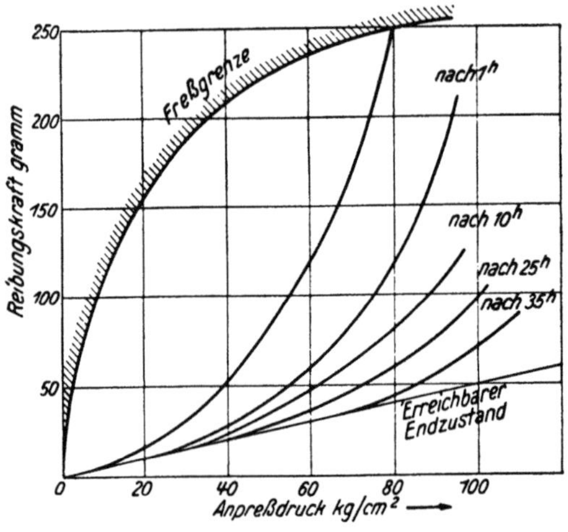

Abb. 98. Reibungsverhältnisse im Einlaufvorgang. — Veränderung der Reibungskraft in Abhängigkeit vom Anpreßdruck mit der Zeit bei fortschreitendem Einlaufen. — Grauguß auf Grauguß, geschmiert; Öltemperatur 70° C, Gleitgeschwindigkeit 6,6 m/sek
(Nach MOSER [70])

Beispiele für Prüfergebnisse mit verschiedenen Werkstoffpaarungen zeigen die Abb. 100 bis 103. Wie aus diesen hervorgeht, besteht zwischen dem Verschleißverhalten der Teile und der auftretenden Reibung kein Zusammenhang. So

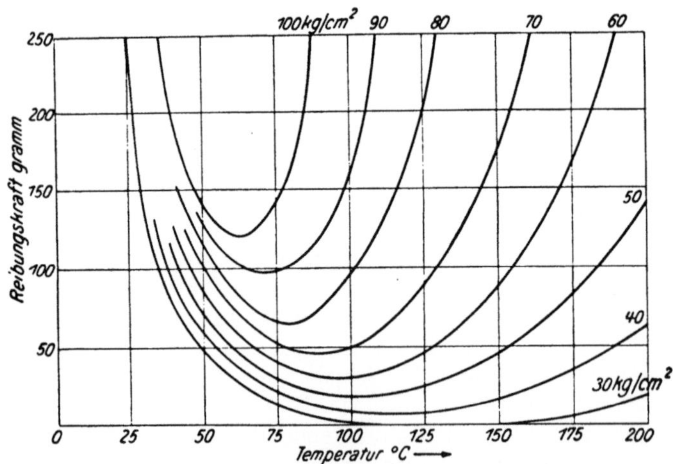

Abb. 99. Abhängigkeit der Reibungskraft im voll eingelaufenen Zustand von der Temperatur bei verschiedenen Anpreßdrücken. — Grauguß auf Grauguß
(Nach MOSER [70])

zeigen z. B. ferritische Kolbenringe auf perlitischem Zylinderwerkstoff nur geringe Reibung (Abb. 101); sie verschleißen aber sehr stark und ihre Freßneigung ist sehr groß.

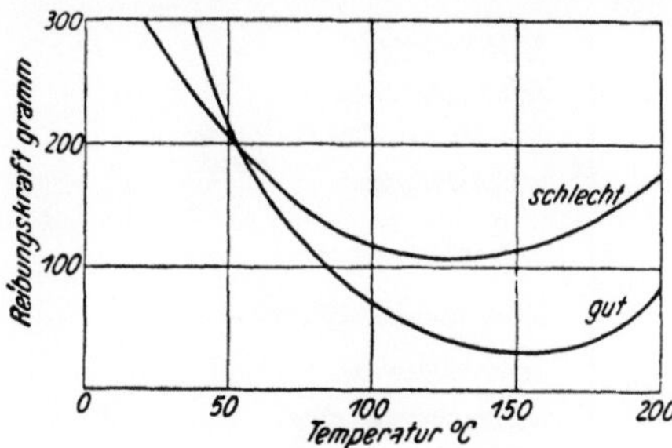

Abb. 100. Reibungswerte eines normalen Kolbenringgußeisens (Büchsenguß) von $HB = 210$ bei verschiedenen Öltemperaturen, im eingelaufenen Zustand
Anpreßdruck 100 kg/cm²; $v = 6,66$ m/sek
(Nach MOSER [70])

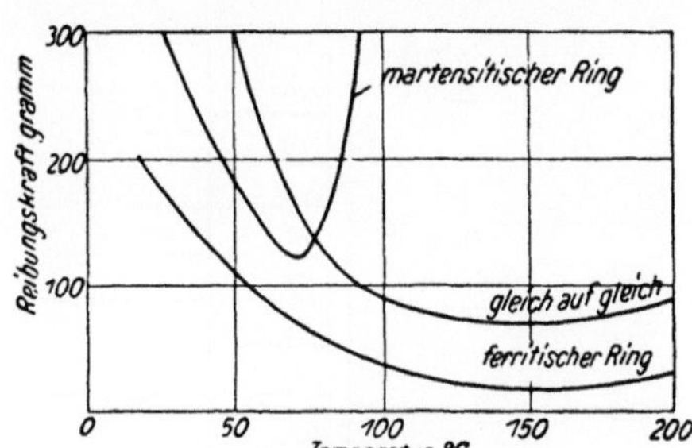

Abb. 101. Reibungswerte abnormaler Kolbenringgußeisen auf Zylindergrauguß von $HB = 210$ bei verschiedenen Temperaturen
Anpreßdruck 100 kg/cm²; $v = 6,66$ m/sek
(Nach MOSER [70])

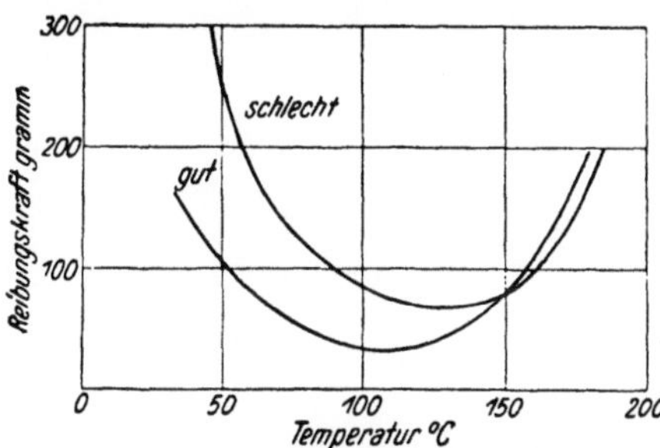

Abb. 102. Reibungswerte für verschiedene normale Kolbenringgußeisen auf Stahlzylinderwerkstoff von $HB = 260$ bei verschiedenen Temperaturen
Anpreßdruck 100 kg/cm²; $v = 6,66$ m/sek
(Nach MOSER [70])

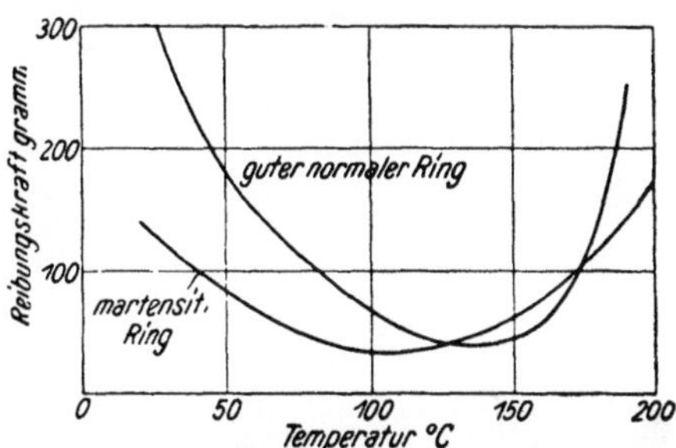

Abb. 103. Reibungswert für verschiedene Kolbenringwerkstoffe auf nitriertem Schleuderguß-Zylinderwerkstoff von $Hv = 920$ bei verschiedenen Temperaturen
Anpreßdruck 100 kg/cm²; $v = 6,66$ m/sek
(Nach MOSER [70])

Die Einlaufzeit steht dabei in einer gewissen Beziehung zur Härte, solange es sich um weiche Werkstoffe handelt; Abb. 104 gibt einen Anhalt hierfür. Übersteigt die Härte jedoch etwa 225 Brinell, so läßt sich zwischen Härte und Einlaufzeit keine Beziehung mehr erkennen. — Harte Werkstoffe, die spröde und bröckelig sind, zeigen geringeren Verschleiß- und Einlaufwiderstand als weiche, zähere Werkstoffe. Dies ist von Bedeutung z. B. bei der Beurteilung von martensitischen Kolbenringen; bei hohen Laufflächentemperaturen oder plötzlichen Anpreßdrucksteigerungen kommen sie leicht zum Fressen.

Harte Gefügekörner (Phosphid, Karbide) brechen aus spröden Werkstoffen manchmal aus, betten sich im zäheren Gegenwerkstoff ein und zerstören dann die Laufflächen, so daß ein neuerliches Einlaufen nicht mehr möglich wird; sie erhöhen aber den Verschleißwiderstand, wenn sie in einer zähen Grundmasse so fest verankert sind, daß sie interkristallin abtragen und nicht als Ganzes aus dem Verband herausgerissen werden. — Bei starken Korrosionsangriffen können sie

dadurch verschleißerhöhend wirken, daß sie durch ihr edleres Potential weniger
angegriffen werden als der umgebende Perlit, dadurch allmählich aus der Oberfläche heraustreten, schließlich abbrechen und ein Verschleißmittel bilden.

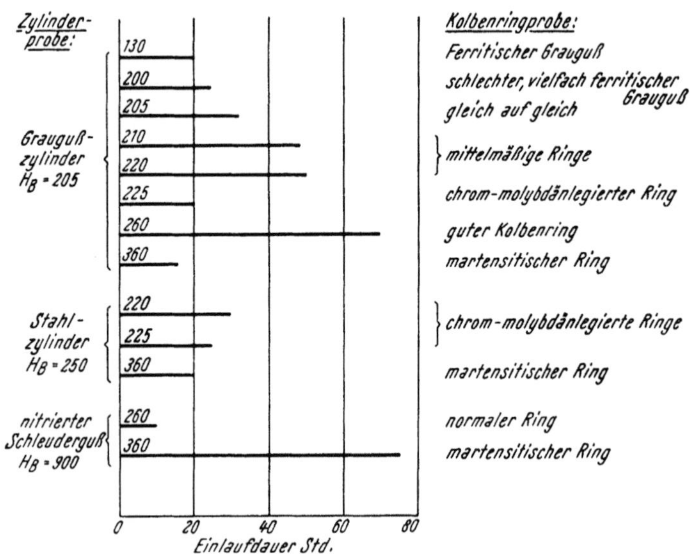

Abb. 104. Einlaufdauer für verschiedene Ringwerkstoffe auf Zylindergrauguß, Stahl und
Nitrierguß
(Nach MOSER [70])

Für das Einlauf- und Laufverhalten verschiedener Ringwerkstoffe hat
sich bei den Versuchen von MOSER folgendes ergeben:

1. Auf Grauguß-Zylinderproben:

a) Einzelgußkolbenringe mit mittelfeinem bis feinem Fadengraphit, mit
mittel- bis feinperlitischer Grundmasse und gleichmäßigem Phosphidnetz ergeben geringen Verschleiß, niedrige Reibungskräfte, lange Einlaufzeit und
geringe Freßneigung. — Chrom-molybdänlegierte Ringe wiesen in bezug auf
das Laufverhalten keinen Unterschied gegenüber unlegierten auf.

b) Ferritischer Guß zeigt nur geringen Verschleißwiderstand.

c) Martensitische Ringe zeigen sehr hohe Freßneigung.

2. Auf nitrierten Zylinderproben ergeben martensitische Ringe kleinen Ver-
schleiß, geringe Freßneigung, kleine Reibungskräfte und sehr langsames Einlaufen.
Normale perlitische Ringe neigen hier dagegen zu hohem Verschleiß bei starker
Freßneigung.

3. Auf Normal-Stahlzylinder-Proben ergab sich folgendes:

a) Perlitische Graugußringe zeigen Bartbildung, hohen Verschleiß und
höhere Freßneigung u. zw. umso stärker, je grobkörniger der Guß ist.

b) Spezial-Einzelgußringe mit höherem P-Gehalt (etwa 0,8) ergeben befriedigendes Verhalten. Höhere P-Gehalte (etwa 1%) können, wenn zu große Phosphidkristalle vorhanden sind, die Freßneigung erhöhen.

c) Martensitische Ringe eignen sich wegen ihrer hohen Freßneigung nicht für
Stahlzylinder; sie weisen aber, solange kein Fressen auftritt, sehr günstige Verschleißwerte auf.

2. Verschleißerscheinungen im Betrieb

Der Kolbenring erlangt im allgemeinen seine günstigste Wirksamkeit nach Erreichen des vollen Einlaufzustandes; mit fortschreitendem Verschleiß, daneben aber auch mit dem infolge der Wärmeeinwirkung auftretenden Spannungsverlust, sinkt seine Wirksamkeit allmählich ab. Welcher der beiden genannten Einflüsse dabei überwiegt, hängt außer von der Ringausführung und seinem Werkstoff von den Betriebsumständen ab.

Der Kolbenring verschleißt im normalen Betrieb sowohl an seiner Lauffläche als auch an den Flanken, vor allem an der Unterflanke. — Klare Angaben über den Ringverschleiß müssen daher sowohl den Verschleiß an der Lauffläche, und zwar an einer Anzahl von Umfangspunkten, als auch den Verschleiß an den Flanken festhalten. — Angaben über die Höhe des Ringverschleißes, die nur den Ge-

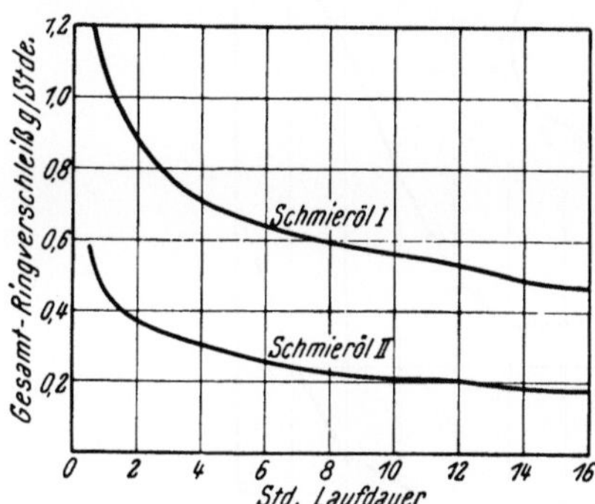

Abb. 105. Summenverschleiß sämtlicher Ringe, g je Stunde in Abhängigkeit von der Laufdauer, für zwei verschiedene Schmieröle

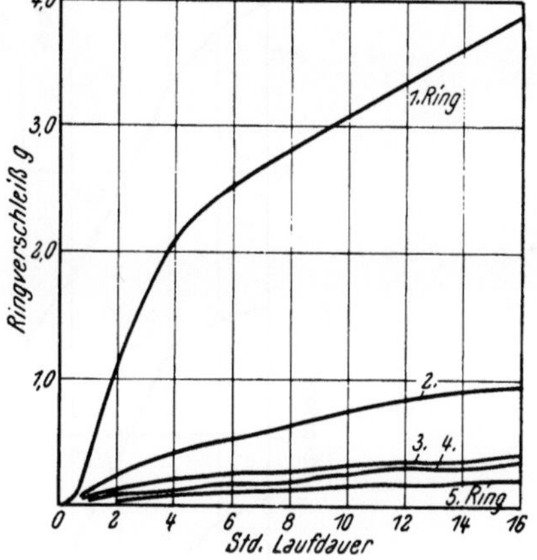

Abb. 106. Verschleiß der einzelnen Ringe in Abhängigkeit von der Laufdauer

Abb. 105 bis 107. Versuchsmotor: Luftgekühlter Einzylinder-Flugmotorenprüfstand; Stahlzylinder, $HB = 242$. Perlitische Graugußringe mit $P = 0,80$, $HB = 256$

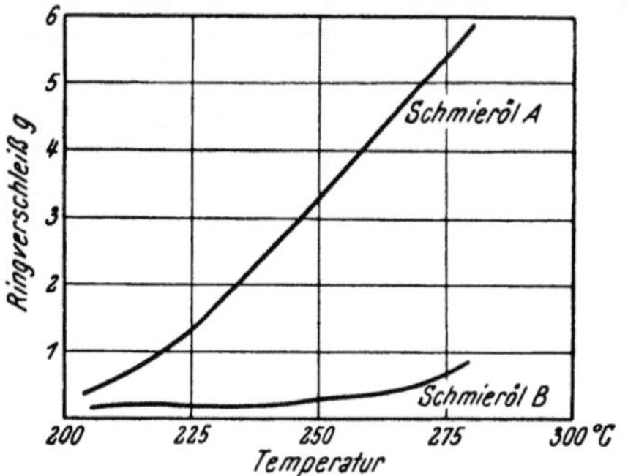

Abb. 107. Ringverschleiß in Abhängigkeit von der Öltemperatur

wichtsverlust berücksichtigen, ergeben ein unvollständiges Bild; wird der Ringverschleiß dagegen nur aus der Stoßspielvergrößerung bestimmt, so läßt sich daraus zwar der durchschnittliche Verlust an der Lauffläche errechnen, doch kann man eine genauere Vorstellung über diesen Verschleiß nicht gewinnen und der Flankenverschleiß bleibt unberücksichtigt.

Der Laufflächenverschleiß ist an jenen Stellen am stärksten, wo entweder der Anpreßdruck am höchsten oder die Schmierung am schlechtesten ist: Im allgemeinen verschleißen daher — gleicher Werkstoff vorausgesetzt — die Ringe umso stärker, je höher oben sie im Kolben nach dem Kolbenboden zu liegen. Allerdings können z. B. infolge von Korrosionseinwirkungen oder durch verunreinigtes Schmieröl bedingt — auch andere Erscheinungen auftreten.

Dabei geht der Verschleißfortschritt an den Ringen, auch unter stets gleichbleibenden Betriebsbedingungen, nicht gleichmäßig vor sich; auf eine Periode eines verhältnismäßig großen Einlaufverschleißes folgt in der Regel eine längere Zeitdauer mäßigen, gleichbleibenden Verschleißfortschrittes. Beginnt dann die Wirksamkeit des Ringes infolge des Sinkens des Anpreßdruckes, des vergrößerten Flanken- und Stoßspiels und durch zunehmendes Flattern abzusinken, so setzt — unterstützt durch wachsenden Zylinderverschleiß — ein beschleunigter Verschleißfortschritt ein (Abb. 109). — Das allmähliche Absinken der Größe des Einlauf-Verschleißfortschritts zeigen auch Abb. 90 und Abb. 105 bis 107.

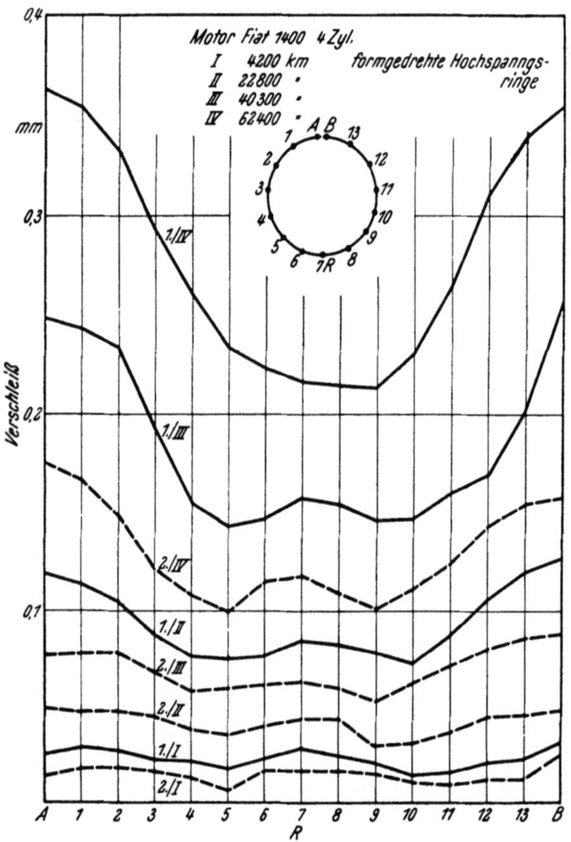

Abb. 108. Laufflächenverschleiß an 15 Umfangspunkten des ersten und zweiten Kolbenringes eines Personenkraftwagen-Ottomotors
4-Zylinder $D = 80$ mm, $S = 74$ mm

Der Verschleiß am obersten Ring ist umso größer, je größer das Kolbenspiel in der Feuerstegzone ist. Dies erklärt sich daraus, daß der Gasdruck an der Oberflanke und hinter dem Ring sich umso mehr jenem im Zylinder nähert, je größer dieses Spiel ist; überdies wird auch die Ringtemperatur gleichzeitig ungünstig beeinflußt. Auch bei zu knapp bemessener Höhe des Feuerstegs steigt — insbesondere bei Dieselmotoren — der Ringverschleiß stark an, weil die Temperaturen um die erste Ringnut stark erhöht und die Schmierverhältnisse verschlechtert werden.

Außerordentlich hoher Verschleiß tritt an den Ringen immer dann auf, wenn ihre freie Beweglichkeit in den Nuten aus irgendwelchen Gründen gehemmt wird oder verloren geht. Auf diese Erscheinungen, die mit dem normalen Ringverschleiß nichts zu tun haben und denen gegenüber kein Werkstoff gewachsen ist, wird im Abschnitt V eingegangen.

1. Laufflächenverschleiß. Liegt ein Ring im neuen Zustand rundum mit gleichförmigem Anpreßdruck vollständig lichtspaltdicht im Zylinder an, so geht der Verschleiß doch nicht am ganzen Umfang gleichmäßig vor sich; denn der sich in der Nut bei jedem Arbeitsspiel aufbauende Gasdruck kommt zunächst nahe an den Stoßenden rascher und stärker zur Wirkung, als an vom Stoß weiter entfernten Stellen. Er drückt daher die Stoßenden mit erhöhter Kraft an die Zylinderlauffläche. Dazu kommt noch, daß ein aus irgendwelchen Gründen örtlich erhöhter Anpreßdruck die Abstreifwirkung des Ringes für das Schmieröl örtlich verstärkt und

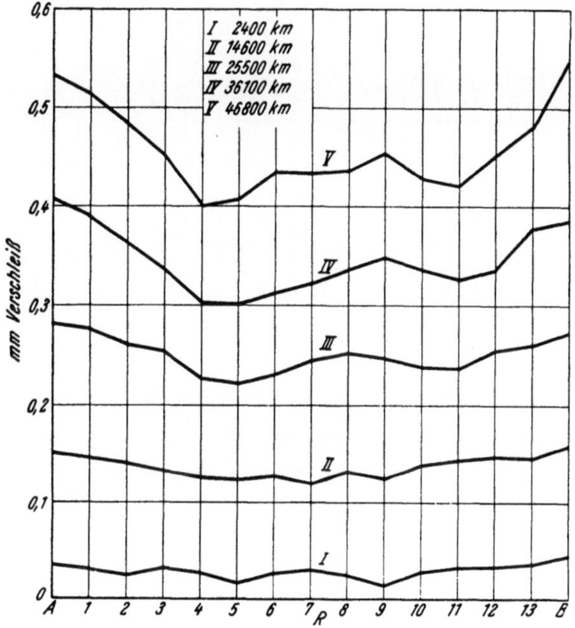

Abb. 109. Laufflächenverschleiß an 15 Umfangspunkten des obersten Kolbenringes
6-Zylinder-Dieselmotor $D = 110$ mm, $S = 130$ mm

daß infolge des immer vorhandenen Gasdurchtrittes am Stoß die Schmierung an dieser Stelle des Ringumfanges am stärksten leidet. Schließlich ist der Ring bei kleinen Zylinderabmessungen in der Regel — wenigstens über den größeren Teil des Hubes — etwas heißer, als der Zylinder; damit wird der Ringnenndurchmesser etwas größer, als der Bohrungsdurchmesser und auch dieser Umstand erhöht den Anpreßdruck an den Stoßenden. — Bei Ringen mit positiver Ovalität kommt noch die gewollte Anpreßdruckerhöhung an den Stoßenden entsprechend der ungleichmäßigen Radialdruckverteilung hinzu. Aus allen angeführten Gründen liegt daher der Verschleiß an den Stoßenden der Ringe höher, als am übrigen Umfang (Abb. 108, 109).

Mit fortschreitendem Verschleiß sinkt der (Eigenspannungs-)Anpreßdruck des
Ringes und gleicht sich im allgemeinen immer mehr aus (vgl. Abb. 110 und
111). Entsprechend dem allmählichen Spannungsverlust sinkt dabei auch der
durchschnittliche Anpreßdruck. Ohne abnormale Schädigungen wird der Anpreßdruck dabei aber nirgends zu Null; das heißt ein Einfallen der Stoßenden
tritt bei Ringen, die von Haus aus gut abdichteten und richtig eingelaufen waren,
im allgemeinen nicht oder erst nach sehr langen Laufzeiten und starkem Verschleiß auf. Wohl aber verstärkt sich die erwähnte Erscheinung bei solchen

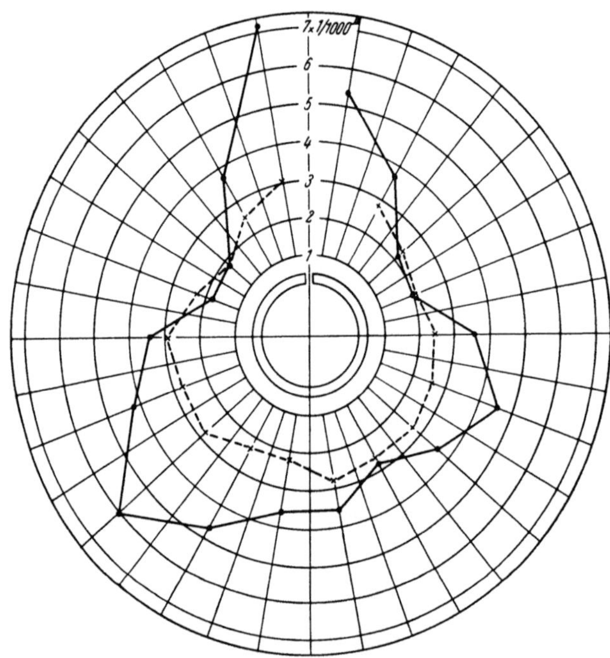

Abb. 110. Veränderung der Radialkurve des ersten Ringes im Motorbetrieb
————— neuer Ring   --- nach 486 Stunden Laufzeit
(Nach PIGOTT [71])

Ringen, die von Haus aus negative Ovalität aufwiesen oder die im Betrieb zum
Flattern kommen. — Bei formgedrehten Ringen mit entsprechend hoher positiver
Ovalität dauert es erheblich länger, bis die Stoßenden zum Einfallen kommen, als
bei thermisch gespannten oder gehämmerten Ringen.

Bekanntlich erfolgt der Zylinderverschleiß nicht nach allen Durchmesserrichtungen gleichmäßig; vielmehr zeigt er in Druckrichtung des Kolbens und
dieser gegenüber sowie in Richtung der Kurbelwelle oft ganz unterschiedliche
Werte; außerdem macht sich die Lage der Ein- und Auslaßventile, bzw. der entsprechenden Schlitze bei Zweitaktmotoren, die Lage der Zündkerze oder der Einspritzdüse bei druckgeschmierten Zylindern die Lage der Ölzuführungsstellen
und anderes mehr bemerkbar. Solche Einflüsse zeigen sich auch im Verschleißbild der Kolbenringe, und zwar am Lauffflächen- und auch am Flankenverschleiß, wenn die Ringe gegen Verdrehen gesichert werden; wo die Ringe frei
beweglich in der Nut sind, werden die Einflüsse durch das Ringwandern oft
verwischt.

Je ungünstiger der Zylinder verschleißt, das heißt je stärker er durch seinen Verschleiß von der Kreiszylinderform abweicht und je ovaler und konischer er wird, desto stärker wird der Verschleiß am Ring. — Ringe, die in stark konisch gewordenen Zylindern arbeiten, zeigen nicht nur stets hohen Umfangs-, sondern überdies auch immer hohen Flankenverschleiß bei gleichzeitig entsprechend hohen Abnützungen an den Nutenflanken. Dies erklärt sich aus der stark atmenden Bewegung der Ringe in den Nuten sowie aus der unruhigeren Bewegung der Kolben in den Zylindern.

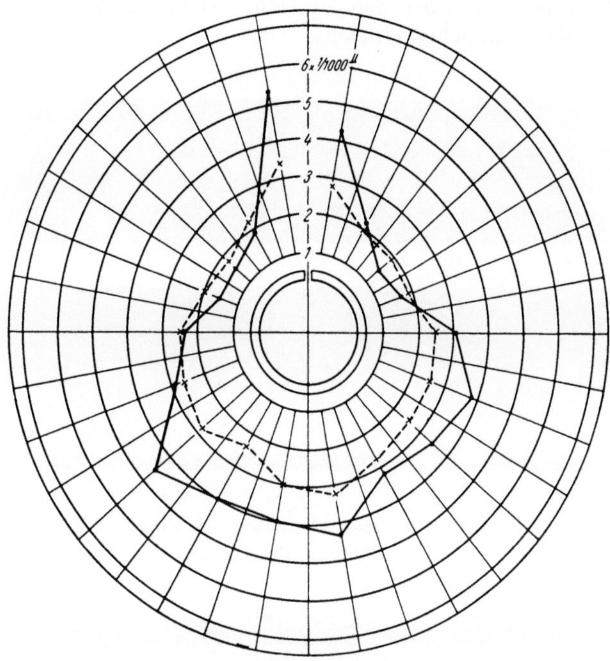

Abb. 111. Veränderung der Radialkurve des zweiten Ringes im Motorbetrieb
———— neuer Ring   - - - nach 486 Stunden Laufzeit

In Großmotoren läßt man z. B. im allgemeinen einen Ringverschleiß bis zu etwa 1 mm in der radialen Wandstärke zu. Dem entspricht bereits eine Stoßspielvergrößerung von über 6 mm. Rechnet man überdies mit einer Vergrößerung der Zylinderbohrung in der oberen Totlage des ersten Ringes um etwa 1%, wie sie als Maximum für den Zylinderverschleiß in Schiffsmotoren zugelassen wird, so bedeutet dies z. B. bei 720 mm Zylinderbohrung eine weitere Vergrößerung des Stoßspiels um 21 mm, also insgesamt aus Ring- + Zylinderverschleiß um 27 mm: Daß derartige Stoßspielerweiterungen auf die Arbeitsweise und Wirksamkeit des Ringes größten Einfluß nehmen müssen, ist selbstverständlich. Es ist vor allem nicht gut zu verlangen, daß ein Ring bei einem tangentialen Atmen an den Stoßenden von 21 mm bei jedem Hub auf die Dauer störungsfrei und zufriedenstellend abdichten und vor allem ohne erheblichen Verschleiß an Lauffläche und Flanken arbeiten kann.

Die Ringlauffläche eines richtig arbeitenden Ringes soll ein gleichmäßiges, glattes Aussehen aufweisen; dies ist ein Beweis für das korrekte Arbeiten des Ringes, für die richtige Werkstoffpaarung zum Zylinderwerkstoff und für die richtige Schmierung.

Dunkle Flecken oder in Hubrichtung gelegene dunkle Streifen an der Ring-
lauffläche deuten darauf hin, daß der Ring an diesen Stellen durchgeblasen hat,
das heißt unvollkommen abdichtet. Dies kann auf örtliche Beschädigungen des
Ringes oder des Zylinders, auf Behinderung der freien Ringbeweglichkeit in der
Nut oder auch auf Unrundwerden des Ringes zurückzuführen sein; letzteres
läßt sich durch eine Prüfung im Kaliberring immer feststellen. Die häufigste
Ursache für diese Erscheinung sind aber unrunde, beim Zusammenbau oder im
Betrieb sich verziehende Zylinder, oder ungleichmäßig verschlissene Zylinder,
bzw. Längsriefen in der Zylinderlauffläche; Form und Art der dunklen Flecken
und der Umfangsbereich, über den sie sich erstrecken, geben bei gleichzeitiger
Prüfung des Kolbens manchen Hinweis.

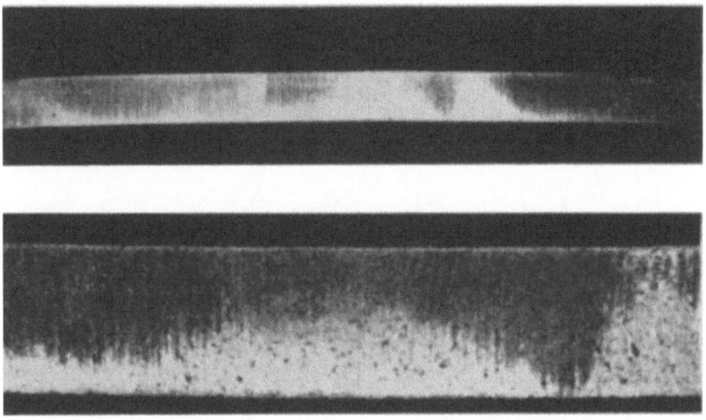

Abb. 112. Unvollständiges Tragen, bzw. Abdichten des Ringes. — Anzeichen für stärkeres
Durchblasen (Brandflecken)

Abb. 113. Brandflecken und aufgerauhte Stellen an der Lauffläche; Ursachen: für die
herrschenden Beanspruchungen unzureichendes Laufverhalten der Werkstoffpaarung
(z. B. auch durch unzureichende Schmierung)
Oben 2fach, unten die gleichen Stellen etwa 6fach vergrößert

Blasen die Ringe örtlich durch, so zeigen sich an den Laufflächen sogenannte
Brandflecken (Abb. 112), die häufig nur oberflächliche Verfärbungen und Flecken
festgebrannten Schmieröls, Lack- oder Ölkoksablagerungen vorstellen. Bei
schwerem Durchblasen sind aber öfters auch tiefreichende Werkstoffschädi-
gungen zu beobachten, Abb. 113.

Riefige Ringlaufflächen mit scharfen, in der Laufrichtung gelegenen Marken deuten auf unreine Ansaugluft, schlecht gereinigte Zylinder u. s. w., auf verunreinigtes Schmieröl oder mangelhafte Schmierung hin. — Starke Längsriefen, die unter Vergrößerung teils aufgetragenes Material, teils abgescherte oder herausgerissene Stellen erkennen lassen (Abb. 114), weisen auf Anfressen der Ringe hin; dieses kann hervorgerufen sein durch unvorsichtiges Einlaufen der Ringe oder durch ungeeignete Materialpaarung; durch zu geringes Stoßspiel, so daß die Stoßenden zur Berührung kommen (auf den Zustand der Stoßflächen achten!); durch übermäßig hohe Anpreßdrücke, unzureichende Schmierung, unzulässig hohe Ringtemperatur; örtliches Durchblasen; Behinderung der freien Ringbeweglichkeit durch Zerstörung des Schmieröls, Schmutz oder durch Verformungen der Ringstege und -nuten.

Abb. 114. Zerkratzte, riefige Lauffläche. In der unteren Bildhälfte weisen starke Riefen in Hubrichtung auf örtliches Fressen hin

Ebenso wie andere Eisen-Kohlenstofflegierungen verändert auch das Gußeisen unter unzulässig hohen Verschleißbeanspruchungen sein Gefüge und seine Struktur. Die Temperatur kann örtlich ohneweiteres soweit steigen, daß die Schmelztemperatur einzelner Gefügebestandteile erreicht wird; wird eine solche Zone durch das Schmieröl oder an einer kalten Wandung abgeschreckt, so kann Zementit entstehen. Neugebildeter Zementit im Gefüge kann in hochbeanspruchten Laufflächen unter Umständen sogar auch dann festgestellt werden, wenn die Laufflächen noch als „gut" angesprochen werden; es ist aber durchaus nichts Ungewöhnliches, daß an den Oberflächen von gefressenen Zylindern und Ringen Zonen beobachtet werden, die neugebildeten Zementit enthalten. Weiters können die Graugußlaufflächen der genannten Teile im Betrieb, wie unter dem Mikroskop feststellbar, unter Umständen vollständige Wärmebehandlungen durch Härten und Anlassen erfahren. — Solche und ähnliche Gefügeveränderungen, verbunden mit wesentlichen Härteänderungen, sind unter anderen vermutlich auch eine Ursache für die nicht selten zu beobachtenden plötzlichen Veränderungen im Verschleißfortschritt.

In Abb. 115 ist die Lauffläche eines zum Anfressen gekommenen Kolbenringes dargestellt. Die helle, glänzende Fläche rund um die Freßstelle (Pfeil im Bild) zeigt das unmittelbare Vorstadium des Fressens: Wäre der Vorgang etwas früher unterbrochen worden, so erschiene die ganze umrahmte Zone weiß und das Fressen hätte noch nicht begonnen; einige Augenblicke später hätte der Freßvorgang auch den jetzt noch glänzend und glatt gebliebenen Bereich erfaßt.

Eine sorgfältige Untersuchung von zum Fressen gekommenen Kolbenringen deckt daher oft die verschiedenen Stadien des Verschleißvorganges bis zum Fressen auf; es lassen sich dabei folgende Oberflächenzustände beobachten:

1. Normal verschlissene, d. s. fein polierte oder fein aufgerauhte, oder leicht zerkratzte Oberflächen.

2. Geglättete, glänzende Zonen.

3. Glänzend glatte Zonen mit innerhalb derselben gelegenen Freßspuren.

4. Vollständig gefressene Bereiche.

Die Abbildung zeigt noch eine weitere kennzeichnende Tatsache; es ist nämlich in der Regel festzustellen, daß das Fressen in der Mitte der glänzenden Stellen beginnt: Hier lag die Temperatur offenbar am höchsten, u. zw. genügend hoch, um die sich überdies unter dem Einfluß der Erhitzung hervorwölbende Oberfläche zum Schmelzen zu bringen; im übrigen glänzenden Bereich wurde diese Temperatur nicht erreicht, weil genügend Wärme von der Oberfläche in das Ringinnere abgeleitet wurde. Überdies trennte die leichte Aufrauhung im Zentrum des Freßbeginns die beiden Laufflächen wieder um einen gewissen Betrag und ermöglichte dadurch den Zutritt und das Festhalten von Schmieröl, das auch infolge Verdampfens kühlend wirken kann.

Abb. 115. Entstehen einer Freßstelle an der Lauffläche eines Graugußkolbenringes (Nach Teetor [68])

2. Verschleißprofile gelaufener Ringe. Läuft der Kolben gut und richtig geführt im Zylinder und liegen die Kolbenringnuten auch bei Betriebstemperatur des Kolbens genau senkrecht zur Kolbenachse, so bleibt die Ringlauffläche eines zylindrischen Ringes auch bei fortschreitendem Verschleiß gut zylindrisch; nahe dem oberen Ringrand fast immer und, weniger ausgeprägt, auch nahe dem unteren, zeigt sich — auch bei den Ringen von Kreuzkopfmotoren — eine leicht konische Partie, deren Höhe offenbar von der Kolbenbauart und dem Kolbenspiel, aber auch vom Zylinderverschleiß, vor allem aber vom Nutenspiel und dem Zustand der unteren Nutenflanken etwas beeinflußt wird, von der Ringhöhe jedoch derart abhängig zu sein scheint, daß sie bei niedrigen Ringen anteilmäßig mehr ausmacht, als bei hohen.

Führt der Kolben stärkere Kippbewegungen aus, so wird die Ringlauffläche deutlich doppeltkonisch oder ballig (vgl. Abb. 118). Da dieser Doppelkonus sich nur auf den senkrecht zur Kurbelwelle gelegenen Seiten voll ausbilden kann und nach der Kurbelwellenrichtung hin verschwindet, der Ring aber in seiner Nut in der Regel wandert, wird der Doppelkonus ständig neuausgebildet und wieder abgetragen: Stärkeres Kolbenkippen bringt immer höheren Ringverschleiß mit sich.

Auch bei Verwendung von Stahllamellenringen, von denen mehrere verhältnismäßig leicht beweglich und daher mit gutem Anschmiegungsvermögen in einer Nut liegen, zeigt es sich, daß der Verschleiß an der obersten und untersten Lamelle stärker ist und gegen die Mitte des Lamellenpakets hin abnimmt (Abb. 116).

Bei einwandfreier Arbeitsweise der Ringe muß erwartet werden und es läßt sich auch oft beobachten, daß die Unterflanken der Ringe zur Gänze blank und die Oberflanken mehr oder weniger geschwärzt werden. Ist die Oberseite ebenfalls mehr oder weniger blank, so deutet dies auf Abheben des Ringes von der Unterflanke und Aufsitzen auf der Oberflanke während längerer oder kürzerer Perioden der Arbeitsspiele oder in manchen Fällen auch auf ein zu knappes Nutenspiel hin.

Sind die Ringflanken aber, wie dies vor allem bei Leichtmetallkolben von Fahrzeug-Dieselmotoren, aber auch bei Grauguß- und Stahlkolben von großen Motoren und auch bei Kreuzkopfmaschinen zu beobachten ist, nicht gleichmäßig blank oder geschwärzt, sondern ist z. B. die Unterflanke außen blank und innen schwarz, die Oberflanke jedoch umgekehrt außen schwarz und innen blank, so kann dies auf verschiedene Ursachen zurückzuführen sein:

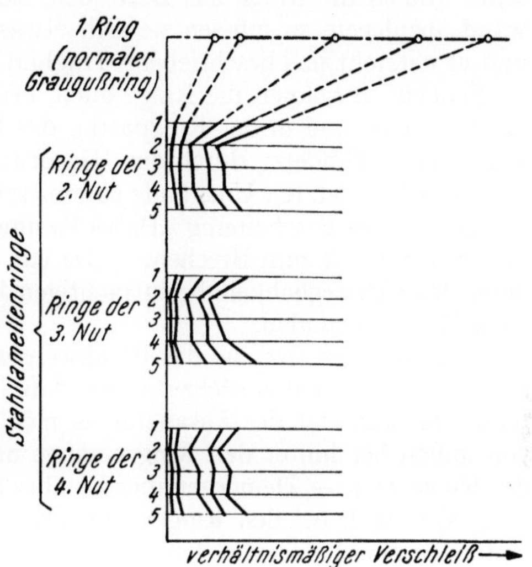

Abb. 116. Verschleißbilder der vier Ringe eines Kolbens in verschiedenen Stadien
1. Nut   Graugußring
2. bis 4. Nut Stahl-Lamellenringe

Zunächst auf unrichtige Winkellage der Nuten relativ zur Kolbenachse, die auch nur unter dem Einfluß der Betriebstemperatur auftreten kann, vgl. Abb. **117**. — Da die oberen Nuten sich dabei in anderem Sinn schrägstellen können als die

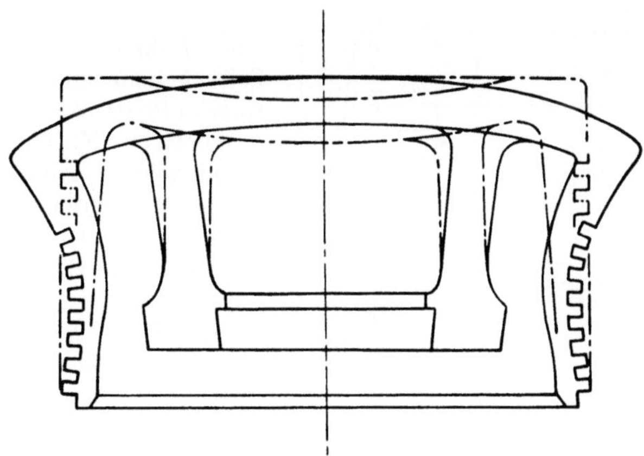

Abb. 117. Errechnete Verformung eines Kolbenoberteils unter Einfluß der gemessenen Betriebstemperaturverteilung
Dehnungen 100 × vergrößert
(Nach EICHELBERG [6])

unteren, können die Blankstreifen an den oberen und unteren Ringen auch in entgegengesetzter Lage beobachtet werden.

Die Erscheinung kann wohl auch auf starke Kippbewegungen des Kolbens allein zurückzuführen sein, wobei die Ringe sich in den Nuten etwas schief stellen müssen;

sie kann aber auch eine Folge von stärker konisch ausgelaufenen Zylindern sein: Haben die Ringe das Bestreben, sich an der Lauffläche an die Zylinderwand anzulegen, so müssen sie sich etwas tellerförmig nach oben durchwölben und es entsteht das beschriebene Tragbild.

Schließlich können die Ringe auch, besonders bei großem Spiel des Kolbens am Feuersteg und in der Ringpartie, das heißt also auch wieder bei stark verschlissenen Zylindern, durch den Gasdruck tellerförmig durchgewölbt werden.

Die beiden letzten Umstände summieren sich und sind wohl die häufigste Erklärung für die Erscheinung. Dabei kommen die Ringe auch leicht zum Flattern und neigen stark zum Brechen. — Da ein Verkanten der Ringe in der Nut auch deren freie Beweglichkeit beeinträchtigen kann, ist sie öfters auch mit höherem Verschleiß verbunden.

Nach Holzer [19] ist das Blankwerden der Unterflanken nahe dem Außenumfang auch darauf zurückzuführen, daß das Abheben der Ringe von der Unterflanke nur während des Ansaughubes möglich ist; dabei wird reines Schmieröl von außen her hinter den Ring gesaugt und spült vornehmlich die Außenzone der Ringe rein. — Demgegenüber ist aber festzustellen, daß die gleiche Erscheinung sich auch bei den Ringen von Zweitaktmotoren zeigt, auch bei langsamlaufenden Maschinen von den größten Abmessungen. Vielleicht erklärt aber die Ansicht von Holzer das Blankwerden an den Unterflanken der weiter abwärts gelegenen Ringe am Außenumfang, wo es ebenfalls zu beobachten ist.

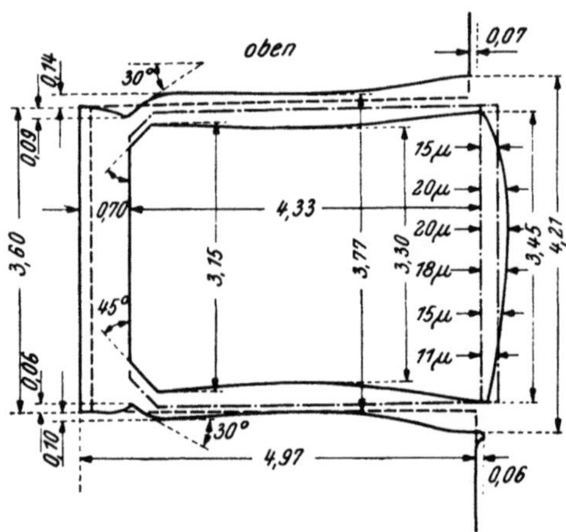

Abb. 118. Abnutzung des ersten Ringes 110 ⌀ und der zugehörigen Ringnut in einem Fahrzeug-Dieselmotor. 30 : 1. — Die Balligkeit ist im Verhältnis 500 : 1 vergrößert (Nach Stump [72])

a) *Untersuchungen von Stump.* Die Abb. 118 zeigt nach Stump [72] das genau ausgemessene Profil eines in einem Leichtmetallkolben eines Fahrzeugdieselmotors längere Zeit gelaufenen Einzelgußkolbenringes 110/101,2 ⌀ × 3,5, samt dem zugehörigen Nutenprofil. Die ursprünglichen Abmessungen des Ring- und Nutenquerschnitts sind ebenfalls eingetragen.

An diesem Bild ist folgendes interessant:

a) Die Lauffläche erscheint ballig; die Bedingungen für das Entstehen eines dynamisch tragenden Schmierölkeils scheinen daher durch den Verschleißvorgang verbessert.

b) Die Gestalt der Ring- und Nutenflanken deutet darauf hin, daß der Ring sich

α) unter dem Einfluß des Gasdrucks tellerförmig wölbt, wobei die Ringaußenränder herabgedrückt werden (vgl. hierzu Abschnitt VI),

β) in der Nut schief stellt,

γ) von der Unterflanke abhebt und mit beträchtlichem Schlag auf die Unter- oder Oberflanke aufsetzt, wodurch es zu Stauchungen des Kolbenwerkstoffs nahe dem Nutengrund und an der Außenkante der Unterflanke kommt.

δ) Unmittelbar an der Lauffläche hat sich die Ringhöhe kaum verändert; dagegen ist der weiter innen in der Nut liegende Teil durchwegs stärker abgenutzt; der stärkste Flankenverschleiß liegt etwas hinter der Ringmittellinie.

Aus dem Verschleißprofil der Ringlauffläche ist zu schließen, daß der Ring sich einerseits unter dem Einfluß des von oben her wirkenden Gasdrucks umgekehrt tellerförmig durchwölbt, so daß er nur nahe der Oberkante unter sehr hohen spezifischen Anpreßdrücken auf der Zylinderlauffläche läuft, und daß andererseits durch das Kippen des Kolbens die Verschleißerscheinungen sowohl nahe der Ringober- als auch der Ringunterkante verstärkt werden.

b) Untersuchungen von Kjaer. Auch bei Kreuzkopfmotoren von großen Abmessungen geht die ursprünglich kreiszylindrische Gestalt der Ringe durch den über die Ringhöhe ungleichmäßigen Laufflächenverschleiß verloren. Eine von KJAER [73] vorgenommene Ausmessung eines in einer einfachwirkenden Kreuzkopf-Viertaktmaschine gelaufenen Kolbenringes 740/703,2 $\varnothing \times 17$ ergab beispielsweise ein Ringprofil nach Abb. 119.

Der von oben her auf den Ring einwirkende Gasdruck sowie die Reibung an der Zylinderwand verformen demgemäß diesen offenbar derart, daß in den für den Ringverschleiß maßgebenden Teilen des Kolbenhubes, das heißt, wenn der Kolben sich nahe dem oberen Totpunkt bewegt, nur der obere Teil der Lauffläche mit der Zylinderwand in Kontakt tritt; im unteren Totpunkt hat der Druck nachgelassen und der Ring wird plan, so daß die untere Partie der Lauffläche zum Verschleißen kommt; es ist auch vorwiegend diese Zone, die bei Viertaktmaschinen während des Auslaß- und Ansaughubes verschleißt, doch bleibt der

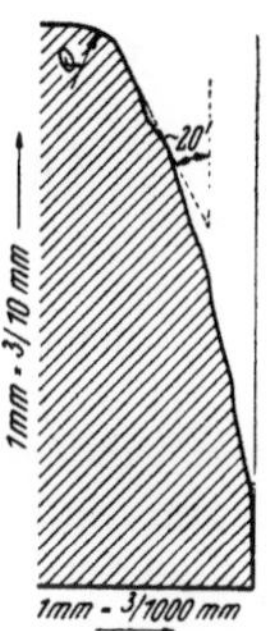

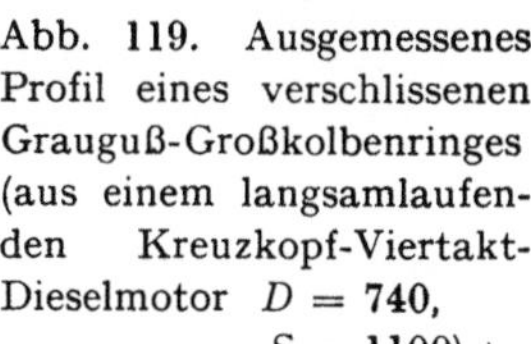

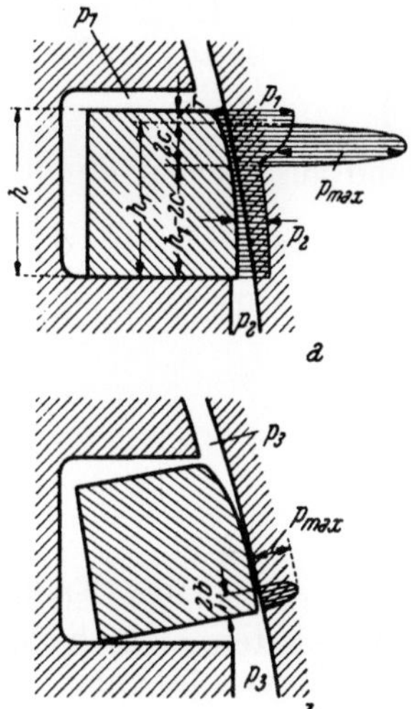

Abb. 119. Ausgemessenes Profil eines verschlissenen Grauguß-Großkolbenringes (aus einem langsamlaufenden Kreuzkopf-Viertakt-Dieselmotor $D = 740$, $S = 1100$) Ringabmessungen: 740/703,2 $\times$ 17 mm (Nach KJAER [73])

Abb. 120. Druckverteilung an der Lauffläche eines Kolbenringes bei Schiefstellen des Ringes gegen die Zylinderlauffläche oben: bei hohem Gasdruck unten: bei niedrigem Gasdruck (Nach KJAER [73])

Verschleiß während dieser drucklosen Hübe naturgemäß nur gering. Ein nennenswertes Kolbenkippen tritt bei Kreuzkopfmaschinen jedenfalls nicht ein. In Übereinstimmung mit dem Gesagten zeigt der Ring in seiner oberen Laufflächenpartie viel stärkeren Verschleiß, als in der unteren.

Abb. 120 zeigt die am Ring herrschende Druckverteilung im oberen Totpunkt; wird vorausgesetzt, daß auf der Höhe 2 c abdichtende Berührung, bzw. metallischer

Kontakt mit der Zylinderwand bei einem Druck von P kg je cm Ringumfang besteht, so ergibt sich für P mit den Bezeichnungen der Abbildung

$$P = p_1 h_1 - p_2 (h_1 - 2\,c) - \frac{h_1 + h_2}{2} \cdot 2\,c$$

wenn angenommen wird, daß der Öldruck auf der Strecke $2\,h$ geradlinig von p_1 auf p_2 abfällt; daher

$$P = (p_1 - p_2)\,(h_1 - c) = \Delta\,p\,(h_1 - c). \tag{1}$$

Nach den bekannten HERTZschen Gleichungen wird gefunden:

$$a^2 = \frac{8\,P\,R\left(1 - \dfrac{1}{m^2}\right)}{\pi \cdot E}$$

wobei R der meridiane Krümmungsradius des Ringprofils in der Strecke $2\,c$ (cm)
    m die POISSONsche Zahl ~ 4,
    E der E-modul $\sim 10^6$ kg/cm² ist.
Nach Einsetzen der Werte ergibt sich:

$$c^2 = 8{,}10^{-6} \cdot P \cdot R \tag{2}$$

und aus (1) und (2):

$$c = 1{,}2 \cdot 10^6 \cdot \Delta\,p \cdot R + \sqrt{1{,}44 \cdot 10^{-12}\,(\Delta\,p)^2\,R^2 + 2{,}4 \cdot 10^{-6}\,\Delta\,p\,h \cdot R}. \tag{3}$$

Der Oberflächendruck ist dann bestimmt durch

$$h_{max} = \frac{2\,P}{\pi\,c} = 0{,}64\,\frac{c}{P}\ \text{kg/cm}^2,$$

$$h_{min} = \frac{0{,}5\,P}{c}\ \text{kg/cm}^2.$$

JACOBSEN [74] stellt hierzu fest, daß die Lauffläche der oberen Ringe sich recht unterschiedlich ausbilden kann und daß hiervon auch der Zylinderverschleiß stark beeinflußt wird: Dort wo der Verschleiß recht niedrig liegt, trägt der Ring meist gleichmäßig über seine ganze Höhe; wo der Verschleiß jedoch hoch ist, trägt er nur auf einen Teil derselben. — Dies dürfte auch mit der Lage der Ringe in den Nuten, der Lage der Nutenflanken und der Verformung des Kolbens und der Ringstege sowie mit der Ringbemessung und -profilierung zusammenhängen.

    c) Verschleißprofil und Ringlaufflächenbelastung. Von KJAER nachgerechnete Beispiele für genau ausgemessene, in verschiedenen Motoren gelaufene und nach Abb. 120 verschlissene Ringe ergaben als Höchstwert für den spezifischen Anpreßdruck p_{max} Werte zwischen 114 und 260 kg/cm². — Wurden auf Verschleißmaschinen bei Verwendung geschmierter Proben Anpreßdrücke von der genannten Höhe bei richtig gewählten Gleitgeschwindigkeiten angewendet, so konnten Verschleißwerte von etwa solcher Höhe beobachtet werden, wie sie in den Zylindern und an den Ringen im Motorenbetrieb tatsächlich festzustellen sind.

3. Einfluß der Ringhöhe auf den Verschleiß. Aus den rechnerischen Untersuchungen ergibt sich, daß die Oberflächendrücke stark anwachsen, wenn die Ringe niedrig gemacht werden; dies würde demnach einen erhöhten radialen Verschleiß an schmalen Ringen in der höchstbelasteten Zone ergeben. Weil aber dabei gleichzeitig die Höhe $2c$ abnimmt, verringert sich der Gesamtverschleiß entsprechend; im Falle direkter Proportionalität wäre das Produkt $2c \cdot p_{min}$ ein Maß für den Verschleiß. — Beim Ausmessen verschlissener Profile von verschiedenen gelaufenen Ringen wurden z. B. folgende Werte gefunden:

Ringhöhe h, mm	16	15,2	15,2	9
$p_{min} \times 2c$	42,5	41,8	42,3	25,5

Dies würde bedeuten, daß ein Herabsetzen der Ringhöhe von 16 auf 9 mm eine Verschleißminderung von etwa 40% ergeben müßte; dies stimmt aber mit den beobachteten Tatsachen auch wieder nicht überein und KJAER erklärt dies damit, daß die schmäleren Berührungsflächen der niedrigen Ringe infolge ihrer hohen spezifischen Belastung eine höhere Geschwindigkeit zum Abheben von der Gegenfläche erfordern, so daß die Verschleißdauer und der Verschleißweg bei jedem Hub größer werden, als beim hohen Ring.

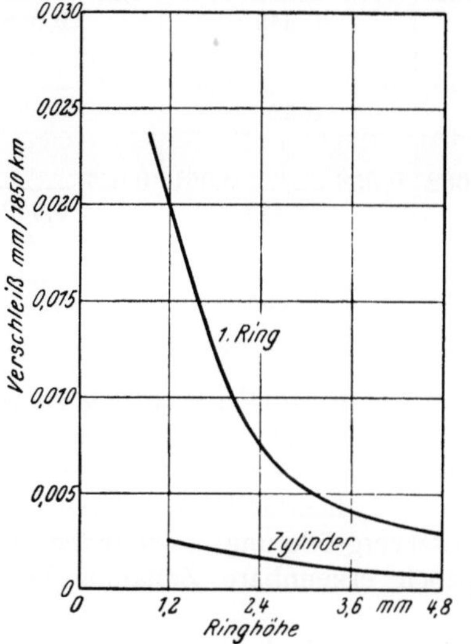

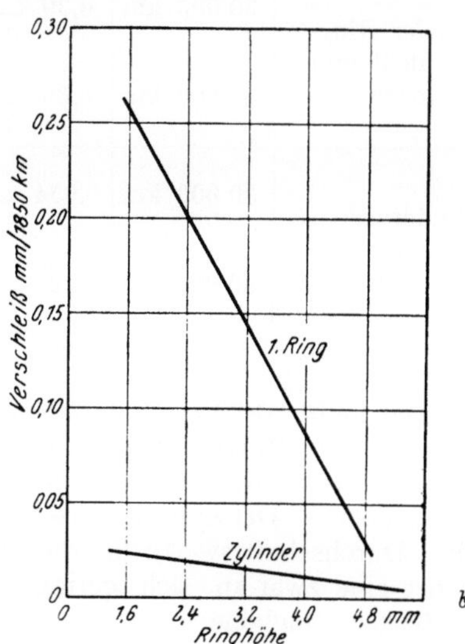

Abb. 121. Abhängigkeit des Verschleißes am ersten Ring und im Zylinder von der Ringhöhe.

a Luftgekühlter OHV-Ottomotor: Bei gleichbleibender Belastung, $n = 1600$ U/min, $p_e = 4$ kg/cm²; maximale Temperatur der Zylinderwand 77° C (gleichbleibend)

b Wassergekühlter JAP-Motor: Bei wechselnder Belastung und wechselnder Zylindertemperatur (korrosionsfördernde Bedingungen)

(Nach WILLIAMS [14])

Hinsichtlich der zuletzt erwähnten Abhängigkeit des Ringverschleißes von der achsialen Ringhöhe, jedoch in bezug auf Kleinmotoren, berichtet WILLIAMS [14] über Versuche, die vom IAE-Research Committee in einem luftgekühlten OHV-Motor bei Dauervollast, also bei vorwiegend reinem Reibverschleiß, ferner in einem wassergekühlten JAP-Motor unter vorwiegend korrosionsfördernden Bedingungen ausgeführt wurden. — Die Ergebnisse zeigt die Abb. 121. Danach wären hohe Ringe im Hinblick auf den Verschleiß sowohl an diesen selbst als auch in den Zylindern weitaus überlegen.

Auch BRENNEKE und ESTEY [75] bestätigen neuerdings diese Ergebnisse und geben z. B. an, daß bei Verwendung von 5/64″ (1.97 mm) hohen Ringen in der ersten Nut ein um 20% höherer Ringverschleiß zu erwarten ist, als mit 3/32″ (2,37 mm) hohen Ringen. Ähnlich stellt z. B. auch KENNEMER [76] einen höheren Verschleiß mit achsial höheren Ringen insbesondere bei höherem Staubgehalt der Ansaugluft fest, Abb. 122.

Demgegenüber wurden bei eigenen Versuchen in einem wassergekühlten Sechs-Zylinder-OHV Ottomotor $D = 80$, $S = 74$, bei dem die Zylinder 1 und 4 mit 2 mm hohen Ringen, die Zylinder 2 und 5 mit 2,75 mm und die Zylinder 3 und 6 mit 3,76 mm hohen Ringen ausgestattet waren, die Verschleißwerte an den obersten Ringen (als Mittelwerte des radialen Verschleißes über den Ringumfang) wie folgt festgestellt:

Zylinder Nr.	1	4	2	5	3	6
Ringhöhe mm	2,75		3,25		3,76	
Radialer Ringverschleiß mm nach 30 000 km	0,39	0,35 (0,37)	0,36	0,31 (0,345)	0,29	0,37 (0,058)
Radialer Ringverschleiß mm nach 80 000 km	0,60	0,56 (0,58)	0,59	0,57 (0,58)	0,48	0,59 (0,095)
Zylinderverschleiß in O. T. 1. Ring mm nach 30 000 km	0,054	0,062 (0,058)	0,058	0,051 (0,0545)	0,057	0,061 (0,059)
Zylinderverschleiß in O. T. 1. Ring mm nach 80 000 km	0,097	0,093 (0,095)	0,102	0,117 (0,1095)	0,122	0,133 (0,1275)

Das heißt: der Verschleiß an den Ringen ist, in radialer Richtung gemessen, bei niedrigen Ringen etwas größer als bei hohen, praktisch aber ohne nennenswerten Unterschied; gewichtsmäßig ist er jedoch an den höheren Ringen wesentlich größer. — Der Zylinderverschleiß (die in der Zahlentafel ausgewiesenen Werte sind Durchschnittswerte für die Durchmesservergrößerung) zeigt jedoch umgekehrt eine zwar an sich geringe, aber doch erkennbare Zunahme bei vergrößerter Ringhöhe.

Die beim Versuch verwendeten Ringe waren auf gleiche Weise hergestellte formgedrehte Normalspannungsringe nach TE; zu ihrer Herstellung wurden gleiche Rohlinge aus einer Schmelze verwendet. Der spezifische mittlere Anpreßdruck lag bei allen Ringen in gleicher Höhe und das seitliche Spiel der Ringe wurde in gleicher Höhe eingehalten. Die Ringlaufflächen waren in gleicher Weise bearbeitet, das Ringstoßspiel genau gleich groß ausgeführt. Das Nutenspiel wurde in gleicher Höhe eingehalten. Die Ölringe waren in allen Zylindern von ausgesucht gleichmäßiger Spannung und von gleicher Ausführung. — Vor Beginn des Versuches waren die Zylinder mit anderen Ringen etwa 3000 km eingelaufen; sie wurden nicht nachgearbeitet.

Wie das gegenüber den Versuchen von WILLIAMS verschiedene Ergebnis zustande kam, konnte nicht geklärt werden; vermutlich wurden auch die 2,75 mm hohen Ringe durch die Gasdrücke nicht erheblich durchgewölbt.

Auch andere Forscher, so z. B. LANE und NIXON [77] und ähnlich HAWKES und HARDY [78], Abb. 123, sowie BOYER [79] kommen jedoch ebenfalls zu Ergebnissen aus der Praxis, die von jenen der WILLIAMSschen Versuche abweichen; die Genannten teilen z. B. mit, daß für die Ringe raschlaufender Ottomotoren 88 ∅ das Verhältnis D/h von 22 auf 45, bei raschlaufenden Dieselmotoren im Bereich von 88 bis 250 mm ⌀ auf 35 bis 65 erhöht wurde, womit sich entscheidend verbesserte Verhältnisse nicht nur in bezug auf den Flankenverschleiß und das Ausschlagen der Nuten, sondern auch in bezug auf den Ring- und Zylinderverschleiß ergeben. Offenbar wirkt das als Folge der erhöhten Massenkräfte auftretende Ausschlagen der Nuten sich auf den Zylinderverschleiß stärker aus,

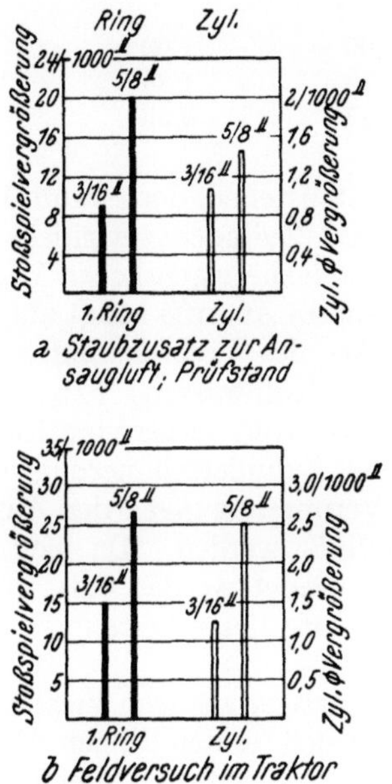

Abb. 122. Einfluß der achsialen Ringhöhe auf den Ring- und Zylinderverschleiß (Nach Kennemer [76])

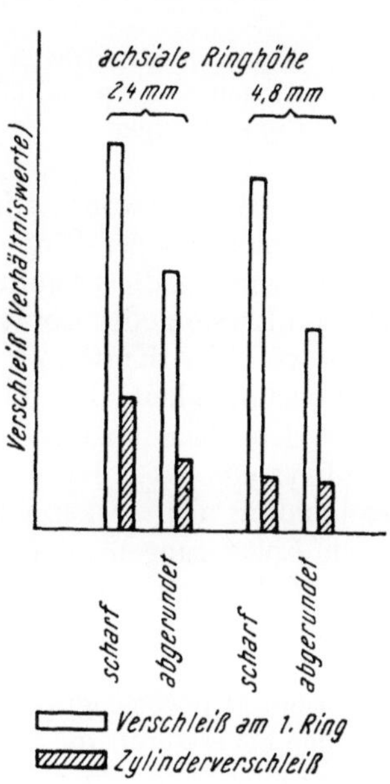

Abb. 123. Einfluß der Abrundung der Oberkante des ersten Kolbenringes auf den Verschleiß (Nach Hawkes und Hardy [78])

als die Verschleißbeeinflussung durch die Ringhöhe an sich. — Dementsprechend hat sich auch der Vorschlag, aus Verschleißgründen in der obersten Nut höhere Ringe zu verwenden, als in den tiefer gelegenen, in der Praxis nur auf wenige Fälle beschränkt. Wo jedoch achsial niedrige Ringe durch die Gasdrücke stark tellerförmig durchgewölbt werden, dürfte sich allerdings auch eine starke Rückwirkung auf den Zylinderverschleiß ergeben. — Jedenfalls sind die von Williams mitgeteilten, auf sehr eingehende Versuche gestützten Ergebnisse so bedeutungsvoll, daß ihnen größte Aufmerksamkeit geschenkt werden muß.

Kjaer [73] stellt auf Grund seiner bereits erwähnten Versuche fest, daß der Ringverschleiß bei Großmotoren praktisch von der Ringhöhe unabhängig bleibt.

Dagegen nimmt insbesondere beim Großmotor — unabhängig von der Ringhöhe — die Abrundung der Ringoberkante einen recht erheblichen Einfluß auf den Ring- und Zylinderverschleiß (Abb. 123), ein Umstand, der dazu führte, daß heute nahezu alle Großringe mit abgerundeten oder zumindest mit gebrochenen und abgezogenen Kanten ausgeführt werden.

Bei Verwendung von Bimetallringen sinkt infolge der fehlenden Freßneigung der Einlage sowie ihres Einbettungsvermögens der Verschleiß sowohl in den

Zylindern als auch an den Ringen selbst; in einem Zweitakt-Schiffsdieselmotor wurden z. B. nach 1450 Betriebsstunden in Graugußzylindern folgende Werte festgestellt:

Bei Verwendung von	Verschleißverhältnis	
	Ring	Zylinder
normalen GE-Ringen	1,00	1,00
Ringen aus Spezial-GE	0,33	1,84
Bimetallringen	0,37	0,53

Im übrigen ist es, obwohl statistisch schwer festzustellen, doch wahrscheinlich, daß bei Großmotoren der Ring- (ebenso wie der Zylinder-)verschleiß stärker durch Korrosionsangriffe beeinflußt wird, als durch die eigentlichen Verschleißvorgänge von Erosion oder Abrasion. Die Höhe dieses Angriffs hängt aber wie im Kleinmotor von der Kraftstoffqualität, der Art des Verbrennungsverfahrens und der Vollständigkeit der Verbrennung, der Kühlwasser-, bzw. Zylindertemperatur, dem Belastungsgrad, der Kolbentemperatur, ferner vom Rückdruck im Auspuffsystem, von der Art und Güte der Zylinderschmierung und der Schmierölqualität ab; er kann ferner durch Verunreinigungen der Ansaugluft oder durch Ablagerungen im Brennraum beeinflußt werden. Da hier minderwertige Kraftstoffe in viel stärkerem Maß verwendet werden, als im Kleinmotor, finden sich viel häufiger Schädigungen von dieser Seite.

Beim Zweitaktmotor liegt der Verschleiß ungünstiger als beim Viertaktmotor; denn es fehlen bei ersterem die drucklosen Hübe, welche es den Ringen erleichtern, Schmieröl in den Zylindern nach aufwärts zu fördern und die Unterflanken der Ringe zu schmieren;

ferner streifen die Schlitzkanten das Öl von den Ringlaufflächen ab; die Ringe kommen also schlechter geschmiert in den Hauptteil des Hubes;

im Ringraum zwischen Kolben und Zylinder erfolgt ein Durchblasen heißer Gase, sobald der erste Ring die Schlitze freigibt; der Ölfilm am Zylinder wird dadurch geschwächt oder zerstört;

die mittleren Temperaturen des Arbeitsspiels und damit auch jene der Ringnuten und Ringe liegen höher;

endlich wird die Zylinderwand des Zweitaktmotors in der Gegend der Spülschlitze stark gekühlt; daher ist an dieser Stelle starke Kondensation zu erwarten. Überdies werden die Zylinder von Zweitaktmotoren insbesondere bei Quer- und Umkehrspülung sehr unsymmetrisch erwärmt und weichen daher im Betrieb von der Kreiszylinderform im allgemeinen viel stärker ab, als jene von Viertaktmotoren.

4. Einfluß der Ringtemperatur und der Motorbelastung. Die Schmierungs- und damit die Verschleißverhältnisse für die Ringe, insbesondere für den obersten Ring, hängen in stärkstem Maß von der Temperatur, die sie bzw. die Ringpartie des Kolbens im Betrieb erreichen, ab. Sie wird durch die Kühlung des Zylinders, vor allem in der Höhe der oberen Totlage des 1. Ringes, sowie von der Kühlung des Kolbens beeinflußt. Alles, was in dieser Hinsicht konstruktiv getan werden kann, wirkt sich auf die Lebensdauer der Ringe günstig aus.

Jedenfalls ist die Kühlung der letzteren ebenso wichtig, wie jene des Zylinders. Bei ungekühlten Kolben, wo ein Großteil der von diesem aufgenommenen Wärmemenge über die Ringe zur Zylinderwand abgeleitet werden muß, ist durch eine zweckentsprechende Bemessung der Wärmeleitquerschnitte im Kolben für richtigen Wärmefluß und Wärmeverteilung zu sorgen, so daß eine übermäßige Erhitzung einzelner Ringe unmöglich wird. Läßt sich die Einhaltung eines durch die Ringe beherrschbaren Temperaturniveaus nicht mehr sichern, so muß der Kolben gekühlt werden. Auch hier ist aber die Kühlung so durchzubilden, daß auch der oberste Ring ganz in die gekühlte Zone fällt und seine Umgebung allseits gut gekühlt wird; vgl. Abb. 37. — Überkühlungen durch zu intensive Kolbenkühlung müssen jedoch wegen erhöhter Korrosionsgefahr vermieden werden.

Je höher die Ringtemperatur liegt, desto höhere Anforderungen müssen an den Ringwerkstoff in bezug auf sein Verschleißverhalten, seine Spannungshaltung, seine Anlaßbeständigkeit und sein Laufverhalten gestellt und umso sorgfältiger müssen Ringgestaltung, -ausführung und -anordnung und die Abstimmung zum Zylinderwerkstoff überlegt werden.

Der mittlere indizierte Druck, mit welchem die Maschine arbeitet, nimmt auf den Ringverschleiß insoferne Einfluß (vgl. z. B. Abb. 129), als von ihm die mittlere Temperatur des Arbeitsspiels und die Güte der Verbrennung, die Druckverteilung innerhalb der Ringdichtung, ferner, zumindest bei ungekühlten Kolben, auch die Temperatur der Ringe selbst und damit auch deren Schmierung abhängt. — Bei gleichem Mitteldruck wächst der Verschleiß mit der Auspufftemperatur und dem spezifischen Verbrauch (unvollständige Verbrennung).

Flattern die Ringe mittlerer oder größerer Motoren, so ist nicht selten zu beobachten, daß der dritte Ring stärker verschleißt, als der erste und zweite; dies hat seine Ursache wahrscheinlich darin, daß hinter den beiden oberen Ringen sich infolge des Flatterns kein Gasdruck ausbilden kann, während jener in der dritten Nut, wenn auch bereits abgeschwächt, höher ansteigt, als zwischen erstem und zweitem Ring. Infolge des Flatterns der letzteren wird aber der Schmierölfilm an der Zylinderlauffläche bis in die obere Laufzone des dritten Ringes zerstört und dem dritten Ring fallen jene Aufgaben zu, die unter normalen Arbeitsbedingungen die obersten Ringe zu erfüllen hätten. — Unter Umständen können sich auch korrodierende Einflüsse an weiter abwärts gelegenen Ringen stärker fühlbar machen und zu einem größeren Gesamtverschleiß führen als an den oberen.

Unterschiede im Ringverschleiß in den einzelnen Zylindern eines Motors oder in verschiedenen Motoren gleicher Bauart erklären sich — die Verwendung gleichartiger Ringe vorausgesetzt — meist wie folgt:
Ungleiche Belastungen (ungleiches p_i).
Ungleichheiten in der Einspritzung, Störungen an den Einspritzsystemen, bzw. Ungleichheiten in der Gemischzuteilung.
Ungleichheiten in den Ventilzeiten, bzw. in der Spülung.
Ungleichheiten in der Kühlung.
Ungleichheiten in der Schmierung.
Verschiedene Ausführungsgenauigkeit, sei es hinsichtlich der Maße, bzw. ihrer Toleranzen oder hinsichtlich der Montage (Zylinder, Kolben, Ringnuten, Ringe).
Ungleicher Verschleißzustand der Zylinder oder Kolben.
Werkstoffunterschiede in den Zylindern.
Ungleiche Instandhaltung.
Dazu kommen beim Vergleich mehrerer Motoren:
Verschiedenheit der speziellen Arbeitsbedingungen; ungleiche klimatische oder atmosphärische Bedingungen; ungleiche Kraftstoffe, Schmieröle oder Kühlungs-

verhältnisse. — Unterschiede in der Filterung des Kraftstoffs, des Schmieröls und der Ansaugluft. — Unterschiede in den Betriebsbedingungen, der Bedienung oder Wartung.

5. Flankenverschleiß der Ringe. Ringnutenverschleiß. Eingeleitet wird der Flankenverschleiß durch die in der Hubrichtung auf den Ring sich auswirkenden Kräfte sowie durch die Querbewegungen des Ringes in der Nut; Maßgebend sind daher in der Regel die auf den Flanken aufzunehmenden, von der Kolbenbeschleunigung, also der Maschinendrehzahl und der Maschinenabmessungen sowie der Ringhöhe abhängigen Massenkräfte, sowie die Höhe der auf den Ring wirkenden Gasdrücke; das Seitenspiel des Ringes in der Nut und das Spiel des Kolbens im Zylinder; die Temperatur im Ring und um die Ringnuten sowie der Zustand des an die Ringflanken gelangenden Schmieröls.

Ein eigentliches Einlaufen der Ringe an den Flanken ist infolge der Geringfügigkeit der Relativbewegung nicht gut oder nur sehr langsam möglich. Um gutes Abdichten zu erzielen, aber auch um den Verschleiß hier tunlichst gering zu halten, ist höchstmögliche Bearbeitungsgüte an den Ringflanken sowie an den Nutenflanken anzustreben.

Wichtig ist auch die Werkstoffpaarung: Geringen Verschleiß ergeben z. B. Graugußringe in Graugußkolben; weniger günstig, aber immerhin noch erträglich ist der Verschleiß von Graugußringen in Leichtmetallkolben, doch ist vor allem bei Verwendung eutektischer und übereutektischer Al-Si-Legierungen beste Oberflächengüte der Flanken besonders wichtig; ferner macht sich bei Leichtmetallkolben auch der Temperatureinfluß insofern stärker geltend, als neben dem Verschleißwiderstand auch die Festigkeit der Leichtmetalle bei höheren Temperaturen stark abfällt. Ungünstig liegt der Verschleiß von Graugußringen in Stahlkolben oder von Stahlringen in Grauguß- und Leichtmetallkolben. — Unverwendbar sind Stahlringe in Stahlkolben.

Durch harte Rückstände aus dem Schmieröl oder Kraftstoff, aber auch durch mit der Ansaugluft in den Zylinder gelangenden Staub kann der Flankenverschleiß erheblich gesteigert werden, wie überhaupt die Tendenz besteht, daß an der Zylinderwand abgesetzte Ablagerungen durch die Ringbewegung und -abstreifwirkung in die Nuten gefördert werden und zwischen die Flanken gelangen. Sicherlich wird der Flankenverschleiß ebenso wie der Laufflächenverschleiß, aber auch durch Verformungen der Ringe selbst sowie der Kolben gefördert, vgl. Abschn. VI.

Mehr als durch den Reibungsverschleiß leidet die Passung der Ringe in den Nuten durch das Ausschlagen derselben. Bei Kleinmotoren wird das Problem des Flankenverschleißes und Ausschlagens der Nuten besonders schwierig bei mit Leichtmetallkolben ausgerüsteten schweren Kraftfahrzeug-Dieselmotoren, und zwar insbesondere auch bei der Verwendung von HD-Schmierölen. Der Verschleiß bzw. das Ausschlagen beginnt meist an den Flanken der obersten Ringnut, später folgt dann der Verschleiß an beiden Ringflanken; der Ringverschleiß nimmt weiterhin sehr schnell zu und bewirkt bedeutende Querschnittsabnahmen am Ring, die besonders bei den vorzugsweise für die oberen Ringe verwendeten hochfesten Ringwerkstoffen, wie legiertem Schleuderguß mit Temperkohlegraphit oder Stahl, stark in Erscheinung treten; die Ringe nehmen allmählich einen T-förmigen Querschnitt an und neigen infolge der durch das große Seitenspiel bedingten heftigen Schlagbeanspruchungen sowie wegen der verschlechterten Auflage auf der Unterflanke stärker zum Brechen. Die Erscheinung ist aber immer an hohe Motorbelastungen und hohe Betriebstemperaturen geknüpft; bei minder belasteten Motoren zeigen sich kaum solche Störungen. — Nach BRAENDEL [80] gibt es bis heute für die gemachten Beobachtungen noch keine eindeutige Erklärung; vermutet werden aber folgende Ursachen:

Besonders ungünstiges Verhalten des Schmieröls oder des Kraftstoffs unter den vorherrschenden Betriebsbedingungen;

Bildung abreibender Verbrennungsprodukte durch die Additive der HD-Öle;

Verhinderung der Bildung einer schützenden Metalloxydschicht mit Notlauf- und selbstschmierenden Eigenschaften durch bestimmte Anteile der genannten Öle;

Wandern der Ringe in den Nuten.

Wurde zur Untersuchung des letzteren Einflusses der Ring gegen Verdrehen gesichert, so zeigt sich an der Ringlauffläche außer in einem Bereich von je etwa 45° beiderseits des Ringstoßes an und weiter entfernt von diesem ein erheblich verminderter Verschleiß; dagegen wiesen die den Ringstößen benachbarten Laufflächenpartien sowie die Ringflanken in dieser Zone entweder gleich großen oder auch noch höheren Verschleiß auf als bei frei beweglichen Ringen.

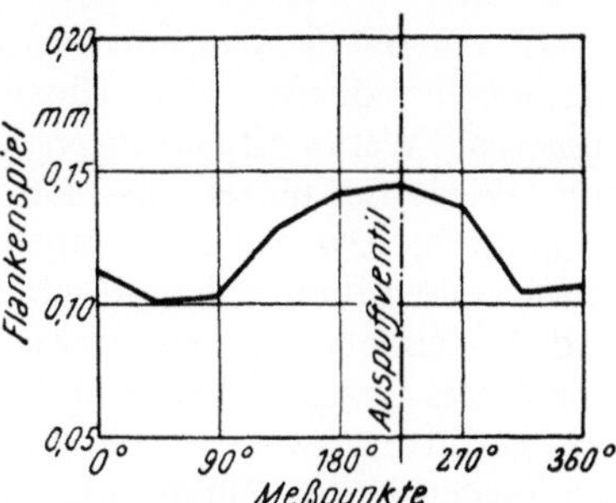

Abb. 124. Einfluß der Lage des Auslaßventils auf die Flankenspielveränderung des obersten Ringes. — Viertakt-Ottomotor
Anfängliches Flankenspiel 0,089 mm, Laufdauer 195 Stunden
(Nach GRUSE und LIVINGSTONE [81])

Der Ring- und Nutenverschleiß wird aber auch durch ungleiche Temperaturverteilung im Kolben oder im Verbrennungsraum, durch ungleiche Schmierungsverhältnisse an der Zylinderwand sowie durch die Richtung der Gasströmung im Zylinder beeinflußt. Bei nicht gesicherten Ringen verwischen sich diese Unterschiede am Ring, doch lassen sich beim Nachmessen des Nutenspiels am Umfang oft recht beträchtliche und aufschlußreiche Differenzen feststellen. So macht sich z. B. zuweilen die Lage der Zündkerzen außerordentlich stark bemerkbar, was besonders bei größeren mit elektrischer Zündung arbeitenden Erdgasmotoren beobachtet werden konnte. Dagegen zeigt Abb. 124 z. B. den Einfluß der Lage des Auslaßventils auf die Flankenspielveränderung am ersten Ring in einem Viertakt-Ottomotor. Der maximale Nutenflankenverschleiß fällt sehr häufig auch in jene Zone des Kolbens, die mit der Zone des höchsten Zylinderverschleißes zusammenarbeitet. — Fälle eines außerordentlich hohen Ringflanken- und Nutenverschleißes wurden auch bei Erdgasmotoren mittlerer Größe beobachtet, und zwar auch hier in erster Linie wieder dann, wenn durch einen bereits fortgeschrittenen Zylinderverschleiß stärkeres Durchblasen auftrat: Es zeigten sich Fälle, wo zunächst des Ringstoßes selbst das Material an den Flanken von Graugußkolben weggeschmolzen oder weggebrannt war.

Bei Maschinen liegender Bauart tritt in der Regel in der unteren Zylinderhälfte ein größerer Verschleiß auf, als in der oberen; dementsprechend verschleißen auch die unten gelegenen Ringpartien stärker, insbesondere da das Ringwandern bei liegenden Motoren weniger stark zu beobachten ist, als bei stehenden. Soweit dieser höhere Verschleiß auf die Laufflächenbelastung durch das Eigengewicht der Ringe zurückzuführen ist, das bei größeren Abmessungen recht fühlbar in Betracht kommen kann, trachtet man, dieses, wie z. B. bei Dampfmaschinen, dadurch auszugleichen daß das Ringgewicht durch radial wirkende Federn so aufgenommen wird, daß der Ring an allen Umfangspunkten etwa gleichen Anpreßdruck erhält. Ein voller Ausgleich des Verschleißes läßt sich aber damit nicht erzielen, weil auch die Verteilung des Schmieröls im Zylinder nicht symmetrisch ist und Verunreinigungen und Abrieb, der Schwerkraft folgend, sich vorwiegend im unteren Teil des Zylinders ansammeln.

a) Verschleißringe. Zur Verringerung des Flankenverschleißes der Ringe bei ungeeigneten Werkstoffpaarungen oder auch zur Wiederinstandsetzung ausgeschlagener Ringnuten, bzw. zur Armierung der Nutenunterflanken finden, hauptsächlich in Groß- und Mittelmotoren, sogenannte „Verschleißringe" aus Grauguß Verwendung (Abb. 125). Sie gestatten, wenn nachträglich in verschlissenen Nuten eingebaut, die Rückführung der Nutenabmessungen auf das ursprüngliche Maß und haben sich z. B. im Schiffsbetrieb gut bewährt, wenn die Ringstege so kräftig bemessen sind, daß sie die Schwächung durch die zum Einbau der Verschleißringe notwendige Nacharbeit vertragen.

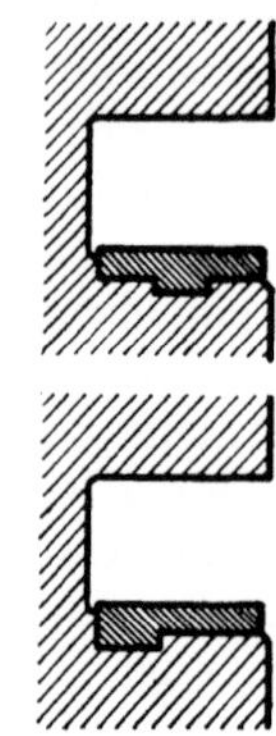

Abb. 125. Verschleißringe
Die Ausführung mit T-Profil (oben) ist jener mit L-Profil (unten) wegen ihrer besseren Planheit vorzuziehen. Einbau nur in präzise nachgearbeiteten Nuten zulässig

b) Ringträger. Bei Leichtmetallkolben werden dagegen in steigendem Maß Ringträger aus Gußeisen, vorwiegend aus austenitischem Gußeisen, die sich wegen ihres hohen Ausdehnungskoeffizienten (z. B. für Niresist: $\alpha = 16 \cdot 10^{-6}$) besonders eignen, eingegossen. Durch Anwendung des Al-Fin-Verfahrens wird innige metallische Verbindung mit dem Leichtmetall-Grundkörper und dementsprechend günstiger Wärmefluß erreicht und die Gefahr des Lockerwerdens vermieden.

Gußeiserne Ringträger werden auch bei zusammengebauten mehrteiligen Kolben oder Kolbenoberteilen aus Stahl oder Stahlguß häufig angewendet.

6. Bart- und Gratbildungen. Bärte oder Grate an den Ringkanten können auf zweierlei Art entstehen:

Entweder durch übermäßigen Flankenverschleiß, besonders bei großem Spiel des Kolbens in der Ringpartie, wobei der über die Ringstegaußenkante vorspringende Teil der Ringflanke nicht verschleißt, was zur allmählichen Ausbildung einer Stufe an der Ringflanke führt;

oder durch plastische Verformung infolge Zerschiebung des Ringwerkstoffs an der Lauffläche und Laufflächenkante, so daß durch ein fehlerhaftes Verschleißverhalten des Werkstoffs allmählich ein — oft messerscharfer — Grat entsteht: eigentliche Bartbildung.

Letztere Erscheinung zeigt sich bei ungeeigneten Ringwerkstoffen, vor allem bei stark ferritischen Ringen, insbesondere bei Fehlen eines kräftigen stützenden Phosphidnetzes; ferner tritt sie bei grobkörnigen Werkstoffen und niedrigem Graphitanteil viel stärker auf, als bei feinkörnigem und hohem Graphitgehalt.

Sie zeigt sich aber auch bei übermäßig heiß werdenden Ringen, auch bei Werkstoffen, die sonst nicht dazu neigen.

Gratbildungen treten ferner auch in verstärktem Maß bei ungeeigneter Werkstoffpaarung von Ring und Kolben, bzw. Ring und Zylinder auf.

Ferner begünstigt zu großes achsiales Spiel des Ringes in der Nut und zu großes Spiel des Kolbens am Feuersteg und in der Ringpartie die Bartbildung bei hierzu neigenden Werkstoffen, besonders wenn die Drucksteigerungen bei der Zündung schlagartig einsetzen.

Schließlich werden Gratbildungen durch jede Behinderung der freien Ringbeweglichkeit in der Nut gefördert.

Solche scharfe Grate an den Ringen sind gefährlich, weil sie das Schmieröl von den Zylinderwandungen u. U. außerordentlich scharf abstreifen und das Trockenlaufen an den Laufflächen begünstigen; die Grate geben schließlich, wenn sie stärker anwachsen, auch Anlaß zum Abbrechen größerer Teilchen, die zu Beschädigungen der Ring-, Kolben- und Zylinderlaufflächen führen und den Verschleiß verstärken können. — Schließlich besteht die Gefahr, daß die Ringe auch schon bei leichteren Bartbildungen, wenn sie infolge der Kolbenquerbewegung in die Nut zurückgedrückt werden, in dieser klemmen und damit Anlaß zum Durchblasen und Festsetzen geben.

3. Anlaßverschleiß

Besonders hoch wird der Korrosionsangriff während des Anlaßvorganges und vor allem bei Kaltstart, wo niedrige Zylinderwandtemperatur die Kondensation des Wasserdampfes mit Sicherheit bewirkt; dazu kommt noch, daß, falls der Motor aus höherer Temperatur stillgesetzt wurde, das Schmieröl von der Zylinderwand größtenteils abgelaufen ist und neues Schmieröl, insbesondere bei Spritzschmierung, zunächst noch nicht in die Zylinder und an die Ringe gelangt, weil das kalte Öl zu zäh ist und nicht oder unzureichend versprüht wird. — Aber auch bei druckgeschmierten Zylindern verhält sich das Öl bei niedriger Temperatur schlecht.

Aus den gleichen Gründen ist der Verschleiß bei allen Fahrzeugmotoren hoch, die mit häufigen Unterbrechungen, Stillstand- oder Leerlaufzeiten arbeiten (vgl. Abb. 126). Ähnlich schädlich wirkt sich auch häufiges Umsteuern der Maschinen, z. B. von Schiffsmotoren beim Manövrieren aus; auch hier verstärkt die scharfe Abkühlung beim Einblasen der Anlaßluft die Korrosionsvorgänge außerordentlich. So ergeben sich auf bestimmten Routen, z. B. im Fährbetrieb von Schiffen oder beim Passieren von Kanalzonen, stets höhere Verschleißwerte, denen unter Umständen durch besondere Maßnahmen begegnet werden muß.

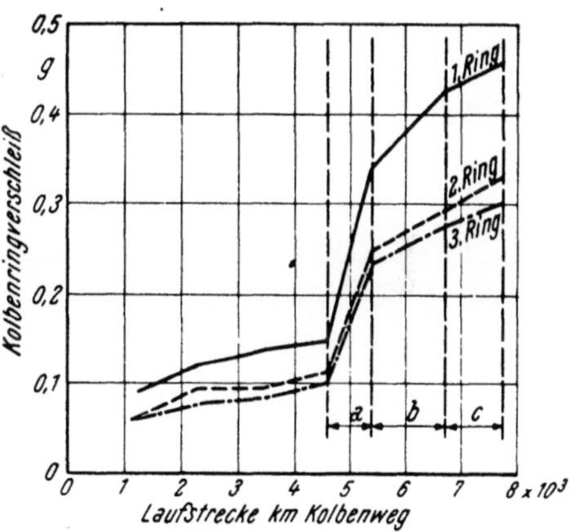

Abb. 126. Einfluß der Starthäufigkeit auf den Ringverschleiß im Ottomotor
Periode *a*: Stündlicher Start, Kühlmittelabflußtemperatur 12° C
Periode *b*: Täglicher Start, Kühlmittelabflußtemperatur 13° C
Periode *c*: Täglicher Start, Kühlmittelabflußtemperatur 140° C
(Nach BECK [41])

Besonders beim Schwerölbetrieb von Dieselmotoren — und hier wieder in erster Linie bei Verwendung von hochschwefelhaltigen Kraftstoffen — erweist es sich als äußerst vorteilhaft, für das Anlassen sowie beim Manövrieren auf Dieselöl umzuschalten.

4. Ringverschleiß durch Staub und abreibende Teilchen

Von großer Bedeutung kann für die Motoren von Straßen- und Schienenfahrzeugen, aber auch sonst in besonders staubigen Gegenden oder in staubentwickelnden Betrieben, der Abreibverschleiß durch mit der angesaugten Frischladung oder auch mit dem Spritzöl aus dem Kurbelraum in die Zylinder ge-

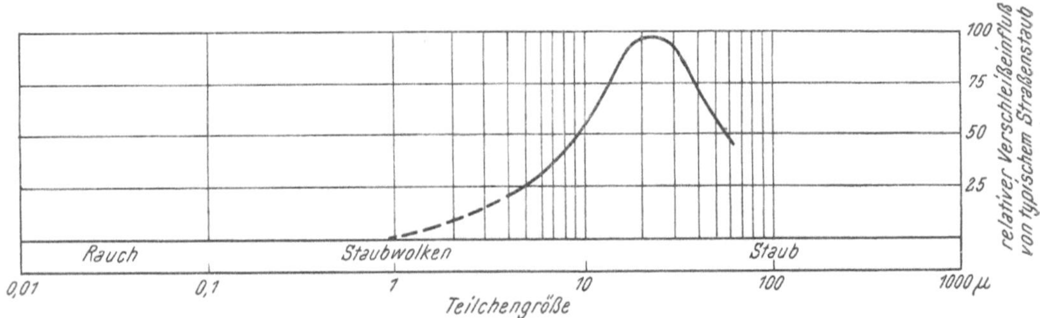

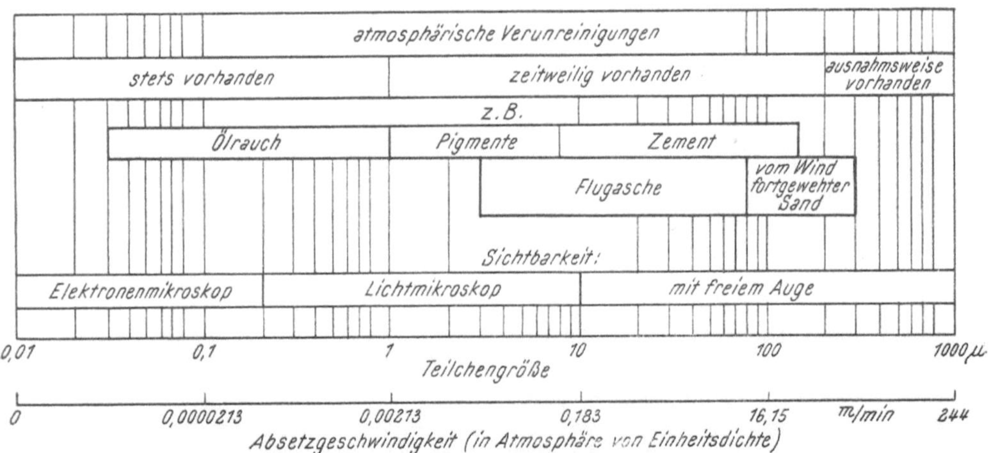

Abb. 127. Relative Größe von typischen kleinen luftverunreinigenden Teilchen und deren Klassifizierung
(Nach WATSON, HANLY und BURCHELL [82])

langende Fremdteilchen werden; aber auch harte, aus dem Schmieröl oder dem Kraftstoff entstandene Verbrennungsrückstände können in gleicher Weise wirken; daraus geht die Wichtigkeit guter Luft- und Schmierölfilter und deren sorgsame Pflege sowie auch die eines rechtzeitigen Ölwechsels hervor: wirksame Filter stellen dabei einen guten und unentbehrlichen Schutz dar, schützen aber unter normalen Betriebsbedingungen nicht vollständig vor Schwierigkeiten der geschilderten Art. Dabei spielen die Korngröße, die Konzentration und die physikalischen Eigenschaften dieser Teilchen eine Rolle; auch die Verteilung der Teilchengröße im Staub, bzw. in der Ansaugluft ist zu berücksichtigen.

Abb. 127 soll ein Bild der relativen Teilchengröße von häufig vorkommenden Luftverunreinigungen bei gebräuchlichen Benennungen vermitteln (vgl. [83]);

sie zeigt auch die spezifischen relativen Verschleißeigenschaften von abrasiven Mitteln im kritischen Korngrößenbereich. Die größten Teilchen, die Verschleiß bewirken, liegen im Bereich der „zeitweiligen" Luftverunreinigungen.

Die Abb. 128 bis 132 zeigen die Verschleißergebnisse, die in verschiedenen Staubversuchen in einem 6-Zylinder-obengesteuerten Ottomotor, $n = 2500$, Leistung 45 PS gewonnen wurden. Die Kühlwassertemperatur wurde mit 64° C, die Öltemperatur mit 77,5° C eingehalten. Geschmiert wurde mit Öl Mil 2104 A; die Höhe des Additivanteils im Öl durch häufigen Ölwechsel aufrechterhalten. — Der erste Ring im ersten Zylinder war radioaktiv gemacht, das Kurbelwannen-öl wurde fortlaufend mittels Geigerzählers kontrolliert; es wurde kein Ölfilter verwendet. — Die Unterschriften zu den genannten Abbildungen geben weitere Erläuterungen.

Als Staub wurde fine grade Arizona road dust (Standardisierter SAE fine air cleaner test dust) mit folgender Zusammensetzung verwendet:

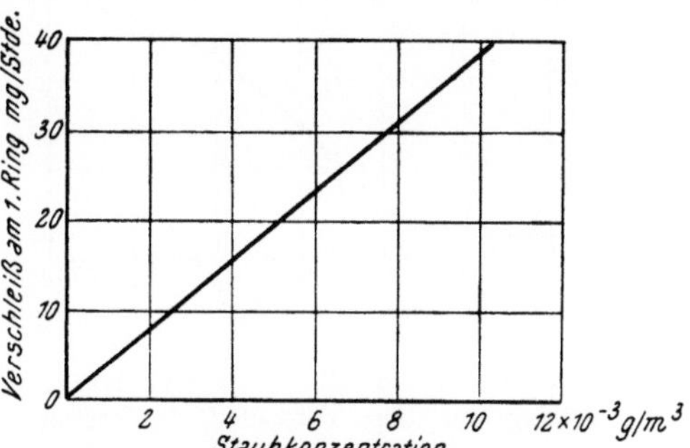

Abb. 128. Einfluß der Staubkonzentration auf den Verschleiß des ersten Ringes (Nach [82])
Staubteilchengröße $0-5\ \mu$
Motordrehzahl $n = 2500$ U/min
Angesaugte Luftmenge 3,905 m³/min
Verschleißmittel (standardisierter feiner Staubsauger-Versuchsstaub) im Luftansaugsystem zugesetzt

SiO_2	67—69 Gew.-%	MgO	0,5—1,5 Gew.-%
Fe_2O_3	3—5 Gew.-%	Alkalische Anteile gesamt	3—5 Gew.-%
Al_2O_3	15—17 Gew.-%	Brennbares	2—3 Gew.-%
CaO	2—4 Gew.-%		

Nach Abb. 128 wirkt sich die Staubkonzentration auf den ersten Ring linear aus; die geprüften Konzentrationsverhältnisse reichen dabei von unternormal bis etwa zur fünfzigfachen normalen. Der Ringverschleiß je Gewichtseinheit Staub ist konstant, gleichgültig in welchen Zeitabständen der Staubzusatz erfolgt. — Wiederholte Versuche zeigten, daß sich innerhalb der nutzbaren Lebensdauer der Maschine immer gleiche Ergebnisse erzielen ließen: In der neuen Maschine zeigte sich jedoch eine etwas größere Empfindlichkeit gegenüber abrasivem Verschleiß, als in der bereits eingelaufenen.

Innerhalb des untersuchten Bereiches von $n = 1800$ bis $n = 3200$ hat die Drehzahl keinen Einfluß auf die Höhe des Verschleißes; es ergab sich

bei $n = 1800$ U/min	Verschleiß am ersten Ring	0,27 mg/mg Staub
$n = 2500$ U/min	Verschleiß am ersten Ring	0,27 mg/mg Staub
$n = 3200$ U/min	Verschleiß am ersten Ring	0,26 mg/mg Staub

Mit der Maschinenbelastung steigt der Verschleiß bei Verwendung gleichen Staubes, wie aus Abb. 129 hervorgeht.

Die Staubteilchengröße wirkt sich dabei nach Abb. 130, bzw. Abb. 131 und 132 aus. — Die beiden letzten Abbildungen lassen überdies den Einfluß der physikalischen Eigenschaften der Staubteilchen erkennen.

Der Verschleiß nimmt demnach zunächst mit zunehmender Korngröße zu; die eigentümliche Erscheinung, daß er von einer bestimmten Größe ab wieder abfällt, ist wahrscheinlich darauf zurückzuführen, daß größere Teilchen weniger

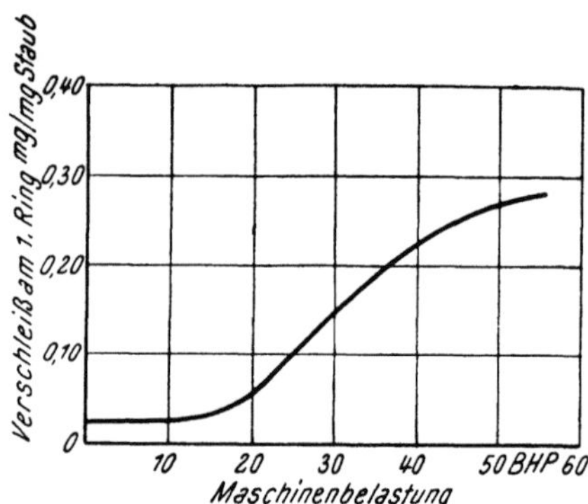

Abb. 129. Einfluß der Maschinenbelastung auf den Verschleiß des ersten Ringes
Staubteilchengröße 10−20 μ (nominell)
(Nach [82])

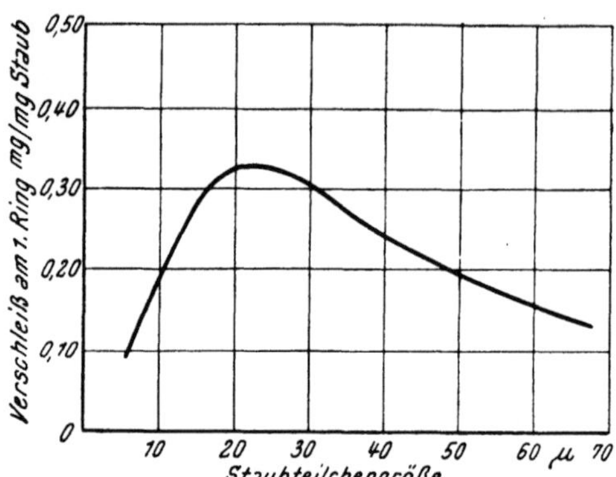

Abb. 130. Einfluß der Staubteilchengröße in der Ansaugluft auf den Verschleiß des ersten Ringes
(Nach [82])
Motordrehzahl $n = 2500$ U/min
Motorleistung $N = 25$ PS
Verschleißmittel wie in Abb. 128

zwischen die Laufflächen gelangen, vielmehr von den abstreifenden Kanten mitgenommen und in den Sammelnuten usw. abgelagert werden; auch vermindert sich mit zunehmender Größe die Zahl der Angriffsstellen auf der Lauffläche.

Den Einfluß der Staubkonzentration auf den Ring- und Zylinder-

Nominelle Größe der Staubkörner	Durchmesser der mittl. Größe	Größter festgestellter Durchmesser
0−5	5,7	8
5−10	12,5	22
10−20	21,5	51
20−40	46,0	84
40−80	62,0	161

Der Verschleiß bleibt von der verwendeten Schmierölqualität (geprüft wurden SAE 10, SAE 30 und SAE 50) praktisch unabhängig

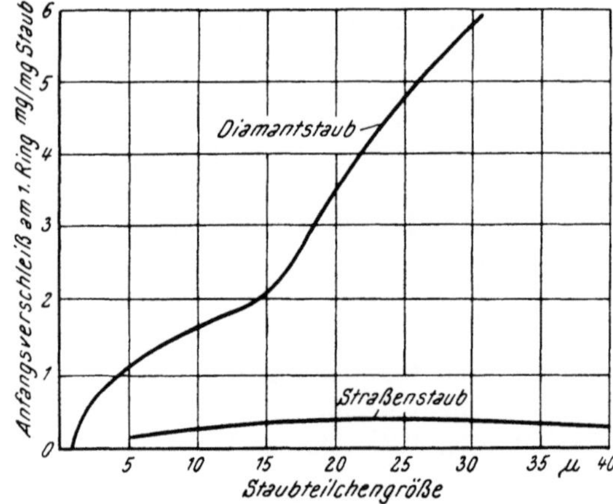

Abb. 131. Einfluß der Werkstoffeigenschaften und der Staubteilchengröße auf den Verschleiß des ersten Ringes
(Nach [82])

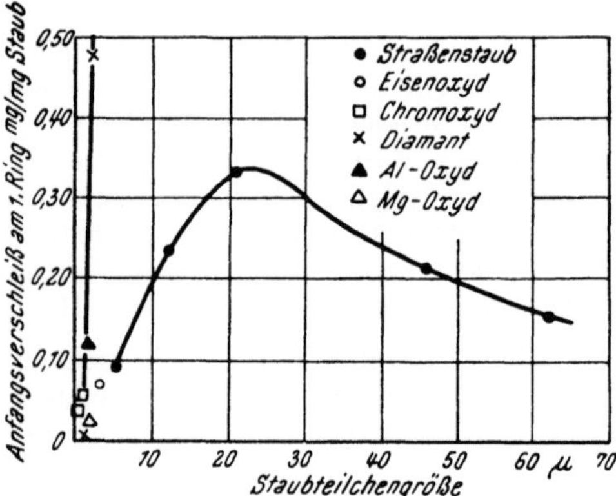

Abb. 132. Einfluß der Korngröße und der physikalischen Eigenschaften der Staubteilchen auf den Verschleiß des ersten Ringes
(Nach [82])

verschleiß, speziell auf den Verschleiß am ersten Ring sowie auf den gesamten Ringverschleiß, stellten KUNZ, McARTHUR und MOODY [84] nach Abb. 133 dar.

Dringen die Teilchen, wie beim Viertaktmotor, mit der Ansaugluft von oben her in den Zylinder ein, so kann der Verschleiß an den oberen Ringen, besonders am ersten Ring und zugleich oben im Zylinder, sehr hoch sein, während andere Motorenteile keine sehr große Abnützung zu zeigen brauchen. Gelangt das Schleifmittel dagegen mit dem Schmieröl von unten her in die Zylinder, so zeigen die Ölringe besonders hohen Verschleiß, während sich jener an den Verdichtungsringen weitgehend ausgleichen kann, Abb. 134. — Die Zylinder zeigen dann meistens einen mehr tonnenförmigen Verschleiß.

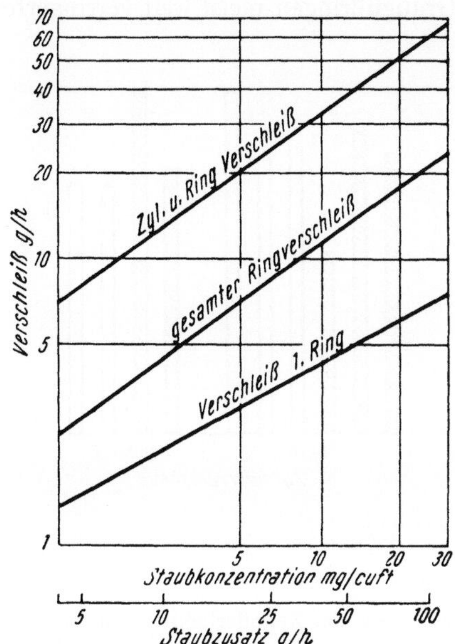

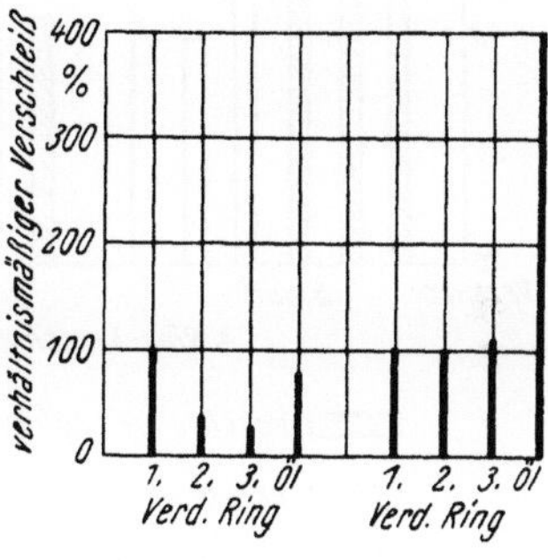

<table>
<tr><td>

Abb. 133. Einfluß der Staubkonzentration in der Ansaugluft auf den Verschleiß
Versuchsmotor: 4-Zylinder-Otto-Motor
$D = 95,25$, $S = 88,90$ mm
Grauußzylinder und Grauußringe
(Nach [84])

</td><td>

Abb. 134. Relativer radialer Ringverschleiß bei Eintritt von schmirgelndem Staub
links: mit der Ansaugluft
rechts: mit dem Schmieröl aus dem Kurbelraum
Verschleiß am ersten Ring jeweils gleich 100% gesetzt
(Nach PENNINGTON [85])

</td></tr>
</table>

5. Verschleißerscheinungen an verchromten Ringen und ihr Verschleißverhalten

Trotz der außerordentlich hohen Härte des Chroms, seiner geringen Freßneigung gegenüber den üblichen Zylinderwerkstoffen und seiner hohen Korrosionsbeständigkeit verschleißen die auf den Kolbenringlaufflächen aufgebrachten Hartchrombewehrungen insbesondere in Verbrennungsmotoren nicht unerheblich, unter Umständen sogar recht rasch.

Offenbar besteht auch für hartverchromte Laufflächen eine bestimmte, von der Schmierung, der Temperatur und den spezifischen Eigenschaften der Chromschicht, wie z. B. von der Kristallgröße und -orientierung, von der Dichte und Reinheit u. a. abhängige, heute jedoch noch nicht bekannte Grenzbelastung. Wird diese überschritten, so geht die Zerstörung der Chromschicht mit zunehmender Geschwindigkeit vor sich und der Abriebverschleiß wird sehr hoch; man kann sich wohl vorstellen, daß bei Laufflächenbelastungen, wie KJAER sie für Kolbenringe errechnet (vgl. S. 131) auch die besten Chromschichten bei unzureichender Schmierung nicht widerstandsfähig sind.

Die an den verchromten Ringen zu beobachtenden Verschleißerscheinungen sind dabei jenen an unverchromten Ringen durchaus ähnlich: Auch hier folgt der Verschleiß unter sonst gleichen Bedingungen der Höhe des Anpreßdrucks, so daß sich der größte Verschleiß insbesondere bei Ringen von positiver Ovalität in der Regel nahe an den Stoßenden ergibt; auch läßt sich, ebenso wie bei unbewehrten Ringen, ein Balligwerden der Laufflächen entsprechend dem Kolbenkippen, bzw. der Durchwölbung der Ringe unter dem Gasdruck beobachten, wenn auch natürlich in einem gegenüber Graugußringen meist weit verringertem Maß.

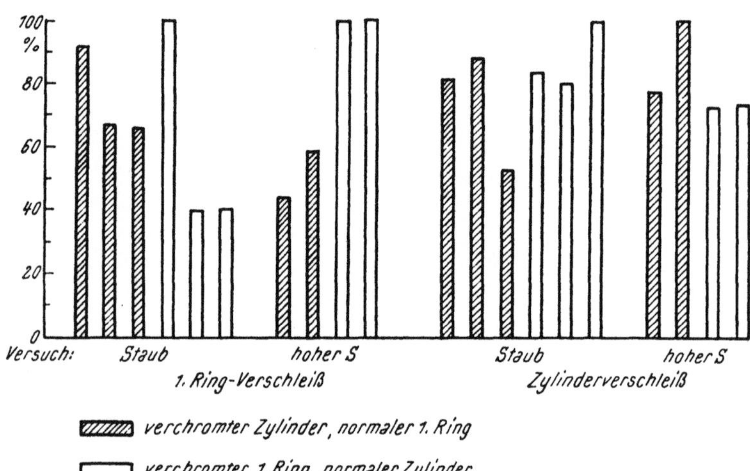

Abb. 135. Auswirkung der Verchromung der Ringe, bzw. der Zylinderbohrung auf den Ring- und Zylinderverschleiß
(Nach HEPWORTH [61])

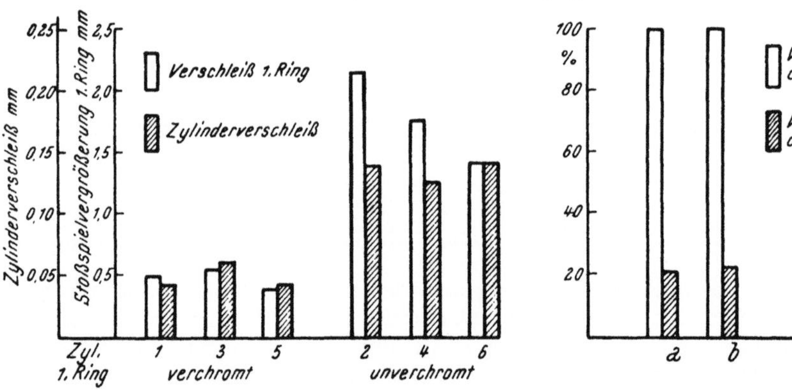

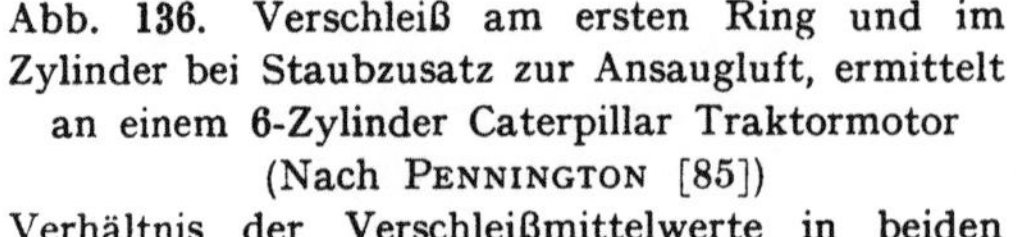

Abb. 136. Verschleiß am ersten Ring und im Zylinder bei Staubzusatz zur Ansaugluft, ermittelt an einem 6-Zylinder Caterpillar Traktormotor (Nach PENNINGTON [85])	Abb. 137. Auswirkung eines verchromten ersten Ringes auf den Verschleiß bei niedrigen Betriebstemperaturen und hochschwefelhaltigem Kraftstoff. Caterpillar-Traktor-Dieselmotor (Nach PENNINGTON [85])

Abb. 136. Verschleiß am ersten Ring und im Zylinder bei Staubzusatz zur Ansaugluft, ermittelt an einem 6-Zylinder Caterpillar Traktormotor
(Nach PENNINGTON [85])
Verhältnis der Verschleißmittelwerte in beiden Zylindergruppen:
Ringverschleiß 3,7 : 1
Zylinderverschleiß 2,8 : 1

Abb. 137. Auswirkung eines verchromten ersten Ringes auf den Verschleiß bei niedrigen Betriebstemperaturen und hochschwefelhaltigem Kraftstoff. Caterpillar-Traktor-Dieselmotor
(Nach PENNINGTON [85])
a Verschleiß des ersten Ringes
b Zylinderverschleiß

Die Wirkung eines verchromten ersten Ringes auf den Ring- und Zylinderverschleiß in Fahrzeugmotoren zeigen die Abb. 135 bis 139. — Abb. 135 gibt die Ergebnisse von Versuchen wieder, die HEPWORTH [61] in einem Fahrzeug-

Dieselmotor einerseits bei starkem Erosionsverschleiß, bewirkt durch genau bemessenen Staubzusatz zur Ansaugluft, andererseits bei hohem Korrosionsangriff infolge hohen Schwefelgehaltes im Kraftstoff bei niedriger Betriebstemperatur durchführte. — Die Ergebnisse ähnlicher Versuche von PENNINGTON [85] an einem 6-Zylinder-Caterpillar-Dieselmotor geben die Abb. 136 und 137 wieder.

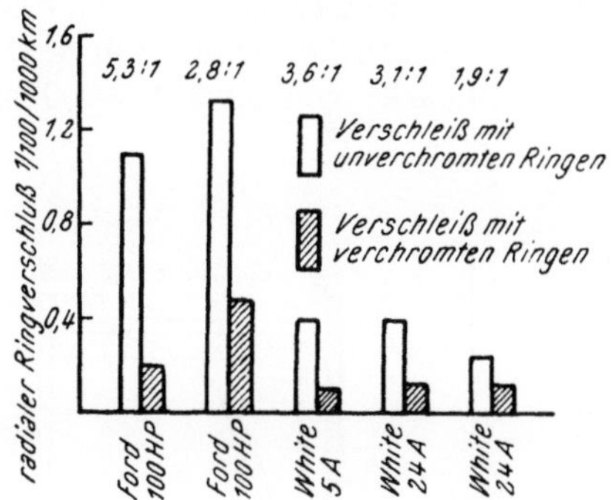

Abb. 138. Ringverschleiß mit unverchromten und verchromten Ringen, ermittelt an einer Versuchsreihe mit fünf verschiedenen Fahrzeugtypen
(Nach LEE DOTY [86])

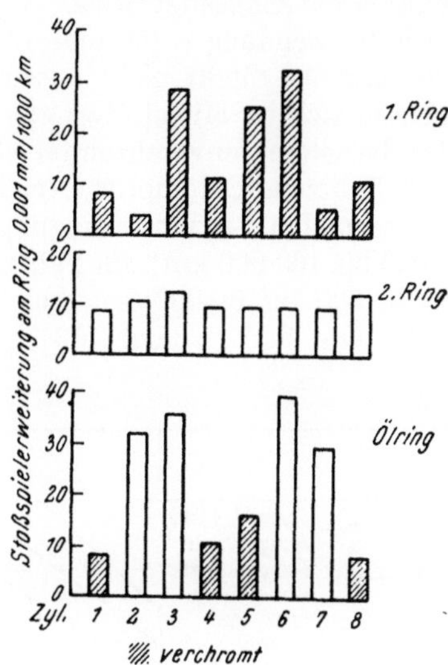

Abb. 139. Ringverschleiß in einem 8-Zylinder-Ottomotor
1. Ring verchromt
2. Ring unverchromt
Ölring in Zylinder 1, 4, 5 und 8 verchromt
(Nach ESTAY [75])

Die Abb. 138 zeigt, nach Ermittlungen von LEE DOTY [86] die Verschleißmittelwerte in fünf verschiedenen Fahrzeugmotortypen mit verchromten und unverchromten Ringen einander gegenübergestellt.

Im Kraftwagen-Otto- und Dieselmotor geht demnach der Verschleiß am verchromten ersten Ring, wie auch von zahlreichen anderen Seiten bestätigt wird, im Durchschnitt auf etwa 40% des am unverchromten ersten Ring zu beobachtenden Verschleißes zurück; es ist aber eine Tatsache, daß auch Verschleißwerte beobachtet werden können, die nur 15% bis 20%, fallweise sogar weniger als 10% betragen — ebenso wie auch Fälle beobachtet werden, in denen sich überhaupt keine Verschleißminderung ergab. Diese auffallenden Unterschiede dürften zum Teil wohl auf die Ringausführung und -bemessung, sicherlich aber zum Teil auch auf spezifische Eigenschaften der Chromschicht zurückzuführen sein, die aber zur Zeit noch nicht völlig geklärt sind. — Wo in einem Motor bei Verwendung eines nicht verchromten ersten Ringes ein übermäßig hoher Verschleiß zu beobachten ist, dort bleibt dieser in der Regel auch nach Austausch gegen einen verchromten ersten Ring verhältnismäßig hoch und umgekehrt, wie z. B. auch BRENNECKE und ESTAY [75] nachwiesen.

Die Rückwirkung eines verchromten ersten Ringes auf den Verschleiß der weiter abwärts gelegenen unverchromten Ringe ist zwar deutlich festzustellen, bleibt aber oft sehr gering, insbesondere in allen Fällen, in denen der Verschleiß durch verunreinigtes, von unten her in die Zylinder gelangendes Öl bewirkt wird. Im Falle der Abb. 139 liegt der Verschleiß am verchromten ersten Ring beim $^1/_3$ bis 3fachen des Verschleißes am zweiten (unverchromten) Ring. — Die auf-

fallenden Unterschiede im Ringverschleiß in den einzelnen Zylindern des gleichen
Motors sind hier auf unbekannte Einflüsse zurückzuführen: Aus der Abbildung
ist aber zu entnehmen, mit welchen Unterschieden man in der Praxis zu rechnen
hat, es sei denn, daß durch besonders sorgfältige Werkstoffwahl und Ausführung
die Streuung eingeengt wird.

Die Verwendung verchromter Ölringe scheint sich auf den Verschleiß der Verdichtungsringe direkt nicht auszuwirken, vgl. Abb. 139. — Verchromte Ölringe
zeigen an sich im Mittel etwa ein Drittel des Verschleißes gleich gestalteter und
gleich belasteter unverchromter Ölringe.

Im Fahrzeug-Ottomotor erreicht eine Hartchromschicht von 0,08 mm Stärke
unter normalen Betriebsbedingungen im allgemeinen eine Lebensdauer von etwa
150 000 bis 160 000 km; im Fahrzeug-Dieselmotor bei gleicher Schichtstärke von
etwa 50 000 bis 60 000 km, bei 0,15 mm Schichtstärke von etwa 100 000 bis
120 000 km. — Vgl. auch [13], [137].

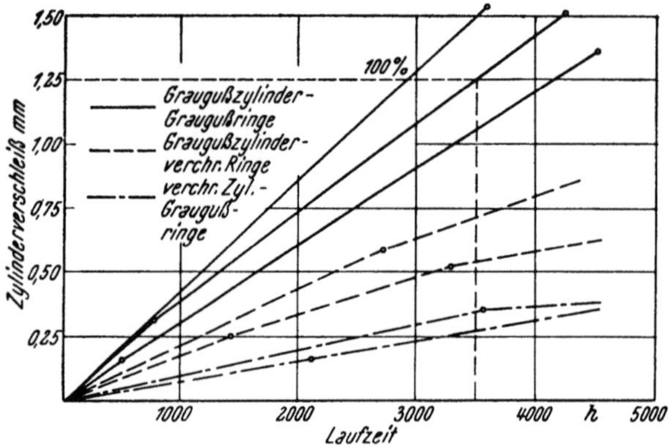

Abb. 140. Zylinderverschleiß mit verchromten und unver-chromten Ringen im Vergleich mit unverchromten Ringen in Grauguß- und verchromten Zylindern in Zweitakt-Schiffsdieselmotoren (Nach TORESSON und OLSSON [87])	Abb. 141. Verschleißprofil von Graugußzylindern bei Verwendung normaler und verchromter Kolbenringe (Nach [87])

Niedrige Ringe dichten dabei besser ab, als hohe: Für Ringe bis 85 ∅ wählt
man eine Ringhöhe von 2,38 bis 2,5 mm, bis 150 ∅ 3,0 bis 3,17 mm, bis 175 ∅
5 bis 5,5 mm. Niedrige Ringe unterliegen aber, sobald sie sich achsial durchwölben können, einem höheren Verschleiß. — Zur Erleichterung des Einlaufens
macht man die Laufflächen verchromter Ringe am besten mit $1/_2$° bis 1° konisch;
und läppt sie überdies kurz ein; dies bewährt sich besser, bzw. ist zumindest
wirtschaftlicher als die Verwendung zylindrischer, auf die ganze Höhe geläppter
oder gehonter Ringe.

Im Großmotor werden die Ergebnisse mit hartverchromten Ringen sehr unterschiedlich beurteilt. Dies liegt wohl zum Teil daran, daß hier der Einbau verchromter Ringe häufig unsachgemäß und unter ungünstigen Voraussetzungen
erfolgt und daß häufig auch die Ringe unzweckmäßig ausgeführt werden. —
Zufriedenstellende Ergebnisse werden aber erzielt, wenn ihr Einbau in neuen
Zylindern und Kolben erfolgt und wenn durch die Bemessung sowohl der Ringe
selbst als auch der Ringsteghöhen im Kolben sowie endlich der Kolbenspiele dafür gesorgt wird, daß die Durchwölbung der Ringe unter dem Einfluß der Gasdrücke sowie die Schrägstellung der Ring- gegen die Zylinderlauffläche möglichst

gering bleibt; auch muß für eine hinreichende und sichere Schmierung der Lauffläche — eventuell durch Anbringen von Ölspeichernuten — gesorgt werden.

Während es aber für den Kleinmotor und für den mittelgroßen Schnelläufer als strenge Regel gilt, daß der Einbau nur in neuen oder nur sehr geringfügig verschlissenen Zylindern, niemals aber in stärker verschlissenen Zylindern oder in verschlissenen Kolbenringnuten erfolgen darf, werden diese Forderungen bei Großmotoren häufig nicht beachtet. — Verchromte Ringe werden überdies mit Sicherheit keine befriedigenden Ergebnisse zeitigen, wenn sie beim Einbau nicht vollkommen lichtspaltdicht anliegen

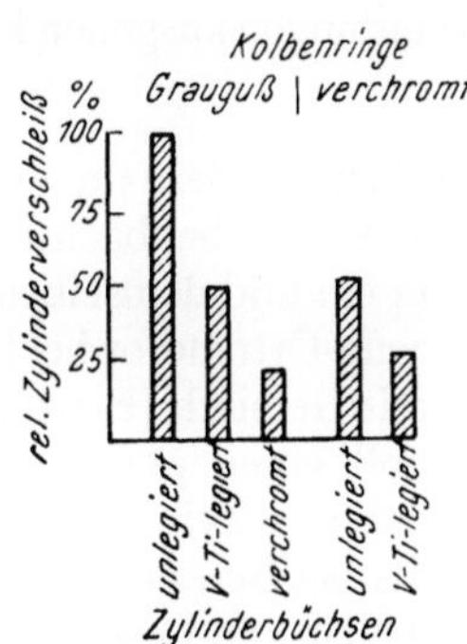

Abb. 142. Ungefähres Verhältnis des Zylinderverschleißes (verschiedene Zylinderwerkstoffe) bei Verwendung unverchromter und verchromter Ringe im Zweitakt-Schiffsdieselmotor (Nach [87])

und wenn ihre Kantenabschrägung, bzw. -abrundung nicht sehr sorgfältig ausgeführt wurde.

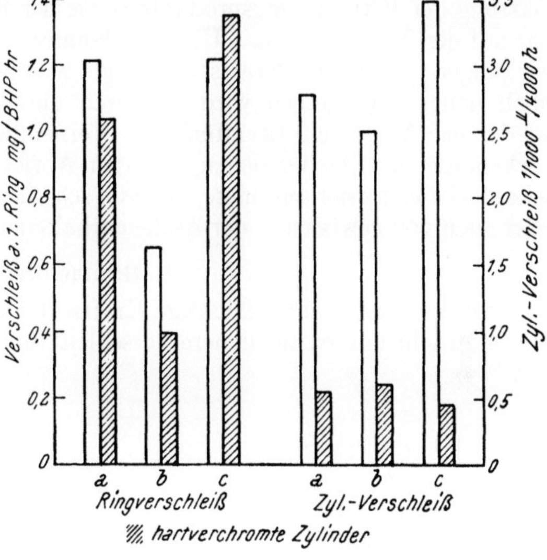

Abb. 143. Einfluß der Hartverchromung der Zylinderbohrung auf den Ring- und Zylinderverschleiß im nicht aufgeladenen und aufgeladenen Motor

a p_e = 5,95 kg/cm²; ohne Aufladung

b p_e = 9,45 kg/cm²; aufgeladen mit 0,35 at Aufladedruck

c p_e = 12,95 kg/cm²; aufgeladen mit 0,7 at Aufladedruck

(Nach BREWER [88])

Abb. 140 bis 142 zeigen einige Ergebnisse, die mit verchromten Ringen im Groß-Schiffsmotor nach Mitteilungen von TORESSON und OLSSON [87] gewonnen wurden. Bei einer Schichtstärke von 0,3 bis 0,4 mm ergab sich beim Betrieb mit Schweröl eine Lebensdauer der Ringe von 1000 bis 2500 Stunden; dies bedeutet, daß nach dem heutigen Stand der Entwicklung die Ringe bei jedem Ziehen des Kolbens erneuert werden müssen, wenn der Zylinderverschleiß durch die Verwendung verchromter Ringe mit Sicherheit niedrig gehalten werden soll. — Nach dem früher Gesagten wird aber der Verwendung neuer verchromter Ringe durch den Zylinderverschleiß eine praktische Grenze gesetzt.

Auch bei verchromten Ringen hängt der Verschleiß überdies direkt von der Kraftstoffqualität ab, so daß das angegebene Verhältnis zwischen dem Verschleiß unverchromter und verchromter Ringe immer etwa gültig bleibt.

Die Abb. 141 bis 143 lassen auch die Rückwirkung der Verwendung verchromter Ringe auf den Zylinderverschleiß bei Groß- und Mittelmotoren erkennen. Nach [87] liegt dabei das Zylinderverschleißmaximum nicht in oberer Totpunktlage des ersten Ringes, sondern etwas weiter abwärts im Zylinder, was dem von BUNDY [79] theoretisch errechneten Verschleißbild entsprechen würde, vielleicht aber auch auf individuelle Besonderheiten des betreffenden Motors zurückzuführen ist.

D. Einfluß des Kraftstoffs auf den Verschleiß

Die Kraftstoffqualität nimmt Einfluß auf die Güte der Verbrennung; Art und Gattung der Verbrennungsprodukte sowie der Rückstände wirken sich unmittelbar auf den Verschleiß aus. Überdies kommt es im Motorenzylinder zu Wechselwirkungen zwischen Kraftstoff und Schmieröl, auf die im Abschnitt V noch näher eingegangen wird, wodurch die Kraftstoffqualität mittelbar auch wieder den Verschleiß beeinflußt. — Vornehmlich sind es harte Verbrennungsrückstände und Ascheteilchen, die den Abriebverschleiß verstärken, sowie oft sehr starke Korrosionseinflüsse, die von schädlichen Bestandteilen des Kraftstoffs oder auch von gewissen in der Asche enthaltenen Verbindungen ausgehen können.

1. Ottomotoren.

Schwerer und leichter flüchtige Kraftstoffe können insbesondere im Vergasermotor zu sehr unterschiedlichem Verschleiß führen. TAUB [89] beobachtete z. B. in ein und demselben Fahrzeug-Ottomotor bei Betrieb mit Gemisch (Benzin-Alkohol) einen wesentlich größeren Zylinderverschleiß als bei Betrieb mit Fliegerbenzin und er vermutet, daß von dem wesentlich schwerer verdampfenden Gemisch viel mehr flüssige Kraftstofftröpfchen als vom leichtflüchtigen Benzin, auf die Zylinderlauffläche gelangen, dort den Schmierölfilm schwächen oder zerstören und so die metallische Oberfläche für verstärkte Verschleiß- und vor allem auch Korrosionsangriffe freilegen. — Dem Zylinderverschleiß parallel dürfte auch der Ringverschleiß ansteigen.

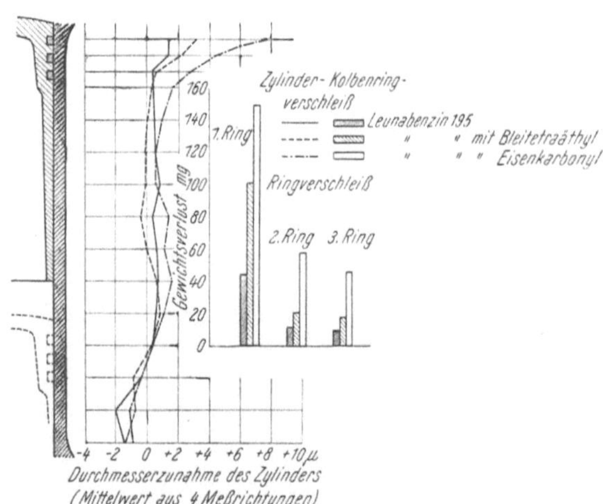

Abb. 144. Einfluß von klopfhindernden Kraftstoffzusätzen auf den Zylinder- und Kolbenringverschleiß (Nach BECK [41])

BECK [41] führte vergleichende Versuche hinsichtlich des Einflusses verschiedener Antiklopfmittelzusätze in Leichtkraftstoffen durch. Abb. 144 zeigt die Ergebnisse beim Betrieb mit Kraftstoff ohne Zusatz sowie mit klopfäquivalenten Mengen von Bleitetraäthyl und Eisenpentakarbonyl und läßt erkennen, daß der Ringverschleiß beim unvermischten Kraftstoff weitaus am günstigsten liegt, und über den mit Blei versetzten zu dem mit Eisen gemischten ansteigt.

2. Dieselmotoren

Für Dieselmotoren kommen drei verschiedene Brennstoffklassen in Betracht: Gasöl, Dieseltreibstoff und Rückstandöle (Schweröl, Bunkeröl).

Gasöl ist ein Rohöldestillat mit geringeren Flüchtigkeitsanforderungen, als sie an Benzin oder Petroleum gestellt werden.

Dieselöle können ebenfalls Destillate, jedoch von noch geringerer Flüchtigkeit als Gasöl sein. Sie werden durch bestimmte Destillationsverfahren erhalten oder aus besonderen Rohölen hergestellt. Vielfach aber stellen sie bloß abgestimmte Gemische von Gasöl und Rückstandöl vor.

Rückstandöle sind schließlich die bei der Destillation verbleibenden Rückstände nach Austreibung aller verwertbaren Destillate.

1. Ringverschleiß bei Betrieb mit Gas- und Dieselöl. Die durch Destillation erhaltenen Öle sind verhältnismäßig aschearm, können sich aber durch sehr verschiedene Gehalte an schwerflüchtigen und schwerverbrennbaren Anteilen und damit sehr weitgehend in der gebildeten Rückstandsmenge unterscheiden. — Bei Rückstandölen ist der Grundcharakter, das heißt ob es sich um paraffinische oder asphaltische Kraftstoffe handelt, für die auftretenden Verschleißerscheinungen sehr wichtig; die eigentliche Schwierigkeit bei der Verwendung von Rückstandölen ist die Verbrennung des Hartasphalts, der eine bituminöse Verbindung von hohem C-H-Verhältnis darstellt und im Kraftstoff in kolloidaler Lösung enthalten ist; durch Filtrieren oder Zentrifugieren können diese Verbindungen nicht ausgeschieden werden. Zufriedenstellende Verbrennung des Hartasphalts ist nur durch möglichst vollkommene Verteilung des Kraftstoffs und Anwendung sehr hoher Temperaturen, also hoher Verdichtungsverhältnisse möglich.

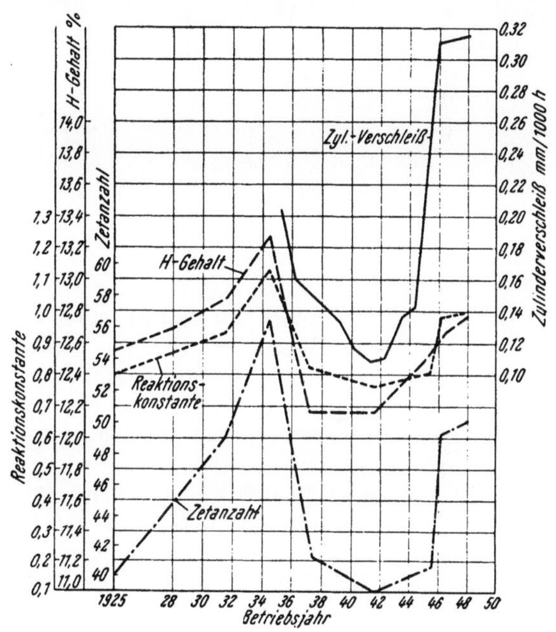

Abb. 145. Verschleiß in Abhängigkeit von der Qualität der Kraftstoffe (Dieselöl) (Nach BERGENHEIM [45])

BERGENHEIM [45] findet bei der Überwachung des Ring- und Zylinderverschleißes in einer großen Zahl von Schiffsmotoren, hauptsächlich großer Zweitaktmotoren, eine Parallelität desselben mit der Zetanzahl des Kraftstoffs sowie mit einer „Reaktionskonstanten", das ist eine Zahl, die ein Kriterium für die Neigung des Kraftstoffs zum Kracken angibt (Abb. 145).

Der Aschegehalt von Dieselkraftstoffen soll nach seinen Angaben 0,02% keinesfalls übersteigen; der Ringverschleiß wächst eindeutig mit dem Aschegehalt, vgl. Abb. 146; insbesondere wirken sich Silizium- und Eisenoxyd in der Asche schädlich aus. Ebenso schädlich können auch ungünstige physikalische Eigenschaften des Kraftstoffs sein, wie z. B. zu hohe Zähigkeit und zu hoch liegende Siedekurve, oder ungünstige Zusammensetzung, wie z. B. hoher Gehalt an Hartasphalt oder asphaltartigen Verbindungen. Wenn Tröpfchen hochsiedender Anteile auf mäßig warme Wandungen auftreffen, so verdampfen sie nicht rückstandfrei, sondern verkoken und bilden Rückstände, die den Schmierzustand an den Ringen und deren freie Beweglichkeit beeinträchtigen können, siehe Abb. 147.

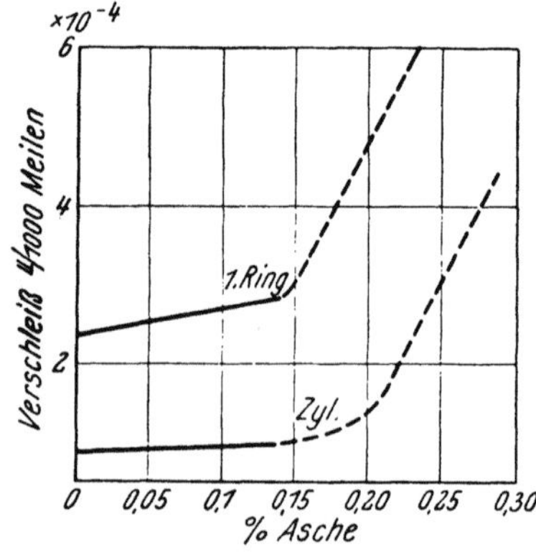

Abb. 146. Einfluß des Aschegehalts im Kraftstoff auf den Ring- und Zylinderverschleiß
(Nach WILLIAMS [30])

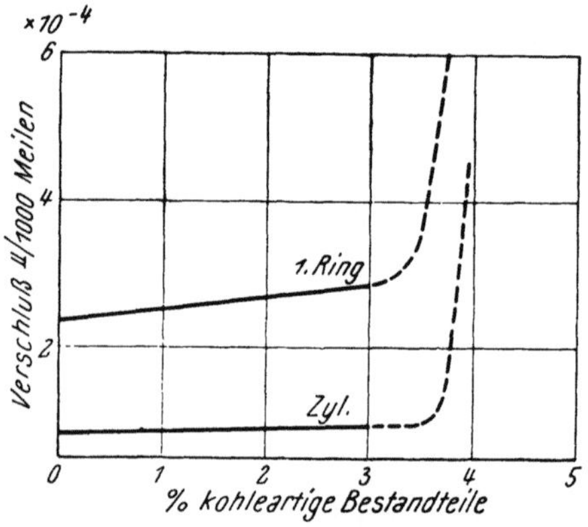

Abb. 147. Einfluß des Kohle-Rückstands des Kraftstoffes auf den Ring- und Zylinderverschleiß
(Nach WILLIAMS [30])

Wasser im Kraftstoff hat immer auch erhöhten Korrosionsverschleiß zur Folge; destilliertes Wasser ist aber, wie Versuche von BROEZE an einem Dieselmotor ergaben (vgl. [29]) weniger schädlich, als z. B. Seewasser. — Wo mit Wasserzusätzen zum Kraftstoff gearbeitet wird, ist daher immer mit verhältnismäßig hohem Ringverschleiß zu rechnen.

2. Ring-Verschleiß bei Betrieb mit Schweröl (Bunkeröl). *a) Mittel- und Großmotoren.* Beim Betrieb von Mittel- und Großmotoren mit Schweröl zeigen sich gegenüber dem Betrieb mit Dieselöl folgende Unterschiede und Schwierigkeiten:

Wesentliche Erhöhung des Ring- und Zylinderverschleißes.

Verstärkte Rückstandsbildung und Verschmutzung des Verbrennungsraumes und des Zylinders.

Erhöhte Neigung der Kolbenringe zum Festsetzen und zum Brechen.

Vorzeitige Verschmutzung des Umlauföls in Tauchkolbenmaschinen, oder auch in einfachwirkenden Kreuzkopfmaschinen bzw. Gegenkolbenmaschinen, bei denen keine vollständige Abtrennung des offenen Zylinderendes gegen den Kurbelraum erfolgt.

Vermehrte Ablagerungen in den Spül- und Auslaßschlitzen von Zweitaktmotoren; Verschmutzung der Auslaßventile bei Viertaktmotoren und Zweitaktmotoren mit Gleichstromspülung.

Geht man den Ursachen dieser Erscheinungen nach, so findet sich folgendes:

a) Schweröle sind gekennzeichnet durch hohen Verkokungsrückstand beim CONRADSON-Test.

Dieser beträgt z. B.: bei Gasöl 0,2%,
bei Dieselöl bis etwa 2,0%,
bei Heizöl 12—17%.

Öle mit hohem Verkokungsrückstand und hohem Asphaltgehalt neigen zu stärkerer Verschmutzung der Verbrennungsräume; durch die größere Menge an harten, stark schmirgelnd wirkenden Rückständen wird der Verschleiß an den Ringen und im Zylinder erhöht.

b) Schädlich wirkt sich auch ein hoher Aschegehalt aus; dieser liegt z. B.

bei Dieselölen bei etwa   0,02%,
bei Schwerölen bis zu etwa   0,17%.

Er wird umso höher, je mehr schwere Rückstandöle verwendet werden, weil die aschebildenden Anteile vor allem in den schweren Molekülgruppen vorhanden sind.

Trotz sorgfältiger Separierung des Kraftstoffs bleiben unverbrennbare Teilchen im Heizöl zurück; denn Teilchen von etwa $2\,\mu$ Größe können nicht mehr ausgeschieden werden. Die Verwendung eines Kraftstoffs mit hohem Aschegehalt hat daher immer stärkeren Verschleiß zur Folge; denn die Asche erhöht den Verschleiß der Ringe und Zylinder nicht nur durch reine schmirgelnde Wirkung, sie leitet überdies viele chemische Reaktionen ein, die während der Verbrennung im Zylinder vor sich gehen, oder unterstützt solche.

c) Besonders gefährlich zeigt sich der in Bunkerölen oft sehr hohe Schwefelgehalt und vor allem dessen bei der Verbrennung als SO_3 anfallende Anteil.

Vor allem sind es verschiedene Metalloxyde, wie Vanadiumpentoxyd, Eisenoxyd und andere, die durch katalytische Wirkungen das bei der Verbrennung des im Kraftstoff enthaltenen Schwefels zunächst entstandene SO_2 in SO_3 umwandeln und insbesondere genügen vermutlich bereits Spuren von Vanadiumpentoxyd, um starke katalytische Wirkungen zu erzielen. Doch gehen solche auch von manchen Produkten einer unvollständigen Verbrennung, wie z. B. von Aldehyden, aus. Durch die Intensität der katalytischen Einflüsse wird die mengenmäßige Bildung von Schwefelsäure vielleicht stärker beeinflußt, als durch den Schwefelgehalt des Kraftstoffs an sich, obwohl vielfache Beobachtungen auch darauf hinweisen, daß Verschleiß und S-Gehalt in direkter linearer Beziehung stehen.

Im allgemeinen können heute etwa folgende Schwefelgehalte beobachtet werden:

Bei Gasöl etwa   0,8%,
bei Dieselöl   1,2 bis 1,5%,
bei Rückstandöl bis zu   5%.

d) Neben der korrosiven Wirkung der Schwefelsäure auf die metallischen Teile greift diese aber auch gewisse Anteile der Mineral-Schmieröle unter Bildung sulfosaurer Mineralölverbindungen an. Solche Reaktionen beschränken sich nicht nur auf wässerige Schwefelsäure. — Die sulfosauren Mineralölverbindungen wirken selbst wieder sehr aggressiv auf das Metall. Durch die im Zylinder herrschenden Temperaturen werden diese Verbindungen in oft äußerst harte, stark schmirgelnde Rückstände verwandelt.

e) Detonationen im Zylinder. — Sind während der Verbrennung im Zylinder Verbindungen wie Aldehyde, Superoxyde und ähnliche vorhanden, so kann eine beschleunigte, detonationsähnliche Verbrennung eingeleitet werden; dabei ist zu beachten, daß 1 Molekül solcher Verbindungen etwa 200 000 Moleküle des Kraftstoffs beeinflussen kann. Bei solchen Detonationen treten höhere Temperaturen, rascherer Fortschritt der Verbrennungswelle und mehr ultraviolette Lichtstrahlen auf, als bei normaler Verbrennung: ultraviolette Bestrahlung und hohe Temperatur regen aber die Metallfläche wieder zur Ausstrahlung von Elektronen an; nach BERGENHEIM [45] wird damit z. B. auf Schiffen der Elektronenstrom vom Zylinder zum Schiffskörper mit seinen korrosionsfördernden Einflüssen verstärkt.

Tatsächlich zeigt die chemische Untersuchung von im Motor bei der Verwendung schwefelhaltiger Kraftstoffe gebildeten Rückständen immer das Vorhandensein größerer Mengen von $Fe_2(SO_4)_3$ Eisensulfat, das nur aus einer chemischen Reaktion von Eisen mit Schwefelsäure entstanden sein kann.

Wird z. B. angenommen, daß der relative Feuchtigkeitsgehalt der Ansaugluft von 20° 90% beträgt und daß ein Kraftstoff mit 12% H-Gehalt und 2% Schwefel mit 75% Luftüberschuß verbrannt wird, so entstehen je Tonne verbranntem Kraftstoff etwa 1500 kg Wasserdampf und 50 kg schwefelige Säure +· Schwefelsäure. Diese Mengen fallen in einem Zylinder von 250 PS Leistung etwa innerhalb 24 Stunden an. — Die an der Zylinderwand niedergeschlagene wässerige Schwefelsäure wirkt in gleicher Weise wie auf die erstere auch auf die Kolbenringlauffläche zerstörend ein; sie wird auch in die Ringnuten gefördert und setzt hier ihr Zerstörungswerk an Ring- und Nutenflanken fort, vgl. Abb. 58.

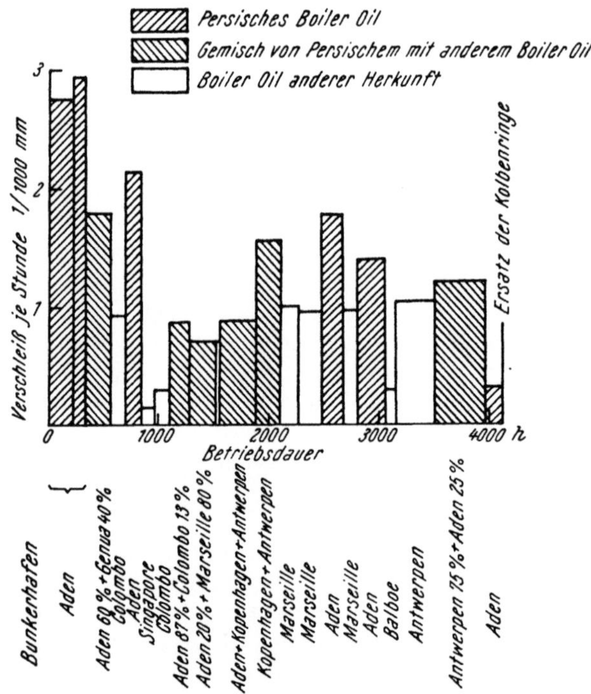

Abb. 148.   Kraftstoffqualität und Kolbenringverschleiß in einem Zweitakt-Schiffsdieselmotor
bei Bunkerölbetrieb
(Nach ANDRESEN [90])

Um die Verhältnisse halbwegs zu beherrschen, wird die Verwendung von Bunker-Ölen mit höchstens 1500 sek-Zähigkeit (REDWOOD) empfohlen; die Summe aus Kohlerückstand (CONRADSON-Test) + Schwefel soll 12% nicht übersteigen.

Wie groß infolge ihrer verschiedenen Zusammensetzung und des unterschiedlichen Schwefelgehalts, aber auch ihres unterschiedlichen Aschengehaltes und der Aschenzusammensetzung, der Einfluß der Herkunft der Bunkeröle auf den Ringverschleiß sein kann, geht unter anderem aus einer Mitteilung von ANDRESEN [90] hervor: In einfachwirkenden Zweitakt-Kreuzkopfmaschinen,

$p_e = 6{,}5$ kg/cm² wurden im Schiffsbetrieb z. B. die in Abb. 148 verzeichneten Verschleißwerte festgestellt. Dabei neigen die Ringe zwar stark zum Brechen, doch wurden festsitzende Ringe niemals angetroffen. Dem Schmieröl war hier Anilin als detergent beigefügt gewesen.

Der Schwefelgehalt der Kraftstoffe wirkt sich — sonstige ähnliche Eigenschaften derselben vorausgesetzt — bei allen Belastungen in einem proportionalen Anstieg des Ringverschleißes aus, Abb. 149, wenn dem dadurch verstärkten Korrosionsangriff nicht durch die Verwendung besonderer Schmieröle entgegengearbeitet wird.

Entsprechend der stärkeren Verschmutzung der Kolben und Ringe beim Betrieb mit Schweröl müssen die Kolben öfter gezogen und überholt werden, um ein richtiges Arbeiten der Ringe zu gewährleisten. Es ergeben sich z. B. im Schiffsbetrieb im allgemeinen folgende Zeiten:

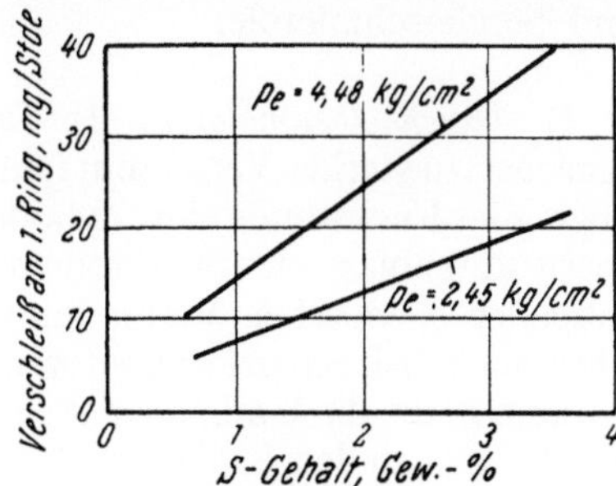

Abb. 149. Einfluß des Schwefelgehalts im Kraftstoff und der Motorbelastung auf den Verschleiß am ersten Ring bei kleineren Dieselmotoren (Schiffs-Hilfsmotoren) (Nach Brewer [88])

Beim Betrieb mit	Dieselöl	Schweröl
Für einfachwirkende Motoren mit großem Zylinder-Durchmesser	12 Monate	8 bis 9 Monate
Für einfachwirkende Motoren mit mittlerem Zylinder-Durchmesser	9 bis 10 Monate	6 bis 7 Monate
Für doppeltwirkende Motoren mit großem Zylinder-Durchmesser	9 bis 10 Monate	6 bis 7 Monate

Der Schwerölbetrieb hat beschleunigtes Verkoken der Ringnuten, Festsetzen der Ringe und Verschmutzen der Kolben zur Folge. Koksansätze an den Düsen können überdies zu Störungen in der Verbrennung und damit zu höheren Ringtemperaturen führen; infolge der gestörten Einspritzung können Kraftstoffstrahlen bis auf die Zylinderwand auftreffen und dort den Schmierölfilm örtlich zerstören, so daß verstärktes Durchblasen und erhöhter Ringverschleiß die Folgen sein können.

Verstärkte Neigung der Kolbenringe zum Brechen zeigt sich insbesondere bei stärker verschlissenen Zylindern; es tritt aber auch bei neuen Zylindern deutlich auf. — Die Ringe zeigen auch wesentlich größeren Verschleiß; beispielsweise wurden bei Ringen 670 mm ⌀ auf einer Fahrt England—Amerika Vergrößerungen der Stoßöffnungen um 10 bis 12 mm beobachtet.

Verchromte Ringe sind in der Regel von Vorteil, zeigen manchmal aber auch nur sehr geringen Erfolg; so war in vereinzelten Fällen nach etwa 100 Stunden die Chromschicht bereits abgetragen — vielleicht auch infolge nicht einwandfreier Verchromung; doch ist die Hartchromschicht gegenüber verdünnter Schwefelsäure nicht beständig, sobald auch nur geringe Mengen von HCl gleichzeitig vorhanden sind.

Als Abhilfe gegen das Ringstecken infolge der starken Verschmutzung der Verbrennungsräume und der Rückstandbildungen sowie gegen den hohen Verschleiß infolge der Korrosionsangriffe kommen eigentlich nur geeignete Schmieröle in Betracht. Soweit es sich um Motoren mit gesonderter Zylinderschmierung handelt, erwiesen sich Heavy-duty Öle als nur sehr wenig wirksam; eine entschiedene Abhilfe brachten dagegen die für diesen Zweck entwickelten Ölemulsionen und Sonderschmieröle.

b) Tauchkolbenmotoren. In Tauchkolbenmotoren führt der Schwerölbetrieb zunächst zu starker Verschmutzung des Umlauföls, da die Kolben- und Abstreifringe die Rückstände im Zylinder nach abwärts fördern und auch die nach unten durchblasenden Verbrennungsgase erhebliche Mengen von Schmutz und störenden chemischen Verbindungen in den Kurbelraum gelangen lassen. — Aber auch bei Kreuzkopfmotoren mit Trennung des Zylinderraumes vom Kurbelraum kann die Umlaufölverschmutzung nicht ganz verhindert werden. Rückstände, die an den Kolbenstangen kleben bleiben, werden im Kurbelraum vom umherspritzenden Öl abgewaschen, so daß letzteres sich allmählich mit Schmutz und sauren Anteilen anreichert.

Als günstig hat sich beim Viertakt-Tauchkolbenmotor gezeigt:

Verwendung verchromter Ringe (z. B. bei 285 ∅ : 2 verchromte + 4 normale Ringe; Schichtstärke der Verchromung 0,15 bis 0,30 mm). Der Verschleiß an den Ringen geht zumindest auf ein Drittel, in den Zylindern auf die Hälfte herab.

Verwendung geeigneter Schmieröle. — Super-HD-Öle setzen die Ringabnützung wesentlich herab und sind auch als wirksames Gegenmittel gegen das Festsetzen der Ringe anzusehen; Heavy-duty-Öle sind reinen Mineralölen einwandfrei überlegen; doch ist es notwendig, auch diese Öle durch Zentrifugieren im Schmierölkreislauf zu reinigen, wobei es nicht vermieden werden kann, daß durch das Separieren jeweils auch ein Teil des Additives aus dem Öl entfernt wird, womit das Öl an Wirksamkeit verliert. — Es empfiehlt sich überdies reichlich zu schmieren, das heißt viel Öl an die Zylinderwand zu bringen und den Überschuß mittels wirksamer Abstreifringe abzustreifen; dadurch werden verschleißfördende Verbrennungsrückstände, wie Asche, Koks, Ölalterungsprodukte, Säurebildner usf. am wirksamsten von den Zylinderwandungen abgewaschen.

Der Schmierölverbrauch soll bei 2,5 bis 3 g/PS Stde liegen.

Im übrigen finden sich für den Verschleiß bei Bunkerölbetrieb in Groß-Dieselmotoren verschiedener Bauarten folgende, mit dem vorher Gesagten zum Teil auch im Widerspruch stehende Angaben (vgl. [91]), was wohl auf die großen Unterschiede in den Bunkerölqualitäten, vielleicht aber zum Teil auch auf unsachgemäße Ringausführung und Ringeinbau oder ungeeignete Schmierung und Kraftstoffaufbereitung zurückzuführen ist:

Einfachwirkender Viertakt, aufgeladen (Kolbenunterseite-Ladepumpe): Der Verschleiß liegt etwa gleich oder sogar niedriger als bei Betrieb mit normalem Dieselöl; keine abnormalen Ringbrüche.

Zweitakt doppeltwirkend mit Gegenkolben 550 ∅ × 1200: Erhöhter Zylinder- und Ringverschleiß; vermehrte Zahl von Ringbrüchen, insbesonders wenn der Zylinderverschleiß etwa 2,4 mm übersteigt. — Zur Vermeidung von Ringbrüchen wird empfohlen, die Zylinder und Kolben im Betrieb heißzuhalten.

Mit Kolbenringen aus Sphäroguß (ductile cast iron) wurden angeblich gute Erfolge erzielt. — Verchromte Ringe sollen dagegen öfters versagen — eine Feststellung, die wohl auf unsachgemäße Gestaltung der Ringe oder unrichtige Ausführung der Verchromung zurückgeführt werden muß.

c) Kleinere Dieselmotoren. Die Verwendung von Schweröl im kleinen, raschlaufenden Dieselmotor (vgl. [92]) bringt erhöhte Ablagerungen von Ölkohle und Verkleben der Ringe mit sich, und zwar in umso stärkerem Maß, je höher der Kohlenstoffrückstand des Kraftstoffs, sein Aschegehalt und sein Schwefelgehalt liegen.   Damit verbunden tritt höherer Verschleiß an den Kolbenringen und in den Zylindern auf: Vorkammermotoren scheinen dabei mehr unter Abrieb, Motoren mit offener Brennkammer mehr unter Verschmutzung und Rückstandbildungen zu leiden.

Die genannten Störungen führen bald zu abfallenden Verdichtungsdrücken und machen schließlich einen geregelten Betrieb unmöglich; die Überholungszeiten werden dadurch außerordentlich kurz.

Verchromte Ringe setzen den Verschleiß am ersten Ring etwa auf die Hälfte herab; sie sind aber dem Festsetzen und Verkleben ebenso ausgesetzt, wie normale Ringe.   Jedenfalls werden sich beim Schwerölbetrieb alle jene Maßnahmen an den Ringen empfehlen, die das Festsetzen hinausschieben — also z. B. Verwendung von Trapezringen —; ferner ist ein Ringwerkstoff von sehr hoher Spannungshaltung erforderlich.

Im Gegensatz zum normalen Verhalten zeigen manchmal bei Verwendung eines verchromten Ringes in der obersten Nut die weiter abwärts gelegenen Ringe wenigstens während der ersten Betriebsdauer einen stärkeren Verschleiß, als bei Verwendung eines Normalringes in der ersten Nut. [92] Dies mag darauf zurückzuführen sein, daß der verchromte Ring länger zum Einlaufen braucht und daher zunächst schlechter abdichtet, so daß die Belastung der unteren Ringe höher ausfällt.

E. Einfluß des Schmieröls auf den Ringverschleiß

Ein besonders großer Einfluß auf den Ringverschleiß kommt naturgemäß dem Schmieröl zu; denn letzten Endes ist das Ringverschleißproblem in erster Linie ein Problem der Schmierung.

Außer durch die an die Verschleißflächen der Ringe gelangende Ölmenge und abgesehen von jenen Veränderungen, die das Öl im Betrieb sowohl im Hinblick auf seine chemischen und physikalischen Eigenschaften wie auch durch mechanische Verunreinigungen erleidet, beeinflußt es schon durch seine grundlegenden Eigenschaften, die es als Frischöl mitbringt, den Ring- und Zylinderverschleiß in stärkster Weise.

Auf die beiden ersteren Umstände wird noch in den folgenden Abschnitten eingegangen; hier soll zunächst nur der Einfluß der Schmierölqualität (des Frischöls) auf den Verschleiß erwähnt werden.

1. Einfluß der Ölqualität. Chemische Zusammensetzung, molekularer Aufbau und physikalische Eigenschaften eines reinen Öls sind für sein Verhalten maßgebend, so daß das Ergebnis mit sonst gleichwertigen Ölen, jedoch von verschiedener Herkunft, in bezug auf den zu beobachtenden Verschleiß ganz unterschiedlich sein kann. Worin dies begründet ist, ist heute noch nicht vollständig geklärt: vermutlich sind es Unterschiede in der Viskosität, dem Benetzungs- und Haftvermögen sowie in der Flüchtigkeit bei den Temperaturen, die das Öl während des Arbeitsprozesses an den zu schmierenden Flächen erreicht.   So kann auch das Verschleißverhältnis zwischen dem ersten und zweiten Ring mit verschiedenen Ölen sehr unterschiedlich werden und dieser Umstand läßt vielleicht einen gewissen Rückschluß auf die Temperaturbeständigkeit der Öle zu.

BECK [41] beobachtete den Ring- und Zylinderverschleiß mit Ölen von verschiedener Basis in einem 350 cm³ Einzylinder-Ottomotor; wie Abb. 150 er-

kennen läßt, steigt hier der Verschleiß vom paraffinbasischen über das asphaltbasische zum naphthenbasischen und wird am größten mit gemischtbasischem Öl.

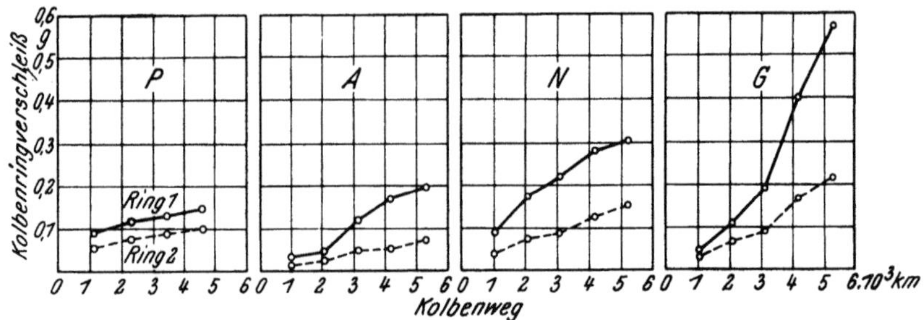

Abb. 150. Verschleiß am ersten und zweiten Kolbenring in Abhängigkeit von der Schmierölqualität

P   paraffinbasisches Schmieröl   N   naphthenbasisches Schmieröl
A   asphaltbasisches Schmieröl   G   gemischtbasisches Schmieröl
Versuchsmotor: Einzylinder-Ottomotor $V_H = 350$ cm³, ³/₄ Last, $\eta = 2500$
(nach BECK [41])

Auch in Großmotoren nimmt das verwendete Schmieröl direkten Einfluß auf
die Höhe des Ring- und Zylinderverschleißes: Zahlentafel 10 gibt z. B. Ver-
gleichszahlen nach sechs Monaten Vollastbetrieb für einen Zweitakt-Dieselmotor
wieder, in welchem je eine Zylindergruppe mit naphthenbasischem, bzw. paraffinbasischem Öl geschmiert worden war; auch in diesem Fall ergibt sich demnach
mit naphthenbasischem Öl ein höherer Verschleiß als mit paraffinbasischem von
vergleichbarer Güte.

Zahlentafel 10

Zyl. Nr.	Naphthenbasisches Öl						Paraffinbasisches Öl				
	1	2	3	4	5	Mittel	6	7	8	9	Mittel
Verschleiß in ″											
1. Messung	0,006	0,007	0,007	0,006	0,005	0,0062	0,005	0,004	0,003	0,005	0,00425
2. Messung	0,004	0,006	0,004	0,005	0,006	0,0050	0,005	0,003	0,004	0,003	0,00375
Gesamtmittel						0,0056					0,0040

Feststellungen dieser Art besagen aber keineswegs, daß sie für alle Motoren
und unter allen Betriebsverhältnissen zutreffen. Im Dauerbetrieb können je
nach den an den Ringen herrschenden Temperaturverhältnissen auch andere
Beobachtungen gemacht werden (vgl. hierzu S. 220).

Durch bestimmte Zusätze, wie z. B. von Kolloidalgraphit (Abb. 151, 152
und 153) oder von Fettsäuren, wie Rizinusöl (Abb. 153), kann der Verschleiß
unter gewissen Voraussetzungen bedeutend herabgesetzt werden; dies gilt auch
für den Anlaßverschleiß. Offenbar bewirken Zusätze der genannten Art
einen wesentlichen Ausgleich der mangelnden Schmierfilmdicke, bzw. dessen
thermischer Zerstörung im Brennraum, worauf möglicherweise auch die starke
Annäherung des Verschleißes am ersten und zweiten Ring hindeutet (Abb. 153,
die beiden letzten Figuren). — Es ist hier allerdings nur die unmittelbar ver-

schleißmindernde Wirkung der Zusätze hervorgehoben; wie sich diese aber auf die Dauerbewährung der Öle im Betrieb auswirken können, ist hier nicht berücksichtigt.

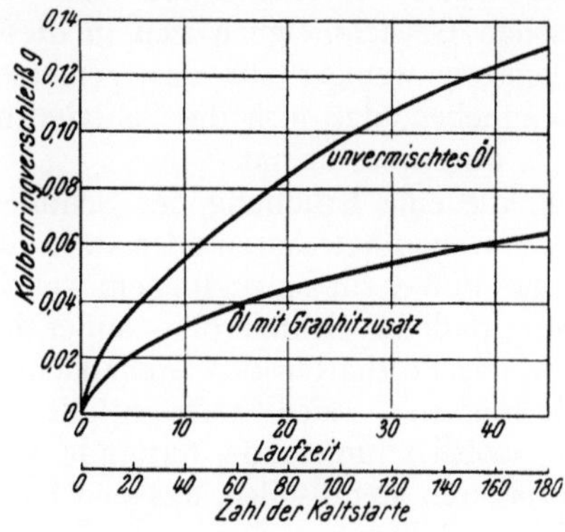

Abb. 151. Einfluß eines Graphitzusatzes (Achesongraphit) zum Schmieröl auf den Ringverschleiß

(Nach HIGINBOTHAM [93])

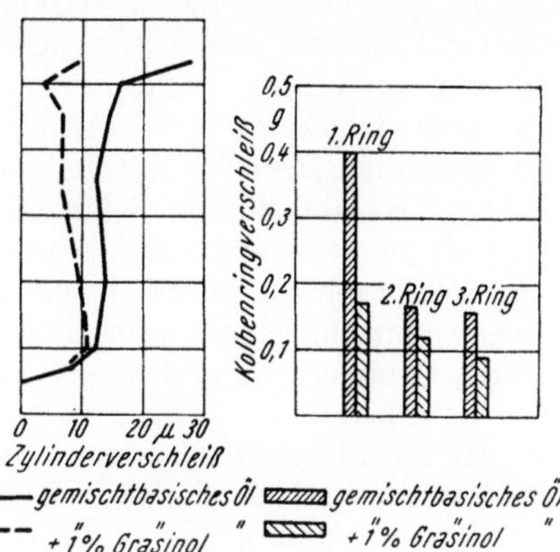

Abb. 152. Einfluß eines Graphitzusatzes (Grasinol) auf den Zylinder- und Ringverschleiß

(Nach Versuchen des Inst. f. Kraftfahrwesen, Dresden)

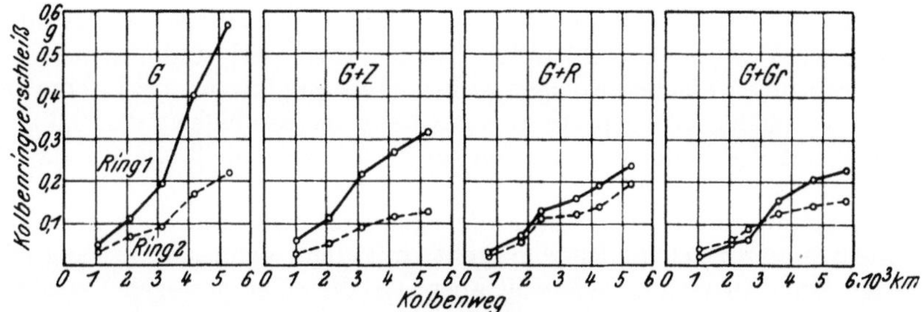

Abb. 153. Verschleiß am ersten und zweiten Kolbenring in Abhängigkeit von verschiedenen Schmierölzusätzen

G gemischtbasisches Öl (vgl. Abb. 150)
$G+Z$ gemischtbasisches Öl mit Zusatz von Frischöl[1]
$G+R$ gemischtbasisches Öl mit Zusatz von 5% Rizinusöl
$G+Gr$ gemischtbasisches Öl mit Zusatz von Graphit

[1] Bei Versuchen mit Frischölzusatz erfolgte dessen Zufuhr in unterer Totpunktlage mittels Schmierölpumpe

Versuchsmotor: Einzylinder-Ottomotor, $V_H = 350$ cm³, $^3/_4$ Last, $n = 2500$

(Nach BECK [41])

Die Wirkung von Graphitzusätzen beruht darauf, daß die flachen Graphitkristalle an der blanken Metalloberfläche fest haften; sie binden einerseits die nichtpolaren Kohlenwerkstoffmoleküle besser, als das blanke Metall und sind selbst gegenüber hohen Temperaturen viel widerstandsfähiger als diese. Andererseits gleiten die schuppigen Graphitkristalle in Schichten parallel zu ihrer sechseckigen Basis leicht gegeneinander ab, woraus sich die Schmierwirkung des Graphits an sich ergibt. Wird eine trockene Metallfläche mit Graphit eingerieben, so sinkt der Reibungswiderstand gegenüber jenen der reinen Metallfläche auf etwa ein Viertel ab.

Für den als Zusatz zum Schmieröl verwendeten Graphit muß vorausgesetzt werden, daß die Graphitteilchen $< 1\,\mu$ sind, daß sein Aschegehalt sehr niedrig ist und keine schmirgelnden Teilchen enthält; es ist ferner wichtig, daß der Graphit gleichmäßig im Öl verteilt ist und auch so verteilt bleibt: Öle von höherer Viskosität und von hohem spezifischen Gewicht eignen sich in dieser Hinsicht am besten, hochraffinierte Öle dagegen weniger für das Versetzen mit Kolloidalgraphit. — Es ist aber hervorzuheben, daß sich die Schmierung mit Graphitzusätzen im Motorenbau nirgends durchgesetzt hat.

Die Wirksamkeit von Schmierölzusätzen, die eine Erhöhung der Schmierfähigkeit (oiliness, onctuosité) bezwecken, wie z. B. von Fettsäuren oder auch von Trikresylphosphat, beruht wahrscheinlich darauf, daß es zur Erzeugung eines wirksamen Grenzschmierfilmes vorteilhaft sein kann, daß das Schmieröl — außer den polaren Gruppen von großer Kettenlänge, die das Festhaften des Grenzflächenfilms bewirken und unbedingt vorhanden sein müssen — auch Stoffe enthält, die mit der Metalloberfläche chemisch reagieren, wobei schmierende, haftende Verbindungen entstehen. So bilden z. B. die Fettsäuren Metallseifen, das sind Salze von Fettsäure und Metall; ähnlich wirkt Trikresylphosphat, das an der Metalloberfläche Phosphide bildet. Der Schmelzpunkt dieser Verbindungen liegt bedeutend niedriger als jener der Metalle, so daß sie bereits bei verhältnismäßig geringen Temperaturerhöhungen flüssig werden und die Reibung vermindern; der Verschleiß wird aber durch solche Zusatzmittel nur bei bestimmten niedrigen Konzentrationen verringert. Ring- und Zylinderverschleiß erreichen z. B. bei Ölsäurezusatz (Abb. 154) bei einem Gehalt von 2% ein Minimum, steigen aber bei höherer Konzentration stark an, weil dann der chemische Angriff intensiver wird und den Verschleiß beschleunigt. Nach Lewis [94] sind überdies derartige Zusätze an rauhen Flächen weniger wirksam, als an glatten; bei Laboratoriumsverschleißversuchen beobachtete er sogar bei einer Rauhigkeit von $0,6\,\mu$ für ein Schmieröl mit Zusatzmittel etwa den doppelten Verschleiß wie für das gleiche Öl ohne Zusatz.

Der im Motorenbetrieb beobachtete Ringverschleiß, und zwar der Summenverschleiß an sämtlichen Ringen, geht mit den gemessenen Ringreibungsverlusten Hand in Hand. Wie weit aber Öle, die einen geringen Verschleiß zur Folge haben, sich in anderer Weise im Betrieb eignen, läßt sich nicht ohneweiteres sagen, sondern bedarf in jedem einzelnen Falle einer gründlichen Untersuchung.

Versuche, die im Research Departement of the Inst. of Autom. Engrs. [30] durchgeführt wurden, zeigten übrigens, daß die als „oiliness" bezeichnete Eigenschaft der Schmieröle — unter welcher im allgemeinen die vorläufig nicht näher erklärbare Fähigkeit verstanden wird, den Reibungskoeffizienten stärker herabzusetzen, als es der jeweiligen Viskosität entspricht — in erster Linie wichtig ist, um den korrosiven Verschleiß zu bekämpfen, weniger aber, um dem mechanischen Abrieb zu begegnen: Wurde die Zylinderwandtemperatur in einem Versuchs-Ottomotor mit 110° C eingehalten, so war der Verschleiß unabhängig vom verwendeten Schmieröl, ja selbst bei Schmierung mit reinem flüssigen Paraffin, das gar keine polaren Gruppen enthält, ungefähr gleich niedrig. Betrug die Zylinderwandtemperatur jedoch nur 55° C, so war der Verschleiß bei Schmierung mit Paraffin außerordentlich hoch, konnte aber durch Zusatz von geringen Mengen polarer Substanzen, wie z. B. von 1% Ölsäure oder Tri-Olein, bzw. von 10% Rapsöl oder aromatischen Extrakten aus Mineralölen auf $^1/_8 - {}^1/_{10}$ gesenkt werden.

Die Schmieröle selbst können schließlich sowohl im frischen Zustand als auch infolge der Alterung im Betrieb Träger korrosiver Bestandteile sein, so daß von ihnen erhebliche Korrosionsangriffe an den Ringen und Zylindern ausgehen können.

Bodey [44] beobachtete z. B. folgendes: Wurden gleichartige Proben aus Kolbenringgußeisen während einer Versuchsdauer von 60 Tagen bei 60° C in verschiedene Öle eingelegt, so zeigte sich in unlegiertem oder schwachlegiertem (Premium-)Frischöl kein, in starklegiertem HD-Öl dagegen ein sehr bemerkenswerter Korrosionsangriff in Form eines deutlichen Lochfraßes. Unangegriffen bleiben dabei der Graphit und das Phosphid als Bestandteile edleren Potentials; dagegen wird die unedlere perlitische Grundmasse abgetragen. — Die in Abb. 56 gezeigten Angriffe können

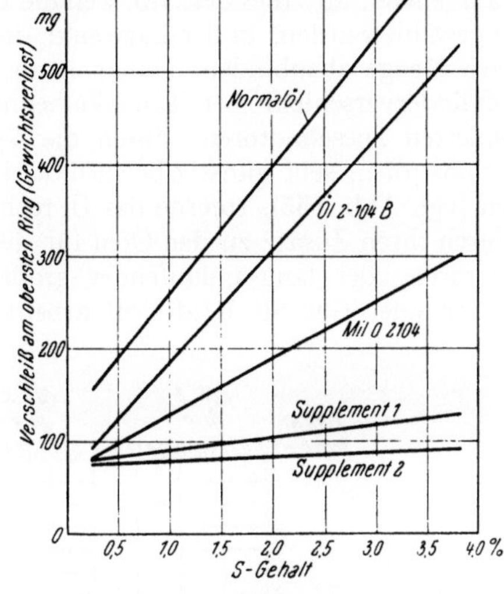

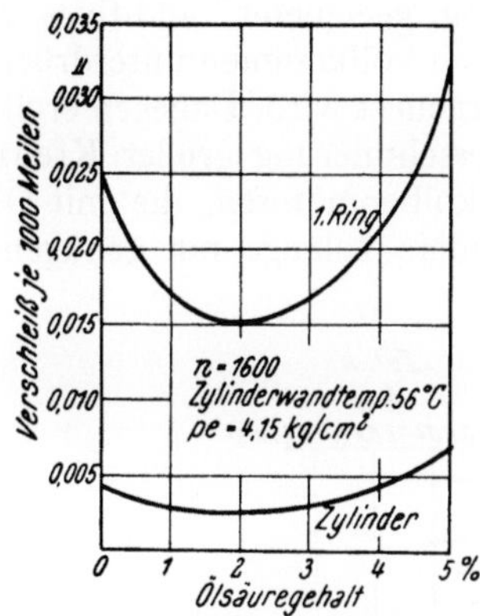

Abb. 154. Ring- und Zylinderverschleiß im spritzölgeschmierten Viertakt-Ottomotor in Abhängigkeit vom Ölsäuregehalt des Schmieröls
(Nach Williams [30])

Abb. 155. Einfluß von Schmierölzusätzen (additives) auf den Ringverschleiß in raschlaufenden Fahrzeug-Dieselmotoren, in Abhängigkeit vom S-Gehalt des Kraftstoffs
Supplement 1 — Öl: Zusätze gewählt mit Rücksicht auf schweren Betrieb; zulässig S_{max} 0,9%
Supplement 2 — Öl: wie vor, jedoch zulässig S_{max} 1,05%
Versuchsmotor: AW-Motor, Petters
(Nach Towle [95])

z. B. auf solche Einwirkungen des Schmieröls zurückgeführt werden.

Zum Nachweis des korrosiven Einflusses prüfte Bodey weiterhin verschiedene Öle in einem Element, dessen Elektroden aus einer Eisenlegierung als Kathode und einer Leichtmetallegierung als Anode bestanden, die in 0,05 cm Entfernung voneinander angeordnet waren; zwischen ihnen befand sich das zu prüfende Öl als Elektrolyt. — Durch Aufnahme von Strom-Zeit-Kurven mit verschiedenen Ölen lassen sich diese klassifizieren; im allgemeinen zeigten sich folgende Stromstärkenbereiche:

für unlegierte Motorenöle	$J < 1,5 \cdot 10^{-9}$ A,
(schwach legierte) Premiumöle	$J = 2,1$ bis $21 \cdot 10^{-9}$ A,
(hoch legierte) HD-Öle	$J = 30$ bis $450 \cdot 10^{-9}$ A.

Auf Grund dieser Meßergebnisse läßt sich folgendes zusammenfassen:
Unlegierte Frischöle, frei von unerwünschten Verunreinigungen, wie z. B. Wasser, sind den üblichen Ring-, Zylinder- und Kolbenwerkstoffen gegenüber passiv.

Mit Zusätzen (additives) versetzte frische Schmieröle wirken korrodierend; die korrodierende Wirkung steigt mit der Konzentration der Zusätze linear an. Je nach Art der Zusätze ist der Einfluß verschieden.

Der korrodierende Einfluß von im Motor gealterten Ölen hängt wiederum von der Ölqualität ab. Wenn verschiedene Öle unter gleichen Bedingungen im Laufe der Zeit im Motor altern, so zeigen die Ölgattungen folgende Unterschiede:

Für unlegierte oder schwach legierte Öle steigt das korrodierende Verhalten mit der Zeit an. Für HD-Öle nimmt es dagegen, von einem hohen Ausgangswert ausgehend, ab; dies deshalb, weil die Zusätze in den HD-Ölen, wenn sie geeignet gewählt wurden, in der Lage sind, die Kondensationsprodukte bis zu einer gewissen Menge abzubinden. Daher kann der auf Korrosion beruhende Ring- und Zylinderverschleiß bei Tauchkolbenmaschinen, vor allem bei spritzölgeschmierten Dieselmotoren, durch die Verwendung geeigneter additives zu den Schmierölen, sehr günstig beeinflußt, ja praktisch vollkommen unterdrückt werden (vgl. Abb. 155), soferne das Öl rechtzeitig erneuert wird. Dagegen ergibt sich durch ihren Zusatz zu den Ölen für die Zylinderschmierung großer Kreuzkopfmotoren oder langsamlaufender großer Tauchkolbenmotoren, die mit Öldestillaten oder Gas als Kraftstoff arbeiten, besonders solange nur genügend

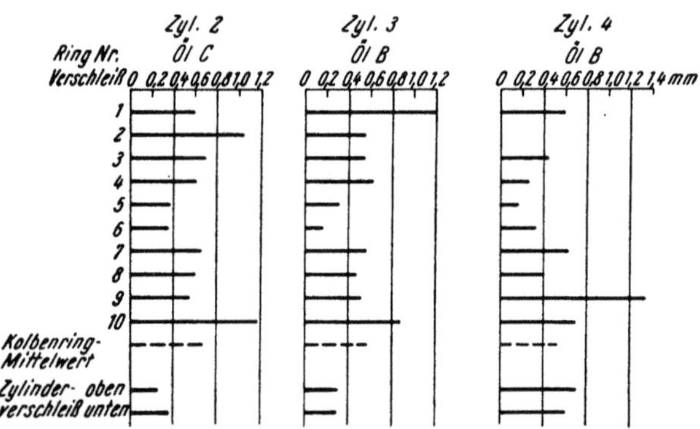

Abb. 156. Verschleiß der Kolbenringe und Zylinder in einem doppeltwirkenden Sulzer-Zweitaktmotor $D = 600$, $S = 1000$ nach etwa 1000 Betriebsstunden mit Schweröl.   Kolben ölgekühlt

Öl *B*: Schmieröl mit Additives gegen korrodierenden Einfluß von S, Viskosität 125,3 centistokes bei 100° F, spez. Gewicht 0,910

Öl *C*: Naphthenbasisches Schmieröl ohne Zusatz; Viskosität 129,7 centistokes/100° F, spez. Gewicht 0,895

(Nach Sozonoff [96])

hohe Temperaturen des Kühlmittels, bzw. der Zylinderlaufflächen und der Ringe in Frage kommen, im allgemeinen keine Verschleißänderung. So ist auch z. B. nach Sozonoff [96] (Abb. 156) der Ringverschleiß in einem großen langsamlaufenden doppeltwirkenden Zweitakt-Dieselmotor zwar für ein legiertes Öl praktisch gleich oder vielleicht etwas geringer wie für unvermischtes Öl, der Zylinderverschleiß steigt dagegen mit ersterem sogar deutlich an: Vermutlich überwiegt hier der korrodierende Einfluß des Öls gegenüber seiner neutralisierenden Wirkung.

Diese auf Ringe und Zylinder sich ungleich auswirkende Verschleißminderung legierter Öle wurde übrigens öfters beobachtet; so stieg z. B. nach Pennington [85], Abb. 157, bei Verwendung eines Kraftstoffs mit 1% S in einem Fahrzeug-

Dieselmotor mit einem unlegierten Öl bei Senkung der Kühlwassertemperatur von 80° C auf 38° C der Zylinderverschleiß auf das doppelte, der Verschleiß am ersten Ring auf das $1^1/_2$fache an.

Mit einem HD-Öl sank bei 80° Kühlwassertemperatur sowohl der Ring- als auch der Zylinderverschleiß auf etwa ein Fünftel des Verschleißes mit unlegiertem Öl; wurde nunmehr die Kühlwassertemperatur wieder auf 38° gesenkt, so ging der Zylinderverschleiß auf den 5fachen Wert in die Höhe, während der Ringverschleiß fast unverändert blieb. Das heißt: das HD-Öl verringert bei hoher Temperatur sowohl den Ring- als auch den Zylinderverschleiß erheblich, bei niedriger Temperatur jedoch praktisch nur den Ringverschleiß.

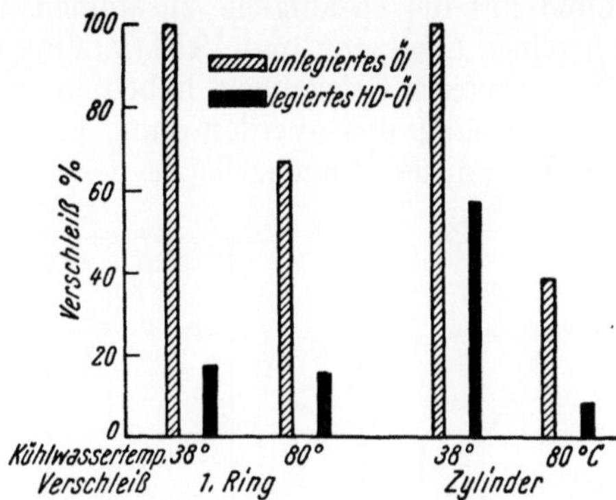

Abb. 157. Einfluß des Schmieröls auf den Verschleiß am ersten Ring und im Zylinder eines Fahrzeug-Dieselmotors. — Kraftstoff mit 1% S (Nach PENNINGTON [85])

PENNINGTON gibt hierfür folgende Erklärung: Das unlegierte Öl ist nicht imstande, das bei der Verbrennung gebildete SO_3 zu neutralisieren, so daß sowohl die Ring- als auch die Zylinderlaufflächen angegriffen werden. Das HD-Öl ist jedoch hierzu imstande: Liegt die Zylindertemperatur unterhalb des Taupunkts, was bei 38° sicherlich der Fall ist, so kann die kondensierte H_2SO_4 die offenliegende Oberfläche des Zylinders angreifen, da diese am oberen Zylinderende fast frei von Schmieröl ist; der Kolbenring ist hingegen durch eine immerhin noch hinreichende Ölschicht soweit geschützt, daß die Säure neutralisiert wird, bevor sie auf die Ringlauffläche einwirken kann.

2. Einfluß der Ölviskosität. An den Ringen wirkt sich eine unterschiedliche Ölviskosität wie folgt aus:

Bestehen während der Bewegung im Zylinder die Bedingungen für das Zustandekommen flüssiger Reibung, so wird die Stärke des Schmierölfilms — solange genügend Öl vorhanden ist — ebenso wie seine Belastungsfähigkeit durch die Ölviskosität bestimmt. — Es läßt sich aber feststellen, daß der Verschleiß an den Ringen bei Verwendung ein und desselben Öls bei Zylindertemperaturen zwischen 90° und etwa 225° C angenähert konstant bleibt, solange es sich um reinen Abriebverschleiß handelt. — Auch bleibt z. B. in Ottomotoren der Verschleiß ziemlich unabhängig von einer Verdünnung des Schmieröls durch Kraftstoff.

Gerade dort, wo die Ölbeanspruchung im Zylinder am höchsten wird, das ist also nahe der oberen Totlage der Kolbenringe, wo Grenzschmierung besteht, treten die zum Teil noch schwer zu definierenden Eigenschaften des Öls, wie seine Schmierfähigkeit (oiliness), seine Notlaufeigenschaften, ferner die Oxydationsneigung, seine Neigung zur Schlammbildung und sein Lösungsvermögen für die Zersetzungs- und Verbrennungsrückstände besonders in Erscheinung, während die Viskosität stark .in den Hintergrund tritt; diese ist auch bei den im oberen Zylinderbereich herrschenden Temperaturen für alle in Frage kommenden Öle so weit abgesunken, daß die kleinen bestehenden Unterschiede eine Verschiedenheit im Verhalten wohl kaum mehr bewirken können. — Jedenfalls muß das Schmieröl so gewählt werden, daß es auch noch am obersten, heißesten Ring schmierend wirken kann, hier also weder restlos verdampft noch zu starke Rückstände bildet; die Ölauswahl hängt also nicht direkt und keineswegs in erster Linie mit der Ölzähigkeit zusammen. Es ist auch eine Tatsache, daß das Öl zu seiner Erhitzung und Verdampfung eine gewisse Zeit braucht und während dieser bereits Gelegenheit haben kann, seine Schmierungsaufgabe zu erfüllen. Ölerwärmung und -verdampfung binden überdies Wärme, wodurch die Temperatur an der Ringoberfläche gesenkt werden kann.

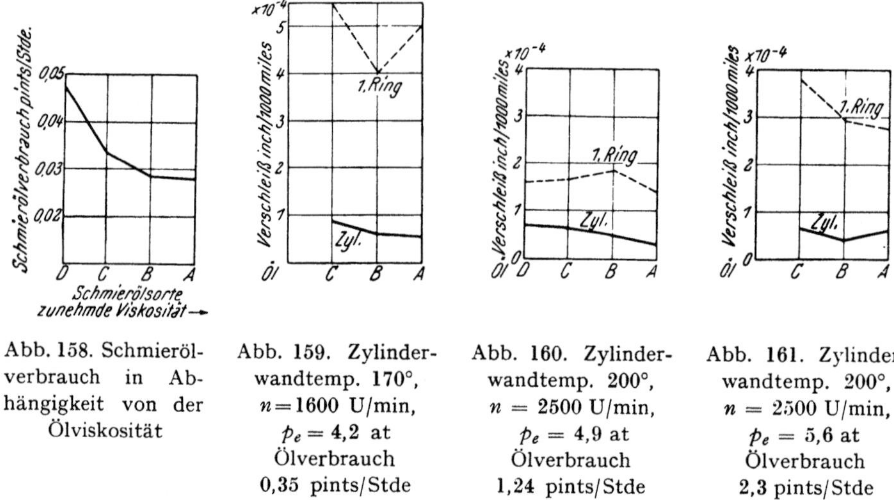

<table>
<tr><td>

Abb. 158. Schmieröl-
verbrauch in Ab-
hängigkeit von der
Ölviskosität

</td><td>

Abb. 159. Zylinder-
wandtemp. 170°,
$n = 1600$ U/min,
$p_e = 4,2$ at
Ölverbrauch
0,35 pints/Stde
($= 0,198$ l/Stde)

</td><td>

Abb. 160. Zylinder-
wandtemp. 200°,
$n = 2500$ U/min,
$p_e = 4,9$ at
Ölverbrauch
1,24 pints/Stde
($= 0,705$ l/Stde)

</td><td>

Abb. 161. Zylinder-
wandtemp. 200°,
$n = 2500$ U/min,
$p_e = 5,6$ at
Ölverbrauch
2,3 pints/Stde
($= 1,302$ l/Stde)

</td></tr>
</table>

Abb. 158 bis 161. Verschleiß am 1. Ring und im Zylinder in Abhängigkeit von Ölviskosität und Ölverbrauch

Versuchsmotor: obengesteuerter luftgekühlter Ottomotor

Schmieröle: Öl A: SAE 40; Öl B: SAE 30; Öl C: SAE 20; Öl D: SAE 10

(Nach WILLIAMS [40])

Wird der Verschleiß im Zylinder stark durch Korrosion beeinflußt, also bei Zylinderwandtemperaturen unterhalb etwa 90°, so geben dünne Öle größeren Verschleiß, als dicke. — Wird dabei aber der Hauptverschleiß durch häufiges Abstellen und Anlassen des Motors, also durch unzureichende Betriebstemperaturen, bedingt, so wird der höhere Verschleiß durch Korrosion bei Verwendung von Ölen geringerer Viskosität mehr als wettgemacht durch den Umstand, daß das dünne Öl viel rascher an die Zylinderwand und an die Ringe gelangt, als ein zäheres, so daß sich dünne Öle den dicken als gleichwertig oder auch als überlegen erweisen können.

Der Einfluß der Ölviskosität auf den Verschleiß ist demnach nicht ganz eindeutig:

Bei Spritzölschmierung zeigen Versuche von EVERETT [97] z. B. deutlich, daß Ring- und Zylinderverschleiß — und manchmal auch der Ölverbrauch — in reichlich geschmierten Motoren mit Erhöhen der Viskosität abnehmen: Der Verschleiß erscheint der kinematischen Zähigkeit umgekehrt proportional.

Gleiches geht auch aus Beobachtungen von WILLIAMS [40] an einem Ottomotor hervor: Wie die Abb. 158 bis 161 erkennen lassen, sinkt der Zylinderverschleiß mit zunehmender Viskosität fast regelmäßig ab; wird die Schmierung jedoch knapper, so erscheint der Ringverschleiß hingegen nicht immer eindeutig beeinflußt.

Mit Spritzöl geschmierte Dieselmotoren zeigen bei Verwendung zu dünner Öle immer einen erhöhten Ringverschleiß.

Auch bei minder guten Abdichtungsverhältnissen an Kolben und Ringen kann der Verschleiß durch Verwendung von Ölen höherer Viskosität — bei gleichbleibender Ölmenge — in der Regel gesenkt werden.

Ist dagegen die Ölversorgung der Zylinder recht sparsam, so läßt sich unter Umständen das Umgekehrte beobachten: Dies kann aber damit zusammenhängen, daß die in die Zylinder gelangende Ölmenge mit sinkender Viskosität ansteigt; verringert man die Ölmenge auf die mit dem dickeren Öl eingehaltene Höhe, so zeigt sich in der Regel mit dem dünneren Öl ein höherer Verschleiß.

Auch bei mit Druckschmierung ausgestatteten großen Zylindern kann bei sehr sparsamer Schmierung und besonders dann, wenn die Schmierstellen zu weit voneinander angeordnet sind, die Verwendung eines dünnen Öls zuweilen einen günstigeren Ringverschleiß zur Folge haben, weil das Öl sich rascher und gleichmäßiger über den Zylinderumfang verteilt.

Im allgemeinen scheint es aber so zu sein, daß bei hohen Zylinderwandtemperaturen die Ölzähigkeit eine verhältnismäßig geringe Rolle spielt; liegen die Temperaturen jedoch niedrig, herrschen also korrosionsfördernde Bedingungen vor, so kann der Verschleiß bei Verwendung dünner Öle erheblich — beobachtet wurde bis zum sechsfachen — höher liegen als mit Ölen höherer Viskosität; die Filme dünner Öle können also starken korrosiven Einflüssen offenbar viel weniger widerstehen, als solche von dicken Ölen.

In allen Fällen aber steigt der Verschleiß in stärker ausgelaufenen Zylindern mit dünnen Ölen rascher an, als mit Ölen höherer Viskosität.

3. Verschleiß und Schmierölmenge. Durch die letzten Ausführungen wurde der Zusammenhang zwischen Schmierölmenge und Ringverschleiß bereits gestreift. — Jedenfalls ist es so, daß der Verschleiß von der an die Lauffläche und Flanken des obersten Ringes gelangenden Frischölmenge und der hier stattfindenden Ölerneuerung abhängt, und daß hierzu eine gewisse Mindestölmenge erforderlich ist. — Wird diese überschritten, so wird der Verschleiß nicht sonderlich beeinflußt, solange die Schmierung nicht so überreichlich ist, daß überschüssige Ölmengen in den Verbrennungsraum eindringen und dort zu übermäßigen Rückstandsbildungen führen, die verschleißerhöhend wirken müssen, vgl. Abb. 159 — 161.

Wird aber die zur Gleitflächenschmierung und vielleicht auch zur Abdichtung erforderliche Mindestölmenge unterschritten, so steigt der Verschleiß scharf an, Abb. 162, 163. Denn Verschleiß tritt immer nur dort auf, wo die Schmierung aus irgend einem Grund versagt, wobei es schließlich gleichgültig ist, ob das Versagen auf eine unzureichende zugeführte Ölmenge, oder auf die Art der Ölzuführung, auf die Qualität des Schmiermittels oder schließlich auf Fehler in der Gestaltung der zu schmierenden Teile zurückzuführen ist.

Die Darstellungen der Abb. 162 und 163 gelten natürlich nur für die im untersuchten Fall gegebenen Verhältnisse, das heißt vor allem für die dort verwendete Ringbestückung und -ausführung, für die verwendeten Schmieröle und Kraftstoffe und den Neuzustand der Maschinen, in welchem die Untersuchung erfolgte, sowie für die eingehaltenen Betriebsbedingungen.

Hinsichtlich der in die Zylinder, bzw. bis an die Ringe gelangenden Ölmenge ist es wichtig, daß sie am ganzen Umfang möglichst gleichmäßig verteilt wird; Unterschiede im Schmierzustand wirken sich immer in Verschleißunterschieden und überdies in merklichen Verschleißsteigerungen aus.

Mit anschmiegsamen Ölringen und achsial niedrigen Kompressionsringen läßt sich in der Regel ein Anreiben der Ringe, das durch die im Betrieb oft unvermeidlichen Zylinderverformungen eingeleitet werden kann, verhindern.

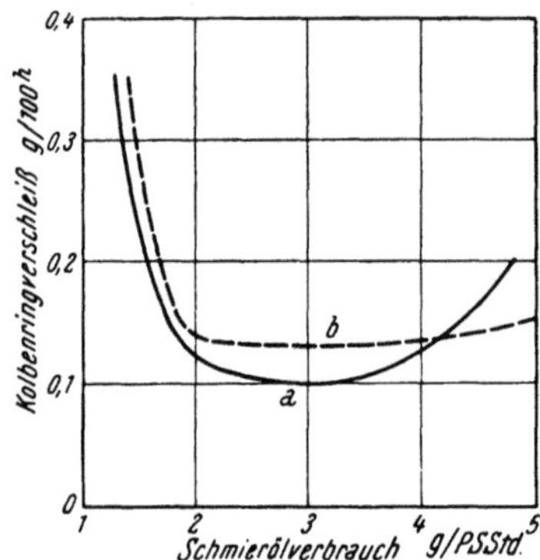

Abb. 162. Verschleiß am ersten Ring eines 4-Zylinder Viertakt-Fahrzeug-Dieselmotors 110 ⌀ × 130, $n = 2200$, $p_e = 6,6$ kg/cm² in Abhängigkeit vom Ölverbrauch (Mittelwert aus allen vier Zylindern)
1. Ring: Zylindr. Verdichtungsring
    110/101,2 × 3,5, formgedreht
Spritzölschmierung:
a Schmieröl Heavy duty SAE 40
b Schmieröl Premium SAE 30
    Kühlwassertemperatur 88° C

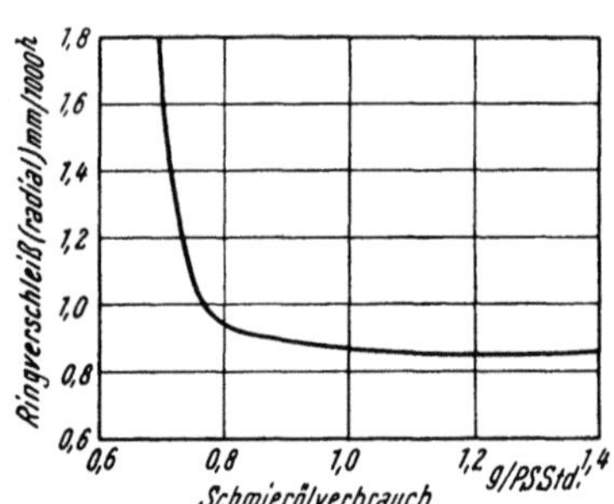

Abb. 163. Verschleiß am ersten Ring eines Zweitakt-Dieselmotors
600 ⌀ × 1100, $n = 110$, $p_e = 4,36$ kg/cm², in Abhängigkeit von der zugeführten Zylinderschmierölmenge
Druckschmierung
Schmieröl: Naphthenbasisches Öl ohne Zusatz,
Kühlwassertemperatur: Zufluß 52° C, Abfluß 66° C

Störungen dieser Art werden nämlich häufig dadurch hervorgerufen, daß normale, steife Ölringe nicht immer fähig sind, einen zur Schmierung der Verdichtungsringe unter allen Betriebsbedingungen hinreichenden Schmierfilm von gleichmäßiger Stärke auf der Zylinderwand herzustellen: Dies ist zwar verhältnismäßig einfach, wenn die Ringe in geraden, kreiszylindrischen Zylinderbohrungen arbeiten; wo dies aber nicht der Fall ist, wird die Aufgabe wesentlich schwieriger und hoher Verschleiß und kurze Lebensdauer der Ringe sind die Folge. Der erfolgversprechendste und sicherste Weg, um den ungünstigen Wirkungen starker Ablagerungen und von Furchenstellen in verformten Zylindern zu begegnen, ist der, die Ölringe, unter Umständen jedoch auch die Verdichtungsringe, möglichst anschmiegungsfähig zu machen; ist der Ölring in der Lage, ohne Rücksicht auf die Form, in welche er durch die Wandung gezwungen wird, einen möglichst gleichförmigen Anpreßdruck auszuüben und dabei auch der Veränderung der Form der Bohrung bei der Bewegung zu folgen, so ist das Ergebnis ein überall am Umfang gleich starker, bis zu den Verdichtungsringen reichender Ölfilm, womit die Freßgefahr weitgehend beseitigt erscheint.

Damit nimmt übrigens in der Regel auch der Ölverbrauch ab und es zeigt sich das zunächst überraschende Ergebnis, daß Maschinen mit auffallend niedrigem Ölverbrauch oft auch ungewöhnlich niedrigen Verschleiß zeigen: Dies läßt vermuten, daß in solchen Maschinen der ideale, immer anzustrebende minimale Ölverbrauch wenigstens angenähert erreicht ist. Die in die Zylinder gelangende Ölmenge reicht gerade hin, um die Verdichtungsringe unter allen Arbeitsbedingungen noch ausreichend zu schmieren und die Wärmeableitung aus den Ringen zu sichern.

4. Einfluß der Ölalterung auf den Verschleiß. Da die Schmierölqualität einen sehr wesentlichen Einfluß auf den Verschleiß nimmt, wirken sich natürlich auch alle jene Veränderungen, die das Öl im Betrieb oder durch Lagerung erleidet und auf die im Abschnitt V näher eingegangen wird, sehr stark aus; denn mit diesen Veränderungen ändern sich nicht nur die physikalischen und chemischen Eigenschaften des Öls, sondern auch seine Struktur und schließlich auch sein Reinheitsgrad.

Abb. 164 zeigt die Ergebnisse von Versuchen, die von BECK [41] im Kraftfahrtechn. Institut der TH. Dresden ausgeführt wurden; bei diesen Versuchen wurde nach einer Einlaufperiode *a* zunächst Frischöl gefahren, (Periode *b*), dann während der Periode *c* gebrauchtes Öl, das vorher im gleichen Motor während 20 Stunden benützt worden war, schließlich während der Periode *d* ein im gleichen Motor bereits während 40 Stunden gealtertes Öl. Während sich in der Periode *c* ein wesentlich gesteigerter ·Verschleiß sowohl an den Ringen als auch in den Zylindern gegenüber der Periode *b* ergab, war in der Periode *d* gegenüber *c* zwar eine erhebliche weitere Steigerung des Zylinderverschleißes zu verzeichnen, doch blieb der Ringverschleiß fast unbeeinflußt.

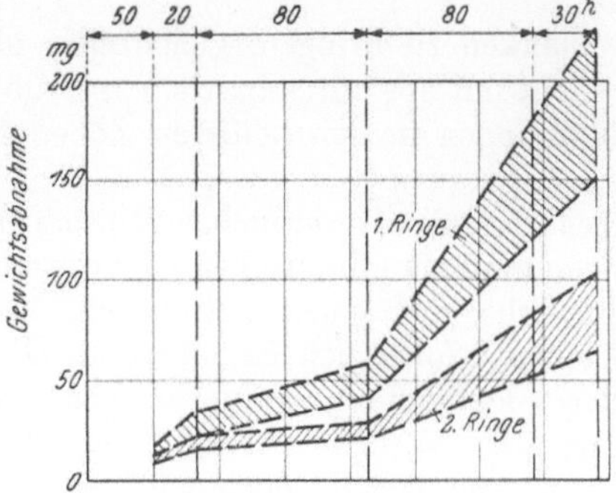

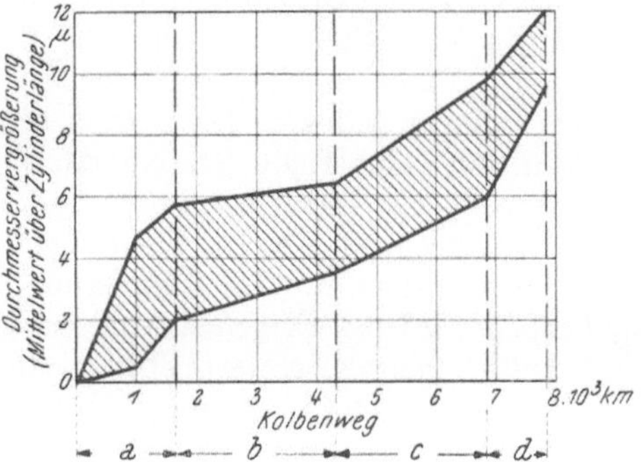

Abb. 164. Einfluß der Ölalterung und -verschmutzung auf Ring- und Zylinderverschleiß (Nach BECK [41])

Versuchsmotor: 6-Zylinder-Otto-Motor;

$V_H = 2$ lit, $n = 3200$ U/min, $^3/_4$-Last. — Kühlwassertemperatur (Austritt) 90°

a Einlaufperiode

b alle 20 Stunden Ölerneuerung durch Frischöl

c alle 20 Stunden Ölerneuerung durch Altöl (20 Stunden gelaufenes Öl)

d alle 10 Stunden Ölerneuerung durch Altöl (40 Stunden gelaufenes Öl)

Schmieröl: Gemischtbasisches Öl

Altöle im Motor selbst gealtert

IV. Kolbenringe und Ölverbrauch

1. Zylinder-, Kolben- und Kolbenringschmierung

Als gleitend unter Druckübertragung bewegte Teile müssen Kolben und Ringe im Zylinder hinreichend geschmiert werden; der Ring- und Zylinderverschleiß, das Abdichtungsvermögen von Ringen und Kolben sowie die Wärmeableitung aus diesen Teilen zum Zylinder hängen vom Vorhandensein eines wirksamen Ölfilms an den Gleit- und Dichtungsflächen ab. Das Problem bei dieser Schmierungsaufgabe besteht darin, genügend rasch und mit Sicherheit hinreichende Ölmengen bis an jene Stellen, an denen die höchsten Beanspruchungen erfolgen, also bis in die obere Totlage der obersten Ringe sowie an deren Flanken zu bringen, gleichzeitig aber ein Überschmieren zu vermeiden, u. zw. nicht nur aus wirtschaftlichen Gründen, sondern auch um schädliche Rückstandsbildungen in den heißeren Zonen hintanzuhalten.

Ölbedarf und Ölverbrauch. Hinsichtlich der in den Zylinder gebrachten Ölmengen muß man unterscheiden zwischen dem *Ölbedarf*, das ist jene Ölmenge, die zur Erhaltung eines stationären, hinreichenden Schmierzustandes an den Gleitflächen erforderlich ist, und dem *Ölverbrauch*, das ist die tatsächlich dem Zylinder zugeführte und hier sowohl für die Schmieraufgabe, als auch zur Deckung aller Verluste verbrauchte Ölmenge. Im Idealfall wären die beiden Werte einander gleich, doch wird dies praktisch kaum jewann zutreffen; im allgemeinen ist der Ölverbrauch größer als der Ölbedarf, und zwar in den meisten Fällen ein Vielfaches desselben. Die Gründe hierfür sind mehrfacher Natur:

Zunächst sind sie schon in den Unterschieden und Möglichkeiten der Ölzufuhr in den Zylinder bedingt. Diese kann bisher nur von der Zylinderwandseite aus erfolgen und zwar erhält letztere das Öl entweder als Spritzöl vom offenen Zylinderende her (Spritzölschmierung), oder es wird mittels Drucköpumpen durch entsprechend gelegene Bohrungen im Zylinder auf die Zylinderlauffläche gebracht und hier mittels Schmiernuten verteilt (Druckölschmierung); oder schließlich wird das Öl gemeinsam mit dem Kraftstoff im Gemisch eingeführt und schlägt sich als schwerflüchtiger Anteil an den kühlen Wandungen nieder, wie bei kleinen Vergasermotoren (Mischungsschmierung).

Der zur hinreichenden Schmierung des Zylinders erforderliche *Ölbedarf* unterteilt sich jedoch nach den mehrfachen Aufgaben, die das Schmieröl zu erfüllen hat, in dem der reinen Schmierung der bewegten Teile dienenden Anteil, in jenen Anteil, der für die Abdichtung zwischen den gleitenden Flächen erforderlich ist, sowie schließlich in jene Ölmenge, die kühlend und spülend wirken soll. Jeder dieser Anteile kann für sich und im Verhältnis zu den anderen in weiten Grenzen schwanken.

Den Kolbenringen fällt dabei die Aufgabe zu, das den Zylindern zugeführte Öl in der den Anforderungen entsprechenden Weise zu verteilen; wird das Öl dem Zylinder in nicht geregelter Weise im Überschuß zugeführt, so müssen sie überdies den Ölverbrauch den gegebenen Bedürfnissen entsprechend regeln und das überschüssige Öl möglichst ohne weitere Schädigung aus dem Zylinder entfernen, z. B. in den Kurbelraum zurückbefördern, und dessen Übertritt in den Verbrennungsraum verhindern.

Die Aufgabe der Ringe muß also, je nach der Art der Ölzufuhr zum Zylinder, in zum Teil unterschiedlicher Weise erfüllt werden, je nachdem, ob es sich um obengeschmierte Motoren, spritzölgeschmierte raschlaufende Tauchkolbenmaschinen oder um Motoren, die mit gesonderten Schmierölpumpen für die Zylinderschmierung arbeiten, handelt. In allen Fällen jedoch muß die Zylinderlaufbahn beim Übergleiten der Ringe und Kolben mit einem Schmierölfilm von solcher Dicke überzogen sein, daß er einerseits — bei genügender Gleitgeschwindigkeit des Kolbens — auf möglichst große Teile des Kolbenwegs das Zustandekommen flüssiger Reibung an den Ringen ermöglicht, andererseits durch die von der Zylinderwand ausgehende Kühlwirkung wenigstens teilweise vor Verbrennung durch die Zylinderladung auch dann geschützt ist, wenn der zurücklaufende Kolben ihn der Einwirkung der im Verbrennungs- und Expansionsraum herrschenden Temperatur freigibt.

Es wird heute angenommen, daß die Stärke des an der Zylinderlauffläche im vollständigen Gleichgewicht befindlichen Ölfilms etwa 1000 Å beträgt; doch muß hier sicherlich mit sehr großen Unterschieden und Schwankungen gerechnet werden. — Unter der Einwirkung der Temperatur soll nur die oberste Schicht des an der Lauffläche haftenden Ölfilms verbrennen. Dessen Dicke ist daher zweifellos auch deshalb ein sehr wichtiger Faktor, da er die Konzentration der Oxydationsprodukte in der Ölschicht bestimmt; denn offenbar wird bei einem dünnen Film ein verhältnismäßig größerer Anteil seiner Moleküle der Zerstörung ausgesetzt und es steht nur eine geringere Ölmenge zur Aufnahme der gebildeten Oxydationsprodukte zur Verfügung. — Dabei spielen natürlich auch die im Zylinder, an den Zylinderwandungen und am Kolben herrschenden Temperaturen eine Rolle; je höher diese liegen, desto stärker wird das Öl oxydiert, desto dünnflüssiger wird es, desto mehr verliert es seine Schmierfähigkeit und sein Haftvermögen an den Metallflächen und desto größer wird die Neigung zum Trockenlaufen der Zylinder und damit der Verschleiß, vor allem in der Nähe der oberen Totlage des ersten Ringes.

Die je Arbeitsspiel verbrannte oder zerstörte Ölmenge wird — außer von der Ölqualität — von der auf den Film einfallenden Wärmemenge, von der Zeitdauer der Einwirkung sowie von der Flächenausdehnung des Films abhängen. Hinsichtlich der dem Zylinder zur Erfüllung der Schmierungsaufgabe zuzuführenden Ölmenge und der zulässigen Belastung des Ölfilms ergibt sich, wie z. B. aus Veröffentlichungen der Caltex Petroleum Products [98] zu entnehmen ist, für jede Ölsorte in einem bestimmten Maschinentyp ein kritischer Grenzwert k, der nicht überschritten werden darf, wenn die Schmierung nicht notleidend

werden soll; diese wird angegeben zu $k = \dfrac{N_e \text{ je Zyl}}{\pi \cdot D \cdot S \cdot n}$ als die auf die Einheit der

von den Ringen je Umdrehung bestrichenen Zylinderoberfläche, das heißt auf die Oberflächeneinheit des jeweils neugebildeten Ölfilms, entfallende Leistung. Dabei stellt letztere ein Maß für die Druck- und Wärmebelastung des Ölfilms vor. Da die Leistung N_e auch wieder der Drehzahl proportional ist, bliebe der kritische Wert k von dieser offenbar unabhängig oder nur wenig beeinflußt. Es ist aber wohl anzunehmen, daß in der Zone der höchsten Temperaturen im Zylinder umso größere Anteile des Schmierfilms verbrennen, je länger sie den hohen Temperaturen ausgesetzt bleiben und je höher diese sind; das heißt: nahe der oberen Totlage wird der Ölfilm am weitestgehenden zerstört, und zwar bei langsamlaufenden Maschinen in stärkerem Maß, als bei schnellaufenden. — RICARDO [39] gibt hierzu an, daß in jedem normalen schnellaufenden Motor von geschlossener Bauart 90% des verbrauchten Schmieröls im Zylinder verbrennen.

Die bei jedem Arbeitshub auf diese Weise verbrannte Ölmenge muß beim darauffolgenden Aufwärtsgang des Kolbens wieder ersetzt werden; die tatsächlich zerstörten Ölmengen sind aber offenbar bei gut abdichtenden Kolben und Ringen verhältnismäßig nur sehr gering.

Im allgemeinen bezieht man heute den Schmierölverbrauch von Verbrennungsmotoren, in Anlehnung an die Kraftstoffverbrauchsangaben, in nicht ganz glücklicher Weise auf die Nennleistungseinheit je Stunde. Als Anhaltswerte für diesen bezogenen Ölverbrauch moderner Motoren werden z. B. folgende Zahlen angegeben:

Kleine schnellaufende Tauchkolbenmotoren mit Spritzölschmierung	2 bis 3	g/PS h
Größere Tauchkolbenmotoren Viertakt	0,6 bis 1,2	g/PS h
Zweitakt	0,8 bis 1,5	g/PS h
Einfachwirkende Kreuzkopfmotoren, Viertakt	0,3 bis 0,5	g/PS h
Zweitakt	0,6 bis 1,2	g/PS h
Doppeltwirkende Zweitaktmotoren	0,8 bis 1,4	g/PS h

Nimmt man in erster Annäherung an, daß diese gesamten Ölmengen tatsächlich im Arbeitshub verbrennen und nicht etwa durch den Auspuff oder auf anderen Wegen verloren gehen und daß ferner über den ganzen Kolbenhub am ganzen Zylinderumfang eine gleich starke Ölschicht abbrennt, so ergibt sich als Stärke $\varDelta$ dieser Schicht ganz allgemein für Viertaktmotore

$$\varDelta = \frac{\ddot{O} \cdot N_e}{60 \cdot n/2 \cdot \pi \cdot D \cdot S} \quad \text{und mit} \quad N_e = \frac{\pi \, D^2/4 \cdot S \cdot n \cdot p_e}{900},$$

$$\varDelta = \frac{\ddot{O} \cdot D \cdot p_e}{108 \cdot 10^9}, \quad \text{mm}$$

für Zweitaktmotore:

$$\varDelta = \frac{\ddot{O} \cdot N_e}{60 \, n \cdot \pi \cdot D \cdot S} \quad \text{und mit} \quad N_e = \frac{\pi \, D^2/4 \cdot S \cdot n \cdot p_e}{450} \quad \text{wieder}$$

$$\varDelta = \frac{\ddot{O} \cdot D \cdot p_e}{108 \cdot 10^9} \quad \text{mm}$$

worin bedeuten:

$\ddot{O}$ spezifischer Ölverbrauch in mm^3/PSh,

D Zylinderdurchmesser mm,

p_e mittlerer effektiver Druck kg/cm^2.

Aus der gefundenen Gleichung ließe sich folgendes herauslesen:

Wäre $\varDelta$ konstant, das heißt würde bei allen Maschinen eine Ölfilmschicht gleicher Stärke abbrennen, so müßte das Produkt $\ddot{O} \cdot D \cdot p_e$ konstant sein; arbeiten die Maschinen dabei mit gleichem p_e, so müßte das Produkt $\ddot{O} \cdot D$ konstant bleiben; das heißt der Ölverbrauch wäre dem Zylinderdurchmesser in erster Annäherung umgekehrt proportional. Überprüft man korrekt gemessene Verbrauchswerte verschiedener Motoren in diesem Sinn, so zeigt sich — wenigstens für Viertaktmotoren — die erwähnte Beziehung zwischen $\ddot{O}$ und D im großen ganzen ungefähr angedeutet; bei Zweitaktmotoren ist die Übereinstimmung kaum zu finden, wohl weil sehr unterschiedliche anteilige Schmierölmengen durch die Spül- und Auslaßschlitze verloren gehen (vgl. Zahlentafel 11).

Die nach obiger Gleichung sich ergebende Beziehung zwischen dem bezogenen Ölverbrauch und dem effektiven (oder indizierten) Mitteldruck besteht jedoch keineswegs; so brauchen z. B. selbst auf sehr hohe Mitteldrücke aufgeladene Motoren kaum oder nur unwesentlich mehr Zylinderschmieröl, als die entsprechenden nicht aufgeladenen Motoren. — Die für die Zylinder- bzw. Kolben- und Ringschmierung je Arbeitsspiel erforderliche Ölmenge, also der Ölbedarf, scheint daher in erster Linie von folgenden Faktoren beeinflußt zu werden:

Von der Maschinengattung und -bauart;

von der Größe der von den Ringen bestrichenen Zylinderfläche;

von den Drücken und Temperaturen im Zylinder;

von der Kühlung und der Temperatur der Zylinderwand;

von der Güte der Ölverteilung über die Zylinderlauffläche in Umfangs- und in achsialer Richtung;

von der Güte der Abdichtung an Kolben und Ringen;

von der Schmierölqualität;

ferner in geringerem Maß von der Drehzahl und der spezifischen Belastung der Maschine.

Nach Zahlentafel 11 würde die durchschnittliche Stärke der je Arbeitshub verbrauchten Ölschicht zwischen etwa 80 und 330 Å schwanken; sie ist am geringsten für die druckölgeschmierten Zylinder großer langsamlaufender Kreuzkopfmaschinen und kommt hier wohl dem eigentlichen Ölbedarf, also der tatsächlich für die Zylinder-, Ring- und Kolbenschmierung aufzuwendenden Ölmenge, am nächsten. Sie liegt nicht wesentlich höher für Tauchkolben-Viertaktmotoren mit Spritzölschmierung, im allgemeinen aber — wenigstens scheinbar — bedeutend höher für Zweitaktmotoren aller Bauarten, doch gehen hier immer beträchtliche Ölmengen durch die Schlitze verloren, wiewohl daneben auch andere, später noch erwähnte Gründe einen höheren Ölbedarf bedingen.

Zahlentafel 11

Motor	Ölverbrauch je Zylinder							
	D	S	n	p_e (p_i)	g/PS$_e$ h (g/PS$_i$h)	mm³/PS$_e$ h × 1000	mm³/ Arbeits- hub	Δ Å
Tauchkolbenmotoren								
4-Takt 6-Zyl.-Otto	66	96	3750	6.7	3,2	3,55	1,74	87,6
4-Takt V8-Zyl.-Otto	77,5	95,5	3800	5,9	2,7	3,0	2,37	102,5
4-Takt 1-Zyl.-Diesel	100	140	1250	5,25	2,8	3,12	0,665	151
4-Takt 1-Zyl.-Diesel	150	200	900	6,2	2,3	2,56	2,09	223
4-Takt 1-Zyl.-Diesel	250	380	400	5,8	1,7	1,89	7,55	254
4-Takt 6-Zyl.-Lastw.-Diesel	130	170	1600	6,2	2,8	3,12	1,62	234
4-Takt 6-Zyl. stat. Diesel	420	660	273	5,6	1,35	1,50	28,5	328
2-Takt 4-Zyl.-Lastw.-Diesel								
2-Takt								
Kreuzkopfmotoren								
4-Takt-Schiffsdiesel	550	1000	130	6,3	0,27	0,30	16,6	96,5
4-Takt-Schiffsdiesel	740	1500	100	6,5	0,29	0,32	49,6	143,0
4-Takt-Schiffsdiesel	740	1500	100	8,3	0,13	0,14	27,8	79,8
2-Takt-Schiffsdiesel	670	1260	90	6,0	0,26	0,29	28,6	108,0
2-Takt-Schiffsdiesel	788	1220	90	5,6	0,65	0,72	89,2	296
2-Takt-Schiffsdiesel	680	1070	95	5,5	0,59	0,66	52,3	229
2-Takt doppeltw.Schiffsdiesel	450	2 × 1200	110	6,5	0,49	0,55	25,2	149
2-Takt doppeltw.Schiffsdiesel	600	2 × 1100	105	5,1	0,78	0,87	51,1	247

Es ist natürlich so gut wie unmöglich, im vorhinein zutreffende Angaben hinsichtlich der zur richtigen Zylinderschmierung für eine bestimmte Motorentype erforderlichen und richtigen Schmierölmenge — weder hinsichtlich des Bedarfes noch des Verbrauches — zu machen: Sie hängt in stärkstem Maß von der individuellen Eigenart des Motores, von seinem Zustand, den Belastungs- und sonstigen Betriebsverhältnissen sowie von der angewendeten Schmierölqualität ab. Die „richtige" Schmierölmenge stellt man im allgemeinen nach dem Eindruck fest, den man bei Besichtigung der Zylinderbohrungen, der Kolben und Ringe nach längeren Laufzeiten gewinnt: sie sollen gerade leicht ölig aussehen und nur mäßig verfärbt sein. Richtiger wäre natürlich die Ermittlung an Hand zuverlässiger Verschleißbeobachtungen, die aber äußerst schwierig durchzuführen und außerordentlich langwierig sind.

Da die Dicke des zwischen Ringen und Zylinderlauffläche befindlichen Ölfilms mit höherer Kolbengeschwindigkeit und steigender Ölviskosität wächst, ist es in schnellaufenden Maschinen, aber auch in solchen mit mäßigen Drücken, leichter, einen wirksamen Ölfilm aufrechtzuerhalten, als in langsamlaufenden oder mit hohen Drücken arbeitenden. Da die Ölfilmdicke ferner auch mit höherem Anpreßdruck der Ringe abnimmt, können schnellaufende Motoren dank des hier stärkeren Ölfilms mit Ringen von höheren Anpreßdrücken ausgerüstet werden, als langsamlaufende Maschinen.

Auf jeden Fall besteht bekanntlich bei Kolbenstellungen in Nähe der Totlagen, wo die Kolbengeschwindigkeit niedrig ist, die Neigung zum Auftreten des als „Grenzschmierung" bezeichneten Zustandes; nahe der Hubmitte, wo höhere Geschwindigkeiten herrschen, tritt Neigung zu flüssiger Reibung auf. Ob und inwieweit und wo schließlich diese Tendenz sich verwirklicht, hängt von den jeweils im Zylinder gegebenen Verhältnissen ab, in erster Linie auch von der zugeführten Ölmenge: Ölmangel vergrößert auf jeden Fall die Zone der Grenzschmierung und erhöht damit den Abriebverschleiß; überdies sind die durch den Ölfilm nicht oder nur unvollkommen geschützten Teile der Laufflächen auch Korrosionsangriffen gegenüber anfälliger.

Bei der Hin- und Herbewegung des Kolbens und durch die Einwirkung des heißen Zylinderinhaltes wird der Ölfilm geschwächt und abgetragen; wird nicht bei jedem Arbeitsspiel genügend Öl zugeführt, so breitet sich die Zone halbtrockener Reibung je nach dem Grad des Ölmangels mehr oder weniger rasch aus. Dort, wo die Schmierung unzureichend ist, tritt Verschleiß auf und dieser wieder erfolgt eben weil die Schmierung nicht hinreicht.

Der Kühlung kommt dabei ein doppelter Einfluß zu: einmal durch ihren Einfluß auf die Ölviskosität, ferner aber auch durch den Schutz der Ölschicht vor Überhitzung und Zerstörung.

Im allgemeinen gilt: je geringer die Zähflüssigkeit des Öls, je höher die Belastung der Kolbenringe (durch Gasdruck hinter den Ringen und Temperatur) und je geringer die Kolbengeschwindigkeit, desto leichter und stärker wird der Schmierölfilm zwischen Ring- und Zylinderlauffläche geschwächt und weggedrückt; wenn auch eine ausreichende Ölmenge für die Aufrechterhaltung einer hinreichenden Schmierung unerläßlich ist, so darf nicht übersehen werden, daß es unmöglich ist, den Abriebverschleiß an Zylindern und Ringen vollständig zu vermeiden, auch nicht bei großem Überschuß an Schmieröl und vollständig abdichtenden Ringen, weil es eben in der Nähe der Totlage unter allen Bedingungen zu halbtrockener Reibung kommen muß.

Sollen Angaben über den Ölverbrauch von Maschinen richtig beurteilt werden, so ist es immer erforderlich, daß gleichzeitig angegeben wird, ob das Öl ausschließlich zur Zylinderschmierung oder auch für die Schmierung der Lager oder für andere Zwecke verbraucht wurde, ferner ob Lecköjverluste beobachtet wurden oder möglich sind; die Art der Zylinderschmierung muß mitangegeben werden. — Eine feste, allgemein gültige Beziehung zwischen Zylinderschmierölverbrauch und Verschleiß, bzw. dem Beginn des Anreibens besteht nicht. Auch Maschinen mit hohem Ölverbrauch zeigen häufig starken Verschleiß und auch dies hängt wieder von der Maschinenbauart, der Ausführungsgenauigkeit, der Betriebsweise und dem individuellen Zustand ab; häufig finden sich dagegen außerordentlich niedrige Werte für den Zylinderschmierölverbrauch bei sehr günstigen Verschleißergebnissen. — Es ist aber auch möglich, durch kürzere Zeit mit stark gedrosselten Ölmengen zu fahren, ohne daß augenblicklich besondere Störungen oder Schäden in Erscheinung treten und auf diese Weise einen sehr niedrigen Ölverbrauch vorzutäuschen; andererseits kann man aber auch immer erreichen, durch Senken der dem Zylinder und den Ringen zugeführten Ölmengen bei längerer Betriebsdauer die Zylinder schließlich so weit trocken gehen zu lassen, daß ein erhöhter Verschleiß bzw. ein Anreiben erzwungen werden kann (vgl. Abb. 162, 163).

Für die richtige Ringschmierung ist es wichtig, daß beim Aufwärtsgang des Kolbens solange als möglich ein flüssiger Ölfilm zwischen Ring- und Zylinderlauffläche erhalten bleibt und daß dieser Film im Abwärtsgang sobald als möglich wiederhergestellt wird. Der Bestand des Schmierfilms beruht auf dem Zusammenwirken der die Berührung zwischen den beiden Gleitflächen bestimmenden Faktoren und es nehmen daher Einfluß:

Die zugeführte Ölmenge und die Art der Ölzuführung;

die Relativgeschwindigkeit zwischen Ringen und Zylinder;

der spezifische Anpreßdruck der Ringe; ihre Gestaltung und Anordnung im Kolben;

die Beschaffenheit der Laufflächen, das heißt ihre Rauhigkeit und Ausführung.

die Eigenschaften des Schmiermittels;

die einflußnehmenden Temperaturen.

Die notwendige Erneuerung oder Auffrischung des Ölfilms an der Zylinderlauffläche findet bei jedem Aufwärtsgang des Kolbens statt. Soll der Ölfilm entstehen und bestehen bleiben, so setzt dies zunächst eine genügende Ölversorgung voraus: Die dem Zylinder zugeführte Ölmenge muß hinreichen, um das im Verbrennungsraum zerstörte oder fortgeblasene, sowie das durch die Auslaßorgane oder sonstigen Leckstellen verloren gegangene oder abgeleitete Öl zu ersetzen. Das in Abfasungen oder in Ölrillen haften bleibende gespeicherte Öl wird von den Kolben und Ringen bis in die obere Totlage der entsprechenden Speicherstellen ausgebreitet, soweit es nicht etwa durch Leckstellen an den Ringlaufflächen fortgeblasen wird. — Ist die Ölzufuhr zu knapp, so ist die Bildung eines genügend dicken Ölfilms auf die Dauer unmöglich und es kommt zu trockener Reibung.

Ist der Ölfilm sehr dick und haben die Ringe, vorab der oberste Ring, die Tendenz, Öl nach aufwärts abzustreifen, so fördert letzterer wohl eine gewisse Ölmenge auch noch bis in den Spalt zwischen Feuersteg und Zylinder; dieses als verloren anzusehende Öl wird sowohl am heißen Feuersteg des Kolbens, als auch, soweit es an der Zylinderwand haften bleibt, im folgenden Arbeitshub zerstört und kann Anlaß zu starken Rückstandsbildungen am Feuersteg und an den obersten Ringen geben. — Zur Mitschleppwirkung der Ringe und Kolben gesellt sich noch die Pumpwirkung der Ringe (vgl. S. 189), wodurch die Tendenz der Ölförderung nach dem Verbrennungsraum hin verstärkt wird.

Das Bestehen des Ölfilms an der Zylinderwand und an den Ringlaufflächen setzt ferner volle Abdichtung an den Gleitflächen voraus. Wesentlich erschwert oder gestört wird daher die Schmierung dort, wo die Ringe durchblasen — gleichgültig ob infolge von Formfehlern oder infolge statisch oder dynamisch gestörter Wirkungsweise der Ringe. An Durchblasestellen wird der Ölfilm vorzeitig überhitzt und oxydiert, bzw. verbrannt oder auch fortgefegt; liegt die Metalloberfläche dann ungeschützt mehr oder weniger blank da, so werden sowohl Korrosions- wie auch Erosionsangriffe begünstigt. — Außer diesem lokalen Durchblasen infolge eines örtlich nicht lichtspaltdicht anliegenden Ringes gibt es aber bei umkehr- und quergespülten Zweitaktmotoren überdies ein nicht zu vermeidendes allgemeines Durchblasen zwischen Kolben und Zylinder in dem Augenblick, wo der erste Ring die Schlitze freigibt, und auch schon vorher ein geringeres Durchblasen an den Ringstegen.

Besonders schädlich wirken sich Durchblasestellen am ersten Ring, in geringerem Maß aber auch an allen folgenden aus. Insbesondere stellen auch offene Ringstöße stets solche Durchblasquerschnitte vor und die Schmierung wird daher an den Stoßenden der Ringe sowie an den auf die Stoßstelle folgenden Umfangstellen des nächsten Ringes immer gestört oder mangelhaft; daraus erklärt sich auch — wenigstens zum Teil — die günstige Wirkung der Anwendung gasdichter Ringstöße, insbesondere in Zweitaktmotoren sowie in stärker verschlissenen Zylindern, wo der Gasdurchfluß durch offene Stöße sehr erheblich werden kann.

Erfolgt das Durchblasen nur über kurze Teile des Hubes, wie z. B. beim Überlaufen über kleinere Unregelmäßigkeiten in der Zylinderlauffläche, so kann der Ölfilm am Ring zwar örtlich weggeblasen werden oder verbrennen, er kann aber bei Weiterbewegung des Ringes im Zylinder sowohl im Aufwärts- wie auch im Abwärtsgang wiederhergestellt werden oder „ausheilen", sobald der Ring wieder zum Anliegen kommt. Immerhin können sich, von kleineren Fehlstellen im Zylinder ausgehend, infolge der gestörten Schmierung Längsstreifen mit verstärktem Verschleißangriff ausbilden.

Flattern die Ringe, was nur im Abwärtsgang des Kolbens möglich ist, so wird der Ölfilm infolge des heftigen allgemeinen Durchblasens am ganzen Zylinderumfang und oft auch auf größere Teile des Hubes ganz zerstört; nach dem Aufhören des Flatterns trifft der Ring schließlich während der weiteren Abwärtsbewegung im Zylinder wieder auf einen unzerstörten Ölfilm und die Schmierung kann — unter Umständen erst ziemlich weit abwärts im Zylinder — wieder einsetzen. — Flatternde Ringe führen immer auch zu hohem Ölverbrauch, weil die vom Gasdruck entlasteten Ringe keine Abstreifwirkung ausüben können.

Stehen Durchblasestellen an den Ringen genau übereinander, so werden sich an der Zylinderwand Längsstreifen ausbilden, an denen praktisch dort kein Schmieröl vorhanden ist, wo die Wirkung des Gasstroms so heftig ist, daß die Haftfestigkeit des Öls an der Wandung überwunden wird, oder wenn seine Temperatur so hoch ist, daß das Öl trotz der von der Wandung ausgehenden kühlenden Wirkung verdampft oder verbrennt. Bläst nur ein Ring, z. B. der oberste, örtlich durch, während der nächstfolgende an der gleichen Zylindererzeugenden gut dichtet, so wird letzterer den Ölfilm bis zu seiner oberen Totlage ausbreiten; der erste Ring kann jedoch in seiner höchsten Lage örtlich ungeschmiert bleiben, weil das Öl auch in Nachbarschaft der Durchblasestelle zerstört wird. Solche Stellen zeigen sich als Brandflecken an der Ringlauffläche. — Hohe Verdichtungsverhältnisse, hohe Zünddrücke und hohe Temperaturen erschweren infolge der verstärkten Neigung zum Durchblasen und der erhöhten Anforderungen an die Beständigkeit des Öls und seiner Schmierfähigkeit die Schmierung.

Bei Zweitaktmotoren ist die Gefahr einer unzureichenden Schmierung größer. als bei Viertaktmaschinen; nicht nur, weil die Wärmebelastung der Kolben, der Ringe und des Schmierölfilms höher liegt, sondern auch weil beim Überlaufen über die Spül- und Auslaßschlitze die Neigung besteht, das Öl von der Kolbenlauffläche sowie von den Ringen abzustreifen oder fortzublasen.

Im allgemeinen gilt auch: Je geringer die Zähigkeit des Öls, je höher die Belastung der Kolbenringe, je höher also der Gasdruck in den Nuten hinter denselben und je geringer die Kolbengeschwindigkeit, desto leichter wird der Ölfilm zwischen Zylinder- und Ringlauffläche weggequetscht; je länger der Gleitweg der Ringe, desto schwieriger ist es, den Bestand des Ölfilms aufrechtzuhalten. Aber auch bei reichlicher Schmierölversorgung ist es unmöglich, die Abnützung an den Gleitflächen unterhalb einer gewissen, unter anderem auch von Werkstoff und den Betriebsmitteln bedingten Grenze zu halten.

2. Schmierungsverhältnisse bei Spritzölschmierung

Beim spritzölgeschmierten *Viertaktmotor* trifft der oberste Ring im Abwärtsgang des Arbeitshubes auf den von den weiter abwärts gelegenen Ringen zurückgelassenen Ölfilm; die Abstreifwirkung der letzteren darf daher nicht zu vollständig, sondern muß vielmehr soweit begrenzt werden, daß die zur Schmierung des ersten Ringes erforderliche Ölmenge noch an der Zylinderwand haften bleibt; das von den Ringen beim vorausgegangenen Aufwärtsgang abgestreifte Öl, das zum Teil an den Ringstegen zwischen den Ringen stehen bleibt, zum Teil an die Ringflanken gelangt und in die Nut gedrückt wird, unterstützt diese Schmierung. — Wo der Kolbenhub größer ist, als die Kolbenlänge, gelangt auch noch der erste Ring in jenen Zylinderbereich, in welchem die Lauffläche reichlich mit Frischöl versorgt wurde; bei langen Kolben erhalten dagegen der erste Ring und dementsprechend auch die folgenden anteilmäßig mehr verbrauchtes Öl.

Während des Arbeitshubes wird der Film hoch auf Druck beansprucht, also weitgehend weggequetscht und abgestreift; nach dem Überlaufen des ersten Ringes liegt er der Einwirkung des brennenden Zylinderinhaltes mit seinen hohen Temperaturen frei ausgesetzt.

Beim folgenden Aufwärtsgang im Ausschubhub steht für die Schmierung des ersten Ringes nur der unverbrannt gebliebene Rest des Ölfilms an der Zylinderwand sowie jene kleine Ölmenge zur Verfügung, die der Ring selbst an seiner Lauffläche aus dem gut geschmierten unteren Zylinderende nach oben mitnimmt und die zur Erneuerung, bzw. zur Auffrischung des mehr oder weniger zerstörten Ölfilms dienen muß; die Beanspruchung des Films durch Druck ist verhältnismäßig gering.

Im Ansaughub verbrennt der von den Ringen freigegebene Ölfilm an der Zylinderlauffläche nicht; er bleibt kühl, die Speicherräume an den Ringen können sich — je nach der zur Verfügung stehenden Zeit und Schmierölmenge — mehr oder weniger gleichmäßig auffüllen. Die Druckbelastung des Films ist gering und derselbe hat daher Gelegenheit, sich während dieses Hubes gründlich zu erneuern, bzw. zu erholen und auszugleichen.

Im Verdichtungshub gleiten alle Ringe auf dem kühlen, erneuerten Ölfilm; die Druckbeanspruchung steigt mit dem Fortschreiten des Kolbens rasch an. (Über stroboskopische Beobachtung der Schmierölverteilung an Ringen und Nutenflanken während der Kolbenbewegung vgl. z. B. [55].)

Beim spritzölgeschmierten *Zweitaktmotor* gelangt der oberste Ring im Arbeitshub auch wieder auf den von den weiter abwärts gelegenen Ringen zurückgelassenen Ölfilm. Sobald er aber die Schlitzzone erreicht, bleiben namhafte Teile des Ringumfanges frei und der am Ring haftende Schmierfilm wird zum Teil weggeblasen, zum Teil aber auch verbrannt, gleichzeitig auch ein Teil des zwischen den Ringen gespeicherten Öls. Erst unterhalb der unteren Schlitzkanten besteht hier auf sehr kurzen Wegabschnitten und kurzzeitig die Möglichkeit zur Erneuerung des Ölfilms.

Während des Verdichtungshubes wird die Ölverteilung an den Ringen beim Überlaufen über die Schlitze neuerlich gestört; ein Teil des mitgenommenen Schmieröls wird wieder fortgeblasen. Die Ringe gelangen demnach mit einer recht ungleichmäßig verteilten, örtlich oft recht knappen Ölmenge auf die vom vorhergehenden Arbeitshub mit einem mehr oder weniger geschwächten Ölfilm bedeckte Zylinderlauffläche oberhalb der Schlitze; die kühlende und die Ölverteilung ausgleichende Wirkung des Ausschub- und Ansaughubes des Viertaktmotors fehlt beim Zweitaktmotor.

Deshalb werden kleine Zweitakt-Vergasermotoren mischungsgeschmiert, um die Zylinderlauffläche während der Spülperiode und des beginnenden Verdichtungshubes möglichst gleichmäßig mit aus dem Gemisch sich niederschlagendem Öl zu versorgen.

Bei allen spritzölgeschmierten Motoren, in gewissem Maß aber auch bei Tauchkolbenmotoren im allgemeinen, trifft das von Kurbelwellen- und Pleuellagern austretende und von den Gegengewichten, Kurbelwangen und Pleuelstangen abgeschleuderte Öl zum Teil direkt auf die Zylinderlaufflächen, zum Teil wird es auch durch die heftige Luftbewegung im Kurbelraum mitgerissen und trifft dann auf die Zylinderwandung, wo ein gewisser Anteil haften bleibt. Die Zylinder erhalten aber dabei das Öl keineswegs in gleichmäßiger Verteilung am ganzen Umfang, sondern bevorzugt an bestimmten Stellen; ferner kann bei Mehrzylindermotoren die Ölversorgung der einzelnen Zylinder oder, wie z. B. bei V- oder Boxermotoren, jene ganzer Zylinderreihen, recht unterschiedlich sein. Soweit der Kolben in der unteren Totlage aus der Zylinderbohrung austritt, wird auch der untere Teil des Kolbenschaftes mit Schmieröl bespritzt und der Kolben reißt dieses mit in den Zylinder hoch.

Schließlich wird bei manchen Motoren auch sehr reichlich Schmieröl in das Innere der Kolben geschleudert und dort mitgerissen; durch unrichtig angeordnete Ölbohrungen, bei geschlitzten oder mit Fenstern versehenen Kolben auch durch die Schlitze und Fenster, kann ebenfalls Schmieröl — und zwar unter Umständen in sehr beträchtlichen Mengen — an die Zylinderwandung gelangen.

Die gesamte in den Zylinder geschleuderte Ölmenge hängt demnach ab:

Von der Motordrehzahl;

vom Spiel in den Wellen- und Pleuellagern, von deren Zustand sowie dem Zustand der zugehörigen Lagerzapfen;

vom Öldruck im Schmiersystem (bei Umlaufschmierung) sowie vom Ölstand in der Kurbelwanne;

von der Ölviskosität, d. h. also von der Ölqualität, von den im Betrieb eingetretenen Veränderungen des Öls und seiner Temperatur im Kurbelraum.

Eine recht reichliche Ölversorgung der Zylinder ist im Interesse einer gründlichen Erneuerungsmöglichkeit für den Ölfilm an der Zylinderlauffläche und am Kolben sowie für das Durchspülen der Ringnuten und das Fortschwemmen der gebildeten Rückstände durchaus erwünscht und wird nicht nur bei reiner Spritzschmierung, sondern auch bei druckölgeschmierten Tauchkolbenzylindern häufig angestrebt; damit läßt sich der Verschleiß erfahrungsgemäß günstig beeinflussen. Es muß aber dafür gesorgt werden, daß der kühlende und reinigende Ölüberfluß zwar bis möglichst weit hinauf an den Kolben gelangt, jedenfalls aber von jener Zone, wo das Öl verbrannt werden kann, ferngehalten und in den Kurbelraum zurückgeführt wird; keinesfalls darf der Verbrennungsraum erreicht oder überschwemmt werden.

Eine dem tatsächlichen Bedarf entsprechende Ölzuteilung kann bei der verhältnismäßig primitiven und groben Art der Schmierölzufuhr, wie sie die Spritzölschmierung vorstellt, nicht verwirklicht werden; es ist vielmehr bei diesem Schmierverfahren vor allem bei Motoren, die mit stark wechselnder Drehzahl arbeiten, immer notwendig, dem Zylinder einen gewissen Überschuß an Öl zuzuführen, der eben verbrennen muß oder anderweitig verloren geht; die Beherrschung dieser Überschußmenge, die natürlich möglichst knapp gehalten werden muß, gibt einen Maßstab für die Vollkommenheit der Ringwirkung. Durch Gestaltung des Kolbens und Wahl der Ringanordnung muß getrachtet werden, mit der im allgemeinen in die Zylinder schnellaufender Tauchkolbenmotoren gelangenden überreichen Schmierölmenge einen zwar wirtschaftlichen, jedenfalls aber unter allen Betriebszuständen den Ölbedarf hinreichend deckenden Ölverbrauch zu erreichen, und zwar nicht nur einen günstigen Anfangs-, sondern auch einen während längerer Betriebszeiten dauernd günstigen bleibenden Verbrauch.

Es sei hier nebenbei erwähnt, daß das Anbringen von Spritz-, Prall- oder Ablenkblechen und ähnlicher Vorkehrungen zum Schutz der Zylinderwandungen vor direkter Bespritzung durch das abgeschleuderte Öl meist nur recht fraglichen, häufig auch so gut wie gar keinen Einfluß auf den Ölverbrauch hat.

Zu hoher Ölverbrauch kann jedoch bei spritzölgeschmierten Motoren dadurch verursacht werden, daß der Ölstand im Kurbelgehäuse zu hoch ist; der durch Peilstäbe oder Schwimmer angezeigte maximale Ölstand darf niemals überschritten werden.

Nimmt man die an die Zylinderwand gelangende Ölmenge als gegeben an, so sind für den Verbrauch folgende Faktoren wichtig:

Zahl, Gestaltung und Bemessung, Anschmiegungsvermögen, Anordnung und Wirkungsweise der Ringe;

Auswirkung des Betriebsverschleißes der Ringe, Nachlassen der Ringspannung;

Gestaltung des Kolbens und Kolbenspiel; Auswirkung des Kolbenverschleißes, insbesondere des Ringnutenverschleißes.

Gestaltung, Formbeständigkeit und Ausführung des Zylinders; Auswirkung des Zylinderverschleißes;

Veränderungen des Schmieröls im Betrieb.

Im einzelnen wäre hierzu ergänzend zu bemerken:

Beim Viertakt-Tauchkolbenmotor nehmen die Verdichtungsringe viel größeren Einfluß auf den Ölverbrauch, als beim Zweitaktmotor; hier wie dort machen sich aber als hervortretende Charakteristiken für die Wirkungsweise der Ringe ihr wirksamer Anpreßdruck, die Anpreßdruckverteilung und ihr Anschmiegungsvermögen bemerkbar.

Manche Maschinen zeigen sich im Ölverbrauch besonders empfindlich hinsichtlich der Wirksamkeit des ersten Ringes; er allein kann in manchen Fällen den Verbrauch im Verhältnis 1 : 5 verändern. Es ist daher notwendig, daß besonders der erste Ring möglichst korrekt arbeitet und vollkommen abdichtet; dies gilt insbesondere auch für die verhältnismäßig schwer einlaufenden verchromten Ringe.

Natürlich nimmt dort, wo nur zwei Verdichtungsringe angewendet werden, auch noch der zweite Ring einen wesentlichen Einfluß auf den Ölverbrauch. — Der zweite Ring muß den ersten bei der Abdichtungsaufgabe unterstützen, er muß aber in besonderem Maß auch die Ringschmierung regeln und bei der 3-Ringbestückung des Kolbens (Fall C, Tafel II, S. 11) als Umlenker für das Öl zwischen dem mit Ablaufmöglichkeiten versehenen Ölring und dem ersten Ring wirken und daher auch entsprechende Speichermöglichkeiten besitzen.

Fehlerhaft eingebaute Ringe können einen ungeheueren Anstieg im Ölverbrauch zur Folge haben: Verkehrt sitzende Minuten- oder Winkelringe können den Ölverbrauch bis auf das zehnfache erhöhen; das „Top-" oder „Oben-" zeichen muß daher bei allen Ringen, die in bestimmter Lage eingebaut werden müssen, absolut verläßlich und eindeutig angebracht sein.

Sinkt die Ringspannung, so steigt der Ölverbrauch (vgl. Abb. 165); solange die Arbeitsweise der Ringe dabei dynamisch ungestört bleibt, geht dieser Anstieg etwa proportional mit dem Spannungsverlust; blasen die Ringe jedoch stärker durch, so kann damit der Ölverbrauch absinken; kommen die Ringe zum Flattern, so kann der Ölverbrauch — bei mit der Drehzahl plötzlich einsetzender Störung unter Umständen wohl auch ganz sprunghaft — ansteigen. Der Ölverbrauch steigt weiterhin an mit der durch den Ring- und Zylinderverschleiß bedingten Vergrößerung des Stoßspiels sowie durch den Verschleiß an den Ring- und Nutenflanken infolge des dadurch verstärkten Ölpumpens. Schließlich beeinflußt jeder Umstand, der die freie Beweglichkeit der Ringe in ihren Nuten einschränkt oder hemmt, auch den Ölverbrauch.

Der Kolben selbst kann durch seine Gestaltung die Abstreifwirkung der Ringe wesentlich unterstützen und den Ölverbrauch stark beeinflussen: Die Kolbenunterkante streift im Abwärtsgang umso mehr Öl von der Zylinderwand ab, je kleiner das Kolbenspiel am unteren Schaftende ist und je stärker sie zugeschärft ist. Umgekehrt kann die Abstreifwirkung durch Abrunden, Anschrägen oder Zurücksetzen der Kolbenunterkante aufgehoben werden und auch hiervon wird in manchen Fällen Gebrauch gemacht, wobei das Abrunden je nach Bedarf am ganzen Umfang oder nur über gewisse Teile desselben erfolgt.

Um den Ölbedarf während des Einlaufens und im nachfolgenden Betrieb niedrig zu halten und damit einen dauernd niedrigen Ölverbrauch zu erzielen, müssen ganz allgemein überdies folgende Voraussetzungen erfüllt sein:

Möglichst genau kreiszylindrische und auch im Betrieb genau rund bleibende Zylinderbohrungen; bei Kraftwagenmotoren darf z. B. die Abweichung nicht mehr als 0,005 bis 0,007 mm betragen. Die Laufflächenbearbeitung darf nicht zu glatt sein; am besten bewähren sich im Kreuzmuster gehonte Bohrungen.

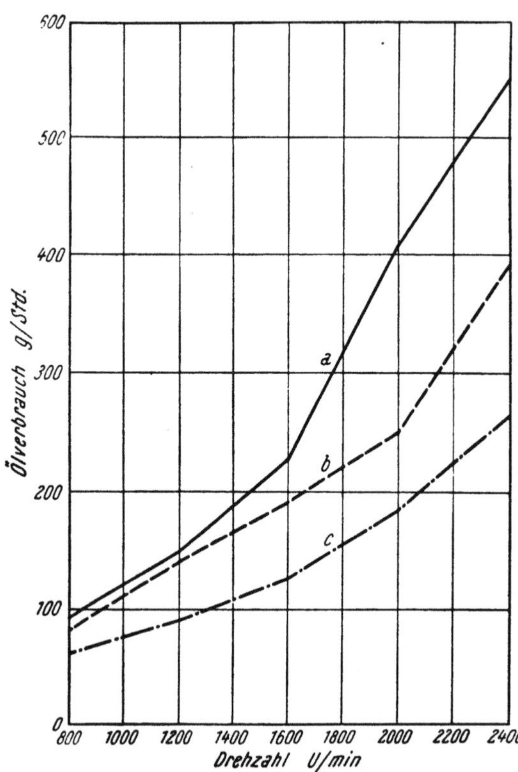

Abb. 165. Ölverbrauch in Abhängigkeit von Drehzahl und Anpreßdruck der Verdichtungsringe Versuchsmotor: Dieselmotor 8-Zylinder V, 110 ∅ × 130, n = 2400, 175 PS, p_e = 6,6, Leichtmetallkolben. Ringanordnung F 1, Tafel I, Schmieröl: Triple Shell, Öltemperatur 80° C

		Ringbestückung	a	b	c
	1. Ring:	Gattung	Zylindr. verchromter Ring 110/101,2 × 3,5		
		Anpreßdruck[1]	1,43	1,43	1,42
	2. Ring:	Gattung	Zylindr. Verdichtungsring 110/101,2 × 3,5		
		Stützfeder	ohne	ohne	mit
Verd.		Anpreßdruck[1]	1,11	1,86	2,78
Ringe	3. Ring:	Gattung	Zylindr. Verdichtungsring 110/101,2 × 3,5		
		Stützfeder	ohne	mit	mit
		Anpreßdruck[1]	1,07	2,14	3,07
	4. Ring:	Gattung	Zylindr. Verdichtungsring 110/101,2 × 3,5		
		Stützfeder	ohne	mit	mit
		Anpreßdruck[1]	1,13	1,69	2,78
	5. Ring:	Gattung	Ölschlitzring 110/101,8 × 6		
		Stützfeder	ohne	ohne	ohne
Öl-Ringe		Anpreßdruck[1] [2]	2,45	2,45	2,45
	6. Ring:	Gattung	Ölschlitzring 110/101,8 × 6		
		Stützfeder	ohne	ohne	ohne
		Anpreßdruck[1] [2]	2,44	2,44	2.44

[1] kg/cm²; Mittelwert für alle 8 Kolben   [2] Auf die Tragsteghöhe bezogen

Bei wassergekühlten Motoren soll der Wassermantel über die ganze Zylinderlänge reichen; sind die unteren Enden des Zylinder ungekühlt, so können diese im Betrieb unten weiter sein als dort, wo der Kühlmantel ansetzt: Die Kolben ziehen dann erheblich mehr Schmieröl in die Zylinderbohrungen, als wenn diese ihre engste Stelle am unteren Ende haben.

Niedriger Ölverbrauch setzt ein sorgfältig ausgemitteltes, so klein als möglich bemessenes Kolbenspiel voraus, ferner muß jedes Verformen des Kolbens unter dem Einfluß der Betriebskräfte oder der Betriebstemperaturen so weit als möglich vermieden werden. Insbesondere wirken sich bei Leichtmetallkolben alle jene konstruktiven Vorkehrungen günstig aus, die eine Verminderung des Kolbeneinbauspiels und der Kolbenovalität gestatten, wie z. B. die Bimetallkolben, Streifenkolben usw. Außerordentlich wichtig ist schließlich eine korrekte Lage der Ringnuten, auch unter allen Temperaturverhältnissen, und eine möglichst gute Flankenbearbeitung derselben; kräftige Ringstege sind dabei von Vorteil.

Beim Einbau der mit den Ringen bestückten Kolben muß mit entsprechender Vorsicht und Sorgfalt vorgegangen werden, so daß weder die Ringe noch die Kolben irgendwie beschädigt werden; insbesondere die schmalen Stege von Hochleistungs-Ölringen oder die oft schwachen Zungen gasdichter Stöße werden durch Unvorsichtigkeit leicht beschädigt, doch können sich unter Umständen auch stärkere Kratzer an den Ringlaufflächen oder ein Verdrücken der Ringkanten bereits schädlich auswirken.

Hohe Verdichtungsverhältnisse, hohe Drücke und hohe Temperaturen erschweren die Schmierung; sie bewirken einen verstärkten Wärmefluß durch Kolben, Ringe und Zylinderwand, ebenso auch zur Pleuelstange und in den Kurbelraum; hohe Kurbelraumtemperatur führt aber insbesondere bei kleinen Motoren zu erhöhtem Ölverbrauch. — Motoren mit hohem Verdichtungsverhältnis brauchen daher, damit der Ölverbrauch niedrig bleibt, steife Zylinderblöcke, lange Kühlwassermäntel und große Kurbelräume; nachgiebige Blockkonstruktionen geben immer auch hohen Ölverbrauch. — Wie weit der Ölverbrauch einer Maschine durch Erhöhen des Verdichtungsverhältnisses beeinflußt wird, hängt außer von diesem Umstand auch von der Art der Ringbestückung und besonders davon ab, wie weit diese bereits an der Grenze ihrer Wirksamkeit liegt.

Besondere Maßnahmen erfordert die Schmierung schnellaufender Zweitakt-Dieselmotoren; die Aufgabenstellung ist hier verschieden je nach der Spülungsart der Maschinen, ob reine Schlitzspülung oder Gleichstromspülung vorliegt, und weicht wesentlich von jener im Viertaktmotor ab.

Die Ölmenge muß unterhalb der Spülschlitze geregelt werden; an jenem Teil des Kolbens, der über die Schlitze läuft, darf nicht zu viel Öl vorhanden sein, denn hier mitgeführte übermäßige Ölmengen gehen eher durch die Schlitze in die Spülluftreceiver bzw. in die Abgasleitungen, als daß sie an die Verdichtungsringe gelangen. Kräftig wirkende Ölabstreifringe müssen daher so weit unten im Kolbenschaft sitzen, daß sie in ihrer oberen Totlage bis nahe unterhalb der unteren Schlitzkanten gelangen, diese aber keinesfalls erreichen oder überlaufen. Die Kolbenbolzenbohrung muß verschlossen sein, so daß das die Kolbenbolzenbüchse schmierende Öl nicht oberhalb der Ölabstreifringe an den Kolbenschaft gelangen kann.

Verdichtungsringe und Kolbenschaft müssen aber das zu ihrer Schmierung unbedingt erforderliche Öl auch über die Schlitze hinauf in den oberen Teil des Zylinders mit sich nehmen; dabei haben sowohl die Ringprofilgestaltung als auch die Oberflächenausführung von Ringen und Kolben großen Einfluß auf das Mitschlepp- und Verteilvermögen. Sind sie zu glatt, so speichern und tragen sie nicht genügend Öl mit; Ringe mit eingedrehten, gegebenenfalls mit geeigneten Füllmassen, wie z. B. Ferrox-Füllung, gefüllten Nuten und eloxierte oder verzinnte Kolben sind in diesem Sinn nützlich. Die geforderten Eigenschaften sind nicht nur während des Einlaufes, sondern während der ganzen Betriebsdauer wichtig.

Handelt es sich um Kolben mit Spritzölkühlung an der Kolbenbodenunterseite, so kann die Ölüberschwemmung der Zylinderlaufflächen besonders reichlich werden; die Ölabstreifringe müssen dann besonders gründlich arbeiten, um unzulässige Ölübertritte in den Verbrennungsraum oder in die Luftreceiver zu verhindern: Ölabstreifringe in hinreichender Zahl und von höchster Wirksamkeit sind dann am Platze und es haben sich spezifische Anpreßdrücke bis zu 15 oder bis 20 kg/cm² an den abstreifenden Stegen als zulässig und notwendig erwiesen. Die gesamte Ölabstreifung muß am unteren Kolbenende erfolgen; Ölabstreifringe in der Kolbenringdichtung oberhalb des Bolzens sind unzweckmäßig und sollten überflüssig bleiben.

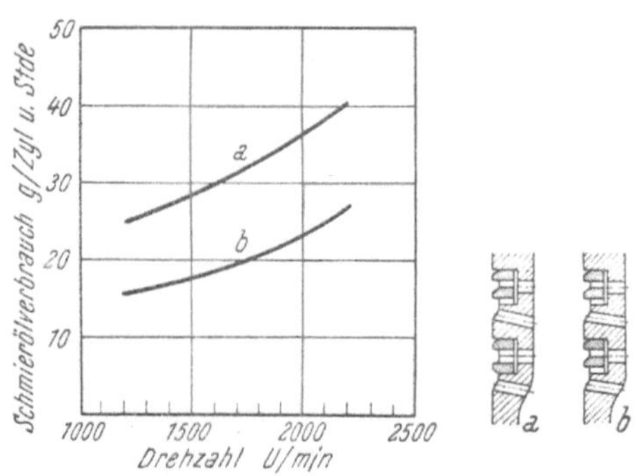

Abb. 166. Einfluß der Gestaltung und Anordnung der Ölringe auf den Ölverbrauch raschlaufender spritzölgeschmierter Zweitakt-Dieselmotoren 6 Zyl. 110 ⌀ × 140, Gleichstromspülung
Ringanordnung *F 2*, Tafel I
Ölringanordnung *a*:
5. Nut: 2 Kronenringe, $p = 7,2$ kg/cm²
6. Nut: 1 Dachfasen-Ölschlitzring $p = 6,9$ kg/cm²
Ölringanordnung *b*:
5. Nut: 2 Kronenringe $p = 7,2$ kg/cm²
6. Nut: 2 Kronenringe $p = 7,6$ kg/cm²

Wie sehr sich der Ölverbrauch durch verhältnismäßig geringfügige Veränderungen in der Gestaltung und Anordnung der Ölringe beeinflussen läßt, zeigt das in Abb. 166 wiedergegebene Beispiel.

Von grundlegender Wichtigkeit für die Behandlung des Kolbenring- und Schmierungsproblems bei raschlaufenden Zweitaktmotoren sind daher folgende Punkte:

1. Kolbenschaft und Ringpartie möglichst sparsam schmieren.

2. Die gesamte Ölabstreifung muß unterhalb der Schlitze erfolgen.

3. Die Kolbenbolzenbohrung muß verschlossen sein, um ein Ölüberfluten des Zylinders oberhalb der Ölringe zu vermeiden.

4. Kolbenschaft und Verdichtungsringe sollen die zu ihrer Schmierung erforderliche Ölmenge mitfördern.

5. Die Ölringe müssen hohen Anpreßdruck und reichliche Ölablaufmöglichkeit besitzen.

(Vgl. hierzu auch [138])

Einfluß der Ölviskosität. Die in die Zylinder geförderte Ölmenge steigt mit sinkender Viskosität des im Kurbelraum befindlichen Schmieröls stark an.

Ist aber die Kurbelraumtemperatur recht hoch, so liegen die Viskositätswerte aller in Frage kommenden Schmierölsorten so niedrig und so eng beisammen, daß nennenswerte Unterschiede zwischen den in die Zylinder geschleuderten Ölmengen nicht mehr bestehen; dann bleibt auch der *Ölverbrauch* von der Ölqualität ziemlich unabhängig, wiewohl sich unter Umständen in der Ölqualität bedingte wesentliche Unterschiede im *Ölbedarf* herausstellen können. — Bei niedrigen Kurbelraumtemperaturen differenziert sich aber der Ölverbrauch stärker nach der Ölzähigkeit (Abb. 167). Die Temperatur des Schmieröls kann dabei durch Beschleunigung des Ölumlaufs im Motor eine wesentliche Steigerung erfahren.

Bei Dieselmotoren tritt überdies infolge der Ölalterung häufig eine zunehmende Steigerung der Viskosität des Umlauföls ein; liegen die Öltemperaturen niedrig, wie z. B. dort, wo Ölkühler verwendet werden, so kann sich diese Viskositätssteigerung in einer namhaften Senkung der Ölversorgung der Zylinder und damit des Ölverbrauchs auswirken (Abb. 168).

Bei Verwendung dickflüssiger Öle wird, insbesondere bei niedrig liegenden Öltemperaturen, eine geringere Ölmenge im Kurbelraum umhergeschleudert und verspritzt, die Ölversorgung der Zylinder wird sparsamer und der Verbrauch im allgemeinen gesenkt; andererseits sind aber auch Fälle zu beobachten, wo zu zähflüssige Öle den Verbrauch ansteigen lassen, weil die Abstreifwirkung der Ölringe für diese Öle unzureichend ist; zähere Öle verlangen Hochleistungs-Ölabstreifringe und sehr reichlich bemessene Abflußmöglichkeiten.

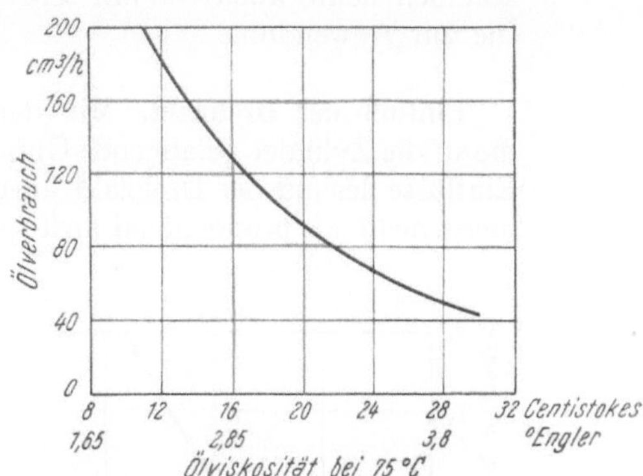

Abb. 167. Abhängigkeit des Ölverbrauchs von der Ölviskosität
Vierzylinder-Viertakt-Ottomotor, $p_e =$ 2,78 kg/cm², $n = 7500$ U/min, Kühlwassertemperatur 50° C, Kurbelgehäusetemperatur 75° C
(Nach BOUMAN [100])

Bei Fahrzeugmotoren erfolgt die Ölauswahl derart, daß im Winter die bei großer Kälte gegebenen Anlaßbedingungen maßgebend sind; das „Winteröl"

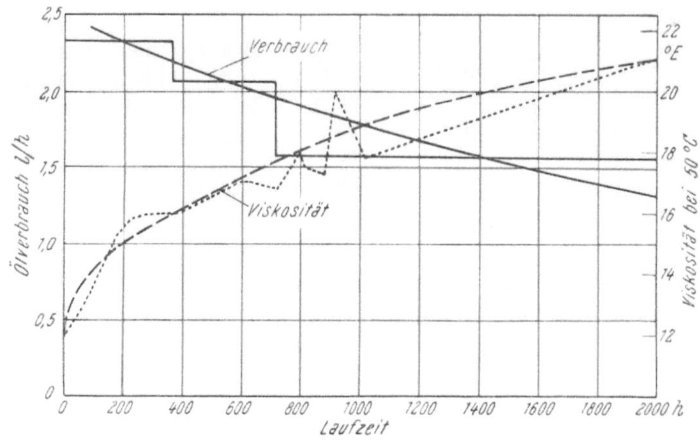

Abb. 168. Abhängigkeit des Ölverbrauchs von der Viskositätssteigerung des Schmieröls infolge der Alterung im Motor
Stationärer Dieselmotor, 640 PS, $n = 320$, Öltemperatur vor Ölkühler 54° bis 59° C, Öltemperatur nach Ölkühler 40° bis 43° C, Ölfüllung in der Kurbelwanne etwa 600 kg
(Nach BOUMAN [100])

ist demgemäß dünnflüssiger, als das „Sommeröl". Dort wo mit niedrigen Motortemperaturen gefahren wird, kann der Verbrauch an Sommeröl daher niedriger sein, als bei Winteröl. Liegen die Motortemperaturen jedoch hoch, so gleicht sich der Verbrauch aus und es wird in vielen Fällen als vorteilhaft angesehen, unabhängig von der Jahreszeit immer mit dünnflüssigem Öl zu fahren. — Vielfach kommen heute auch Öle mit sehr flacher Viskositätskurve als All-Jahreszeiten-Öle zur Anwendung.

Einfluß der Drehzahl. Mit der Drehzahl steigt bei Tauchkolbenmaschinen die in die Zylinder gelangende Ölmenge, und zwar infolge der sich summierenden Einflüsse des mit der Drehzahl ansteigenden Pumpendrucks und der mit dieser meist mehr als proportional ansteigenden Öltemperatur im Kurbelraum, schließlich infolge der mit dem Quadrat der Drehzahl ansteigenden Fliehkraftwirkungen (vgl. Abb. 169).

Im allgemeinen läßt sich sagen, daß sich bei spritzölgeschmierten schnellaufenden Motoren gegenüber langsamlaufenden der Unterschied zeigt, daß alle Charakteristiken der Ringe, vor allem Höhe des Anpreßdrucks und Anpreßdruckverteilung, sowohl in der Einzelwirkung als auch im Gesamtverhalten in der Ringdichtung umso schärfer und ausgeprägter in Erscheinung treten und daß die Tendenz zum Ölpumpen sich um so mehr verstärkt, je höher die Drehzahl liegt; dagegen gewinnen das gewählte Ringprofil, die Laufflächengestaltung und Kantenabrundung beim langsamlaufenden Motor an Bedeutung. — Hinsichtlich der Schwierigkeiten bei Beherrschung des Ölverbrauchs spielt der „Geschwindigkeitsfaktor *GF*" der Maschine, als welcher das Produkt $GF = (n/1000)^2 \cdot S/100$ angesehen werden soll (wobei n die Drehzahl in U/min, S den Kolbenhub in mm bedeuten), etwa folgende Rolle (vgl. hierzu Abb. 170):

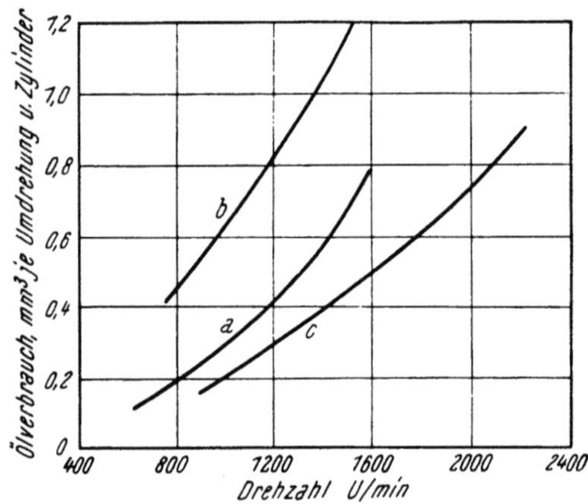

Abb. 169. Einfluß der Drehzahl auf den Ölverbrauch verschiedener Kraftfahrzeugmotoren im Betrieb mit gleichbleibender Belastung und bei gleichbleibender Kühlwassertemperatur

Kurve	Motor	p_e	Ölvisk. °E 50°C	Kühlwassertemp. °C
a	1-Zyl.-Dieselmotor	5,7	4,2	60
b	6-Zyl.-Dieselmotor	6,4	4,2	60
c	4-Zyl. Benzinmotor	2,8	9,3	>70

(Nach BOUMAN [100])

Bis $GF \leqq 2{,}30$ zeigen sich keine Schwierigkeiten mit der Beherrschung des Ölverbrauchs,

bei $GF \begin{array}{c} > 2{,}30 \\ < 6{,}90 \end{array}$ machen sich solche Schwierigkeiten in steigendem Maß bemerkbar; sie sind schließlich bei $GF > 6{,}90$ sehr ausgeprägt.

Bei Motoren, die mit wechselnder Drehzahl betrieben werden sollen, das heißt also z. B. bei allen Fahrzeugmotoren, muß die Ölversorgung der Zylinder und damit die Abstreifwirkung der Ringe so gewählt werden, daß die Schmierung auch noch bei der niedrigsten in Frage kommenden Drehzahl hinreicht; damit ergibt sich bei höheren Drehzahlen zwangläufig eine gewisse Überschmierung.

Einfluß der Motorbelastung. Bei gleichbleibender Motordrehzahl nimmt der mittlere spezifische Druck, das heißt also die Motorbelastung, auf den Ölverbrauch dadurch Einfluß, daß sich das Kolbenspiel im allgemeinen etwas verringert, die Temperatur im Kurbelraum aber etwas ansteigt. Ersteres hat eine Ölverbrauchssenkung, letzteres einen Anstieg zur Folge. Da sich aber überdies auch ein etwas verstärktes Durchblasen durch die Ringe geltend machen kann, bleibt die Gesamtabhängigkeit insgesamt im allgemeinen verhältnismäßig gering. — Bei Fahrzeugmotoren steigt der Ölverbrauch in der Regel etwas mit der Belastung an, doch zeigt sich nicht selten auch das umgekehrte Verhalten.

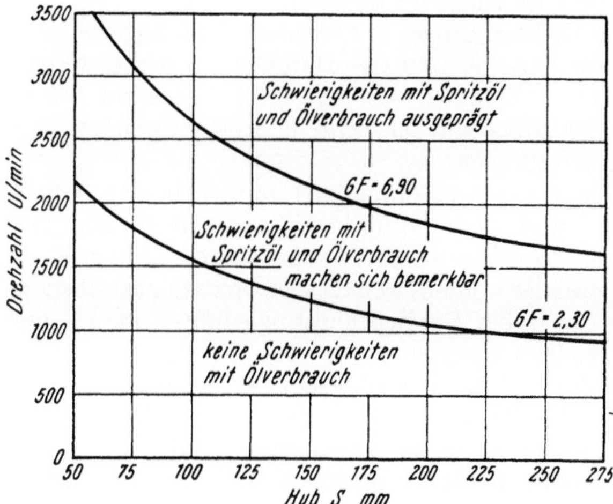

Abb. 170. Geschwindigkeitsfaktor *GF* und Beherrschung des Ölverbrauchs bei Spritzölschmierung

$$GF = \frac{n^2 \cdot S}{10^8} \text{ (vgl. [77])}.$$

Ölabstreifringe und Ölabstreifung. Die überreichliche Schmierölversorgung der Zylinder setzt bei Tauchkolbenmaschinen im allgemeinen, insbesondere aber bei spritzölgeschmierten Schnelläufern, eine Regelung der bis an die oberen Partien des Kolbens und in die Ringpartie gelangenden Schmierölmengen durch mehr oder weniger kräftige Abstreifung des Überschußöls mittels einer richtigen Ringbestückung, bzw. wirksamer Ölringe voraus.

Eine gewisse Abstreifwirkung kommt jedem Kolbenring zu; sie ist aber je nach Gestaltung und Belastung der abstreifenden Ringkanten sehr verschieden: So hat z. B. der normale zylindrische Verdichtungsring von rechteckigem Querschnitt die geringste Abstreifwirkung; geschlitzte anschmiegsame Ölringe mit schmalen Tragstegen und — zur Erzielung höchstmöglichen Anpreßdrucks — eventuell mit einer Stützfeder versehen, werden sich dagegen am wirksamsten erweisen. Andere Ölringtypen, wie sie im Abschnitt XII, Bd. 1, verzeichnet sind, werden im allgemeinen zwischen diese beiden Extreme fallen und ihre Wirksamkeit wird weitgehend beeinflußt durch die Formgebung und den spezifischen Anpreßdruck an ihren Laufstegen. Die wichtigste Funktion des Ölrings ist dabei, daß die richtige Ölmenge zu den oberen Ringen durchgelassen wird, hinreichend, um die Verdichtungsringe zu schmieren und abzudichten, keinesfalls aber eine größere Menge, als die Verdichtungsringe zu beherrschen in der Lage sind. Lassen die

Ölringe zu viel Öl durch, so ergibt sich ein übermäßiger Ölverbrauch; lassen sie zu wenig durch, so muß ein erhöhter Verschleiß oder sogar Anreiben und Fressen von Ringen und Kolben erwartet werden.

Die jeweils notwendig werdende Wirksamkeit der Ölringe in Verbrennungsmotoren erscheint dabei von folgenden Faktoren bestimmt:

Von der Ölversorgung des Zylinders,

vom Kolbenspiel, besonders am unteren Ende des Kolbens und der Kolbengestaltung,

von der Güte der Abdichtwirkung, bzw. dem Grad des Durchblasens der Ringdichtung,

von der Anzahl der Ringe im Kolben.

Wo einfache Dichtungsringe mit offenem Stoß angewendet werden, genügen weniger wirksame Ölringe, weil das Durchblasen der ersteren das Überschußöl zwischen Kolben und Zylinder nach dem Kurbelraum hin drängt. — Werden gasdichte Ringe oder Ringe mit gasdichtem Stoß verwendet, so macht dies wirksamere Ölringe erforderlich.

Die Abstreifwirkung wird durch eine vermehrte Zahl von Abstreifringen erhöht und kann durch deren Anordnung auf verschiedene Zonen des Kolbens unterteilt werden. — Mehr als drei hochwirksame Ölringe je Kolben sollten jedoch nicht angewendet werden, weil dies leicht zu unzureichender Schmierung des Kolbenschaftes sowie der Verdichtungsringe führen kann; mehr als insgesamt vier Ölringe je Kolben kommen selten vor.

Bei jedem Ölring hängt die Wirksamkeit bekanntlich in hohem Grad vom Anpreßdruck an den Tragstegen, von der Schärfe der Abstreifkanten und von den Abflußmöglichkeiten für das abgestreifte Öl ab.

Der Anpreßdruck an den Tragstegen ist durch die Werkstoffpaarung, die Eigenschaften des Schmieröls und die Schmierbedingungen begrenzt. Auch die zulässige Zuschärfung der Abstreifkanten ist für die einzelnen Werkstoffe verschieden. Konzentriert sich die gesamte Ringspannung auf nur einen Tragsteg von bestimmter minimaler Breite und Zuschärfung, so ist dieser höher belastet als zwei Tragstege der gleichen Mindestbreite: Bei einer gegebenen Ringhöhe kann daher ein Fasenring oder ein Fasen-Nasenring — gleiche Werkstoffe vorausgesetzt — wirksamer sein, als ein Ölschlitzring; durch Verwendung von Ringwerkstoffen von unterschiedlichem E-Modul und durch verschiedene Wärmebehandlung der Werkstoffe lassen sich hier aber noch zahlreiche Variationen verwirklichen.

Ist auf Grund solcher und ähnlicher Unterlegungen ein geeigneter Ölring ausgewählt, so ist es noch ein weiteres Problem, die beste Kombination für die Kompressionsringe auszumitteln. Auch hier verhalten sich die verschiedenen Typen hinsichtlich der Abstreif- und Verteilwirkung sehr unterschiedlich, wie aus Abschnitt XII, Bd. 1, hervorgeht. Die Ölmenge, die ein Verdichtungsring abstreift, kann verändert werden mit seiner Laufflächenausführung, seiner Höhe, ferner mit seinem spezifischen Anpreßdruck und dessen Verteilung über den Umfang. — Fehlerhaft wäre es natürlich, den Ölverbrauch durch ein verstärktes Durchblasen an den Verdichtungsringen senken zu wollen.

Läßt der Ölabstreifring etwa die richtige Ölmenge durch, so kann eine Veränderung in der Ausführung der Verdichtungsringe den Ölverbrauch der Maschine um einige 100% beeinflussen; streift der Ölring aber entweder zu stark ab oder läßt er zu viel Öl bis an die Verdichtungsringe durch, so wirkt sich dagegen die gleiche Änderung an den Verdichtungsringen auf den Ölverbrauch unter Umständen gar nicht oder nur unbedeutend aus. Wegen der individuellen Maschinencharakteristiken ist die günstigste Kombination der Ringdichtung nur auf experimentellem Weg zu ermitteln: Gewöhnlich gibt es mehrere Wege, um das Problem zu lösen, doch sind manchmal recht langwierige Versuchsläufe erforderlich, um die beste Ringkombination auszumitteln.

Das Zusammenwirken aller Ringe in einer Ringdichtung, also von Verdichtungs- und Ölringen, erklärt sich daraus, daß im Arbeitshub im allgemeinen infolge der Druckverhältnisse in den Ringnuten alle Ringe die Tendenz haben, vorwiegend Öl nach abwärts abzustreifen, soferne ihre Unterkanten scharf sind; die Abstreifwirkung jedes einzelnen Ringes wird dabei umso stärker, je höher sein wirksamer Anpreßdruck liegt und je besser er sich an die Zylinderwand anschmiegt, denn ein wirksames Abstreifen ist nur dort möglich, wo der Ring lichtspaltdicht unter positivem Druck anliegt. — Auch von dem durch die Arbeit der eigentlichen Ölabstreifringe bereits stark geschwächten Ölfilm streifen die oberen Ringe, vor allem der erste Ring mit seinem höchsten wirksamen Anpreßdruck, noch weitere Schichten von unter Umständen erheblicher Stärke und sehr gründlich ab. Das Abtragen des Ölfilms kann allerdings nur so weit gehen, als sein Haftvermögen an der Zylinder-, bzw. Ringlauffläche nicht größer ist, als die abscherende Kraft; dieses wird aber von den Eigenschaften des Schmieröls selbst und auch von jenen der Laufflächen bedingt. Im unteren Teil des Zylinders, wo der Ölfilm noch verhältnismäßig dick und zäh ist, wird eine erhebliche Abstreifwirkung der durch Gasdruck nur mehr wenig belasteten Ringe nur dann erzielt, wenn die Belastung der abstreifenden Kanten infolge der Ringeigenspannung hoch genug ist.

Steigt bei starken Ölschichten der Druck im abgestreiften und sich stauenden Öl über den wirksamen Anpreßdruck des Ringes an, so kann der Ring, solange kein Druckausgleich vor und hinter demselben eingetreten ist, durch den Öldruck von der Lauffläche abgehoben werden, eine Erscheinung, die bei schwach gespannten Ölringen nicht selten zu beobachten ist. Jedenfalls muß sich am Ring ein Gleichgewicht zwischen Anpreßdruck, Abscherkräften und Staudruck im abgestreiften Öl einstellen.

Hebt sich ein abstreifender Ring von seiner Unterflanke ab, so weicht ein Teil des Öls in die Nut hinter dem Ring aus; ist diese mit Abflußbohrungen versehen, so kann das Öl von dort abfließen. Die dadurch zustande kommende Wirkung kann stärker sein, als z. B. die vom oberen Laufsteg eines geschlitzten Ölrings ausgehende Wirkung, so daß unter Umständen die Wirksamkeit eines Ölrings durch Vergrößern seines achsialen Nutenspiels verbessert werden kann: Im allgemeinen aber kann als Regel gelten, daß alle Ölringe und Ölabstreifringe mit möglichst kleinem Flankenspiel eingebaut werden sollen; dies ist besonders wichtig bei Verwendung dünnflüssiger Öle und es zeigt sich hier sogar oft als vorteilhaft, jede achsiale Bewegung der Ringe durch in dieser Richtung federnde Elemente auszuschalten (vgl. z. B. Abb. 425—428, Bd. 1).

Unplane Ölringe oder Schlitzringe mit über den Schlitzen eingefallenen Flanken ergeben immer einen höheren Ölverbrauch.

Bei allen ölabstreifenden Ringen erscheint die angestrebte Wirkung an der Stoßstelle unterbrochen; daher soll das Ringstoßspiel immer so klein als möglich gehalten werden. Bei langsamlaufenden Motoren größerer Abmessungen empfiehlt sich die Anwendung schräger oder überlappter oder sogar auch „gasdichter" Stöße.

Größte Schwierigkeiten mit dem Ölverbrauch ergeben sich immer bei Zylindern, die sich beim Zusammenbau der Maschine oder im Betrieb verziehen; tritt dies ein, so läßt sich der Verbrauch auch durch Einbau von Hochleistungsringen mit höchsten Anpreßdrücken nicht beherrschen. In solchen Fällen sind Ringe von bestem Anschmiegungsvermögen am Platz.

Wird die Drehzahl erhöht, so gestaltet sich das Problem der Ölverbrauchs-
regelung schwieriger (vgl. Abb. 170); die allgemeine Steigerung der Drehzahlen
brachte daher das Bedürfnis nach Ölringen von höchster Wirksamkeit, wobei
diese auch möglichst lange erhalten bleiben muß. Die Wege zur Verwirklichung
dieser Forderungen sind folgende:

a) Erhöhen des spezifischen Anpreßdrucks an den Tragstegen, und zwar sowohl durch Erhöhen der Ringeigenspannung (vgl. Abb. 171, 172), bzw. durch Anwendung von Stützfedern, als auch durch Verringern der Tragsteghöhen: Während
bei älteren Ölschlitzringen mit Tragstegbelastungen von 3 bis 3,3 kg/cm² gearbeitet wurde, läßt man heute, bei Beschränkung der Tragsteghöhe auf 0,25 mm,
bis zu 20 kg/cm² zu. Wird ein entsprechendes Material gewählt und richtig geschmiert, so zeigt sich auch unter diesen Verhältnissen ein nur geringer Verschleiß; unter ungünstigen Arbeitsverhältnissen und bei verunreinigtem

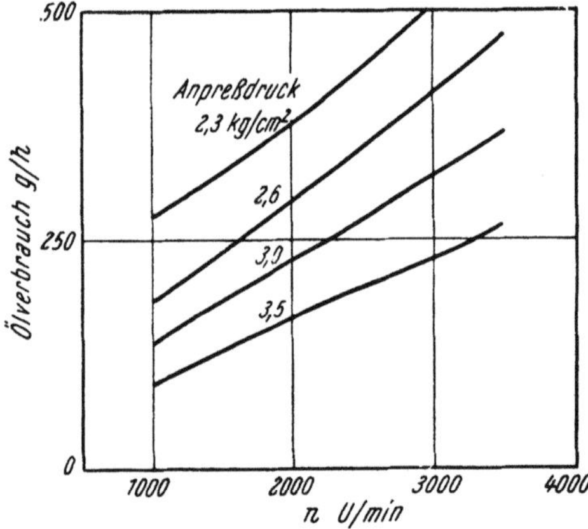

Abb. 171. Einfluß des Anpreßdrucks der Ölringe
auf den Ölverbrauch
6-Zyl. Otto-Motor, $D = 90$, $S = 95$ mm, $n = 3000$,
Ölschlitzringe 4,76 mm hoch, Schlitzbreite
1,6 mm, Laufsteghöhe 0,9 mm, Öltemperatur 105°

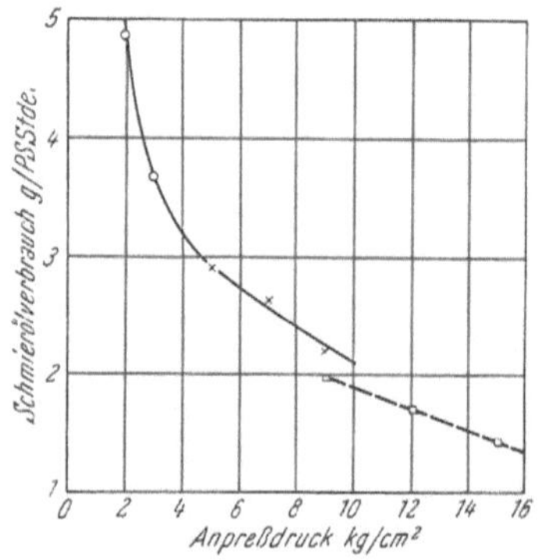

Abb. 172. Schmierölverbrauch aus dem
Umlauföl eines 10-Zylinder-Erdgasmotors
$D = 368$, $S = 406$ mm, $n = 425$ U/min,
in Abhängigkeit von der spezifischen Trag-
stegbelastung der Ölabstreifringe
○ Ölschlitzringe
× Topfasen-Ölschlitzringe
□ Topfasen-Ölschlitzringe mit Stützfedern nach Abb. 412, Bd. 1

Schmieröl kann der Verschleiß bei so
hoch belasteten Tragstegen allerdings
recht unerwünschte Höhen erreichen.

b) Zuschärfung der Abstreifkanten im Sinne der verlangten Abstreifwirkung.
Wünschenswert ist es überdies, daß der auf die Tragstege bezogene wirksame
Anpreßdruck auch bei eintretendem Verschleiß womöglich unverändert bleibt;
die tragende Höhe der Stege soll sich also infolge des Verschleißes nicht vergrößern. — Meist erfolgt die Zuschärfung mit 60°; Zuschärfungswinkel unter 45°
werden nicht angewendet.

c) Gute Anschmiegsamkeit des Ringes in radialer und achsialer Richtung.

d) Gute Verschleißfestigkeit, vor allem an den Laufflächen und an den abstreifenden Kanten. Es darf keine Neigung zum Ausbröckeln oder zur Grat-
bildung bestehen. Die Verwendung verchromter Ringstege hat sich bewährt.

e) Schaffung hinreichender Abflußmöglichkeiten für das abgestreifte Öl.

In dieser Hinsicht entwickelte sich der Ölring von dem mit umlaufender
Sammelnut und mit Ablaufbohrungen versehenen gebohrten Ring zum Ölschlitz-

ring, zuletzt mit vergrößerten Schlitzbreiten zum Breitschlitzring mit strömungsgerechtem Profil für die Ölablaufquerschnitte. Ob gebohrte oder geschlitzte Ringe wirksamer sind, konnte nicht mit Sicherheit nachgewiesen werden; aus herstellungstechnischen Gründen hat man sich heute fast allgemein für die letzteren entschieden: Je kleiner jedoch der Durchflußquerschnitt nach seiner geringsten Abmessung ist, desto rascher kann er sich verlegen. — Um dieser Störung zu begegnen werden z. B. bei Dieselmotoren Ölschlitzringe von weniger als 5 mm, bzw. 3/16 Zoll (= 4,76 mm) achsialer Höhe nicht verwendet.

Noch wirksamer als einteilige Ölringe erweisen sich in vielen Fällen zusammengebaute, mehrteilige profilierte Ringe, bei kleineren Abmessungen vor allem auch die in Umfangsrichtung federnden Stahlringe.

Einteilige Ölringe aber müssen, um richtig wirken zu können, an ihrem Außenumfang auf jeden Fall mit einer umlaufenden Sammelnut versehen sein.

Die gesamte Größe der Ölabflußquerschnitte am Ring bestimmt jedoch ebenfalls die Neigung zum Verlegen durch Rückstände und auch den Grad dieser Erscheinung; letzterer aber hat direkten Einfluß auf den Ölverbrauch. — Überdies ist zu diesem Punkt folgendes zu sagen: Für die Beherrschung des Ölverbrauches ist ein gewisses Minimum an Abflußquerschnitten erforderlich; eine Vergrößerung darüber hinaus bleibt beim sauberen Motor ohne Erfolg. Werden jedoch die Abflußquerschnitte durch Ablagerungen verengt, so bleibt der ursprüngliche Ölverbrauch umso länger unverändert erhalten, je größer die Querschnitte ursprünglich bemessen waren.

Die sich vor allem häufig auf den Kolben spritzölgeschmierter Dieselmotoren vorfindenden Ölschlammablagerungen können in den Nuten der Ölringe und ihren Ablaufquerschnitten sowie in den Ölablaufbohrungen des Kolbens rapid anwachsen. Werden diese Querschnitte schließlich verstopft, so steigt der Ölverbrauch enorm an. Von Seite der Kolbengestaltung kann diesem Übel dadurch einigermaßen begegnet werden, daß die Ablaufbohrungen im Kolben so groß als möglich gemacht werden. Die Verwendung geeigneter Schmieröle, gute Filterung und rechtzeitigen Ölwechsel beugen überdies dem Übel vor.

f) Gute Spannungshaltung; jeder Spannungsverlust der Ölringe hat Erhöhung des Ölverbrauchs zur Folge.

Ölringe hoher Wirksamkeit können hergestellt werden:

α) Unter Verwendung möglichst feinkörnigen Kolbenring-Gußeisens, wobei höchstzulässige Spannung und praktisch geringstmögliche Laufsteghöhen ausgeführt werden können und zulässig erscheinen.

β) Aus hochfestem Sondergußeisen mit hohem E-Modul, wie z. B. Eisensorten mit temperkohleartigem Graphit oder mit Kugelgraphit, oder auch aus Stahl. — Diese Werkstoffe erlauben höhere Spannung und gestatten die Ausführung schmälerer Tragstege; die Gefahr des Abbrechens der Stege oder ihrer Beschädigung — auch während der Bearbeitung — wird geringer.

Allerdings entspricht dem hohen E-Modul der genannten Werkstoffe auch eine erhöhte Steifheit, das heißt das Anschmiegungsvermögen wird bei gleichen Querschnitten geringer. Ringe dieser Art entsprechen daher nur vollkommen in unter allen Betriebsverhältnissen gut rund bleibenden Zylindern.

γ) Die Verwendung von Stützfedern ermöglicht es, bei Verwirklichung sehr hoher Anpreßdrücke den Querschnitt der Ringe zu verringern und damit das Anschmiegungsvermögen zu verbessern.

In der Kombination mit Stützfedern verwendet man in der Regel gewöhnliche Gußeisenringe, oder Gußeisenringe zwischen zwei Stahllamellenringen nach Art der Abb. 422, Bd. 1, oder Stahlringkombinationen nach Abb. 424—427, Bd. 1; in

vereinzelten Fällen erscheint jedoch auch die Verwendung von Ringen aus Sonderwerkstoffen angezeigt.

Wo aber höchste Abstreifwirkung notwendig ist, dort werden Stützfedern in
wirksamster Weise mit sehr anschmiegsamen Stahlringen gepaart, deren Lauf-
stege verchromt sind. Solche Ölringe bringen sehr gleichmäßig bleibende, oft
überraschend niedrig liegende Ölverbräuche. — Stützfedern können allerdings,
wenn sie nicht sehr korrekt ausgeführt sind und sorgfältig montiert werden,
zu Anständen im Betrieb führen. Ihre Anwendung begegnet daher heute
noch öfters einigem Mißtrauen, das aber nicht gerechtfertigt ist, soferne es sich
um erprobte Ausführungen bewährter Herkunft handelt.

δ) Die Unterbringung des richtigen Ölrings in günstigster Lage im Kolben
ist aber nicht allein wichtig; für seine richtige Funktion müssen überdies auch
hinreichende Ölsammelmöglichkeiten sowohl oberhalb als auch unterhalb des
Ringes vorgesehen werden. Diese Sammelnuten oder Ausdrehungen am Kolben
müssen tief und breit genug sein, um das abgestreifte
Öl aufnehmen zu können, wobei aber von der Auflage-
fläche an der unteren Ringflanke nicht zuviel wegge-
nommen werden darf. — Auch sind zur Ableitung des
abgestreiften Öls nach dem Kolbeninneren Ölablaufbohrungen in genügender Zahl und Größe vorzusehen: die
Bohrungen können nach Abb. 173 auch so gelegt werden, daß sie sowohl den Raum in der Nut hinter dem
Ring als auch die Sammelnut unterhalb des Ringes er-
fassen.

Sind die Ölsammelgelegenheiten und -abflußmög-
lichkeiten unzureichend, so steigt der Druck im abgestreiften Öl bei der Kolbenbewegung sehr hoch an; der
Staudruck hebt die Ölringe von der Zylinderwand ab,
sie schwimmen auf dem Öl und klappen zusammen, so
daß ihre Wirkung vollständig aufgehoben werden kann.
Wird zur Abhilfe in einem solchen Fall ein Ölring von
höherem Anpreßdruck, bzw. höherer Spannung eingebaut, so hat dies lediglich eine weitere Steigerung des
Staudrucks und doch wieder ein Zusammenklappen
des Ölrings zur Folge. Die Lösung des Problems hart-
näckigen hohen Ölverbrauchs liegt sehr häufig darin, die
Ölringe durch Anordnung richtig bemessener Sammelnuten und Abflußmöglichkeiten zu entlasten.

Die Oberkante des Kolbenschaftes soll bei Glatt-
schaftkolben für kleinere Motoren am besten auf **3**
bis **4** mm Höhe gerundet zur Ölsammelnut unterhalb

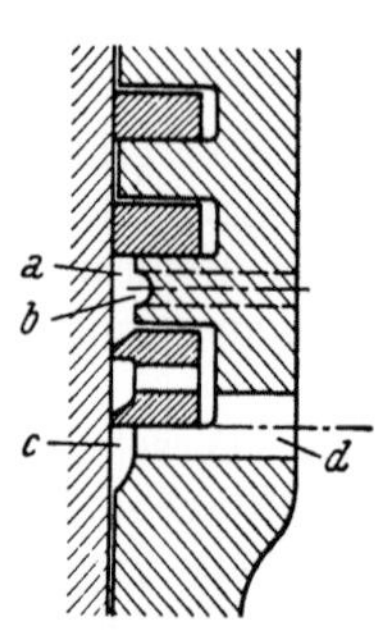

Abb. 173. Ölsammel-
und Abflußmöglichkei-
ten an dem unterhalb
der Verdichtungsringe
oberhalb des Kolbenbol-
zens spritzölgeschmier-
ter Tauchkolbenmoto-
ren sitzenden Ölschlitz-
ringes
a zurückgesetzter Ring-
steg
b „Beckerrille" (ev. mit
Ablaufbohrungen)
c Ölsammelnut
d Ablaufbohrungen

des Ölrings abfallen; in diese abgerundete Zone sollen auch die Ölrücklauf-
bohrungen münden. — Bewegt sich der Kolben nach aufwärts, so entstehen in
dem durch die Abrundung gebildeten keilförmigen Ringraum hohe hydrodynamische Drücke, die das Schmieröl teils an den Schaft und teils durch die
Rücklaufbohrungen abfließen lassen.

ε) Aus den gleichen Gründen — und weil auch der unterste Verdichtungsring, der zudem häufig als Ansatz- oder Nasenring ausgeführt wird, eine erhebliche Abstreifwirkung ausüben kann — erweist es sich bei solchen Kolben,
bei denen oberhalb des Kolbenbolzens ein Ölring angeordnet ist, zur Senkung
des Ölverbrauchs als wirksam, den Ringsteg zwischen letztem Verdichtungsring
und Ölring oberhalb des Bolzens zurückzusetzen und ihn eventuell mit einer um-

laufenden Sammelnut und mit Rücklaufbohrungen nach dem Kolbeninneren zu versehen („BECKER-Rille"). — Bei Auflademotoren und Zweitaktmotoren sind diese Bohrungen jedoch fortzulassen.

Es wäre aber durchaus falsch, einen beobachteten zu hohen Ölverbrauch durch Ölringe von hoher Wirksamkeit dann absenken zu wollen, wenn die Verdichtungsringe versagen. Dies würde unbedingt zu schweren Schäden führen. In solchen Fällen kann nur durch richtige Anordnung und Ausführung der Verdichtungsringe Abhilfe geschaffen werden.

Ölpumpen der Ringe. Heben sich die Ringe beim Abwärtsgang des Kolbens von ihrem Sitz auf der Nutenunterflanke ab und ist die Zylinderwand reichlich mit Schmieröl versehen, so streifen sie mit ihren Laufflächen-Unterkanten Öl ab und fördern dieses in den Spalt zwischen Ring- und Nutenflanken und weiterhin in den Raum hinter den Ring; der im Schmieröl wachgerufene Staudruck wirkt im Sinne dieser Ölbewegung. — Werden im folgenden Aufwärtsgang des Kolbens die Ringe wieder auf die Unterflanke gedrückt, so tritt das im unteren Flankenspalt befindliche Öl in den Nutengrund und eine entsprechende Ölmenge wird in den nun an der Oberflanke gebildeten Spalt gefördert. Im folgenden Abwärtsgang wird beim abermaligen Flankenwechsel das im Oberflankenspalt befindliche Öl in den Raum oberhalb des betreffenden Ringes gedrückt. Diese dem Gasstrom entgegengesetzte Ölbewegung wird durch die Beschleunigungsverhältnisse am Kolben gefördert und zeigt sich besonders deutlich auch bei am Umfang gut dichtenden Ringen mit großem seitlichen Nutenspiel, wenn die Ölabstreifringe nicht in der Lage sind, die überschüssige Ölmenge hinreichend abzustreifen.

Das Ölpumpen, bzw. der Öldurchtritt durch die Ringdichtung nach aufwärts, scheint übrigens besonders während jener kurzen Zeitabschnitte zu erfolgen, während welcher der Ring den Flankensitz wechselt; dabei wird es überdies beeinflußt — und zwar entweder gefördert oder verringert — durch die Druckverhältnisse an den Ringen in dem Augenblick, in welchem die Anlageseite in der Nut wechselt. — Bei schnellaufenden Motoren, bei denen die an den Ringen auftretenden Massenkräfte für die Anlageverhältnisse und die Ringbewegung in den Nuten ausschlaggebend sind, ist die Neigung für das Ölpumpen am größten.

Außerordentlich starkes Ölpumpen kann bei stark ausgeschlagenen Ringnuten auftreten, weil der Ring dann an den Flanken nicht zum dichten Aufsitzen kommen kann und seine Bewegung in achsialer Richtung sich vergrößert.

Auch die Güte der Ring- und Nutenflankenbearbeitung macht sich in stärkstem Maß geltend; eine Flankenrauhigkeit von 0,01 mm kann z. B. eine Steigerung des Ölverbrauchs um 25% und darüber zur Folge haben, solange, bis die Ringe auch an den Flanken voll eingelaufen sind.

Weil die Erscheinung mit dem Flankenwechsel der Ringe zusammenhängt, ist sie am stärksten in den drucklosen Hüben des Viertaktmotors; Zweitaktmotoren neigen trotz des bei diesem üblichen größeren achsialen Spiels in den Nuten selten zum Ölpumpen, weil ein Flankenwechsel der Ringe kaum stattfindet. — So wie sich aber die Ringe einer Dichtung gegenseitig bei ihrer Bewegung in der Nut in achsialer Richtung hin beeinflussen (vgl. Abschnitt III, Bd. 1), so beeinflussen sie sich auch gegenseitig hinsichtlich des Ölpumpens. Es ist z. B. bemerkenswert, daß bei einer sehr stark zum Ölpumpen neigenden Maschine 85 $\varnothing$ × 85, die mit zwei Ringen plus einem Ölring oberhalb des Kolbenbolzens ausgeführt war, das Ölpumpen vollständig verschwand, nachdem der erste Ring ausgebaut worden war; hier lag die Ursache offenbar darin, daß das Abheben des Ringes von der Unterflanke im letzteren Fall nicht mehr möglich war, wozu noch der Umstand kommt, daß bei Verwendung nur eines Ringes sich der Gasstrom aus dem Verbrennungsraum nach abwärts hin verstärkt.

Von dem im Raum oberhalb des Kolbens herrschenden Druck oder Vakuum im Zylinder scheint der Öldurchtritt in den ersteren unabhängig zu sein. RICARDO [39] führte Versuche über das Ölpumpen an einem fremdangetriebenen Motor unter folgenden Bedingungen durch:

a) Druck beiderseits des Kolbens Atmosphärendruck,

b) ständiges Vakuum von 500 mm Hg im Zylinder,

c) ständiger Druck von 3,15 at oberhalb des Kolbens

und fand in allen drei Fällen die nach dem Verbrennungsraum durchtretende Ölmenge gleich groß und nur abhängig von der Drehzahl.

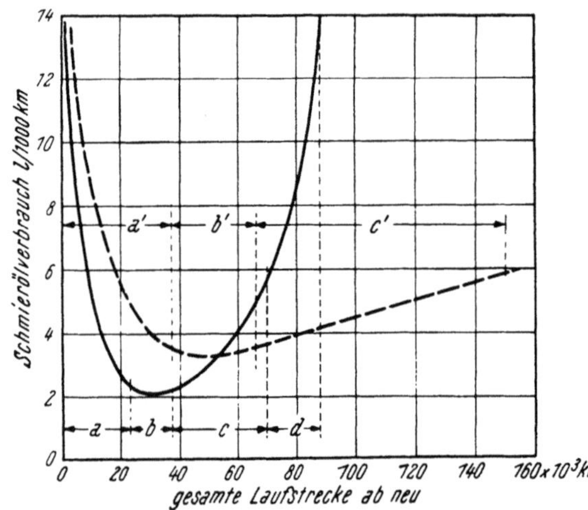

Abb. 174. Allgemeiner Verlauf des Ölverbrauchs in einem Fahrzeugmotor in Abhängigkeit vom Laufweg
———— mit normalem Öl   – – – mit Heavy-duty-Öl
(Vgl. [76])

Normalöl:

a Einlaufen an der Ringlauffläche und an den Flanken. — Verringerung des seitlichen Spiels in den Nuten durch Ablagerungen, dadurch Verbesserung des Ölverbrauchs

b Verschleiß an den Ring- und Nutenflanken; Ausgleich der Spielvergrößerung durch weitere Ablagerungen

c Spannungsverlust der Ölringe, Verlegen der Ölablaufbohrungen; stärkerer Verschleiß in der ersten Nut, der nicht mehr durch Ablagerungen kompensiert wird. — Rascher Anstieg des Ölverbrauchs

d Beginnendes Ringstecken

Heavy duty-Öl:

a' Einlaufen an Ringlauffläche und Flanken dauert länger als bei Normalöl; keine Verringerung des achsialen Nutenspiels durch Ablagerungen: Minimalverbrauch liegt höher als bei Normalöl

b' Verschleiß an den Ring- und Nutenflanken; Ausgleich durch geringe Ablagerungen

c' Langsamer Anstieg des Verbrauchs infolge geringen Verschleißfortschritts und Spannungsverlust der Ölringe

Laufzeit und Ölverbrauch. Bei allen Tauchkolbenmotoren steigt der Ölverbrauch — die Verwendung des gleichen Schmieröls vorausgesetzt — nach einem anfänglichen Absinken nach längerer Betriebszeit an. Die Gründe für diesen Anstieg sind folgende:

Vergrößern der Lagerluft; daher vermehrter Ölaustritt und erhöhte Ölversorgung der Zylinder;

Verschleiß der Ringe, der Zylinderbohrungen und der Ringnuten;

Verlegen der Ölschlitze, bzw. Ölbohrungen in den Ölringen und der Ölablaufbohrungen im Kolben;

Verschleiß der Einlaßventilführungen;
Auftreten anderer Leckstellen, die zu Ölverlusten führen.

Ein zunehmender Ölverbrauch infolge einer steigenden Ölversorgung der Zylinder kommt zwar dem infolge des fortschreitenden Verschleißes der Zylinder ebenfalls gestiegenen Ölbedarf entgegen; er übertrifft diesen aber, wenigstens in fortgeschrittenem Stadium, in der Regel bei weitem.

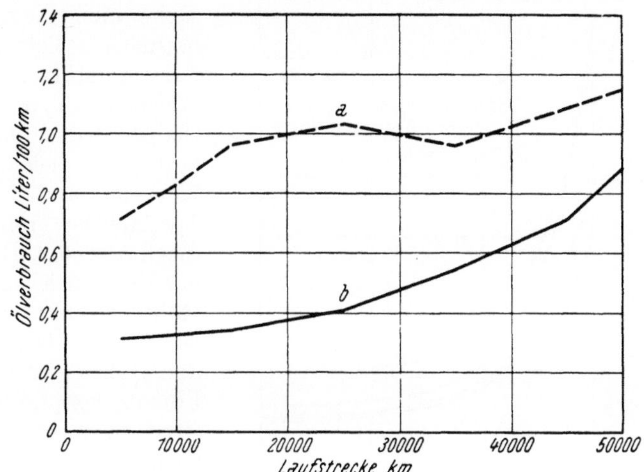

Abb. 175. Schmierölverbrauch eines 4-Zylinder-Otto-Motors bei unterschiedlicher Anordnung der Ölabstreifringe im Kolben

a   3 Verdichtungsringe + 1 Ölabstreifring oberhalb des Bolzens

b   2 Verdichtungsringe + 1 Ölabstreifring oberhalb des Bolzens, 1 Ölabstreifring unterhalb des Bolzens

(Nach OTTAWAY [101])

Im Fahrzeugbetrieb ändert sich z. B. der Ölverbrauch mit der Laufzeit etwa nach Abb. 174. Hier veranschaulicht die voll ausgezogene Kurve etwa die Verbrauchsverhältnisse bei Anwendung eines guten Normalöls, die gestrichelte Kurve dagegen bei Verwendung eines Heavy duty-Öls mit geringerer Rückstandsbildung und mit der Fähigkeit, die gebildeten Rückstände zu lösen und von den Ringen sowie aus den Ringnuten und Zylindern fortzuschwemmen. Die Legende zu dieser Abbildung gibt einige Hinweise für das Zustandekommen der Kurven und für das unterschiedliche Verhalten der verglichenen Öle. Ähnlich sehen die Ölverbrauchskurven für alle spritzölgeschmierten Maschinen aus.

Um das rasche Ansteigen des Verbrauchs nach Beendigung der Periode b hintanzuhalten, sehen manche Konstruktionen die Möglichkeit vor, zum gegebenen Zeitpunkt einen zusätzlichen Ölring einzubauen; die hierfür bestimmte Nut im Kolben bleibt zunächst leer. — Außerdem wurde auch die Verwendung von Ölringen mit verzögerter Wirkung versucht (vgl. Abb. 356, 357 Bd. 1).

Soll der Ölverbrauch bei Personenwagen-Ottomotoren durch längere Zeit auf gleichbleibender Höhe gehalten werden, so empfiehlt sich erfahrungsgemäß die Verwendung von drei Verdichtungsringen und eines Ölabstreifringes oberhalb vom Bolzen (Anordnung D, Tafel II S. 11). Die Anordnung nach D 1 mit zwei Verdichtungsringen und einem Ölring oberhalb des Bolzens samt einem zweiten Ölabstreifring am unteren Schaftende ist zwar von hoher anfänglicher Wirkung, doch sinkt diese verhältnismäßig rascher ab (Abb. 175), als bei der ersterwähnten Anordnung.

Bei der Überholung von Motoren ist es — solange der Verschleißzustand des Zylinders dies eben zuläßt — häufig wirtschaftlicher, Spezialölringe einzubauen und damit den Ölverbrauch wirksam zu senken, als die Zylinder aufzubohren und neue Kolben und normale Ölringe einzusetzen. — Dies zeigt z. B. Abb. 176, die sich auf Versuche mit einem Motor von normalen Verschleißerscheinungen stützt: Zwei verschiedene Typen normaler Ölabstreifringe haben ungefähr das gleiche Ergebnis, Kurven c und d; mit einem Spezialölring mit Expander (nach Abb. 406, Bd. 1) konnte der Verbrauch auf etwa die Hälfte gesenkt werden, Kurve a. — Nach Ausbohren und Honen der Zylinder und Einbau von normalen Ölabstreifringen lag der Verbrauch nach Kurve b zwar ebenfalls erheblich niedriger als vor dem Ausbohren mit den ursprünglichen Ringen, jedoch bemerkenswert höher als vor dem Ausbohren bei Verwendung von Spezialringen, Kurve a.

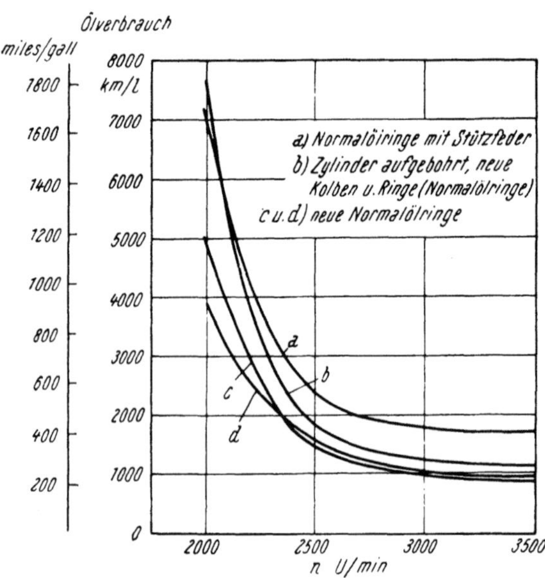

Abb. 176. Beeinflussung des Ölverbrauchs durch die Ölringe bei stärker verschlissenen, überholungsbedürftigen Motoren
(Nach Robertson [102])

3. Schmierungsverhältnisse bei Drucköl-Zylinderschmierung

Die reine Druckölschmierung der Zylinder unterscheidet sich von der Spritzölschmierung grundsätzlich dadurch, daß eine tunlichst knapp bemessene Ölmenge zwangläufig bei jedem Hub oder nach einer bestimmten Anzahl von Hüben möglichst dort an die Zylinderlauffläche gebracht wird, wo sie unmittelbar benötigt wird. — Sind die Zylinder gegen den Kurbelraum hin vollständig abgeschlossen, so sind Kolben, Ringe und Zylinder ausschließlich auf dieses Öl angewiesen.

Im Gegensatz zur Spritzölschmierung, bei welcher hinsichtlich der Ölversorgung der Zylinder immer mit mehr oder weniger gealtertem und — auch bei sorgfältigster Filterung — verunreinigtem Öl gerechnet werden muß, erhalten bei der abgetrennten Druckölschmierung die Zylinder stets reines Frischöl. Da der Ölbedarf auch von der Qualität und Beschaffenheit des Schmieröls abhängt, werden sich schon aus diesem Grund bei der Druckölschmierung immer sparsamere Minimalverbräuche erzielen lassen, als bei der Spritzölschmierung. — Dagegen lassen sich bei der ersteren allerdings nicht so reichliche Ölmengen zuführen, daß ein wirksames Durchspülen und Kühlen der Ringnuten durch das Schmieröl erfolgen könnte. Bei der Druckölschmierung muß deshalb auf die Wahl des geeignetsten Öles besonderer Wert gelegt werden.

Der anfangs im neuen Motor sehr niedrige Ölbedarf erhöht sich mit fortschreitendem Verschleiß in den Zylindern und an den Ringen und Ringnuten, weil die zur Aufrechterhaltung der Abdichtung erforderliche Ölmenge ansteigt; die Einstellung der Zylinderschmierölpumpen muß demnach rechtzeitig korrigiert werden. Der in der Regel schließlich progressiv fortschreitende Verschleiß ist jedoch nicht auf diese vermehrte Ölzufuhr, sondern auf die den Verschleiß an sich bedingenden Umstände zurückzuführen.

a) Kreuzkopfmotoren. Mit reiner Druckölschmierung wird vor allem in den Zylindern von Kreuzkopfmotoren gearbeitet, bei denen eine Versorgung durch Spritzöl vom offenen Zylinderende her aus baulichen Gründen nicht möglich ist.

Die Ölzufuhr erfolgt dabei stets an mehreren Stellen des Zylinderumfanges; die Anzahl der Schmierstellen muß sich nach dem Zylinderdurchmesser richten, jedenfalls darf ihr gegenseitiger Abstand nicht zu groß sein: Je mehr Schmierstellen, desto besser wird die Ölverteilung über den Zylinderumfang. — Große Zylinder von über 600 mm Durchmesser sollen 6 bis 8, zwischen 400 und 600 mm Durchmesser 4 bis 6 Ölbohrungen erhalten; daß die Schmierstellenzahl oft unzureichend ist, geht z. B. aus dem Verschleißbild eines großen Dieselmotorzylinders (Abb. 177) hervor, wo an den in der Mitte zwischen den Ölzuführungen gelegenen Zylindererzeugenden der größte Verschleiß zu beobachten ist. — Am besten wird jede Schmierstelle an einen eigenen Stempel der Schmierölpumpe angeschlossen; die Pumpe muß im Hubtakt arbeiten und die Zeiteinstellung für die Ölförderung ganz genau erfolgen; schließlich muß auch die zu fördernde Ölmenge mit größter Feinheit eingeregelt werden können. — Die für die Ölverteilung an der Zylinderwand von den Schmierstellen ausgehenden Nuten müssen nach Querschnitt und Lage genau überlegt sein; sie dürfen nicht in einer Ebene senkrecht zur Zylinderachse liegen, weil die Ringe sonst leicht in den Nuten hängen bleiben können, sondern müssen etwas schräg geneigt verlaufen.

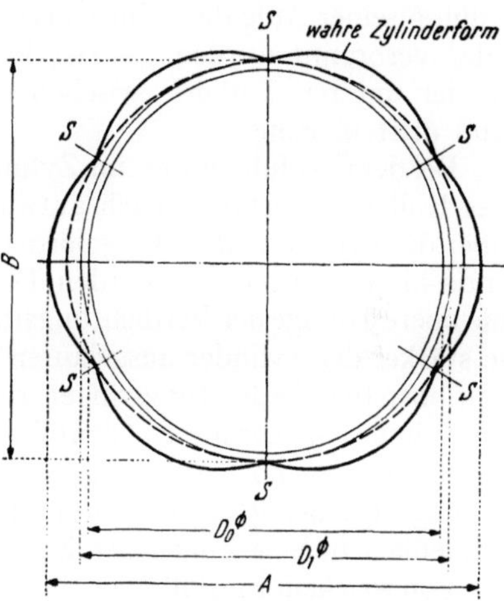

Abb. 177. Wahre Gestalt verschlissener Zylinderbohrungen eines Zweitakt-Schiffsdieselmotors 760 ⌀, bei gesonderter Zuführung des Zylinderschmieröls (Druckschmierung) — Nach Bauer [121]
D_0 Ursprünglicher Zylinderdurchmesser
D_1 Form des allseitig gleichmäßig verschlissenen Zylinders
- - - Ovalverschleiß unter Einfluß der Schiffsbewegung
A Gemessener Zylinderdurchmesser, längsschiffs
B Gemessener Zylinderdurchmesser, querschiffs
S Schmierstellen

Die Höhenlage der Ölzuführungen im Zylinder richtet sich nach verschiedenen Umständen und eine gute Ölverteilung erfordert eine umso sorgfältigere Anordnung der Schmierstellen in umso größerer Anzahl, je näher sie an die obere Totlage der Ringe hin gelegt werden. Jedenfalls sollen die Ölzuführungen immer dort liegen, wo die Geschwindigkeit der Ringe möglichst klein ist, um genügend Zeit für die Ölzufuhr und -verteilung zu haben; das heißt also nahe an den Totlagen der Ringe. Liegen die Schmierstellen bei Motoren stehender Bauart nahe am oberen Zylinderende, so trägt dies dem natürlichen Fluß des Öls an der Zylinderwand nach abwärts, und zwar sowohl infolge der Schwerkraftwirkung als auch unter der Wirkung des Leckgasstroms durch die Ringdichtung Rechnung.

Das Öl wird dabei tatsächlich dort zugeführt, wo es am unmittelbarsten gebraucht wird. Allerdings dürfen die im übrigen stets mit sicher wirkenden Rückschlagventilen zu versehenden Schmierstellen wieder nicht so hoch liegen, daß sie dem direkten Einfluß der Verbrennung und den höchsten Drücken ausgesetzt sind; besser geschützt sind weiter abwärts im Zylinder gelegene Schmierstellen.

Bei langsamlaufenden großen Zweitaktmotoren wird in der Regel im oberen Teil des Zylinders, etwa in der oberen Totlage zwischen dem fünften und sechsten Ring oder noch höher, geschmiert und eine stärkere Zerstörung des in den Verteilnuten stehenbleibenden Öls während des Arbeitshubes in Kauf genommen. Das Öl steht dann im Abwärtsgang an den Ringen zur Verfügung und kann nach Erfüllung seiner Aufgabe beim Überlaufen der Ringe über die Schlitze fortgeblasen oder verbrannt werden. — Bei Viertaktmotoren schmiert man dagegen meist in der unteren Totlage zwischen erstem und zweitem oder zwischen zweitem und drittem Ring.

Bei der Ölzufuhr unten im Zylinder müssen durch einen in der untersten Nut des Kolbens sitzenden, nach aufwärts abstreifenden Verteilring die Ölverteilung über die Zylinderlauffläche gefördert und Ölverluste nach dem offenen Zylinderende hin hintangehalten werden. Dieser Verteilring kann jedoch das Öl nicht bis in die obere Totlage der Verdichtungsringe bringen; er wird auch umso unwirksamer, je stärker der Zylinder ausgelaufen ist; daher ist es notwendig, das Öl zwischen den obersten Verdichtungsringen zuzuführen. — Die verhältnismäßig weit unten im Zylinder angeordneten Ölzuführungen sichern aber — und dies ist ein Vorteil gegenüber den hoch gelegenen — eine weit bessere und gleichmäßigere Ölverteilung über den ganzen Zylinderumfang, bevor das Öl seine Aufgabe erfüllt und schließlich in jene Zonen des Zylinders gelangt, in welchen es verbrennen kann.

Von welchem Einfluß aber schon verhältnismäßig geringe Unterschiede in der Höhenlage der Ölzufuhrstellen sein können, geht z. B. aus einer Mitteilung von BLEICKEN [103] hervor: Danach zeigte ein Viertakt-Kreuzkopfmotor, bei welchem das Schmieröl in der unteren Totlage zwischen zweitem und drittem Ring zugeführt wurde, außergewöhnlich hohen Verschleiß am ersten Ring und im Zylinder; das Verlegen der Ölzufuhr in unterer Totlage zwischen ersten und zweiten Ring brachte einen überraschend günstigen Erfolg.

Im allgemeinen kann aber festgestellt werden, daß bei langsamlaufenden Motoren von großen Abmessungen, bei welchen die Zylinderschmierung am schwierigsten wird, diese in vorteilhafterer Weise mit hochgelegenen Schmierstellen erfolgt; nicht selten wird auch sowohl oben als auch unten im Zylinder Schmieröl zugeführt und dies gibt anscheinend die günstigsten Ergebnisse, allerdings bei etwas höherem Schmierölverbrauch.

Überdies ist bei langsamlaufenden Motoren ein möglichst gasdichter Abschluß durch die Ringe besonders wichtig, um Schädigungen des an sich sehr dünnen Ölfilms zu vermeiden; möglichst gleichförmige Verteilung des Anpreßdruckes bei verhältnismäßig niedriger Ringspannung ist ebenso von Vorteil, wie die Verwendung von Ringen mit gasdichtem Stoß oder von mehrteiligen gasdichten Ringen in den weiter abwärts gelegenen Nuten. Auch Ölabstreif-, bzw. Ölverteilringe mit „gasdichtem" Stoß sind am Platze, um den Ölfilm möglichst gleichmäßig am ganzen Zylinderumfang zu erhalten.

Auch bei der gesonderten Drucköl schmierung der Zylinder sind die Schmierungsbedingungen im Viertaktmotor ohne Zweifel wesentlich günstiger, als im Zweitaktmotor; denn einmal ermöglichen die drucklosen Hübe bei ersterem die Wiederherstellung des Ölfilms, so daß dieser intakt ist, sobald der Verdichtungshub beginnt. Ferner sind infolge der Leerlaufhübe die mittleren Oberflächentemperaturen im allgemeinen niedriger, wenn auch die Temperaturverhältnisse natürlich durch die Kühlung bestimmt werden: Wird z. B. bei Stationärmotoren mit sehr hartem Kühlwasser oder bei Schiffsmotoren mit Seewasser gekühlt, so ist bei Zweitaktmotoren die Neigung zum Absetzen von Kesselstein auf der Zylinderaußenseite größer, wodurch die Temperaturen an der Innenseite häufig unerwünscht erhöht werden. Schließlich sind im Viertaktmotor die Arbeitsbedingungen für die Kolbenringe allgemein günstiger, teils wegen des Fehlens der von den Spül- und Auslaßschlitzen ausgehenden Störungen, teils dank der durch den Druckwechsel an den Ringen begünstigten Schmierung an ihren Flanken, teils auch wegen der geringeren Neigung der Zylinder und Ringe zu unerwünschten Verformungen infolge ungleichmäßiger Wärmeverteilung. Die Schmierölmenge kann daher bei Viertaktmotoren im allgemeinen niedriger gehalten werden, womit die Rückstandbildung und Ablagerung von verschleißfördernden Ölkohle- und anderen harten Rückständen verringert wird. — Die Verbrennung verläuft überdies im Zweitaktmotor nicht so vollständig wie im Viertaktmotor, weshalb bei ersterem die Neigung der Ringe zum Festsetzen und zu stärkerem Durchblasen und damit die Beanspruchung des Schmierölfilms weiter erhöht wird.

b) Tauchkolbenmotoren. Auch Tauchkolbenmotoren mit Zylinderdurchmessern von mehr als 300 mm ⌀ erhalten, weil die Versorgung der Zylinder mit Spritzöl unzureichend wird, in der Regel eine zusätzliche Zylinderschmierung mit Drucköl. Aber auch bei kleineren Zylinderdurchmessern ist eine solche immer dann vorzusehen, wenn die Betriebsdrehzahlen stark wechseln und die geringste Drehzahl bzw. die Dauerdrehzahl niedrig liegt.

Besonders wichtig wird die Drucköl-Zylinderschmierung bei Zweitaktmotoren; hier wird jene Grenze, wo die reine Spritzölschmierung noch hinreicht, eher erreicht, als beim Viertaktmotor. Erhöht man nämlich hier die in die Zylinder geschleuderte Ölmenge, so wird ein großer Teil derselben durch die Schlitze durchgespült und ergibt qualmenden Auspuff und reichliche Koksablagerungen an den Schlitzen, ohne den gewünschten Effekt zu erzielen.

Bei Tauchkolbenmotoren von geschlossener Bauart besteht aber immer die Neigung, daß unerwünschte Schmierölmengen aus dem Kurbelraum in die Zylinder gelangen und dort durch die Ringe nach oben gefördert werden; besonders bei fortgeschrittenem Verschleiß der Lagerstellen und Zylinder macht sich dies stark bemerkbar und äußert sich in vermehrter Rückstandbildung und im Aufbau von Ablagerungen hinter den Ringen, an den Ringstegen und am Kolbenoberteil. Tauchkolben müssen daher immer mit hinreichend wirksamen Ölabstreifringen unterhalb der Verdichtungsringe und — insbesondere bei größeren Abmessungen sowie bei Diesel- und Gasmotoren — auch nahe am unteren Schaftende ausgestattet werden. Der Zylinderschmierölverbrauch läßt sich daher nicht so knapp einstellen, wie bei Kreuzkopfmotoren.

4. Mischungsschmierung (Gemischschmierung)

Bei dieser ausschließlich bei kleinen Zweitakt-Vergasermotoren angewendeten Schmierungsart wird das Schmieröl dem Kraftstoff zugemischt; bei der Herstellung der Mischung muß man sich nach den Vorschriften des Motorenherstellers halten; im allgemeinen schwankt das Mischungsverhältnis zwischen 1 : 20 bis 1 : 30, das ist also zwischen 5% und 3,3% der Kraftstoffmenge. Schon aus diesen Angaben ist zu entnehmen, daß der Schmierölverbrauch bei dieser Schmierungsart verhältnismäßig sehr hoch liegt; erreichen doch moderne spritzölgeschmierte Motoren etwa 0,6% bis 1,5%, druckölgeschmierte Motoren bis herab zu 0,2% des Kraftstoffverbrauchs. — Der Schmierölverbrauch ist bei der Gemischschmierung von den Kolbenringen ganz unabhängig und kann durch diese nicht beeinflußt werden. Insbesondere bei kleinen Zylinderabmessungen ohne Druckschmierung der Triebwerksteile entfallen daher alle Ölringe.

Der Schmiervorgang spielt sich hier wie folgt ab: Mit dem angesaugten Kraftstoff-Luftgemisch gelangt das Schmieröl in fein verteiltem Zustand in das Kurbelgehäuse und schmiert dort die Triebwerksteile. Mit dem Gemisch gelangt dann das Schmieröl weiter in den Zylinder und schlägt sich zum Teil auf dessen Lauffläche nieder.

Wird dem Kraftstoff zu viel Schmieröl zugesetzt, so ergibt dies qualmenden Auspuff und hohe Rückstandsbildung an Ringen und Kolben, im Zylinder und in den Schlitzen; zu wenig Öl gibt hohen Verschleiß und unter Umständen Festlaufen der Maschine.

5. Oberschmierung

Wie bereits erwähnt, bleibt die Schmierung des ersten Ringes bei allen Schmierungsverfahren etwas notleidend; je besser aber die Ringe dichten, desto knapper kann die Schmierölmenge werden, die bis an die Lauffläche des ersten Ringes gelangt. Um diesem Umstand entgegenzuwirken und um eine zusätzliche Schmierung der nahe am Verbrennungsraum liegenden gleitenden Teile, wie der obersten Ringe, der Ventilführungen usf. zu gewährleisten, verwendet man manchmal in kleinen, schnellaufenden spritzölgeschmierten Ottomotoren auch zusätzlich die sogenannte Oberschmierung.

Auch bei dieser wird das Oberschmieröl dem Kraftstoff zugesetzt; es schlägt sich wie bei der Gemischschmierung an den zu schmierenden Wandungen nieder und verringert somit den Zylinderverschleiß in den obersten Partien sowie den Verschleiß am ersten Ring; durch geeignete Sortenwahl können auch etwa im Zylinder sich bildende Ablagerungen durch das Oberschmieröl gelöst sowie das Anlaßverhalten des Motors verbessert werden.

Oberschmieröle werden manchmal dem Zylinder auch vermittels eigener Oberschmierapparate zugeführt; diese erfordern aber sehr sorgfältige Einstellung, wenn Störungen, vor allem durch Ölkohleablagerungen, vermieden werden sollen.

Der Verbrauch an Oberschmieröl ist allein eine Sache der Einstellung; die Ringe nehmen hierbei keinerlei Einfluß.

V. Das Festsetzen der Kolbenringe

Zwei Erscheinungen sind es, die — und zwar bevorzugt bei manchen Motorentypen — zu erheblichen Schwierigkeiten mit Kolbenringen führen können: Das Festsetzen der Ringe in den Nuten, je nach der Natur der Erscheinung auch als „Ringstecken", bzw. „Verkleben" oder auch als „Festbrennen" bezeichnet, und das Brechen der Ringe.

Der Verlust der freien Beweglichkeit infolge des Festsetzens in den Nuten bedeutet wohl eine der unangenehmsten und folgenschwersten Störungen, die an Kolbenringen zu beobachten sind; sie nimmt dem Ring die wichtigste Voraussetzung für seine richtige Funktion und kann durch ihre vielfachen Auswirkungen, die sich zum Teil gegenseitig bedingen und fortlaufend verstärken, verheerende Folgen zeitigen und den geregelten Betrieb unter Umständen sehr rasch unmöglich machen.

Diese Folgen sind vor allem:
Verstärktes Durchblasen;
Erhöhung der Kolben- und Zylinderwandtemperatur;
Erhöhung der Schmieröltemperatur;
und bei Tauchkolbenmaschinen: erhöhter Ölverbrauch,
beschleunigte Alterung des Schmieröls;
Nachlassen der Kompression;
Verschlechterung des Verbrennungsablaufes;
Erhöhung des Kraftstoffverbrauchs;
Nachlassen der Leistung;
Anlaßschwierigkeiten;
rascher Anstieg des Verschleißes an den Ringen und in den Zylindern;
Ringbrüche.
Auf den außerordentlichen Einfluß, den steckende oder festsitzende Ringe auf den Verschleiß an Ringen und Zylindern nehmen, wurde bereits im Abschnitt III verwiesen.

Die Ursachen für das Ringstecken, das bei Dieselmotoren häufiger als bei Ottomotoren zu beobachten ist, wobei sich Zweitaktmotoren jeweils anfälliger zeigen als Viertaktmotoren und luftgekühlte öfters anfälliger als flüssigkeitsgekühlte, liegen — außer bei den noch zu erwähnenden, durch mechanische Verhältnisse bedingten — vor allem in jenen im Betrieb erfolgenden Veränderungen des Schmieröls, die durch thermische, chemische oder mechanische Vorgänge in den Ringnuten selbst oder auch außerhalb derselben bewirkt werden und die zu einer fortschreitenden Verdickung des Öls und zur Bildung von Ablagerungen in den Brennräumen, an den Zylinderwandungen, an den Kolben und in den Ringnuten sowie an den Ringen führen, die zunächst zäh und klebrig sind, dann pastenartig und schließlich fest werden können und damit die freie Ringbeweglichkeit, meist von einer Stelle des Umfangs ausgehend und allmählich sich auf größere Teile desselben erstreckend, anfänglich behindern und schließlich unmöglich machen. — Der zum Festsetzen kommende Ring wird dabei vollständig in die Nut hineingedrückt, so daß er mit der Kolbenaußenseite bündig liegt und sein Abdichtungsvermögen damit gänzlich verliert.

A. Veränderungen des Schmieröls im Betrieb

Jedes Schmieröl verändert sich im Betrieb. Die Veränderungen sind zum Teil vorübergehende, wie z. B. die temperaturabhängige Veränderlichkeit der Zähigkeit und des Haftvermögens; damit werden die Schmiereigenschaften zwar wesentlich beeinflußt, doch sind die damit verbundenen Verschiebungen der Eigenschaften nach Größe und Wirkung bekannt und lassen sich daher voll berücksichtigen; beim Zurückgehen auf die Anfangsbedingungen werden wieder die ursprünglichen Werte erreicht. — Daneben treten aber überdies bleibende Veränderungen des Öls auf, die von größerer Bedeutung sind und kaum oder nur zum geringen Teil beherrscht werden können. — Vgl. [139].

1. Das Altern des Schmieröls

Letztere beruhen auf chemischen Umsetzungen innerhalb des Öls, die durch die Einwirkung des Luftsauerstoffs und der aus dem Kraftstoff und dem Schmieröl selbst stammenden Verbrennungsprodukte und deren Kondensaten, durch — zum Teil auch katalytische — Einwirkung von Staub, Asche und Metallteilchen aus dem Abrieb, schließlich auch als Folge von Temperatureinflüssen allein bewirkte Umsetzungen im Öl zustande kommen können. Man bezeichnet diese Er-

scheinungen in ihrer Gesamtheit als „Alterung" und versteht darunter das Ergebnis chemischer und physikalischer Vorgänge, welche die Ausgangseigenschaften
des Öls bleibend verändern und schließlich, je nach der Art des Öls, rascher oder
langsamer fortschreitend zu einer Gefährdung der Schmierung führen können.

In erster Linie treten nach SUIDA [104] bei der Ölalterung Oxydationen auf.
Je nach der Natur des Öls und den äußeren Bedingungen kann die Oxydation
verschieden verlaufen und mit einer Kondensation, einer Dehydrierung, einer
Spaltung oder einer Polymerisation verbunden sein.

Liegen die Temperaturen aber entsprechend hoch, so sind auch ohne die
Gegenwart von Sauerstoff Veränderungen der Ölmoleküle, und zwar auch wieder
sowohl Kondensationen als auch Spaltungen, möglich. — Kondensationen treten
z. B. schon bei Temperaturen von 120° C auf; sie äußern sich durch Zunahme der
Zähigkeit und Bildung von Asphalt. — Spaltungen (Destruktionen) treten bei
höheren Temperaturen, etwa bei 200° ein, sind aber bei Gegenwart von Metallen
auch schon bei etwas oberhalb 100° C liegenden Temperaturen zu beobachten; sie
führen zur Bildung ungesättigter saurer Ölverbindungen oder von öllöslichen Harzen.

In künstlich gealterten Ölen finden sich unter den Alterungsprodukten zunächst Erdölharze, die in gewissen Mengen aber auch schon im Frischöl vorhanden sein können; ferner bilden sich sofort Säuren, bzw. sauerstoffhaltige Verbindungen. Später entstehen Asphaltharze, die bei höheren Temperaturen klebrig
und fadenziehend sind, bei noch weiterer Alterung schließlich nicht schmelzbare
Hartasphalte.

Ähnliche Vorgänge spielen sich auch bei der Ölalterung im Motor ab; der
in den gebrauchten Ölen von Tauchkolbenmotoren anzutreffende Asphaltgehalt
ist jedoch nach KADMER [105] in erster Linie auf die Einwirkung von aus
einer unvollkommenen Verbrennung des Kraftstoffs entstandenen Produkten
und nicht auf die Selbstalterung des Öls zurückzuführen. Bei sauberer Verbrennung bleiben die im gebrauchten Öl festzustellenden Ruß- und Asphalt-
mengen in der Regel recht gering, so daß offenbar der „Selbstverschleiß" des Öls
im Motor weniger ausschlaggebend ist. Der größte Teil des im Schmieröl festgestellten Asphaltes wäre demnach, ebenso wie der dort vorhandene freie Kohlenstoff, als „fremde Verunreinigung" anzusprechen, was aber schließlich im End-
effekt hinsichtlich der Auswirkung auf die Ringe gleichgültig bleibt.

Mit der Alterung des Öls ändert sich seine Klebkraft; da aber die Anlagerung
der bei der Alterung neu gebildeten Harze an den im Öl vorhandenen Asphalt
unterschiedlich erfolgen kann, ist es möglich, daß der Asphalt z. B. bei bestimmten
Konzentrationsverhältnissen die Klebkraft stark herabsetzen, bei anderen aber
durch eine firnis- oder lackartige Konsistenz der Produkte bedeutend erhöhen
kann: Es hängt ganz vom Charakter des Öls und von der Art der Oxydations-
einwirkung auf dieses ab, ob sich mehr Harz oder mehr Asphalt bildet. So zeigten
z. B. nach HAUS [106] zwei verschiedenbasische Schmieröle bei künstlicher
Alterung, bzw. im Motorbetrieb folgendes:

Ölsorte	Asphalt	Harz	Klebfestigkeit des Öls		Klebfestigkeit von Harz + Asphalt nach 50 Stunden Betrieb im Motor
			bei künstlicher Alterung nach NOACK	nach 50 Stunden Betrieb im Motor	
	%		g/cm²		g/cm²
Paraffinisch	0,2	2,8	2630	3560	4080
Naphthenisch	0,2	1,9	4100	4200	5200

Die bei der Alterung auftretende Säurebildung und die Neubildung von Erdölharzen verbessern zunächst die Schmiereigenschaften des Öls, weil diese Alterungsstoffe eine größere Polarität aufweisen, als die Moleküle des Frischöls. —
Nehmen Harz- und Asphaltbildung jedoch weiter zu, so steigt die Zähigkeit an,
das Öl wird dicker, womit sich die Schmierwirkung verschlechtert und der Verschleiß ansteigt (vgl. z. B. Abb. 154, 164); doch ist an diesen Erscheinungen — und
zwar wahrscheinlich in überwiegendem Maß — auch die im Motorenbetrieb unvermeidliche Verunreinigung des Öls durch Fremdteilchen (Abrieb, Staub, Ölkoksteilchen usw.) beteiligt.

Wo mit Trockensumpf-Umlaufschmierung gearbeitet wird, das heißt, wo das
Öl aus der Kurbelwanne durch eine eigene Pumpe abgesaugt wird, dort tritt
allerdings eine raschere Oxydation des Schmieröls ein; dies deshalb, weil die
Absaugpumpe gegenüber der Druckölpumpe stets überdimensioniert werden
muß und daher immer auch Luft mitansaugt; durch die innige Vermengung mit
Luft wird aber die Sauerstoffaufnahme des Schmieröls begünstigt.

GRUSE und LIVINGSTONE [78] weisen überdies besonders darauf hin, wie
sehr der Ablauf der Reaktionen bei der Öloxydation vom molekularen Aufbau des
Öls abhängt. Sind die Moleküle von paraffinischer Struktur, so bilden sich als
Oxydationsprodukte zunächst Säuren ähnlich den gewöhnlichen Ölsäuren. Im
Motorenbetrieb können diese durch Verbindung mit Metallen Seifen bilden. Sind
die herrschenden Bedingungen derart, daß Säuren von niedrigem Molekulargewicht entstehen, so geht die Verbindung mit den Metallen schneller vor sich,
als wenn die Molekulargewichte groß sind; als Regel kann gelten, daß die Säuremoleküle umso kleiner sind, je höher die Oxydationstemperatur liegt und je länger
die Oxydationszeit andauert.

Bei der Oxydation aromatischer oder teilweise aromatischer Moleküle fallen
dagegen — auch wenn sich teilweise saure Produkte bilden — vorherrschend
Harze an, aus denen sich bei fortschreitender Oxydation Asphaltene bilden. Diese
oxydierten Harze und Asphaltene sind bei Erhitzung viel unstabiler als die
Öle, aus denen sie entstehen; sie zersetzen sich daher leicht und bilden Produkte
von noch höherem C-Gehalt und festerer Konsistenz. Eine für alle Oxydationsprodukte geltende Tatsache ist überdies die, daß sie in allen Arten von Mineralölen umso unlöslicher werden, je höher ihr Molekulargewicht ist; dies gilt sowohl
für die bei der Oxydation paraffinischer Öle gebildeten Seifen, als auch für die
Harze und Asphaltene aus aromatischen und halbaromatischen Ölen, und besonders auch für jene Produkte, die beim Kracken aus den Oxydationsprodukten
hervorgehen.

Eine kennzeichnende Eigenschaft der Öle ist daher ihre Lösungskraft für
Oxydationsprodukte, besonders für Harze und Asphaltene: Paraffinische Öle
sind schlechte, aromatische Öle verhältnismäßig gute Lösungsmittel; die halbaromatischen liegen dazwischen.

2. Schlammbildung im Schmieröl

Die durch die Alterung einerseits, durch die im Betrieb unvermeidliche Verunreinigung andererseits bewirkten Veränderungen des Schmieröls führen schließlich bei mit Umlaufschmierung arbeitenden Tauchkolbenmotoren zu Abscheidungen aus dem Öl, die als „Ölschlamm" bezeichnet werden.

Nach einer Darstellung von GRUSE und LIVINGSTONE [78] können dabei
drei verschiedene Schlammarten beobachtet werden:

a) Hochtemperaturschlamm, das ist ein kohlenstoff- und vor allem asphaltreicher Schlamm, der sich bei hohen Betriebstemperaturen, also vorwiegend bei hoher Belastung und heiß gefahrenen Maschinen bildet; der Schlamm stimmt in seinen Eigenschaften mit jenem überein, der nach einem Oxydationsversuch im Öl bei künstlicher Alterung entsteht. Seine Erscheinungsform ist jedoch unterschiedlich: Kohlenstoffreiche Rückstände bilden sich nämlich nicht nur durch thermische Zersetzung des Schmieröls, bzw. seiner Oxydationsprodukte, sondern auch infolge der Sauerstoffaufnahme des Öls bei seiner Verwirbelung und Vermischung mit Luft im Kurbelraum und es bilden sich hier z. B. bei entsprechend hohen Temperaturen im Öl suspendierte feste Teilchen von oft teigiger Beschaffenheit; oder es findet sich ein kaffeesudartiger harter Satz, der vermutlich durch Zersetzen des Öls an heißen Flächen entsteht, wie z. B. an den Kolbenbodenunterseiten, von wo Teilchen abbröckeln und zurück ins Schmieröl fallen; sie können sich dann, mit dem Umlauf- oder Spritzöl weiterbefördert, an den verschiedensten Teilen des Motors absetzen. — Die im Öl gebildeten Verbindungen nehmen, je nach ihrer Art, auf die Sauerstoffaufnahme des Öls und die nachfolgenden Umwandlungen der Oxydationsprodukte zu unlöslichen Asphalten Einfluß und diese fallen schließlich aus dem Öl als Schlamm aus.

b) Winterschlamm. Unter der Bildung dieser Schlammart leiden vor allem solche Fahrzeugmotoren, bei denen verhältnismäßig kurze Betriebszeiten mit längeren Stillstandzeiten wechseln, wie z. B. Lieferwagen, Autotaxen und ähnliche, vor allem in kalten Wintern. Unter den erwähnten Betriebsverhältnissen ist bei kaltem Motor das Durchblasen durch die Ringe besonders stark; der durch die Ringdichtung hindurchtretende, bei der Verbrennung gebildete Wasserdampf kondensiert im Kurbelraum und schlägt sich an·den kalten Oberflächen nieder. Ferner bildet sich, besonders bei gedrosseltem Betrieb, bei der Verbrennung im kalten Motor viel Ruß, der zum Teil ebenfalls bis in den Kurbelraum gelangt. — Wasser, Öl und Ruß werden zu einer Emulsion vermengt, die als zäher, sulziger oder pastenartiger Schlamm alle Innenteile des Motors überzieht und auch in die Zylinder und weiterhin an die Ringe gelangt. — Schlamm dieser Art enthält bis zu 5% feste Anteile und bis zu 7% Wasser.

c) Niedertemperaturschlamm. Außer dem beschriebenen Winterschlamm, der durch hohen Wassergehalt gekennzeichnet ist, bildet sich — mit diesem aber eng verwandt — noch eine andere Art von Ölschlamm, der bis zu 10% Asphalte, 10% bis 20% festen Kohlenstoff und nur etwa 3,5% Wasser enthält. Ähnlich wie für den Winterschlamm sind die Vorbedingungen für die Kaltschlammbildung das gleichzeitige Zusammenwirken folgender Umstände: Durchblasen an den Ringen; Kondensation des Verbrennungswassers im Kurbelraum; Übertritt von Ruß und Krackprodukten aus dem Kraftstoff ins Schmieröl; Anreicherung des letzteren mit Alterungsprodukten, Metallabrieb und Staub. — Dementsprechend enthält dieser Ölschlamm eine kohlenstoffreiche Masse, die vom Durchblasen durch die Ringdichtung herrührt oder durch Kracken des örtlich hoch erhitzten Schmieröls entsteht; ferner Asphalte und Harze als Oxydationsverbindungen des Öls; Asche, insbesondere Eisenoxyd aus dem Abrieb und Staub aus der Ansaugluft, daneben je nach dem verwendeten Kraftstoff auch Bleioxyd, Bronzeoxyd usf., und schließlich Wasser, das insbesondere bei überkühlten Motoren in erhöhtem Anteil aufscheint.

Ohne das Vorhandensein von Wasser tritt jedoch die kennzeichnende Schlammbildung nicht ein. Die bei hoher Motorleistung sich reichlich bildenden Oxydationsprodukte des Öls bleiben in diesem, solange kein Wasser vorhanden ist, gelöst; in Gegenwart von Wasser und bei gleichzeitig hoher Öltemperatur verlaufen die Reaktionen aber offenbar anders: Das im durchblasenden Gas enthaltene Verbrennungswasser ergibt ein stark saures Kondensat, welches die im Öl dispergierten Schmutzteilchen ausflocken läßt und es entstehen neben den bereits vorhandenen gelösten Sauerstoffverbindungen auch unlösliche.

Es ist bis heute allerdings noch nicht vollständig geklärt, wie die einzelnen Ausbildungsformen des Schlammes entstehen; sicher ist aber jedenfalls, daß er stets nur zu einem geringen Teil aus jenen Veränderungen stammt, die das Schmieröl an sich erleidet. Immer sind aber im Schlamm asphaltartige Stoffe vorhanden, welche Klebstoffe bilden und seine Zähigkeit beeinflussen und diese bleiben zunächst, zusammen mit den das Schmieröl von Tauchkolbenmaschinen verunreinigenden Stoffen (Metallabrieb und Metallseifen, Ölkoks und Ruß, Wasser, Ölalterungsprodukte, Staub und Asche), zum Teil im Schmieröl schweben, und zwar teils wegen ihrer Kleinheit, teils weil sie, wie z. B. die Harze, auch größere Teilchen im Schwebezustand erhalten können, zum anderen Teil fallen sie unter bestimmten Bedingungen aus.

Harze und Asphalte, die in einer Unzahl von Übergangsstufen vorkommen, sind nicht streng zu trennen. Das Ausfallen der Harze aus dem Öl geht dabei nicht kontinuierlich vor sich, vielmehr bleiben sie solange im Öl gelöst, bis sich 6% bis 8% Erdölharze gebildet haben: Beim Übergang der Harze in Asphalt reichert sich dieser zunächst an und flockt beim Überschreiten der Lösungsgrenze aus, wobei er hochmolekulare ähnliche Harze gleichzeitig mitreißt. In ähnlicher Weise geht vermutlich die ganze Schlammbildung vor sich. — In Anwesenheit von Metall — und dieses ist im Abrieb stets vorhanden — wird die Schlammabscheidung sehr beschleunigt, weil die metallseifenartigen Verbindungen des Abriebs selbst zum großen Teil im Öl unlöslich sind und überdies wesentliche Mengen kolloidal gelöster Harze adsorbieren und mit sich zur Ausscheidung bringen.

Nach SUIDA [104] sind es die wasserstoffarmen Verbindungen im Öl, welche die Schlammstoffe in Lösung halten; den wasserstoffreicheren Verbindungen kommt diese Eigenschaft in geringerem Maß zu. — Die Schlammbildung liegt also, zumindest anfangs, bei Ölen mit aromatischem Charakter niedriger, obgleich diese mehr Asphalt bilden, während rein paraffinbasische Öle trotz geringerer Asphaltbildung sofort viel Schlamm ausscheiden; dies kann bei Motoren, die zum Auftreten des Ringklebens neigen, von Nachteil sein.

Je nach der Anteilhöhe der einzelnen Rückstandsprodukte, das heißt je nach dem Gehalt an Wasser, Öl, Harz und Asphalt, kann der Ölschlamm sehr verschieden beschaffen sein: Weich-schleimig, gelatinartig bis zu fester koksartiger Form. So berichtet z. B. BLEICKEN [103] über einen Fall, wo bei Viertakt-Tauchkolben-Dieselmotoren im Schiffsbetrieb infolge starken Durchblasens der Ringe und starker Treibölübertritte ins Schmieröl dieses so dick wurde, daß es kaum noch zu pumpen war; man mußte es dauernd erwärmen und durfte die Ölpumpe auch während der Hafenliegezeit nicht abstellen. Schließlich mußte das Öl im Heimathafen regelrecht aus dem Sammeltank herausgeschaufelt werden.

Alle Schlammbildungen führen mit der Zeit zu mannigfachen, nicht unmittelbar durch die Ringe selbst oder deren Funktion bedingten Störungen und Schäden an diesen. So ist z. B. für einen zu hohen Ölverbrauch eines Tauchkolbenmotors häufig weder ein zu hoher Verschleiß noch ein Abfall der Ringspannung, sondern nur das Verlegen der Ölringe mit Ölschlamm verantwortlich. Daß der bis an die Ringe und in die Ringnuten gelangende Ölschlamm die Ringbeweglichkeit hemmt und das Festsetzen der Ringe einleiten kann, ist ohneweiteres verständlich.

3. Lebensdauer von Schmierölen

Die Lebensdauer eines Schmieröls, das heißt seine Oxydationsbeständigkeit, fällt oberhalb etwa 40° C rasch mit der Temperatur ab; nach JAKLITSCH [107] läßt sich die Temperaturbeständigkeit angenähert durch die Beziehung

$$\frac{\text{Lebensdauer bei } t° \text{ C}}{\text{Lebensdauer bei } 40° \text{ C}} = \frac{1}{2}^{\left(\frac{10}{t-40}\right)}$$

angeben. Das heißt: bei einer Temperatur von z. B. 140° C ist für ein unlegiertes Öl eine Lebensdauer zu erwarten, die nur mehr etwa 0,1% derjenigen bei 40° C entspricht.

v. PHILIPPOVICH [108] beurteilt die Neigung eines Schmieröls zum Kolbenringverkleben aus seinem Oxydationsverhalten: Das Öl wird hierzu vier Stunden lang in flachen Schalen einer Temperatur von 275° ausgesetzt und hierauf der dabei aufgetretene Verdampfungsverlust als seine „Flüchtigkeit", ferner der Asphaltgehalt im Restöl bestimmt.

Der Wert

$$\frac{\text{Flüchtigkeit (%)} \times \text{Asphaltgehalt (%)}}{1000}$$

soll eine brauchbare Beziehung zum Verhalten des Öls im Motor ergeben (Abb. 178).

Laboratoriumsmäßige Prüfungen allein können aber keinesfalls einen erschöpfenden Anhalt für eine Ölbeurteilung geben, denn der ganze Vorgang des Verklebens der Ringe hängt von einer Vielzahl von veränderlichen Einflüssen ab. Man kann deshalb z. B. zwar wohl für einen bestimmten Motor unter bestimmten Betriebsbedingungen ein Öl ausmitteln, bei dem die Neigung zum Festsetzen ein Minimum erreicht; oft können aber nur geringfügige Änderungen der Bedingungen mit dem gleichen Öl sofort zu erheblichen Schwierigkeiten führen.

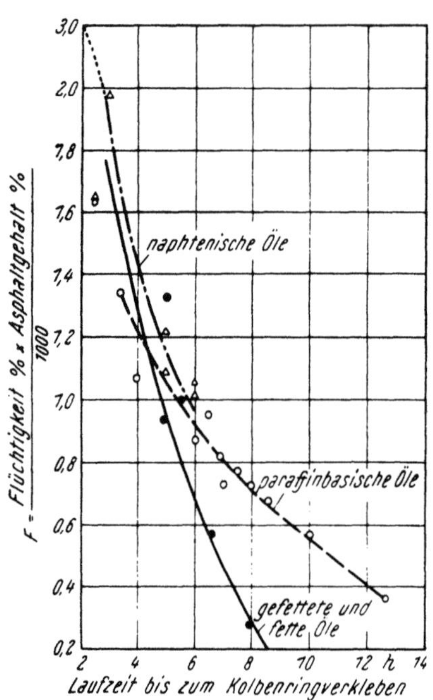

Abb. 178. Kolbenringverkleben. — Zusammenhang zwischen Meßergebnissen am Motor und den Ergebnissen von Laboratoriumsuntersuchungen zur Bestimmung der Alterungsneigung von Schmierölen
(Nach v. PHILIPPOVICH [108])

B. Rückstände und Ablagerungen im Motor

1. Bildung und Formen der Ablagerungen

An den Kolben, in den Ringnuten und an den Ringen, endlich auch an den Zylinderlaufflächen von Motoren finden sich in der Regel mehr oder weniger reichliche Ablagerungen, die sich teils aus den Alterungsprodukten des Schmieröls, teils aus Verbrennungsrückständen, ferner auch aus Abriebteilchen und sonstigen Verunreinigungen aufbauen, die von außen her in den Motor gelangen. Nach ihrem Aussehen und ihren physikalischen Eigenschaften können sie in verschiedene Gruppen eingeteilt werden:

Firnisartige Beläge. Die Bildung firnisartiger Ablagerungen, die dadurch gekennzeichnet sind, daß sie in Azeton und ähnlichen Lösungsmitteln löslich sind, erfolgt durch Oxydation des Schmieröls unter relativ schwereren motorischen Beanspruchungen, die eine beschleunigte Alterung des Öls zur Folge haben: Finden sich Firnisbildungen an den Kolben, den Ringen oder im Zylinder, so deutet dies immer darauf hin, daß die Beanspruchung in bezug auf das verwendete Öl bereits recht hoch liegt.

Enthält das Öl einen hohen Anteil an leicht verdampfbaren Bestandteilen, so entweichen diese bei Berührung mit genügend heißen Flächen verhältnismäßig rasch aus dem Ölfilm; die löslichen Oxydationsprodukte reichern sich auf diesen heißen Flächen an und bilden hier schließlich den Firnisüberzug.

Die Firnisbildung kann überdies auch durch katalytische Einflüsse von Stoffen eingeleitet und angeregt werden, die mit dem Öl bei höheren Temperaturen in Berührung stehen; so z. B. geben bei Verwendung des gleichen Schmieröls Lager aus Bleibronze sowie Kadmium-Silber-Lager Anlaß zu starker Firnisbildung, während diese unter gleichen Betriebsbedingungen mit Weißmetalllagern (Babbits) nur gering bleibt.

Auch die in neuen Maschinen zu beobachtende viel raschere Ölzerstörung, als in gut gewarteten, bereits längere Zeit in Betrieb stehenden, beruht auf der katalytischen Wirkung blanker Metallflächen. Metallseifen und Öloxydationsprodukte fördern gemeinsam die Ölzerstörung und beschleunigen die Firnisbildung.

Die Neigung der einzelnen Ölsorten zur Firnisbildung ist jedoch recht unterschiedlich; eine verstärkte Firnisbildung zeigt sich stets bei jenen Ölen, die stark zur Schlammbildung neigen (vgl. S. 199). Die Menge des gebildeten Firnisses scheint weitgehend proportional zu sein mit dem Grad der vor sich gehenden Öloxydation, wobei die entstandenen hochmolekularen Verbindungen schließlich aus der Lösung als Schlamm ausfallen. Je höher das Lösungsvermögen des Öls für die gebildeten Oxydationsprodukte ist, desto geringer wird die Firnisbildung.

Daneben fällt aber auch dem Kraftstoff eine gewisse Rolle bei der Firnisbildung zu. Beim Start und bei kalter Maschine, insbesondere beim Betrieb unter hoher Belastung, bleiben hochsiedende Bestandteile des Kraftstoffs unverbrannt zurück; sie werden durch Einwirkung der hohen Kompressionsendtemperatur und auch durch den direkten Kontakt mit der Flamme hoch erhitzt und teilweise oxydiert, wobei auch z. B. die in Benzinen üblicherweise zur Verhinderung der Harzbildung enthaltenen Zusätze die Oxydation nicht verhindern können. Diese teilweise oxydierten schweren Fraktionen der Benzine (Gasoline) können an der Firnisbildung in dreifacher Weise beteiligt sein:

α) Sie gelangen, im leichten Kraftstoff gelöst, durch die Ringdichtung hindurch in den Kurbelraum, bzw. ins Umlauföl und sammeln sich dort an. Das Lösungsmittel kann durch die Kurbelkastenbelüftung in jeder Menge aus dem Öl verdampft werden; dabei bleiben aber die nicht verdampfbaren Anteile, wie z. B. die unlöslichen Harze, zurück und reichern sich, zugleich mit den löslichen Harzen, die aus der Oxydation des Schmieröls entstehen, im letzteren an. Gemeinsam lagern sich diese Produkte an hinreichend warmen metallischen Flächen als Firnis ab, sobald das Lösungsmittel an diesen Stellen verdampft.

β) Einmal mit dem Schmieröl vermischt, erhöhen sie dessen Lösungsvermögen für lösliche Oxydationsprodukte und das Öl nimmt auf seinem Weg weitere Mengen von solchen zusätzlich auf, wenn sie bereits irgendwo — vielleicht auch an sonst völlig harmlosen Stellen der Maschine — abgelagert waren.

γ) Gelangen die unverbrannten Produkte an die oberen Kolbenpartien, so haben sie ein starkes Bestreben, an den unter normalen Arbeitsbedingungen am

Kolbenboden, Kolbenrand und Feuersteg stets vorhandenen Kohleablagerungen haften zu bleiben. Sind diese bei verhältnismäßig niedrigen Temperaturen entstanden, so enthalten sie einen hohen Anteil von nur teilweise verbranntem Öl und von Harzen und Asphalten, die als Bindemittel dienen. Ablagerungen dieser Art sind weich und pastenartig. Verdünnungsmittel, die unter diesen Bedingungen in den Kurbelraum gelangen, können leicht mit unstabilen Extrakten aus diesen Kohleablagerungen gesättigt werden und nehmen dann wieder direkt Teil an der Bildung von Firnis.

Lackartige Ablagerungen. Das Innere des Kurbelgehäuses und der Kolben, sowie auch andere Teile hochbelasteter und mit hohen Betriebstemperaturen arbeitender Motoren ist fast immer mit einem glänzenden, harten Überzug bedeckt, der wegen seines Aussehens als „Lack" bezeichnet wird. Er ist bei Verwendung von sehr stark raffinierten Ölen oder nach kurzen Betriebszeiten zunächst gelb oder hellbraun und durchscheinend; bei Verwendung üblicher Motorenöle oder nach längerer Betriebsdauer wird er dagegen schwarz und undurchsichtig. Auf der Kolbeninnenseite geht er oft von schwarz auf der Bodenunterseite bis zu hellgelb am unteren Kolbenrand über. — Lackablagerungen finden sich auch am Kolbenschaft, an den Ringstegen, in den Ringnuten und in besonders heiß gewordenen Zonen der Zylinder.

Ursache für das Entstehen des Lackes ist auch wieder die im Kurbelgehäuse vor sich gehende Oxydation des Schmieröls und jeder Bildung lackartiger Ablagerungen geht eine beträchtliche Sauerstoffaufnahme des Öls voraus; zwischen dem Grad der Lackbildung im Zylinder und dem benzollöslichen Anteil im Altöl läßt sich stets ein direkter Zusammenhang nachweisen. — Auf blankem Gußeisen entsteht z. B. immer bei Benetzung mit Schmieröl bei etwa 230° C ein dünner, festhaftender Lackfilm.

War die Temperatur bei der Lackbildung hoch, so ist er in organischen Lösungsmitteln unlöslich; die Lacke können aber auch durch fortschreitende Oxydation der zunächst azetonlöslichen Firnisüberzüge entstehen. — Daneben können Lackbildungen auch folgende Ursache haben: Im Kraftstoff enthaltene oder aus diesem entstandene Aldehyde und ungesättigte Säuren ähnlichen Aufbaues, die zur Bildung harzartiger Ablagerungen im Kraftstoff führen können, sind auch im Schmieröl löslich und können ebenso wie dort auch im Schmieröl, sobald sie mit diesem zusammentreffen, bei Wärmeeinwirkung zu großen unlöslichen Molekülkomplexen zusammentreten, wobei Kohlensäure und Wasser abgespalten werden; bei höheren Temperaturen, wie z. B. an den Kolbenoberseiten und Feuerstegen, ähneln die Produkte mehr den Asphalten und die gebildeten Lacküberzüge werden schwarz, weil der Vorgang schon mehr an das Verkoken grenzt.

Lackartige Überzüge werden dadurch störend, daß sie den Wärmeübergang aus den heißen Teilen des Motors zu den gekühlten Flächen beeinträchtigen können; ferner können sie abbröckeln und, in die Ringnuten gelangt, die freie Ringbeweglichkeit hemmen.

Ein ganz dünner Lackbelag auf den Kolben- und Zylinderlaufflächen kann jedoch insofern vorteilhaft sein, als er das Anreiben der Ringe dadurch wirksam verhüten kann, daß die unmittelbare metallische Berührung der Laufflächen verhindert wird; ferner kann die Abdichtwirkung der Ringe auch dadurch verbessert werden, daß ganz dünne Lackbeläge an den Ring- und Nutenflanken das seitliche Spiel etwas verringern; sie sind also unter Umständen nicht unerwünscht. Es läßt sich z. B. beobachten, daß die Verwendung von HD-Ölen, welche die Lackschicht von der Zylinderlauffläche vollständig ablösen, öfters — insbesondere während des Einlaufens der Ringe — zu erhöhter Freßneigung führt und diese kann sich sogar verstärken, wenn man den Ölverbrauch erhöht. Beim Einlaufen der Ringe in empfindlichen Motoren verwendet man daher besser ungedopte Öle.

Gefördert wird das Verharzen des Öls und damit die Lackbildung auch durch den ins Schmieröl gelangenden *Ruß* und die Ölbeanspruchung ist stets umso geringer, je weniger Ruß bei der Verbrennung anfällt. Rußbildung findet aber z. B. in jedem Dieselmotor statt; dieser gelangt immer in gewissen Mengen auch ins Umlauföl und die hier vorhandenen öleigenen Alterungsprodukte, wie Asphaltene usf., lassen den zunächst feinverteilten Ruß, ebenso wie andere Kohlepartikelchen, zu größeren Teilen zusammenballen. Im Interesse einer hinreichenden Öllebensdauer muß getrachtet werden, ihn aus dem Öl durch sorgfältiges, wirksames Filtern wieder möglichst vollständig zu entfernen. Eine günstige Filterwirkung beruht dabei außer auf der richtigen Filteranordnung und -bauart auch auf dem verwendeten Filterstoff: Am besten bewährten sich in dieser Hinsicht bisher Baumwollfasergewebe. Eine Unterstützung bei der Ölfilterung ergibt sich dabei durch die Erscheinung, daß die im Filter festgehaltenen Rußteilchen die Fähigkeit besitzen, Harze, asphaltartige Ausscheidungen und auch Wasser zu binden und im Filter zurückzuhalten.

Ölkohle. Außer den erwähnten Alterungsstoffen bildet sich bei der thermischen Beanspruchung des Öls auch ein fester Rückstand von hohem Kohlenstoffgehalt, die sogenannte Ölkohle, auch Ölkoks genannt. Er entsteht dadurch, daß ein Teil des in den Verbrennungsraum gelangenden Öls verbrennt, ein anderer Teil aber unter stärkerer oder geringerer Oxydation verkokt: Ein Kracken ohne Oxydation ist dabei wohl kaum oder nur in untergeordnetem Maß anzunehmen; darauf läßt der Umstand schließen, daß in den aus dem Verbrennungsraum genommenen Ölkohlen immer viel Sauerstoff gefunden wird. — Dagegen kann das in die Ringnuten hinter die Ringe gelangende Öl infolge des hier herrschenden Luftmangels ohne weitgehende Oxydation zersetzt, das heißt gekrackt werden.

Die gebildete Ölkohle weist je nach den herrschenden Betriebsbedingungen und dem Siedeverhalten (der Flüchtigkeit) sowie der Hitzebeständigkeit des Öls verschiedene Konsistenz, Härte und Haftfähigkeit auf: Im allgemeinen bilden reine, unvermischte paraffinische Öle weniger, jedoch härtere Rückstände als naphthenische oder asphaltbasische.

Überdies nimmt auch der Kraftstoff auf die Beschaffenheit der Ölkohle Einfluß und die Einwirkung saurer Verbrennungsprodukte auf gewöhnliche Schmieröle zeigt sich dann besonders heftig, wenn die auftretenden Drücke etwa 60 kg/cm² übersteigen. Etwa vorhandenes Schwefeldioxyd, SO_2, wird dann ebenfalls außerordentlich aktiv und gibt Anlaß zu Koksbildungen aus dem Mineralöl, die umso härter ausfallen, je höher der Schwefelgehalt liegt.

2. Beherrschung der Bildung von Ablagerungen durch Schmierölzusätze (Additives). — Ölemulsionen.

Je gründlicher es gelingt, die das Öl verändernden Verunreinigungen und Alterungsprodukte aus dem Öl während seiner Verwendung wieder zu entfernen, desto länger bleibt es verwendungsfähig; eine wirksame sorgfältige Filterung des Umlauföls ist daher nicht nur mit Rücksicht auf den zu erwartenden Verschleiß (vgl. S. 142), sondern auch auf die Lebensdauer des Öls notwendig.

Auch die beste Filterung reicht jedoch allein nicht hin, um Firnis- und Lackbildungen sowie Kohleablagerungen an Kolben und Ringen unter allen Umständen effektiv hintanzuhalten. Soferne die das Öl schädigenden Produkte zunächst im Verbrennungsraum entstehen, bleiben sie hier trotz Filterung des Umlauföls stark wirksam, es sei denn, daß das Frischöl die Eigenschaft hat, die gebildeten Rückstände zu lösen und fortzuschwemmen und die Zusammenballung der Verunreinigungen zu verhindern. — Mit diesem „Schlammlösungsvermögen" der Öle steht auch ihr „Auswaschvermögen" in Zusammenhang; man versteht darunter die Fähigkeit, in den Ringnuten und an anderen Stellen abgelagerte Rückstände aus der Verbrennung und der Ölalterung aufzunehmen und gelöst fortzuspülen.

Diese wertvollen Eigenschaften brachten hochwertige Mineralöle ursprünglich von Haus aus in gewissem Maß mit. Durch die geänderten und erweiterten modernen Raffinationsmethoden, die heute für Erdöle Verwendung finden, werden jedoch häufig den aus besten Basisölen gewonnenen Schmierölen jene natürlichen selbstreinigenden Eigenschaften genommen, die die reinen Mineralöle früher in mancher Hinsicht auszeichneten und diese müssen ihnen daher mit Hilfe von Zusatzmitteln (Additives) wieder zurückgegeben werden, wobei letztere, je nach den an das Öl zu stellenden Forderungen, von sehr verschiedener Art sein können. Durch diese künstlichen Zusätze kann die Wirkung allerdings in spezifischen Richtungen weit über jene der natürlichen Öle hinaus gesteigert werden.

Soll das Öl reinigend wirken, das heißt die Bildung von Firnissen und Lacken verhüten, so erhält es „reinigende Zusätze (detergents)"; die Rückstandsbildung an Kolben, Ringen und in den Zylindern läßt sich damit weitgehend verringern.

Will man verhüten, daß sich die vom Öl aufgenommenen Fremdteilchen, vor allem auch Ruß und Ölkohle, mit natürlichen Alterungsprodukten des Öls zu größeren Komplexen polymerisieren, sondern sollen sie vielmehr in feinverteiltem Zustand im Öl schwebend erhalten bleiben, so müssen entsprechend „verteilend wirkende Mittel (dispergents)" zugesetzt werden.

Öle mit derartigen verteilenden Zusätzen sind insbesondere bei der Verwendung von Dieselkraftstoffen mit höherem S-Gehalt wichtig, um ein rapides Anwachsen der Ablagerungen zu vermeiden.

Der hohen Feinheit der in Schwebe gehaltenen Verunreinigungen entsprechend müssen bei Verwendung solcher Öle die Schmierölfilter ausgelegt werden; denn eine sorgfältige laufende Reinigung der Öle durch Befreien von den Rückständen ist hier ebenso wichtig oder noch wichtiger, als bei normalen Ölen (vgl. [109]).

Weitere Zusätze, als „Inhibitoren" bezeichnet, erhöhen einerseits die Alterungsbeständigkeit des Öls durch Herabsetzen der Oxydationsanfälligkeit und verhüten andererseits Korrosionsangriffe durch Neutralisation der bei der Verbrennung und durch die Alterung gebildeten sauren Produkte.

Schließlich gibt es auch noch weitere Zusätze, die die Schmierfähigkeit erhöhen, den Viskositätsindex verbessern oder den Stockpunkt erniedrigen sollen und die einzeln oder zu mehreren angewendet werden.

Die im Handel befindlichen „gedopten" oder „legierten", d. h. mit bestimmten Zusätzen versehenen Öle sind daher keine absoluten Heilmittel für alle Fälle und unter allen Umständen; es ist vielmehr immer eine enge Zusammenarbeit mit den Ölfirmen, eine Anpassung an den verwendeten Kraftstoff und eine aufmerksame Beobachtung des Verhaltens des Schmieröls im Motor erforderlich, wenn der angestrebte Effekt erreicht werden soll. Naturgemäß erschöpft sich auch die Wirkung aller Zusätze je nach der Höhe der Beanspruchung nach längerer oder kürzerer Beanspruchungsdauer: Alle mit Zusatzmitteln behandelten Öle müssen daher rechtzeitig und genau nach Vorschrift der Ölfirma gewechselt werden; andernfalls können sie mehr Schaden als Nutzen bringen.

Richtig angewendet bilden sie aber — nach beendetem Einlaufen — häufig die Voraussetzung für einen geregelten Betrieb moderner Hochleistungsmotoren, besonders von Dieselmotoren, und lassen auch unter schwersten Betriebsbedingungen oft überraschend hohe Laufzeiten erzielen. — Vgl. [140]

Die heute vornehmlich für Fahrzeugmotoren aller Art verwendeten Schmieröle lassen sich in folgende Gruppen zusammenfassen; Zahlentafel 12:

Zahlentafel 12

Bezeichnung	Verhält. bezüglich		Kennzeichnung und Verwendung
	Lösungsvermögen	Oxydationsbeständigkeit	
Reine Mineralöle (Regular oils)	0	0	Mineralöle ohne Zusätze (additives)
Premiumöle (Premium oils)	1	1	Öle mit chemischen Zusätzen (additives) zur Verleihung hohen Widerstandes gegen Oxydation und Lagerkorrosion
Hochleistungsöle, HD-Öle (Heavy-duty oils)	3	1	Öle mit chemischen Zusätzen (additives), die sowohl rückstandlösende Eigenschaften als auch hohen Oxydationswiderstand und hohen Korrosionswiderstand gegen Lagerkorrosion verleihen
Mil 0 — 2104	4,5	1	Entspricht den Bedingungen 2—104 B der US.-Armee
Supplement 1—Öl	8	1	Entspricht den Bedingungen 2—104 B der US.-Armee, ferner auch den zusätzlichen Ansprüchen des $L - 1 = $ CATERPILLAR-Prüfverfahrens und berücksichtigt die Verwendung eines Kraftstoffs mit 1% S [1]
Supplement 2—Öl	16	1	Entspricht den Bedingungen 2—104 B der US.-Armee, überdies auch während 480° Std. im aufgeladenen 1-Zyl.-CATERPILLAR-Prüfmotor, bzw. auch in Mehrzylindermotoren bei Felderprobungen nach CATERPILLAR, bei Verwendung eines Kraftstoffs mit 1% S [1]

[1] Über die Durchführung der motorischen Erprobung vgl. [110, 111].

Die HD-Öle sowie die daraus weiter entwickelten Öle Mil 0—2104, Supplement 1 und Supplement 2 weisen neben erhöhter Oxydationsbeständigkeit und korrosionsverhütender Wirkung auch genügende reinigende und verteilende Eigenschaften auf, um sie für alle schnellaufenden Diesel- und Ottomotoren geeignet erscheinen zu lassen, die unter schweren Bedingungen laufen und Kraftstoffe verwenden, die eben für die genannten Motoren noch in Frage kommen.

Im Betrieb von mittleren und Großdieselmotoren mit Bunkeröl C reichen sie jedoch nicht aus; insbesondere bei höheren S-Gehalten erscheint dann der Gehalt an neutralisierenden und dispersierenden Mitteln noch nicht hoch genug. Eine weitere Steigerung der Zusätze erweist sich aber als kostspielig und stellt schließlich das Schmiervermögen in Frage.

Man beschritt daher den Weg, statt der gedopten Schmieröle bei Kreuzkopfmotoren Ölemulsionen mit Wasser, wie z. B. das wohl an erster Stelle entwickelte Shell Alexia Oil A zu verwenden, wobei das Wasser als Träger der neutralisierenden Zusätze dient. Damit gelingt es, den bisweilen durch Rückstandbildungen, Festbrennen der Ringe und hohe Korrosionsangriffe beunruhigend, ja öfters unerträglich hohen Zylinder- und Ringverschleiß um 60% bis 80% zu senken und damit wieder auf eine Höhe zu bringen, die wirtschaftlich tragbar erscheint.

Da aber solche Emulsionen nur beschränkt anwendbar sind und unter gewissen Umständen zu Schwierigkeiten führen, war man auch bemüht, Spezialöle mit dispergierenden Zusätzen zu entwickeln, die ohne Wasserbeimengung arbeiten. So kam neuerdings zur Schmierung von Vier- und Zweitakt-Kreuzkopfmotoren mit Druckschmierung das Öl Tro-Mar Dx-130 von Esso in den Handel.

3. Ablagerungen an einzelnen Bauteilen von Verbrennungsmotoren

a) Ablagerungen auf Kolbenbodenunter- und Kolbeninnenseite ungekühlter Kolben. Die Kolbenbodenunterseite wird, soferne kein besonderer Schutz an dieser vorgesehen ist, bei Tauchkolbenmotoren dauernd mit abgeschleudertem Schmieröl bespritzt; die Temperatur erreicht hier bei hochbelasteten Maschinen und ungekühlten Leichtmetallkolben bis zu 350°, bei Graugußkolben auch noch wesentlich mehr. Da die Schmieröle sich bereits bei viel niedrigeren Temperaturen zu verändern beginnen, ist hier ein allmählicher Aufbau von Ablagerungen zu erwarten. Die entstandenen Sauerstoffverbindungen des Schmieröls zerfallen übrigens bereits bei niedrigeren Temperaturen als dieses selbst, so daß sich auf der Kolbenbodenunterseite außer kohlenstoffreichen Verbindungen aus dem Öl auch Spaltprodukte aus den gebildeten Asphalt- und Harzbestandteilen absetzen. Der Belag wird allmählich hart und meist glänzend und wirkt isolierend, so daß sich mit seiner zunehmenden Stärke auch die Kolben- und damit auch die Ringtemperatur erhöht. Bröckeln die Ablagerungen, die mitunter ganz beträchtliche Dicke erreichen können und unter Umständen tropfsteinartige Gebilde formen, schließlich ab und gelangen sie ins Schmieröl, so wirken sie verschleißend und tragen wesentlich zur Verschlechterung des Schmieröls bei.

b) Ablagerungen auf der Kolbenaußenseite. Die im Brennraum der Motoren vorzufindenden Rückstände bestehen aus Ruß aus der Verbrennung, Staub aus der Ansaugluft und asphaltartigen Rückständen aus dem Kraftstoff und dem bis in den Verbrennungsraum gelangenden Schmieröl. Die Menge der Ablagerungen im Brennraum und am Feuersteg sowie an den Ringstegen steigt eindeutig mit der Menge des durchtretenden Schmieröls sowie mit der Menge der aus dem Kraftstoff gebildeten Rückstände, die ihrerseits wieder durch den Aschegehalt, den Gehalt an Hartasphalten und den Kohlerückstand beim CONRADSON-Test wenigstens teilweise charakterisiert erscheinen. Je höher aber die Brennraumtemperatur, desto mehr verschwinden — von einer bestimmten Mindesttemperatur an — im allgemeinen die Ablagerungen im Brennraum.

Sind die Rückstände hart und bröckelig, so gefährden sie die Ringbeweglichkeit dadurch, das abbröckelnde Teilchen in die Nuten gelangen; sind sie weich und zäh, so werden sie in die Nuten gedrückt und verpichen die Ringe. Sind sie jedoch leicht zerreiblich, so können sie aus der Nut durch das Schmieröl fortgespült werden; sie können allerdings in diesem Fall auch den Nutenverschleiß bei Leichtmetallkolben stark fördern.

In den Ablagerungen finden sich neben Eisenabrieb, der manchmal einen Anteil bis zu etwa 7% erreicht, bei jenen Ottomotoren, die mit Antiklopfmitteln arbeiten, auch Niederschläge aus diesen, z. B. bei Verwendung von Bleitetraäthyl ein weißgrauer Niederschlag mit hohen Gehalten an Bleibromür, das in den Brennraumrückständen mancher Flugmotoren bis zu fast 50% der Gesamtmenge ausmacht.

Je höher der Gehalt des Schmieröls an Oxydationsprodukten ist, die, wie z. B. Harze und Asphalte, koksartige Rückstände bilden, und je höher die Siedekurve des Öls liegt, desto mehr Rückstände bildet es im Brennraum, soferne es dorthin aus irgendwelchen Ursachen gelangt und solange nicht durch geeignete Zusätze der Rückstandbildung entgegengearbeitet wird. Mit hochstabilen Ölen kann man die Rückstandbildung im Brennraum zwar vermindern, doch ist eine wirksame Abhilfe nur möglich durch Beseitigung der primären Ursache, nämlich des zu großen Öldurchtritts durch die Ringdichtung.

In der Ringzone finden sich, ebenso wie am oberen Teil des Kolbenschaftes, auch lackartige, am unteren Schaftteil wohl auch firnisartige Beläge, die entweder an Ort und Stelle entstehen können oder sich aus verschlammtem, in die Zylinder hochgeschleudertem Schmieröl ablagern können.

Rückstände im Brennraum und auf der Kolbenaußenseite verschlechtern infolge ihrer Isolationswirkung die Kühlung der Kolben und Brennraumwände und begünstigen dadurch, besonders bei hochverdichtenden Ottomotoren, die detonierende Verbrennung; es wurde z. B. beobachtet, daß die Klopffestigkeit eines Otto-Motors nach 6000 bis 10000 km um 5 bis 7 Oktaneinheiten herabgesetzt erscheinen kann, ja bei besonders stark durch Kohleablagerungen verunreinigten Motoren sogar um bis zu 16 Oktaneinheiten. Der Klopfbetrieb erhöht aber bekanntlich ebenfalls die Kolbentemperaturen und gefährdet damit die Ringe zusätzlich. Verwendet man Schmieröle, bzw. Kraftstoffe mit starker Rückstandbildung im Brennraum, so müssen Zylinderkopf und Kolben öfters gereinigt werden, ebenso wie bei solchen Motoren, deren Betriebsverhältnisse die Rückstandsbildung besonders begünstigen.

Die Verbrennungsgüte wird immer auch durch den jeweils im Zylinder vorhandenen Luftüberschuß, das heißt das Verhältnis Luft : Kraftstoff, bestimmt. Mangelt es an Luft, so wird die Verbrennung verschlechtert und die Temperaturen steigen an. — Auf die Menge der gebildeten Ablagerungen nehmen daher auch alle Luftverluste, wie z. B. Durchblasen durch die Ringe, Undichtheiten der Ventile, Verlegen der Spül- und Auslaßschlitze oder -leitungen, Verlegen der Luftfilter, aber auch unrichtig bemessene Ansaugleitungen, Schwingungen in den Ansaug- und Abgasleitungen direkten Einfluß und diese häufig sehr verborgenen und schwierig aufzudeckenden Ursachen wirken sich oft in überraschender Weise auf das Ringstecken aus.

c) Ablagerungen in den Ringnuten. Die — unter ungünstigen Umständen manchmal sehr reichlichen — Ablagerungen, die sich in den Ringnuten und an der Rückseite der Ringe von Verbrennungsmotoren, vor allem Dieselmotoren, vorfinden, bestehen in der Hauptsache

aus Ölkohle, entstanden durch die fortschreitende Oxydation des in den Nuten stagnierenden Schmieröls;

aus Ablagerungen von Ruß aus der Verbrennung des Kraftstoffs und des Schmieröls, ferner aus allen großmolekularen Oxydationsstufen des Schmieröls und des Kraftstoffs, wie Harzen, Asphalten usf., die an der Zylinderwand haften und durch die Abstreifwirkung der Ringe in die Nuten gefördert werden, wobei diese auch jeweils mit verschiedenen Anteilen von mehr oder weniger verändertem Schmieröl gemengt sein können;

aus Asche aus dem Kraftstoff, mechanischem Abrieb aus dem Motor, Staub aus der Ansaugluft usf.

Konsistenz und Zusammensetzung der Nutenablagerungen können daher je nach den Betriebsverhältnissen sowie nach der Art des verwendeten Kraftstoffs und Schmieröls stark schwanken. Nach BOUMAN [100] finden sich z. B. bei Fahrzeugmotoren im allgemeinen folgende Zusammensetzungen:

Anteil	Löslichkeit		%-Gehalt
	unlöslich in	löslich in	
Harze	Benzin	Benzol und Alkohol	1—5
Asphalte	Benzin, Alkohol	Benzol	1—5
Kohle, Ruß, Asche	Benzin, Alkohol, Benzol	unlöslich	40—80
Asche	organ. Lösungsmitteln	anorg. Lösungsmitteln	2—5 (bis 10)
Öl		Benzin	0—40 (bis 50)

In Dieselmotoren enthalten die Rückstände im allgemeinen wesentlich mehr Kohle (Ruß) als in Benzinmotoren.

Die Menge der Ablagerungen in den Nuten fällt naturgemäß umso höher aus:
je höher die Temperatur an den Ringen liegt,
je unreiner und unvollständiger die Verbrennung abläuft,
je weniger gut die Ringe abdichten,
je unreiner die Ansaugluft, der Kraftstoff und das Schmieröl sind,
je weniger der verwendete Kraftstoff und das Schmieröl sich für die gegebenen Betriebsbedingungen eignen.

Überdies kann die den Zylindern zugeführte und an die Ringe gelangende Ölmenge dann entscheidend werden, wenn das Öl für die herrschenden Temperaturverhältnisse ungeeignet ist und sein Lösungsvermögen für die gebildeten Rückstände nicht hinreicht. So erklärt es sich z. B., daß je nach Ölqualität in ein und derselben Maschine unter sonst gleichen Betriebsverhältnissen einmal bei niedrigem, ein andersmal bei hohem Ölverbrauch verstärkte Ablagerungen zu beobachten sind. Im allgemeinen wirkt sich aber ein möglichst knapp bemessener, für den tatsächlichen Ölbedarf eben hinreichender Ölverbrauch am günstigsten aus.

C. Die Vorgänge beim Festsetzen der Ringe

1. Festsetzen infolge mechanischer Ursachen

Das Festsetzen der Ringe kann zunächst durch rein mechanische Ursachen eingeleitet oder begünstigt werden: So z. B. durch zu geringes seitliches Spiel der Ringe in den Nuten — sei es, daß dieses von Haus aus zu knapp bemessen ist oder daß sich die Ringstege im Betrieb unter dem Einfluß der Gasdrücke oder der Temperatur elastisch oder bleibend verformen, oder sei es, daß sich die Stege infolge von Temperaturverformungen des Kolbens geneigt zur Kolbenachse stellen (vgl. Abb. 117) und auf eine dieser Arten die Ringe vorübergehend oder dauernd geklemmt werden.

Oder es können Verunreinigungen, wie Abriebteilchen oder Staub, bzw. auch Ascheteilchen oder Rückstände, die in dem an der Zylinderwandung haftenden Öl enthalten sind, von den Ringen abgestreift und in die Nuten gedrückt werden, wo sie, zwischen Ring- und Nutenflanke gelangt, die Ringe stark bremsen oder festklemmen können und dabei, falls sie genügend hart sind, die bekannten „Roll-

spuren", vgl. Abb. 74, Bd. 1, und 179, an den Ringflanken hinterlassen. Oder es
können auch mit dem frischen Schmieröl Fremdteilchen in die Nuten gespült und
in den engen Spalten an den Flanken zurückgehalten werden. — Solche Teilchen
können auch von der Bearbeitung her bei schlechter Reinigung des Motor-
inneren oder von Rohrleitungen usf. zurückbleiben.

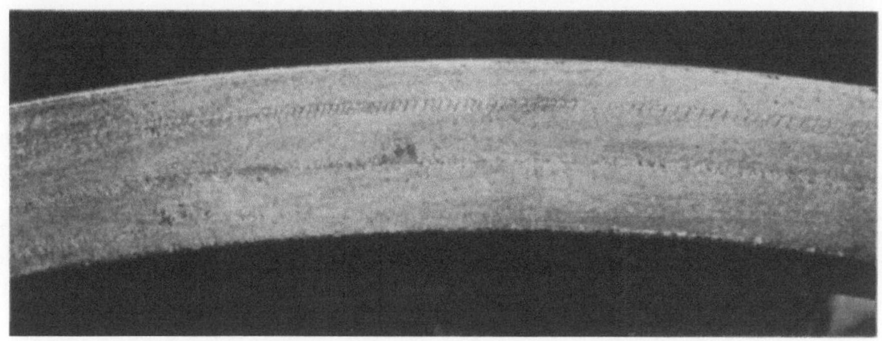

Abb. 179. Rollspuren auf der Kolbenringflanke (etwa 5 ×)

Gefördert wird das Festsetzen der Ringe immer, wenn diese an ihren Flanken
— sei es infolge ungenauer Bearbeitung der Flankenflächen der Ringe oder der
Ringnuten, sei es durch ungleichmäßigen Verschleiß an den Flanken — nicht voll
aufsitzen und so örtlich den Durchtritt von Gasen ermöglichen. — Auch das
Verziehen und Ovalwerden der Zylinder im Betrieb kann daher Anlaß zum
Festsetzen der Ringe geben.

Sind die Ringe in ihrer Beweglichkeit einmal gehemmt, so blasen sie an den
Laufflächen durch, die Temperatur im Ring steigt und es wird schließlich jene
Temperaturgrenze erreicht, die zur Zersetzung des Schmieröls führt; diese aber
erst führt in der Folge zum Festbrennen des Ringes.

2. Festsetzen als Folge der Betriebsbedingungen und von Veränderungen des Schmieröls im Betrieb

Das Festwerden der Ringe ist — die Fälle einer direkt oder indirekt
fehlerhaften Bemessung des seitlichen Ringspiels in den Nuten oder sonstiger
Konstruktionsfehler ausgenommen — letzten Endes immer eine Folge der durch
die Betriebsverhältnisse bedingten Schmierölveränderungen. Da diese im
Motorenbetrieb unvermeidlich sind, müssen sie schließlich — wenn auch unter
günstigen Umständen oft erst nach sehr langen Betriebszeiten — zum Festsetzen
der Ringe führen, es sei denn, daß Schmieröle verwendet werden, die in der Lage
sind, die Rückstände aufzulösen oder fortzuspülen. Im ordnungsgemäßen Betrieb darf aber — jedenfalls innerhalb der für die regelmäßige Überholung und
Reinigung festgelegten Zeiträume — kein Festsetzen erfolgen. Weil aber diese
gefährliche Störung in manchen Fällen sehr rasch eintreten kann und unter
Umständen, wie z. B. heute bei manchen Hochleistungsmotoren, sogar der Zeit-
raum für die Stillsetzung und Überholung dadurch bestimmt wird, lohnt es sich,
auf die dabei sich abspielenden Vorgänge näher einzugehen.

Maßgebend für das Auftreten der Erscheinung sind folgende Faktoren:
Die Güte der Verbrennung; die Neigung des Kraftstoffs zu unvollständiger
Verbrennung und Rückstandsbildung beim gewählten Verbrennungsverfahren;

die Wechselwirkungen zwischen dem Kraftstoff, den Verbrennungsprodukten und dem Schmieröl;

die Güte der Abdichtung durch Kolben und Ringe; Bemessung, Gestaltung und Bearbeitung der Ringe, insbesondere Bearbeitungsgüte der Ringflanken, Anschmiegungsvermögen der Ringe; der Zustand der Zylinderbohrung;

der Kolbenwerkstoff; das Kolbenspiel; die Passung der Ringe in den Nuten und deren Bearbeitung, vor allem die Bearbeitungsgüte der Nutenflanken; Zustand der Ringnuten.

die Temperaturen von Kolben und Ringen; die Kühlung;

die Schmieröleigenschaften: Viskosität; Alterungsbeständigkeit: Neigung zur Harz- und Asphalt- sowie zur Schlammbildung;

die Menge des in die Zylinder und bis in die Ringpartie gelangenden Schmieröls.

Bei Tauchkolbenmotoren: der Zustand des Umlauföls und die Güte der Ölfilterung; die Schmieröltemperatur im Kurbeltrog.

Wie ersichtlich, beeinflussen sich eine Reihe der aufgezählten Faktoren gegenseitig. — Die Bedingungen liegen aber für Dieselmotoren, Ottomotoren mit Benzin als Kraftstoff, Gasmotoren und Mitteldruckmotoren etwas unterschiedlich.

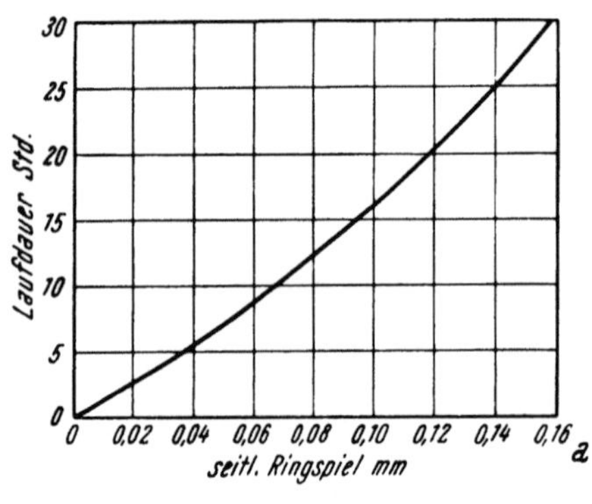

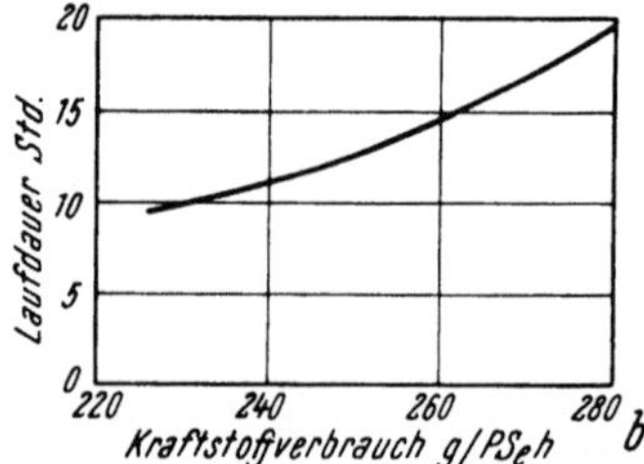

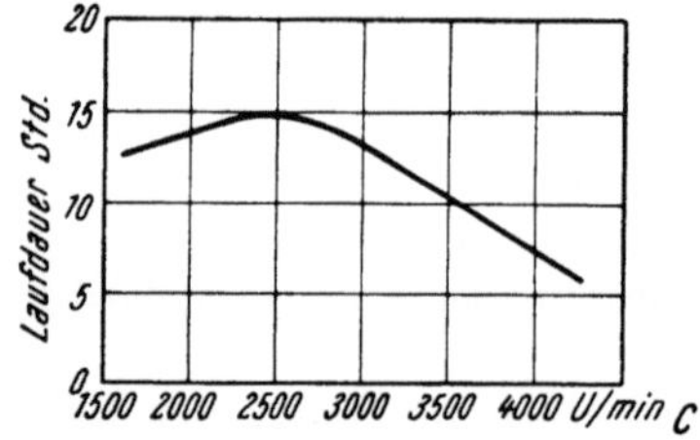

Abb. 180. Untersuchungen über verschiedene Einflüsse auf das Ringstecken im Ottomotor Versuchsmotor: Luftgekühlter Viertakt-Otto-Motor, $D = 75$, $S = 75$ mm, $\varepsilon = 1 : 6$, Schmieröl: Rotring. — Zylinderwandtemperatur: 240° C
(Nach [108])

a Abhängigkeit der Laufzeit bis zum Festbrennen des 1. Ringes vom seitlichen Ringspiel in der Nut (bei gleicher Zylindertemperatur und $n = 2500$)
b Abhängigkeit der Laufzeit bis zum Festbrennen des 1. Ringes vom Kraftstoffverbrauch. $n = 2500$
c Abhängigkeit der Laufzeit bis zum Festbrennen des 1. Ringes von der Drehzahl (bei konstanter Drosselstellung)

Im einzelnen Motor hängt die Zeit bis zum Festsetzen des ersten Ringes — außer von der Schmierölqualität — im allgemeinen von folgendem ab:

Vom Flankenspiel des Ringes in der Nut (vgl. z. B. Abb. 180 a) und seinem Sitz auf der Unterflanke;

vom Kraftstoffverbrauch (vgl. Abb. 180 b und 181 a) und von der Art des Kraftstoffs (vgl. Abb. 181 d);

vom Verdichtungsverhältnis und vom Zündzeitpunkt;

vom Mischungsverhältnis Kraftstoff-Luft;

von den herrschenden Betriebsbedingungen: von der Drehzahl (vgl. Abb. 180 *c*), der Belastung und der Kühlung (vgl. Abb. 181 *c*);

vom Öldruck und von der Öltemperatur (vgl. Abb. 181 *b*) bzw. von der dem Zylinder zugeführten Ölmenge.

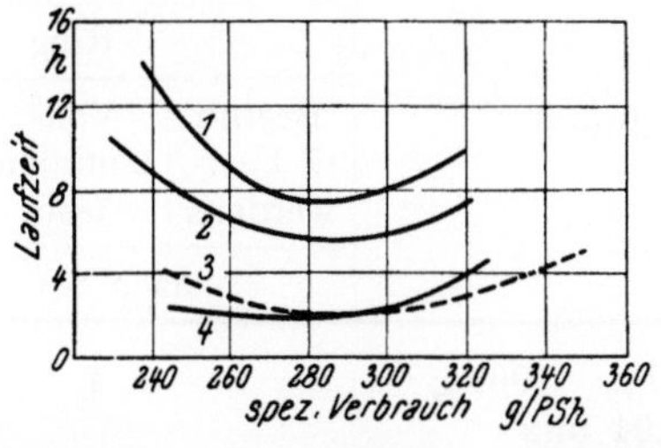

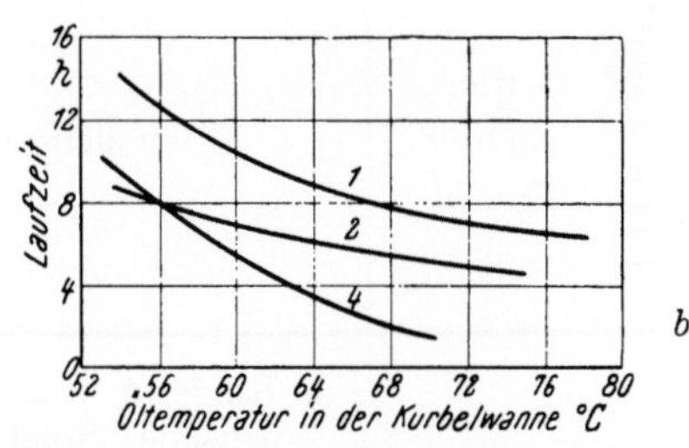

a Abhängigkeit der Laufzeit vom spezifischen Kraftstoffverbrauch

1 paraffinisches Öl
2 gefettetes Öl b
3   "   "   a
4 fettes Öl

b Abhängigkeit der Laufzeit von der Öltemperatur

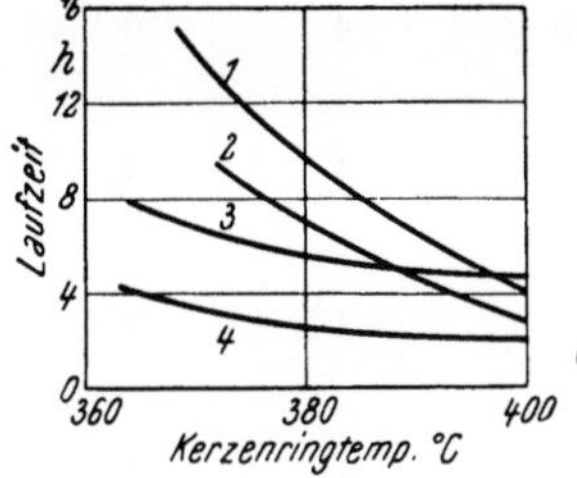

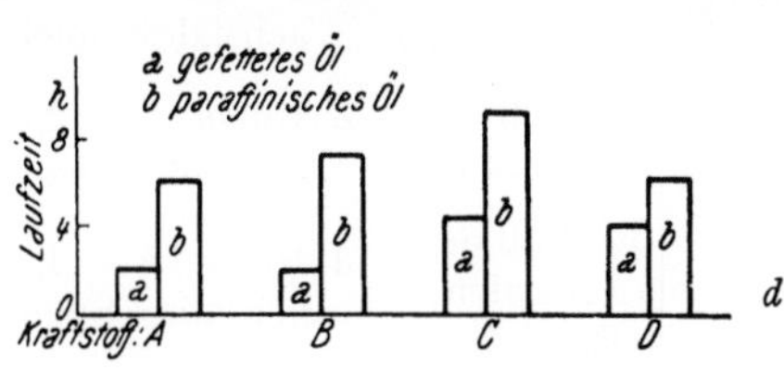

c Abhängigkeit der Laufzeit von der Kerzenringtemperatur

1 paraffinisches Öl
2 Rizinusöl
3 naphthenisches Öl
4 asphaltisches Öl

d Abhängigkeit der Laufzeit von der Art des Kraftstoffs

A Benzin-Benzol
B Benzin mit Bleitetraäthyl
C Benzin-Alkohol 80 : 20
D Motorbenzol

Abb. 181 *a* bis *d*. Untersuchungsergebnisse über verschiedene Einflüsse auf das Kolbenringstecken
Versuchsmotor: Luftgekühlter Siemens-Motor 1,5 kW, $\varepsilon = 4{,}5$, Schleuderschmierung mit 12,5 l/Stde Ölumlauf, $n = 1500$
Für Teilbilder *a* bis *c*: Kraftstoff Benzin-Benzolgemisch 60 : 40
(Nach v. Philippovich [108])

Nach Abb. 181 wird die Laufzeit bis zum Ringfestsetzen im luftgekühlten Ottomotor mit steigender Kerzenringtemperatur immer geringer; diese stellt wohl auch einen Maßstab für die Temperatur aller den Verbrennungsraum umschließenden Bauteile und damit auch jener im Bereich der Ringnuten dar. Vergleicht man nun die nach Abschnitt II bei verschiedenen Motoren beobachteten Ringtemperaturen, so erkennt man die ungeheuer hohe Beanspruchung des Schmieröls z. B. im Flugmotor und die verhältnismäßig kurzen Laufzeiten, nach denen hier das Stecken der Ringe eintreten muß, ist durchaus erklärlich.

Die Art des Kraftstoffs wirkt sich nach der gleichen Abbildung derart aus, daß sich z. B. Alkoholgemische günstig verhalten; eine geringe Klopfneigung des Kraftstoffs kann aber die Tendenz zum Ringkleben bereits sehr bedeutend fördern.

Bei Versuchen an einem luftgekühlten Zweitakt-Ottomotor (Hansa-Lloyd 2-Zylinder; $D = 68$, $S = 68$ mm) stellte GEBHARDT [112] die Auswirkung verschiedener Maßnahmen auf das Ringstecken wie folgt fest Zahlentafel 13:

Zahlentafel 13

Anwendungs-Nr.	Kolbenbauart	Untersuchter Einfluß	Versuchsanordnung	1.		2.
				Ring		
				Beginn d. Festwerdens	Vollkommen fest	Beginn des Festwerdens
				nach Stunden		
1			4 Ringe, $h = 2,5$, $P_t = 1000$ g achsiales Spiel 0,04 mm	.	4	$5^3/_4$
2		Einfluß der Ringspannung	4 Ringe, $h = 2,5$, $P_t = 700$ g achsiales Spiel 0,05 mm	4	$6^1/_2$	$5^1/_2$
3	Normale Kolben		4 Ringe, $h = 2,5$, $P_t = 1000$ g achsiales Spiel 0,05 mm	4	$5^1/_2$	$6^1/_2$
4			4 Ringe, $h = 2,5$, $P_t = 1500$ g achsiales Spiel 0,05 mm	4	5	$5^3/_4$
5		Einfluß der Ringzahl	3 Ringe, $h = 2,5$, $P_t = 1100$ g achsiales Spiel 0,05 mm	4	5	
6		Einfluß der achsialen Ringhöhe	3 Ringe, $h = 4$, $P_t = 1600$ g achsiales Spiel 0,05 mm	4	7	9
7		Einfluß des Flankenspiels	4 Ringe, $h = 2,5$, $P_t = 1100$ g achsiales Spiel 0,16 mm	5	7	$10^3/_2$
8			4 Ringe, $h = 2,5$, $P_t = 1100$ g achsiales Spiel 0,10 mm	5	$9^1/_2$	$10^1/_4$
9		Einfluß eines Ringträgers aus Gußeisen	3 Ringe, $h = 2,5$, $P_t = 1100$ g achsiales Spiel 0,09 mm	6	$12^1/_4$	12
10	Ringträger – Kolben	Einfluß von Ringträger + Doppelring in 1. Nut	1. Nut Doppelring 2. und 3. Nut normale Ringe $h = 2,5$, $P_t = 1100$ g achsiales Spiel 0,115 mm	$8^3/_4$	$11^3/_4$	$11^3/_4$
11		Einfluß eines Schlag- (Putz-, Inertie-) Ringes vgl. Abb. 187)	1. Nut: 1 normaler Ring $h = 2,5$, $P_t = 1100$ g + 1 Putzring $h = 1,5$, spannungslos 2. und 3. Nut normale Ringe $h = 2,5$, $P_t = 1100$ g achsiales Spiel 0,115 mm	$6^1/_2$	$9^1/_2$	10
12		Einfluß eines achsial hohen Ringes	1. Nut 1 Ring, $h = 5$, $P_t = 1800$ g achsiales Spiel 0,103 mm 2. und 3. Nut je 1 Ring, $h = 2,5$, $P_t = 1100$ g achsiales Spiel 0,09 mm	20	20	17

Fortsetzung s. S. 215

Fortsetzung von S. 214

Zahlentafel 13

Anwendungs-Nr.	Kolbenbauart	Untersuchter Einfluß	Versuchsanordnung	1.		2.
				Ring		
				Beginn d. Festwerdens	Vollkommen fest	Beginn d. Festwerdens
				nach Stunden		
13	Kolben mit Feuerring	Einfluß einer Manschette	1. Nut: Drosselmanschette, zweiteilig, spannungslos, $h = 5$, achsiales Spiel 0,10 mm 2. und 3. Nut: Ringe $h = 2,5$, achsiales Spiel 0,05 $P_t = 1100$ g	20	20	9
14		Einfluß eines Feuerrings	1. Nut: L-förmiger Feuerring, $h = 5$ mm 2. und 3. Nut: Ringe $h = 4$, achsiales Spiel 0,10 mm $P_t = 1600$ g	Feuerring dehnt sich ungleichmäßig		

Besonders wirksam zeigten sich demnach in diesem Fall achsial hohe Ringe in einem gußeisernen Ringträger, der bis zur Steuerkante hochgezogen war. — Trapezringe wurden in die Untersuchung nicht miteinbezogen.

Was die Abhängigkeit des Ringsteckens von der zugeführten Ölmenge anlangt, so ist daran festzuhalten, daß Verbrennungsräume und Ringnuten umso sauberer bleiben, je weniger Öl dem Zylinder zugeführt wird. Auch aus diesem Grund ist daher anzustreben, nur mit jener Ölmenge zu arbeiten, die zur Schmierung bei Beherrschung des Verschleißes und zur Abdichtung, bzw. für die Wärmeabfuhr aus Kolben und Ringen gerade hinreicht. Je besser die Ringe dichten, desto niedriger kann die Ölmenge gehalten werden; möglichst vollkommene Ringdichtung macht sich daher immer bezahlt.

Dort, wo die Abdichtung durch die Ringe weniger gut ist, steht man manchmal vor der Wahl, entweder mit Rücksicht auf den Verschleiß reichlich zu schmieren und verstärktes Verschmutzen in Kauf zu nehmen oder bei sparsamerer Schmierung höheren Verschleiß zuzulassen und geringere Verschmutzung zu erhalten. In diesem Dilemma befindet man sich heute vielfach auch bei Großmotoren, insbesondere sobald der Verschleiß in den Zylindern ein gewisses Maß überschreitet.

Einen zusammenfassenden Überblick über die an einem heiß gefahrenen, sehr hoch wärmebelasteten Ottomotor gemachten Beobachtungen über einzelne, das Ringstecken beeinflussende Betriebsumstände gibt GLASER [113] nach Abb. 182.

Im normal betriebenen Fahrzeugmotor ist das Festwerden der Verdichtungsringe viel seltener als jenes der Ölabstreifringe zu beobachten; zumindest tritt letzteres meist zuerst ein, was besonders bei LKW und Autotaxis festzustellen ist, wohl weil diese Fahrzeuge meist mit mäßiger Geschwindigkeit laufen und die Kühlwassertemperatur, bzw. die Temperatur des Kurbelgehäuses zu niedrig bleibt.

Die Dichtringe brennen andererseits auch unter dem Einfluß zu hoher Temperaturen fest, besonders bei solchen Diesel- und Flugmotoren, die während langer Betriebszeiten unter hoher Belastung laufen.

Demnach lassen sich bei dem durch Schmierölveränderungen bedingten Festsetzen zwei Fälle unterscheiden: Das Festsetzen bei hohen Ringtemperaturen und das Verkleben bei niedrigen Temperaturen.

Je nach der an den Ringen herrschenden Temperatur können einzelne der oben aufgezählten Faktoren ihren Einfluß weniger oder stärker geltend machen oder entscheidend überwiegen; es ist aber durchaus möglich, daß Betriebsumstände, die zunächst ein Verkleben der Ringe bei niedrigen Temperaturen zur Folge haben, bei darauffolgender höherer Belastung zum Festbacken oder Festbrennen führen — ebenso wie es andererseits möglich ist, daß klebrige Rückstände bei höherer Temperatur hart und spröde werden, zerbröseln und zerbröckeln und vom Schmieröl fortgespült werden: die Ringe „brennen frei".

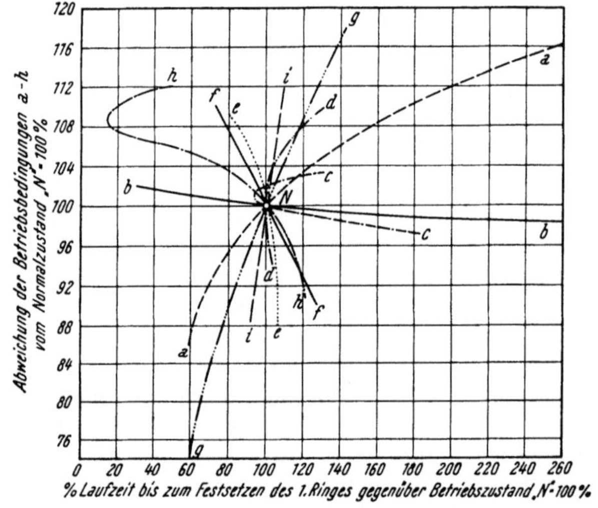

a	Seitliches Ringspiel		*e*	Drehzahl
b	Verbrennungsraumtemperatur		*f*	Leistung
c	Kühlmitteltemperatur		*g*	Schmieröldruck
d	Kraftstoffverbrauch		*h*	Verdichtungsverhältnis

Abb. 182. Laufzeit bis zum Ringstrecken in Abhängigkeit von verschiedenen Betriebsbedingungen

Versuchsmotor: DVL-Einzylindermotor Bauart 1934. — Zylinder und Motor BMW VI Flugmotor. — Kraftstoff OZ 87, gebleit. — Kühlung: Äthylenglyzol. — Schmierung: Handelsübliches gutes Motorenöl
(Nach GLASER [113])

Ringstecken bei niedrigen Temperaturen. *a) Verkleben der Ölringe.* Wird ein stark mit Schlamm durchsetztes Öl, welches z. B. im Nebenstromfilter nur unvollständig gefiltert werden kann, in die Zylinder geschleudert, so gelangen besonders an die Ölringe große Schlammengen; die Harz- und Asphaltpartikelchen setzen sich an den Öldurchflußschlitzen der Ringe, bzw. in den Ölabflußbohrungen des Kolbens an; ebenso werden sie an den Ring- und Nutenflanken festgehalten. Durch Anlagerung anderer Rückstände aus dem Schlamm verkleben die Ringe, die Ölabflußquerschnitte werden verlegt und die Ölringe damit unwirksam.

Mit zunehmendem Verkleben der Ölringe und Verlegen der Ölabflußkanäle steigt der Ölverbrauch — und zwar zuweilen auf ganz unglaublich hohe Werte — an. Störungen an den Kolbenringen machen sich bei Motoren mit Spritzölschmierung, bzw. auch bei anderen Tauchkolbenmotoren daher zunächst meist durch erhöhten Ölverbrauch bemerkbar. Durch die Überschwemmung der weiter aufwärts gelegenen Ringe mit verschlammtem Öl verkleben auch diese und, wo die Temperatur hinreicht, brennen in weiterer Folge die Ringe fest. In weiter fortgeschrittenem Stadium kann man dann auch beobachten, daß der Schmierölverbrauch — auch ehe es zum Fressen von Ringen oder Kolben kommt — wieder abfällt, wohl weil infolge des steigenden Durchblasens das in die Zylinder geschleuderte Öl in den Kurbelraum zurückbefördert wird.

b) Verkleben der Verdichtungsringe. Ein Verkleben der Verdichtungsringe ist manchmal auch bei Temperaturen zu beobachten, bei denen von einem Verkoken des Schmieröls in den Ringnuten keine Rede sein kann, wobei aber das soeben geschilderte Verkleben der Ölringe nicht auftritt. Die Erscheinung zeigt sich bei Dieselmotoren, vor allem bei solchen mit Druckluft-Einblasung, ferner bei manchen Glühkopfmotoren, u. zw. vornehmlich beim Betrieb mit niedriger Belastung.

Dieses Verkleben wird durch Firnisse und Lacke verursacht, die sich — neben anderen Rückständen — auf der Zylinderlauffläche, aber auch am Kolben niederschlagen; Harzbildung und die Klebrigkeit der Harze, die durch verhältnismäßig niedrige Temperaturen begünstigt wird, sind die Ursache für das Festsetzen der Ringe, wenn diese klebrigen Stoffe, von der Zylinderwand abgestreift, in die Ringnuten gelangen.

Je nach der Temperaturverteilung im Kolben und der Abstreifwirkung der Ringe, aber auch in Abhängigkeit vom Grad der Ölversorgung der einzelnen Ringe kann das Festkleben zunächst an den oberen oder auch an weiter abwärtsgelegenen Ringen eintreten oder auch auf diese beschränkt bleiben.

Häufig werden in Fällen, wo die Ringe durch Verkleben hängen bleiben, auch an den Zylinderlaufflächen in ihrem oberen Teil größere braunschwarze Inseln oder Flecken beobachtet, die von festhaftenden Rückständen gebildet werden; zeitlich treten diese Flecken bereits vor dem Hängenbleiben der Ringe auf.

Die dabei in den Ringnuten gefundenen Rückstände sind ein feucht-öliger, mehr oder weniger klebriger Ruß, keinesfalls aber feste oder hartgebrannte Kohle; sie verpichen die Seitenflächen der Ringe. Eine Vergrößerung des seitlichen Ringspiels zeigt bei Auftreten dieser Störung kaum einen Erfolg; die Verwendung überlappter Ringe oder von Ringen mit gasdichten Stößen kann dagegen das Hängenbleiben merklich hinauszögern. — Die Ringe können eigentümlicherweise auch dann zum Hängen kommen, wenn der Kolben mit recht geringem Spiel im Zylinder läuft; es ist sogar zu beobachten, daß das Ringkleben zunächst dort eintritt, wo der Kolben recht gut anliegt und ein besonders blankes Tragen zeigt; dies dürfte auf örtliche Unterschmierung und Überhitzung zurückzuführen sein.

Festsetzen der Ringe bei hohen Temperaturen. Das Festsetzen der Ringe bei hohen Temperaturen wird durch alle jene Umstände gefördert, die die Temperatur in der Ringzone des Kolbens oder der Ringe selbst, bzw. in den oberen Zylinderpartien, in ein für das verwendete Schmieröl kritisches Gebiet erhöhen.

— Bei Benzin- und Gasmotoren sowie bei Dieselmotoren mit direkter Einspritzung ist die Kolbentemperatur der wesentlichste Faktor für diese Erscheinung. — Ihr Auftreten wird begünstigt durch folgende Umstände:

Hoher mittlerer Druck; niedriger Luftüberschuß;

unvollständige und rußende Verbrennung; Klopfen bei Ottomotoren;

Durchblasen der Ringe; Ringflattern; Spannungsverlust der Ringe;

stark ausgelaufene Zylinder;

zu hohe Kühlmitteltemperatur, bzw. unzureichende Kühlung; schlechte Wärmeableitung aus den Kolben.

Von den Ringen wird das zumindest in seiner obersten Schicht bereits teilweise oxydierte, harz- und asphaltreiche Öl — samt der von diesem suspendierten Ölkohle, dem aus der Verbrennung, die zunächst der gekühlten Wandungen immer unvollständig abläuft, anfallenden Ruß und den aufgenommenen Staub-, Asche- und Abriebteilchen — begünstigt durch den durch die hohen Gasdrücke gesteigerten Anpreßdruck zwar vielleicht zum größten Teil von der Zylinderwand, an der es haftet, nach abwärts in den Kurbelraum, bzw. zum offenen Zylinderende befördert; zum Teil wird es aber sicherlich auch in die Ringnuten gedrückt und klemmt, bzw. verklebt damit die Ringe. Diese Rückstände samt dem in die Nuten geförderten und dort stagnierenden Öl werden unter dem Einfluß der Nutentemperatur gespalten und kondensiert, oxydiert und teilweise verdampft und damit weiter verändert und bilden eine zunächst zähe, allmählich aber härter und fester werdende Masse. Die schließliche Konsistenz der Ablagerungen hängt wieder von der Temperatur sowie von der Zeit ab, während welcher diese einwirkt.

Im allgemeinen liegt die Ringnutentemperatur bei Fahrzeug-Dieselmotoren zwischen etwa 180° für die unteren, bis zu 260° für die oberen Nuten. Bei luftgekühlten großen Motoren kann sie bis zu 350° erreichen. — Die Temperatur des in den Kurbelraum zurückfließenden Schmieröls erreicht bei luftgekühlten Hochleistungsmotoren zwischen 170° und 190°, ja bis zu 250°. Diese hohen Temperaturen fördern natürlich die thermische Zersetzung des Schmieröls und seiner Oxydationsprodukte ungemein. Die dabei entstehenden besonders kohlenstoffreichen unlöslichen Zerfallsprodukte können weitgehend aufgetrocknet werden und bilden dann eine kohlige Masse; unter Umständen kann aber auch eine nur teilweise Zersetzung und die Bildung von gummi- oder harzartigen, zähen und halbfesten Ablagerungen begünstigt werden. — Das Zuwachsen der Nuten erfolgt von innen nach außen hin, wobei der Ring immer stärker an die Zylinderwand gedrückt wird; er bleibt schließlich bündig mit dem Außendurchmesser des benachbarten Ringstegs in der Nut stecken. — Diese Erscheinung ist es auch, welche bei gegebener Luftmenge im Zylinder die Höhe des anwendbaren Mitteldrucks häufig begrenzt. Das Ringstecken tritt umso rascher ein, je länger der Motor bei der Grenztemperatur betrieben wird und kann schließlich zu plötzlichem Kolbenfressen führen.

Die allmähliche Anreicherung des Öls mit festen unlöslichen und unstabilen Bestandteilen infolge Alterung und Verschmutzung bewirkt aber auch ohne Temperaturerhöhung bereits ein Verkleben der Ringe, wobei diese an ihren Seitenflächen besonders bei geringem Flankenspiel wie Spaltfilter wirken und feste und zähe Teilchen in fortwährend steigendem Maß zurückhalten. Blasen die Ringe durch, so kann das Festbrennen infolge der damit auftretenden Temperaturerhöhungen erheblich beschleunigt werden; gleichzeitig werden damit Zersetzungsprodukte des Öls mit anderen Rückständen über die Ringdichtung hinweg und durch diese in den Kurbelraum gespült und beschleunigen dort die Ölalterung. —

Nach v. Philippovich [108] ist es diese „rückläufige" Bewegung des mit Verbrennungsprodukten beladenen, verunreinigten und gealterten Schmieröls vom Verbrennungs- nach dem Kurbelraum hin, das in erster Linie für das Ringstecken verantwortlich zu machen ist.

Je nach der in der Ringzone herrschenden Temperaturhöhe und -verteilung — und je nach dem vorliegenden Fall und dem verwendeten Schmieröl — kann dabei folgendes beobachtet werden:

a) Die Temperatur liegt im ganzen Kolben einschließlich des ersten Ringes sowie der ersten Ringnuten so niedrig, daß alle Ringe, auch der oberste, gut geschmiert sind und frei bleiben, ohne daß sich in den Ringen oder in den Nuten störende Ablagerungen bilden; soweit solche in die Nuten gelangen, bleiben sie locker und werden vom Schmieröl entweder gelöst oder fortgeschwemmt; am Feuersteg des Kolbens zeigen sich dabei Ablagerungen.

b) Die Ablagerungen greifen auf den ersten Ring und dessen Nut über; der erste Ring kommt zum Stecken; der zweite Ring und alle folgenden bleiben frei und sind gut geschmiert.

c) Die oberste Nut und der erste Ring sind vollkommen trocken, aber rein und nicht geschmiert; das ganze Öl verbrennt hier ohne nennenswerte Rückstände. Am Steg zwischen dem ersten und zweiten Ring bauen sich Ablagerungen auf, jedoch bleibt der zweite Ring frei und wie die folgenden gut geschmiert.

d) Steigt infolge irgendwelcher Umstände die Temperatur am zweiten Ring, so kommt dieser zum Festsetzen usf.

Der Wechsel im Zustand der Ringe von a nach c zeigte sich z. B. bei Versuchen über das Ringstecken, die von Gruse und Livingstone [81] an einem aufgeladenen Viertakt-Ottomotor bei Schmierung mit einem paraffinischen Öl und unveränderter Motorleistung ausgeführt wurden, bei einer Steigerung der Zylindertemperatur von 166° auf 174°, bzw. 182,5° C. — Steckt der zweite Ring bei freibleibendem ersten Ring, so kann man sein Festwerden durch Vergrößern des Nutenspiels hinausschieben; dann zeigt aber der dritte Ring eine erhöhte Neigung zum Festwerden.

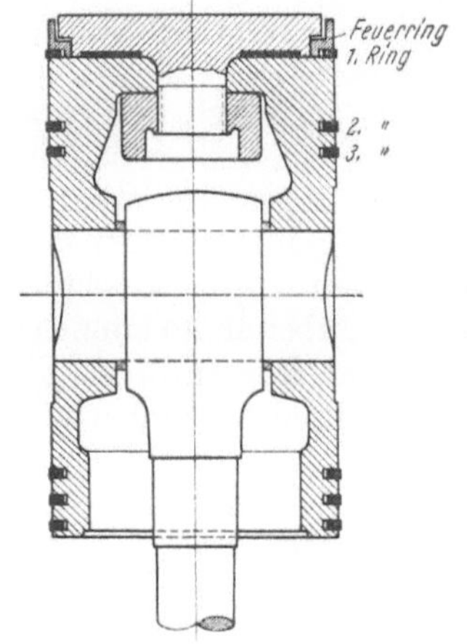

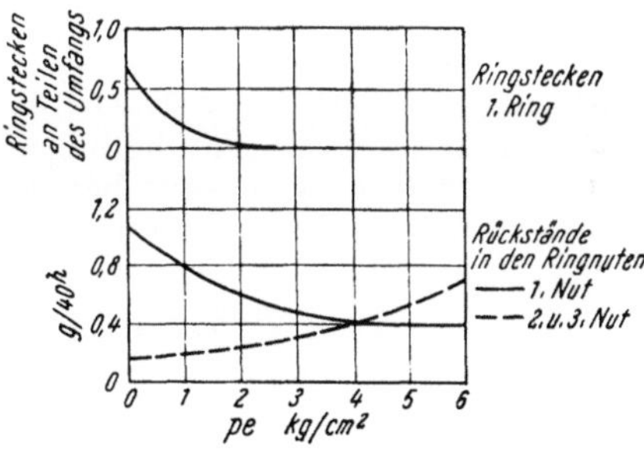

Abb. 183. Rückstandsbildungen in den Ringnuten und Stecken des 1. Ringes bei einem Zugmaschinen-Zweitakt-Dieselmotor in Abhängigkeit von der Belastung
Versuchsdauer jeweils 40 Stunden
Kühlwassertemperatur 75° C
Schmieröltemperatur ~90° C
Drehzahl 1400 U/min
(Nach Bouman [100])

Auch Abb. 183, welche die Rückstandsbildungen in den Ringnuten und das Festsetzen des ersten Ringes in einem Zugmaschinen-Zweitakt-Dieselmotor verfolgen läßt, läßt ähnliche Erscheinungen wie die oben geschilderten erkennen.

3. Einfluß des Schmieröls auf das Ringstecken

Einfluß der Schmierölqualität. Alle heute verwendeten Schmieröle verdicken nach dem früher Gesagten bei höheren Temperaturen; die Geschwindigkeit, mit der dies geschieht, hängt aber außer von der Temperatur auch in hohem Grad von den Öleigenschaften ab. Der Temperatureinfluß kann bei manchen Ölen sehr ausgeprägt sein, so daß das Überschreiten einer gewissen kritischen Temperatur um nur wenige Grade bereits zu schwerem Ringstecken führen kann. Das Schmieröl selbst ist daher jedenfalls mit allen seinen Eigenschaften am Phänomen des Ringsteckens in höchstem Grad mitbeteiligt. Bei den früher geschilderten chemischen Veränderungen bilden seine aktiven Gruppen neue Verbindungen, die als Bindemittel für die ins Schmieröl übergehenden Verbrennungsprodukte von Bedeutung sind. In erster Linie zählen hierzu die Harze, die infolge ihrer Klebkraft, ihres hohen Haftvermögens an metallischen Flächen und ihres hohen Vermögens, andere Verunreinigungen mit großer Kraft festzuhalten, gefährlich werden können, und zwar vor allem dann, wenn sich an den Ringen, am Kolbenoberteil oder auch an gewissen Zonen der Zylinderlauffläche Asphalt abgeschieden hat: Dieser wirkt infolge seines hochmolekularen Aufbaus adsorptiv auf das Harz ein und lagert es aus dem Öl heraus bevorzugt ab. Ist der Motor warm, so werden sich zunächst vielleicht keine Störungen ergeben; kühlt er aber ab, so können die Ringe verkleben, umso mehr, als sich bei einer bestimmten Konzentration des Harzes im Asphalt die erwähnten firnis- und lackartigen Produkte bilden, die die Klebkraft des Harzes allein noch weit übertreffen. Diese an den Metallflächen festhaftenden Lackschichten verengen auch das Flankenspiel der Ringe, das Laufspiel der Kolben, die Ölabflußquerschnitte an den Ölringen usf.

Den früher geschilderten Oxydationsvorgängen gegenüber verhalten sich die Schmieröle sehr unterschiedlich und zwar schon gegenüber den beiden Einzelvorgängen, die sich dabei offenbar bei höheren Temperaturen in den Nuten abspielen können: Hier erfolgt wohl zunächst das Verdampfen der leichteren, flüchtigeren Fraktionen der Öle und hierauf das Kracken und die Polymerisation des Restes. Das „Filmbildungsvermögen" der verschiedenen Ölsorten zeigt ferner, daß z. B. paraffinbasische Öle wesentlich oxydationsfester sind, als naphthenbasische, das heißt sie bringen der Verdickung bedeutend mehr Widerstand entgegen — der Unterschied zwischen beiden Sorten beträgt etwa 100° C; das gegenteilige Verhalten zeigen asphaltbasische Öle. Noch anfälliger sind vegetabilische Öle, deren Oxydation und Verdickung bereits bei recht niedrigen Temperaturen eintritt und die daher auch bei entsprechend niedriger Temperatur ein Ringstecken erwarten lassen.

Im allgemeinen haben *naphthenbasische* Öle mehr die Neigung, die *unteren* Ringe zu verkleben, während dies mit *paraffinbasischen* im allgemeinen mehr bei den *oberen* Ringen der Fall ist: Daraus erklärt sich die früher beschriebene Erscheinung, daß es manchmal gelingt, durch Erhöhen der Ringtemperatur das Ringfestwerden hinauszuschieben. Wahrscheinlich gibt es für jedes Öl eine bestimmte Temperatur, bei der es in den Nuten zähe Ablagerungen bildet; bei etwas höheren Temperaturen werden diese Ablagerungen fest, bei noch höheren haften sie aber unter Umständen nicht mehr am Metall, so daß sie aus den Ringnuten fortgespült werden können. Es besteht ferner Grund zu der Annahme [vgl. 109], daß es für Öle von mäßiger Stabilität einen kritischen Temperaturbereich gibt, oberhalb und unterhalb welchem der Ring freibleibt. Es ist möglich, daß oberhalb des kritischen Bereiches die Verdampfungsgeschwindigkeit des Öls solche Werte erreicht, daß dieses nicht lange genug in den Nuten verbleiben kann, um in gefährlicher Weise einzudicken: Unter solchen Bedingungen können Zylinder- und Ringverschleiß sogar niedriger werden, wenn die Schmierung unzureichend ist, als bei reichlicher Schmierung.

Für naphthenbasische Öle liegt dieser Temperaturbereich niedriger, für paraffinbasische höher; so können z. B. in einem bestimmten Motor die Ringe mit paraffinbasischem Öl festwerden, während sie mit naphthenbasischem freibleiben, weil die Betriebstemperatur der Kolben in der Ringzone höher liegt als jene kritische, bei welcher das letztere Öl feste Rückstände bildet: Ob aber dieser geschilderte Zustand günstig ist, ist zweifelhaft; denn wenn ein Öl leicht verdampft und verbrennt, ohne Rückstände zu hinterlassen, ist möglicherweise auch seine Schmierfähigkeit bei den Betriebstemperaturen der zu schmierenden Flächen schon zu gering. — Leicht flüchtige und verbrennbare Öle sind nur dann am Platz, wenn der Ölverbrauch niedrig liegt und rückstandsloses Verbrennen am ersten Ring möglich ist.

Deshalb können manche kleine Dieselmotoren wohl noch gut mit naphthenischen Ölen auskommen, während Flugmotoren, die mit extrem hohen Zylindertemperaturen arbeiten, besser mit paraffinischen Ölen laufen, die einen hohen Siedetemperaturbereich haben. ROSEN [55] berichtet z. B. über Versuche, die mit Schmierölen von verschiedener Basis hinsichtlich ihrer Neigung zum Ringstecken in Caterpiller Traktor-Dieselmotoren durchgeführt und wobei nur zusatzfreie (ungedopte) Öle verwendet werden, wie folgt:

Behandlung	Laufzeit bis zum Ringstecken mit	
	paraffinbasischem	naphthenbasischem
	Öl	
Stark mit Lösungsmitteln (solvents) behandelt	100	650
Mild mit Lösungsmitteln stark mit Säuren behandelt	650	1500
Mild mit Säuren behandelt stark gefiltert	1500	3000

Unter den in diesem Motor herrschenden Bedingungen ließen sich demnach mit sehr gut gefilterten, einer milden Säurebehandlung unterzogenen Mineralölen die besten Ergebnisse erzielen, wobei sich naphthenbasische Öle als deutlich überlegen zeigten: mit ihnen ließen sich ohne Überholung Laufzeiten von über einem Jahr im Geländedienst erreichen. Stark mit Lösungsmitteln behandelte paraffinische Öle gaben dagegen die kürzesten Laufzeiten bis zum Ringstecken.

Die Vor- und Nachteile der paraffin- und naphthenbasischen Motorenöle verteilen sich überdies auf beide Sorten ziemlich gleichmäßig, so daß sich neben den paraffinbasischen Primusölen insbesondere für Dieselmotoren auch naphthenische Öle gut eignen. Letztere haben den Vorteil, daß sie unter sonst gleichen Umständen weniger Ablagerungen von weicher und flockiger Struktur bilden, paraffinbasische Öle dagegen den Nachteil, daß sie am oberen Kolbenrand und am Feuersteg reichlich Ölkohle bilden, die außerordentlich hart ist und die, wie bereits erwähnt, durch Einwirkung von Schwefel noch eine Nachhärtung erfahren kann; der Zylinderverschleiß unter der Wirkung solcher harter Ölkoksablagerungen kann wesentlich stärker sein, als jener durch die abreibende Wirkung der Ringe.

Bei der Motorenschmierung ist zu beachten, daß die Arbeitstemperaturen des Brenngemisches zum größten Teil weit über den Verdampfungstemperaturen des verwendeten Öles liegen. Das an den gekühlten Laufflächen haftende Öl wird hiervon vielleicht weniger und nur in seinen äußersten Schichten betroffen; doch das an den heißen Teilen des Kolbens, an den oberen Ringen und in den obersten Partien des Zylinders — besonders bei starkwandigen Zylindern großer Abmessungen — haftende Öl unterliegt der Verdampfung und, während der kurzen Zeitabschnitte niedrigen Gasdrucks, ebenso wie das zerstäubte Öl der Oxydation.

Ob aber eine höhere Oxydationsneigung eines Öls die Neigung zum Ringstecken verstärkt oder nicht, kann nicht von vorneherein eindeutig festgestellt werden. Die Verhältnisse werden jeweils von den Temperaturen in den einzelnen Teilen der Ringdichtung, bzw. in den betreffenden Zonen des Kolbens bestimmt.

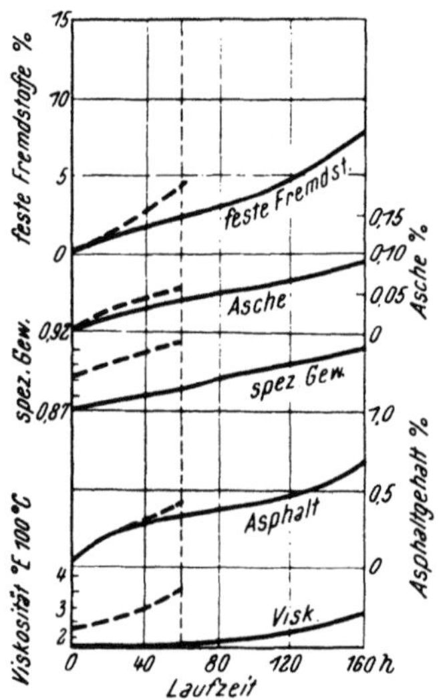

Abb. 184 a. Einfluß der Viskosität auf das Ringstecken

Schmieröl	———	- - - - - -
Spezifisches Gewicht	0,871	0,892
Viskosität °E 50° C	5,18	11,6
°E 100° C	1,70	2,17
Polhöhe	1,67	2,17
Conradson-Test	0,13	0,27
Harz n. Noak	1,75	2,66
Laufzeit	200 Std.	60 Std.
Ringe	frei	fest

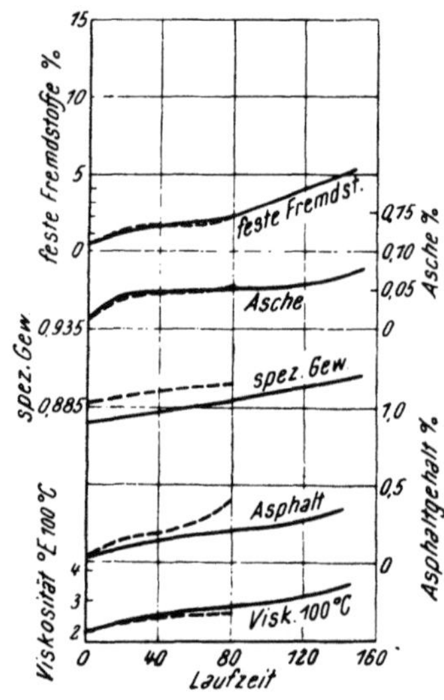

Abb. 184 b. Einfluß von 5% Fettölzusatz zum Schmieröl auf das Ringstecken

——— ohne Zusatz: Ringe nach 150 Std. frei
- - - - - - mit Zusatz: Ringstecken beginnt nach 10 Std. am 1. Ring.

Frischöl:	Spezifisches Gewicht	0,858
(ohne	Viskosität °E/50° C	10,4
Zusatz)	°E/100° C	2,14
	Polhöhe	1,95
	Conradson-Test	0,13
	Harz n. Noak	2,28

Abb. 184 a u. b. Versuchsmotor: 1-Zylinder-Dieselmotor 10 PS, $n = 1550$, Öltemperatur 80° C, Ölfüllung 5 Liter, ohne Nachfüllung, Dieselkraftstoff spezifisches Gewicht 0,850/20° C, 0,35% S (Nach Kern [114])

Viele neuere hochwertige Motorenöle sind hochstabile, solventraffinierte Produkte, die bei relativ sehr hohen Temperaturen langzeitig ohne Viskositätszunahme verwendet werden können. Doch zeigt es sich, daß der Solvent-Raffinationsprozeß manchmal derart extrem geführt wurde, daß das Öl die Fähigkeit zur Ölfilmbildung im heißen Zylinder verliert [109], und zur Tropfenbildung an den Wandungen neigt: Dann geht die Flüssigkeitsabdichtung am obersten Ring verloren und der Ring bläst durch; infolge der übermäßigen Erhitzung verdickt das Öl in der ersten Nut und der Vorgang pflanzt sich dann auf den zweiten Ring und schließlich allmählich auch weiter, fort. Diese Art des Ringsteckens kann nur durch Herabsetzen der Temperatur bis unterhalb der für das Öl kritischen Höhe verhütet werden.

Bei Anwendung guter Mineralöle ergeben sich im allgemeinen bei Ringtemperaturen unterhalb von etwa 200° C keine Schwierigkeiten mit Ringstecken. Zwischen 200° und 240° C können sich jedoch bereits ernsthafte Schwierigkeiten einstellen; über etwa 240° werden sie zur Regel oder die Ringe brennen wieder frei. Durch Verwendung von Ölen mit richtig gewählten Additives können allerdings auch noch Ringtemperaturen bis zu 275° C beherrscht werden.

Dünnere Schmieröle lassen im allgemeinen ein wesentlich späteres Festwerden der Ringe erwarten, als dicke Öle; Kern [114] hat nach dieser Richtung Versuche mit einem Einzylinder-Dieselmotor von $Ne = 10$ PS bei $n = 1550$ U/min durchgeführt, Abb. 184 a: Bei Verwendung des mit Nr. 1 bezeichneten Schmieröls mit einer Viskosität von 5,14° E/50° C blieben die Ringe auch noch über 200 Stunden hinaus frei; mit einem Öl Nr. 2 von 11,6° E/50° C begannen die Ringe jedoch schon während der ersten Betriebsstunde zu hängen und waren nach 62 Stunden vollständig fest. — Im gleichen Motor lief schließlich unter gleichen Bedingungen auch noch ein Öl mit 16° E/50° C, welches gleiche Ergebnisse wie Öl Nr. 2 zeigte, doch wurde infolge der höheren Ölviskosität weniger Öl durch die Ringe hochgepumpt. Der Verbrennungsraum blieb in allen Fällen frei von Ölkohle; das bis in den Verbrennungsraum vorgedrungene Öl verbrannte demnach in allen Fällen vollständig. Die Ursache für das in bezug auf das Ringstecken ungünstigere Verhalten der dickeren Öle dürfte auf ihre stärkere Rückstandbildung zurückzuführen sein.

Es spielen dabei auch alle spezifischen Eigenschaften des Öls, sein Aufbau und seine Neigung zur Harzbildung eine Rolle. So führte z. B. wieder nach Kern [114] ein Fettölzusatz von 5% zu einem sonst gut arbeitenden Schmieröl zu raschem Ringstecken, Abb. 184 b. Die Wahl des Schmieröls darf daher auch keineswegs auf Grund von physikalischen Kennwerten allein erfolgen, wie diese manchmal von Motorenfabriken vorgeschrieben werden: So teilt z. B. Rosen [115] über Versuche bei der Caterpillar Tractor Co. mit, daß das Ringfestsetzen bei einem Öl bereits nach 100 Stunden, bei einem anderen erst nach 3000 Stunden auftrat, obgleich beide Öle nach ihren physikalischen Kennwerten voll den Vorschriften der Motorenbaufirma entsprachen.

Man hat, besonders bei Dieselmotoren, häufig festgestellt, daß das Festwerden der Ringe stark hinausgeschoben werden kann, wenn man den Motor vor dem Stillsetzen aus der Belastung noch eine Weile im Leerlauf arbeiten läßt. Auch dies erklärt sich daraus, daß im Leerlauf ein Durchspülen und Reinigen der Ringnuten mit Schmieröl erfolgt, bzw. daß die vorhandenen Ablagerungen zumindest gelockert werden. Setzt man den Motor unmittelbar aus höherer Belastung still, so werden die Ringe beim Abkühlen des Motors in einer verspannten Lage festgehalten, so daß sie sich beim Erkalten und Zusammenziehen des Kolbens von der Zylinderwand abheben; beim Wiederanlassen tritt dann ein übermäßiges Durchblasen ein, die heißen Feuergase verkoken die noch klebrigen Nutenrückstände und die Ringe brennen fest.

Einfluß der Schmierölmenge. Die Höhe des Ölverbrauchs, d. h. die in die Zylinder und bis an die Ringe oder über diese hinauf gelangende Ölmenge, macht sich hinsichtlich der bis zum Ringstecken verstreichenden Zeit natürlich auch stark bemerkbar und im allgemeinen ist das Überschmieren der Kolben wohl als eine der häufigsten Ursachen für diese Erscheinung anzusehen. Reichliche und sparsame Schmierung wirken sich jedoch abhängig von den Öleigenschaften jeweils in unterschiedlicher Weise aus: Ist das Öl imstande, die Ablagerungen aufzulösen und fortzuschwemmen, so wird ein erhöhter Ölverbrauch unter Umständen günstig sein; eine derartige Art von Spülwirkung in den Nuten ist solange denkbar, als das Öl nicht so reichlich zugeführt wird, daß es über die Ringe hinaus und dann wieder durch die Ringdichtung zurückfließt und damit Koksteilchen aus dem Verbrennungsraum in den Kurbelraum schwemmt. Tritt letzteres ein, so wird der reichliche Ölverbrauch schädlich, ebenso wie auch in Fällen, in denen das Öl nicht in der Lage ist, die Ablagerungen in den Ringnuten und an den Ringen aufzulösen.

Bei Zweitakt-Ottomotoren mit Gemischschmierung soll sich nach Versuchen und Angaben der Deutschen Vakuum Öl A.G. die günstigste Laufzeit bis zum Ringstecken bei einem Schmierölzusatz von 0,55 Liter je 10 Liter Kraftstoff, das heißt beim Mischungsverhältnis 1 : 18 ergeben haben, Abb. 185.

Bei gesonderter Zylinderschmierung durch eigene Schmierpumpen ist die durch das Schmieröl gebildete Rückstandmenge der durch die Lubrikatoren in den Zylinder geförderten Ölmenge proportional. Um die Ablagerungen in den Ringnuten — aber auch im übrigen Verbrennungsraum und in den Schlitzen von Zweitaktmotoren — zu verringern, sollte die Ölmenge auf jenes Minimum eingestellt werden, das notwendig ist, um einen erhöhten Verschleißangriff zu verhindern. Wie groß diese Ölmenge sein muß, ist allerdings nicht leicht zu beantworten und es ist eine Sache des Empfindens, wie weit man gehen kann; sicher aber ist es billiger, eine periodische Reinigung von Rückständen vorzunehmen, als Zylinderbüchsen und Kolbenringe infolge einer verkürzten Lebensdauer öfters als absolut notwendig erneuern zu müssen. Dieser Standpunkt führt aber häufig wieder dazu, daß stärker als unbedingt erforderlich geschmiert wird, das heißt, daß mehr Öl in die Zylinder gefördert wird, als die Ringe verarbeiten können; dieses Überschußöl füllt die Schmierölnuten aus, tritt in den Verbrennungsraum über und

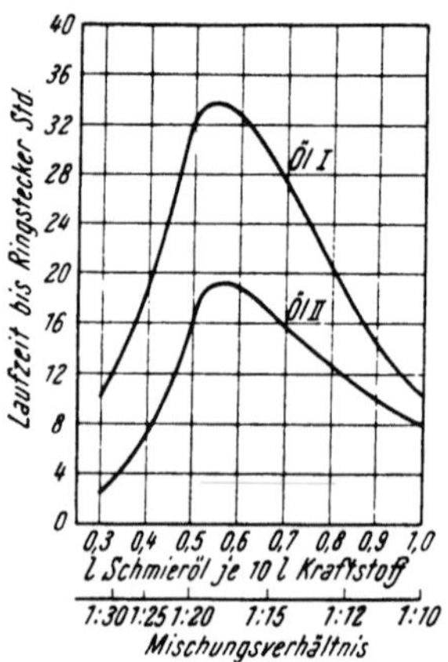

Abb. 185. Laufzeit bis zum Auftreten gleich starken Ringstreckens bei gemischgeschmierten Zweitakt-Ottomotoren in Abhängigkeit vom Gemischverhältnis Schmieröl : Kraftstoff (Nach Angaben der Deutschen Vakuum Öl A.G.)

wird in die Spül- oder durch die Auslaßschlitze herausgeblasen: An allen diesen Stellen setzt es sich ab und unterliegt dort den von der Verbrennung ausgehenden Einflüssen.

Bleibt bei einem Motor, der bei deutlichem Anzeichen von Überschmierung unter der Erscheinung des Ringsteckens leidet, nach Reduktion des Ölverbrauchs auf ein hinreichendes Maß die Erscheinung bestehen, so muß die Ölqualität gewechselt werden.

Nicht unerwähnt sei, daß das Festbrennen von Kolbenringen in manchen Fällen durch einen Wasserzusatz zum Schmieröl (Emulsionen) oder auch zum Kraftstoff (Wassereinspritzung) verhindert werden kann; der entstehende Wasserdampf hat, wenn er an der richtigen Stelle gebildet wird, vielleicht die Wirkung, die aus dem Öl entstehenden Ablagerungen aufzusprengen, zu lockern und ihr Fortspülen zu erleichtern. — Andererseits können solche Wasser-Öl-Emulsionen auch zu namhaften Schwierigkeiten führen.

4. Einfluß des Kraftstoffs auf das Ringstecken

Einen sichtlich noch wesentlicheren Einfluß als das Schmieröl an sich nimmt auf die Vorgänge beim Ringstecken — vor allem bei Dieselmotoren — der Kraftstoff; dabei sind nicht nur dessen spezifisches Verhalten an sich, sondern vor allem auch die Wechselwirkung mit dem angewendeten Schmieröl von Wichtigkeit.

Da alle zu Störungen an den Ringen Veranlassung gebenden Ablagerungen im Verbrennungsraum, bzw. an den Zylinderwandungen und Kolben und vor allem auch in den Ringnuten in erster Linie aus der unvollständigen Verbrennung des Kraftstoffs im Verein mit der Zersetzung des Schmieröls herrühren, wird die Bildung solcher Ablagerungen beeinflußt:

Durch die Qualität des Kraftstoffs,
die Art der Verbrennung,
die Beschaffenheit des Schmieröls,
die Art der Schmierung.

Die Kraftstoffqualität bestimmt zunächst die Art und Güte des Verbrennungsablaufs und dieser ist wieder auf den Umfang der Rückstandsbildung und deren Charakter von größerem Einfluß:

Bei Ottomotoren spielt auch der Klopfwert des Kraftstoffs sowie die Zündeinstellung eine erhebliche Rolle, weil durch das Klopfen sowohl der Ablauf der Verbrennung wie auch die Temperaturen stark beeinflußt werden. — In Ausnahmefällen ist bei Ottomotoren das Festwerden der oberen Ringe durch harzige Bestandteile aus dem Kraftstoff zu beobachten. Gleichzeitig zeigen sich damit immer auch harzartige Ablagerungen am Einlaßventil. Die Erscheinung tritt jedoch nur dann auf, wenn mit schlecht gereinigtem Kraftstoff gearbeitet wird.

Beim Arbeiten mit Benzin-Benzolgemischen tritt das Festsetzen der Ringe rascher ein, als bei Verwendung eines rein naphthenischen Kraftstoffes, wenn beide Kraftstoffe gleichen Klopfwert haben. — Eine Erhöhung des Benzolanteiles mit gleichzeitiger Steigerung des Klopfwertes vermindert aber die Tendenz zum Festwerden.

Bei Flugmotoren oder ähnlichen hochbelasteten aufgeladenen anderen Ottomotoren, die mit Spezialkraftstoffen besonderer Güte und Reinheit arbeiten, tritt ein Ringstecken als Folge von Ansammlungen von Kraftstoffrückständen verhältnismäßig selten auf; es kann jedoch verursacht werden durch Verwendung eines Kraftstoffs, der unstabile Verbindungen enthält, wie solche z. B. manche Zusätze zur Erhöhung der Oktanzahl vorstellen, die unter Einwirkung der Temperatur leicht polymerisieren und gummiartige Stoffe, das heißt Harze bilden. Auch diese Art des Ringsteckens wird in der Regel von Harzablagerungen in der Einsaugleitung, bzw. am Einlaßventil und Stecken des letzteren begleitet.

Bei den für Dieselbetrieb verwendeten Kraftstoffen sind sowohl der nach dem CONRADSON-Test bestimmte Verkokungsrückstand als auch der Aschegehalt sowie die Zusammensetzung der Asche von Bedeutung für die Verschmutzung, vgl. Zahlentafel 14:

Zahlentafel 14. *Kennzeichnende Daten für die Klassen von Dieselkraftstoffen*

Dieselkraftstoffsorte	Spezif. Gewicht	Viskosität Sek. Redw. $38^0\,C$	Wassergehalt %	Asche %	Schwefel %	Asphalt %	Verkokungsrückst. nach CONRADSON %
Gasöl	0,90	40—45	0,25—0,50	Spuren	1,0—1,25	Spuren	1,0
Dieselöl (Diesel fuel)	max 0,92	max 60	max 0,5	0,02	1,8	0,7	1,8
Leichtes Heizöl	0,95	bis 1500	1,0	0,06	2,5	3—6	m ax10
Schweres Heizöl (Bunkeröl *C*)	1,0	bis 3500	2,0[1]	bis 0,17[2]	[2]	[2]	12—17[2]

[1] Wasser + Verunreinigungen.   [2] Nicht beschränkt.

Öle mit hohem Verkokungsrückstand und hohem Asphaltgehalt neigen zu stärkerem Verschmutzen der Motoren. Doch zeigen Betriebserfahrungen an langsamlaufenden, großen Motoren, daß in den Ablagerungen im Verbrennungsraum kein wesentlicher Unterschied zu beobachten ist, wenn der CONRADSON-Test des verwendeten Kraftstoffs zwischen etwa 4 und 15 schwankt; bei kleineren, rascher laufenden Maschinen mit ihren wesentlich kürzeren für die Verbrennung zur Verfügung stehenden Zeiten treten jedoch deutlich erkennbare Unterschiede in diesem Sinn auf, wenn auch keine Proportionalität mit dem CONRADSON-Test besteht.

Eindeutig hängt aber das Betriebsverhalten des Kraftstoffs immer mit seinem Asphaltgehalt zusammen; im allgemeinen sind Asphaltteilchen langsam und schwer verbrennbar; sie sind vielleicht auch Keime für das Entstehen nichtanhaftender Ablagerungen, die die Kerne für Ölverunreinigungen bilden, die ihren Weg durch die Ring- und Kolbendichtung nach abwärts finden.

Ferner führt bei Dieselmotoren unvollständige, rußende Verbrennung immer zu beschleunigtem Festsetzen der Ringe, weil das Schmieröl — und vor allem das an der Zylinderwand haftende Öl — durch den ausfallenden Ruß stark verunreinigt und verdickt, bzw. zerstört wird. — Außerdem ist das Rußen auch mit starkem Nachbrennen verbunden, was wieder höhere Mitteltemperaturen im Arbeitsprozeß und damit höhere Kolben- und Ringtemperaturen zur Folge hat. Auch die Verbrennung im kalten Motor, z. B. beim Anlassen oder bei Umsteuermanövern, kann mit starker Rußbildung verbunden sein.

Bei der Verbrennung im Dieselmotor entstehen immer viel Säuren und Aldehyde, welche die Bildung von Harzen im Schmieröl begünstigen; da diese Produkte der unvollkommenen Verbrennung stets auch die Ringnuten erreichen — entweder mit Durchblasgasen oder über das Schmieröl — ist die Neigung zum Festwerden der Ringe hier immer viel größer, als beim Ottomotor. — Sie wird überdies auch hier von der Einstellung des Einspritzbeginns, bzw. des Zündzeitpunktes beeinflußt. Hartnäckige Fälle von Ringstecken konnten z. B. in manchen Fällen durch radikales Verstellen der Zündung behoben werden. — Kraftstoffe wie Bunkeröle und andere Rückstandsöle, die sich im Conradsontest durch sehr hohen Kohlenstoffrückstand sowie durch hohen Aschegehalt auszeichnen, liefern naturgemäß im Betrieb verhältnismäßig viel rückstandbildende Anteile und diese entweichen nur zum Teil durch den Auspuff. Rückstandöle, die als Aschenbestandteile Verbindungen von V, Na, Ni oder andere Metallverbindungen enthalten, sind besonders anfällig und es ist auch durch bestes Zentrifugieren nicht möglich, diese Bestandteile aus dem Kraftstoff zu entfernen. Abgesehen davon, daß solche Rückstände außerordentlich hart sein können, wirken sie vielfach als Katalysatoren bei der Bildung von Schwefelsäure und tragen dadurch verstärkt zur Zerstörung des Schmieröls bei.

Eine gleichzeitige Verpichung der Einlaßventile tritt bei Dieselmotoren jedoch nicht auf, obwohl der Kraftstoff hier viel schlechter gereinigt ist, als beim Ottomotor, weil durch die Einlaßventile nur kraftstoffreie Ansaugluft strömt.

Neuerdings kommen zur Bekämpfung der aus dem Kraftstoff herrührenden Rückstandsbildungen in Dieselmotoren auch Zusätze in den Handel, wie z. B. in die Kraftstoff-Zusätze XZIT, Dieslip F, Redex u. a. m., die zunächst Verbrennungskatalysatoren von geringem Molekulargewicht enthalten, um jede Tendenz zur Polymerisation und Firnisbildung zu unterbinden; ferner gleichzeitig ein Schmiermittel von hoher Temperaturbeständigkeit und hoher Filmfestigkeit, um auch im obersten Teil des Zylinders und am ersten Ring eine hinreichende Schmierung zu sichern. Überdies soll durch Beimengung geeigneter Lösungs-

und Verteilungsmittel (solvents und penetrants) eine Ablösung und Verteilung etwa sich bildender Kohle- und Firnisablagerungen im Motor, sowie etwa entstehender Schlammablagerungen im Kraftstofftank bewirkt werden. — Die Zusatzmittel werden in verschiedenen Mischungen vertrieben: Für Schiffs- und Großmotoren, für raschlaufende mittlere und Lokomotivmotoren sowie für schnellaufende Kraftfahrzeugmotoren.

Auch bei hochbelasteten raschlaufenden Gasmotoren, wie z. B. modernen mit Erdgas betriebenen Maschinen, ist das Festsetzen der Ringe eine verhältnismäßig häufig zu beobachtende Erscheinung. — Die Ursachen sind hier im allgemeinen die gleichen wie beim Dieselmotor, doch darf nicht übersehen werden, daß beim gemischansaugenden Gasmotor — ebenso wie beim Benzinmotor — die schädlichen Räume innerhalb der Ringdichtung sich in jedem Arbeitsspiel wenigstens teilweise mit zündfähigem Frischgemisch füllen, im Gegensatz zum Dieselmotor, wo sich in diesen Räumen nur ein Gemisch von Frischluft und Restgas befindet: Während also hier nur ein Brennen aus der Dichtung heraus erfolgen kann, findet bei ersterem auch eine Verbrennung innerhalb der Labyrinthräume statt, die außer andersartigen Druckverläufen in der Dichtung auch weitgehende Ölzerstörungen zur Folge haben kann.

Die Durchspülung der Nuten mit Frischöl sollte daher beim Gasmotor etwas mäßiger erfolgen, als beim Dieselmotor. Der in die Zylinder geförderten Ölmenge sowie der Ölauswahl ist aber größte Aufmerksamkeit zu schenken, wobei auch die Art des Kraftstoffgases zu beachten ist; zu berücksichtigen ist überdies, daß die Wärmebeanspruchungen des Öls hier höher liegen, als beim Dieselmotor. Jedes als Motorenkraftstoff verwendete Gas muß sorgfältig entstaubt werden; dies gilt besonders für Gichtgas sowie für Generatorgas. Ebenso wichtig ist es, alle eventuell aus dem Vergasungsprozeß herrührenden Teeranteile gründlich zu entfernen.

D. Maßnahmen zur Verhinderung des Ringsteckens

Voraussetzung für das Vermeiden des Ringsteckens ist die Verwendung nur einwandfreier, geeigneter Ringe, die ihre Eigenschaften unter den gegebenen Betriebsumständen unverändert beibehalten. Die Ringe müssen vollkommen abdichten, das heißt vollkommen lichtspaltdicht anliegen und vollkommen plan und eben sein, Anpreßdruck und Anpreßdruckcharakteristik müssen entsprechen und Flattererscheinungen müssen vermieden werden; die Ringe dürfen sich nicht werfen oder verziehen.

Tritt dennoch ein Festsetzen der Ringe auf, so kommen neben einer Beschränkung des Ölverbrauchs auf das mit Rücksicht auf Abdichtung und Verschleiß erforderliche Mindestmaß als konstruktive Gegenmaßnahmen die folgenden in Betracht:

1. Genügend reiches achsiales Spiel der Ringe in den Ringnuten; das Spiel muß umso größer gewählt werden, je höher die Temperatur in der Ringzone liegt und je unreiner die Verbrennung erfolgt. — Es ist aber überdies sehr abhängig von der Maschinenbauart, der Art der Kühlung sowie vom verwendeten Kraftstoff und Schmieröl. Über ein für jede Motorbauart besonders zu ermittelndes Optimum darf aber nicht hinausgegangen werden, da anderenfalls wieder eine Verkürzung der Laufzeiten eintritt.

2. Verwendung von Trapezringen nach Abb. 333, 334 Bd. 1; bei mittleren und großen Dieselmotoren wird auch eine Ausführung der Ringe nach Abb. 186 vorgeschlagen, die sich z. B. im Betrieb von Zweitakt-Hilfsmotoren auf Schiffen bewährt haben soll.

3. Vermeidung von Ringsicherungen gegen das Verdrehen der Ringe; die Ringe sollen die Möglichkeit haben, in der Nut zu wandern und dadurch länger frei bleiben. Um bei Zweitaktmotoren, die ja stärker zum Ringstecken neigen als Viertaktmotoren, das Austreten der Ringstoßenden in die Schlitze zu vermeiden, werden Ringe mit sich gegenseitig sichernden Stoßenden verwendet (Abb. 369 und 370, Bd. 1) und diese häufig mit gasdichten Stoßausführungen kombiniert.

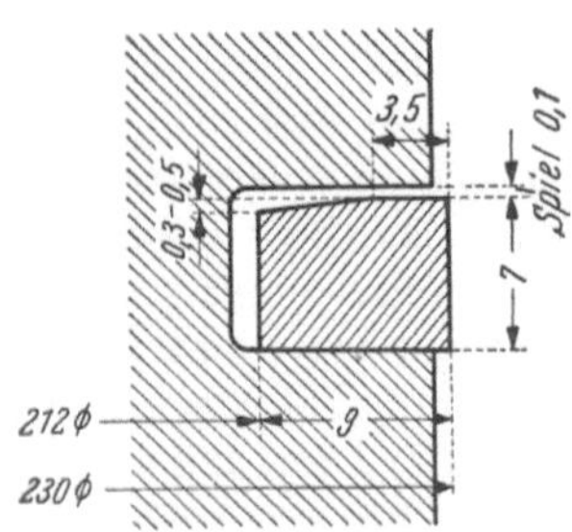

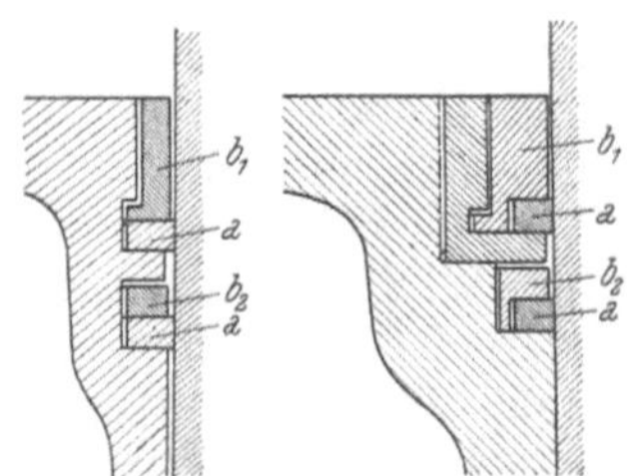

Abb. 186. Ringgestaltung zur Vermeidung des Festbrennens der Ringe in Zweitakt-Dieselmotoren

Abb. 187. Anordnung von Schlagringen
a normale selbstspannende Kolbenringe
b_1, b_2 Schlagringe: druckentlastet, spannungsfrei
c gehärteter verschleißfester Stahlring
(Nach EMELE, vgl. DRP 729 776)

4. Verwendung von zusammengesetzten (gasdichten) Ringen; diese dürfen aber nicht in jene Ringnuten eingebaut werden, in welcher sich stärkere Neigung zum Festsetzen zeigt.

5. Anwendung von Schlagringen (Putzringen, inertia rings), das sind spannungslose Ringe, die — meist nur in der obersten Ringnut — oberhalb der eigentlichen Verdichtungsringe eingelegt werden (vgl. z. B. Abb. 187) und bei etwas vergrößertem achsialen Gesamtspiel in der Nut infolge ihrer Trägheitswirkung die gebildeten Rückstände lockern und zertrümmern sollen. Ihre Anordnung beschränkt sich aber auf nicht zu raschlaufende Motoren mit Graugußkolben oder mit ringträgerausgerüsteten Leichtmetallkolben. Sie werden vereinzelt in Zweitaktmotoren eingebaut. Erfolgversprechend sind sie nur dort, wo es sich um die Bildung harter, spröder Rückstände handelt. — Der Ring- und Nutenflankenverschleiß wird jedoch durch ihre Anwendung verstärkt.

6. Eine weitere konstruktive Maßnahme stellt die Ausführung der Ringe nach Abb. 188 vor. Der Ring wirkt teils wie ein Schlagring, teils wie ein Trapezring. Er wird in britischen und amerikanischen Flugmotoren, aber auch in anderen Zweitaktmotoren mehrfach angewendet.

7. Es wurde auch vorgeschlagen, eine verstärkte Ringbewegung in den Nuten durch eine bestimmte Gestaltung der Zylinderbohrung zu erzielen. Nahe der unteren Totlage der Ringe erhält der Zylinder eine einige Zehntel betragende Durchmesservergrößerung, die nach oben und unten hin allmählich in das normale Bohrungsmaß übergeht; dadurch werden die Ringe bei jedem Kolbenhub zu einer kurzzeitig verstärkten atmenden Bewegung gezwungen, wodurch etwa sich bildende klebende Rückstandschichten gelockert und vom Öl fortgespült werden sollen. Verbreitetere Anwendung fand diese Maßnahme jedoch nicht.

8. Wirksam ist häufig auch eine Drosselung des Gasflusses zwischen Verbrennungsraum und erstem Kolbenring, wie sie z. B. durch Feuerringe, vgl. S. 374, Bd. 1, erfolgen kann. Je nach dem Zylinderwerkstoff werden solche aus Gußeisen oder

Stahl angefertigt. Auch ihre Ausführung in L-Form hat sich bewährt und erst ihre Anwendung ermöglichte z. B. in manchen luftgekühlten Zweitaktmotoren einen störungsfreien Betrieb.

Die Feuerringe können entweder als zweiteilige, spannungslose Manschetten oder auch als einteilige, spannungslose Ringe, geschlitzt oder ungeschlitzt, ausgeführt werden. In manchen Fällen wurden auch Feuerringe im Leichtmetallkolben eingegossen, Abb. 189, doch hat sich diese Ausführung nicht durchgesetzt.

Bewährt hat es sich dagegen, den ersten Kolbenring dadurch zu schützen, daß man den Feuersteg des Kolbens mit einer Anzahl umlaufender Nuten versieht (Strählen des Feuerstegs).

a Stellung des Ringes im Arbeitshub

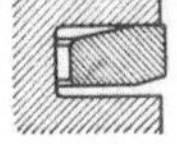

b Stellung des Ringes, wenn von der Unterflanke abgehoben

Abb. 188. Ausführung von Verdichtungsringen für Flugmotoren nach Napier & Sons zur Vermeidung des Festsetzens

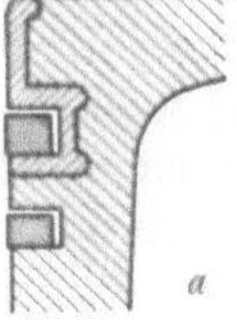
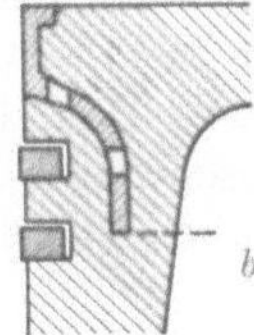

Abb. 189. Eingegossene Feuerringe (Niresist) zum Schutz der Feuerstege von Leichtmetallkolben

9. Jede Maßnahme, die zur Senkung der Temperatur an den gefährdeten Ringen beiträgt, wirkt sich günstig aus.

So konnte z. B. bei Zweitaktmotoren in manchen Fällen eine Besserung erzielt werden durch die Anordnung achsial höherer Ringe (wobei vielleicht auch deren erhöhte Massenwirkung eine Rolle spielt); auch die Anordnung eines Ringträgers aus austenitischem Gußeisen in Leichtmetallkolben ist unter Umständen von Erfolg, da das schlecht wärmeleitende Material den Wärmefluß durch den Kolbenschaft erzwingt, während die Ringe kühler bleiben (vgl. hierzu: GEBHARDT [112] und Abb. 189, Beispiel a).

10. Von Seite des Kolbens und seiner Bauart kann das Ringstecken vor allem durch Herabsetzen der Arbeitstemperatur in der Ringzone verhütet werden und diese Maßnahme erweist sich, falls sie durchführbar ist, wohl immer als die wirksamste. Die Ringnutentemperatur soll auch bei hochbelasteten Motoren keinesfalls 250° übersteigen; man hat sonst mit übermäßigen und nicht mehr beherrschbaren Störungen zu rechnen. Auch Temperaturen von 220° bis 240° können, selbst bei Verwendung der besten heute zur Verfügung stehenden Schmieröle und Kraftstoffe, schon zu recht kurzen Überholungszeiten führen.

Damit die Ringtemperatur innerhalb günstiger Grenzen gehalten wird, ist bei ungekühlten Kolben eine richtige Werkstoffverteilung am Kolbenboden und in der Ringpartie und richtige Bemessung aller Wärmeflußquerschnitte wichtig; jede einseitige Erwärmung der Ringe ist schädlich. — Bei gekühlten Kolben muß die Kühlung insbesondere auch im Bereich der obersten Ringe wirksam sein (vgl. Abb. 37).

Die Höhenlage des ersten Ringes, das heißt also die Bemessung der Feuersteghöhe sowie das Spiel am Feuersteg kann für das Freibleiben des obersten Ringes und seine Lebensdauer entscheidend sein.

Zu großes Spiel an den Ringstegen, vor allem am Feuersteg, setzt die Ringtemperatur herauf und fördert die Gefahr der Bildung dicker, harter Koksschichten, die zum Fressen zunächst am Feuersteg und weiterhin an den Ringen führen können. Sie bröckeln auch ab und werden verrieben und tragen dann beträchtlich zum Verschmutzen der Nuten bei. Wird das Spiel hier so klein als möglich gemacht, so können sich nur sehr schwache Koksschichten ansetzen, die zu keinen ernstlichen Schwierigkeiten führen können.

11. Die Verhältnisse werden für Kolbenringe und Kolben wesentlich verbessert, wenn der Kolben sich im Betrieb um seine Achse drehen kann: Hierdurch wird das Einlaufen erleichtert, das Schmieröl besser und gleichmäßiger verteilt und damit ein günstigerer Schmierzustand erzielt. Der Kolben wird gleichmäßig aufgeheizt, bzw. gekühlt und verformt sich daher auch radial nach allen Richtungen gleichmäßiger. Die rotierende Bewegung um die Kolbenachse gewährleistet ein besseres Freibleiben der Ringe. — Diese Tatsachen wurden z. B. von SULZER festgestellt und praktische Anwendung fand der Gedanke u. a. bei den Kolben des GMC-Elektromotive-Motors (2 Takt, $D = 8^1/_2$ Zoll, $S = 10$ Zoll, 16 Zyl. V; Dauerleistung 1680 PS bei $n = 800$, $p = 6,4$ kg/cm^2, $c_a = 6,77$ m/sek). Der geschweißte Kolben ist schwimmend gelagert, die Kühlung des gußeisernen Kolbenbodens erfolgt durch auf die Unterseite aus einer Düse eingespritztes Öl.

Motorversuche zur Eignungsprüfung von Schmierölen. Bei Motorversuchen, die die Neigung eines Öls zum Ringverkleben feststellen sollen, wird sich nur dann ein Resultat erzielen lassen, wenn man zunächst auf Grund mehrerer Versuchsreihen ein Vergleichsöl erprobt hat und dieses dann, ebenso wie das zu untersuchende Öl, mit dem gleichen Kraftstoff unter genau gleichen Betriebsbedingungen im Motor verwendet. Aus den gebrauchten Ölen werden Harz und Asphalt extrahiert und — etwa nach HAUS [106] — auf die Klebkraft geprüft. Der gefundene Unterschied kann einen Hinweis auf die Verwendbarkeit des zu untersuchenden Öls, bzw. auf sein relatives Verhalten zum Vergleichsöl, im betreffenden Motor, jedoch nur hinsichtlich der eingehaltenen Versuchsbedingungen, geben. — Denn ändert man die Betriebsverhältnisse eines Motors, so ist es nicht zu vermeiden, daß die Intensität verschiedener Vorgänge, welche die Ölbeschaffenheit beeinflussen, also Oxydation, Polymerisation, Verkokung usw., sich ebenfalls ändert; diese Intensitätsänderungen können für verschiedene Öle verschieden sein, derart, daß zwei Öle, die unter bestimmten Prüfbedingungen einen gewissen Unterschied in der Neigung zum Ringfestsetzen zeigen, unter anderen Verhältnissen einen ganz anderen Unterschied aufweisen können. Auch zufällige, allmähliche und nicht genau zu erfassende Änderungen in den Betriebsbedingungen können eine Änderung im Verhalten des Schmieröls mit sich bringen.

Weitgehend verschieden kann sich natürlich ein und dieselbe Ölsorte im Benzin-Viertaktmotor oder im Benzin-Zweitaktmotor mit Gemischschmierung verhalten, oder wieder ganz anders im Viertakt-Dieselmotor und im Zweitakt-Dieselmotor — und hier wieder verschieden je nach dem Verbrennungsverfahren. — Die mit verschiedenen Ölen durchgeführten Vergleichsuntersuchungen können daher immer nur für ganz bestimmte Motortypen und -bauarten gelten.

Für die Erprobung einer bestimmten Ölsorte im Motor — und der Maschinenversuch ist auch hier der einzige Weg, um die Eignung mit Sicherheit beurteilen zu können — gibt die britische Norm 1905/1952 eine Anleitung. Die sich dabei als geeignet erweisenden Öle werden im allgemeinen in kleinen, raschlaufenden Viertaktmotoren entsprechen; auch gibt der Versuch gute Hinweise für das Verhalten in größeren, langsamlaufenden Viertaktmotoren. Doch läßt sich daraus nicht auf die Eignung in Zweitaktmotoren, weder kleinen noch größeren, zurückschließen.

Angaben über die zur Beurteilung der Neigung zum Ringstecken auszuführende praktische Erprobung von Schmierölen im Motor finden sich unter anderen in Veröffentlichungen von TEST U. HALL [110], V. PHILLIPPOVICH [108], DOWNS und PIGNEGUY [116], STANSFIELD U. CREE [111].

Um in den Nuten der Kolben festgebrannte Ringe zu lösen, werden folgende Lösungsgemische empfohlen, die eventuell nacheinander anzuwenden sind:

<table>
<tr><td>a)</td><td>25% Tri,</td><td>b)</td><td>10 Teile Benzol,</td></tr>
<tr><td></td><td>25% Azeton,</td><td></td><td>8 Teile Naphthalin,</td></tr>
<tr><td></td><td>40% Schwerbenzin,</td><td></td><td></td></tr>
<tr><td></td><td>5% Amylazetat,</td><td></td><td></td></tr>
<tr><td></td><td>5% Kampfer.</td><td></td><td></td></tr>
</table>

Um ein zu rasches Verdunsten der Lösungen zu verhindern, setzt man ihnen etwa 4% Paraffin zu. — Die zu reinigenden Kolben müssen längere Zeit in den Lösungsmitteln liegen, bevor die eingebrannten Ölkohlerückstände soweit aufgelockert sind, daß sie sich leicht entfernen lassen.

Lassen sich die Ringe durch Lösungsmittel nicht freibekommen, so kann man versuchen, sie mit Zuhilfenahme von Holz- oder Kupferwerkzeugen aus den Nuten herauszustemmen, bzw. herauszuschlagen. In der Regel gelingt dies nicht ohne Beschädigung der Nutenflanken. Nach dem Entfernen festgebrannter Ringe ist daher immer sorgfältige Nachkontrolle und genaues Nachmessen der Nuten und gegebenenfalls ein Nacharbeiten der Nutenflanken erforderlich, ehe neue Ringe eingebaut werden. — Wie weit im Fall einer Nacharbeit mit der Schwächung der Ringstege gegangen werden darf, sollte immer von der betreffenden Motorenfirma angegeben werden.

VI. Das Brechen der Kolbenringe im Betrieb

1. Ursachen für das Ringbrechen. Das Ringbrechen ist eine wohl bei fast allen Motorentypen zu verzeichnende, im allgemeinen jedoch nur in mehr oder weniger vereinzelten Fällen vorkommende Störung; etwas häufiger tritt sie bei Hochleistungsmotoren aller Art, wie sehr schnellaufenden, besonders luftgekühlten Ottomotoren, Flugmotoren, Fahrzeug- und anderen hochbelasteten raschlaufenden Dieselmotoren, verhältnismäßig am häufigsten vielleicht bei Großdieselmotoren, vor allem beim Betrieb mit Schweröl auf, und zwar in allen Fällen wesentlich öfter bei Zweitakt- als bei Viertaktmaschinen; auch Holzgasmotoren, Gicht- und Erdgasmaschinen zeigen sich für Ringbrüche etwas anfälliger. Das Brechen der Ringe tritt ferner bei manchen Motorbauarten und Arbeitsverfahren bevorzugt auf, bei anderen dagegen zeigt es sich recht selten oder auch gar nicht; aber auch im ersteren Fall ist es — bei richtig erprobten Bautypen und Bauelementen — in der Regel eher eine mehr individuelle, vornehmlich auf einzelne Aggregate beschränkte, als eine allgemeine Erscheinung, ein Umstand, der darauf hinweist, daß der Zustand der Maschine und die jeweils herrschenden Betriebsverhältnisse in überragender Weise darauf Einfluß haben. — Öfters beschränkt sich das Brechen auch auf ganz bestimmte Ringe innerhalb der Dichtung, wobei es durchaus nicht immer der erste Ring sein muß, der bevorzugt bricht; vielmehr ist es manchmal der zweite oder sogar der dritte Ring, der am meisten betroffen erscheint.

Gebrochene Ringe werden öfters erst bei einem zum Zweck der Reinigung und Überholung erfolgenden Ausbau der Kolben vorgefunden, ohne daß — insbesondere bei größeren Ringzahlen im Kolben — im vorangegangenen Betrieb auffallende Störungen beobachtet worden wären. Wohl aber lassen sie sich bei aufmerksamer Überwachung durch ein Abfallen der Kompression in den betreffenden Zylindern, durch erhöhtes Durchblasen und, bei Tauchkolbenmaschinen, damit verbundener rascherer Zerstörung des Umlauföls, durch abfallende Leistung und Erhöhung der Auspufftemperatur erkennen; auch verschlechterte Verbrennung und Trübung der Abgase sind öfters als erste Anzeichen zu beobachten.

Ringbrüche treten seltener in der Gegend des Ringrückens auf, wiewohl hier das größte statische Biegemoment im Ring herrscht: ein Zeichen dafür, daß die tatsächlichen Beanspruchungen im Betrieb an anderen Stellen wesentlich höher liegen können; wo einmal ein Bruch im Ringrücken zu verzeichnen ist, ohne daß sich hier gleichzeitig eine kräftige Durchblase- oder Freßstelle an der Lauffläche oder eine fehlerhafte Flankenauflage erkennen läßt, kann er auf einen Werkstoffehler oder auf einen beim Aufstreifen des Ringes auf den Kolben — vielleicht auch durch unrichtige Handhabung — infolge Überbeanspruchung entstandenen Anriß hinweisen: Meist brechen aber Ringe mit derartigen Werkstoffehlern bereits beim Aufsetzen auf die Kolben; vielfach werden deshalb die Ringe auch schon beim Hersteller, um in dieser Richtung sicher zu gehen, einer sogenannten „Überstreifprobe" unterzogen, wobei sie durch Überstreifen über konische Dorne auf ein etwas größeres Maß als den Ringnenndurchmesser aufgespreizt werden, um bruchanfällige Ringe von vornherein auszuscheiden. Meist liegen jedoch auch Brüchen im Ringrücken die später erwähnten Ursachen zu Grunde.

In der Regel ist aber zu beobachten, daß verhältnismäßig kurze Ringstücke an den Ringenden abbrechen; wird dies nicht bemerkt und der Motor weiter in Betrieb belassen, so bricht nach einiger Laufzeit abermals ein kurzes Stück ab und so fort, so daß man bisweilen, besonders bei Viertaktmotoren, eine ganze Reihe kleiner Bruchstücke in einer Nut, bei Zweitaktmotoren aber öfters auch ganz leere Nuten vorfindet: Hier abgebrochene Ringstücke werden häufig durch die Auslaßschlitze in die Auspuffleitungen befördert, ohne weiteren Schaden anzurichten; sie können jedoch, wenn Nachladeschieber vorhanden sind, zu schweren Beschädigungen an diesen führen. Dieser ganze Vorgang des fortlaufenden Abbrechens kleiner Ringstücke kann sich bisweilen binnen ganz unglaublich kurzer Zeit abspielen. — Bei allen Motoren werden aber durch abgebrochene, lose in den Ringnuten liegende Ringstücke die Nutenflanken meist mehr oder weniger schwer beschädigt; bei Leichtmetallkolben arbeiten sie sich auch häufig infolge der Massenkraftwirkung quer durch die Ringstege und den Feuersteg hindurch einen Weg bis in den Verbrennungsraum und schließlich können sie, dorthin gelangt, auch noch zur Beschädigung der Ventile, durch Stauchen zwischen Kolben und Zylinderkopf auch zur Beschädigung dieser sowie der Kolbenböden, der Einspritzdüsen oder Vorkammereinsätze, der Pleuelstangen oder sogar der Kurbelwellen führen.

Die Ursachen für das Auftreten von Ringbrüchen sind nicht immer ganz klar und eindeutig; gefördert wird die Erscheinung aber jedenfalls durch folgende Umstände, die wahrscheinlich in den meisten Fällen zu mehreren gleichzeitig auftreten und sich in ihrer Wirkung summieren und von denen die wichtigsten im folgenden noch eingehende Erwähnung finden:

Am Kolben: Unplane Ringnutenflanken infolge Beschädigung oder Verschleiß; Schiefstellung der Nutenflanken zur Kolbenachse (vorübergehend oder bleibend) infolge Bearbeitungsfehlers oder Wärmeverzug; zu großes Kolbenspiel am Feuersteg und in der Ringpartie.

In den Zylindern: Hoher Zylinderverschleiß;
    Ansätze (Verschleißmarken, Verschleißstufen) in Nähe der Kolbenringtot-
        lagen;
    bei Zweitaktmotoren: Vortretende Stege zwischen den Schlitzen;
    ungenügende Abschrägung und Kantenabrundung an den Schlitzen.
An den Ringen: Zu kleines Ringstoßspiel;
    wellige Ringe;
    unrichtige Ringform, insbesondere eingefallene Stoßenden oder Licht-
        spaltstellen;
    unrichtige Anpreßdruckhöhe und -verteilung;
    flatternde Ringe;
    unrichtig bemessenes Flankenspiel der Ringe;
    zu geringe achsiale Höhe der Ringe;
    unzweckmäßig gestaltete Ringe;
    bei Zweitaktmotoren: Ungenügende Abrundung der Ringkanten;
        ungenügendes Zurücksetzen der Stoßenden.
Betriebsverhältnisse: Zu hohe Ringtemperaturen;
    ungenügende Ringschmierung;
    örtliches Festbrennen der Ringe;
    Spannungsverlust der Ringe;
    schlagartige Drucksteigerung bei der Verbrennung.
    Weit seltener, als im allgemeinen angenommen wird, liegen die Ursachen für
Ringbrüche in den Ringen selbst; weit öfter dagegen, und dies ist wohl am
wichtigsten, im Verschleißzustand des Zylinders sowie des Kolbens, vor allem der
Ringnuten, ferner in der Ausführungsgenauigkeit und Formbeständigkeit des
Kolbens und des Zylinders unter Betriebsbeanspruchungen, sowie schließlich
in den jeweils herrschenden Betriebsbedingungen.

    a) Mechanische Einflüsse. Bei jedem vorkommenden Ringbruch muß offenbar
notwendigerweise die statische oder die Dauerfestigkeit des Ringwerkstoffs in
irgend einer Weise überschritten worden sein; denn Brüche können nur als
Folge einer Überbeanspruchung des Werkstoffs auftreten.
    Solange die Ringe in glatten, nicht von Schlitzen durchbrochenen Zylindern
laufen, kommen hierfür folgende den Ring beanspruchende Kräfte in Frage:
In der Ringebene:
    Druckkräfte, wachgerufen durch zu kleines Stoßspiel; bzw. durch Auf-
        einanderschlagen der Stoßenden;
    Schläge der Ringenden gegen den Nutengrund und gegen die Zylinder-
        wand bei flatternden Ringen;
    Kräfte, wachgerufen durch radiale Reib- und Resonanzschwingungen.
Senkrecht zur Ringebene:
    Kräfte, wachgerufen durch achsiale Reib- und Resonanzschwingungen;
    schlagartiges Aufsetzen der Ringe auf die Nutenflanken bei schroffen Druck-
        steigerungen im Zylinder und beim Richtungswechsel der Kolbenbe-
        schleunigungen;
    Biegebeanspruchungen durch die Vertikalkomponente des Gasdrucks bei
        auf den Flanken nicht satt aufsitzenden Ringen;
    tellerförmiges Durchbiegen, bzw. Verwinden der Ringe durch eine in radialer
        Richtung ungleichförmige Verteilung des Gasdrucks über die Ringflanken.
    Die letztere Erscheinung zeigt sich deutlich in den Flankentragbildern der
Ringe bei größerem Kolbenspiel, bzw. bei stärker verschlissenen Zylindern; es
lassen sich bisweilen sogar bleibend tellerförmig verformte Ringe feststellen.

KJAER [73] hat durch Nachmessung der Profile verschlissener Großkolbenringe, wie ein solches z. B. in Abb. 119 gezeigt wurde, durch Rückschließen vom Verschleißprofil auf die Verformungen und daraus durch Errechnen der Biegebeanspruchungen nachgewiesen, daß infolge der Verformungen der Ringe in den Nuten durch die achsial wirkenden Gasdrücke Beanspruchungen von solcher Höhe auftreten können, daß diese zusammen mit der Einbaubiegebeanspruchung die Schwingungsfestigkeit normaler Ringwerkstoffe überschreiten.

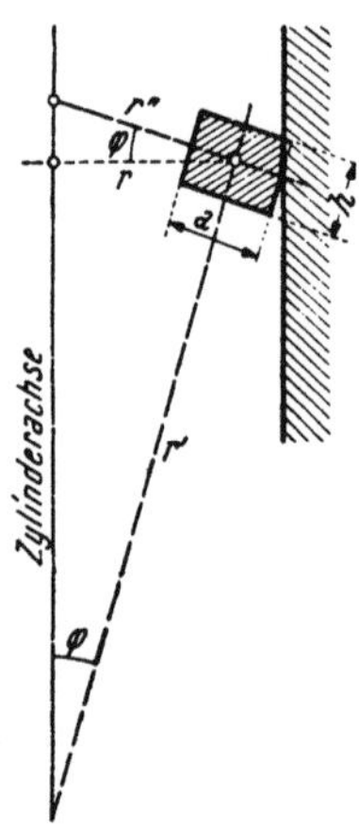

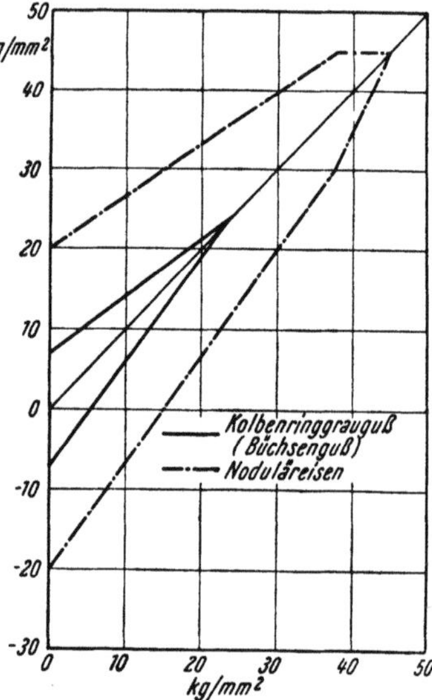

Abb. 190

Abb. 191. Dauerfestigkeit von Kolbenringgußeisen

Durch genaues Ausmessen des verschlissenen Ringprofils ist es möglich festzustellen, in welchem Grad der Ring verformt wurde, das heißt bis zu welchem Winkel φ, Abb. 190, ein Querschnitt des Ringes sich unter der Einwirkung achsial gerichteter Kräfte gegenüber der Zylinderachse verdreht hat: Dabei ändert sich der Krümmungsradius der Ringunterseite von ∞ zu r', der Ringmittelradius von r zu r''.

Aus der Abb. 190 ergibt sich:

$$r' = \frac{r}{\sin\varphi}, \qquad r'' = \frac{r}{\cos\varphi}.$$

Da der cos des sehr kleinen Winkels $\varphi \cong 1$ ist, kommt im Hinblick auf die wachgerufenen Biegespannungen nur der Radius r' in Frage. Die Verbiegung ruft daher eine Spannung etwa von der Größe

$$k_{b_1} = \frac{E \cdot h}{2\,r'}$$

hervor.

Die Spannung auf der Ringinnenseite errechnet sich nach bekannten Gleichungen aus Ringquerschnitt und Stoßöffnungsgröße; im allgemeinen liegt diese Einbau-Biegebeanspruchung für Großringe bei etwa $k_b = 10\ \text{kg/mm}^2$. Der Ring ist also im Betrieb, solange kein Zylinderverschleiß zu berücksichtigen ist, einer Wechselbiegebeanspruchung

$$k_w = \left(k_b + \frac{k_{b_1}}{2}\right) \pm \frac{k_{b_1}}{2}$$

ausgesetzt.

Nach dem Dauerfestigkeitsschaubild für Gußeisen, Abb. 191, ergibt sich, daß z. B. für einen normalen Ringgrauguß (Büchsenguß) einer Mittelspannung von 10 kg/mm² sich maximal eine schwingende Beanspruchung von $\pm$ 2,25 kg/mm² überlagern darf, wenn Brüche vermieden werden sollen. — Tatsächlich stellte KJAER bei der Ausmessung der Ringprofile fest, daß alle jene Ringe im Betrieb gebrochen waren, bei denen sich aus der Nachrechnung eine schwingende Zusatzbeanspruchung $k_{b_1} \gg 2,6$ kg/mm² ergeben hatte.

Falls es also möglich ist, einen Kolbenringwerkstoff von höherer Schwingungsfestigkeit aufzufinden, durch dessen elastische Eigenschaften allerdings die bei der Verformung auftretenden Beanspruchungen nicht so weit erhöht werden dürfen, daß die zusätzlich ohne Bruchgefahr aufzubringende schwingende Last außerhalb des zulässigen Bereiches fällt und durch dessen Verwendung keine anderen unliebsamen Folgeerscheinungen auftreten, wird sich ein großer Teil der Ringbrüche vermeiden lassen. — Einen solchen Werkstoff könnte z. B. das Eisen mit Kugelgraphit vorstellen, dessen Schwingungsfestigkeit in Abb. 191 ebenfalls eingetragen erscheint; doch sind auch andere Werkstoffe, wie geeignete Stähle und Bronzen, ebenfalls aussichtsreich.

Das Stoßspiel der Ringe kann sich, wenn die Ringtemperatur bei unzureichender Schmierung infolge Trockenlaufs und Durchblasens ansteigt, bei anfänglich etwas knapper Bemessung so weit verengen, daß es zu gegenseitiger Berührung der Stoßenden kommt; insbesonders, wenn die Ringe zum Flattern kommen tritt ein Aufeinanderschlagen der Stoßenden — vor allem auch bei großen Ringen — verhältnismäßig häufig auf: Am ausgebauten Ring läßt sich dies an den blanken Innenflächen des Stoßendes sehr deutlich erkennen.

Diese Erscheinung wurde auch von WILLIAMS und YOUNG [14] an einem luftgekühlten Einzylinder-Viertakt-Otto-Motor mit $D = 79$, $S = 100{,}4$ mm bis zu $n \approx 7000$ U/min beobachtet und eingehender untersucht; die Ringe 79/73,6 $\varnothing \times 1{,}55$ mm waren dabei in Nuten eingebaut, deren Nutengrunddurchmesser mit 72,88, bzw. 72,16 und 71,8 mm ausgeführt war, so daß bei Raumtemperatur ein radiales Einbauspiel der Ringe von 0,36, bzw. 0,71 und 0,9 mm vorhanden war. Das Stoßspiel des obersten Ringes wurde der Reihe nach mit 0,89, 1,14, 1,65 und 3,8 mm ausgeführt: Helle Druckstellen an den Stoßflächen waren selbst noch bei 1,65 mm Stoßspiel zu beobachten. — Ringbrechen trat aber bei höchsten Drehzahlen bei allen Stoßspielen, selbst noch bei 3,8 mm, nach etwa einer Stunde Laufzeit auf, so daß angenommen werden muß, daß das Aufeinanderschlagen der Stoßenden — wenigstens in diesem Fall — kein ausschlaggebender Grund für das Ringbrechen gewesen sein konnte. Allerdings ist es möglich, daß die Innenkanten der Stoßenden im Nutengrund aufschlugen; dieser Vorgang läßt sich an sehr blanken, manchmal sogar deutlich verformten Stoßinnenkanten feststellen.

Aus Beobachtungen, die von KUHM [117] an gebrochenen Ringen gemacht wurden, scheinen Ringbrüche auch auf folgende Art zustande zu kommen:

Hat ein Ring eine fehlerhafte Radialdruckverteilung, etwa nach Abb. 192, das heißt sinkt der Anpreßdruck bei B auf Null oder bläst der Ring hier durch, so treten beim Abwärtsgang des Kolbens bei A und C hohe Reibungskräfte auf, die bei ungenügender Schmierung noch wesentlich verstärkt werden; insbesondere in Nähe der Zündtotlage sind sie infolge der hohen Gasdrücke in der Ringnut und der hohen Massenkräfte sehr bedeutend; ist nun an der Stelle B eine Zone vorhanden, in welcher nur geringe Reibungskräfte wirken, so werden Biegebeanspruchungen in dem in der Abbildung angedeuteten Sinn wachgerufen;

natürlich wechseln die Kräfte mit der Kolbenbewegung nach Richtung und Größe, d. h. es handelt sich um eine schwingende Beanspruchung des Werkstoffs. Ringbrüche ergeben sich meist an der Stelle der höchsten Gesamtbeanspruchung, wobei der Anriß in der Zone der maximalen Zugbeanspruchung erfolgen dürfte. — Daß diese Biegemomente tatsächlich in der angegebenen Weise auftreten, läßt sich an oxydierten Flecken an der Ringflanke beobachten, welche den Verformungszustand des Ringes kennzeichnen und die etwa die in Abb. 192, obere Figur, angedeutete Form haben.

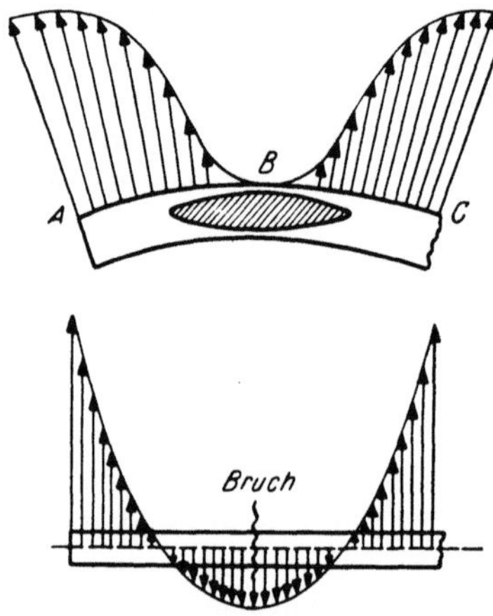

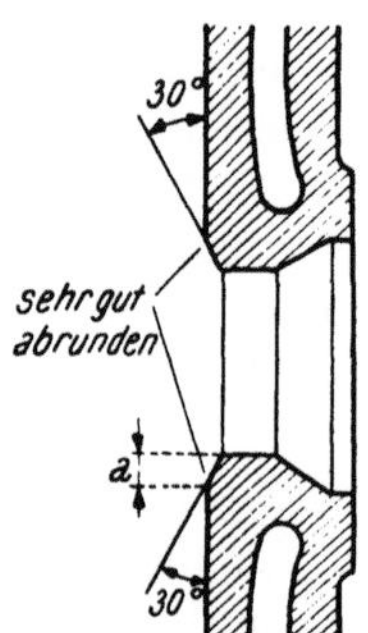

Abb. 192. Radialdruckverteilung (oben) und achsial angreifende Biegekräfte (unten) an einem fehlerhaften Ring (Nach Kuhm [117])

Abb. 193. Anschrägungen und Abrundungen an den in Bewegungsrichtung der Ringe gelegenen Schlitzrändern

Die Anpreßdruckverteilung der Ringe im Zylinder und damit die Biegebeanspruchung in den Ringen kann sich auch durch fortschreitenden Zylinderverschleiß weitgehend ändern; denn dieser erfolgt keineswegs konzentrisch, sondern, wie z. B. Aue [118] mitteilt, insbesondere bei Zweitaktmotoren oft sehr ungleichmäßig; auch diese Erscheinung kann das Ringbrechen unterstützen.

Jedenfalls ergeben sich aber für die Ringe von Zweitaktmotoren auch schon infolge der die Zylinderwand durchbrechenden Schlitze ganz andere und viel stärker wechselnde Beanspruchungen, als im Viertaktmotor. Beim Überlaufen über die Schlitze treten die Ringe immer etwas in diese vor. Sind die Kanten der Schlitze nicht gut zurückgenommen, bzw. abgerundet und sind die Ringkanten nicht hinreichend gerundet oder abgefast, so schlagen die Ringe gegen die Schlitzkanten und die Bruchgefahr wird umso größer, je breiter die Schlitze im Verhältnis zum Zylinderdurchmesser sind. Aber auch bei guter Abrundung aller Kanten und gleichzeitigem Zurücksetzen der Stege zwischen den Schlitzen treten in den Ringen veränderliche Biegebeanspruchungen auf, die in ihrem dauernden Wechsel zum Ermüden des Ringwerkstoffs und damit zum Bruch führen können.

Das Anschrägen der oberen und unteren Schlitzränder soll etwa nach Abb. 193 erfolgen; das Maß a soll bei 150 bis 300 mm Bohrungsdurchmesser etwa 3 bis 4,5 mm, bei 200 bis 750 ⌀ etwa 5 bis 6 mm betragen; die Kante am Übergang zur Zylinderlauffläche muß sehr gut abgerundet werden und etwaige Gußunsauberkeiten sind hier sorgfältig zu glätten. — Mit fortschreitendem Verschleiß werden die Kanten wieder scharf und dies erweist sich als eine eindeutige Ursache für vermehrte Ringbrüche; die Kanten müssen daher bei Überholungen nachgerundet werden.

Besonders gefährdet sind beim Überlaufen über die Schlitze immer die Ringenden; sind die Schlitze relativ schmal, so kann das Überlaufen durch die Stoßenden dadurch möglich gemacht werden, daß man die Enden zurücknimmt, vgl. Abb. 367, 368, 375, Bd. 1. — Sind die Schlitze aber relativ breiter, so dürfen die Ringenden nicht frei über die Schlitze laufen; entweder müssen die Ringenden sich gegenseitig gegen das Heraustreten in die Schlitze sichern, vgl. Abb. 370 und 371, Bd. 1, oder die Ringe müssen gegen Verdrehen gesichert werden, vgl. S. 371, Bd. 1, was aber ihre Neigung zum Festsetzen erhöht.

Schwache Zungen, wie sie bei manchen gasdichten Stoßausführungen angewendet werden, sind naturgemäß besonders empfindlich und lassen den Wert derartiger Konstruktionen oft fraglich erscheinen, bzw. es verbietet sich von vorneherein ihre Anwendung in Zweitaktmotoren, wenn die Ringe ungesichert bleiben.

Wie weit die Ringe in die Schlitze heraustreten können, läßt sich mit Hilfe der im ersten Teil angegebenen Gleichungen errechnen. Die nachfolgende Zahlentafel 15 gibt die Ergebnisse von Messungen wieder, die einerseits an thermisch gespannten Ringen mit der Ovalität Null, andererseits mit formgedrehten Ringen von der Ovalität $0,54\%\,D$, bei verschiedenen Wandstärkenverhältnissen und verschiedenen Schlitzbreiten vorgenommen wurden. Es wurde dabei jeweils sowohl das Vortreten des freien Stoßendes als auch der über Schlitzmitte stehenden Ringrückenmitte bestimmt. Wenn die Meßergebnisse auch einige Widersprüche enthalten, so zeigen sie doch den großen Einfluß der Ringovalität und überdies die Schwierigkeit und Unverläßlichkeit einer Berechnung.

Auch die Druckverteilung innerhalb der Ringdichtung kann auf das Ringbrechen Einfluß nehmen und dies mag vielleicht auch manchmal eine Erklärung für das bevorzugte Brechen von weiter abwärts gelegenen Ringen geben: So kann z. B. bei Zweitaktmotoren das Vortreten der Ringe in die Schlitze gefördert werden durch den in der Ringnut gespeicherten Gasdruck und je nach dessen Höhe im Augenblick des Überstreifens der Schlitze. — Nach früheren Ausführungen folgt der Druck in der ersten Nut ziemlich eng dem Druckverlauf im Zylinder; die Drücke in den anderen Nuten erscheinen diesem gegenüber jedoch bekanntlich umso weiter in der Phase verschoben, je tiefer der betreffende Ring liegt, je kleiner die Verbindungsquerschnitte zwischen Nutenraum und Gasraum und je größer das Nutenvolumen hinter dem Ring ist. So kann es vorkommen, daß die Nut hinter dem ersten Ring beim Erreichen der Schlitze praktisch entspannt ist, während der Druck z. B. in der Nut hinter dem dritten Ring eben erst sein Maximum erreicht. Da alle Strömungs- und Entspannungsvorgänge eine gewisse Zeit dauern, kann also in diesem Fall der dritte Ring durch einen nicht unbeträchtlichen Gasdruck im Nutengrund in den Schlitz gedrückt werden, wodurch die in ihm auftretenden Schlag- und Biegebeanspruchungen wesentlich gesteigert werden können. Dieser Vorgang der durch Flattererscheinungen an den obersten Ringen noch verstärkt werden kann, mag im angeführten Beispiel zum bevorzugten Brechen des dritten Ringes beitragen.

Bei Viertaktmotoren kann andererseits infolge der Verschiebung der Druckwelle innerhalb der Ringdichtung ein weiter abwärts gelegener Ring vom Gasdruck praktisch entlastet erscheinen und damit infolge der labil werdenden Belastungsverhältnisse leicht zum Flattern kommen, wodurch die Bruchgefahr auch wieder erhöht wird; hierfür geben die Versuche von DYKES [119], vgl. S. 94, Bd. 1, Hinweise.

Liegen Doppelringe in einer Nut, so bricht in der Regel zuerst der untere Ring. — Verwendet man Ringdichtungssätze mit gasdichten Ringen in den weiter abwärts gelegenen Nuten, wie z. B. bei Großdieselmotoren in der dritten und vierten oder auch vierten und fünften Nut, so zeigen die oberhalb derselben liegenden normalen Ringe mitunter verstärkte Neigung zum Brechen. Offenbar spielt dabei der Umstand, daß diese Ringe vom Gasdruck mehr oder weniger entlastet sind und die Ringe daher mit unbestimmter Auflage in der Nut liegen und verstärkt zum Flattern neigen, eine Rolle. — Zweiteilige gasdichte Ringe sind durch die an ihnen herrschenden Druckverhältnisse ebenfalls stärker bruchgefährdet, besonders wenn ihr Querschnitt zu schwach bemessen ist.

Zahlentafel 15. *Austreten der Ringe in Zylinderschlitze*

1. Thermisch gespannter Ring. Ovalität: Null

Zentriwinkel der Schlitzbreite	Ringende springt vor: $k \cdot D \cdot 10^{-4}$					
bei $D/a =$	20	21,8	25	26,7	30	32
	Werte für k					
5°	0,41	0,39	0,36	0,35	0,32	0,38
10°	0,85	0,77	0,62	0,63	0,69	0,81
15°	1,26	0,98	0,86	0,88	1,02	1,12
20°	1,70	1,21	1,04	1,08	1,28	1,38
25°	2,30	1,40	1,24	1,46	1,60	1,67
30°	3,35	1,68	1,46	1,67	1,87	2,08
	Ringrückenmitte springt vor: $k \cdot D \cdot 10^{-4}$					
	Werte für k					
10°	0,16	0,13	0,10	0,08	0,05	0,03
15°	0,25	0,20	0,16	0,13	0,09	0,07
20°	0,36	0,28	0,23	0,19	0,13	0,11
25°	0,51	0,39	0,30	0,25	0,18	0,15
30°	0,68	0,48	0,39	0,33	0,24	0,19

2. Formgedrehter Ring. Ovalität: 0,54% D

Zentriwinkel der Schlitzbreite	Ringende springt vor: $k \cdot D \cdot 10^{-4}$					
bei $D/a =$	20	21,8	25	26,7	30	32
	Werte für k					
5°	1,96	1,90	1,79	1,67	2,29	2,71
10°	4,20	3,76	3,55	3,33	3,96	5,20
15°	6,70	5,95	5,20	5,43	6,03	7,50
20°	8,51	7,88	7.10	7,10	7,30	9,18
25°	10,43	9,85	9,22	8,32	8,52	10,42
30°	11,67	10,98	10,25	10,06	10,34	12,18
	Ringrückenmitte springt vor: $k \cdot D \cdot 10^{-4}$					
	Werte für k					
10°	1,04	0,61	0,40	0,24	0,20	0,19
15°	1,28	0,77	0,52	0,33	0,26	0,23
20°	1,48	0,96	0,65	0,44	0,34	0,31
25°	1,72	1,14	0,82	0,63	0,46	0,41
30°	1,87	1,28	1,11	0,85	0,61	0,56

Trapezringe, vor allem Doppel-Trapezringe, neigen ebenfalls mehr zum Brechen, als Ringe mit rechteckigem Querschnitt von gleichen Hauptabmessungen; außer in der durch die Gestaltgebung bedingten Verringerung des Widerstandsmomentes des Ringquerschnitts liegt bei Doppel-Trapezringen die Ursache dafür auch in der weniger vollkommenen Berührung zwischen unterer Ring- und Nutenflanke, die ja auch theoretisch nur in einer ganz bestimmten Lage des Ringes übereinstimmen können.

b) Einfluß von Temperatur und Schmieröl. Eine weitere häufige Bruchursache dürfte die sein, daß — je nach den Temperaturverhältnissen in der Ringzone — einer der Ringe, der eben in einem für das verwendete Schmieröl kritischen Temperaturbereich liegt, sich zunächst in der Nut festsetzt, daß aber die Stoßenden, die infolge des dort auftretenden Gasdurchtritts heißer werden als der übrige Ring, freibrennen und dann für sich allein Flatterbewegungen, bzw. Schwingungen ausführen und schließlich abbrechen; hierauf brennt das anschließende Ringstück frei und der Vorgang wiederholt sich. — Laufen die freien Ringenden dabei über Spül- oder Auslaßschlitze, so wird ihr Heraustreten in die Schlitze und damit ihr Abbrechen besonders begünstigt.

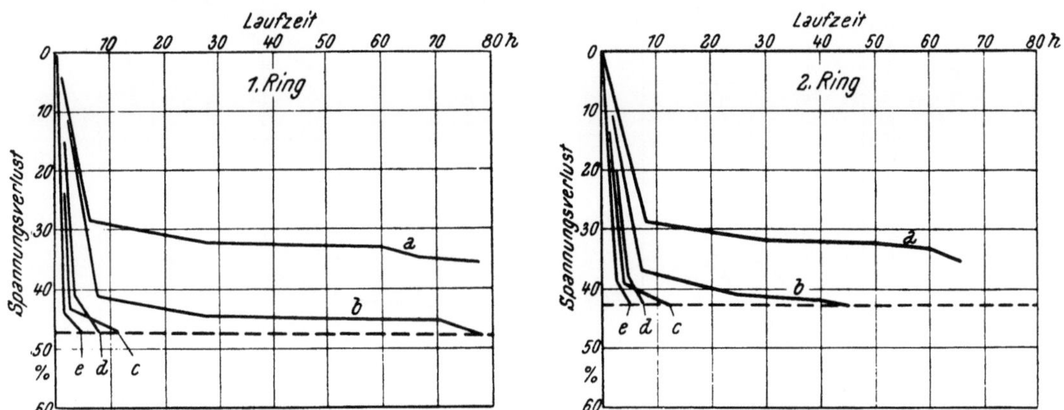

Abb. 194. Ringspannungsverlust in Abhängigkeit von der Zylinder-Schmierölmenge. — Laufzeit bis zum Ringbrechen. — Ringbrüche treten beim Überschreiten der durch die strichlierte Linien angegebenen Grenzen für den Spannungsverlust auf.
Schmierölmengen: *a* 5,7 g/PSh   *b* 4,5 g/PSh   *c* 3,8 g/PSh   *d* 2,7 g/PSh   *e* 1,5 g/PSh
Versuchsmotor: FKFS-Einzylinder-Flugmotor, $D = 105$, $S = 116$ mm, $\varepsilon = 6$; luftgekühlt, $n = 3000$, $p_i = 9,8$ kg/cm^2, Schmieröl: Stanavo 120
(Nach Kuhm [117])

Brüche treten daher umso häufiger auf, je ungeeigneter das verwendete Schmieröl und der Kraftstoff sind und je stärker diese zur Bildung von Rückständen und Ablagerungen in den Ringnuten neigen. — In Dieselmotoren wird daher z. B. die Neigung zum Auftreten von Ringbrüchen bei Verwendung von Bunkeröl C besonders groß.

Gut und hinreichend geschmierte, im Kolben ständig frei bleibende Ringe brechen dagegen unter der Voraussetzung, daß die Ringabmessungen sowie die Einbauverhältnisse richtig gewählt und nicht durch Verschleiß ungünstig verändert wurden, im allgemeinen kaum oder überhaupt nicht, solange die Ringspannung hinreicht, um Flattererscheinungen mit Sicherheit hintanzuhalten. — Dies geht z. B. auch aus Versuchen von Kuhm [117] hervor, die zur Klärung der Frage des Ringbrechens in hochbeanspruchten luftgekühlten Ottomotoren durchgeführt wurden. Als Versuchseinrichtung diente ein FKFS-Einzylinder-Flugmotorenprüfstand mit folgenden Kenndaten: Luftgekühlter Graugußzylinder $D = 105$, $S = 116$ mm; $\varepsilon = 6$. — Leichtmetallkolben, Legierung Mahle ECY; Kolbeneinbauspiel in kaltem Zustand 0,45 mm.

Versuchsbedingungen: $n = 3000$ U/min, $p_i = 9,8$ kg/cm². — Kraftstoff Fliegerbenzin O.Z. 87; $b_i = 195$ g/PS h, $b_e = 280$ g/PS h. — Zylindertemperatur am Kerzenring 260°.

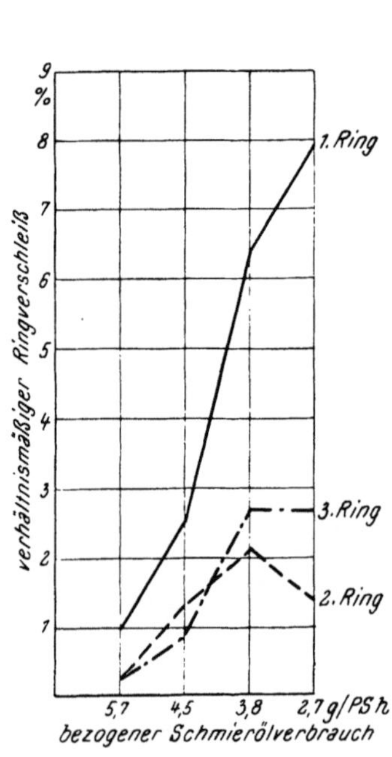

Abb. 195. Verhältnismäßiger Ringabrieb bei verschieden reichlicher Schmierung unter gleichbleibenden Betriebsverhältnissen und bei gleichen Laufzeiten
Versuchsmotor: Wie Abb. 194
Schmieröl: Wie Abb. 194
(Nach Kuhm [117])

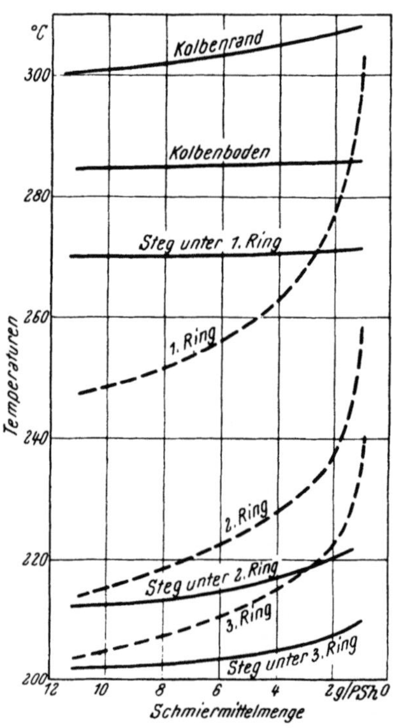

Abb. 196. Kolben- und Ringtemperaturen in Abhängigkeit von der Schmiermittelmenge
Versuchsmotor und Schmieröl wie Abb. 194
(Nach Kuhm [117])

Verwendete Ringe: Schwach chrom-molybdän-legierte Einzelgußringe 105/96,6 ⌀ × 2,5 mm. — Schmieröl Stanavo 120; die Zylinderschmierung erfolgte mittels einer eigenen Drucköölpumpe, so daß die zugeführte Ölmenge genau geregelt werden konnte.

Aus den Versuchen ergibt sich zunächst, daß mit Verringerung der Schmiermittelzuteilung die Beanspruchung aller Ringe — unabhängig von ihrer Lage — bedeutend ansteigt; dies kommt im Spannungsabfall und im Abriebverlust zum Ausdruck, Abb. 194 und 195. Bemerkenswert ist dabei auch, daß bei notleidend werdender Schmierung die Ringtemperatur infolge der an der Lauffläche entwickelten Reibungswärme und des erhöhten Durchblasens über die Temperatur des unterhalb liegenden Ringsteges hinaus ansteigt (Abb. 196). — Gleichzeitig ist aus Abb. 194 zu entnehmen, daß Ringbrüche nach Eintritt eines bestimmten Spannungsabfalls mit großer Wahrscheinlichkeit und bald zu erwarten sind, wohl weil sich die Abdichtwirkung damit sprunghaft weiter verschlechtert, die Ringtemperatur rasch erhöht und die Flatterneigung ansteigt, bzw. die Flattergrenze erreicht wird.

Bei Schmiermittelmengen unter 5 g/PS Stde tritt unter den gegebenen Betriebsbedingungen zwischen Ringen und Zylinder offenbar mehr und mehr Trockenreibung auf; zudem erhöht sich vielleicht auch der Anpreßdruck der Ringe durch den immer mehr in voller Höhe in der Ringnut wirksam werdenden Gasdruck, da der drosselnde Schmierölfilm fehlt. Diese beiden Umstände tragen zu rasch ansteigendem Ringverschleiß bei. — Der Spannungsabfall ergibt sich zum Teil aus diesem, zum Teil aus der mit der Reibung verbundenen Erwärmung des Rings, in erster Linie aber infolge der Erhitzung durch das erhöhte Durchblasen und die gestörte Wärmeabfuhr zur Zylinderwand. Das Ringbrechen tritt eben — und dies ist wohl ein ziemlich allgemeines Kennzeichen für die Erscheinung — nur bei ganz oder teilweise trockener Ringnut auf; das Austrocknen der Nut wird bei geringer Schmiermittelzufuhr durch die Verdampfung des Schmieröls gefördert, die unter dem Einfluß der eindringenden heißen Gase schnell vor sich geht. Tragen zudem die Ringe schlecht, so wird die Ölverdampfung weiter begünstigt; die hohen in den Ringen auftretenden Temperaturen lassen überdies auch die Festigkeit des Ringwerkstoffs abfallen.

c) Einfluß von Zündung und Kraftstoff. Bei raschlaufenden Dieselmotoren, vornehmlich Zweitaktmotoren im Lokomotivbetrieb, traten Ringbrüche am ersten und bisweilen am ersten und zweiten Ring sehr hartnäckig auf, solange die Motoren mit sehr hohen Zünddrücken und vor allem sehr steilem Druckanstieg während der Zündung arbeiteten; die Erscheinung konnte durch ein geringes Zurückstellen des Einspritzbeginnes vollständig zum Verschwinden gebracht werden. — Zur Vermeidung solcher gefährlicher Zündschläge muß die Zündeinstellung je nach der Zündwilligkeit des Kraftstoffs erfolgen und ein Wechsel in der Kraftstoffqualität kann die Neigung zum Ringbrechen wesentlich verändern.

Bei Dieselmotoren mit lastabhängig automatischer Verstellung des Einspritzzeitpunktes kann es unter bestimmten Belastungsverhältnissen — und auch abhängig vom Verschleißzustand der Maschine — ebenfalls zu derartigen schädlichen allzuraschen Drucksteigerungen kommen, die offenbar auch die Ringe vorzeitig zum Flattern bringen können. — Schließlich können unrichtige Zerstäubung des Kraftstoffs, Schäden an der Einspritzdüse, wie hängende oder träge schließende Düsennadeln, unrichtige Federspannung oder vergrößerte Düsenbohrungen, ebenfalls die Ursachen hierfür abgeben.

Richtige Einstellung und sorgfältige Pflege des gesamten Kraftstoffeinführungssystems sind daher auch immer wichtige Voraussetzungen zur Vermeidung von Ringbrüchen. Dies gilt sinngemäß in gleicher Weise für Verbrennungsmotoren aller Art.

Die Kolben, insbesondere Graugußkolben, aber auch Stahlguß- oder geschmiedete Kolbenoberteile von größeren Abmessungen, verziehen sich manchmal während der ersten Betriebszeit etwas, wenn die mit Gußspannungen behafteten Gußstücke vor der Fertigbearbeitung nicht richtig entspannt wurden, wodurch die Nuten unter Umständen etwas unplan werden können. Ist dies der Fall, so hat der Einbau neuer Ringe, ebenso wie dann, wenn die Nutenflanken verschlissen oder beschädigt sind, keinen Sinn, weil die eingebauten Ersatzringe auch wieder ebenso rasch brechen müssen; vielmehr muß zunächst die eigentliche Ursache für das Brechen behoben werden: Liegt die Schuld bei unrichtig ausgeführten, verformten oder verschlissenen Nutenflanken, so ist dem Übel nur dadurch zu begegnen, daß man die Ringnuten einwandfrei nacharbeitet und den dadurch veränderten Nutenmaßen entsprechende Ringe verwendet; auch der Einbau von sogenannten „Verschleißringen", das sind Ringe aus einem verschleißfesten Grauguß, der mit dem Ringwerkstoff günstig zusammenarbeitet und die in die sorgfältig entsprechend nachgearbeiteten unteren Nutenflanken nach Abb. 125 eingesetzt werden, kann Abhilfe bringen; denn der Flankenverschleiß in den Nuten kann damit auf recht niedrige Werte herabgedrückt und die Gefahr für das Ringbrechen damit stark verringert werden. — Ein Verschleißring überlebt in der Regel ohne Nacharbeit mehrere Kolbenringe.

Kommen Kolben zum Fressen, so werden damit gleichzeitig manchmal auch Ringbrüche beobachtet; es ist dabei häufig sehr schwer festzustellen, welches die primäre Ursache war, wenn der Schaden nicht sehr frühzeitig abgefangen wird; beiden Erscheinungen kann zunächst auch ein Festsetzen der Ringe mit seinen mannigfachen, im vorigen Kapitel angeführten Ursachen vorausgegangen sein.

d) Werkstoffeinflüsse. Von der Werkstoffseite her wird das Brechen durch Werkstofffehler, wie Lunker, Poren, Gasblasen- oder Schlackeneinschlüsse u. s. w. begünstigt. — Graugußringe mit stark „offener" Struktur, mit eingestrahltem Zementit oder Ledeburiteinschlüssen, ferner mit ausgeprägten Tannenbaumstrukturen, endlich mit Graphit nach Form *D* oder *Da*, Abb. 208, Bd. 1 oder mit deutlich ausgebildetem Segregatgraphit erscheinen in erhöhtem Maß anfällig. — Auch ein zu hoher *P*-Gehalt und ungünstige Verteilung des Phosphids in Gußeisenringen sind schädlich. — Stahlringe können bei fehlerhafter Wärmebehandlung ebenfalls in stärkerem Maß zum Brechen neigen. — Die Verwendung spröder Ringwerkstoffe, wie z. B. hochvergüteter, ist ebenfalls zu vermeiden.

Ein trotz der Verwendung einwandfreier Ringe beobachtetes, hartnäckig immer wieder auftretendes Ringbrechen kann in der Regel durch Ersatz der Ringe allein nicht behoben werden, wiewohl es möglich ist, daß die Verhältnisse durch den Einbau von Ringen mit geringerer Flatterneigung, das heißt mit geändertem Anpreßdruck, bzw. mit geänderter Radialdruckverteilung und unter Umständen auch mit geändertem Querschnitt, Abhilfe schaffen können.

Wohl aber ist es in vielen Fällen möglich, die Gefahr für das Auftreten von Ringbrüchen durch Verwendung von Werkstoffen von höherer Festigkeit, bzw. in erster Linie auch von höherer Zähigkeit, herabzusetzen. So verwendet man z. B. in zunehmendem Maß und mit gutem Erfolg Stahlringe oder Ringe aus Kugelgraphit-Gußeisen anstelle von solchen aus gewöhnlichem Gußeisen und ersetzt letzteres auch bei verchromten Ringen durch die erstgenannten Werkstoffe. — Diese Maßnahmen sollten aber keinesfalls zu erhöhtem Verschleißangriff in den Zylindern, bzw. an den Ringnutenflanken führen; daher ist dieser Weg mit gewisser Vorsicht zu beschreiten und ein etwa verschlechtertes Laufverhalten der Ringe durch geeignete gestalterische Maßnahmen oder Oberflächenbehandlung zu kompensieren.

2. Maßnahmen gegen Ringbrüche. Folgende Rücksichtnahmen empfehlen sich aber immer, um dem Ringbrechen zu begegnen, bzw. um dasselbe einzuschränken:

Höchste Genauigkeit und Sorgfalt bei der Ausführung der Kolben und Ringnuten, ferner der Ringe, der Zylinderbohrungen und insbesondere der Schlitzkanten, der Steuerschlitze, sowie der Teilungsfugen der Zylinder, soweit Zylinderbüchsen mit Verlängerungen oder Lauffutter, die nicht über die ganze Länge der Zylinderbüchsen reichen, verwendet werden.

Anwendung möglichst knapper Kolbenspiele in der Ringpartie der Kolben sowie knapper, jedoch hinreichender Flankenspiele der Ringe.

Zweckmäßige Gestaltung und Bemessung der Ringe und Verwendung nur fehlerfreier, geeigneter Ringwerkstoffe.

Möglichste Verringerung des Verschleißes an allen genannten Teilen.

Vermeiden des Festbrennens der Ringe bei hinreichender Schmierung durch Verwendung geeigneter Schmieröle und Beherrschung der Temperaturen in der Ringzone; Vermeiden des Trockenlaufens der Ringe.

Vermeiden von zu scharfen Drucksteigerungen (Zündschlägen) im Verbrennungsraum.

Rechtzeitige Durchführung der notwendigen Instandhaltungs- und Überholungsarbeiten.

VII. Ein- und Ausbau von Kolbenringen. — Ringwechsel

1. Aufsetzen (Überstreifen) der Ringe auf den Kolben. Ein guter Kolbenring ist als Präzisionsteil hergestellt; bei jeder Handhabung muß er auch als solcher mit der angezeigten Sorgfalt behandelt werden, so daß er nicht etwa durch unvorsichtiges oder unrichtiges Transportieren oder Lagern Schaden leidet oder durch Fallenlassen, Stöße, Schläge usf. Verletzungen an den Ringkanten, Lauf- oder Seitenflächen entstehen.

Ferner kann jeder Ring auch durch unsachgemäßes Aufsetzen auf den Kolben ver-

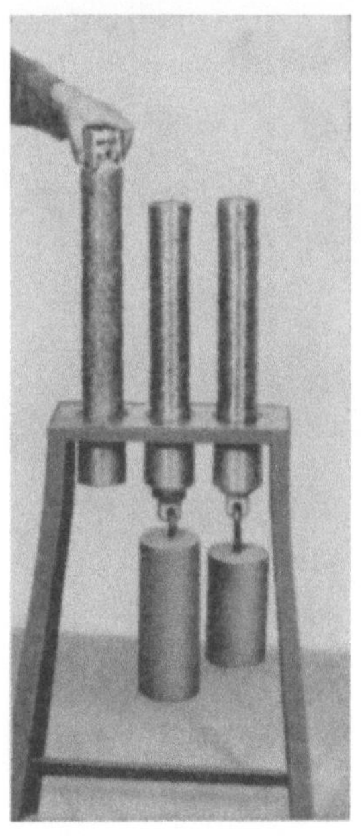

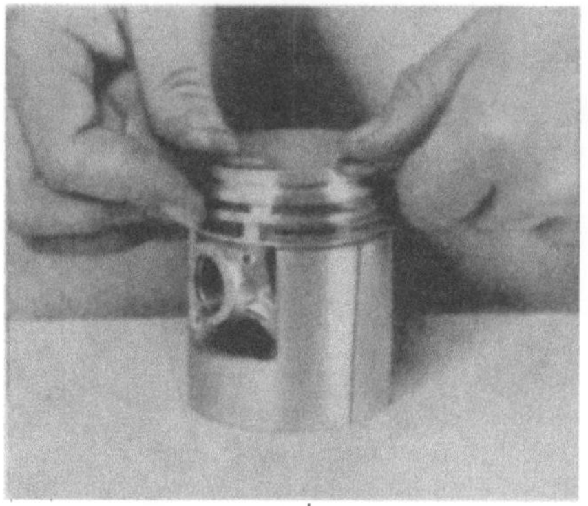

Abb. 197. Vorrichtung zum Bestücken größerer Kolbenserien mit Kolbenringen (Werksphoto Mahle K. G.)

Abb. 198. Falsches Aufsetzen (Aufzwängen) von Kolbenringen auf den Kolben (Werksphoto Mahle K. G.)

formt und damit für seine Aufgabe unbrauchbar gemacht werden; diese Gefahr wird umso größer, je schwächer der Ring bemessen ist, je ungünstiger sein Verhältnis Höhe : Breite ausgeführt ist und je höher relativ zur Biegestreckgrenze, bzw. zur Biegefestigkeit die Überstreif- und die Einbaubiegespannung liegen.

Zum richtigen Überstreifen soll der Ring nur durch in seiner Ebene liegende, an den Stoßenden tunlichst radial angreifende Kräfte aufgespreizt werden; seine Rundheit und Planheit dürfen in keiner Weise gestört werden.

Wo es sich um das Bestücken großer Serien gleicher Kolben handelt, wie z. B. in großen Kolbenfabriken für Fahrzeugmotoren oder in Fahrzeugmotoren-

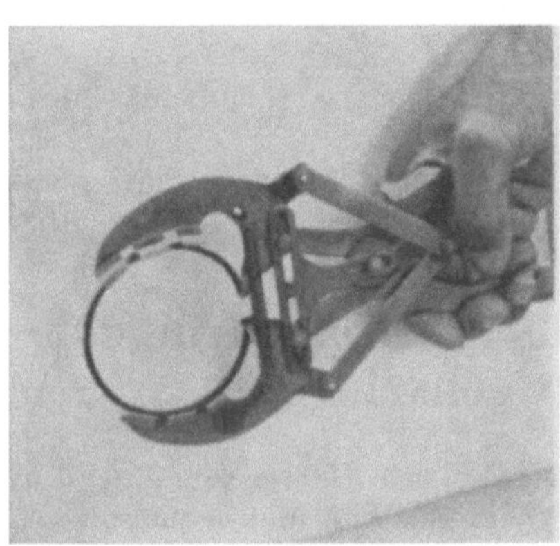

Abb. 199

werken usf., dort erfolgt das Aufsetzen der Ringe mit Hilfe eigener Aufsetzvorrichtungen, wobei sie in der Regel über einen glatten konischen Dorn allmählich aufgespreizt und dann auf den Kolben geschoben werden. Eine sehr leistungsfähige, dabei rasch und korrekt arbeitende Vorrichtung zeigt z. B. die Abb. 197, wo ein Fahrzeugmotorkolben der Reihe nach mit einem Ölring und 2 Verdichtungsringen bestückt wird. — In ganz großen Anlagen werden überdies auch nach ähnlichem Prinzip automatisch arbeitende Vorrichtungen verwendet.

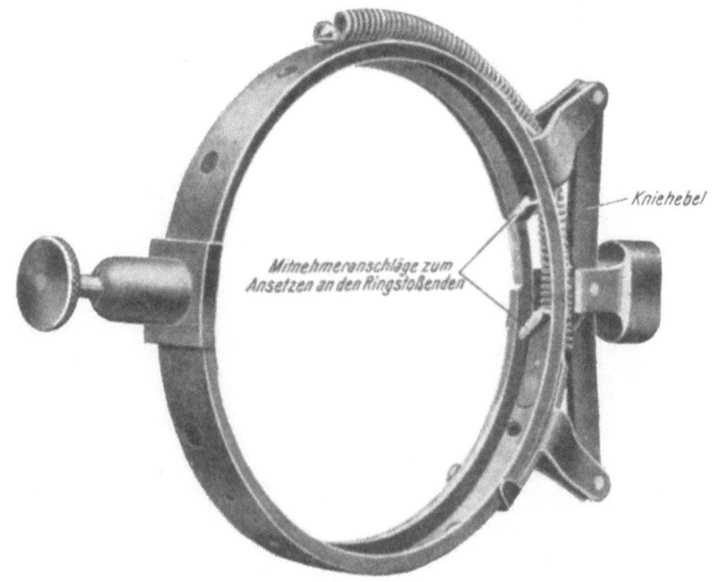

Abb. 200. Kolbenringaufsetzvorrichtung, nach Art der Kolbenringzangen wirkend

Zu vermeiden ist jedenfalls ein Aufzwängen der Ringe auf den Kolben, etwa nach Abb. 198, weil dabei ein achsiales Verwinden der Ringe kaum vermieden werden kann; empfehlenswert erscheint dagegen das Aufsetzen mit Hilfe von Kolbenringzangen, bei denen ein überweites Aufspreizen der Ringe durch einen in der Zange vorgesehenen Anschlag verhindert wird; Abb. 199 und 200 zeigen

Ausführungsbeispiele solcher Zangen. Sie finden dort Verwendung, wo es sich um
das Bestücken kleinerer Kolbenserien oder um das Aufsetzen einzelner Ringe
handelt. — Dem gleichen Zweck können in solchen Fällen auch einfach herzustellende Vorrichtungen wie etwa in Abb. 201 gezeigt, dienen.

Bei großen Ringen kann sich das Aufsetzen auf die Kolben manchmal recht
schwierig gestalten; sind doch hierzu unter Umständen tangential angreifende
Aufspreizkräfte von 30 bis 40 kg und mehr erforderlich. Dennoch muß das Aufsetzen auch hier mit entsprechen-
der Sorgfalt geschehen, um Verformungen der Ringe und Beschädigungen sowohl an diesen als auch
an den Ringstegen und Nutenflanken zu vermeiden. Meist bedient man sich auch hier wieder
einer entsprechenden Anzahl hinter
die Ringe geschobener Federstahl-
Blechstreifen, oder die Ringe werden mittels an den Stoßenden an-
gehängter Draht- oder Drahtseil-
schlingen, eventuell auch durch
2 Mann, aufgespreizt und dann über
den Kolben gestreift. — Endlich
finden auch hier Vorrichtungen
Verwendung, die, nach Art der
Kolbenringzangen angreifend, das
Aufspreizen der Ringe mittels
Schraubenspindeln ermöglichen.

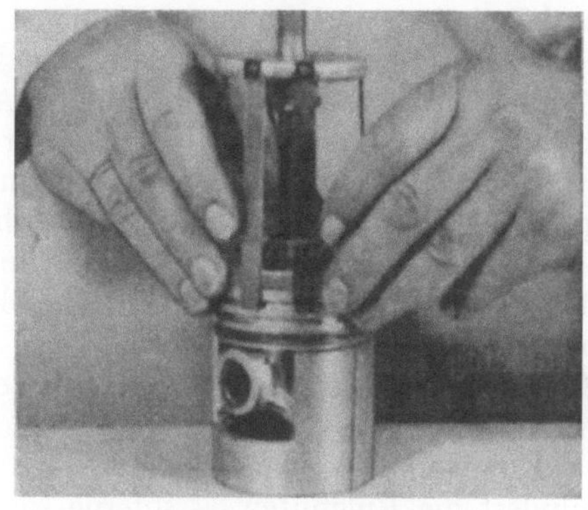

Abb. 201. Einfache Vorrichtung zum Aufsetzen von Kolbenringen
(Werksphoto Mahle K. G.)

Von größter Wichtigkeit ist ein sehr sorgfältiges Reinigen sowohl der Ringe
selbst als auch der Ringnuten vor dem Einbau und größte Sauberkeit während
des Ein- und Zusammenbaues. Wo Ringe in einer bestimmten Lage einzubauen
sind, muß auf die hinweisenden Kennzeichen an den Ringen streng geachtet
werden.

Nach dem Aufsetzen der Ringe muß immer ihre freie Beweglichkeit in den
Nuten geprüft werden. Erst dann sind die Ringe — vor dem Einführen der
Kolben in die Zylinder — mit reinem Öl gut und allseitig zu schmieren.

Wird der bestückte Kolben in den Zylinder eingeführt, so muß auch dies so
sorgsam geschehen, daß weder die Ringe noch die Ringnuten beschädigt werden
können. Die Ringe müssen daher zum stoßfreien Übergleiten über den Zylinder-
rand — soweit dies nicht mehr aus freier Hand möglich ist — mittels geeigneter
Schellen aufs Einbaumaß zusammengespannt werden oder es müssen, wie dies
bei größeren Kolbenabmessungen der Fall ist, trichterförmige Ringeinführungen
verwendet werden. — Besonders gefährdet sind beim Einbau immer alle scharfen
Ringkanten sowie die Stege und Nasen von Ölabstreifringen, vor allem bei stark
zugeschärften Ausführungen.

2. Abnehmen der Ringe vom Kolben. Ebenso sorgfältig wie der Einbau muß
natürlich auch der Ausbau von Kolbenringen, bzw. das Abnehmen oder Abstreifen derselben vom Kolben vorgenommen werden, wenn erstere wieder-
verwendungsfähig bleiben sollen. Auch hierzu eignen sich Kolbenringzangen;
in ihrer Ermangelung kann der Ausbau auch — und bei großen Ringen ist dies
wohl die Regel — unter Zuhilfenahme von Federstahl-Blechstreifen, die, vorsichtig an den Stoßenden beginnend, hinter die Ringe geschoben werden, erfolgen.

Hängen die Ringe in den Nuten, so müssen sie vor dem Ausbau zunächst sehr sorgsam gelockert und frei gemacht werden (vgl. S. 231). Ringe, die einmal, wenn auch nur teilweise in der Nut festgeworden waren, dürfen nur nach sehr sorgfältiger Prüfung wiederverwendet werden; im allgemeinen werden sie aber auszuscheiden sein.

3. Ringaustausch. Während bei fast allen anderen Maschinenteilen im Falle eines durch Verschleiß oder aus sonstigen Gründen notwendig werdenden Austausches oder Ersatzes immer ein dem ursprünglichen gleicher Teil Verwendung findet, ist dies bei Kolbenringen nur dann der Fall, wenn der Verschleiß in den Ringnuten und Zylindern noch zu vernachlässigen ist. Erfolgt dagegen gleichzeitig mit dem Ringwechsel auch eine Instandsetzung der Zylinderbohrung, ein dem vergrößerten Zylinderdurchmesser entsprechender Austausch des Kolbens und bei Tauchkolbenmaschinen eine Neulagerung der Triebwerksteile der Maschine, so müssen Ringe eingebaut werden, die der Originalausführung zwar entsprechen, dem vergrößerten Zylinderdurchmesser jedoch Rechnung tragen. Unterbleibt aber schließlich die Instandsetzung des Zylinders und die Neulagerung, so muß häufig, dem fortgeschrittenen Allgemeinverschleiß der Maschine entsprechend, die Ringbestückung geändert werden, wobei sie sowohl dem Verschleißzustand des Zylinders als auch gleichzeitig dessen veränderter Ölversorgung Rechnung tragen muß.

Kommen dabei neue Ringe in einen alten Kolben zum Einbau, so müssen zumindest die Ringnuten — soferne sich hier Verschleißerscheinungen zeigen — einwandfrei instand gesetzt werden, wenn nach dem Ringwechsel auf längere Zeit hinaus befriedigende Verhältnisse geschaffen werden sollen; es hätte nur wenig Sinn, neue Ringe in ausgeschlagenen, verschlissenen Nuten verwenden zu wollen, weil dann der zu behebende unbefriedigende Zustand sofort oder zumindest nach ganz kurzer Zeit wieder auftreten würde, bzw. die Maßnahme vielleicht eher einen Mißerfolg als einen Erfolg zeitigen könnte.

Vorausgesetzt muß dabei aber werden, daß die Kolben ein entsprechendes Nacharbeiten an den Ringstegen sowohl festigkeitsmäßig als auch mit Rücksicht auf Verformungen, bzw. auf die Steifheit der Ringlagerung gestatten; wie weit mit solchen Nacharbeiten an den Ringstegen gegangen werden darf, sollte stets von den Motorenbaufirmen festgelegt werden.

Dem Gesagten entsprechend ergibt sich daher häufig die Notwendigkeit, die Ersatzringe mit größerer achsialer Höhe ausführen zu müssen, als den Originalring; auch dieser Forderung muß aber bereits der ursprüngliche Kolbenentwurf Rechnung tragen: Empfehlenswert erscheint es zumindest bei Groß- und Mittelmotoren, die Ringstege so stark zu bemessen, daß sie mehrmals nachgearbeitet werden können, besser noch, daß auch ein nachträglicher Einbau richtig dimensionierter Verschleißringe (vgl. S. 140) möglich ist, wenn solche nicht von Haus aus vorgesehen werden.

Die den geänderten Nutenabmessungen entsprechenden Ersatzringe müssen aber auch bei nachgearbeiteten, das heißt instand gesetzten Nuten ihrer Aufgabe bei einem, dem Zylinderdurchmesser in dessen höchstverschlissener Zone entsprechend vergrößertem Kolbenspiel und dementsprechend auch vergrößertem Stoßspiel gerecht werden. Das heißt, daß die Aufgaben für die Ersatzringe wesentlich schwieriger sind, als für die im Neuzustand der Maschine ursprünglich eingebaut gewesenen Ringe. Die Ringbeanspruchungen, und zwar sowohl die mechanischen, unter denen sich wieder die Wechselbeanspruchungen verstärkt auswirken, als auch die thermischen, können ganz beträchtlich höher und ungünstiger liegen, so daß die Ersatzringe häufig nicht nur ganz anders gestaltet und mit anderer Radialdruckhöhe und -verteilung und geändertem Anschmiegungsvermögen, sondern auch aus ganz anderen Werkstoffen ausgeführt werden müssen.

Das Einbaustoßspiel des Ersatzringes muß sich dabei immer nach dem kleinsten Zylinderdurchmesser, bzw. nach dem kleinsten Zylinderumfang innerhalb der ganzen vom betreffenden Ring bestrichenen Zone richten; es wird am besten durch Einlegen des Ringes in den Zylinder in dessen verschiedenen Horizonten nachgeprüft und muß natürlich noch die erhöhte Wärmedehnung des Ringes gegenüber jener des Zylinders berücksichtigen.

Auf die Gasdichtheit der Ringstöße der Ersatzringe sowie auf die Abdichtungsgüte der Ringdichtung als Ganzes muß erhöhtes Gewicht gelegt werden, und zwar in umso stärkerem Maß, je stärker und ungleichmäßiger die Zylinder verschlissen sind, mit denen weitergearbeitet werden soll.

Wird die Zylinderbohrung nicht nachgearbeitet, so müssen Ersatzringe oft in spiegelglatt gelaufenen Zylindern zum Einlaufen gebracht werden; damit werden auch an das Einlaufvermögen der Ringe ganz andere und viel höhere Anforderungen gestellt, als bei Ringen, die in neubearbeiteten, das heißt wesentlich raueren Zylindern einlaufen sollen: Der Laufflächenbearbeitung muß deshalb bei ersteren ein besonderes Augenmerk geschenkt werden und auch den Oberflächenbehandlungsverfahren kommt bei Ersatzringen daher eine erhöhte Bedeutung zu. — Wird allerdings die Zylinderbohrung, wie dies bei größeren Motoren bei einem Ringwechsel öfters geschieht, durch einen Honvorgang etwas aufgerauht, so sind die Anforderungen an das Einlaufvermögen der Ersatzringe etwa gleich wie bei neuen Ringen.

Der Zeitpunkt, zu welchem ein Auswechseln der Ringe angezeigt oder notwendig erscheint, läßt sich nicht ohneweiteres leicht erkennen und ist auch schwer vorauszusagen: Er wird wohl in erster Linie durch den Spannungsverlust der Ringe bestimmt, hängt aber daneben auch vom Verschleißzustand derselben sowie von jenen der Ringnuten und Zylinder ab; er wird daher von den Arbeitsbedingungen der betreffenden Maschine, vom Ring- und Zylinderwerkstoff, vom verwendeten Kraftstoff, von der Art der Zylinderschmierung und vom verwendeten Schmieröl, nicht zuletzt aber auch von der Güte der Wartung der Maschine bedingt. — Die Höhe des Ölverbrauchs wird häufig als einziger Hinweis für eine notwendig werdende Überprüfung der Ringe, vor allem auch der Wirksamkeit der Ölringe, angesehen; doch können auch Kraftstoffverbrauch, Leistungsabfall, Anlaßschwierigkeiten, Trübung des Auspuffs, Veränderungen der Maschinentemperaturen und der Auspufftemperatur und anderes bei aufmerksamer Beobachtung deutliche Fingerzeige geben.

Bei kleineren Motoren überprüft man die Ringe gelegentlich der periodischen Reinigungs- und Instandsetzungsarbeiten; liegt die Ringspannung noch innerhalb der zulässigen Grenzen, so sollte der Austausch, einer alten Regel folgend, dann vorgenommen werden, sobald das Stoßspiel das dreifache der ursprünglichen Größe beträgt.

Ringe, die deutliche Anzeichen eines Durchblasens erkennen lassen, sollten immer ausgewechselt werden; gleiches gilt unter allen Umständen für schlapp gewordene oder irgendwie beschädigte Ringe.

In großen Stationärmotorenanlagen, in Lokomotiv- und Schiffsmotoren werden die Ringe nach etwa je 1000 Betriebsstunden überprüft und der gemessene Verschleiß, bzw. die beobachtete Stoßspielvergrößerung sowie der Spannungsverlust vorgemerkt; durch Verfolgen des Verschleißfortschrittes von Messung zu Messung, aber auch durch fortgesetzte Beobachtung der Veränderungen des Ölverbrauchs, kann der voraussichtliche Zeitpunkt für den notwendig werdenden Ersatz etwa vorausbestimmt werden.

Bei Großringen, z. B. bei großen Schiffsdieselmotoren, läßt man einen radialen Verschleiß der Ringe bis zu 1 mm zu, ehe sie ausgewechselt werden.

In Zweitaktmotoren, welche Ringe mit Füllnuten verwenden, wie dies z. B. in vielen Lokomotivmotoren der Fall ist, werden in der Praxis die Ringe ausgetauscht, sobald die Füllnuten abgelaufen sind, was durch die Zylinderschlitze auch ohne Ausbau der Kolben beobachtet werden kann. — Diese Beobachtung sagt jedoch, ebenso wie jene der Stoßspielvergrößerung, nur etwas über den radialen Verschleiß des Ringes, dagegen nichts über seinen Spannungsverlust aus. Um diesen rechtzeitig zu erkennen, bedarf es gleichzeitig einer aufmerksamen Beobachtung der Maschine im Betrieb.

4. Einlaufen neuer Ringe. Wichtig für das weitere Verhalten des Ringes, seine Bewährung und Lebensdauer ist ein richtiges Einlaufenlassen. Wenn auch durch zweckentsprechende Oberflächenbearbeitung und -behandlung die Einlaufzeiten wesentlich abgekürzt werden können, so dürfen mit neuen Ringen ausgerüstete Motoren nicht augenblicklich vollbelastet werden; ferner darf während des Einlaufens insbesondere bei Dieselmotoren weder zu sparsam geschmiert, noch dürfen die Maschinen vorzeitig überlastet oder überhitzt werden. — Langes Leerlaufen bei niedriger Drehzahl kann — ja nach dem Schmiersystem — Unterschmierung und Ölmangel zur Folge haben und damit den Einlauf gefährden. Bei Spritzölschmierung soll während des Einlaufens der Ölstand an der oberen Grenze gehalten werden; bei Druckölschmierung muß die von den Ölpumpen in die Zylinder geförderte Ölmenge über die normale erhöht werden: Man läßt dann allgemein — womöglich bei verminderter Drehzahl — solange laufen, bis die Temperaturen etwa normal geworden sind, um hierauf Belastung und Drehzahl stufenweise zu steigern, wobei immer wieder das Temperaturverhalten überwacht wird. — Hohe Belastung bei niedriger Drehzahl gefährdet die Ringe und kann sehr rasch ein Ringfressen zur Folge haben; ebenso ungünstig ist aber ein Einlaufenlassen bei zu hoher Drehzahl. Langes Überhitzen im Einlauf führt zu Ringstecken, zu Firnis- und Lackbildungen und zu Hitzeschäden an den Ringen; erfolgt das Einlaufen jedoch im Leerlauf ohne jede Belastung, so neigen die Ringe stark zum Durchblasen und der Ölverbrauch wird nicht beherrscht.

Zweiter Teil

Kolbenringprüfung und Untersuchung

VIII. Die Prüfung von Kolbenringen

Verläßt der Ring die Fertigungsstelle, so muß Gewähr dafür gegeben sein, daß er alle jene unerläßlichen Eigenschaften besitzt, die für sein einwandfreies Arbeiten vorausgesetzt werden müssen; diese sind bekanntlich:

Werkstoffliche Eignung, und zwar hinsichtlich der Zusammensetzung des Materials, seiner Gefügeausbildung sowie seiner Festigkeits- und elastischen Eigenschaften.

Maßgerechte Ausführung bei voller Planheit und einer den voraussichtlichen Beanspruchungsverhältnissen gerecht werdenden Bearbeitungsgüte, vor allem an den Verschleißflächen.

Korrekte Formgebung bei vollkommen dichtem Anliegen im kreisrunden Zylinder vom Nenndurchmesser und richtiger Höhe und Verteilung des Anpreßdrucks.

Die Prüfung muß sich daher erstrecken:

1. Auf eine wenigstens an einer gewissen Anzahl von Stichproben vorgenommenen Werkstoffkontrolle;

2. auf eine meist 100%ig durchzuführende Maß- und Ausführungskontrolle;

3. auf eine Überprüfung der Ringgestalt, die an einzelnen Ringen immer wieder festgestellt werden muß; Sonderausführungen und vor allem auch formgedrehte Ringe verlangen hier besondere sorgfältige Überwachung.

Die eigentliche Werkstoffprüfung erfolgt im allgemeinen im Laboratorium. Die Prüfung auf sichtbare Werkstoffehler, sowie die Überprüfung der elastischen Eigenschaften, das heißt der Ringspannung, wird dagegen, ebenso wie die Prüfung hinsichtlich Maßgerechtigkeit und Ausführung zum Teil bereits innerhalb der Fertigung, zum Teil aber in einer besonderen Schlußkontrolle durchzuführen sein.

Um aber dabei dem Ringhersteller die Möglichkeit zu geben, sein Erzeugnis auch tatsächlich den Erfordernissen entsprechend prüfen und beurteilen zu können, muß ihm der Verwendungszweck der Ringe samt den voraussichtlichen Arbeitsbedingungen so weit als nur irgend möglich bekannt sein.

A. Werkstoffprüfung

Die Werkstoffprüfung soll sich auf folgendes erstrecken:
a) *Werkstoffanalysen.*
b) *Gefügeuntersuchungen.*

Über diese beiden Punkte wurde bereits in den Abschn. VI—VIII, Bd. 1, gesprochen.

c) *Physikalische Prüfungen.*

Die Ermittlung gewisser physikalischer Eigenschaften des Ringwerkstoffs ist in mehrfacher Hinsicht wichtig: Bei Graugußringen zur Überwachung der Ringgießerei, bei Stahl- oder Bronzeringen und solchen aus anderen Werkstoffen zur Kontrolle der betreffenden Halbzeug-Lieferwerke; daneben kommt ihr ausschlaggebende Wichtigkeit für die Ringfertigung zu und schließlich bestimmen manche Elastizitäts- und Festigkeitswerte die Verwendbarkeit des Ringes überhaupt und interessieren deshalb in vieler Hinsicht auch beim Verbraucher, bzw. werden sie von ihm auch vorgeschrieben.

Es erscheint daher angezeigt, daß die Prüfung hier wie dort nach gleichen Grundsätzen erfolgt. Dabei handelt es sich offenbar weniger um die Ermittlung sehr genauer Werte nach exakten wissenschaftlichen Methoden, als vielmehr um die Bestimmung von brauchbaren Vergleichswerten auf möglichst raschem und einfachem Weg. — Da es sich um die Prüfung offener Ringe handelt, weichen die hier — besonders bei der Prüfung von kleineren Ringen — anzuwendenden Prüfmethoden von den in der normalen Werkstoffprüfung üblichen zwangläufig mehr oder weniger ab. — Auch empfiehlt es sich in jedem Fall, Kolbenringrohlinge und Fertigringe nach gleichen Methoden und daher auch an gleich gestalteten Probestücken zu prüfen, um vergleichbare Werte zu erhalten. Es erscheint deshalb auch weder notwendig noch zweckmäßig, in der Gießerei besondere Prüflinge oder besonders gestaltete Prüfkörper zur Bestimmung der jeweiligen Eigenschaften der betreffenden Gießcharge abzugießen.

Bei der werkstoffmäßigen Ringprüfung werden in der Regel folgende Werte ermittelt:

Ringspannung, bzw. mittlerer Anpreßdruck des Ringes;

E-Modul;

bleibende Formänderung;

Biege- bzw. Zugfestigkeit und

Härte des Ringwerkstoffs.

Bei allen an Graugußringen ermittelten Werten muß aber selbstverständlich berücksichtigt werden, daß es sich eben um Gußteile handelt und daß, falls deren Verwendung im Gußzustand erfolgt, auch bei den besten Gießverfahren sehr erhebliche Schwankungen der Werkstoffkennwerte zu erwarten sind und unvermeidlich in Kauf genommen werden müssen. Allzu enge Gütevorschriften sind unerfüllbar.

1. Vorbereitung zur Prüfung. *a) Herrichten von Ringrohlingen zur Prüfung.* — Die zur Prüfung bestimmten rohen Ringe müssen zunächst an den Flanken beiderseitig etwa bis auf Fertigmaß überschliffen oder überdreht werden.

Unrundringe werden dann innen und außen auf Fertigmaß bearbeitet, worauf das für den betreffenden Ring und die verlangte Spreizung entsprechende Füllstück herausgeschnitten wird.

Runde Ringe werden ebenfalls außen und innen auf Fertigmaß gedreht; um die Spannungsgebung zu ersparen, wird aus dem Ring ein Stück von einer Länge, entsprechend 12% des Außendurchmessers, herausgeschnitten; dieser offene Ring wird hierauf in einem dünnen biegsamen Stahlbandmaßstab bis auf Einbaustoßspiel zusammengezogen und aus dem jetzt gemessenen Ringumfang ein neuer theoretischer Ringnenndurchmesser $D' = U'/\pi \approx D - 0{,}12\,D$ errechnet und dieser den weiteren Ermittlungen zugrunde gelegt.

Die weitere Prüfung der auf diese Weise vorbereiteten rohen Ringe geht dann wie jene von Fertigringen vor sich.

b) Ausmessen der Ringe. Gemessen werden zunächst: Die achsiale Ringhöhe h sowie die radiale Wanddicke a an der Ringrückenmitte, mittels Schraubenmikrometers, auf 1/100 mm genau. Zur Messung der Wanddicke a bedient man sich eines Schraubenmikrometers mit kugeligen Meßflächen.

Hierauf wird kleineren Graugußringen zunächst das „jungfräuliche Verhalten" genommen: Zu diesem Zweck werden sie dreimal bis zum Schließen zusammengedrückt, kurze Zeit zusammengedrückt gehalten, dann frei gegeben und während etwa einer Viertelstunde ruhen gelassen.

Darauf wird die Größe der freien Stoßöffnung S, am besten unter Verwendung von Keilmaßstäben, auf 1/100 mm genau ausgemessen.

Die zur Vornahme laufender physikalischer Prüfungen zwecks Überwachung der Fertigung verwendeten Ringe sollen rechteckigen Querschnitt aufweisen, die Ringkanten werden scharf belassen. — Werden fertig bearbeitete Ringe geprüft, so läßt sich die Ringspannung natürlich bei jedem beliebigen Ringprofil vermitteln; zur Bestimmung des E-Moduls oder der bleibenden Formänderung kommen aber auch hier nur Ringe von rechteckigem Querschnitt in Frage; etwa vorhandene Kantenabfassungen sollten bei der Ermittlung des Ringquerschnittes und des Trägheits-, bzw. des Widerstandsmomentes berücksichtigt werden.

Da für Gußeisen eine Reihe von Werkstoffeigenschaften spannungsabhängig ist, wird der Prüfung von Kolbenringen im allgemeinen eine bestimmte rechnerische Biegebeanspruchung im Ringrücken zugrunde gelegt; man setzte diese für die Prüfung kleinerer Ringe jener Biegebeanspruchung gleich, die bei Ringen von einem Wandstärkenverhältnis $W = 25$ und einem mittleren Anpreßdruck von 1,2 kg/cm² im Einbauzustand auftritt; das heißt man legte sie zu 22 kg/mm² fest und hat die gleiche Prüfspannung, um eine vergleichbare Basis zu haben, vielfach auch für Ringe mit $W = 22$ beibehalten, wiewohl bei letzteren — ein mittlerer Anpreßdruck von 2 kg/cm² vorausgesetzt — die Einbaubiegebeanspruchung im Mittel bei etwa 28,4 kg/cm² liegt und die Prüfung besser bei dieser Beanspruchung erfolgen sollte.

2. Ermittlung der Ringspannung und des mittleren Anpreßdrucks. Die die Ringspannung oder Ringfederkraft kennzeichnende Schließkraft, das ist die entweder tangential an den Stoßenden oder diametral an dem senkrecht zum Stoßdurchmesser gelegenen Durchmesser angreifende, zum Schließen des Ringes erforderliche Kraft, wird häufig vom Kunden und zum Teil auch von den Ringnormen vorgeschrieben: Die T.E. legen z. B. die Tangentialspannung P_T (mit einer Toleranz von $\pm \frac{15\%}{10\%}$ fest und bestimmen gleichzeitig, daß für die diametrale Schließkraft die Beziehung $P_D = 2{,}63\,P_T$ gilt; in beiden Fällen wird Schließen des Ringes bis auf Einbaustoßspiel angenommen.

Die Bestimmung der Schließkräfte erfolgt in der Regel auf Neigungswaagen, die entweder zur Messung von P_T mittels den Ring umschlingenden Stahlbandes oder zur Messung von P_D oder auch für beide Messungen eingerichtet sind (Abb. 202, 203). Die Anzeigegenauigkeit dieser Waagen beträgt etwa ± 5 g.

Wo man sich auf die Messung von P_D beschränken will, können auch einfachere Vorrichtungen etwa nach Abb. 204, die zudem ein sehr rasches Arbeiten, allerdings bei geringerer Genauigkeit, gestatten, Verwendung finden. — Auch gewöhnliche, entweder mechanisch wie in Abb. 205 oder hydraulisch betätigte Federprüfvorrichtungen, wie sie zum Auswägen von Spiralfedern dienen, eignen sich hierzu. — Bei der Prüfung großer Ringe wird wegen der einfacheren Belastungsmöglichkeit fast regelmäßig mit diametral angreifenden Kräften gearbeitet.

Ein genauere Messungen der Tangentialkräfte gestattendes, von der DVL für Laboratoriumsverwendung entwickeltes Gerät zeigt Abb. 206.

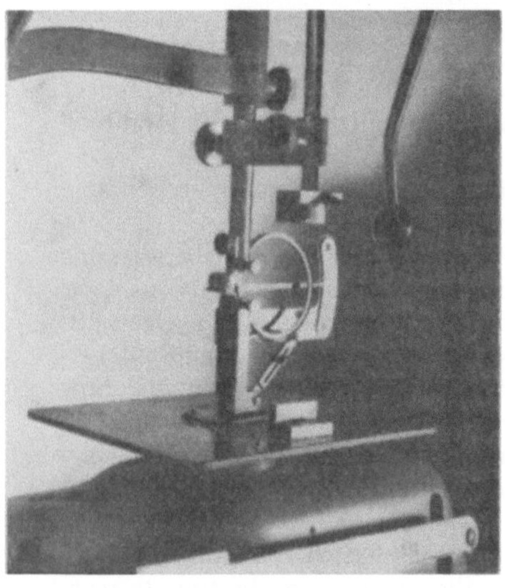

Abb. 202 und 203. Messung der Schließkräfte auf Neigungswaagen, eingerichtet zur Messung sowohl der diametralen (Abb. 202) als auch der tangentialen Schließkraft (mittels umschlingenden Stahlbandes) (Abb. 203)

Meist bedient man sich jedoch bei Laboratoriumsprüfungen zur Bestimmung der Festigkeits- und elastischen Eigenschaften von Kolbenringen kleiner Festigkeitsprüfmaschinen mit entsprechenden Einspannvorrichtungen für die Ringe, Abb. 207.

Es sei aber hier darauf hingewiesen, daß die Umrechnung von P_D in P_T und umgekehrt nach der oben angegebenen theoretischen Beziehung praktisch sehr häufig nicht zutrifft (vgl. auch S. 254); es empfiehlt sich, falls nach verschiedenen Meßverfahren ermittelte Werte verglichen werden müssen, den Umrechnungsfaktor, der je nach Meßeinrichtung und Ringabmessungen schwanken kann, jeweils besonders zu ermitteln.

Abb. 204. Messung der diametralen Schließkraft mittels Druckmeßdose
(Werksphoto Mahle K. G.)

Aus den zum Schließen bis auf Einbaustoßspiel aufzubringenden Kräften P_T bzw. P_D rechnet sich der auf die tatsächlich tragende Höhe h' des Ringes zu

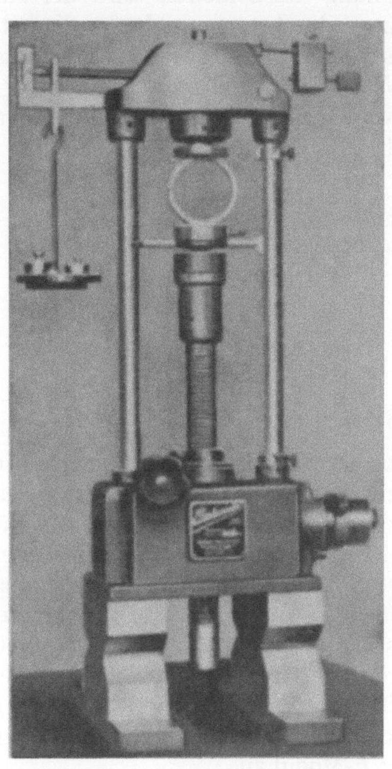

Abb. 205. Federprüfvorrichtung, zur
Prüfung der diametralen Schließkraft von
Kolbenringen verwendet

Abb. 206. Messung der tangentialen
Schließkraft mittels direkter Gewichtsbelastung. — Vorrichtung der DVL.

beziehende mittlere Anpreßdruck p_m, der
vielfach — wenn auch nicht ganz zu
Recht — der Ringbeurteilung in erster
Linie zugrunde gelegt wird, (vgl. die
Gln. (29) und (36) des Abschnittes I, Bd. 1) zu

$$p_m = \frac{2\,P_T}{D\,h'}, \qquad \text{bzw.} \qquad p_m = \frac{0{,}76 \cdot P_D}{D\,h'}.$$

Wird bei Anwendung diametraler Schließkräfte P_D' der senkrecht zum Stoß gelegene
Ringdurchmesser jedoch nur bis auf das
Nennmaß D — ohne Rücksicht auf die
dabei sich ergebende Größe der Stoßöffnung — zusammengedrückt, so wird

$$p_m = \frac{0{,}88\,P_D'}{D\,h'}.$$

Abb. 207. Kleine Zerreißmaschine zur Prüfung von
Kleinkolbenringen. — Höchstlast 10—30 kg

3. Ermittlung des E-Moduls. Zur Errechnung des E-Moduls wird der Ring, ebenso wie bei Bestimmung der Ringspannung, durch tangential oder diametral angreifende Schließkräfte bis auf das vorgesehene Einbaustoßspiel S geschlossen und die Größe dieser Kräfte gemessen. — War S_0 die Größe der Stoßöffnung im unbelasteten Zustand, d. h. also die Maulweite des Ringes, so ergibt sich aus den in Abschnitt I, Bd. 1, abgeleiteten Gln. (37), (37 a)

$$E = \frac{14{,}14 \left(\dfrac{D}{a} - 1\right)^3 \cdot P_T}{(S_0 - S) \cdot h}$$

beziehungsweise

$$E = \frac{5{,}37 \left(\dfrac{D}{a} - 1\right)^3 \cdot P_D}{(S_0 - S) \cdot h}.$$

Geht man in der geschilderten Weise vor, so wird damit eine je nach Ringwerkstoff, Ringabmessungen und Spreizung unterschiedlich hohe Biegebeanspruchung im Ringrücken der E-Modulbestimmung zugrunde gelegt; die Höhe dieser Biegebeanspruchung sollte daher gleichzeitig errechnet und zugleich mit dem E-Modul angegeben werden. — Will man jedoch halbwegs vergleichbare Daten haben, so setzt man den Ring schließenden Tangential-, bzw. Diametralkräften $P_{T_{22}}$, bzw. $P_{D_{22}}$ von solcher Höhe aus, daß im Ringrücken eine errechnete Biegebeanspruchung von 22 kg/mm² wachgerufen wird und mißt die unter dem Einfluß dieser Kraft zu beobachtende Stoßspielveränderung $S_0 - S_2$ (wozu gegebenenfalls die Stoßöffnung vergrößert und nach den Angaben auf S. 251 vorgegangen werden muß); dann ergibt sich der E-Modul zu

$$E_{22} = \frac{14{,}14 \left(\dfrac{D}{a} - 1\right)^3 \cdot P_{T_{22}}}{(S_0 - S_2)\, h},$$

beziehungsweise

$$E_{22} = \frac{5{,}37 \left(\dfrac{D}{a} - 1\right)^3 \cdot P_{D_{22}}}{(S_0 - S_2)\, h}.$$

Je nach der gewählten Angriffsweise der Schließkräfte erhält man aber in beiden Fällen etwas voneinander abweichende Werte für den E-Modul, weil bei diametralem Kraftangriff die Beanspruchungen im Ringrücken bei vollständigem Schließen des Ringes höher liegen, ferner auch, weil — im Gegensatz zum tangentialen — die gegen die Stoßenden hin liegenden Ringquadranten keine Verformungen erfahren. Der tangentiale Kräfteangriff ist bei genaueren Messungen deshalb vorzuziehen.

Für Gußeisen ist überdies der auf diese Weise aus einem Biegeversuch ermittelte E-Modul keineswegs der wahre dem Werkstoff zukommende Wert; denn abgesehen davon, daß die Biegebeanspruchungen vom Kraftangriffspunkt bis zum Ringrücken hin von Null bis zu einem Maximalwert zunehmen und daher der mit der Beanspruchung veränderliche Wert des E-Moduls sich auf die aus der Verformung aller Querschnitte resultierende Stoßspielveränderung unterschiedlich auswirken muß, ist auch jeder Querschnitt in sich bei der Biegung einer von einem positiv maximalen zu einer negativ maximalen sich ändernden Beanspruchung unterworfen und die Spannungsabhängigkeit des E-Moduls wirkt sich hier abermals aus; die Höhe der wahren Beanspruchungen in den einzelnen Fasern der auf Biegung beanspruchten Querschnitte bleibt zudem unbekannt. — Der errechnete E-Modul weicht daher von einem, am gleichen Material bei reiner Zugbelastung bestimmten, erheblich ab; dennoch kommt ihm als wichtigem Vergleichswert sehr hohe Bedeutung zu.

Zahlentafel 16

Ring-gattung	Teil	Härte im Meßpunkt					E-Modul bei einer Biegebean-spruchung von kg/mm^2			
		1	2	3	4	5	10	16	22	28,5
		Oberseite								
		Unterseite								
Thermisch gespannter Einzel-gußring 110/101,2×3	1	258 / 270	254 / 270	252 / 264	255 / 266	259 / 272	10 110	9 980	9 670	
	2	262 / 276	266 / 276	267 / 276	270 / 276	272 / 280	10 170	10 040	9 830	
	3	274 / 282	278 / 288	282 / 290	280 / 290	276 / 290	10 360	10 210	10 080	
	4	261 / 278	266 / 278	266 / 276	272 / 282	272 / 282	10 180	10 000	9 920	
Form-gedrehter Einzel-gußring 110/101,2×3	1	248 / 260	254 / 260	256 / 264	256 / 266	258 / 268	10 360	10 320	10 320	10 030
	2	260 / 268	262 / 270	272 / 276	278 / 282	282 / 282	10 670	10 600	10 470	10 380
	3	280 / 282	272 / 282	272 / 286	262 / 276	258 / 270	10 690	10 680	10 490	10 410
	4	256 / 270	256 / 268	254 / 268	254 / 266	248 / 260	10 390	10 290	10 270	10 070

Bei Einzelgußringen läßt sich überdies auch häufig über den Umfang hin verteilt eine unterschiedliche Höhe des E-Moduls feststellen. Zum Teil recht beträchtliche Schwankungen zeigten sich z. B. bei der Untersuchung von Einzelgußringen, die auch gelegentlich einer Prüfung der Härteverteilung über den Umfang recht unterschiedliche Werte aufwiesen. Die Belastung der einzeln geprüften Ringquadranten erfolgte nach dem in Abb. 208 gezeigten Schema mit dem in der zugehörigen Zahlentafel verzeichneten Ergebnis; die der Errechnung des E-Moduls zugrunde gelegten, unter einer, der errechneten Biegebeanspruchung

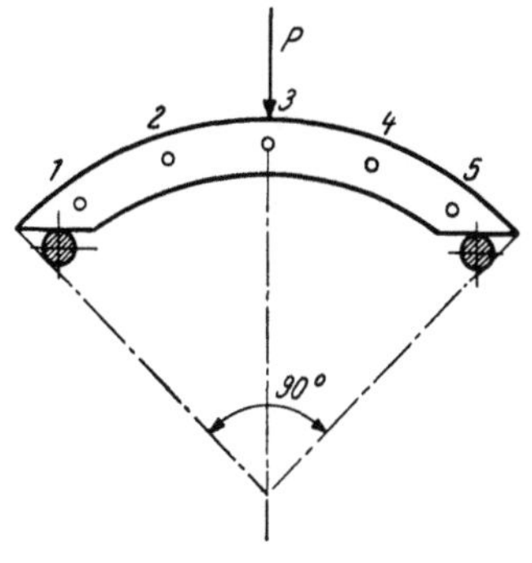

Abb. 208

von 22 kg/mm^2 entsprechenden Belastung auftretenden Durchbiegungen wurden mittels Feinmeßgeräten bestimmt. — Es ist bemerkenswert, daß bei Schleuderguß- und vor allem bei Büchsengußringen bei ähnlichen Untersuchungen ein Gegensatz zu Einzelgußringen in der Regel nur geringfügigere Unterschiede beobachtet wurden. Dagegen zeigt sich der E-Modul immer stark abhängig davon, welche Schichtstärken vom Rohling bei der Bearbeitung abgetragen wurden.

Unterschiede in der Höhe des E-Moduls von der angeführten Art führen zu von den gewollten abweichenden Verformungen des Ringes beim Zusammenspannen; insbesondere bei formgedrehten Ringen zeigen sich als deren Folge öfters Lichtspalte bei der Rundheitsprüfung; thermisch gespannte Ringe sind in dieser Hinsicht etwas weniger empfindlich.

Härteunterschiede lassen sich bei Einzelgußringen häufig auch zwischen Ober- und Unterseite der Ringe feststellen; auch diese sind mit Schwankungen des E-Moduls in den einzelnen Höhenschichten des Rings verbunden und führen daher, nebst anderen Ursachen, zum Auftreten von Verwindungserscheinungen beim Zusammenspannen der fertigen Ringe (vgl. S. 265). Auch dieser Fehler tritt bei Einzelgußringen, vor allem bei formgedrehten, häufiger auf, als bei Büchsengußringen.

4. Ermittlung der bleibenden Formänderung. Die „bleibende Formänderung" φ gibt das Verhältnis der dauernden zur gesamten Verformung unter bestimmten Belastungsverhältnissen wieder und stellt damit etwa ein Maß für die Lage der Streckgrenze vor. Zu ihrer Bestimmung wird zunächst aus den ermittelten Ringabmessungen jene (tangential oder diametral) angreifende aufspreizende Kraft $P_{22\,t}$ oder P_{22d} errechnet, die im Querschnitt gegenüber vom Stoß die rechnerische Biegebeanspruchung von 22 kg/mm² wachruft; es ist also

$$P_{22t} = \frac{3{,}67 \cdot h \cdot a^2}{D - \dfrac{a}{2}} = \frac{7{,}33\, h\, a^2}{2\, D - a},$$

beziehungsweise

$$P_{22d} = \frac{7{,}33\, h\, a^2}{D - a}.$$

Die entsprechende Belastung wird im aufspreizenden Sinn aufgebracht und es werden festgehalten:

1. Das genaue Maß der Stoßöffnung des spannungslosen Ringes $\cdots S_0$,
2. die Größe der Stoßöffnung unter der aufgebrachten Last $P_{22} \cdots S_{22}$,
3. die Größe der Stoßöffnung nach Entlasten und $^1/_4$ Stunde Ruhe $\cdot S_1$.

Als „bleibende Formänderung" φ wird der sich aus der Beziehung

$$\varphi \cdot \% = \frac{S_1 - S_0}{S_{22} - S_0} \cdot 100$$

errechnete Wert definiert.

Die Ermittlung der bleibenden Formänderung scheidet die Werkstoffe nach dem Gießverfahren, den Gießbedingungen und nach einer eventuellen Wärmebehandlung in oft sehr kennzeichnender Weise voneinander. Es bestehen zwar Einwendungen sowohl gegen die Verwendung dieses Wertes als auch die Art seiner Bestimmung (vgl. [120]); trotzdem erweist sich in der Ringfertigung die Ermittlung der bleibenden Formänderung als Vergleichswert nicht nur für die Beurteilung verschiedener Gießchargen und Gußeisensorten, sondern auch anderer Werkstoffe als recht wertvoll.

5. Ermittlung der Zug- und Biegefestigkeit. Zur Bestimmung der Zug-, bzw. der Biegefestigkeit des Werkstoffs wird der Ring — wieder entweder durch diametral (vgl. z. B. British Standard Specifications for Aircraft Material, Cast Iron Piston Ring Pots, 4 K 6, sowie British Standard Specification for Piston Ring Pots 5004) oder durch tangential angreifende Kräfte — bis zum Bruch aufgespreizt. Hierzu dienen, wie dies für Laboratoriumsprüfungen die Regel ist, kleine Festigkeitsprüfmaschinen, z. B. nach Abb. 207, doch lassen sich auch mit Hilfe ganz einfacher und primitiver, mit direkter Gewichtsbelastung arbeitender Einrichtungen befriedigende und für die Praxis hinreichend genaue Ergebnisse erzielen.

Bei der Durchführung des Versuchs kann sich — ebenso wie bei der früheren Prüfung auf bleibende Formänderung — mit fortschreitendem Aufspreizen des Ringes der Hebelarm der wirkenden Kraft gegenüber dem Anfangszustand erheblich ändern. Wird der Ring dabei z. B. diametral belastet, so wirkt die Kraft P_d an einem Arm $r - x < r$: Ist e die Vergrößerung des Ringdurchmessers D in Richtung der aufspreizenden Kraft, so läßt sich nachweisen, daß $x = e\, 2\pi$ wird. Setzt man für die Errechnung des Biegemomentes eine dementsprechende Korrektur ein, so errechnet sich schließlich die Biegefestigkeit σ_B', das heißt die (angenommene) Beanspruchung in der äußersten Faser des gefährlichen Ringquerschnitts, das ist im Ringrücken im Augenblick des Bruchs, zu

$$\sigma_B' = \frac{M_b}{W}$$

und für den rechteckigen Ringquerschnitt

$$\sigma_B' = \frac{P_D\left[\dfrac{D-a}{2} - \dfrac{e}{2\pi}\right]}{\dfrac{h\,a^2}{6}} = \frac{3\,P_D\left(D - a - \dfrac{e}{\pi}\right)}{h\,a^2}.$$

Aus der gefundenen Biegefestigkeit σ_B' wird in der Regel, den Bestimmungen der britischen Standard Specifications folgend, die „Zugfestigkeit" σ_B errechnet, indem ein konstantes Verhältnis $\sigma_B'/\sigma_B = 1,6$ angenommen wird — eine Annahme, die aber keineswegs zutrifft (vgl. auch S. 253, Bd. 1). Man könnte sich jedoch auch ohneweiteres mit der Ermittlung der Biegefestigkeit zufriedengeben, da ja auch bei der Kolbenringberechnung nur die Biegebeanspruchungen eine Rolle spielen.

Bei großen Ringen von entsprechenden Querschnitten werden wohl auch kurze Zerreißstäbe angefertigt und die Zugfestigkeit an diesen nach den Regeln des normalen Zerreißversuches bestimmt.

Werden Ringrohlinge zur Prüfung aufgeschnitten, so zeigt sich manchmal sehr deutlich, daß die Stoßenden sich öffnen oder schließen oder auch, besonders bei aus Schleudergußbüchsen gearbeiteten Ringen, daß sie aus der Ringebene heraustreten. Derartige Erscheinungen sind natürlich Anzeichen dafür, daß die Ringe mit inneren Spannungen behaftet waren; ihre Höhe läßt sich aus der beobachteten Veränderung des Stoßspiels etwa errechnen.

6. Härtemessungen. Die Bestimmung der Härte von Kolbenringen erfolgt nach den allgemeinen Regeln für Härteprüfungen.

In der Regel werden folgende Verfahren angewendet:

Für Graugußringe unter 3 mm radialer Breite: Die Prüfung nach Nibri (Hartmetallkegel) bzw. Vickers (Diamantkegel, Kegelwinkel 136°), Prüflast 100 bis 10 kg oder nach Rockwell B ($^1/_{16}''/100$ kg).

Ringe von 3 bis 10 mm radialer Breite: Brinell (2,5/187,5) oder Rockwell B ($^1/_{16}''/100$).

Ringe über 10 mm radialer Breite: Brinell (5/750).

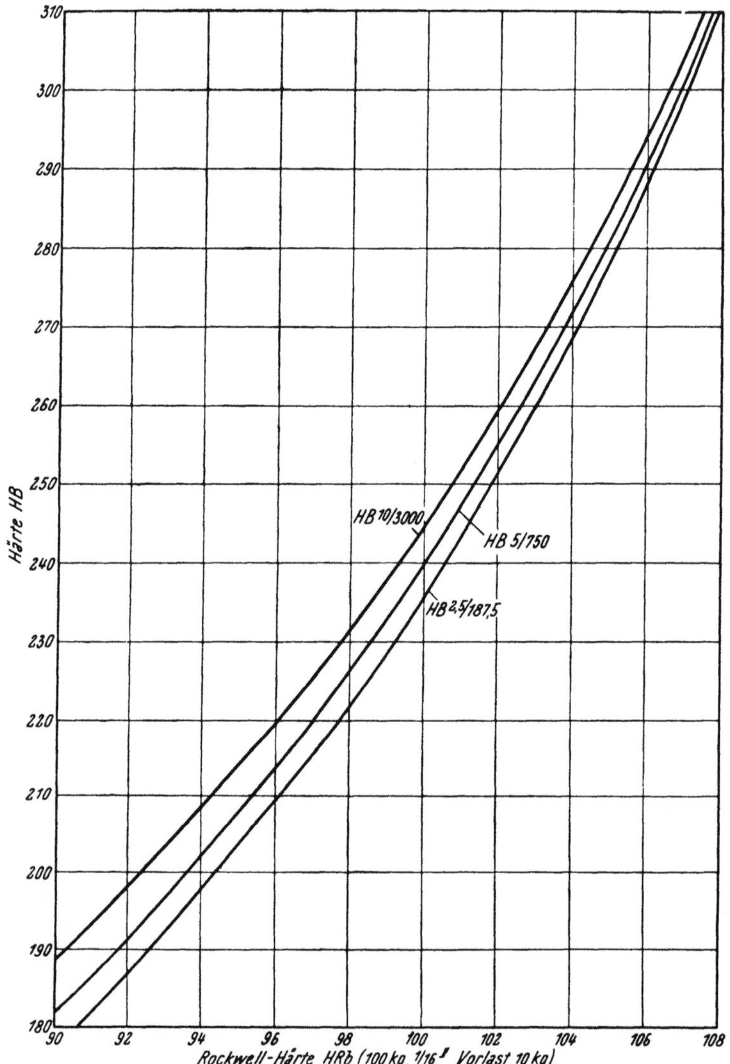

Abb. 209. Beziehung zwischen Rockwell B-Härte und Brinellhärte für Kolbenring-Grauguß

Die Härtebestimmung nach Rockwell B eignet sich vorzugsweise zur raschen Prüfung größerer Stückzahlen; die Beziehung zwischen der abgelesenen Rockwell-B-Härte und Brinellhärte kann der Abb. 209 entnommen werden, doch sind die bei Messungen nach dem ersteren Verfahren zu beobachtenden Streuungen oft nicht unerheblich. — Die Prüfungen nach Vickers, Nibri und Brinell geben gut übereinstimmende Werte.

Wo große Ringserien auf Härte zu prüfen sind, eignen sich automatische Härteprüfer, bei denen magnetgesteuerte Sortierbahnen die geprüften Teile selbsttätig nach „gut", „zu weich" und „zu hart" aussortieren; solche Prüfgeräte gestatten die Prüfung nach Brinell oder Rockwell.

Hartchromschichten werden nach Vickers oder Knoop je nach Schichtdicke mit Belastungen von 0,1 bis 1,0 kg geprüft.

B. Maß- und Ausführungskontrolle

Jeder die Herstellungsgenauigkeit überprüfende Kontrollgang am fertigen Ring muß ohne Zerstörung, ohne Verformung und ohne sonstige Beeinträchtigung der Güte des Ringes erfolgen. Unter Berücksichtigung dieser Forderung wurden zahlreiche Sonderprüfeinrichtungen geschaffen, die bei den einzelnen Ringherstellern verschieden durchgebildet und entwickelt erscheinen und neben den allgemein im Maschinenbau üblichen, der Maßkontrolle dienenden Meßgeräten in Verwendung stehen.

Je schärfer aber die Fertigung durch Zwischenkontrollen überwacht wird, auf desto weniger Einzelprüfungen kann sich die Schlußkontrolle beschränken und jeder Arbeitsgang, der in sich abgeschlossen durch Zwischenkontrollen eine Genauigkeit gewährleistet, die innerhalb der zugelassenen Toleranzen liegt, läßt einen Endkontrollgang einsparen und macht sich daher bezahlt.

Dies ist unbedingt anzustreben, weil die bei einer späteren Kontrolle vielfach an jedem einzelnen Stück vorzunehmende Prüfungen einen unverhältnismäßig großen Zeit- und Arbeitsaufwand erfordern, so daß es vor allem bei der Massenfertigung von Kleinringen und hier wieder insbesondere von einfachen zylindrischen Verdichtungsringen, durchaus möglich ist, daß die Kontrolle teurer kommt, als die Summe aller Bearbeitungsgänge.

Wo es sich um die Prüfung sehr großer Stückzahlen von gleichen Abmessungen handelt, wurden für verschiedene Kontrollgänge auch vollautomatisch arbeitende Geräte eingesetzt; solche sind aber kostspielig und ihre Anwendung beschränkt sich auf die Kontrollabteilungen sehr großer Ringfabriken oder sehr bedeutender Ringabnehmer. Im allgemeinen erfolgt aber heute die Ringkontrolle, auch in verhältnismäßig bedeutenderen Ringfabriken, nach ziemlich alten, oft primitiven und recht zeitraubenden Methoden.

Auch beim Kunden ist es üblich, je nach Ruf und Verläßlichkeit der ausführenden Ringfabrik, die Ausführung und Qualität der Ringe entweder stichprobenweise an geringeren oder größeren Stückzahlen oder auch 100%ig nachzuprüfen; hier lohnt sich die Beschaffung kostspieliger Sondergeräte im allgemeinen nicht, vielmehr erfolgt die Prüfung unter Zuhilfenahme von verhältnismäßig einfachen Vorrichtungen und diese sollen hier vor allem kurz Erwähnung finden.

1. Prüfung der achsialen Ringhöhe. Die Nachmessung, bzw. Kontrolle der achsialen Höhe erfolgt entweder mittels Minimetern (Abb. 210), oder weniger genau mit Hilfe von Durchschiebelehren (Abb. 211). Die erstere Messung gestattet die Prüfung der Planparallelität, d. h. die Nachprüfung der Ringhöhe Punkt für Punkt und gibt Maximal- und Minimalwerte sowie den Höhenverlauf in radialer wie in Umfangsrichtung für jeden einzelnen Ring an und kann wertvolle Hinweise für etwaige Fehler in den Bearbeitungsmethoden geben. — Das letztere Verfahren geht etwas rascher, gibt aber nur an, ob das Höhenmaß des Ringes oder ganzer Ringserien, am ganzen Umfang gleichzeitig gemessen, innerhalb der Toleranz liegt; es eignet sich daher für Massenprüfungen. Auch für eine rasche Überprüfung beim Verbraucher ist das Verfahren im allgemeinen geeignet und hinreichend.

Bei der Prüfung auf Durchschiebelehren müssen die Lehrenspalte um gewisse Erfahrungswerte ober-, bzw. unterhalb der Toleranzgrenzen eingestellt werden, um ein Klemmen oder „Anbeißen" maßgerechter Ringe beim Durchschieben und damit auftretende Beschädigungen an den Seitenflächen und Kanten zu vermeiden. Überdies muß ein leicht welliger oder in achsialer Richtung verwundener Ring beim Durchschieben flach gedrückt werden, damit nicht Ringhöhenmaß + Welligkeit gemessen werden.

Sogenannte „Schlitzfall-" oder „Fall"-Lehren (Abb. 212) werden dagegen angewendet, um Ringhöhe + Welligkeit zugleich zu prüfen; die Einstellung der Lehren, auf deren Gutseite der Ring durch sein Eigengewicht durchfallen muß, muß gegebenenfalls mit dem Abnehmer, der diese Prüfung vorschreibt, vereinbart werden; jedenfalls muß aber der Spalt auf der Gutseite etwas kleiner sein,

Abb. 210. Prüfung der achsialen Ringhöhe mittels Minimeters
(Werksphoto A. B. Davy Robertson)

Abb. 211. Durchschiebelehre zur Prüfung der achsialen Ringhöhe
(Werksphoto Mahle K. G.)

Abb. 212. Schlitzfall-Lehre zur Prüfung von Ringhöhe + Welligkeit
(Werksphoto Goetzewerke A.G.)

als das Mindesthöhenmaß der Nuten, in welche die Ringe eingebaut werden sollen. — Die Meßbrückenbreiten müssen hier größer gehalten werden, als bei Durchschiebelehren; sie sollen mindestens 0,6 bis 0,75 des Durchmessers der zu prüfenden Ringe betragen.

Bei Großringen wird die achsiale Höhe bzw. die Planparallelität durch Messen mittels Schraubenmikrometers geprüft.

2. Prüfung der radialen Wanddicke. Zur serienweisen Nachprüfung der radialen Wandstärke dienen einfache Meßeinrichtungen nach Abb. 213 und 214, ausgerüstet mit Meßuhren von 0,01 mm Anzeigegenauigkeit, sie gestatten rasch die Prüfung der Wanddicke am ganzen Umfang.

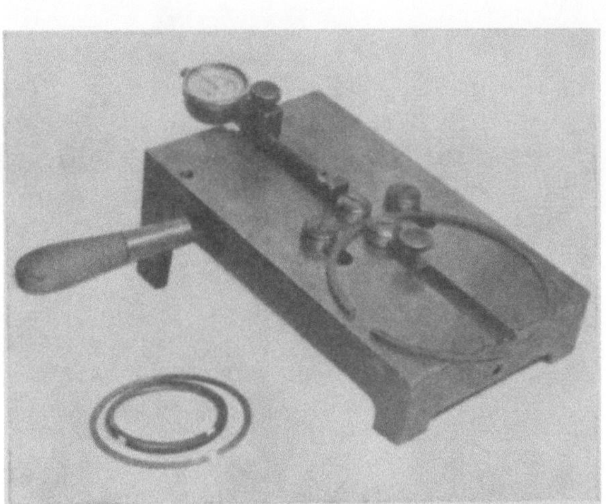

Abb. 213. Gerät zur Prüfung der radialen Wanddicke (Werksphoto Mahle K. G.)

Abb. 214. Prüfung der radialen Wanddicke (Werksphoto A. B. Davy Robertson)

Für die Prüfung von Großkolbenringen dienen Schraubenmikrometer mit einseitig kugeliger Meßfläche; auch einzelne kleine Ringe werden auf diese Weise nachgemessen.

Geringe Wandstärkenunterschiede über den ganzen Umfang sind das Kennzeichen guter Ringe; größere Unterschiede weisen auf Fabrikationsfehler und ungenaue Bearbeitungsvorrichtungen, bzw. auch auf ungeeignete Bearbeitungsverfahren hin.

3. Rundheitsprüfung. Die einfachste Art der Rundheitsprüfung erfolgt durch Einlegen des Ringes in einen Lehrring (Kaliberring) vom Nenndurchmesser. Die Prüfung auf lichtdichtes Anliegen kann durch Beobachten über einer Lichtquelle (Abb. 215), gegebenenfalls auch durch Vergrößern des Lichtspaltbildes mittels eines Linsensystems und Projizieren desselben auf eine gegen seitlichen Lichteinfall geschützte Mattscheibe noch deutlicher sichtbar gemacht werden (Abb. 216).

Diese Prüfung ist außerordentlich empfindlich; sorgfältige Säuberung sowohl des Kaliber- als auch des zu prüfenden Ringes sowie gründliche Entfernung aller Grate ist deshalb vor Vornahme der Prüfung notwendig.

Bei Großringen prüft man das Anliegen des Ringes am Umfang im Kaliberring mittels einer Fühllehre von 0,05 mm Stärke. Bei höheren Ansprüchen an die Rundheit wird auch hier die Lichtspaltdichte über einer Lichtquelle kontrolliert.

Voraussetzung für die Richtigkeit der Prüfung ist es, daß

Abb. 215. Prüfung der Lichtdichtheit im Kaliberring
(Werksphoto Brico)

Abb. 216. Prüfung der Lichtdichtheit im Kaliberring bei optischer Vergrößerung und Projizierung auf eine Mattscheibe
(Werksphoto Mahle K. G.)

die verwendeten Lehrringe in der Bohrung genau kreisrund und zylindrisch sind und überdies genau dem Nenndurchmesser des Ringes entsprechen. Da die Lehrringe im Gebrauch rasch verschleißen, müssen sie sehr häufig nachkontrolliert werden; es empfiehlt sich, sie innen in der Bohrung hartzuverchromen.

Ringe, die sich bei der Prüfung im Kaliberring als fehlerhaft erweisen, das heißt Lichtspalt zeigen, sollten grundsätzlich ausgeschieden werden; vereinzelte Abnahmevorschriften lassen zwar Lichtspalte auf gewisse Teile des Umfanges — z. B. auf ein Fünftel desselben — zu; doch erscheint dies nicht empfehlenswert und für alle Fälle, wo nur kurze Einlaufzeiten zur Verfügung stehen oder wo bei hohen Drücken gearbeitet werden soll, muß auf voller Lichtspaltdichtheit bestanden werden.

Die Lichtspaltprüfung wird, wenigstens soweit es sich um Kleinringe handelt, wohl in allen Ringfabriken vorgenommen; weil aber durch nachträgliche Verformungen des Ringes immer wieder die Möglichkeit zum Auftreten von Lichtspalten besteht, ist es empfehlenswert, daß auch der Verbraucher die Prüfung

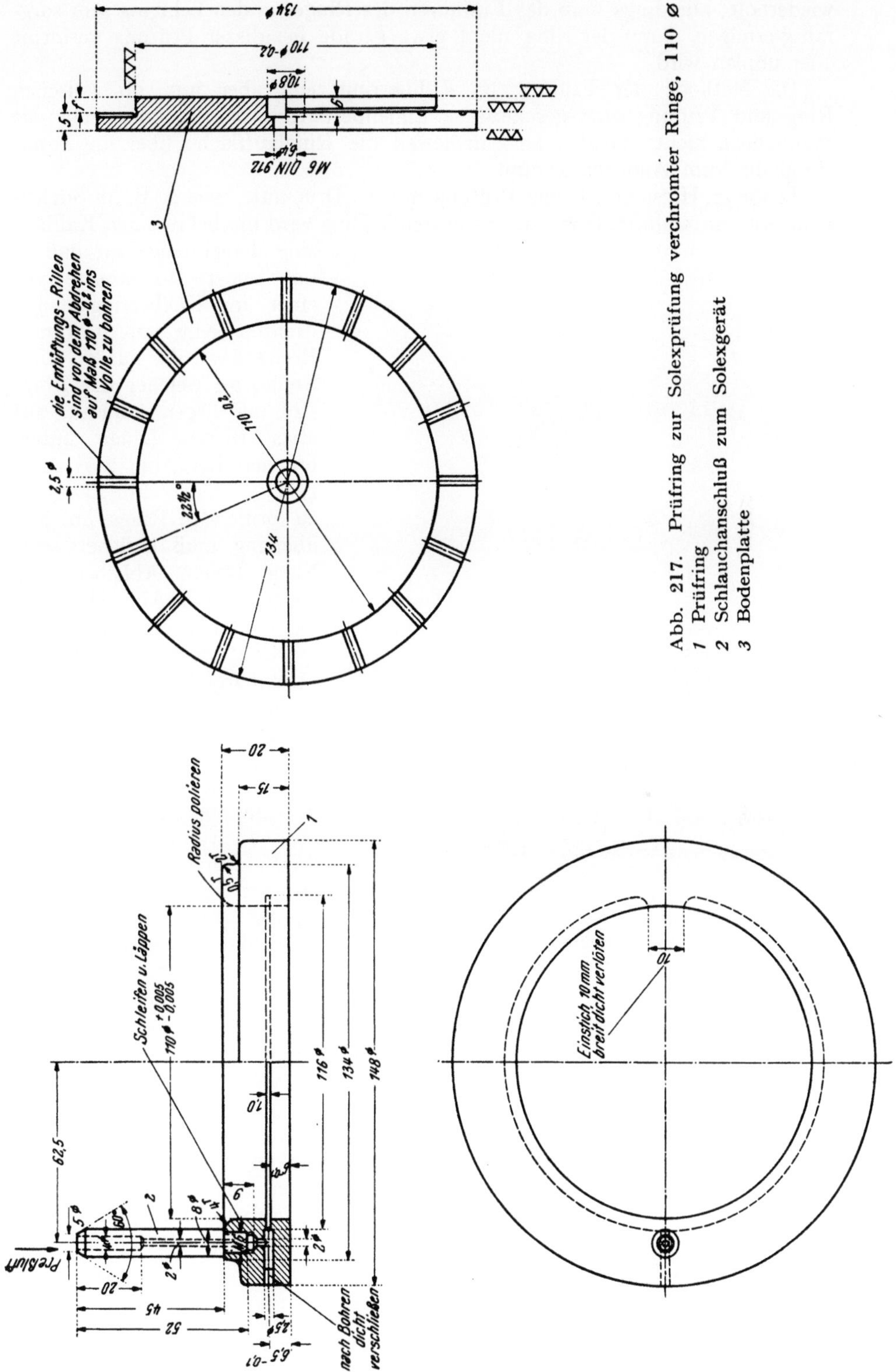

Abb. 217. Prüfring zur Solexprüfung verchromter Ringe, 110 ∅
1 Prüfring
2 Schlauchanschluß zum Solexgerät
3 Bodenplatte

wiederholt; allerdings muß das Einführen des Ringes in den Lehrring sehr sorgfältig erfolgen, damit der Ring nicht etwa gerade bei dieser Prüfung verformt
oder unplan wird.

Die Methode der Prüfung im Kaliberring zeigt aber nur, ob zwischen
Ring und Prüfung eine geschlossene Linienberührung besteht oder nicht; sie
sagt jedoch nichts darüber aus, inwieweit die Ringlauffläche über die ganze
Ringhöhe zum Anliegen kommt.

In dieser Hinsicht ist eine Prüfung mittels Druckluft, wie z. B. im SOLEX-
Prüfgerät, aufschlußreicher; der zu prüfende Ring wird hierbei in einen Kaliberring derart eingelegt, daß er mit seiner Höhenmitte vor einer im Kaliberring eingedrehten Nut von 0,75 mm Breite liegt, die nur an jener Stelle, an welcher der Ringstoß zu liegen kommt, auf etwa 10 mm Länge unterbrochen ist (Abb. 217). Die
genau winkelrechte Lage des zu prüfenden Rings im Kaliberring muß gesichert sein.
Nach freiem Abheben des Ringes, wie in Abb. 218, muß das Prüfgerät einen bestimmten, mit dem Abnehmer zu vereinbarenden Skalenwert anzeigen. — Die Prüfung
am SOLEX-Gerät findet hauptsächlich bei hartverchromten zylindrischen Kolbenringen
für Fahrzeug-Dieselmotoren, aber auch für andere zylindrische Ringe Anwendung, die
vor dem Einbau zur Beschleunigung und Erleichterung des Einlaufvorganges in Zylindern vom Nenndurchmesser eingeläppt wurden.

Abb. 218. Prüfung von Kolbenringen mittels Solex-
geräts
(Werksphoto Mahle K G.)

Nach dem vorbeschriebenen Prüfverfahren lassen sich jedoch nicht Ringe erkennen, die auf „ratternden" Bänken fertig-feingedreht wurden; solche Ringe
versagen aber leicht während des Einlaufvorganges, vor allem in harten oder
hartverchromten Zylindern und ergeben, z. B. in Kompressoren, oft unerklärlich
hohen Ölverbrauch. Es empfiehlt sich deshalb, zur Überwachung der Fertigung
jeweils eine Anzahl der von den verschiedenen Bänken stammende Ringe in
genau kreisrunden Graugußzylindern während kurzer Zeit einzutuschieren und das
entstandene Laufbild zu prüfen; wird dabei Diamantstaub als Einläppmittel verwendet, so genügen drei bis vier Hin- und Hergänge der Ringe im Zylinder, um
die Erscheinung deutlich sichtbar zu machen.

4. Kontrolle des Einbaustoßspiels. Zur Prüfung des Einbaustoßspiels (und
damit indirekt zur Prüfung des Ringaußendurchmessers) werden die Ringe in
Kaliberringe vom Nenndurchmesser genau plan eingelegt und das vorhandene

Stoßspiel mittels Fühllehre (Spion) gemessen. — Die Prüfung kann zugleich mit der Lichtspaltprüfung oder auch beim Justieren des Stoßspiels erfolgen. — Der zur Prüfung verwendete Kaliberring muß selbst sehr genau maßhaltig sein; jede Durchmesserabweichung zeigt sich in einer π-fach größeren Veränderung des Stoßspiels. Auf die Notwendigkeit sehr häufiger Kontrolle der Kaliberringe, bzw. auf die Zweckmäßigkeit, sie zu verchromen, sei auch hier hingewiesen.

Die nicht zu umgehende Prüfung jedes einzelnen Ringes hinsichtlich der Größe des Stoßspiels wird jedoch nach dem erwähnten Verfahren recht zeitraubend und teuer. Wo größere Serien zu prüfen sind, verwendet man deshalb eine mit Druckluft betätigte Vorrichtung mit zweiteiligen Kaliberring-Einlagen nach Abb. 219. Der obere Backen ist nach oben hin parallel verschiebbar und die Vorrichtung wird so weit geöffnet, daß der zu prüfende Ring im spannungslosen Zustand eingelegt werden kann. Beim Schließen der Backen wird der Ring bis zum Aufeinandersitzen der Stoßenden zusammengedrückt. An der entsprechend eingestellten Meßuhr kann abgelesen werden, ob der Ring das vorgeschriebene Stoßspiel besitzt, bzw. es kann die Größe des Stoßspiels auf 1/100 mm abgelesen

Abb. 219. Pneumatisch betätigte Vorrichtung zur Prüfung des Stoßspiels

werden. Durch Auswechseln der Kaliberring-Einlagen ist das Gerät für einen größeren Durchmesserbereich verwendbar. — Diese Kontrolleinrichtung läßt sich praktisch mit der Stoßspiel-Justiervorrichtung unmittelbar kombinieren.

5. Prüfung der Winkellage zwischen Lauffläche und Ringflanken. Ein Gerät nach Abb. 220 dient zur serienmäßigen Kontrolle der Abweichungen von der senkrechten Lage zwischen Lauffläche und Ringflanken. Ein um eine horizontale Axe schwenkbares Prisma legt sich beim Andrücken des auf einer ebenen Platte liegenden zu prüfenden Ringes an dessen Außenfläche an. Die Schrägstellung des Prismas wird auf eine Meßuhr mit 1/100 mm-Teilung übertragen: Einem gemessenen Ausschlag an der Meßuhr entspricht daher ein ganz bestimmter Schräglage-Winkel. — Die Vorrichtung eignet sich auch zur Prüfung von Top-(Minuten-)Ringen sowie von konischen Ringen.

Für den gleichen Zweck kann auch ein Spiegelmeßgerät dienen, dessen Prinzip die Abb. 221 veranschaulicht.

Für an der Lauffläche feingedrehte Graugußringe wird in der Regel eine Schräglage bis zu 3′, bei verchromten Ringen bis zu 5′ zugelassen; bei besonders hoch zu stellenden Anforderungen, z. B. bei eingeläppten Ringen, wird auch die Forderung nach einer maximalen Winkelabweichung von 2′ gestellt. — Bei hartverchromten, an der Lauffläche eingeläppten Ringen muß dagegen die Winkellage sogar mit weniger als 2′ Genauigkeit eingehalten erscheinen. — Die Balligkeit der Ringlauffläche zylindrischer Ringe soll in keinem Fall 0,001 mm je mm Ringhöhe überschreiten.

Ein mit diesen Geräten nicht deutlich feststellbarer,

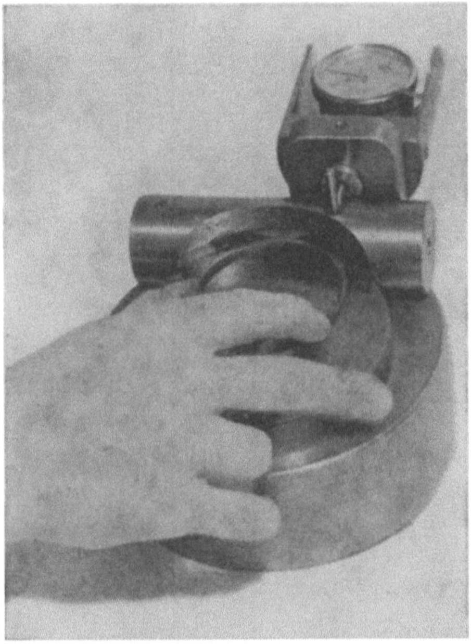

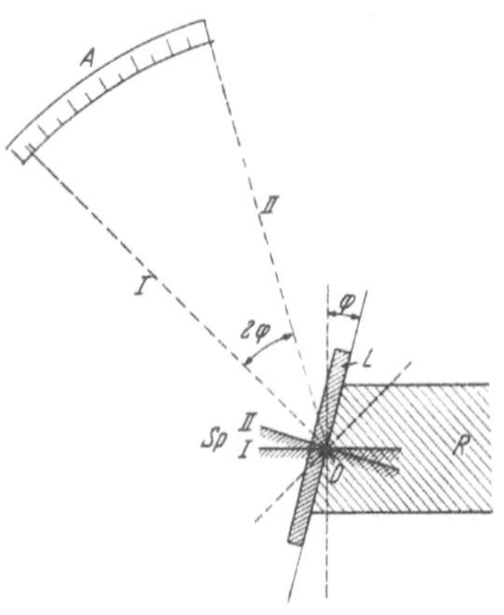

Abb. 221. Prinzip eines Spiegelgeräts zur Prüfung der Winkellage zwischen Ringflanken und Lauffläche

R   Kolbenring
L   Anschlaglineal
O   Drehachse
Sp   Spiegel (in Lagen I und II)
A   Ableseskala
φ   Schräglagewinkel
(Nach Goetzewerke [122])

Abb. 220. Gerät zur Prüfung der Winkellage zwischen Ringlauffläche und Ringflanken (Werksphoto Mahle K. G.)

jedoch nicht selten, vor allem bei Einzelgußringen, und hier wieder vorzugsweise bei solchen mit hochgezüchtetem E-Modul und hoher Härte im Gußzustand, zu beobachtender Fehler entsteht durch Verwindungen des Ringes, die durch zurückbleibende Gußspannungen oder auch durch unrichtige Ausführung einzelner Bearbeitungsgänge bewirkt werden können und Abweichungen von der korrekten Winkellage zwischen Lauf- und Seitenflächen zur Folge haben. Auch solche Verwindungen können nach kurzem Einläppen, wie dies vorhin für das Erkennen von auf ratternden Maschinen bearbeiteten Ringen beschrieben wurde, rasch deutlich sichtbar gemacht werden. — Verwundene Ringe tragen abwechselnd über Teile des Umfangs an der oberen und unteren Kante; an jenen Stellen, wo die Anlageseite wechselt, herrscht immer niedriger Anpreßdruck. — Der genannte Fehler bringt Einlaufschwierigkeiten, verbunden mit erhöhter Freßneigung und starkem Durchblasen, oft auch ungleichmäßigen und sonst unerklärlich hohen Ölverbrauch mit sich. Je besser die Planheit der Rohlinge ist, die zur Ringfertigung verwendet werden und je gleichmäßiger ihre Härte ist, desto weniger tritt die Erscheinung auf.

6. Planheitsprüfung. Die Prüfung auf Planheit erfolgt in der Regel durch Auflegen des Ringes auf eine Tuschierplatte; durch leichtes Aufdrücken mit dem Finger lassen sich schon geringfügige Unplanheiten recht empfindlich feststellen: Unplane Ringe federn von der Platte hoch oder kippen beim Niederdrücken. — Die Prüfung muß durch abwechselndes Auflegen auf beide Flanken erfolgen.

Der häufigste Fehler ist ein spiraliges Verwinden der Ringe, so daß sich ein Stoßende von der Tuschierplatte abhebt, ein Fehler, der sich durch „Richten" der Ringe verhältnismäßig leicht beheben läßt.

Auch zur Kontrolle auf Planheit wird bisweilen eine Lichtspaltprüfung angewendet; ein hierzu dienendes Gerät zeigt z. B. die Abb. 222. Der obere Deckel darf aber beim Auflegen auf den Ring diesen keinesfalls belasten und niederdrücken. Die Anwendung solcher Vorrichtungen hat sich nicht eingebürgert.

Abb. 222. Gerät zur Planheitsprüfung mittels Lichtspaltverfahrens
(Werksphoto Goetzewerke A. G.)

7. Geräte zur Messung der Ovalität und zur Bestimmung der Radialkurven. Zur Überwachung der Ringfertigung hinsichtlich der Gleichmäßigkeit der Anpreßdruckcharakteristik der erzeugten Ringe empfiehlt sich die Feststellung der Ringovalität und eventuell auch die Aufzeichnung der Radialkurve.

Am einfachsten geschieht dies durch Zusammenspannen des Ringes in einem dünnen, biegsamen Band bis zum Schließen auf Stoßspiel und darauffolgendes Ausmessen der beiden Hauptdurchmesser

Abb. 223. Messung der Ringovalität und der Radialkurve nach Zusammenspannen des Ringes im elastischen Band
(Werksphoto Goetzewerke A. G.)

mittels Schublehre oder Meßuhr zur Ermittlung der Ringovalität; eine einfache, für diese Messung geeignete Vorrichtung zeigt z. B. Abb. 223. — Mißt man überdies den sich ergebenden Ringdurchmesser auch nach anderen Durchmesserrichtungen aus, so läßt sich die Radialkurve angenähert aufzeichnen. — Geräte dieser Art eignen sich nicht zur Bestimmung der Radialdruckkurven, weil sie nicht die Größe des Krümmungsradius am Ring bestimmen; von dessen Änderung beim Übergang zur aufgezwungenen Kreisform hängt aber die Höhe des Anpreßdrucks ab.

Abb. 224. Gerät zur Ausmessung der Radialkurve und Bestimmung der Ringcharakteristik
(nach Brandenberger)

Beim Formdrehen von Kolbenringen muß die Radialkurve für die jeweils nach jeder Umstellung, bzw. Neueinstellung der Formdrehbank zuerst gedrehten Ringe sofort möglichst genau festgestellt und aufgezeichnet werden; auf Grund dieser Ausmessung wird die Einstellung der Bank eventuell geändert und das Ergebnis hierauf erneut überprüft. — Zu dieser genauen und raschen Bestimmung von Ovalität und Radialkurve dient eine Meßvorrichtung nach Abb. 224. Der im biegsamen Band vorher auf Einbaustoßspiel geschlossene Ring wird dabei zwischen zwei Platten festgespannt und nach Einsetzen derselben in die Vorrichtung mittels Stellschrauben so auszentriert, daß die beiden Hauptdurchmesser des Ringes jeweils symmetrische Ausschläge ergeben. Die Radialkurve wird dann durch Verdrehen des Ringes um gleiche Winkelbeträge und Ausmessen der radialen Abweichungen mittels der aufgesetzten, auf 1/100 mm geteilten Meßuhr bestimmt.

Es sei hier jedoch ausdrücklich hervorgehoben, daß derart aufgenommene Radialkurven auf die Radialdruckverteilung wohl einigermaßen zurückschließen lassen, dessen wahre Höhe und verhältnismäßige Verteilung jedoch keineswegs angeben. Für ein auf entsprechende Erfahrungen gestützte Ringfertigung sowie im allgemeinen auch für den Verbraucher reichen aber die erwähnten Meßmethoden hin.

C. Messung des Anpreßdruckes und Aufzeichnung der Radialdruckkurven

Kolbenringfabriken werden bei ihren Entwicklungsarbeiten, ebenso wie Forschungsanstalten des Motorenbaus und andere bei ihren Untersuchungen, immer wieder vor die Frage gestellt, welches die „wahren" Drücke sind, mit denen der Ring an der Zylinderwand anliegt, und wie sich der Anpreßdruck wirklich über den Ringumfang verteilt. Dies ist für das Verhalten des Ringes im Betrieb, für die Reproduzierbarkeit der Verhältnisse und damit auch für die Ringfertigung von großer Wichtigkeit und eine korrekte Radialdruckmessung erlangt umso größere Bedeutung, je höhere Anpreßdrücke verlangt und je weiter die Kolbengeschwindigkeiten gesteigert werden.

Das Problem, vor dem man bei der Aufgabe, die wahren Anpreßdrücke zu messen, steht, ist äußerst schwierig zu lösen, weil die Messung des an den einzelnen Umfangspunkten eines selbstspannenden Ringes auf die ihn kreisrund umschließende Zylinderwand ausgeübten Drucks ohne jede relative Verlagerung der einzelnen Punkte erfolgen muß; denn jede Verschiebung eines Punktes aus seiner Lage ändert nicht nur die Höhe des Druckes an dieser Meßstelle, sondern gleichzeitig auch die Druckverteilung am ganzen Ringumfang. — Die vom Ring auf die umschließende Wandung ausgeübten Kräfte müssen also entweder bei unendlich kleinen, praktisch also äußerst geringen radialen Verschiebungen gemessen werden oder diese Verschiebungen müssen vollständig kompensiert werden.

Unter den mannigfachen Vorrichtungen, die für die Messung des Radialdruckes in Praxis und Forschung entwickelt wurden, unterscheidet man 2 Gruppen: Die Gruppe der Einpunkt-Meßgeräte arbeitet mit Druckbestimmung an nur einem Punkt mittels nur eines Meßelementes; durch fortschreitendes Verdrehen des Prüfringes in der Meßvorrichtung um jeweils gleiche Winkel gestatten sie die angenäherte punktweise Bestimmung des wahren Anpreßdrucks und damit die Aufzeichnung der Radialdruckkurve. — Vielpunktgeräte verwenden dagegen eine Vielzahl von Druck-Meßelementen und erlauben daher die Messung des Radialdrucks gleichzeitig an einer größeren Anzahl von Umfangspunkten; sie ergeben damit sofort ein Bild über die Radialdruckverteilung. Nur Vorrichtungen der letzteren Art ermöglichen ein so rasches Arbeiten, wie es z. B. bei der Überwachung der Fertigung notwendig erscheint; doch sei hier von vorneherein festgestellt, daß die praktische Ausführung eines derartigen brauchbaren Instruments sehr schwierig ist und daß es ein in jeder Hinsicht vollkommenes, korrekt und rasch arbeitendes Instrument bisher für diesen Zweck noch nicht gibt.

Gäbe es keine Umfangsreibung, oder wäre diese — ebenso wie die Biegungsverhältnisse — für alle Umfangspunkte gleich groß, so müßten die geometrischen Summen aller Kräfte für die beiden beiderseits des zum Stoßdurchmesser senkrechten Durchmessers gelegenen Ringhälften gleich groß sein. Dieses „Gleichgewicht" ist ein Kennzeichen für korrekte Radialdruckkurven. — Bei den in der Literatur veröffentlichten Radialdruckkurven zeigen sich jedoch sehr häufig außerordentlich große Abweichungen von dieser Symmetrie, bis zu 40% und mehr; sie lassen die Unvollkommenheit der jeweils verwendeten Meßeinrichtungen erkennen.

1. Einpunkt-Meßgeräte. Ältere Einpunkt-Meßgeräte arbeiten meist so, daß der zu prüfende Kolbenring in einem Meßring gelagert wird, der an einer Stelle für die Aufnahme des Meßdruckorgans ausgespart ist. Zur Messung des Anpreßdrucks wird der Druck im Meßelement solange gesteigert, bis der Ring an der

Meßstelle um ein bestimmtes, möglichst klein zu haltendes Maß abgehoben wird. Solche Vorrichtungen arbeiten also mit einer nicht kompensierten Verformung

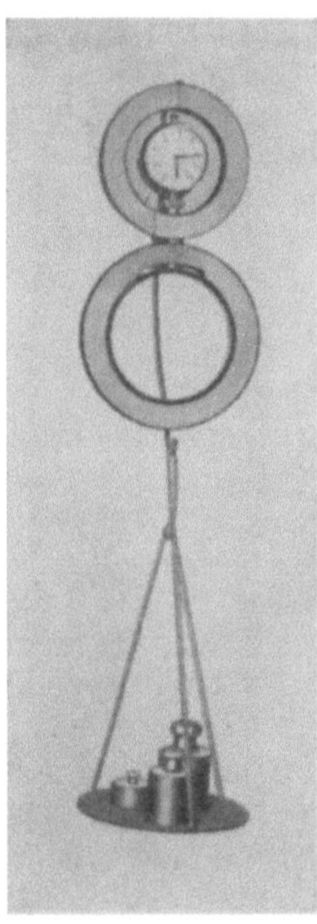

Abb. 225. Einfaches Gerät zur Radialdruckbestimmung mittels direkter Gewichtsbelastung
(Nach Kuhm, bzw. Goetzewerke)

Abb. 226. Einpunkt-Radialdruckmeßgerät der British Piston Ring Co. (Brico)
(Werksphoto Brico)

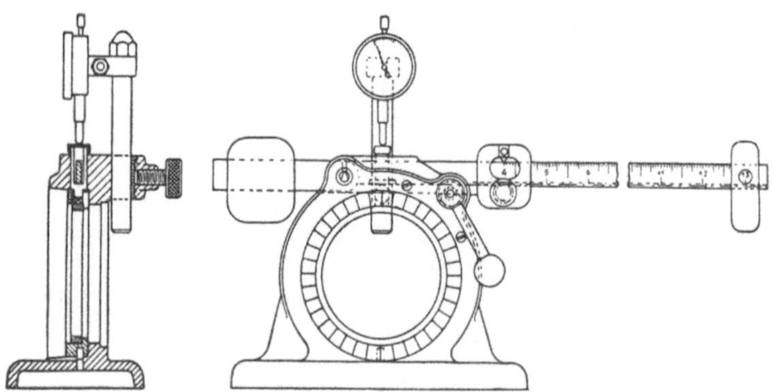

Abb. 227. Radialdruck-Meßgerät von Hepworth und Grandage [123]

des auszuwägenden Ringes. — Der Meßdruck kann dabei auf die verschiedenste Weise erzeugt werden: In einfachster Weise z. B. durch direkte Gewichtsbelastung.

Eine verhältnismäßig primitive und billig herzustellende Vorrichtung beschreibt KUHM [124]; sie wird in ähnlicher Weise auch von den Goetzewerken [125] erwähnt, Abb. 225. Auch eine Vorrichtung der British Piston Ring Co. (Brico), Abb. 226, arbeitet — ebenso wie viele andere — etwa nach dem gleichen Prinzip.

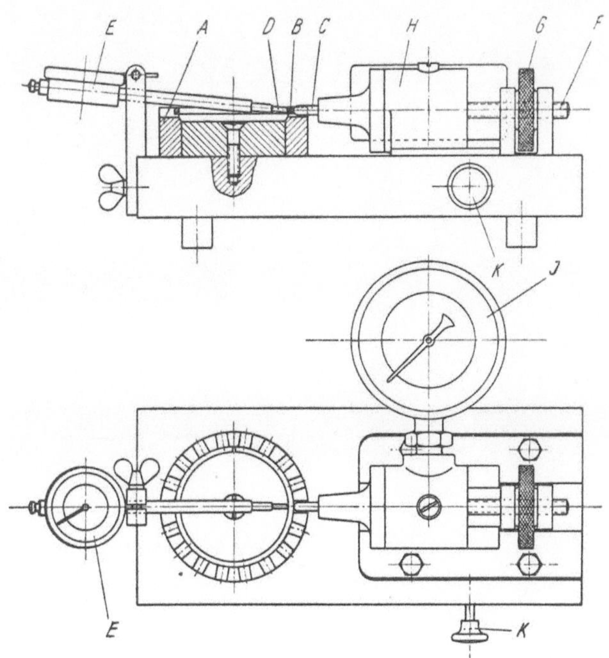

Abb. 228 a Neueres Radialdruck-Meßgerät der Goetzewerke [125]

A Aufnahme-Kaliberring	E Meßuhr 1/1000 mm	J Ölmanometer
B Kolbenring	F Einstellschraube	K Entlastung
C Druckstift	G Rändelmutter	
D Fühlstift	H Druckö(l)gehäuse	

Der Ring B wird an der Meßstelle mittels Schraubenspindel F und Rändelmutter G angedrückt, wobei gleichzeitig der Anpreßdruck über eine Membrane auf das Öldruckmanometer übertragen und dort abgelesen wird

Bei allen diesen Geräten wirkt auf den in einen Prüfring eingelegten Ring von außen her durch entsprechende Bohrungen im ersteren eine Gewichtsbelastung auf die Lauffläche, die so lange gesteigert wird, bis die am gleichen Punkt aufgesetzte Meßuhr ein radiales Abheben des Ringes um einen bestimmten Betrag anzeigt. — Die Belastung kann auch mittels Zeiger und Laufgewichtswagen, wie etwa beim Gerät von HEPWORTH und GRANDAGE, Abb. 227, oder mittels Druckmeßdose mit Manometerablesung, wie z. B. bei einem vervollkommneteren Gerät der Goetzewerke, Abb. 228 a und b, erfolgen.

Andere Geräte arbeiten mit Öl- oder pneumatischem Druck. — WILLIAMS und YOUNG [126] z. B. verwenden einen Kaliberring, Abb. 229, der an einer Stelle mit einer radialen, gegen die Lauffläche des zu prüfenden Ringes gerichteten Bohrung von kleinem Durchmesser versehen ist, die von der Höhe des Prüfringes überdeckt wird. Durch diese wird ein allmählich gesteigerter Öldruck auf den Ring einwirken gelassen so lange, bis dieser sich abhebt und Öl auszutreten beginnt. — Zur punktweisen Aufnahme der Radialdruckverteilung wird der Ring im Aufnahmering jeweils um einen bestimmten Winkel weitergedreht. — Die

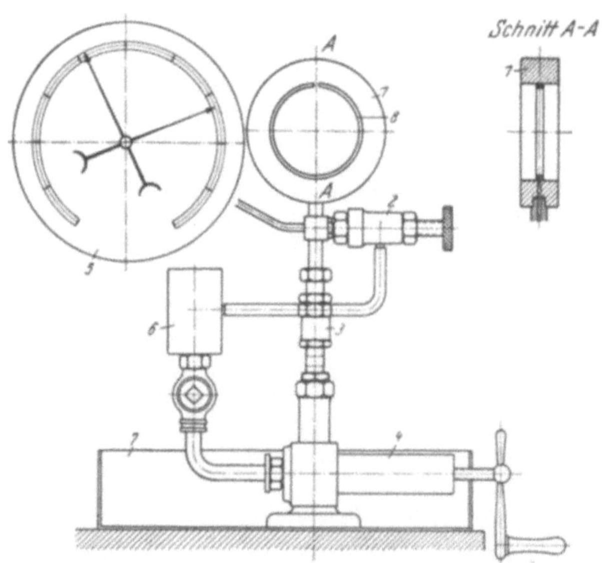

Abb. 229. Radialdruck-Meßgerät mit Öldruckwirkung nach WILLIAMS [126]

1 Aufnahmering mit Gradeinteilung	4 Druckelement	7 Ölwanne
2 Druckentlastungsventil	5 Druckmanometer	8 Zu prüfender Ring
3 Rückschlagventil	6 Ölbehälter	

Arbeit ist auch hier ziemlich langwierig; geprüft werden können wegen der erforderlichen Öldichtheit nur zylindrische Ringe mit genau senkrecht zu den Flanken stehenden Laufflächen.

Wie sehr die auf solchen Einpunkt-Meßgeräten gemessenen Anpreßdrücke und damit auch die gefundenen Radialdruckkurven von der Größe des Meßweges abhängen, geht aus einer Untersuchung [125] mit Hilfe eines Meßgerätes nach Abb. 232 hervor, bei welchem der Meßweg nacheinander mit 0,001, 0,003 und 0,010 mm eingestellt wurde; nicht nur, daß größere Meßwege einen höheren Anpreßdruck vortäuschen, ändert sich auch der Charakter der Anpreßdruckkurven nicht unwesentlich, wie Abb. 230 zeigt. Um die wahren Anpreßdrücke beim Meßweg Null zu erhalten, könnte man zwar so vorgehen, daß man die für verschiedene genau gemessene Meßwege ermittelte Werte aufträgt und die derart erhaltenen Kurven bis zum Meßwegwert Null extrapoliert: Abgesehen vom großen

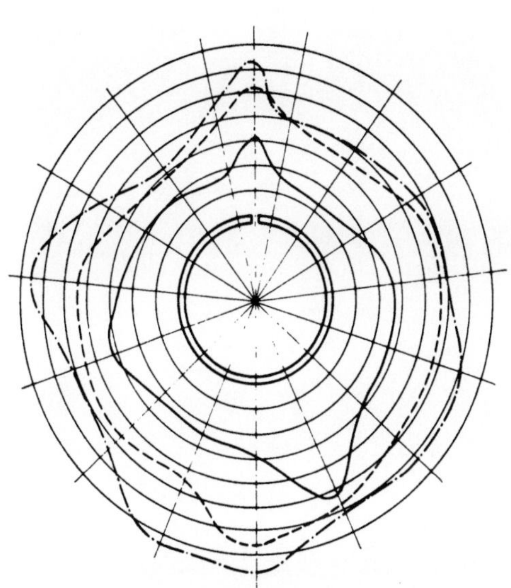

Abb. 230. Radialdruckkurven des gleichen Ringes, aufgenommen mit dem gleichen Meßgerät bei verschieden großen Meßwegen

———— Meßweg 0,001 mm

‑ ‑ ‑ ‑ ‑ Meßweg 0,005 mm

— · — Meßweg 0,010 mm

Nach [125]

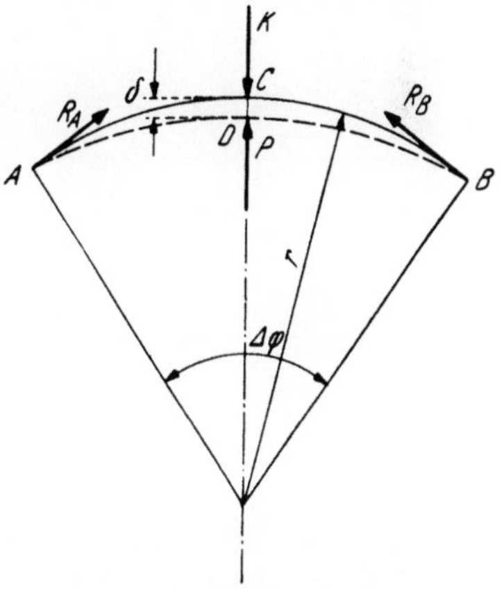

Abb. 231. Kräfteverhältnisse bei der Radialdruckmessung
(Nach [125])

hierfür erforderlichen Zeitaufwand wären aber die Ergebnisse dieses Verfahrens trotzdem recht unverläßlich.

Die an sich naturgemäß zeitraubenden Einpunktmessungen sind überdies noch mit einer Reihe von weiteren Fehlern behaftet, über deren Größe man sich theoretisch, einer Überlegung von GOETZE [125] folgend, etwa das nachstehende Bild machen kann:

Abb. 231 veranschaulicht ungefähr die an einem, in einem Lehrring liegenden und an einem Punkt C durch eine Kraft K als Meßdruck um das kleine Maß δ als Meßweg abgehobenen Kolbenring wachgerufenen Kräfte. Der Ring erscheint dabei von seiner durch die Auflage erzwungenen Kreisform $ABC = r \cdot \Delta\varphi$ auf die neue Gestalt ADB verformt. — Die abhebende Kraft K muß daher Gleichgewicht halten: Einer Kraft $P = p_m' \cdot r \Delta\varphi \cdot h$ (wobei p_m' den mittleren spezifischen Radialdruck auf der Strecke $r\varphi$ und h die achsiale Ringhöhe bedeuten); ferner dem durch die Verformung des Ringes erwachsenden Kraft-

anteil P': Ist c die Federkonstante des zwischen den Punkten A und B nun frei-
tragenden Ringes, so wird $P' \sim c \cdot \delta$. — Endlich kommen noch Reibungskräfte
am Ringumfang hinzu. Das Stück ACB verkürzt sich bei der Verformung zu
ADB und verlangt daher Verschiebungen am Ringumfang; dadurch werden an
den Punkten A und B Reibungskräfte wachgerufen, deren in die Meßrichtung
fallende Komponenten ebenfalls überwunden werden müssen; die Größe der
Reibungskräfte hängt daher auch von deren jeweils zwischen Meßpunkt und
Ringstoßenden liegenden Umfangslängen des Ringes ab; die größten Werte
ergeben sich bei Messungen am Ringrücken, die kleinsten an den Stoßenden, weil
der Ring an diesen nach innen ausweichen kann. Die Messung wird natürlich umso
genauer, je kleiner δ gewählt wird und am genauesten für $\delta = 0$.

Abb. 232. Radialdruckmeßgerät der Goetzewerke [125] mit Kondensator-Meßdose

Elektrische Druckmeßorgane erlauben die kleinsten Verschiebungen bei der
Kraftmessung und lassen damit die größte Meßempfindlichkeit erzielen; dies
gilt insbesondere für die Messung auf piezo-elektrischem Weg; doch ist bei
letzterer der Umstand unangenehm, daß das Element vor jeder Messung vollständig entlastet werden muß, da sie nur die Messung absoluter Drücke und
nicht von Druckdifferenzen gestatten. — Diesen Nachteil vermeiden Instru-
mente, die mit Kondensator-Meßdosen arbeiten; hier kann der Ring mit dem
Druckmeßorgan in ständiger Berührung bleiben und man erhält auch bei verhältnismäßig raschem Vorbeidrehen des Ringes vor der Kondensatormeßdose
ein gutes Bild über die Radialdruckverteilung; die Meßwege sind hier allerdings
wieder größer. — So verwendeten z. B. die Goetzewerke [125] bei einem neueren
Gerät eine Kondensator-Meßdose, Abb. 232; beim Gerät von OKOCHI und
EBIHARA [12], Abb. 233, sowie jenem von TEVES [127] erfolgen die Messungen
mittels Piezoquarz-Druckelementen mit Kompensation des Meßweges.

Ein wesentlich vervollkommnetes Einpunktmeßgerät wurde neuerdings im Institut für Verbrennungsmotoren und Kraftfahrwesen der Techn. Hochschule

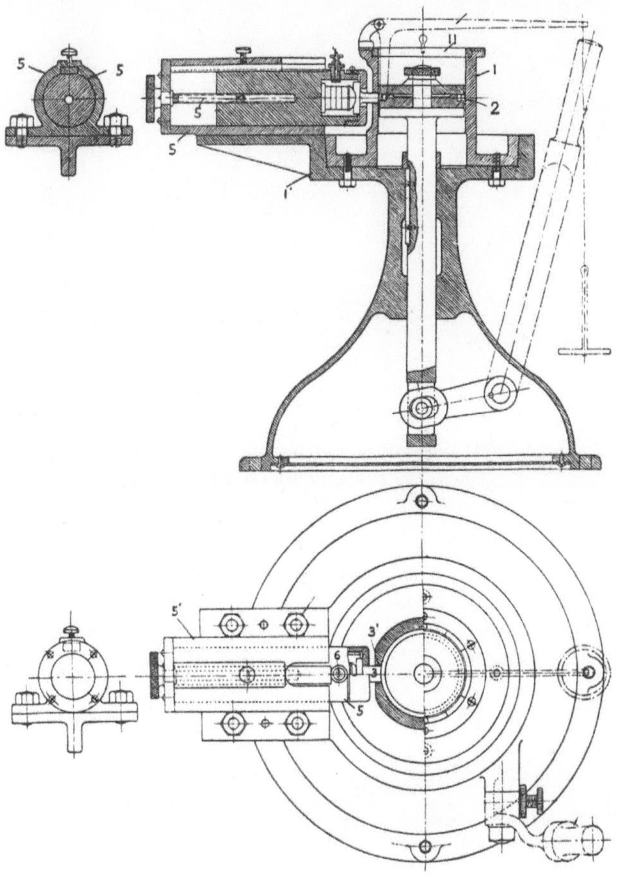

Abb. 233. Radialdruck-Meßgerät von OKOCHI und EBIHARA mit Piezoquarz-Druckelement [12]

Dresden entwickelt und von RICHTER [128] ausführlich beschrieben. Es arbeitet ähnlich wie die letztgenannten Geräte mit der Rückführung des an der Meßstelle in eine Unterbrechung der Abstützung vortretenden Ringes auf die durch eine Kaliberscheibe vom Ringnenndurchmesser festgelegte Ausgangsstellung, das heißt mit einer Kompensation der Ringverformung, bedient sich jedoch zur Kraftmessung des z. B. bei Solexgeräten angewendeten Differenzdruckprinzips.

Eine Gruppe von hauptsächlich für eine rasche Betriebskontrolle gedachten Meßgeräten stellen jene vor, bei denen der zu prüfende Ring zwischen im Kreis angeordneten Rollen oder Walzen ruht, deren innere Umhüllende gleich dem Nenndurchmesserkreis des zu prüfenden Ringes ist. — Der vom Ring ausgeübte Radialdruck wird an den einzelnen Rollen durch Messen ihres Widerstandes gegen Verdrehen bestimmt. Hierzu zählt z. B. das Gerät von TEETOR u. BRAMBERRY [129], Abb. 234. Es besteht aus einem achsial kurzen, innen genau zylindrischen, kreisrund geläppten Tragring. In gleichmäßigen Abständen auf den Innen-

umfang verteilt sitzen, durch eine Halteplatte getragen, bis zu 17 reibungslos
drehbare, glatt und rund geläppte Rollen, wobei die zu einem bestimmten

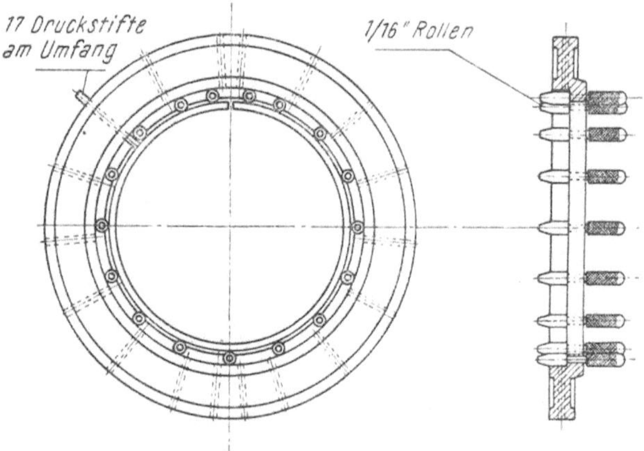

Abb. 234. Radialdruckmeßgerät mit Walzenfassung
(Nach TEETOR und BRAMBERRY [129])

Rollensatz gehörenden Rollen im Durchmesser auf eine Genauigkeit von
0,000 625 mm zueinander passend ausgesucht werden. — Wird ein Ring von
zutreffendem Durchmesser zwischen die Rollen eingelegt, so werden diese —

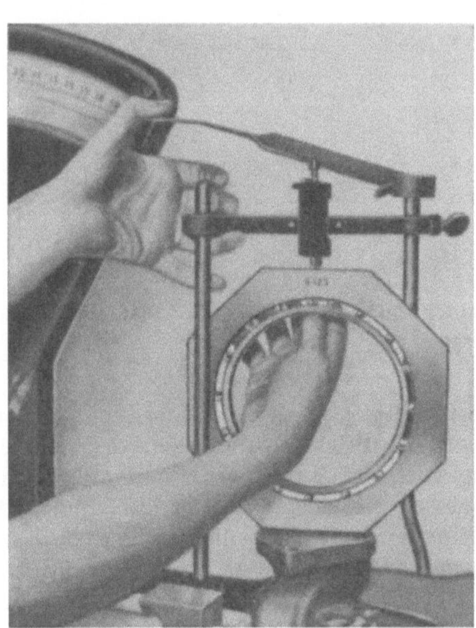

je nach dem örtlichen Anpreßdruck
des Ringes — verschieden stark
gegen die Wand des Kaliberringes,
angedrückt. Der radiale Anpreßdruck kann nach dem Gefühl, entsprechend dem jeweils herrschenden Reibungswiderstand beim Drehen der Rollen zwischen zwei Fin-
gern, geschätzt werden.

Um die Unsicherheit dieser rein
gefühlsmäßigen Beurteilung zu um-
gehen, wurde das Gerät mehrfach
abgeändert; so z. B. von FRIEND
[130], Abb. 235: Hier drücken
neben jeder Stützrolle angeordnete
Druckstifte von außen her auf die
Ringlauffläche und diese werden
unter gemessenen Belastungen so
lange nach einwärts gedrückt, bis
sich die Rollen dem Gefühl nach
mit gleichem Widerstand oder auch
ganz frei drehen lassen. — Ähnlich

Abb. 235. Radialdruckmeßgerät mit Walzenfassung nach FRIEND [130]

arbeitet auch eine Vorrichtung von
GOETZE [125], jedoch · mit ver-
tikal angeordneten Rollen und
nur einem Druckmeßgerät, durch welches der Ring an der Meßstelle solange
einwärts gedrückt wird, bis die betreffende Rolle frei herabfällt. — Dieses Ge-

rät ist demnach ein Einpunkt-Meßgerät, während die früher erwähnten Vorrichtungen eigentlich Vielpunktmeßgeräte primitiver Art darstellen.

Rollengeräte dieser Art arbeiten langsam und sind zudem nicht billig, da für jeden zu prüfenden Ringdurchmesser eine eigene Vorrichtung geschaffen werden muß; sie gestatten überdies auch nicht die Prüfung von Winkel- oder Topringen und geben fehlerhafte Anzeigen bei der Prüfung zylindrischer Ringe, die mit irgendwelchen Verwindungen behaftet sind.

2. Vielpunkt-Meßgeräte. Bei *Vielpunkt-Vorrichtungen* wird der Ring an einer endlichen Zahl von Meßpunkten durch Kräfte abgestützt, die den Ring gleichzeitig auf seinen Nenndurchmesser zu kreisrunder Form zusammendrücken. Weil aber jede Kraftmessung am Abstützpunkt eine Verschiebung des betreffenden Meßelements voraussetzt, muß diese Verschiebung, wenn die Meßergebnisse korrekt sein sollen, entweder kompensiert oder auf einen vernachlässigbaren Wert reduziert werden, was immer schwierig zu bewerkstelligen ist.

Abb. 236. Vielpunkt-Radialdruck-Meßgerät von Roux [131]

Vielpunkt-Geräte, bei denen der Ring während der Messung frei zwischen den Druckmeßelementen getragen wird, stellen aber den einzigen Meßgerättyp dar, welcher eine genaue, reibungsfreie Messung der Anpreßdruckverteilung gestattet; für eine reibungslose Bewegungsmöglichkeit an den einzelnen Anlagestellen, die nur radiale Auflagedrücke auf den Ring übertragen dürfen, muß aber auch hier gesorgt werden.

Von derartigen bisher zur Ausführung gelangten Mehrpunkt-Meßgeräten im engeren Sinn seien folgende erwähnt:

Die Vorrichtung von ROUX [131], Abb. 236; diese verwendet 18 Winkelhebel, die gleichzeitig, jedoch voneinander unabhängig, auf den Umfang des zu prüfenden Ringes einwirken. An den freien Enden der Winkelhebel werden so lange Gewichtsbelastungen aufgebracht, bis der Ring gerade den seinem Nenndurchmesser entsprechenden Kreis freigibt, auf welchen das Gerät ursprünglich eingestellt worden war.

Auch EBIHARA [12], MAHLE [132] und GOETZE [125] entwickelten unabhängig ähnliche Vorrichtungen. — Im allgemeinen wird aber von diesen berichtet, daß sie niemals zufriedenstellend entsprachen, weil die Schwierigkeiten beim gleichzeitigen Einstellen aller Druckmeßeinheiten zu groß werden.

Eine weitere, mit photoelastischen Messungen arbeitende Vorrichtung wurde von BUBB, MAYFIELD und PEPPING [133] angegeben.

Wesentlich vollkommener als die bisher geschilderten arbeitet das pneumatische Gerät von EXLINE [134], Abb. 237. Der zu prüfende, in einem kräftigen Zylinderring zusammengespannte Ring wird hier auf 18 gleichmäßig am Umfang verteilte, radial angeordnete, an den Stirnenden flachgeschliffene Bolzen abgestützt; die auf jeden einzelnen Bolzen ausgeübte Kraft wird durch ein sich selbst ausbalanzierendes, im Zylinderring gelagertes pneumatisches Meßelement gemessen. Die Anzeige erfolgt sehr übersichtlich auf 18 nebeneinander angeordneten Manometerrohren, Abb. 238; die Geschwindigkeit, mit der die Anzeige an dem einmal richtig eingestellten Instrument erfolgt, machten das Gerät auch für die Produktionsüberwachung angeblich geeignet.

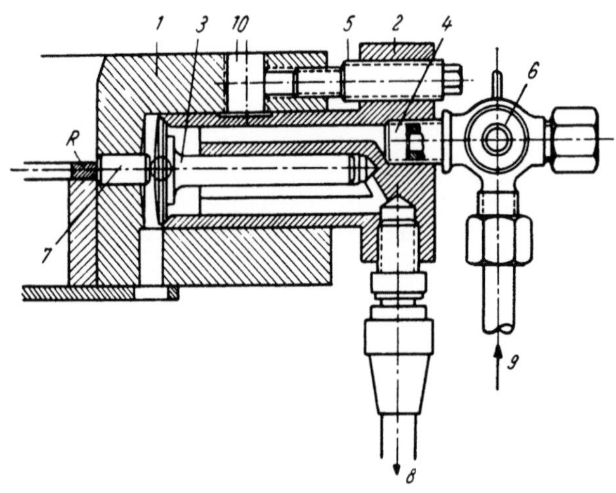

Abb. 237. Pneumatisches Druckmeßelement (Nach EXLINE [134])

1 Kaliberring	*6* Dreiweghahn
2 Meßelement, Grundkörper	*7* Druckbolzen
3 Ventil	*8* Rohrleitung zum Manometer
4 Drosselplatte (Eintrittsquerschnitt)	*9* Druckluft-Zuleitung
5 Differentialschraube zur radialen Einstellung	*10* Fixierschraube
	R Kolbenring

Das hier verwendete Meßelement erscheint in Abb. 237 im Schnitt dargestellt. Nach Passieren eines Druckreglers gelangt die zur Messung benötigte Druckluft von bestimmtem Druck in eine Verteilleitung und von hier durch die einzelnen Zuleitungen *9* zu den Meßelementen, durch eine Drosselplatte *4* von festem Durchflußquerschnitt in eine zylindrische Kammer des Element-Grundkörpers *2*; das Ende dieser Kammer bildet einen schmalrandigen Ventilsitz und wird durch das Ventil *3* abgeschlossen, das die durch den Durchfluß erzeugte Kraft über eine Stahlkugel und den Bolzen 7 auf den Ring *R* überträgt. Der Ring verformt sich der Kraft entsprechend elastisch, wobei sich das Ventil um einen kleinen Betrag h vom Sitz abhebt. Gleichgewicht stellt sich ein, sobald die Fläche des entstehenden Ringspalts so groß wird, daß die hier durchtretende Luftmenge gleich groß wird, wie die durch die Bohrung der Druckplatte *4* zufließende Luftmenge.

Bei der Messung ist es notwendig, daß der Ring vollständig von den 18 Bolzen 7 getragen wird; berührt er den Zylinderring, so wird die Messung fehlerhaft.

Die Einstellung des Geräts erfolgt mit Hilfe einer auf genauen Durchmesser geschliffenen Kaliberplatte, so daß zunächst die Enden der Bolzen 7 sämtlich genau gleichweit vom Mittelpunkt des Zylinderrings entfernt liegen. Dann werden alle Elemente so eingestellt, daß sie an den Manometern gleiche Ablesungen ergeben. Hierauf wird ein Kolbenring eingelegt und mit seiner Rückenmitte vor das Meßelement 1 gebracht und dieses Element nun so eingestellt, daß die Manometerablesung etwa der erfahrungsgemäß zu erwartenden Höhe entspricht.

Abb. 238. Pneumatisches Radialdruck-Vielpunkt-Meßgerät von EXLINE [134]

Hierauf wird der eingelegte Ring mit der Ringrückenmitte nacheinander vor jedes der einzelnen Meßelemente gebracht und diese werden alle auf die gleiche Anzeige eingestellt. Der Vorgang ist mindestens zweimal zu wiederholen, wobei die Meßelemente nachzujustieren sind. Erst dann erscheint das Instrument richtig eingestellt und mit der serienweisen Prüfung, die dann allerdings sehr rasch vor sich geht, kann begonnen werden.

Dieses in den USA während des zweiten Weltkrieges entwickelte Gerät wurde dort in wenigen Exemplaren ausgeführt und in Kolbenringfabriken sowie in Forschungsinstituten verwendet. — Doch haften ihm einige Nachteile an: Vor allem erweist sich die Einstellung als schwierig; da das Gerät übrigens mit endlichen Meßwegen arbeitet, die nicht voll kompensiert erscheinen, ergeben sich unvermeidliche Meßfehler und auch Stellen, an denen der Ring, im Kaliberring geprüft, Lichtspalt aufweist, ergeben hier positive Anpreßdrücke. Weitere Fehler, die eine Reproduzierbarkeit der Ergebnisse erschweren, ergeben sich durch Reibung der Ventilspindel und andere Umstände.

In mancher Hinsicht überlegen erscheint daher das im Cleveland Laboratorium des NACA entwickelte Gerät, über welches SHAW, STRANG und HART [135] berichten; dieses arbeitet mit 12 gleichmäßig am Umfang verteilten Kraftmeß-Elementen, die jedes für sich in radialer Richtung auf Rollen laufend verstellt werden können, um die durch die Belastung eintretende Verschiebung zu kompensieren. Abb. 239 zeigt schematisch das Prinzip des Aufbaues des Geräts sowie den Schnitt durch ein Meßelement.

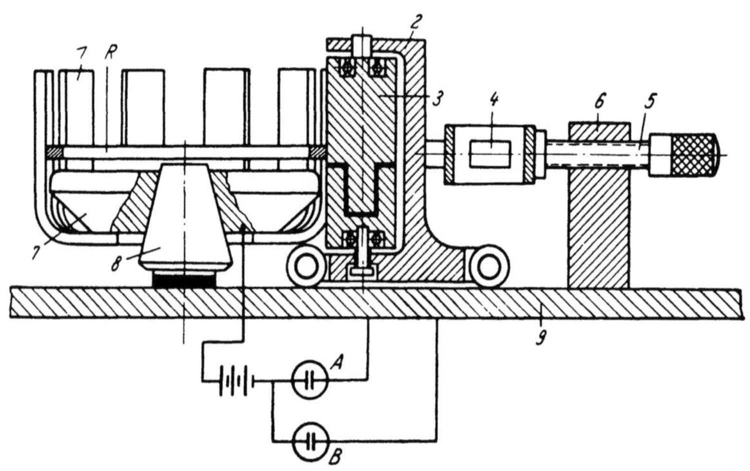

Abb. 239. Vielpunkt-Radialdruck-Meßgerät nach SHAW, STRANG und HART [135]
Schnitt durch ein Druckelement

R Kolbenring	4 Dynamometerfeder	8 Drehzapfen
1 Geschlitzter Führungsring	5 Mikrometer-Einstellschraube	9 Grundplatte
2 Brücke des Meßelements	6 Rückwärtiger Träger	A, B Neonlampen
3 Walze, kugelgelagert	7 Kaliberscheibe	■ Elektr. Isolierungen

Der zu prüfende Ring R wird zunächst in den oberen Teil des geschlitzten Halteringes 1 eingeführt und dabei nahezu auf den Nenndurchmesser zusammengedrückt; mit Hilfe der auf genauen Nenndurchmesser geschliffenen Kaliberscheibe 7 wird er in richtige Höhenlage gegenüber den Meßelementen gebracht. Dann wird der Ring durch Vorschieben der Druckelemente h mittels der Mikrometerschrauben 5 auf erstere abgestützt, bis die Mantellinien der Rollen 3 der Meßelemente den Kaliberring berühren. Die richtige Lage der Meßelemente und des zu prüfenden Ringes gegenüber dem Kaliberring wird überdies durch ein System von Lampen kontrolliert: Leuchten die Lampen A auf, so zeigt dies an, daß der Ring R frei zwischen den Meßelementen und nur auf diesen abgestützt gehalten wird; leuchtet die Lampe B auf, so zeigt dies an, daß der Ring den Führungsring an einer Stelle berührt, was nicht der Fall sein darf. — Zur Kraftmessung trägt jedes Druckelement eine geeichte Dynamofeder 4 aus einer vergüteten Berylliumkupferlegierung. Die auf die einzelnen Elemente ausgeübten Kräfte werden auf elektrischem Weg mittels einer Drahtwiderstand-Dehnungs-Meßbrücke übertragen und an einem selbst-balanzierenden Potentiometer abgelesen. — Die Prüfung eines Ringes auf diesem Gerät erfordert etwa fünf Minuten. Das Gerät kann durch Auswechseln des Führungsringes sowie der Kaliberscheiben für Ringe von 60 bis 165 mm ⌀ verwendet werden. — Höchste Genauigkeit bei der Ausführung und dem Zusammenbau aller Teile ist eine selbstverständliche Voraussetzung für befriedigendes Arbeiten des Geräts.

Im allgemeinen werden, wenigstens für den angegebenen Durchmesserbereich, 12 Druckelemente, das heißt also die Wiedergabe der Radialdruckkurve aus 12 Meßpunkten, für hinreichend gehalten, um den Ring zu charakterisieren. Geringere Zahlen geben zu gleichmäßige Kurven. — Ein ähnliches, in Schweden entworfenes Gerät für größere Ringdurchmesser sieht 18 Meßstellen vor.

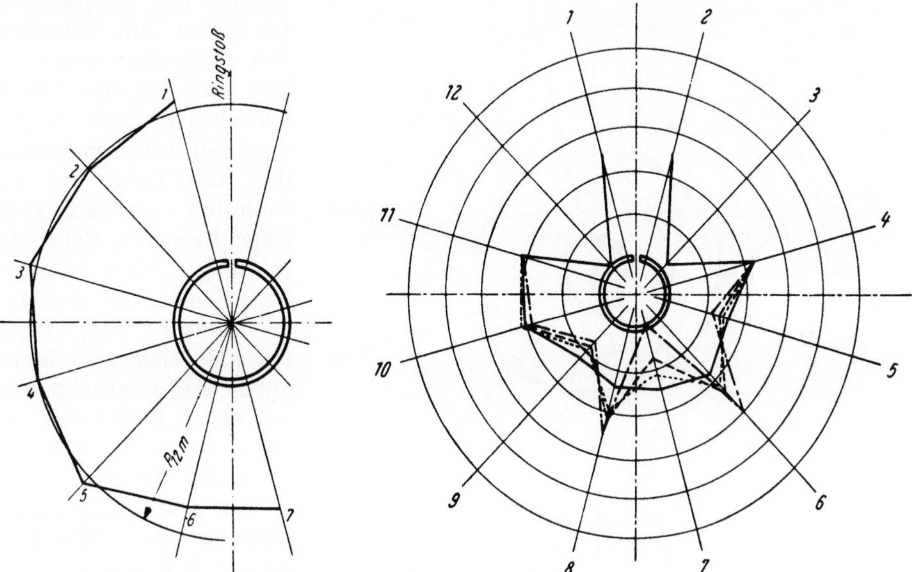

Abb. 240. Analytisch bestimmte Kraftverteilung auf 12 symmetrisch zum Stoßdurchmesser in gleichen Abständen angeordneten Meßelementen für einen Ring von gleichförmigem Anpreßdruck
(Nach Shaw, Strang u. Hart [135])

Abb. 241. Einfluß einer falschen (zu weit nach außen gerückten) Stellung eines Meßelementes (hier Nr. 7) auf die gemessene Radialdruckverteilung
———— Korrekte Einstellung
...... Einstellfehler 0,0025 mm
— — — Einstellfehler 0,0075 mm
— · — Einstellfehler 0,0150 mm
Probering: Stahlring 155,6 ⌀ × 7,78
(Nach Shaw, Strang und Hart [135])

. Bei Beurteilung der Meßergebnisse mit Mehrpunktmeßgeräten ist aber folgendes zu berücksichtigen:

Die in den einzelnen Ringquerschnitten auftretenden Biegemomente sind nicht gleich hoch, wenn der Ring, wie etwa im Kaliberring, an einer unendlichen Zahl von Punkten, oder, wie im Meßgerät, nur an einer endlichen Zahl von Meßpunkten abgestützt wird, auch wenn letztere genau auf einem dem Nenndurchmesser des Ringes entsprechenden Kreis liegen. Deshalb ergibt ein Ring mit über den ganzen Umfang vollkommen gleich hohem Anpreßdruck, also mit kreisförmiger Radialdruckkurve, bei der Ausmessung auf einem Vielpunktmeßgerät mit endlicher Meßpunktzahl, auch wenn die Meßpunkte gleichmäßig über den Umfang verteilt sind, keineswegs gleich hohe Drücke an den einzelnen Meßstellen; Shaw, Strang und Hart leiten die Druckverteilung für diesen Fall analytisch ab; das Ergebnis ist in Abb. 240 dargestellt: Während sich die endliche Meßpunktzahl bei 12 Meßpunkten, wie gezeigt, verhältnismäßig noch nicht allzu stark auswirkt, wird der Fehler bei geringerer Anzahl von Meßpunkten immer erheblicher, so daß die Ergebnisse bald unbrauchbar werden. Jedenfalls erscheint es empfehlenswert, die Zahl der Meßstellen so groß als möglich zu wählen.

Wie empfindlich aber die Messung auf Einstellungsfehler der einzelnen Meßelemente von Mehrpunktmeßgeräten reagiert, veranschaulicht die Abb. 241; hier erscheint das Meßelement 7 um verschiedene Beträge nach außen hin verschoben. — Fehler in der Einstellung eines der anderen Meßelemente wirken sich auch immer in Verzerrungen der Kraftkurven, vor allem am betreffenden Meßpunkt selbst sowie auch an den beiden benachbarten aus. — Am empfindlichsten erweist sich die Einstellung der am weitesten vom Stoß gelegenen Elemente. Sollen die Messungen daher annehmbare Genauigkeit erwarten lassen (etwa $\pm 50\,\mathrm{g}$), so muß jedes Meßelement in bezug auf die beiden benachbarten mit einem Fehler von weniger als etwa 0,002 mm eingestellt werden.

Ein gleichmäßiger Einstellfehler an allen Elementen äußert sich in den bekannten Erscheinungen: Bei zu weiter Einstellung wird die Kurve für einen Ring mit gleichförmigem Anpreßdruck etwas apfel-, bei zu enger etwas birnförmig verzerrt, ohne — falls der Einstellfehler nur gering ist — den Charakter der Kurve im übrigen grundlegend zu ändern.

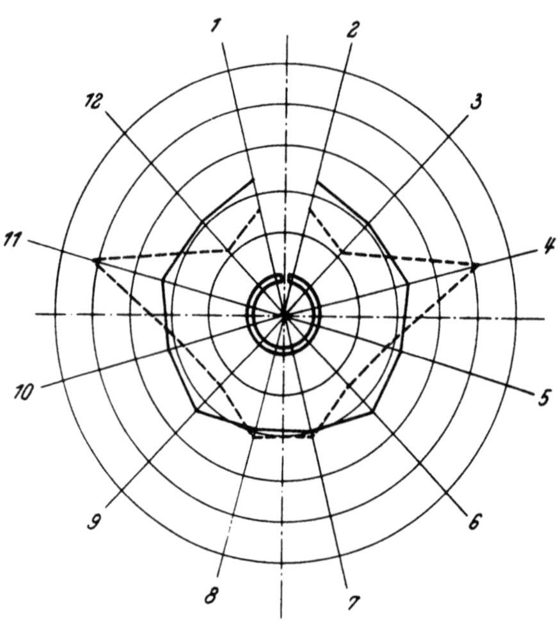

Abb. 242. Einfluß eines elliptisch ausgelaufenen Zylinders auf die Radialdruckverteilung eines Kolbenrings von gleichförmigem Anpreßdruck

Ringdurchmesser: $D = 145$ mm
Zylinderdurchmesser:

    kleine Ellipsenachse $= D = 145,0$ mm
    große Ellipsenachse $= D = 145,125$ mm
———— große Achse in Richtung des Stoßdurchmessers
— — — große Achse senkrecht zum Stoßdurchmesser
(Nach SHAW, STRANG und HART [135])

Umgekehrt geht aus den beschriebenen Messungen auch hervor, wie sehr die Radialdruckverteilung eines Ringes bereits durch verhältnismäßig geringe Maßabweichungen des Zylinders von der genauen Kreisform gestört wird.

Wird ein Ring von gleichförmigem Anpreßdruck z. B. in einem oval verschlissenen Zylinder eingebaut, so wird die Anpreßdruckverteilung am Ring unter Umständen wesentlich gestört. Dabei lassen sich für den elliptisch verschlissenen Zylinder zwei Grenzfälle unterscheiden, wobei die große Ellipsenachse entweder in Richtung des Ringstoßdurchmessers oder senkrecht zu diesem liegt. Abb. 242 zeigt die von SHAW, STRANG und HART [135] für $D = 146$ mm unter der Annahme, daß die große Ellipsenachse $D + 0,125$ mm, die kleine dagegen D mm mißt, das heißt, daß der Zylinder, wie dies praktisch ohneweiters vorkommen kann, um 0,125 mm oval geworden ist, auf rechnerischem Weg gefundenen Anpreßdruckverteilungen; besonders große Abweichungen ergeben sich demnach selbstverständlicherweise bei Lage der großen Ellipsenachse senkrecht zum Stoß.

D. Hysteresiskurven

Einen guten Einblick in einige wichtige Eigenschaften von Ringwerkstoffen gewinnt man durch die Aufnahme von sogenannten Hysteresiskurven oder -schleifen, Abb. 243, die dadurch erhalten werden, daß man die beim abwechselnden Schließen, bzw. Aufspreizen des Ringes durch tangential an den Stoßenden angreifende Kräfte beobachteten Stoßöffnungsgrößen den betreffenden Kräften, bzw. den aus ihnen errechneten Biegebeanspruchungen im Ringrücken zuordnet. Im letzteren Fall sollte aber bei diesen Messungen der Abstand zwischen Kraftangriffslinie und Ringrückenmitte (neutrale Faser), das heißt also der Hebelarm für die das Biegemoment erzeugende Kraft, jeweils möglichst genau bestimmt werden. — Der Neigungswinkel der in irgend einem Punkt an die gefundene Kurve gelegten Tangente gibt ein Maß für den E-Modul des Ringwerkstoffs bei der entsprechenden Beanspruchung; denn es folgt aus

$$E = \frac{14{,}14 \left(\dfrac{D}{a} - 1\right)^3 P_t}{\Delta S \cdot h} \qquad \text{und} \qquad P_t = \frac{\sigma_b \cdot h\, a^2}{6\left(D - \dfrac{a}{2}\right)} :$$

$$E = \frac{\sigma_b}{\Delta S} \cdot \frac{14{,}14 \left(\dfrac{D}{a} - 1\right)^3 \cdot a^2}{6\left(D - \dfrac{a}{2}\right)} = C \cdot \left(\frac{\sigma_b}{\Delta S}\right) = C \cdot \operatorname{tg} a \,.$$

Kurven, welche die Beziehung $P_t/\Delta S$ bzw. $\sigma_b/\Delta S$ veranschaulichen, sind sowohl für das Studium des Verhaltens der Ringe beim Einbau wie auch beim Überstreifen auf den Kolben mit Vorteil brauchbar. — Für Ringe von verschiedenen Abmessungen können die Kurven jedoch nicht unmittelbar miteinander verglichen werden, da die kennzeichnenden Ringabmessungen sowohl im Wert C als auch im Wert ΔS enthalten sind.

Bei sorgfältiger Aufnahme solcher Hysteresiskurven von Graugußringen läßt sich folgendes beobachten: Nimmt man einen korrekt bearbeiteten, nach seiner Fertigstellung längere Zeit ruhig gelagerten „jungfräulichen" Ring und drückt diesen durch tangential an den Stoßenden angreifende Kräfte zusammen, so erhält man, wie in Abb. 718 links aufgetragen, den Kurvenast AB. — Gleichmäßige Anpreßdruckverteilung vorausgesetzt, muß der Ring bei Erreichen des Punktes B genaue Kreisform annehmen. — Entlastet man nun den Ring allmählich, so ergibt sich der Kurvenast BC und dieser stellt sich meist mit großer Annäherung als Gerade dar. Ist der Ring wieder spannungslos, so weist er die Stoßöffnungsgröße $\overline{CC}$ auf; $\overline{CA}$ ist ein Maß für die beim Schließen des Ringes eingetretene bleibende Formänderung. BC verläuft dabei in der Regel fast genau parallel mit der Tangente an die Kurve AC im Punkt A, das heißt beim Entlasten des Rings ändert sich der E-Modul nicht oder nur wenig mit der jeweils herrschenden Spannung, sondern er bleibt mit grober Annäherung gleich dem E-Modul im spannungsfreien Zustand. — War der Ring nicht jungfräulich, das heißt war er vor dem Versuch bereits ein oder mehrmals bis auf Einbaustoßspiel geschlossen worden, so kann die Linie AB auch sehr nahe an BC liegen oder mit letzterer praktisch zusammenfallen. Läßt man den Ring jedoch längere Zeit — während mehrerer Tage oder Wochen — ruhig im spannungslosen Zustand liegen, so nähert er sich wieder allmählich dem jungfräulichen Zustand.

Wird nun der Ring wie zum Überstreifen durch tangential an den Stoßenden wirkende Kräfte aufgespreizt, so folgt er der Kurve CD; bei D wird die Stoßöffnung zu $\overline{GD}$, die das Überstreifen des Ringes ermöglichen soll, wobei die Beanspruchung im Ringrücken den Wert $\overline{OG}$ erreicht. Wird angenommen, daß dieser Wert umgekehrt niedriger liegt als die Beanspruchung OB beim vorangegangenen Schließen des Ringes und entlastet man den Ring schließlich wieder, so erhält man den Kurvenzug DE; bei voller Entlastung des Ringes ergibt sich demnach die Stoßöffnung $\overline{OE} < OA$; der Grund, weshalb OE kleiner als OA ausfällt, liegt darin, daß die Beanspruchung beim Aufspreizen des Ringes hier niedriger lag, als beim vorangegangenen Schließen. Drückt man den Ring schließlich wieder auf Einbaustoßspiel zusammen, so erhält man den Kurvenast EB; das heißt bei geschlossenem Ring ergibt sich die gleiche hierzu notwendige Kraft, bzw. eine Biegebeanspruchung in gleicher Höhe wie beim erstmaligen Schließen: Der Ring wird also — wenigstens mit sehr großer Annäherung — wieder seine kreisrunde Gestalt erreichen, wenn er ursprünglich im zusammengespannten Zustand kreisrund war.

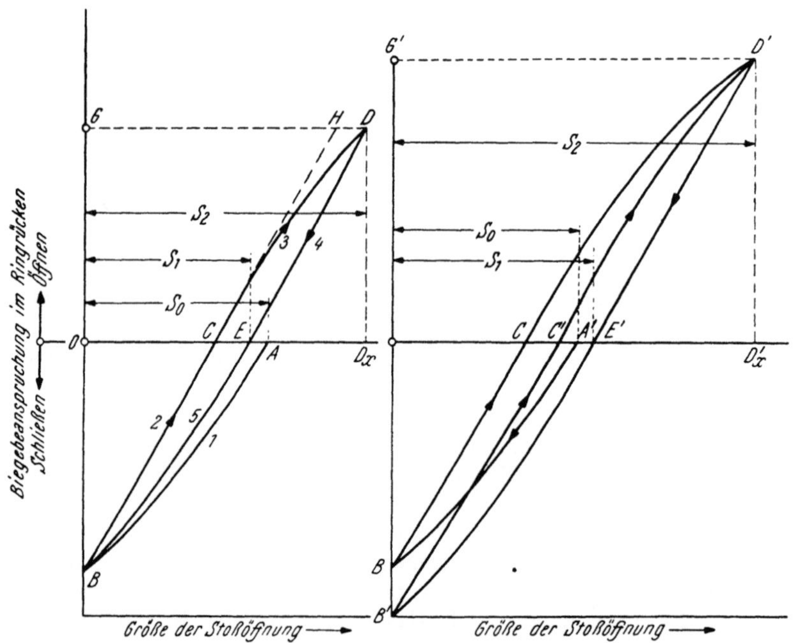

Abb. 243. Hysteresiskurven von Kolbenringen. Schematisch

Es läßt sich also sagen: Ist die aufspreizende Kraft, bzw. die beim Aufspreizen auftretende Beanspruchung OG nicht umgekehrt größer als jene, die beim Schließen auf Einbaustoßspiel auftretende und durch die Strecke OB gekennzeichnete, so ergibt sich im Schaubild auch nach wiederholtem Öffnen und Schließen immer wieder hinreichend angenähert der gleiche Punkt B ohne Rücksicht auf die Höhe der bleibenden Formänderung φ des Werkstoffs.

Spreizt man dagegen den Ring nach Abb. 243, rechte Hälfte durch Kräfte $G'D'$ auf, die ebenso wie die durch sie wachgerufenen Beanspruchungen umgekehrt größer sind als jene beim Schließen des Ringes, so ergibt sich der Kurvenzug $D'E'B'$; die zum Schließen auf Einbaustoßspiel erforderliche Kraft, bzw. die durch sie wachgerufene Beanspruchung OB' ist nun größer, als die beim ersten Schließen erforderliche. Das heißt der Ring erscheint über jenen Punkt hinaus beansprucht, in dem er beim Schließen noch mit Sicherheit wieder genaue Kreisform ergibt, er wurde gegenüber vom Stoß beim Aufspreizen möglicherweise bereits etwas abgeflacht, das heißt bleibend verformt. — Entlastet man den Ring wieder und spreizt erneut auf das Maß $G'D'$ auf, so folgt er dem Linienzug $C''D'E'$; die Stoßöffnung im spannungslosen Zustand hat sich um den Wert $A'E'$ vergrößert.

Um daher Verformungen zu vermeiden, ist es notwendig:

Entweder die Ringe derart zu bemessen, daß die beim Überstreifen auftretenden Werkstoffbeanspruchungen nicht höher liegen, als jene beim Schließen auf Einbaustoßspiel; dies gilt vor allem für Werkstoffe mit niedrigem E-Modul und niedrig liegender Streckgrenze, also z. B. für verhältnismäßig weiche, grobkörnige Gußeisen-Werkstoffe;

oder es muß die (Biege-)Streckgrenze so hoch liegen, daß sie bei den vorkommenden Beanspruchungen weder beim Zusammendrücken noch beim Überstreifen erreicht wird; dann kann die Überstreifspannung auch bis an diese Grenze herangehen und dabei höher liegen, als die Einbauspannung, ohne daß schädliche Verformungen zu erwarten sind. — Diesen Weg geht man bei kleinen Ringen für Fahrzeugmotoren und Hochleistungsringen.

Es drängen sich ferner folgende Überlegungen auf:

Um einen Ring auf seinen Kolben aufzustreifen, muß — bei tangentialem Angriff der Aufspreizkräfte — die Stoßöffnung etwa auf den Wert $3\pi \times$ radiale Wanddicke a geöffnet werden; in der Praxis ist es möglich, den Ring auch aufzusetzen, ohne die Stoßöffnung auf mehr als etwa $8\,a$ zu vergrößern, wenn die Aufspreizkräfte in günstiger Richtung angreifen. Es genügt daher mit Sicherheit, wenn im Fall der Abb. 243 mit $S_2 = GD = 9\,a$ gerechnet wird.

Für verschiedene Werte der bleibenden Stoßspielvergrößerung ergeben sich die erforderlichen Spreizungswerte S/D für verschiedene Wandstärkenverhältnisse D/a nach folgender Übersicht:

Zahlentafel 17

für $OG = OB$; $S_2 = 10\,a$

Bleibende Form-änderung φ %	$\dfrac{S}{a}$	Größe der Spreizung S/D % für $D/a =$					
		20	22	25	30	32	35
20	4	(20)	(18,18)	[16]	13,33	12,5	11,4
10	4,5	(22,5)	(20,4)	(18)	15	14,1	12,83
5	4,75	(23,7)	(21,6)	(19)	15,82	14,8	13,55
3	4,85	(24,2)	(22)	(19,35)	[16,1]	15,1	13,8
für $S_2 = 9\,a$							
20	3,6	(18)	[16,3]	14,4	12	11,22	10,25
10	4,05	(20,25)	(18,4)	[16,2]	13,45	12,62	11,53
5	4,225	(21,4)	(19,4)	(17,1)	14,3	13,15	12,22
3	4,365	(21,8)	(19,8)	(17,4)	14,55	13,6	12,4
für $S_2 = 8\,a$							
20	3,2	[16]	14,5	12,8	10,67	10,0	9,15
10	3,6	(18)	[16,35]	14,4	12,0	11,23	10,25
5	3,8	(19)	(17,25)	15,2	12,65	11,85	10,86
3	3,88	(19,4)	(17,62)	15,5	12,95	12,1	11,1

Werte in ( ) sind unzulässig, in [ ] u. U. noch zulässige Grenzwerte.

Wird also die Stoßöffnung — je nach Höhe der bleibenden Formänderung — gleich der 4- bis 4,5-fachen radialen Wanddicke gemacht, so ist eine schädliche

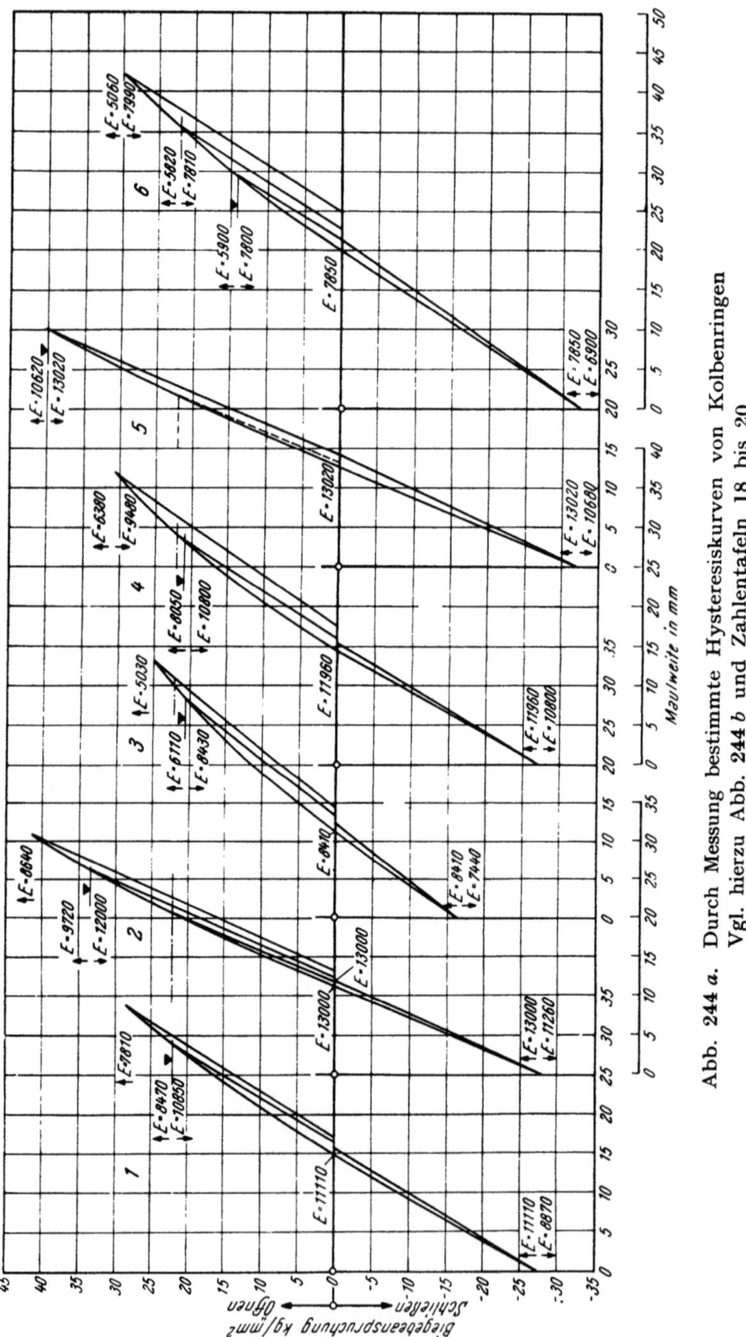

Abb. 244 a.   Durch Messung bestimmte Hysteresiskurven von Kolbenringen
Vgl. hierzu Abb. 244 b und Zahlentafeln 18 bis 20

Verformung des Ringes beim Überstreifen über den Kolben — richtige Handhabung vorausgesetzt — nicht zu erwarten, gleichgültig welcher Ringwerkstoff verwendet wird. — Weil aber aus früher dargelegten Gründen das Verhältnis S/D im allgemeinen nicht über maximal 16% hinaus gesteigert werden soll, erscheinen

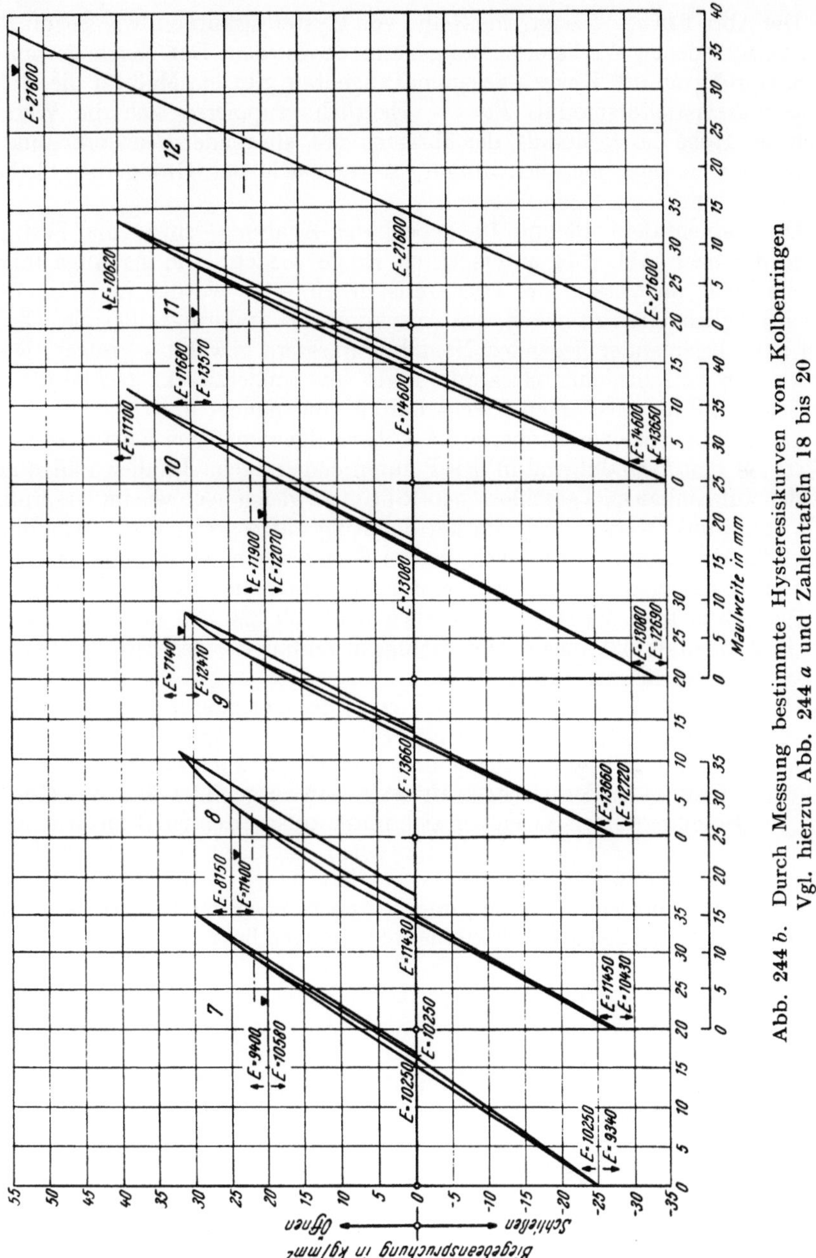

Abb. 244 b. Durch Messung bestimmte Hysteresiskurven von Kolbenringen Vgl. hierzu Abb. 244 a und Zahlentafeln 18 bis 20

für die eben angeführten Stoßöffnungsverhältnisse S/a die in der Zahlentafel **17** rund eingeklammerten Werte nicht, die eckig geklammerten nur bedingt brauchbar. — Auch aus dieser Tabelle geht wieder hervor, daß man bei Wandstärkenverhältnissen < **25** Werkstoffe von hoher Festigkeit und vor allem von hoher Streckgrenzenlage verwenden muß. .Eine zur Festigkeit relativ hoch getriebene Streckgrenzenlage führt jedoch leichte zur Versprödung des Werkstoffs.

Die Abb. 244 *a* u. *b* zeigt eine Reihe von Hysteresiskurven, wie sie mit Ringen aus verschiedenen Werkstoffen aufgenommen wurden. Der Neigungswinkel der im Ursprung an die Kurven gelegten Tangenten gibt ein Maß für die Höhe des Ursprungselastizitätsmoduls E_0. — Deutlich gruppieren sich die Werkstoffe nach der Höhe des E-Moduls, der übrigens mit steigender Beanspruchung stets mehr oder weniger merklich abfällt, sowie nach der Größe der bleibenden Formänderung.

Die Zahlentafeln 18 und 19 geben die Analysen- sowie die Festigkeitswerte der nach Abb. 244 untersuchten Ringe wieder. Die ins Auge fallenden Unterschiede im Verlauf der Hysteresiskurven — es wurden, um bessere Vergleichsmöglichkeiten zu haben, mit Ausnahme des Stahlringes Beispiel 12, Ringe von nahe beieinander liegenden Nenndurchmessern gewählt — zeigen, wie sehr Ringe von verschiedener Herkunft sowie für Sonderzwecke bestimmte Ringe hinsichtlich ihrer elastischen Eigenschaften voneinander abweichen.

Die für die einzelnen Proberinge aus den aufgenommenen Kurven ermittelten Werte für den E-Modul sind in den Figuren eingetragen. In allen Fällen liegt er für den auf Einbauspiel geschlossenen Ring etwa gleich hoch wie im Ursprung und fällt dann umso weiter ab, je stärker der Ring aufgespreizt wird. Allerdings ist dabei die Abweichung der Kurven von der Geraden in manchen Fällen nur gering: Dies trifft besonders für die Werkstoffe mit sehr hoher Lage des E-Moduls zu.

Betrachtet man die Hysteresiskurven der Abb. 244 im Zusammenhang mit den in Zahlentafel 20 angeführten Gefügeausbildungen der betreffenden Ringe, so ist folgendes zu entnehmen:

Hohen E-Modul weisen Ringe mit eutektischem oder nahezu eutektischem Graphit (Beispiel 2, 8), ferner Ringe mit Temperkohle-Graphit (Beispiel 5, 9, 10, 11) auf. Auffallend flach liegt die Kurve für den Werkstoff 3 mit hohem Graphitgehalt, wobei der Graphit in Form sehr kräftiger Adern ausgebildet und das Korn grob ist. — Besonders stark krümmen sich unter aufspreizender Beanspruchung die Hysteresiskurven von perlitisch vergossenen, nicht gefügeverändernd behandelten Schleuderguß-Büchsenringen; dies hat seinen Grund in der Eigentümlichkeit dieser Gußteile, daß der Graphit außen, nach der Lauffläche der Ringe hin, sehr häufig infolge der Abkühlungsbedingungen beim Schleudern in Kokillen feiner ausgebildet ist und sich nach innen zu vergröbert und reichlicher wird. Wird die Ringinnenseite beim Aufspreizen auf Zug beansprucht, so ergeben sich wesentlich andere Werte für den E-Modul, als wenn diese Zone auf Druck beansprucht wird. Hier wird, ebenso wie bei Einzelgußringen, der Charakter der Hysteresiskurven auch durch die Höhe der Bearbeitung am Außen- und Innendurchmesser, bei letzteren auch an den Flanken, beeinflußt. — Der Knick im Ursprungspunkt, der mehr oder weniger deutlich in allen Fällen zu beobachten ist, läßt sich aus der Verschiebung in der Lage der neutralen Faser beim Wechsel des Beanspruchungssinnes erklären.

Aus den Hysteresiskurven läßt sich auch die Höhe der Überstreifspannung ziemlich genau ablesen, wenn auch nur für den Fall tangential aufspreizender Kräfte. Die hier gefundenen Werte liegen im allgemeinen, und besonders für jene Werkstoffe, bei denen der E-Modul bei Überstreifspannung bereits stark abgesunken ist, wesentlich niedriger, als die z. B. nach (40), Bd. 1, errechneten Überstreifspannungen, bei denen ja immer der für das Schließen des Ringes maßgebende E-Modul-Wert zugrundegelegt erscheint.

Zahlentafel 18

Probe Nr.	Gattung		Ring-Abmessung	Wand-stärken-ver-hältnis D/a	Maul-weite S_0	E-Modul (er-rechnet) kg/mm²	Bei einer Biege-bean-spruchung kg/mm²	Biege-festigkeit $\sigma_B{}'$ kg/mm²	Bleib. Form-änderung %	Härte (Mittel-wert) HB	Überstr.-spannung aus Hy-steresisk. gerechnet kg/mm²	Spezif. Gewicht g/cm³	Mittlerer Anpreß-druck kg/cm²
1	Einzelguß,		112,5×3	25,6	15,7	10 560	27,0	47,6	5,25	272	22,0	7,13	1,405
2	thermisch gespannt		101×3,5	24,34	11,7	12 640	28,3	53,2	4,66	282	33,5	7,16	1,610
3			110×3	25,0	12,3	7 725	16,2	38,7	7,08	247	20,5	6,94	0,885
4	Einzelguß,		112,5×3,5	26,15	15,3	11 180	27,2	49,7	4,58	283		7,14	1,350
5	formgedreht		110×3,5¹	23,9	14,0	12 850	32,2	57,3	5,5	312	40,3	7,14	1,92
6	Büchsen-	gehämm.	111,1×2,3¹	20,25	21,4	7 150	32,5	44,6	10,3	233	14,3	7,14	2,73
7	guß	formg.	115×3,5	26,15	16,1	9 850	24,5	35,2	3,94	241		7,18	1,224
8	Schleu-		112×4	25,42	14,7	11 280	27,4	39,6	4,37	256	23,7		1,425
9	der-		110×3	25,0	12,8	12 850	28,0	42,2	2,55	275	35,4	7,23	1,525
10	Büchsen-	therm.	108×3,1¹	27,35	16,6	12 750	32,8	57,9	3,88	312	19,8	7,26	1,50
11	guß	gespannt	110×3¹	25,0	14,8	13 830	35,0	64,9	3,82	274	29,0	7,18	1,902
12	Stahl therm. gesp.		145×3,5¹	30,0	14,05	21 600	—		—	—	57,0	7,14	1,190

¹ Vergütet.

Zahlentafel 19

Probe Nr.	Gattung		Ring-Abmessung	C_{ges}	C_{geb}	Si	Mn	P	S	Cr	Ni	Mo	Co	s_C
1	Einzelguß, thermisch gespannt		112,5/103,7×3	3,66	0,72	2,60	0,64	0,57	0,084	—	—	—	0,08	1,072
2			101/92,7 ×3,5	3,54	0,77	2,76	0,71	0,68	0,055	0,03	—	—	—	1,053
3			110/101,2×3	3,74	0,64	3,01	0,78	0,63	0,028	0,49	0,06	—	—	1,138
4	Einzelguß formgedreht		112,5/103,9×3,5	3,66	0,75	2,26	0,49	0,56	0,038	—	—	—	—	1,038
5			110/100,8×3,5[1]	3,52	0,88	2,04	0,74	0,32	0,031	—	—	—	—	
6	Büchsenguß	gehämmert formgedreht	111,1/100,1×2,3[1]	3,09	0,68	1,89	0,98	0,17	0,083	—	0,47	—	0,07	0,85
7			115/106,2×3,5	3,21	0,78	1,76	0,91	0,16	0,044	—	—	—	—	
8	Schleuder-Büchsenguß	thermisch gespannt	112/103,2×4	3,38	0,87	2,21	0,70	0,54	0,049	0,31	0,31	—	—	0,955
9			110/101,2×3	3,31	0,93	2,33	0,64	0,61	0,063	—	—	—	—	0,944
10			108/100,1×3,1[1]	3,34	0,89	2,01	0,52	0,14	0,039	0,31	0,28	—	—	0,925
11			110/101,2×3[1]	3,26	0,97	1,96	0,81	0,21	0,047	0,12	—	0,47	0,18	0,90
12	Stahl, thermisch gesp.		145/135,8×3,5[1]	1,07		0,	0,	0,002	0,002	0,78	—	—	—	—

[1] Vergütet

Zahlentafel 20

Übersicht über die Gefügeausbildung der nach Abb. 244 untersuchten Ringe

Ring Nr.	Gefügeausbildung		
	Graphit	Grundgefüge	Phosphideutektikum
1	Feiner, in Ecken und Rändern sehr feiner Fadengraphit; vereinzelte Sternchen	Perlit-Sorbit Spuren von Ferrit	Kräftiges, feinmaschiges, nicht ganz geschlossenes Netz
2	Eutektischer Graphit in Rosetten	Sorbit; sehr viel Primärferrit innerhalb der Graphitrosetten	Mittelkräftiges, sehr feinmaschiges, gut geschlossenes Netz
3	Kräftiger, reichlicher Fadengraphit; sehr zahlreiche Sternchen	Feinlamellarer Perlit Vereinzelt Ferrit	Kräftiges, gut geschlossenes Netz von sehr ungleichmäßiger Maschenweite .
4	Sehr feiner Fadengraphit, vielfach auch eutektischer Graphit, besonders in den Ecken; etwas zur Rosette neigend	Sehr feiner Perlit und Sorbit; stellenweise kleine Nester von Primärferrit	Mittelkräftiges, feinmaschiges nicht ganz geschlossenes Netz
5	Temperkohle-Graphit in feinen, gleichmäßig verteilten Knoten	Sorbit und Restmartensit	Gleichmäßig verteilte rundliche Kristalle
6	Verhältnismäßig wenig mittelfeiner, gerader Fadengraphit	Sehr gleichmäßiger Anlaßsorbit	Zerstreute rundliche Kristalle
7	Kräftiger, langer Fadengraphit	Feinlamellarer, gleichmäßiger Perlit	Vereinzelte größere Kristalle
8	Fadengraphitrosetten, nach dem Innendurchmesser zu kräftiger werdend, innerhalb der Rosetten etwas eutektischer Graphit	Perlit nach außen zu in Sorbit übergehend Innerhalb der Graphitrosetten kleine Ferritnester	Kräftiges, zunächst der Lauffläche feinmaschiges, nach innen zu gröberwerdendes gut geschlossenes Phosphidnetz
9	Zunächst der Lauffläche eutektische, nach innen zu feine Fadengraphitrosetten	Außen Sorbit, nach innen zu Perlit-Sorbit Große Ferritnester in den Graphitrosetten, besonders an der Lauffläche	Kräftiges, sehr feinmaschiges, gut geschlossenes Phosphidnetz; nach innen zu zunehmende Maschenweite
10	Temperkohle und etwas kurzer Fadengraphit	Feiner Anlaßsorbit und Restmartensit	Kleine verstreute Kristalle
11	Temperkohle	Feiner Anlaßsorbit	Kleine verstreute Kristalle
12	—	Anlaßsorbit	—

Mit $E = 12\,000 - 13\,000$ kg/mm² und $\sigma_B' = 45 - 55$ kg/mm² lassen sich auch noch Anpreßdrücke von 2 kg/cm² unter brauchbaren Abmessungs- und Beanspruchungsverhältnissen verwirklichen. Noch höhere Anpreßdrücke setzen aber Sonderwerkstoffe mit weiter gesteigerten Werten für den E-Modul und außerordentlich hohe Biegefestigkeit voraus, es sei denn, daß noch größere Spannöffnungen als $0,15 - 0,16\,D$ zugelassen werden.

Den Anforderungen des Fahrzeug-Motorenbaues entsprechend, gewinnen für kleinere Ringabmessungen Hochspannungsringe und Hochleistungsringe mit Anpreßdrücken von 2,5 bis 3,0 kg/cm² immer mehr an Boden; oder auch im Bereich der Mittel- und Großringe zeigen sich ähnliche Tendenzen. Die Werkstoffentwicklung geht daher immer mehr nach hoher Festigkeit und hoher Lage des E-Moduls bei niedriger bleibender Formänderung. Gefügemäßig wird daher der Graphit immer weiter verfeinert und der Graphitanteil verringert; manche hochwertige Einzelguß-Ringsorten mit $E > 12\,000$ kg/mm² zeigen häufig schon eutektischen Graphit, vielfach auch, soferne keine Wärmebehandlung durchgeführt wird, mehr oder weniger Ferrit I, allerdings bei gleichzeitig kräftigem feinmaschigem und gut geschlossenem Phosphidnetz. — Das Anwendungsgebiet für Ringe mit temperkohleartig ausgeschiedenem Graphit und mit Kugelgraphit sowie für Stahlringe weitet sich immer mehr aus.

Das Beispiel 6 zeigt dagegen, wie bei Graugußringen hohe Anpreßdrücke auch bei niedrigem E-Modul, bei geringer Ringhärte und niedrigen Elastizitäts- und Festigkeitswerten sowie bei mäßigen Werkstoffbeanspruchungen, allerdings mit abnormal hoher Spreizung von $S/D = 19,1\%$, verwirklicht werden können: Es handelt sich hier um einen Büchsengußring aus perlitischem Sandguß, der seine Spannung auf thermischem Weg mit nachfolgendem Hämmern erhielt. Der Ring weist das Wandstärkenverhältnis $D/a = 20,57$ auf; der mittlere Anpreßdruck liegt bei 2,72 kg/cm². Der (scheinbare) E-Modul erreicht jedoch nur knapp 9000 kg/cm². Der Werkstoff ist auf die auffallend niedrige Härte von nur $HB = 230$ vergütet und besitzt eine Zugfestigkeit von etwa 35 kg/mm². Infolge der außerordentlich großen Maulweite und des niedrigen, beim Aufspreizen noch stark weiter absinkenden E-Moduls liegt die Überstreifspannung dieses starkwandigen Ringes bei nur 13,7 kg/mm², während die Einbaubiegebeanspruchung den allerdings recht hohen Wert von 32,5 kg/mm² erreicht. Wie dieser Ring sich jedoch hinsichtlich der Spannungshaltung im Betrieb bewährt, ist nicht bekannt.

1. Verformbarkeit und Formänderungsvermögen. Wie gezeigt, weicht die Last-Dehnungskurve bei Graugußringen in allen Fällen mit zunehmender Belastung von der den E-Modul im spannungslosen Zustand bezeichnenden Tangente im Ursprung immer stärker ab. Da die Maximalbeanspruchung in der Ringrückenmitte auftritt, ist die bleibende Werkstoffverformung an dieser Stelle am stärksten, und zwar auch im Verhältnis zur Spannung in den anderen Querschnitten größer, weil sie nicht proportional mit der Beanspruchung ansteigt.

In vereinzelten Fällen läßt sich für Gußeisen die Last-Dehnungskurve mathematisch durch eine Exponentialfunktion halbwegs zutreffend darstellen; im allgemeinen aber folgt sie einem komplizierten Gesetz, wie etwa:

$$\Delta S = C_0 + C_1 \sigma_b + C_2 \sigma_b{}^2 + C_3 \sigma_b{}^3 + \dots$$

Ist dies der Fall, so lohnt sich der zur Aufstellung des Gesetzes erforderliche versuchstechnische Aufwand im Hinblick auf den praktischen Wert der Ergebnisse natürlich niemals.

Im allgemeinen bestimmt man, wie auf S. 256 beschrieben, bei der Werkstoff-
überwachung die bleibende Formänderung nur unter einer bestimmten Belastung,
u. zw. in der Regel bei einer Biegebeanspruchung im Ringrücken von 22 kg/mm²,
für Hochleistungsringe u. U. von 30 kg/mm². — Einen wirklichen Vergleich
gestatten die gewonnenen Werte jedoch nicht, weil die Spannungs-Dehnungs-
Kurven, wie gezeigt, in ihrem Charakter so weit voneinander abweichen können,
daß ein einzelner Punkt der Kurve keine weiteren Rückschlüsse erlaubt.

Wichtiger, als ein Einzelwert für die bleibende Formänderung, ist in der
Praxis jedoch die Verformbarkeit des Werkstoffs: Die unterhalb der Spannungs-
Dehnungskurve gelegene Fläche gibt, falls die Kurve bis zum Bruch aufgenommen
wird, die für den Bruch erforderliche Arbeit an.

Würde ein Werkstoff bis zum Bruch dem HOOKEschen Gesetz gehorchen, so
wäre die Spannungs-Dehnungskurve eine Gerade und die Fläche unterhalb derselben ein Dreieck; ist P_{t_b} die Bruchlast
und ΔS_b die entsprechende Stoßspielvergrößerung, so wird in diesem Fall

$$A_b = \frac{P_{t_b} \cdot \Delta S_b}{2}.$$

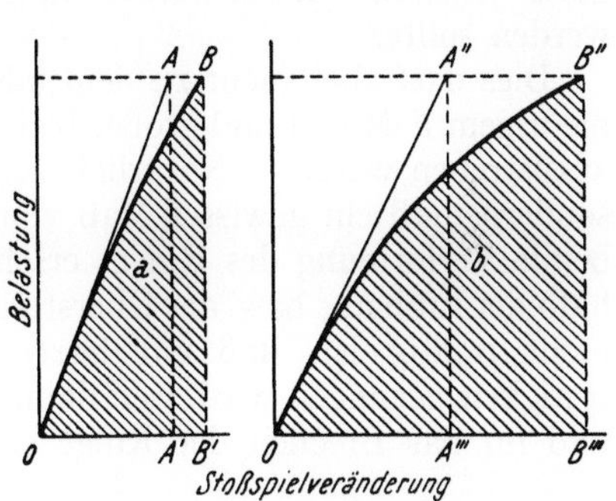

Für Gußeisen wird, gleiche Höhe
der Bruchlast vorausgesetzt, A_b jedoch
größer, als angegeben, also

$$A_b = K \cdot \frac{P_{t_b} \cdot \Delta S_b}{2},$$

wobei $K > 1$.

Für Vergleichszwecke müßte dabei
die Brucharbeit A_b überdies noch auf die
Volumeneinheit des Materials bezogen
werden; bezeichnet man diese bezogene
Brucharbeit mit ϕ, so ist

$$\Phi = \frac{C \cdot A_b}{h\,a\,(D - a) \cdot \pi}.$$

Abb. 245. Vergleich der Spannungs-
Dehnungskurven zweier Kolbenringwerkstoffe von unterschiedlicher Zähigkeit

Links: Perlitischer Grauguß (Schleuderguß), rechts: Cr-Ni-Cu-legierter
austenitischer Schleuderguß
(Nach [40])

2. Federungs- und Zähigkeitswert. Durch Ausmessen der unterhalb der
Spannungs-Dehnungskurve gelegenen Fläche erhält man aber in allen Fällen
einen Wert, der der vom Werkstoff bis zum Bruch aufgenommenen Arbeit
proportional ist und der häufig auch als „Federungswert" angesprochen wird.
Weil aber diese Bezeichnung in der Mechanik bereits dazu verwendet wurde,
um die von einem Körper bei der Beanspruchung bis zur Elastizitätsgrenze
aufgenommene Energiemenge zu definieren, ist es besser, hier eine andere Bezeichnung zu wählen. Von britischer Seite wird hierfür das Wort „Strenergy" [120]
(etwa: „Verformungs-Energie") vorgeschlagen, als die gesamte bis zum Bruch
des Materials aufzuwendende Arbeit. Zweifellos ist die angedeutete Eigenschaft
für das Studium des Spannungsverhältnisses und der Bruchneigung von Gußeisen-
Kolbenringen von Bedeutung.

Für die beiden Figuren in Abb. 245 ergibt sich z. B.:
Im Fall a: $\Phi = 13{,}25\,C$,
im Fall b: $\Phi = 22{,}70\,C$.

Ohne bleibende Verformung hätten sich — aus den Dreiecken OAA' bzw.
$OA''A'''$ errechnet — in diesen beiden Fällen die Werte $9{,}6\,C$, bzw. $10{,}3\,C$

ergeben; das heißt im Fall a erhöht sich der Wert infolge des Verformungsvermögens um 27% und im Fall b um 55%.

Die Zähigkeit eines Werkstoffs wird natürlich von seiner Zugfestigkeit, seiner bleibenden Formänderung und vom E-Modul gleichzeitig und gemeinsam beeinflußt. Sie ist zunächst der Zugfestigkeit etwa proportional; das heißt: bleiben die anderen Größen gleich, so gibt maximale Festigkeit auch maximale Zähigkeit. Sie ist auch dem Wert ΔS direkt verhältig; da aber ΔS dem E-Modul umgekehrt proportional ist, so folgt daraus, daß — solange die übrigen Verhältnisse unverändert bleiben — die Zähigkeit umso größer ist, je niedriger der E-Modul liegt. Aus den Schaubildern geht überdies hervor, daß — wieder gleichbleibende übrige Faktoren vorausgesetzt — die Zähigkeit umso größer ist, je größer die bleibende Verformung ist.

Zieht man noch die von OBERLE [56] angegebenen Beziehungen zwischen Verschleißwiderstand und E-Modul in Betracht (vgl. S. 89), so würde auch dieser Umstand darauf hinweisen, daß der E-Modul keineswegs zu weit gesteigert werden sollte.

Dies darf aber nicht zu dem falschen Schluß führen, daß ein Werkstoff mit niedrigem E-Modul und großer bleibender Formänderung unter allen Umständen anzustreben wäre. — Natürlich soll und darf der Werkstoff nicht spröde sein, sondern muß ein gewisses Maß von Zähigkeit aufweisen. — Eine fühlbare bleibende Verformung des Ringes erscheint aber erst bei Beanspruchungen oberhalb der Einbau-, bzw. der Überstreif-Biegespannung zulässig, wobei es sicherlich nicht richtig ist, daß mit letzterer heute manchmal bis zu 85% der Biegefestigkeit gegangen wird, weil damit die Gefahr für eine unzulässige Verformung und für das Brechen der Ringe zu groß wird.

IX. Schlußwort

Gerade diese letzteren Überlegungen zeigen deutlich, wo die Schwierigkeiten in Kolbenringfragen im heutigen Zug der Entwicklung der Kolbenmaschinen und vor allem der Verbrennungsmotoren zum Problem werden können; es wird sich empfehlen, alle diese Zusammenhänge auch im Licht der neueren Festigkeitslehre (vgl. [136]) zu überprüfen.

Faßt man die Anforderungen, hinsichtlich welcher notwendigerweise der Weiterentwicklung der Ringwerkstoffe ein besonderes Augenmerk zu schenken wäre, hier nochmals zusammen, so steht folgendes im Vordergrund:

Bewahren der Eigenspannung im Betrieb bei hohen Temperaturen und Schmiermittelmangel.

Hohe Biege-, bzw. Biege-Schwingungsfestigkeit.

Hohe Streckgrenzenlage: niedrige bleibende Formänderung im Bereich der im Betrieb vorkommenden oder beim Überstreifen auftretenden Beanspruchungen.

Hohe Zähigkeit, das heißt große bleibende Formänderung im Bereich oberhalb der genannten Beanspruchungen bis zur Bruchgrenze.

Hoher Verschleiß- und Korrosionswiderstand bei geringer Freßneigung.

Gutes Einlaufvermögen.

Hochlage des E-Moduls zur Erzielung hoher Anpreßdrücke.

Bei den Entwicklungsarbeiten darf aber auch nicht übersehen werden, daß jeder Zweig des Kolbenmaschinenbaues, ja sogar jede einzelne Bauart z. B. des Motorenbaues, Sonderanforderungen an die Ringe stellt. So legt man beispielsweise bei Fahrzeugmotoren aller Art besonderes Gewicht auf ein möglichst rasches Einlaufen; bei mit Stahlzylindern ausgerüsteten Motoren muß besonderer Wert auf geringste Freßneigung gelegt werden und die Vermeidung von Grat- und Bartbildungen an den Ringen wird besonders wichtig usf. — Vielen dieser Sonderanforderungen kann man nur durch gestaltende Maßnahmen, durch Herabsetzen der Ringtemperaturen und Verbesserung der Ringschmierung, anderen wieder durch Oberflächenschutzschichten, wieder anderen schließlich nur auf dem Weg der Werkstoffeigenschaften selbst beikommen.

Wie selten bei einem anderen Maschinenbauteil ist beim Kolbenring die Praxis der Theorie und Forschung zunächst weit vorausgeeilt und erst verhältnismäßig spät und mühsam folgten letztere nach. Deshalb ist es auch erklärlich, daß gerade auf diesem Gebiet neben einer Vielfalt von Werkstoffen auch eine Unzahl von Ausführungsformen besteht, von denen viele kaum eine Daseinsberechtigung haben, ganz zu schweigen von ungezählten Vorschlägen und Patenten, die, in unrichtiger Beurteilung des Problems, aussichtslos und unausführbar bleiben müssen.

Solange die Ringbeanspruchungen noch verhältnismäßig niedrig blieben, war es verhältnismäßig leicht, brauchbare Kompromisse zwischen Werkstoffeigenschaften, Ringabmessungen, Gestaltung und Bearbeitung zu finden, um den Ringen ein zufriedenstellendes Verhalten bei entsprechender Lebensdauer zu sichern. — Heute aber, wo wir uns den Grenzen des Beherrschbaren vielfach nähern, liegen die Dinge oft sehr schwierig und weitere Fortschritte können nur mehr durch engste Zusammenarbeit von Forschung und Praxis, von Konstrukteuren und Metallurgen, Bearbeitungsfachleuten, Schmiertechnikern und Betriebsmännern erzielt werden.

Und wenn heute auch neue Energiequellen in Erscheinung treten und auf dem Gebiet des Kraftmaschinenbaues vielleicht sehr rasch ungeheure Umwälzungen erwarten lassen: Dem Kolbenring als abdichtendem Element für hin- und hergehende und rotierende Teile wird auf jeden Fall auch weiterhin eine sehr wichtige Rolle zufallen, so daß die seiner Weiterentwicklung gewidmete Arbeit keineswegs verloren erscheint.

Anhang

A. Graphitausbildung in Gußeisen-Kolbenringen

Wo nichts anderes angegeben, sind die Schliffe ungeätzt, 100 × vergrößert

1. Graphitausbildung in Einzelgußringen, Abb. A 1—A 14

Bild Nr.	Ring-abmessungen mm	Cges	Cgeb	Cgr	Si	Mn	P	S	Cr	Cu	Mo	Ni	V	Ti	Härte HB	Biegfst. kg/mm²	Vgl. Abb.
A 1	75/68,4×2,5	3,71	0,64	3,07	2,80	0,62	0,52	0,063	—	-	—	—	—	—	282	57.8	B 9 C 1
A 2	80/73,2×2,5	3,69	0,69	3.00	2,76	0,68	0,69	0,084	—	0,12	—	—	—	—	280	55,0	
A 3	80/73×3,0	3,79	0,68	3,11	2,81	0,69	0,73	0,063	—	0,09	—	—	—	—	272	53,3	B 3
A 4	80/73×3,0	3,76	0,72	3,04	2,88	0,71	0,68	0,081	—	Sp	—	—	—	—	270	54,8	B 5
A 5	80/73,6×2.5	3,88	0,69	3,19	2,91	0,73	0,74	0,044	—	0,11	—	—	—	-	269	52,2	B 1
A 6	125/115×6,5	3,67	0,74	2,93	2,38	0.64	0,76	0,038	--	0,12	—	—	—	--	256	49,3	B 6
A 7	125/115×6	3,73	0,74	2,99	2,42	0,64	0,72	0,040	0,13	—	0,19	--	0,04	0,06	248	48,6	B 4
A 8	120,6/108,93×2,37	3,85	0,79	3,06	3.07	0,75	0,39	0,050	0,30	0,18	0,14	--	—	—	278*	42,7	B 45
A 9	360/333×6,5	3,71	0,68	3,03	2,26	0,64	0,49	0,082	—	—	—	—	—	-	232	44,4	B 8
A 10	160/147,8×7,0	3,63	0,71	2,92	2,21	0,64	0,66	0,053	—	—	—	—	—	—	238	43,4	
A 11	280 262,6×8,0	3,67	0,73	2,94	2,84	0,61	0.72	0,083	0,17	0,23	—	0,21	—	—	207	43,7	
A 12	275/253,8×8	3,62	0,71	2,91	2,31	0,71	0,46	0,093	—	—	—	—	—	—	236	47,7	B 11

A 1. Äußerst feinschuppige (eutektische) Graphitrosetten, dazwischen verhältnismäßig große graphitfreie Flächen; vereinzelte übereutektische Graphitknoten.

A 2. Graphitrosetten im Inneren äußerst feinschuppig (eutektisch), an den Rändern teilweise in feinen Fadengraphit übergehend. Zwischen den Rosetten verhältnismäßig große graphitfreie Flächen. Vereinzelt übereutektische Graphitknoten und punktförmiger Graphit.

A 3. Mehrfach übereutektische Graphitknoten mit ankristallisierten, verhältnismäßig großen, kräftigen Fadengraphitsternen, dazwischen ungleichmäßiger, mittel- bis sehr feiner Fadengraphit, teilweise deutlich in gerichteter Anordnung; stellenweise größere graphitarme Felder.

A 4. Sehr feiner bis mittelfeiner, meist kurzer, zur Rosette neigender Fadengraphit; mehrfach übereutekische Graphitknoten. — Mehrfach kleinere graphitfreie Felder.

A 5. Zahlreiche kräftige, wenig verästelte übereutektische Knoten und feiner bis sehr feiner, kurzer, gerader Fadengraphit. (Mit CaSi nachbehandelte Schmelze.)

A 6. Mehrfach übereutektische Graphitknoten; mittelkräftiger bis mittelfeiner, verhältnismäßig gerader Fadengraphit. (Mit CaSi nachbehandelte Schmelze.)

A 7. Mittelkräftiger bis mittelfeiner, teilweise sehr langer, ziemlich reichlicher Fadengraphit; vereinzelt verästelte übereutektische Graphitknoten. Viel Titanide. (Schmelze mit FeSi nachbehandelt.)

A 8. * Der Ring ist vergütet. Lauffläche verchromt.
Reichlicher, stellenweise zur Rosette neigender, kräftiger bis mittelfeiner, etwas verworrener Fadengraphit; mehrfach sehr große übereutektische Knoten. (Schmelze mit FeSi nachbehandelt.)

A 9. Deutlich zur Rosette neigender Fadengraphit von sehr unterschiedlicher Länge und Stärke; viele kleine übereutektische Knoten. (Schmelze mit CaSi + FeSi nachbehandelt.)

A 10. Graphitrosetten mit mittelfeinem bis sehr feinem Fadengraphit von sehr unterschiedlicher Fadenlänge, zum Teil an verästelte übereutektische Knoten ankristallisiert.

A 11. Reichlicher, mittelkräftiger bis mittelfeiner, meist ziemlich langer Fadengraphit; mehrfach übereutektische Knoten mit stärkeren Verästelungen. Etwas offene Struktur. Vergrößerung 50 ×.

A 12. Feiner, verhältnismäßig kurzer und gerader, ziemlich reichlicher Fadengraphit.

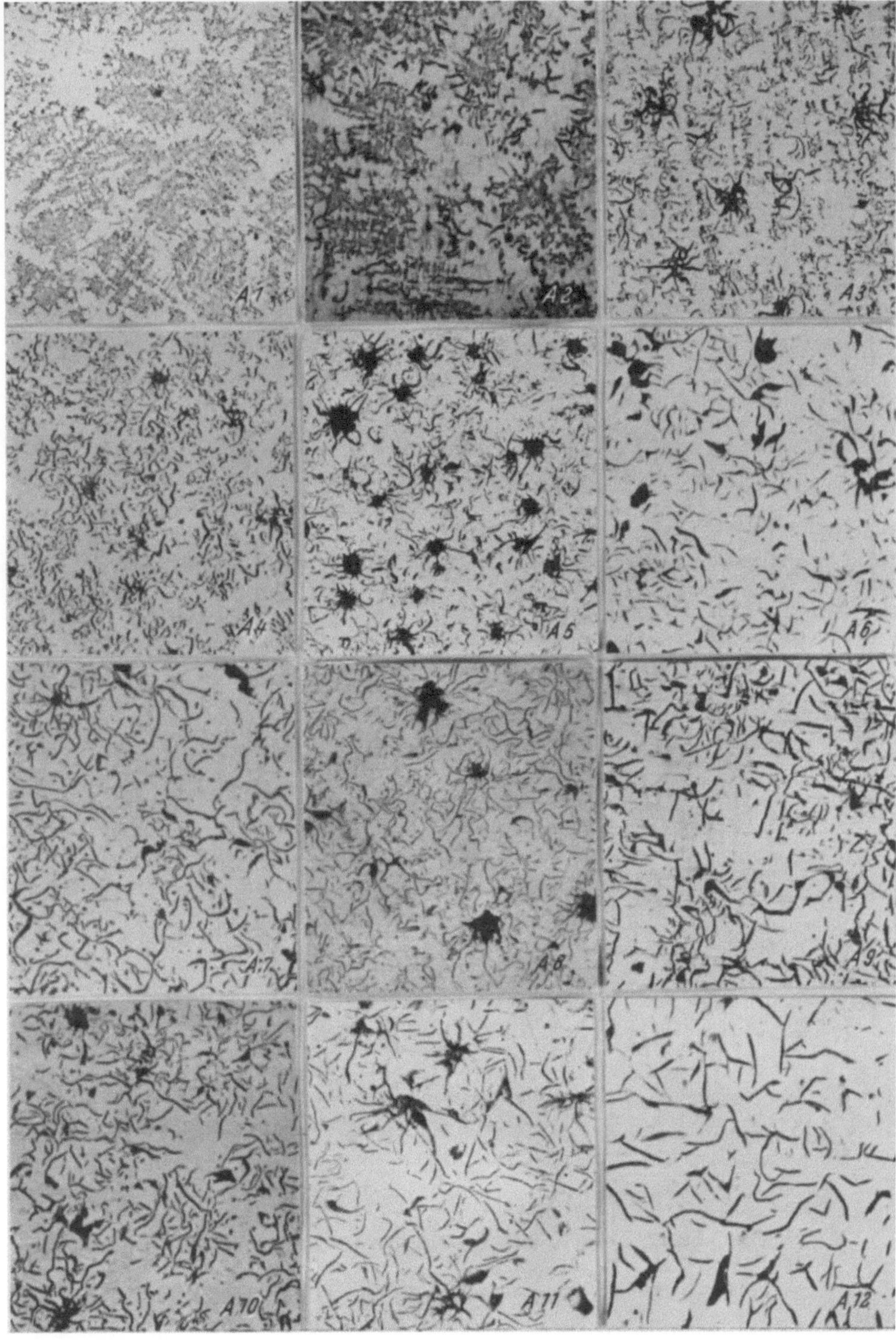

Bild Nr.	Ring-abmessungen mm	C_{ges}	C_{geb}	C_{gr}	Si	Mn	P	S	Cr	Cu	Mo	Ni	V	Ti	Härte HB	Biegfst. km/mm²	Vgl. Abb.
A 13	470/435,2×10	3.63	0,66	2,97	2,36	0,66	0,42	0,092	—	—	—	—	—	—	232	43,3	B 12
A 14	530/495×12	3,48	0,76	2,72	1,64	0,88	0,30	0,054	—	—	—	—	—	—	241	44,7	B 10

A 13. Mittlerer bis kräftiger, langer, gerader, reichlicher Fadengraphit.

A 14. Mittlerer bis kräftiger, reichlicher Fadengraphit, zum Teil eutektische Rosetten; leicht orientierte Anordnung erkennbar.

2. Graphitausbildung in Büchsengußringen (Standguß). — Abb. A 15—A 18

Bild Nr.	Ring-abmessungen mm	C_{ges}	C_{geb}	C_{gr}	Si	Mn	P	S	Cr	Cu	Mo	Ni	V	Ti	Härte HB	Biegfst. km/mm²	Vgl. Abb.
A 15	240/221,6×6,0	3,16	0,88	2,28	1,96	0,98	0,16	0,042	—	0,98	—	—	0,21	0,06	228	54,2	B 13
A 16	560/523×10	3,42	0,79	2,63	1,47	0,98	0,17	0,043	—	—	—	—	—	—	202	49,6	B 16
A 17	670/626×14	3,46	0,73	2,73	1,19	0,51	0,40	0,092	—	—	—	—	—	—	190	41,7	B 19
A 18	670/628×6	3,37	0,67	2,61	1,72	0,57	0,15	0,096	—	Sp	—	—	Sp	0,05	156	50,3	B 19

A 15. Feiner, zum Teil sehr langer, gerader Fadengraphit; verhältnismäßig graphitarm (ASTM A 247-47: Type A, Größe 4).

A 16. Sehr reichlicher, kräftiger, gerader Fadengraphit (ASTM A 247-47: Type A, Größe 4).

A 17. Sehr kräftiger, gerader Fadengraphit (ASTM A 247-47: Type A, Größe 3).

A 18. Kräftige bis feine, lockere Fadengraphitrosetten, ziemlich graphitarm. Zwischen den Rosetten größere graphitfreie Zonen.

3. Graphitausbildung in Schleudergußringen. — Abb. A 19—A 23

Bild Nr.	Ring-abmessungen mm	C_{ges}	C_{geb}	C_{gr}	Si	Mn	P	S	Cr	Cu	Mo	Ni	V	Ti	Härte HB	Biegfst. km/mm²	Vgl. Abb.
A 19	110/101.2×2,5	3,38	0,70	2,68	1,98	1,02	0,48	0,064	0,18	—	—	—	—	—	276	49,5	B 25
A 20	96/88,3×2,5	3,26	0,73	2,53	2,07	0,94	0,51	0,046	0,31	—	—	—	—	—	268	53,3	
A 21	110/101,2×3	3,52	0,78	2,74	2,37	0,86	0,45	0,051	0,33	—	0,41	—	—	—	241	49,7	B 21
A 22	165/156×10	3,32	0.79	2,53	2,24	0,86	0,38	0,046	0,26	0,42	0,33	—	—	—	256	49,0	B 22
A 23	240/222,2×8	3,40	0,62	2,78	2,15	0,87	0,52	0,050	0,29	—	0,03	—	Sp	0,06	241	51,3	B 26

A 19. Äußerst feinschuppige (eutektische) Graphitrosetten, dazwischen große graphitfreie Felder.

A 20. Graphitrosetten mit äußerst feinschuppigem (eutektischem) Kern, nach außen zu mit feinem bis mittelkräftigem Fadengraphit; große graphitfreie Felder.

A 21. Graphitrosetten mit mittelkräftigem bis feinem, zum Teil langem, reichlichem Fadengraphit.

A 22. Feine Fadengraphitrosetten mit verhältnismäßig langem Faden; verhältnismäßig spärlicher Graphit.

A 23. Mittlerer bis feiner, vielfach sehr langer, verworrener und stark zur Rosette neigender Fadengraphit.

4. Abnormale und fehlerhafte Formen der Graphitausbildung. — Abb. A 24—A 32

Bild Nr.	Ring-abmessungen mm	C_{ges}	C_{geb}	C_{gr}	Si	Mn	P	S	Cr	Cu	Mo	Ni	V	Ti	Härte HB	Biegfst. km/mm²	Vgl. Abb.
A 24	240/222×6	3,18			1,56	0,81	0,21	0,053	—	—	—	—	—	—	231	38,4	B 20

A 24. Büchsenguß (Standguß).
Graphitanordnung in deutlichen Dendriten, teilweise in Netzanordnung übergehend; feiner bis sehr feiner Fadengraphit (ASTM A 247-47: Type E/D).

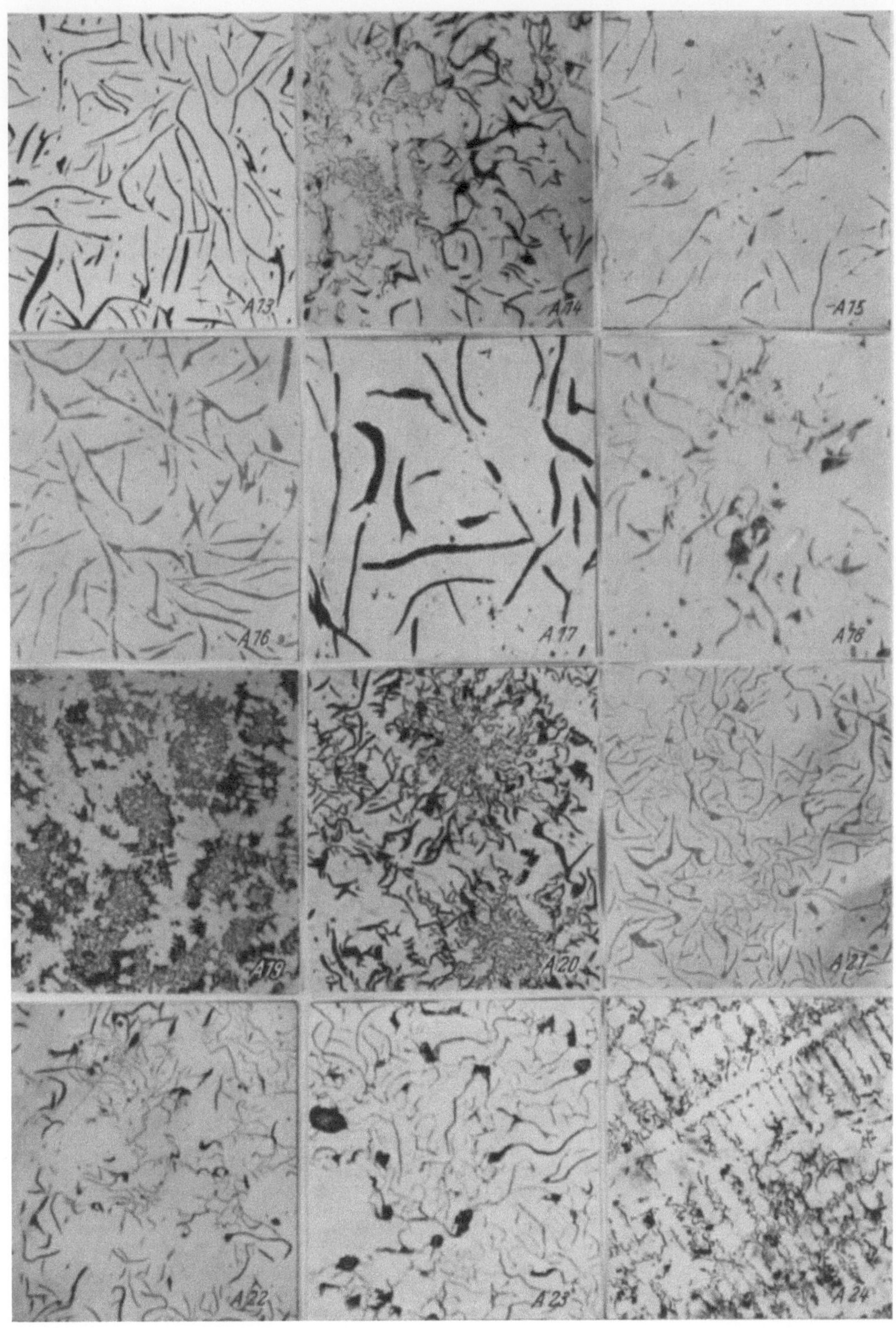

Bild Nr.	Ringabmessungen mm	Cges	Cgeb	Cgr	Si	Mn	P	S	Cr	Cu	Mo	Ni	V	Ti	Härte HB	Biegfst. km/mm²	Vgl. Abb.
A 25	670/628×14	3,21			1,13	0,88	0,16	0,061	—	—	—	—	—	—	202	45,8	
	Büchsenguß (Standguß). Graphitanordnung in Dendriten; mittelkräftiger bis kräftiger, sehr kurzer Fadengraphit (ASTM A 247-47: Type E).																
A 26	95/87,4×3,0	3,09	0,64	2,45	1,24	0,89	0,14	0,052	—		—	—		—	184	41,8	B 27
	In Sandform geschleuderte Büchse. Graphit in grober Dendritenanordnung, vereint mit Netzbildung. Feiner nadeliger und Segregat-Graphit. Große graphitfreie Felder (ASTM 247 - A 47: Type D/E, Größe 6).																
A 27	670/626×12	3.11			1,21	0,78	0,16	0,084	0,21	0,51	0,26	—	—	--	178	32,5	
	Büchsenguß (Standguß), geätzt. Sehr feinschuppiger (eutektischer) Graphit in Netzanordnung (ASTM 247 - A 47: Type D, Größe 8).																
A 28	740/694×14	3.06			1,17	0,83	0,11	0,078	—	—	—	—	—	—	176	33,3	B 17
	Büchsenguß (Standguß). Feine bis sehr feine Graphitschuppen in Netzanordnung (ASTM 247 - A 47: Type D, Größe 7).																
A 29	670/623×14	3,18			1,23	0,94	0.08	0,062	—	--	—	—	—		183	40,2	
	Büchsenguß (Standguß), geätzt. Bürstenartig am eutektischen, kräftigen Fadengraphit ankristallisierter Segregatgraphit.																
A 30	260/240.8×7	3,74	0,71	3,03	2.39	0,76	0,29	0,103	0,17			6,21			193	40,9	
	Einzelguß. Sehr ungleichmäßige Graphitverteilung; teils mittelkräftiger Fadengraphit mit viel großen übereutektischen Knoten in lockerer Struktur, dazwischen dichte Zonen mit äußerst feinschuppigem (eutektischem) Graphit. — Impfung teilweise unwirksam.																
A 31	210/195×7	3,54	0,83	2,71	1,99	0,88	0,21	0,053	—	—	—	—	—	—	229	42,6	B 23
	Büchsenguß (Schleuderguß). Graphitausbildung sehr ungleichmäßig; zwischen kurzem, kräftigem Fadengraphit große Graphitrosetten mit schmalen Rändern von kurzem, mittelfeinem Fadengraphit und großen Kernen aus sehr feinschuppigem (eutektischem), netzförmig angeordnetem Graphit.																
A 32	540/506×10	3,69	0,66	3,03	1,73	0,56	0,31	0.113	—	—	—	—	—	—	172	35.6	
	Büchsenguß (Standguß). Sehr ungleichmäßige Graphitausbildung; vereinzelte kräftige Graphitlamellen (Garschaumgraphit), dazwischen sehr feiner Fadengraphit, zum Teil auch äußerst feinschuppiger (eutektischer) Graphit in Netzanordnung. — Sättigung für den Querschnitt zu hoch; nicht nachbehandelte, aus wenig geeignetem Einsatz hergestellte Schmelze.																

5. Temperkohle und Kugelgraphit, Abb. A 33—A 36

Bild Nr.	Ringabmessungen mm	Cges	Cgeb	Cgr	Si	Mn	P	S	Cr	Cu	Mo	Ni	V	Ti	Härte HB	Biegfst. km/mm²	Vgl. Abb.
A 33	110/101,2×3	3,61			2,10	0,66	0,34	0,053	0,21	0,46	0,27	—	—	—	305	96,3	D 4 A—C
	Einzelguß, weiß erstarrt, wärmebehandelt (geglüht 930°, vergütet 840° Öl + 630°. Sehr feiner, gleichmäßig verteilter, als Temperkohle ausgeschiedener Graphit.																
A 34	108/99,6×3.17	3,02			1,65	0.80	0,36		0,74	0,12	0.34	—	—		285	75,8	B 38
	Büchsenguß (Werkstoff Cyclan), wärmebehandelt (geglüht 930°, normalisiert an Luft). Ziemlich grober und in etwas ungleichmäßiger Verteilung ausgeschiedener temperkohleartiger Graphit von unterschiedlicher Größe, vereinzelt auch feine Fadengraphitlamellen und punktförmiger Graphit.																
A 35	104/95,6×3,16	2,98	—	—	1,37	0,74	0,11	0,014	0,09	—	0,12	—	—	—			
	Büchsenguß (Schleuderguß), wärmebehandelt (geglüht 920°, normalisiert an Luft). Reichlich als Temperkohle, meist in recht grober Form ausgebildeter Graphit. — Viel Titanide. (Die Probe stammt von einem laufflächenverchromten Dichtungsring.)																
A 36	360/334,3×7	3,27	0,72	2,55	2,26	0,37	0,06	0,02	—	—	—	2,17	—	—	239	104	B 46—48
	Büchsenguß (Standguß). Reiner Kugelgraphit, in etwas ungleichmäßiger Verteilung und Größe.																

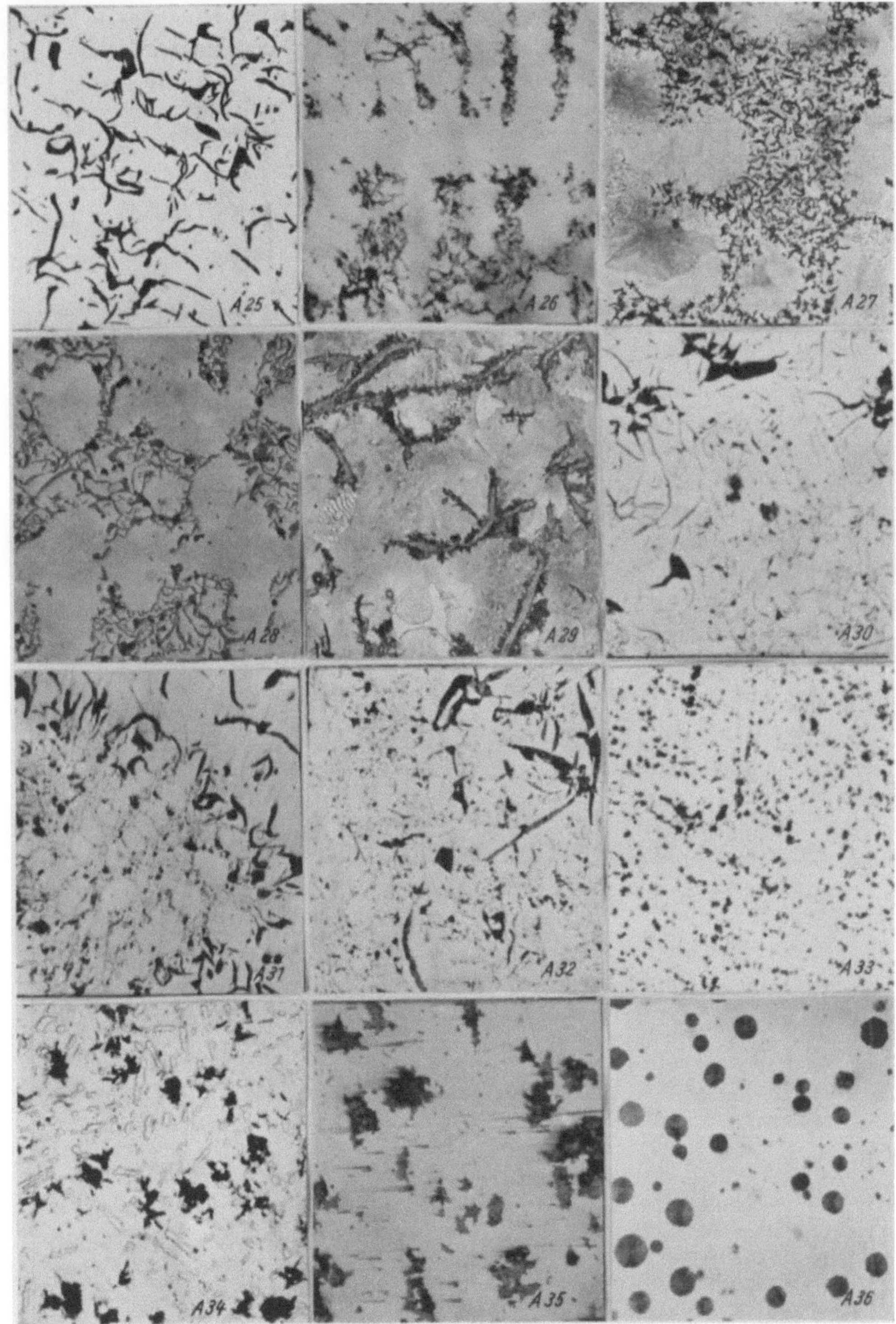

B. Gefügeausbildung der Grundmasse von Kolbenringen

Wo nichts anderes angegeben, sind die Schliffe geätzt, 2% Nital; 500 × vergrößert

1. Gefügeausbildung in Einzelgußringen, Abb. B 1—B 12

<table>
<tr><th rowspan="2">Bild Nr.</th><th rowspan="2">Ring-abmessungen mm</th><th colspan="13">Analyse</th><th rowspan="2">Härte HB</th><th rowspan="2">Biegfst. km/mm²</th><th rowspan="2">Vgl. Abb.</th></tr>
<tr><th>Cges</th><th>Cgeb</th><th>Cgr</th><th>Si</th><th>Mn</th><th>P</th><th>S</th><th>Cr</th><th>Cu</th><th>Mo</th><th>Ni</th><th>V</th><th>Ti</th></tr>
<tr><td>B 1</td><td>80/73,6×2,5</td><td>3,88</td><td>0,69</td><td>3,19</td><td>2,91</td><td>0,73</td><td>0,74</td><td>0,044</td><td>—</td><td>0,11</td><td>—</td><td>—</td><td>—</td><td>—</td><td>269</td><td>5,22</td><td>A 5</td></tr>
<tr><td colspan="18">Fein- bis sehr feinlamellarer (sorbitischer) Perlit, frei von Ferrit.</td></tr>
<tr><td>B 2</td><td>150/138×6,0</td><td>3,78</td><td>0,76</td><td>3,02</td><td>2,48</td><td>0,74</td><td>0,71</td><td>0,071</td><td>0,11</td><td>0,13</td><td>0,16</td><td>—</td><td>—</td><td>0,05</td><td>258</td><td>49,6</td><td></td></tr>
<tr><td colspan="18">Wie B 1, bei stellenweise etwas gröberer Perlitausbildung.</td></tr>
<tr><td>B 3</td><td>80/73×3</td><td>3,79</td><td>0,68</td><td>3,11</td><td>2,81</td><td>0,69</td><td>0,73</td><td>0,063</td><td>—</td><td>0,09</td><td>—</td><td>—</td><td>—</td><td>—</td><td>272</td><td>53,3</td><td>A 3</td></tr>
<tr><td colspan="18">Sehr feiner Perlit (Sorbit; Spuren von Ferrit (I) innerhalb der Graphitrosetten; dendritisch aufgebautes Phosphidnetzwerk.</td></tr>
<tr><td>B 4</td><td>125/115×6</td><td>3,73</td><td>0,74</td><td>2,99</td><td>2,42</td><td>0,64</td><td>0,72</td><td>0,040</td><td>0,13</td><td>–</td><td>0,19</td><td>—</td><td>0,04</td><td>0.06</td><td>248</td><td>48.6</td><td>A 7</td></tr>
<tr><td colspan="18">Feinlamellarer bis sehr feiner (sorbitischer), teilweise auch körniger Perlit, praktisch frei von Ferrit.</td></tr>
<tr><td>B 5</td><td>80/73×3</td><td>3,76</td><td>0,72</td><td>3,04</td><td>2.88</td><td>0,71</td><td>0,68</td><td>0,081</td><td>—</td><td>Sp</td><td>—</td><td>—</td><td>—</td><td>—</td><td>270</td><td>54,8</td><td>A 4</td></tr>
<tr><td colspan="18">Sehr feinlamellarer bis sorbitischer Perlit; etwas Ferrit (I) innerhalb der Graphitrosetten.</td></tr>
<tr><td>B 6</td><td>125/115×6,5</td><td>3,67</td><td>0,74</td><td>2,93</td><td>2,38</td><td>0,64</td><td>0,76</td><td>0.038</td><td>—</td><td>0,12</td><td>—</td><td>—</td><td>—</td><td>—</td><td>256</td><td>49,3</td><td>A 6</td></tr>
<tr><td colspan="18">Sehr feiner (sorbitischer) Perlit; etwas Ferrit (II) an den Graphitadern. — Sättigung offenbar etwas zu hoch.</td></tr>
<tr><td>B 7</td><td>125/115×4</td><td>3,60</td><td>0,61</td><td>3,08</td><td>2,52</td><td>0,56</td><td>0,33</td><td>0,094</td><td>—</td><td>—</td><td>—</td><td>—</td><td>—</td><td>—</td><td>252</td><td>47,4</td><td></td></tr>
<tr><td colspan="18">Sehr feiner (sorbitischer) Perlit; vielfach Ferrit (II) an den Graphitadern angelagert. — Sättigung offenbar zu hoch.</td></tr>
<tr><td>B 8</td><td>360/333×6,5</td><td>3,71</td><td>0,68</td><td>3,03</td><td>2,26</td><td>0,64</td><td>0,49</td><td>0,082</td><td>—</td><td>—</td><td>—</td><td>—</td><td>—</td><td>—</td><td>232</td><td>44,4</td><td>A 9</td></tr>
<tr><td colspan="18">Mittel- bis sehr feinlamellarer Perlit; innerhalb der zum Teil eutektischen Graphitrosetten viel Ferrit (I).</td></tr>
<tr><td>B 9</td><td>75/68,4×2,5</td><td>3,71</td><td>0,64</td><td>3,07</td><td>2,80</td><td>0,62</td><td>0,52</td><td>0,063</td><td>—</td><td>—</td><td>—</td><td>—</td><td>—</td><td>—</td><td>282</td><td>57,8</td><td>A 1
C 1</td></tr>
<tr><td colspan="18">Feinstlamellarer (sorbitischer) Perlit, sehr viel Ferrit (I) in großen Nestern in den eutektischen Graphitfeldern.</td></tr>
<tr><td>B 10</td><td>530/495×12</td><td>3,48</td><td>0,76</td><td>2,72</td><td>1,64</td><td>0.88</td><td>0,30</td><td>0,054</td><td>—</td><td>—</td><td>—</td><td>--</td><td>—</td><td>—</td><td>241</td><td>44.7</td><td>A 14</td></tr>
<tr><td colspan="18">Groblamellarer bis sehr feiner (sorbitischer) Perlit, vereinzelt Ferrit in der eutektischen Graphitrosette.</td></tr>
<tr><td>B 11</td><td>275/253,8×8</td><td>3,62</td><td>0,71</td><td>2,91</td><td>2,31</td><td>0,71</td><td>0,46</td><td>0,093</td><td>—</td><td>—</td><td>—</td><td>—</td><td>—</td><td>—</td><td>236</td><td>47,7</td><td>A 12</td></tr>
<tr><td colspan="18">Fein- bis sehr feinlamellarer und sorbitischer Perlit.</td></tr>
<tr><td>B 12</td><td>470/435,2×10</td><td>3,63</td><td>0,66</td><td>2,97</td><td>2,36</td><td>0,66</td><td>0,42</td><td>0,092</td><td>—</td><td>--</td><td>—</td><td>—</td><td>—</td><td>—</td><td>232</td><td>43,3</td><td>A 13</td></tr>
<tr><td colspan="18">Grob- bis mittelfeinlamellarer Perlit.</td></tr>
</table>

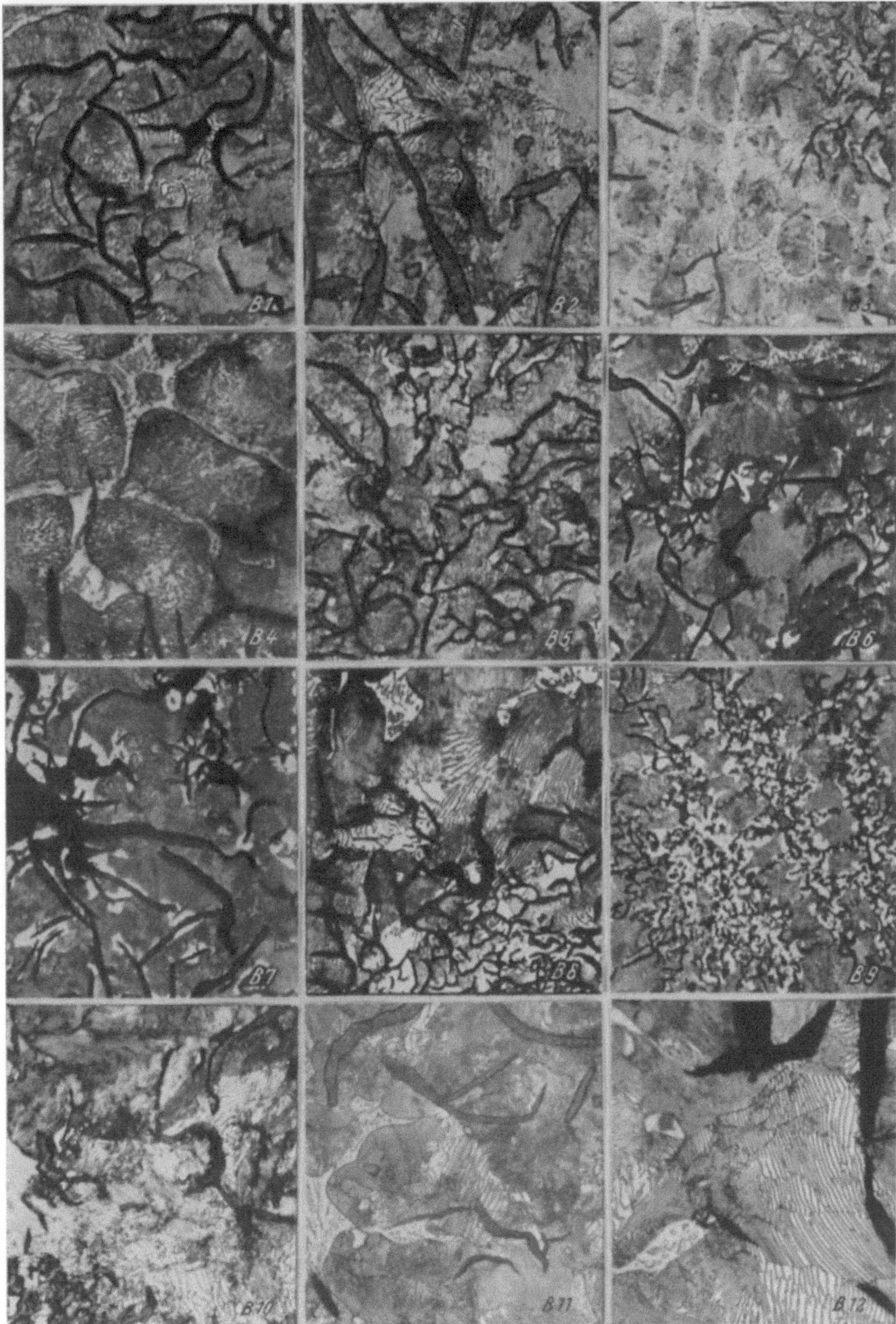

20

Bild Nr.	Ring-abmessungen mm	Cges	Cgeb	Cgr	Si	Mn	P	S	Cr	Cu	Mo	Ni	V	Ti	Härte HB	Biegfst. km/mm²	Vgl. Abb.
2. Gefügeausbildung in Büchsengußringen (Standguß). Abb. B 13—B 20																	
B 13	240/221,6×6	3,16	0,88	2,28	1,96	0,98	0,16	0,042	—	0,98	—	—	0,21	0,06	128	54,2	A 15
	Sehr feinlamellarer bis sorbitischer Perlit.																
B 14	670 625×12	3,23	0,84	2,39	1,36	0,92	0,18	0,051	—	—	—	—	—	—	207	48,1	
	Mittelfeiner bis sehr feiner, lamellarer Perlit.																
B 15	780/735×14	3,31	0,82	2,49	1,36	0,83	0,13	0,051	—	—	—	—	—	—	196	47,2	
	Mittelfein- bis groblamellarer Perlit; an den teilweise durch Sekundärgraphit etwas ausgefranst erscheinenden Graphitadern ist etwas Ferrit (II) deutlich erkennbar.																
B 16	560/523×10	3,42	0,79	2,63	1,47	0,98	0,17	0,043	—	—	—	—	—	—	202	49,6	A 16
	Teils grob-, teils sehr feinlamellarer Perlit.																
B 17	740/694×12	3,33	0,82	2,51	1,42	0,86	0,17	0,049	—	—	—	—	—	—	192	52,6	
	Im allgemeinen sehr groblamellarer, stellenweise mittelfeinlamellarer Perlit.																
B 18	740/694×14	3,06			1,17	0,83	0,11	0,078	—	—	—	—	—	—	176	48,3	
	Mittel- bis feinlamellarer Perlit, stellenweise etwas Ferrit am Graphit.																
B 19	670/626×14	3,46	0,73	2,73	1,79	0,51	0,40	0,092	—	—	—	—	—	—	190	41,7	A 17
	Mittel- bis feinlamellarer Perlit, sehr viel Ferrit (II) am Graphit. — Sättigung offenbar wesentlich zu hoch.																
B 20	240/222×6	3,18			1,56	0,81	0,21	0,053	—	—	—	—	—	—	231	38,4	A 24
	Sehr feinlamellarer Perlit (Sorbit), sehr viel Ferrit (I) im feinschuppigen (eutekischen) Graphitnetz.																
3a. Gefügeausbildung im Schleuderguß (in heißer Kokille geschleudert). Abb. B 21—27																	
B 21	110/101,2×3	3,52	0,78	2,74	2,37	0,86	0,45	0,051	0,33	—	0,41	—	—	—	241	49,7	A 21
	Sehr feinlamellarer Perlit (Sorbit) bei sehr feinem Korn.																
B 22	165/156×5	3,32	0,79	2,53	2,24	0,86	0,38	0,046	0,26	0,42	0,33	—	—	—	256	49,0	A 22
	Sehr feinlamellarer Perlit (Sorbit); viel Phosphid.																
B 23	210/195×7	3,54	0,83	2,71	1,99	0,88	0,21	0,053	—	—	—	—	—	—	229	42,6	A 31
	Sehr feinlamellarer (sorbitischer) Perlit; sehr große Ferritnester in den Graphitrosetten.																
B 24	240/221,6×6	3,42	0,81	2,61	2,13	0,91	0,42	0,054	0,36	—	—	—	—	—	256	47,8	A 24
	Sehr feinlamellarer (sorbitischer) Perlit; in den eutektischen Graphitrosetten mehrfach Ferrit (I).																

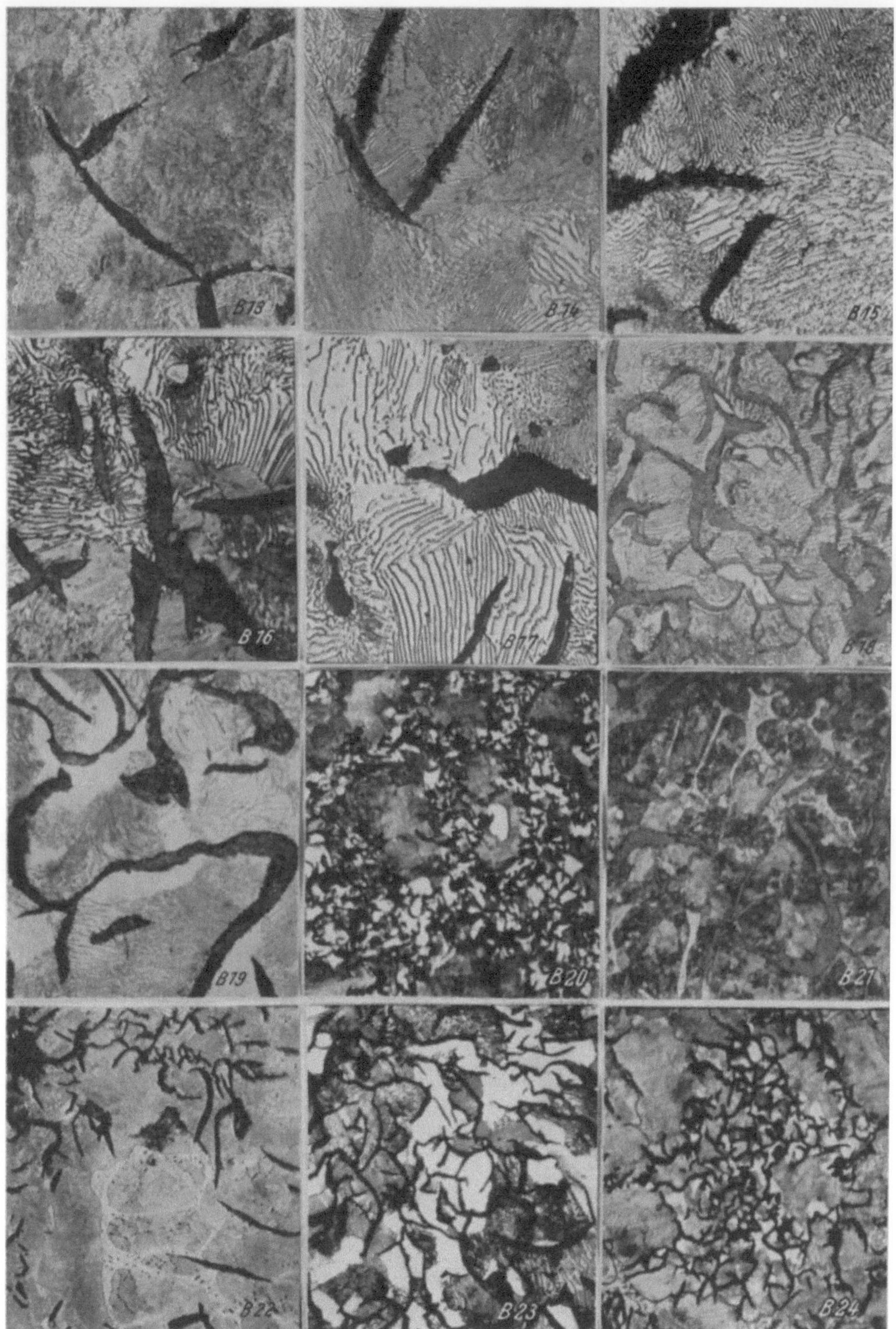

Bild Nr.	Ring-abmessungen mm	Cges	Cgeb	Cgr	Si	Mn	P	S	Cr	Cu	Mo	Ni	V	Ti	Härte HB	Biegfst. km/mm²	Vgl. Abb.
B 25	110/101,2×2,5	3,38	0,70	2,68	1,98	1,02	0,48	0,064	0,18	—	—	—	—	—	276	49,5	A 19

Sehr feinlamellarer Perlit (Sorbit). Sehr viel Ferrit (I) in großen Nestern in den Graphitrosetten.

Bild Nr.	Ring-abmessungen mm	Cges	Cgeb	Cgr	Si	Mn	P	S	Cr	Cu	Mo	Ni	V	Ti	Härte HB	Biegfst. km/mm²	Vgl. Abb.
B 26	240/222,2×8	3,40	0,62	2,78	2,15	0,87	0,52	0,050	0,29	—	0,03	—	Sp	0.06	241	51,3	A 23

Sehr feinlamellarer bis sorbitischer Perlit, mehrfach Ferrit in kleineren Nestern am Graphit.

3b. Gefügeausbildung in Schleuderguß (in Sandform geschleudert).

Bild Nr.	Ring-abmessungen mm	Cges	Cgeb	Cgr	Si	Mn	P	S	Cr	Cu	Mo	Ni	V	Ti	Härte HB	Biegfst. km/mm²	Vgl. Abb.
B 27	95/87,4×3	3,09	0,64	2,45	1,24	0.89	0,14	0,052	—	—	—	—	—	—	184	41,8	A 26

Fein- bis feinstlamellarer (sorbitischer) Perlit, etwas Ferrit. — Viele große, stark mit Zementit durchsetzte Kristalle des Phosphideutektikums.

4. Zementit im Grundgefüge.

Bild Nr.	Ring-abmessungen mm	Cges	Cgeb	Cgr	Si	Mn	P	S	Cr	Cu	Mo	Ni	V	Ti	Härte HB	Biegfst. km/mm²	Vgl. Abb.
B 28	85/77,3×3	3,78			2,81	0,64	0,69	0,083	—	—	—	—	—	—	292	39,2	

Einzelgußring.
An den Rändern und Kanten eingestrahlter Zementit; anschließend eine feinperlitische (sorbitische) Zone mit feinschuppigen (eutektischen) Graphitrosetten, die viel Ferrit (I) enthalten, sowie teilweise kugelig ausgebildeter Graphit mit Ferrithöfen.

Bild Nr.	Ring-abmessungen mm	Cges	Cgeb	Cgr	Si	Mn	P	S	Cr	Cu	Mo	Ni	V	Ti	Härte HB	Biegfst. km/mm²	Vgl. Abb.
B 29	356/230,6×8	3,16			1,44	0,97	0,29	0,066	—	0,56	—	—	0,26	0,06	238	56,2	

Büchsengußring (Sandguß).
Fein- bis sehr feinperlitische (sorbitische) Grundmasse. Viele große, längliche, mit dem Phosphid vergesellschaftete, in der Grundmasse ziemlich gleichmäßig verteilte Zementitkristalle.

Bild Nr.	Ring-abmessungen mm	Cges	Cgeb	Cgr	Si	Mn	P	S	Cr	Cu	Mo	Ni	V	Ti	Härte HB	Biegfst. km/mm²	Vgl. Abb.
B 30	Büchsenguß	2,98			0,97	0,98	0,19	0,051	0,24	—	—	—	0,17	—	358	24,3	

Weiß erstarrtes Gußstück mit breiten Zementitnadeln (oben) und Ledeburit.

5. Martensitisch erstarrter Guß.

Bild Nr.	Ring-abmessungen mm	Cges	Cgeb	Cgr	Si	Mn	P	S	Cr	Cu	Mo	Ni	V	Ti	Härte HB	Biegfst. km/mm²	Vgl. Abb.
B 31	129/114,5×3,5	3,70			2,58	0.78	0,72	0,046	0,15	0,44	0,36	—	—	—	358	24,3	

Einzelguß. — Vergrößerung 350 ×.
Gußzustand: Feiner Fadengraphit in Sternchen mit vielen feinen übereutektischen Knoten. Grundmasse vorwiegend martensitisch mit etwas Sorbit.

Bild Nr.	Ring-abmessungen mm	Härte HB	Biegfst. km/mm²
B 32	Wie B 31. — Vergrößerung 500 ×.	358	
B 33	Wie B 31. — Vergrößerung 350 ×.	268	42,8

Gefüge nach Anlassen 620° 20 Min: Sehr feiner Perlit und Anlaßsorbit, vereinzelt kleine Ferriteinschlüsse.

6. Warmbehandelte Gußeisen: Glühen und Vergüten.

Bild Nr.	Ring-abmessungen mm	Cges	Cgeb	Cgr	Si	Mn	P	S	Cr	Cu	Mo	Ni	V	Ti	Härte HB	Biegfst. km/mm²	Vgl. Abb.
B 34		3,71			2,64	0,66	0,51	0,093	—	—	—	—	—	—	221		

Durch Temperatureinwirkung eingeleiteter Zerfall des Perlits: Die Perlitlamellen sind größtenteils kugelig zusammengeflossen.

B 35 Wie B 34; durch längere Temperatureinwirkung ist der Perlit größtenteils verschwunden, die Grundmasse größtenteils ferritisch, nur an den Kristallen des Phosphideutektikums finden sich noch Zonen körnigen Perlits. 168

B 36 Wie B 35; nach weiterem Glühen ist der Perlit weiter zerfallen, die Graphitlamellen erscheinen verstärkt. Die ferritische Grundmasse läßt die Korngrenzen deutlich erkennen. 148

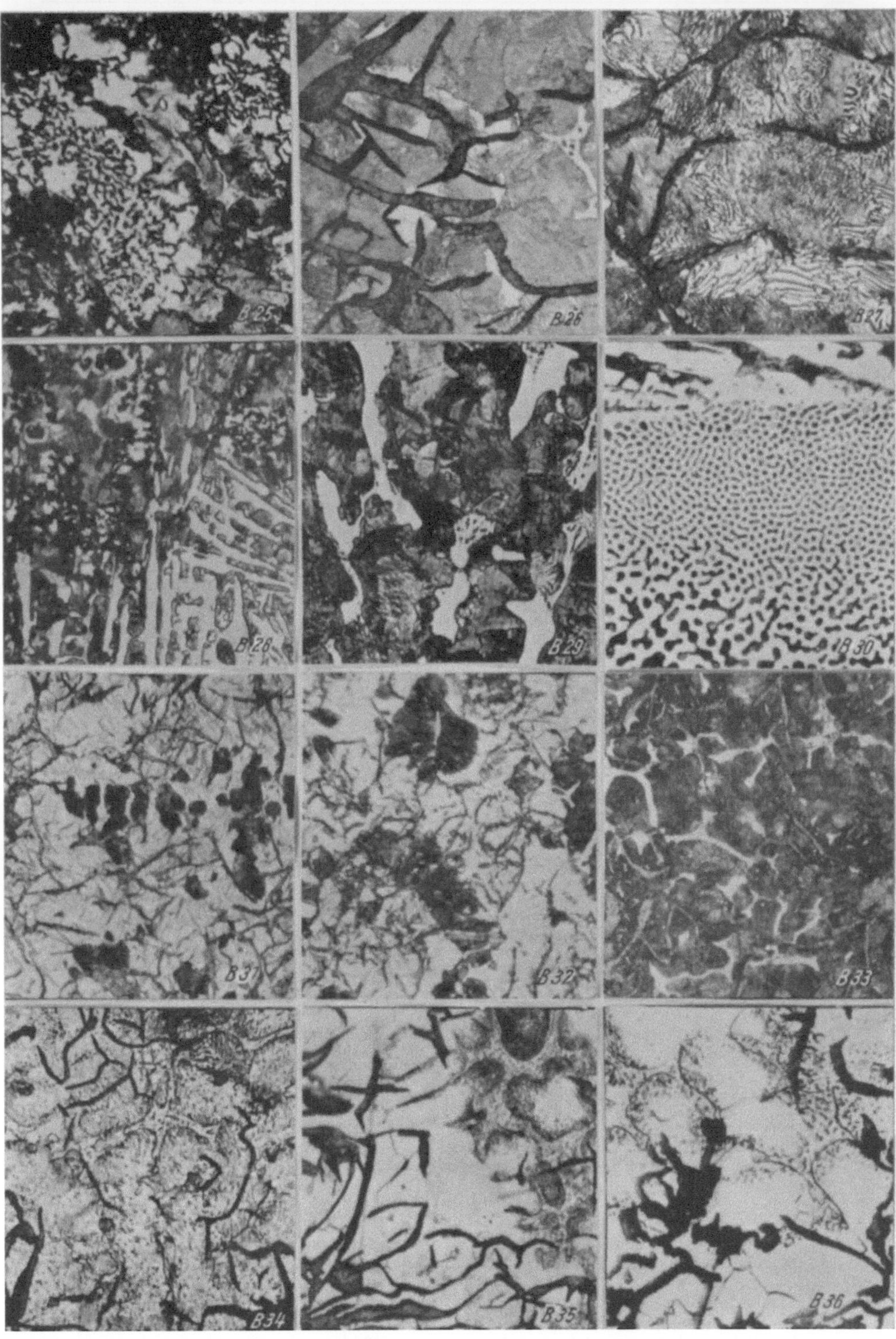
B 25
B 26
B 27
B 28
B 29
B 30
B 31
B 32
B 33
B 34
B 35
B 36

Bild Nr.	Ring-abmessungen mm	Cges	Cgeb	Cgr	Si	Mn	P	S	Cr	Cu	Mo	Ni	V	Ti	Härte HB	Biegfst. km/mm²	Vgl. Abb.
B 37		3,41			2,48	0,67	0,92	0,062	0,41	—	—	0,89	0,16	—	273	50,4	
B 38	Schleuderguß	2,95			1,95	0,85	0,25	0,070	0,67	—	0,44	—	0,12	—	274	84,9	A 34
B 39	Büchsenguß	3,34			1,26	0,84	0,21	0,044	—	0,86	—	—	0,23	0,07	216	45,0	
B 40	740/690,6×16	3,05			1,35	0,86	0,10	0,059	—	—	—	—	—	—	524		
B 41															524		
B 42															496		
B 43	110/101,2×3,5	3,76			2,68	0,74	0,71	0,055	—	—	—	—	—	—	268		
B 44	217,5/201,9×6,3	3,33		2,48	2,07	0,60	0,31	0,083	0,19	0,63	0,10	1,02	Sp	Sp	234	58,0	C 8
B 45	120,6/108,8×2,37	3,85			3,07	0,74	0,39	0,045	0,31	0,56	0,26	—	—	—	285		
B 46	360/334,3×7	3,27	0,72	2,55	2,26	0,37	0,06	0,021	—	—	—	2,17	—	—	170		A 36
B 47															272	104	
B 48															268		

B 37. Schleuderguß. — Vergütet (870° Öl, angelassen 580°). Feinlamellarer kurzer Fadengraphit. Sehr feinlamellarer Perlit und Anlaßsorbit, vereinzelt kleine Ferritkristalle, sehr viele und große Phosphidkristalle (Werkstoff Brivadium d. Brit. Pist. Ring Co.).

B 38. Vorwiegend weiß erstarrt und wärmebehandelt (Werkstoff Cyclan). Geglüht (Graphitisierungsglühen) bei 1020°; kleinere Zementitreste bleiben erhalten. Härten von 850° in Öl; anlassen bei 655—665°. Graphit zum Teil als feineutektischer Fadengraphit, zum Teil als Temperkohle ausgeschieden. Grundmasse kugeliger Troosto-Sorbit.

B 39. Meliert erstarrter, wärmebehandelter Grauguß: Geglüht 930°, doch bleiben kleinere Zementitreste erhalten. — Normalisiert von 870° an Luft. Feiner Fadengraphit. — Fein- bis sehr feinlamellarer Perlit. — Kleine, etwas ungleichmäßig verteilte Karbidkristalle.

B 40. Büchsenguß. — Gehärtet 850° Öl. Feinnadeliger Martensit.

B 41. Wie B 40; gehärtet 900° in Öl. Etwas grobnadeliger Martensit mit Restaustenit.

B 42. Wie B 40; gehärtet 900° in Öl von 200°. Gröberer Martensit, vielfach mit dunkleren Nadeln.

B 43. Einzelguß. — Vergütet (850° Öl, angelassen 580° 30 min). Sorbit mit nadeligem Aufbau.

B 44. Schleuderguß. — Vergütet (880° Öl, angelassen 630° 30 min). Graphit sehr ungleichmäßig ausgebildet in Rosetten mit zum Teil sehr feinschuppigem (eutektischem) Kern. — Grundgefüge von nadeliger sorbitischer, teilweise sehr feiner, teils aber auch grober Struktur.

B 45. Einzelgußring (verchromt). — Bainitvergütet von 850° in Salzbad von 440°. Nadeliges Zwischenstufengefüge.

B 46. Vergrößerung 130 ×. — Kugelgraphiteisen. — Büchsenguß in weichgeglühtem Zustand (Glühtemperatur 930° 4 Std., Ofen erkaltet). Grundmasse ferritisch mit kleinen kugeligen Zementitresten. Verschleißungünstig.

B 47. Wie B 46, gehärtet 880° Öl, angelassen 600°. — Vergrößerung 500 ×. Grundmasse sehr feinperlitisch (sorbitisch). Verschleißgünstig.

B 48. Wie B 46. An Luft normalisiert. — Vergrößerung 500 ×. Grundmasse sehr feinperlitisch (sorbitisch) mit unbedeutenden Zementitresten. An den Graphitsphäroliten bedeutende Ferrithöfe. Verschleißungünstig.

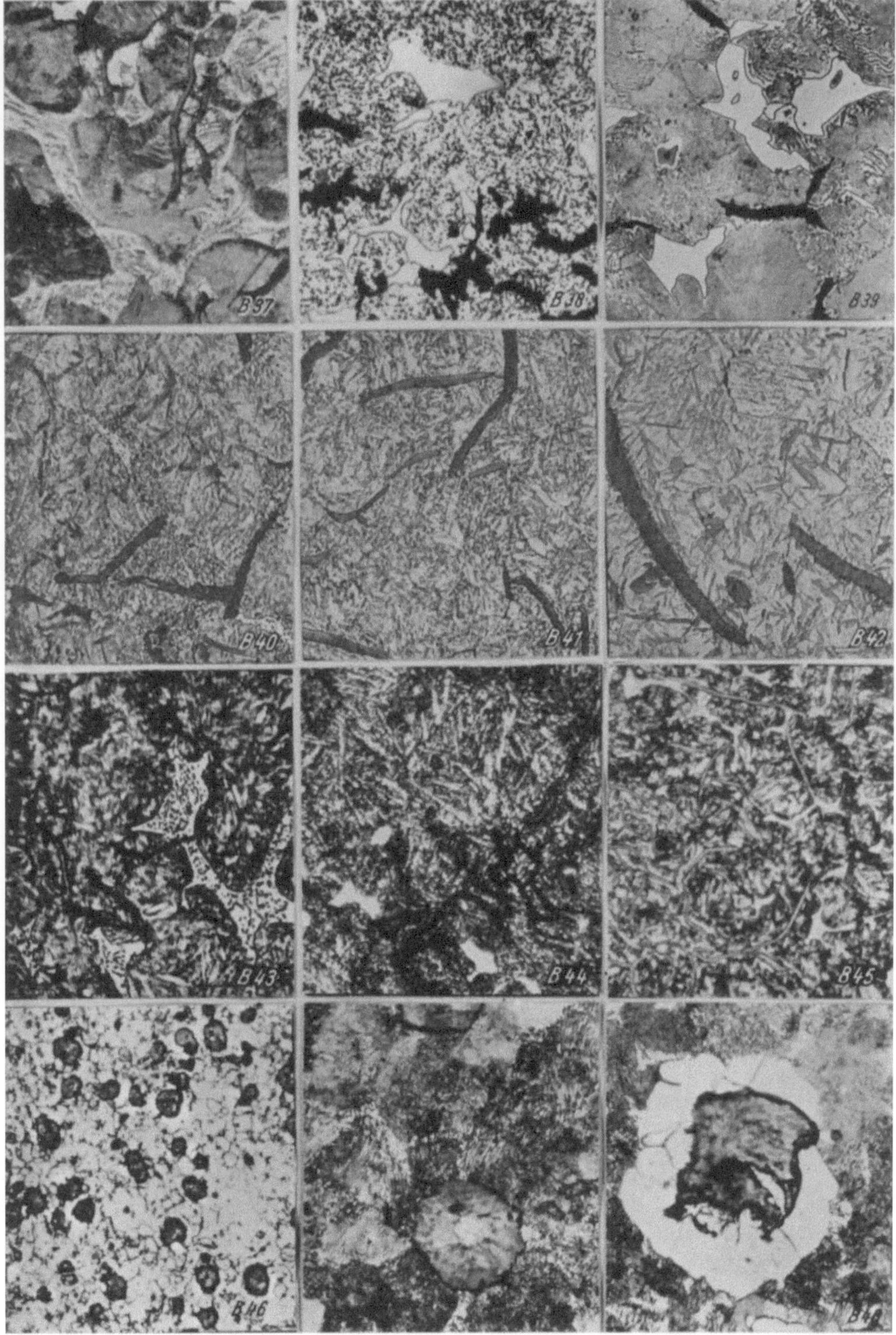

C. Ausbildung des Phosphideutektikums (Phosphidnetzes) in Grauguß-Kolbenringen

Wo nichts anderes angegeben, sind die Schliffe mit 10% Nital tiefgeätzt, 20 × vergrößert

Bild Nr.	Ringabmessungen mm	Cges	Cgeb	Cgr	Si	Mn	P	S	Cr	Cu	Mo	Ni	V	Ti	Härte HB	Biegfst. km/mm²	Vgl. Abb.
C 1	52 47,3×2,5	3,41			2,13	0,89	0,46	0,057	0,21	—	—	—	—	—	272	57,8	A 1 B 9

Schleuderguß.
Sehr engmaschiges, nach der Außenseite hin dichteres und geschlosseneres, mittelkräftiges Phosphidnetz. — Maschengröße in der linken Bildhälfte etwa $13 \times 10^3\ \mu^2$, in der rechten Bildhälfte etwa $24 \times 10^3\ \mu^2$.

Bild Nr.	Ringabmessungen mm	Cges	Cgeb	Cgr	Si	Mn	P	S	Cr	Cu	Mo	Ni	V	Ti	Härte HB	Biegfst. km/mm²	Vgl. Abb.
C 2	80/72×3	3,78			2,79	0,68	0,82	0,066	—	—	—	—	—	—	264		

Einzelguß.
Engmaschiges, sehr kräftiges, meist gut geschlossenes Phosphidnetz. — Mittlere Maschengröße $29,5 \times 10^3\ \mu^2$

Bild Nr.	Ringabmessungen mm	Cges	Cgeb	Cgr	Si	Mn	P	S	Cr	Cu	Mo	Ni	V	Ti	Härte HB	Biegfst. km/mm²	Vgl. Abb.
C 3	110/101,2×4	3,76			2,73	0,69	0,74	0,047	—	—	—	—	—	—	269		

Einzelguß.
Ziemlich feinmaschiges, teilweise nicht geschlossenes und stellenweise nur angedeutetes Phosphidnetz. — Mittlere Maschengröße $31,5 \times 10^3\ \mu^2$.

Bild Nr.	Ringabmessungen mm	Cges	Cgeb	Cgr	Si	Mn	P	S	Cr	Cu	Mo	Ni	V	Ti	Härte HB	Biegfst. km/mm²	Vgl. Abb.
C 4	220/203×5,5	3.72			2,48	0.64	0,59	0.068	0,11	0,26	0,18	—	—	—	259		

Einzelguß.
Mittelfeinmaschiges, kräftiges, im allgemeinen gut geschlossenes Phosphidnetz von etwas unterschiedlicher Maschengröße. — Mittlere Maschengröße $55 \times 10^3\ \mu^2$.

Bild Nr.	Ringabmessungen mm	Cges	Cgeb	Cgr	Si	Mn	P	S	Cr	Cu	Mo	Ni	V	Ti	Härte HB	Biegfst. km/mm²	Vgl. Abb.
C 5	220/203×5,5	3,41			2,17	0,91	0,42	0,044	0,31	—	0,33	—	—	—	272		

Schleudergußbüchse.
Kräftiges, gut geschlossenes, mittelfeinmaschiges Phosphidnetz. — Mittlere Maschengröße $83 \times 10^3\ \mu^2$.

Bild Nr.	Ringabmessungen mm	Cges	Cgeb	Cgr	Si	Mn	P	S	Cr	Cu	Mo	Ni	V	Ti	Härte HB	Biegfst. km/mm²	Vgl. Abb.
C 6	360/333,4×6,5	3,43			2,11	0,84	0,39	0,051	0,29	—	0,34	—	—	—	273		

Schleudergußbüchse.
Mittelgrobes, gut ausgebildetes Phosphidnetz von auffallend unterschiedlicher Stärke. — Mittlere Maschengröße $115 \times 10^3\ \mu^2$.

Bild Nr.	Ringabmessungen mm	Cges	Cgeb	Cgr	Si	Mn	P	S	Cr	Cu	Mo	Ni	V	Ti	Härte HB	Biegfst. km/mm²	Vgl. Abb.
C 7	360/333,4×6,5	3,71			2,26	0,64	0,49	0,082	—	—	—	—	—	—	232	44,4	A 9 B 8

Einzelgußring.
Gut ausgeprägtes, nicht ganz geschlossenes, großmaschiges Phosphidnetz, stellenweise Phosphidanhäufungen. — Mittlere Maschengröße $140 \times 10^3\ \mu^2$.

Bild Nr.	Ringabmessungen mm	Cges	Cgeb	Cgr	Si	Mn	P	S	Cr	Cu	Mo	Ni	V	Ti	Härte HB	Biegfst. km/mm²	Vgl. Abb.
C 8	220/201,6×7	3,41			1,78	0,86	0,42	0,063	0,12	—	—	—	—	—	228		

Büchsenguß (Sandguß).
Ungleichmäßiges, stellenweise nur angedeutetes Phosphidnetz. — Mittlere Maschengröße etwa $312 \times 10^3\ \mu^2$.

Bild Nr.	Ringabmessungen mm	Cges	Cgeb	Cgr	Si	Mn	P	S	Cr	Cu	Mo	Ni	V	Ti	Härte HB	Biegfst. km/mm²	Vgl. Abb.
C 9	325 301×6,5																

Schleudergußbüchse.
Deutlich erkennbares, zum Teil unvollkommen geschlossenes Phosphidnetz. — Mittlere Maschengröße etwa $520 \times 10^3\ \mu^2$.

Bild Nr.	Ringabmessungen mm	Cges	Cgeb	Cgr	Si	Mn	P	S	Cr	Cu	Mo	Ni	V	Ti	Härte HB	Biegfst. km/mm²	Vgl. Abb.
C 10	780/732×14	3,24			1,36	0.82	0.42	0,053	—	—	—	—	—	—	198		

Büchsenguß (Sandguß).
Sehr kräftiges, nicht ganz geschlossenes, grobmaschiges Phosphidnetz. — Mittlere Maschengröße etwa $1100 \times 10^3\ \mu^2$.

Bild Nr.	Ringabmessungen mm	Cges	Cgeb	Cgr	Si	Mn	P	S	Cr	Cu	Mo	Ni	V	Ti	Härte HB	Biegfst. km/mm²	Vgl. Abb.
C 11	115/105×5	3,76			2,68	0,67	0,54	0,093	—	0,12	—	—	—	—	267		

Einzelguß.
Mittelfeinmaschiges, schwaches, stellenweise nur angedeutetes Phosphidnetz. — Mittlerer Maschengröße $52 \times 10^3\ \mu^2$.

Bild Nr.	Ringabmessungen mm	Cges	Cgeb	Cgr	Si	Mn	P	S	Cr	Cu	Mo	Ni	V	Ti	Härte HB	Biegfst. km/mm²	Vgl. Abb.
C 12	336/311×6	3,41			2,21	0,57	0,61	0,063	0,24	—	0,22	—	—	—	271		

Schleudergußbüchse.

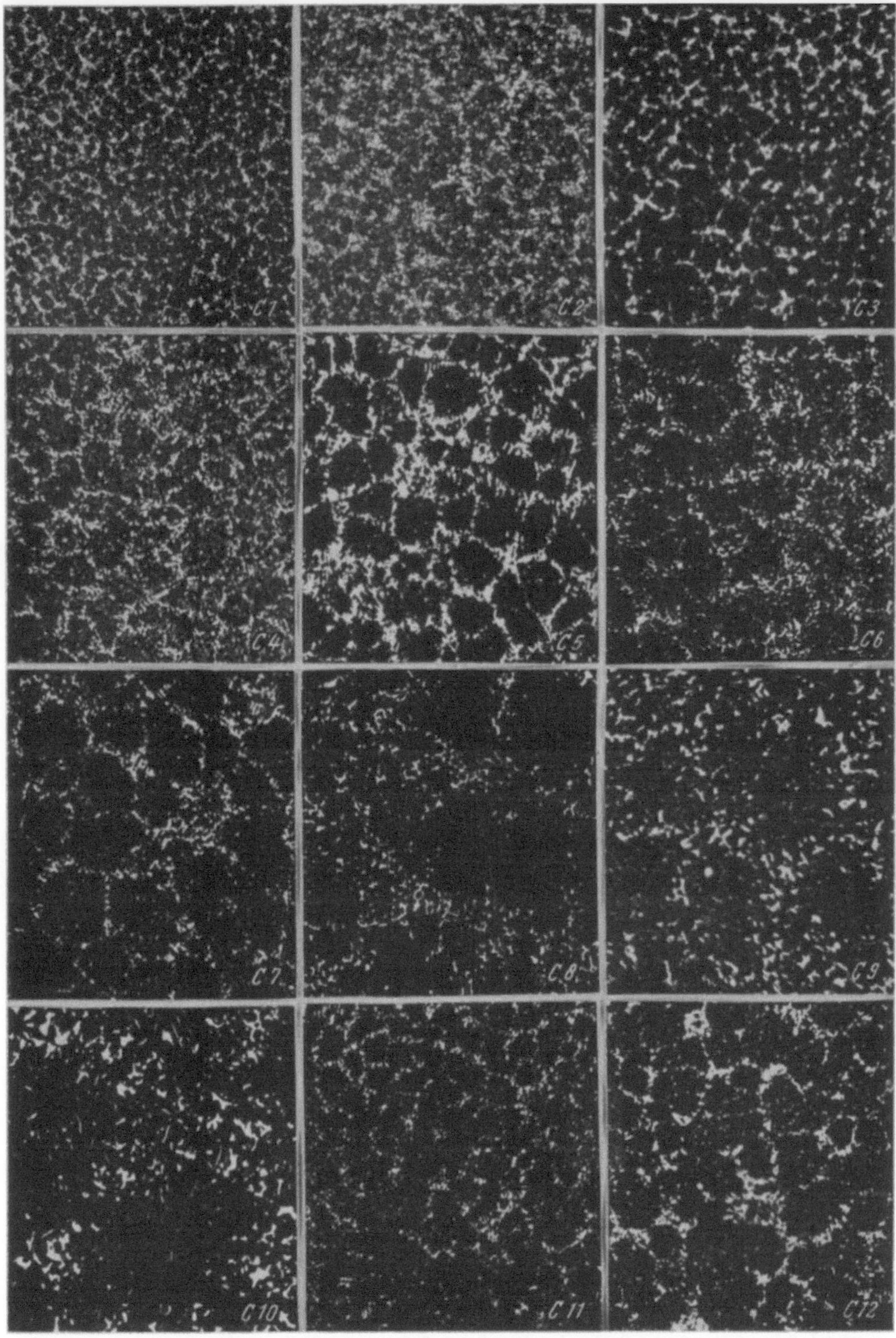
C1
C2
C3
C4
C5
C6
C7
C8
C9
C10
C11
C12

Bild Nr.	Ring-abmessungen mm	Cges	Cgeb	Cgr	Si	Mn	P	S	Cr	Cu	Mo	Ni	V	Ti	Härte HB	Biegfst. km/mm²	Vgl. Abb.
C 13	336/311×6	3,36			2,18	0,81	0,59	0,005	0,16	—	0,29	—	—	—	268		

Schleudergußbüchse. — Vergütet.
Teilweise aufgelöstes, nicht geschlossenes, jedoch noch deutlich erkennbares Phosphidnetz, stellenweise Phosphidanhäufungen. — Mittlere Maschengröße $136 \times 10^3\ \mu^2$.

Bild Nr.	Ring-abmessungen mm	Cges	Cgeb	Cgr	Si	Mn	P	S	Cr	Cu	Mo	Ni	V	Ti	Härte HB	Biegfst. km/mm²	Vgl. Abb.
C 14	720/674×12	3,39			1,36	0,87	0,24	0,063	—	—	—	—	—	—	198		

Büchsenguß (Sandguß).
Grobmaschiges Phosphidnetz schwach angedeutet.

Bild Nr.	Ring-abmessungen mm	Cges	Cgeb	Cgr	Si	Mn	P	S	Cr	Cu	Mo	Ni	V	Ti	Härte HB	Biegfst. km/mm²	Vgl. Abb.
C 15	65/58,5×2,5																

Einzelguß. — Bainitvergütet.
Sehr feinmaschiges Phosphidnetz angedeutet; meist verstreutes Phosphid, vielfach auch Phosphidanhäufungen.

Bild Nr.	Ring-abmessungen mm	Cges	Cgeb	Cgr	Si	Mn	P	S	Cr	Cu	Mo	Ni	V	Ti	Härte HB	Biegfst. km/mm²	Vgl. Abb.
C 16	110/101,2×3	3,64			2,56	0,61	0,72	0,054	0,19	0,12	0,23	—	—	—	278		

Einzelguß. — Vergütet.
Meist zerstreutes Phosphid, die ursprüngliche Netzanordnung ist kaum mehr erkennbar. Die einzelnen Steaditkristalle zeigen vielfach dendritischen Aufbau.

Bild Nr.	Ring-abmessungen mm	Cges	Cgeb	Cgr	Si	Mn	P	S	Cr	Cu	Mo	Ni	V	Ti	Härte HB	Biegfst. km/mm²	Vgl. Abb.
C 17	85/78,2×3	3,71			2,56	0,69	0,73	0,084	0,13	—	0,19	—	—	—	278		

Einzelguß. — Vergütet.
Feinmaschiges Phosphidnetzwerk kaum noch angedeutet, vielfach zerstreutes Phosphid. Vorwiegend in der Querschnittsmitte Phosphidanhäufungen.

Bild Nr.	Ring-abmessungen mm	Cges	Cgeb	Cgr	Si	Mn	P	S	Cr	Cu	Mo	Ni	V	Ti	Härte HB	Biegfst. km/mm²	Vgl. Abb.
C 18	115/105×4,5	3,78			2,78	0,61	0,62	0,089	—	0,17	—	—	—	—	272		

Einzelguß.
Unvollkommen ausgebildetes, mittelfeinmaschiges, unvollständig geschlossenes Phosphidnetz. Stellenweise Phosphidanhäufungen. Die einzelnen Steaditkristalle zeigen vorwiegend dendritischen Aufbau.

Bild Nr.
C 19

Ternäres Phosphideutektikum (hell) in einer Grundmasse aus lamellarem Graphit. Geätzt 2% Nital. — Vergrößerung 500 ×. (Aus: Der Kolbenring. Goetzewerke A. G., Burscheid bei Köln.)

Bild Nr.
C 20

Ternäres Phosphideutektikum wie C 21, nach Spezialätzung mit $K_3Fe(CN)_6 + NaOH$, nachgeätzt mit HNO_3. — Vergrößerung 500 ×. (Aus: Der Kolbenring. Goetzewerke A. G., Burscheid bei Köln.)

D. Besondere Gefügeausbildungen

Gefügeausbildung in Stahlkolbenring. — Geätzt 2% Nital. — Vergrößerung 800 ×.

Bild Nr.	Ring-abmessungen mm	Cges	Cgeb	Cgr	Si	Mn	P	S	Cr	Cu	Mo	Ni	V	Ti	Härte HB	Biegfst. km/mm²	Vgl. Abb.
D 1	720/675×10	0,97			0,34	0,61	0,04								248		

Von 870⁰ an Luft normalisiert.
Kleine, fein, jedoch nicht ganz gleichmäßig verteilte kugelige Karbide in ferritischer Grundmasse.

Bild Nr.
D 2

Sehr stark offenes Gefüge in einer Graugußbüchse. — Sättigung für die vergossene Wanddicke viel zu hoch.

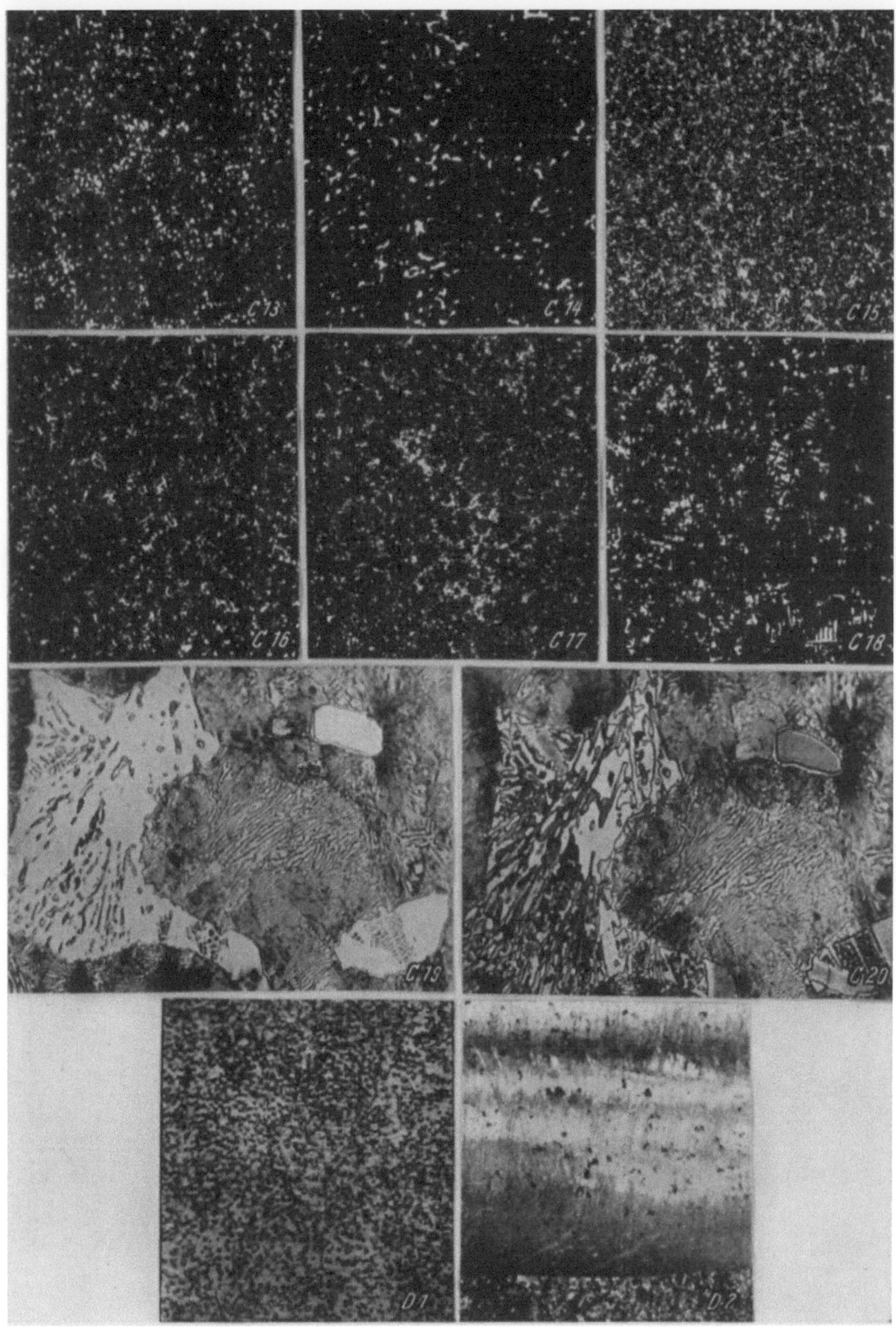

Bild Nr.	Ring-abmessungen mm	Analyse													Härte HB	Biegfst. km/mm²	Vgl. Abb.
		C_{ges}	C_{geb}	C_{gr}	Si	Mn	P	S	Cr	Cu	Mo	Ni	V	Ti			

D 3 — Gefügeausbildung in einem Einzelgußkolbenring (W = 20).

Bild Nr.	Ring-abmessungen mm	C_{ges}	C_{geb}	C_{gr}	Si	Mn	P	S	Cr	Cu	Mo	Ni	V	Ti	Härte HB	Biegfst. km/mm²	Vgl. Abb.
D 3	88,9/80,0×2,37	3,65			2,58	0,69	0,32	0,073	—	0,21	0,31	—	—	—	247	E=8750	

a) Reicher, verhältnismäßig langer, sehr dichter, zur Rosette neigender Fadengraphit; stellenweise Höfe von feinschuppigem (eutektischem) Graphit; vielfach übereutektische Knoten von sehr unterschiedlicher Größe und Verteilung. — Vergrößerung: 100 ×, ungeätzt.

b) Sorbit, teilweise auch Perlit mit lamellarer oder kugeliger Struktur, in den eutektischen Graphitrosetten viel Ferrit (I) in größeren Nestern. — Geätzt 2% Nital. — Vergrößerung 500 ×.

c) Mittelkräftiges Phosphidnetz von stark unterschiedlicher Maschengröße. — Tiefgeätzt. — Vergrößerung 20 ×. — Der Ring wurde offenbar bei hoher Temperatur — etwa 600—620⁰ — warmgehärtet.

D 4 — Gefügeausbildung in einem weißerstarrten, geglühten und vergüteten Einzelgußring. Rohlingsabmessung 112/99 ⌀ × 3,45. (Vgl. Abb. A 33)

Bild Nr.	Ring-abmessungen mm	C_{ges}	C_{geb}	C_{gr}	Si	Mn	P	S	Cr	Cu	Mo	Ni	V	Ti	Härte HB	Biegfst. km/mm²	Vgl. Abb.
D 4	110/101,2×3	3,61			2,10	0,66	0,34	0,053	0,21	0,46	0,27		—	—	254	91,8	A 33

a) Gefüge im Gußzustand: Geätzt 2% Nital. — Vergrößerung 500 ×.
Grobe Zementitnadeln, dazwischen kleine martensitisch-sorbitische Felder.

b) Gefüge nach Glühen 930⁰: Geätzt 2% Nital. — Vergrößerung 500 ×.
Grundmasse ferritisch mit deutlichen Korngrenzen, dazwischen eingelagert reichlich Temperkohle.

c) Gefüge nach Vergüten: Härten von 870⁰ in Öl, Anlassen 630⁰ 15 Min: Geätzt 2% Nital. — Vergrößerung 500 ×.
Grundmasse anlaßsorbitisch-perlitisch; viel kleine, etwas ungleichmäßig verteilte Temperkohle.

D 5 — Gefügeausbildung in einer weißerstarrten, weich geglühten und an Luft normalisierten Schleudergußbüchse.

a) Gefüge im Gußzustand: Geätzt Picral. — Vergrößerung 100 ×.
Kräftige Zementitnadeln in einer martensitisch-sorbitischen Grundmasse.

b) Gefüge nach Glühen 930⁰, und Normalisieren von 870⁰ an bewegter Luft: Geätzt Picral. — Vergrößerung 250 ×.
Verhältnismäßig grobe Einschlüsse von Temperkohle in sorbitischer Grundmasse; vereinzelt kleinere Zementitreste.

D 6 — Bainitisch vergüteter, verchromter Ring.   (W = 20,6.)

Bild Nr.	Ring-abmessungen mm	C_{ges}	C_{geb}	C_{gr}	Si	Mn	P	S	Cr	Cu	Mo	Ni	V	Ti	Härte HB	Biegfst. km/mm²	Vgl. Abb.
D 6	104,77/94,47⌀ ×2,37	3,85	0,60	3,25	2,62	0,80	0,30	—	0,48	0,43	0,28	—	—	—	290—206	48,9	

E 9200 kg/mm², φ=8,56%.

a) Ungeätzt. — Vergrößerung 100 ×.
Große übereutektische Knoten in reichem, mittelfeinem bis sehr feinem, langem Fadengraphit.

b) Geätzt 2% Nital. — Vergrößerung 500 ×.
Zwischenstufengefüge (Bainit) von nadeliger Struktur.

c) Tiefgeätzt. — Vergrößerung 60 ×.
Phosphid stark verteilt, teilweise in angedeuteter Netzanordnung.

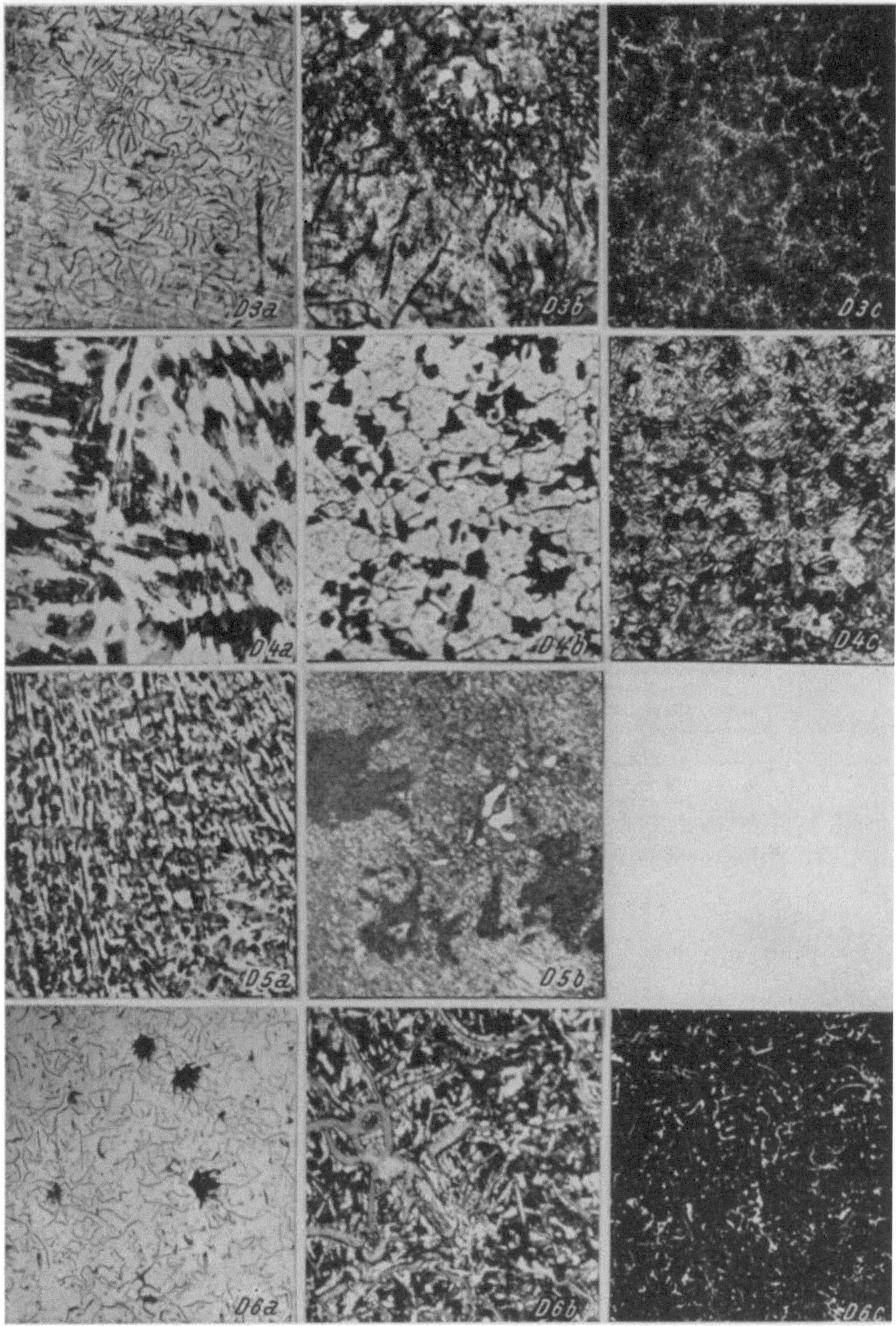

Bild Nr.		Vgl. Abb.
D 7	Verchromter Graugußring. 85/77,6 × 3,5. — Schnitt durch die Hartchromschicht. Geätzt 2% Nital. — Vergrößerung 20 ×. Lauffläche verhältnismäßig rauh gedreht mit 0,2 mm Vorschub. — Chromschicht 0,12 mm.	
D 8	Verchromter Graugußring. 85/77,6 ∅ × 3,38. — Schnitt durch die bereits verschlissene Chromschicht. Geätzt 2% Nital. — Vergrößerung 20 ×. Lauffläche rauh gedreht mit 0,2 mm Vorschub. — Die Chromschicht ist auf 0,06 mm abgetragen.	
D 9	Verchromter Graugußring 215,93/200,59 ∅ × 3,17. — Schnitt durch die Hartchromschicht. Geätzt 2% Nital. — Vergrößerung 40 ×. Lauffläche glatt feingedreht mit 0,225 mm Vorschub. — Schichtstärke 0,15 mm.	
D 10	Schleudergußring. 217,5/201,9 × 6 mit Ferroxnuten. — Schnitt durch eine Ferroxnut. Ungeätzt. — Vergrößerung 100 ×.	A 27
D 11	Zementiteinschlüsse in der Querschnittsmitte von Einzelgußringen. Rohling 101/90 × 3.95. C ges 3,75 C geb 0,70 Graphit 3,05 Si 2.70 Mn 0,56 P 0,35 S 0,07 Cr 0,10 Cu — Mo — Ni 0,32 a) Ungeätzt. — Vergrößerung 100 ×. Viel übereutektische Graphitknoten, in ihrer Umgebung und an diese verästelt ankristallisiert feiner Fadengraphit. Dazwischen große Felder feinstschuppigen (eutektischen) Graphits. In der zementitischen Zone graphitarm mit fein verteiltem kugeligem Graphit (Temperkohle). b) Geätzt 1% Nital. — Vergrößerung 250 ×. In der ungestörten Zone feinstlamellarer (sorbitischer) Perlit; am eutektischen Graphit viel Ferrit (I) in Nestern. In der gestörten Zone große, stark mit Zementit durchsetzte Steaditkristalle und Sorbit; an den Graphitkugeln Ferrithöfe. c) Wie b). Geätzt 1% Nital. — Vergrößerung 500 ×.	

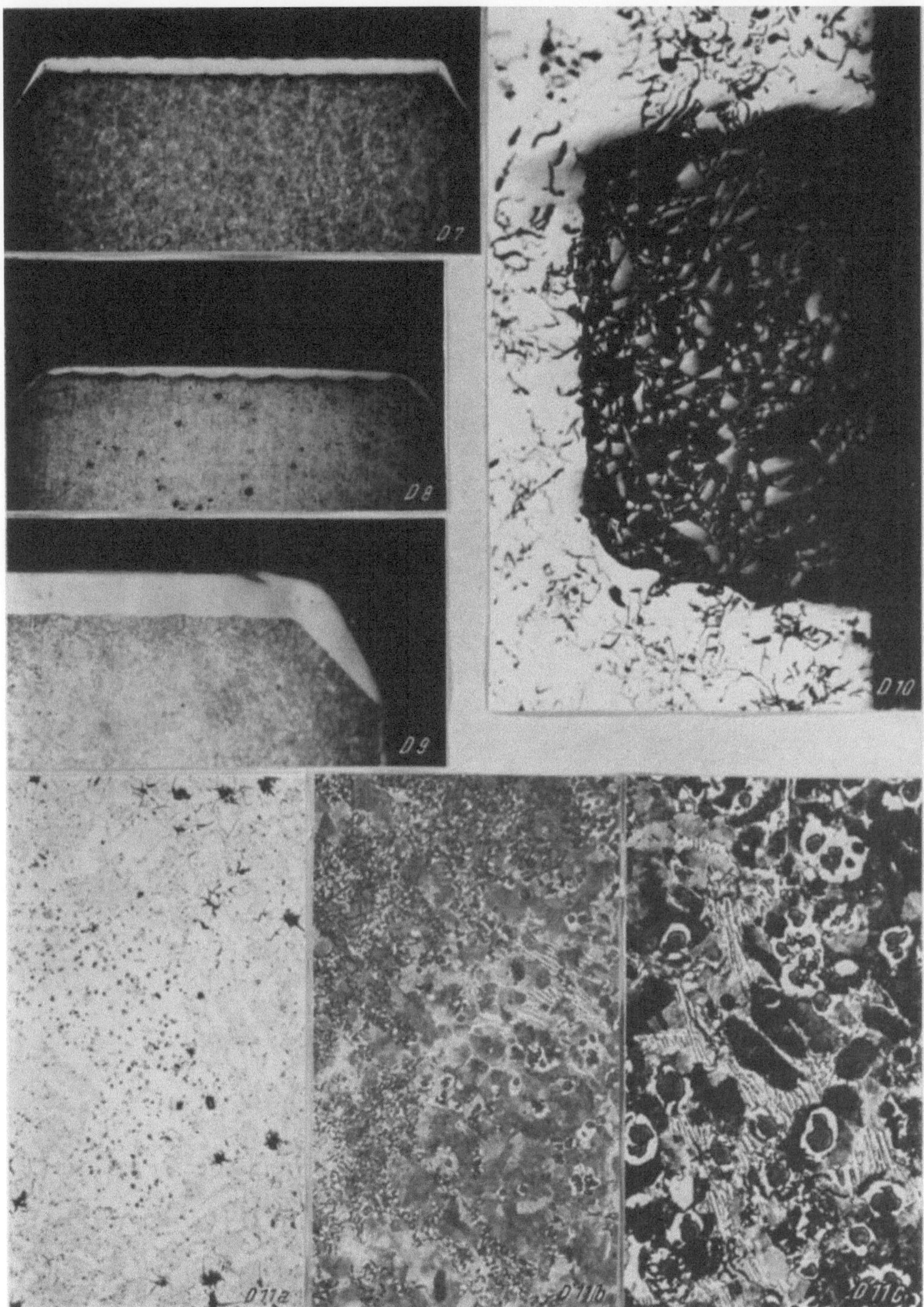

Bild Nr.	

D 12 Zwischenstufenvergütung. — Schleuderguß mit 0,3 Cr und 0,1 Mo, nach Zwischenstufenumwandlung bei 350° C mit verschiedener Haltedauer und nachfolgendem Abschrecken in Wasser.

a) Haltedauer 30 sek.

b) Haltedauer 300 sek.

c) Haltedauer 1000 sek.

Der jeweils noch nicht in Zwischenstufe umgewandelte Austenit wird durch das Abschrecken in Martensit übergeführt. — In D 12 c praktisch 100% Zwischenstufengefüge. Alle Bilder geätzt; 3% Nital. — Vergrößerung 550 $\times$.

D 13 Zwischenstufenvergütung. — Unlegierter Schleuderguß, nach Zwischenstufenbehandlung bei 450° mit verschiedener Haltedauer und nachfolgendem Abschrecken in Wasser.

a) Haltedauer 10 sek.

b) Haltedauer 100 sek.

c) Haltedauer 300 sek.

d) Haltedauer 1500 sek.

Der jeweils noch nicht in Zwischenstufe umgewandelte Austenit wird durch das Abschrecken in Martensit übergeführt. — In D 13 d praktisch 100% Zwischenstufengefüge. Alle Bilder geätzt; 3% Nital. — Vergrößerung 550 $\times$.

Die Abb. D 12 und D 13 wurden vom Eisenhütteninst. d. Montanist. Hochschule Leoben, Prof. Dr. R. WALZEL, freundlichst zur Verfügung gestellt.

D 14 Unter verschiedenen Bedingungen verschlissene Ringlaufflächen (Straßenbetrieb von Fahrzeugmotoren). — Vergrößerung 200 $\times$.

a) Reiner Abriebverschleiß bei hinreichender Schmierung.

b) Reibverschleiß mit abrasiver Wirkung (Fremdteilchen).

c) Starke Korrosionseinflüsse und Abriebverschleiß.

D 15 Wie D 14; jedoch stammend von unter speziellen Betriebs- und Verschleißbedingungen durchgeführten Prüfstandversuchen.

a) Gut geschmiert, Öl und Ansaugluft gut gefiltert; hohe Kühlwassertemperatur.

b) Wie vor, jedoch mit Staubzusatz zur Ansaugluft.

c) Wie D 15 a, jedoch mit niedriger Kühlwassertemperatur.

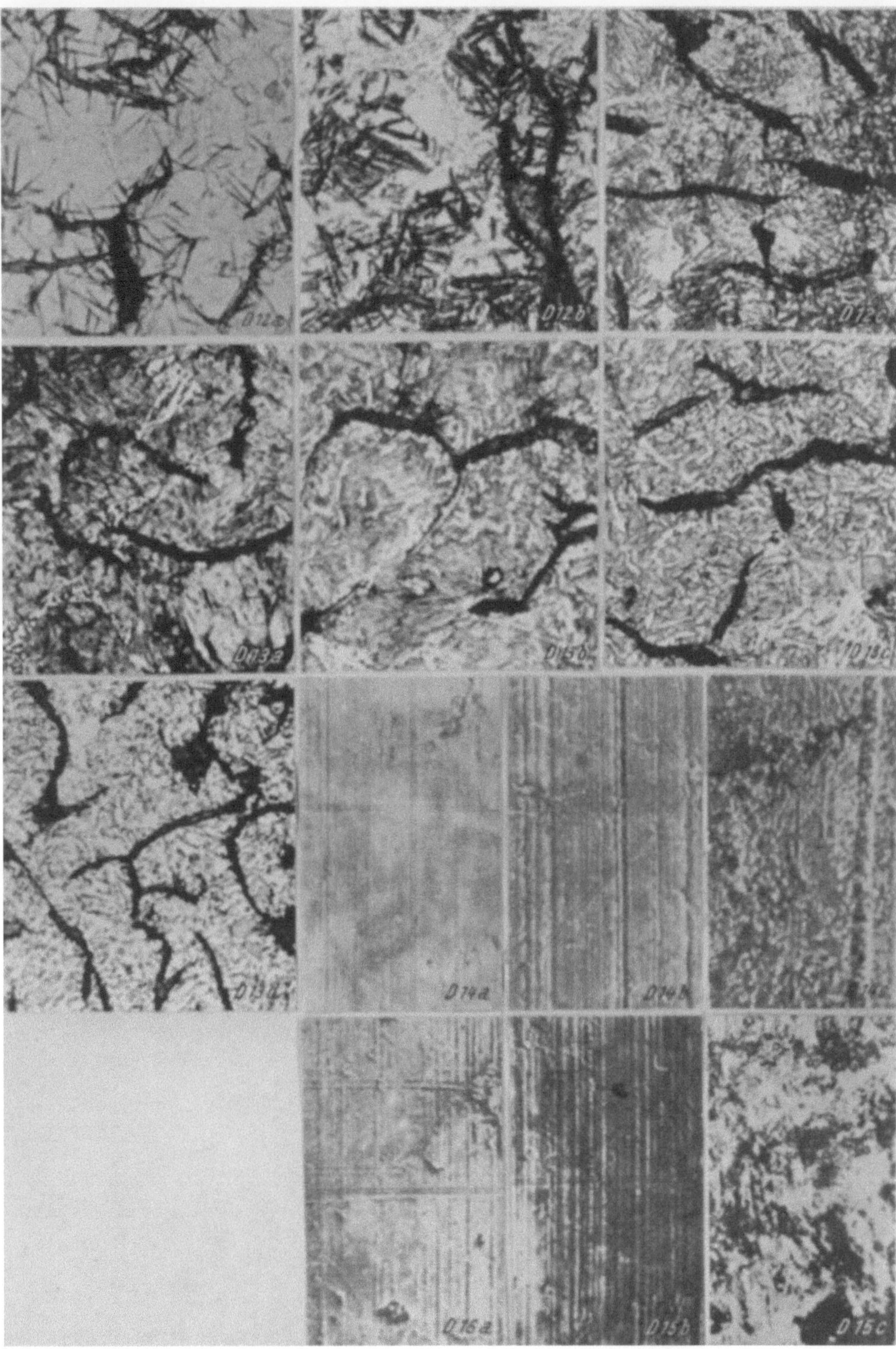

Literaturverzeichnis

1. Cook, D. D., L. J. Grubb und J. C. Lepic: Cylinder Pressures and their Influence on Diesel Engine Efficiency. Cooktite Ring Sales Co. Chicago 1949.
2. Hillmann: Direct Measurements of Oil Film Temperatures on Diesel Piston Rings. Diesel Power **9** (1931), S. 226.
3. Bass, E. L.: Aero Engine Design and Lubrication. Gen. Discussion on Lubrication and Lubricants. Group III. Inst. of Mech. Engrs. London: Okt. 1937.
4. Stillebroer, C. und H. Wassenaar: Temperatures of Pistons and Valves of Various Internal Combustion Engines. Bericht internat. Kongreß f. Verbr.-Mot. Paris: Mai 1951.
5. Englisch, C.: Temperaturverhältnisse in Kolbenringdichtungen. Jahrb. d. dtsch. Luftfahrtforschg. **1940**, II, S. 242.
6. Eichelberg, G.: Some New Investigations on Old Combustion Engine Problems. Engineering **149** (1940), S. 297/99.
7. Salzmann, G.: Wärmefluß durch Kolbenring und Kolben im Dieselmotor. Dissertations-Druckerei A.G. Zürich 1933.
8. Eichelberg, G.: Zeitlicher Verlauf der Wärmeübertragung im Dieselmotor. Forsch.-Arb. Ing.Wesen. Heft 380. Berlin: VDI-Verlag 1928; Temperaturverlauf und Wärmespannungen in Verbrennungsmotoren. Forsch.-Arb. Ing.Wesen. Heft 263. Berlin: VDI-Verlag 1923.
9. Hug, K.: Messung und Berechnung von Kolbentemperaturen in Dieselmotoren. Mitt. Inst. Thermodyn. u. Verbr.Mot.Bau ETH Zürich. Zürich und Leipzig: Verlag A.G. Gebr. Leemann u. Co.
10. Brecht, W.: Kolbentemperaturen in Ottomotoren. München und Berlin: Verlag Oldenbourg 1940.
11. Geissler, W. A. und H. Jungbluth: Techn. Mitt. Krupp **6** (1938), Heft 4, S. 96.
12. Ebihara, K.: Researches on the Piston Ring. Scientif. papers Inst. phys. and chem. research Nr. 182. Tokyo 1929.
13. Hepworth, J. L.: Piston Rings for High Speed Compression-Ignition Engines. Bericht 1. Int. Verbr.Mot.Kongreß. Paris 1951.
14. Williams, C. G. und H. A. Young: Piston Ring Blow-By on High Speed Petrol Engines. Inst. Autom. Engr. Journ. 1936/38 Juni—Juli 1938, Nr. 9, VI, S. 13.
15. Kuhm, M.: Einfluß des Werkstoffs der Kolbenringe auf ihre Laufzeit. Jahrb. d. deutsch. Luftfahrtforschung 1938, II. Teil, S. 87/96.
16. Englisch, C.: Verschleiß, Betriebszahlen und Wirtschaftlichkeit von Verbrennungskraftmaschinen. Bd. 14 des Sammelwerkes List, Die Verbrennungskraftmaschine. Wien: Springer-Verlag 1952.
17. Leunig, G.: Der Verschleiß in Motorenzylindern im Licht neuerer Forschungen. Herausgeg. i. Auftr. Fachabt. Verbr. Motoren d. Fachaussch. Kraftmaschinen d. VDMA. Frankfurt: Maschinenbau-Verlag 1953.
18. Hoegh, C.: The Cylinder Wear in Diesel Engines. Oslo: Verlag Aschehoug u. Co. (W. Nygaard) 1942.
19. Holzer, K. A.: Zylinder-Verschleiß in Verbrennungsmotoren. München: Verlag Oldenbourg 1952.
20. Burwell jr., J. T.: Survey on Possible Wear Mechanics. Wear (Usure, Verschleiß) **1**, 1957/58, Heft 2, S. 119/141.
21. Fursund, K.: Wear in Cylinder Liners. Wear (Usure, Verschleiß) **1**, 1957/58, Heft 2, S. 104/118.

22. Siebel, E. und R. Kobitzsch: Verschleißerscheinungen bei gleitender trockener Reibung. Berlin 1941.

23. Williams, C. G.: Further Experiments on Cylinder Wear. JAE Nr. 10, **2**, 1934; Cylinder Wear in Gasoline Engines. SAE Journ. (Transact.) **38** (1936) Nr. 5.

24. Holm, R.: Die technische Physik der elektrischen Kontakte. Techn. Physik in Einzeldarstellungen. Berlin 1941.

25. Strang, C. D. und J. T. Burwell: Proc. Inst. Mech. Engrs., Autom. Div. 1949/50, Teil IV, S. 169/72.

26. Bowden, F. P. und D. Tabor: Proc. Roy. Soc. Serie A **169** (1939), S. 391. Kindscher, E.: Technik **1947**, Heft 2, S. 72/76.

27. Halla, F.: Kristallchemie und Kristallphysik metallischer Werkstoffe. Leipzig: J. A. Barth, 1939. — Schmaltz, G.: Techn. Oberflächenkunde. Berlin: Springer-Verlag, 1936.

28. Höckel, H. L.: Grübchenverschleiß. Pittings. MTZ **15** (1954), Nr. 3, S. 70/75. — Heidebroek, E. und E. Pietsch: Forschung. Ing.Wesen **12** (1941), S. 74.

29. Broeze, J. J.: Chemische Ursachen des Verschleißes. Engineering Mai 1953, S. 693. — Broeze, J. J. und B. J. J. Gravesteyn: Fuel and Wear in Diesel Engines. Motorship London **19** (1938/39), S. 216/18.

30. Williams, C. G.: Collected Researches on Cylinder Wear. Inst. Aut. Engrs. 1940 (vgl. auch **23**, **40**).

31. Moore, C. C. und W. L. Kent: Effect of Nitrogen and Sulphur Content of Fuels on Diesel Engine Cylinder Wear. SAE Quart. Transact. **1**, Okt. 1947, S. 687/93.

32. Walzel, R.: Grundsätzliches zum Verschleiß fester Körper. 1. Plansee-Seminar, S. 100. Innsbruck 1954.

33. Siebel, E.: Reibung und Verschleiß. S. 4/14. Berlin: VDI-Verlag, 1939.

34. Barwell, F. T.: Wear Phenomena. Autom. Engr. Feb. **1953**, S. 77/80.

35. Davies, C. B.: Ann. N.Y. Acad. Sci. 1951.

36. Symposium on the Properties of Metallic Surfaces. Engineering **1952**, 28. Nov., S. 689, 12. Dez., S. 750/51, 19. Dez., S. 797, 26. Dez., S. 828/29.

37. van der Horst, J. M. A.: Two and Four Cycle Test Results of Medium Speed Engines on Heavy Fuels. Int. Verbr. Mot. Kongreß. Mailand 1953.

38. Groth, K.: Beitrag zur Frage des Temperaturverhaltens und der niedrigen Zylinderwandtemperaturen eines Dieselmotors. MTZ **16** (1955), Heft 10, S. 277/284.

39. Ricardo, H. R.: The High Speed Internal Combustion Engine. London 1953. Deutsch: Schnellaufende Verbrennungsmotoren, 2. Aufl. Berlin: J. Springer, 1932.

40. Williams, C. G.: Cylinder Wear. JAE Journ. 1938, Juni/Juli, Nr. 9, VI, S. 13/35; Cylinder Wear. Rep. Inst. Autom. Engrs. Engineer, London **155** (1933), S. 634/36, 660/62; Piston Rings and Cylinder Liners. Autom. Engr. 1937 Aug., S. 292/302.

41. Beck, G.: Zylinder- und Kolbenringverschleiß. Deutsche Kraftfahrforschung. Heft 29. Berlin: VDI-Verlag, 1939.

42. Broeze, J. J. und A. Wilson: Sulphur in Diesel Fuels. Autom. Engr. **39** (1949), S. 118/23.

43. Gumz, W.: Die Luftvorwärmung im Dampfkesselbetrieb. Leipzig: Verlag Spamer, 1933.

44. Bodey, A.: Untersuchungen über Korrosionsverschleiß in Verbrennungsmotoren. Deutsche Kraftfahrtforschg. Heft 84. Düsseldorf: VDI-Verlag, 1954; Erkenntnisse auf dem Gebiet des Verschleißes. MTZ **15** (1954), S. 133/39.

45. Bergenheim, H.: An Attempt to Find an Explanation and Working Theory of Cylinder Liner Wear. Motorship **1949**, Dez., S. 362/65; Corrosion Damage in Marine Engines. Motorship **1954**, Juli, S. 168/69.

46. Wahl, H.: Allgemeine Verschleißfragen. Heft A 1 d. Schriftenreihe Verschleißfragen. Herausg. v. Verschleißausschuß Verb. Mat. Fragen d. Technik.

47. LEHMANN, O. H.: Die Abnutzung des Gußeisens bei gleitender Reibung. Gießerei-zeitung **23** (1926), S. 597.

48. HELLER, P. A.: Die Verschleißeigenschaften des Gußeisens. Gießerei **20** (1933), S. 392.

49. KEHL, B.: Untersuchungen über das Verschleißverhalten der Metalle bei gleitender Reibung. Diss. T.H. Stuttgart, 1936.

50. SOEHNCHEN, E. und E. PIWOWARSKY: Die Abnutzung des Gußeisens bei gleitendem Verschleiß. Gießerei **23** (1936), S. 489.

51. DIES, K.: Die Vorgänge beim Verschleiß bei rein gleitender trockener Reibung. ZVDI **82** (1938), S. 1420.

52. KLINGENSTEIN, T.: Mitt. Forsch. Anst. GHH-Konzern 1 (1931), S. 999.

53. KNITTEL, R.: Untersuchungen über den Verschleiß von hochwertigem Grauguß und legiertem Grauguß unter Berücksichtigung der an Kolben und Zylindern von Verbrennungsmotoren gestellten Anforderungen. Gießerei **20** (1933), S. 301/10, 324/29, 352/55.

54. WALLICHS, A. und J. GREGOR: Verschleißuntersuchungen verschiedener Automobilzylinder — Gußeisen mit Verschleißmaschinen und Kraftfahrzeugmotoren. Gießerei **20** (1933), S. 517/23 und 548/55.

55. ROSEN, C. G. A.: Significant Contributions of the Diesel Research Laboratory. Inst. Mech. Engrs., Autom. Div. Proc. **1950/51**, 1. Teil, S. 20/22.

56. OBERLE, T. L.: Properties which Influence Wear on Metals. Am. Inst. Min. Metallurg. Engrs. Febr. 1951 und SAE Quart. Transact. Juli 1952, S. 511/15.

57. BRAENDEL, G. H.: Here's How to Hike Piston-Ring-Cylinder Life. SAE Journ. Aug. 1952, S. 36/38.

58. PIWOWARSKY, E.: Hochwertiges Gußeisen. Berlin: Springer-Verlag, 1942.

59. LANE, P. S.: Some Experiences with Wear-Testing. Transact. Am. Foundrym. Ass. **8** (1937), S. 157/94.

60. LANE, P. S.: Wear of Diesel Engine Cylinders and Rings. Transact. ASME **62** (1940), S. 95/110.

61. HEPWORTH, J. L.: Piston Assemblies. Autom. Engr. **1949**, S. 528.

62. ROSSENBECK, W.: Erprobung verschleißfester Schutzschichten. Jahrb. deutsch. Luftfahrtforschg. 1941, Teil II, S. 129.

63. v. SCHWARZ, M.: Abnützungswiderstand von Grauguß mit besonderer Berücksichtigung der Zylinderblöcke und -büchsen. Gießerei **25** (1938), S. 637/42.

64. SIPP, K.: Verschleiß von gußeisernen Kolbenringen in Rohölmotoren. Lanz Forschungsdienst 1, S. 67. Herausgeg. von Heinr. Lanz A.G. Mannheim 1941. Vgl. Stahl und Eisen **57** (1937), S. 42/43; Untersuchungen an Kolbenringen. Beitrag zur Frage des Einflusses der Temperatur. Lanz Forschungsdienst 1, S. 72. Herausgeg. von Heinr. Lanz A.G. Mannheim 1941. Vgl. Maschinenbau, Betrieb **12**, Heft 21/22.

65. BOWDEN, F. P. und. T. P. HUGHES: Proc. Roy. Soc. London, Serie A **160** (1937), S. 575/87.

66. Vom geschliffenen zum laufflächenbehandelten Kolbenring. Werbedruckschrift herausgeg. v. Goetzewerke A.G., Burscheid bei Köln.

67. TEETOR, M. O.: The Reduction of Piston Ring and Cylinder Wear. SAE Journ. (Transact.) **42** (1938), April, S. 137.

68. TEETOR, M. O.: Load Carrying Capacity Phenomena of Bearing Surfaces. SAE Journ. (Transact.) **47** (1940), Dez., S. 497/503.

69. UNDERWOOD, A. F.: Vgl. Diskussionsbeitrag zu 68, ebenda.

70. MOSER, A.: Reibungswiderstand von Kolbenring- und Zylinderwerkstoffen auf der Pendelreibungsmaschine. Vom Prüffeld d. Mahle K.G. Stuttgart 1937. Vgl. Zeitschr. wirtsch. Fertigg. 1939, Heft 9.

71. PIGOTT, K. J. S.: High Output Engines. Autom. Engr. **1949**, S. 275.

72. STUMP, E.: Entwicklungsmerkmale des Nutzfahrzeugbaus. Z. VDI **96** (1954), Nr. 26.

73. KJAER, V. E.: Wearing Test on Materials for Cylinder Liners in Marine Engines. Transact. Danish Acad. techn. sciences ATZ **1950**, Nr. 6, Kopenhagen (in Kommission G.E.C.Gad).

74. JACOBSEN, G.: Diesel Engines for Cargo Liners. Abschn. Cylinder Wear. Motorship. Sept. **1950**, S. 214.

75. ESTEY, M. E.: Answers to To-days Piston Ring Problems.' SAE Journ. **1956**, März, S. 39; BRENNECKE, A. M. und M. E. ESTAY: Piston Ring and Cylinder Wear. Scientif. Lubrication Febr. **1955**, S. 22/26.

76. KENNEMER, R.: Accelerated Wear Tests for Diesel Engines. SAE Journ. Mai **1952**, S. 50.

77. LANE, P. S. und S. NIXON: Entwerfen von Kolbenringen für schnellaufende Dieselmotoren. SAE Journ. (Transact.) **1942**, S. 528/32 (Bericht SAE Diesel Group at Peoria Power Conf. ASME).

78. HAWKES, C. J. und G. F. HARDY: Friction of Piston Rings. Engineer **161** (1936), S. 268. Vgl. auch Journ. N.E. Coast Inst. Eng. and Ships v. 7. 2. 36.

79. BUNDY, F. P., T. E. EAGAN und R. L. BOYER: Wear as Applied Particularly to Cylinders and Piston Rings. Copyright 1948 Cooper-Bessemer Corp. Kokosing Press Mount Vernon (Ohio).

80. BRAENDEL, H. G.: Improved Piston Ring Designs Curb Premature Failure. SAE Journ. 1947, Mai, S. 61/62.

81. GRUSE, W. A. und C. J. LIVINGSTONE: Piston Deposits, Ring Sticking, Varnishing and Ring Clogging. Journ. Inst. Petrol. **26** (1940), Nr. 203, S. 413/29.

82. WATSON, C. E., F. J. HANLY und R. W. BURCHELL: Abrasive Wear of Piston Rings. SAE Golden Aniv. Annual Meet. Detroit Jan. 1955. SAE Transact. **1955** (63), S. 717/28.

83. KOFFMAN, J. L.: The Cleaning of Engine. Air. Dust and its Effect on Engine Wear. Gas u. Oil Power. März **1953**, S. 60/63.

84. KUNC, J. F., D. S. MCARTHUR und L. E. MOODY: How Engines Wear. SAE Journ. (Transact.) **61** (1953), S. 221.

85. PENNINGTON, J. W.: 5 Ways that Diesels Wear. SAE Journ. Febr. **1949**, S. 39/44 (vgl. auch Diesel Progress März **1950**, S. 46); Piston Ring and Cylinder Wear in Diesel Engines. Am. Motorship. 1949, Nr. 4, S. 32/39.

86. LEE DOTY: Chrome Plated Piston Rings. Bus Transportation Juli **1946**; Fleet Experience Okays Chrome Plated Rings. Commercial Car Journ. Dez. **1947**.

87. TORESSON, S. und B. OLSSON: Erfahrenheter och resultat från undersökninger av cylinderslitaget i fartygsdieselmotorer. Svensk sjöfartstidn. Nr. 51, **1955**.

88. BREWER, C. D.: Fuels for Use in Marine Auxiliary Machines. Motorship **32**, **1952**, März, S. 414/15.

89. TAUB, A.: Cylinder Bore Wear. Autom. Engr. **1939**, S. 82.

90. ANDRESEN, M. H.: Some Notes and Results Relating to the Use of Heavy Fuel Oils in Marine Diesel Engines. Bericht Int. Verbrmot. Kongreß Mailand 1953.

91. ARNOLD, G.: Boiler Oil for Motorships. Motorship **33**, 1953 Febr., 458.

92. HAVEMANN, H. A.: Schwere Kraftstoffe bei kleinen Dieselmotoren. MTZ **15** (1954), Heft 8, S. 240.

93. HIGINBOTHAM, H.: Lubrication under High-Temperature Conditions with Reference to the Use of Colloidal Graphite. Proc. of the General Discussion on Lubrication and Lubricants 1, London 1937, S. 480/86; Colloidal Graphite as an Adjunct Lubricant for Automobile Engines. Journ. Inst. Autom. Engrs. **3**, 1934/35, Jan-Journ. S. 79/94.

94. LEWIS, C. R.: Smooth Surfaces Don't Always Give Least Wear. SAE Journ. **1952**, Juni, S. 57/60.

95. TOWLE, A.: British Experience on Supplement 1 and other Highly Additive Treated Oils. Int. Verbr. Mot. Kongreß, Kolloq. Mailand 1953.

96. Sozonoff, W.: 2 ans d'exploitation d'un navire propulsé par 3 moteurs Diesel-Sulzer à deux temps sur combustible lourd. Int. Verbr. Mot. Kongreß Kolloq. Mailand 1953.

97. Everett, H. A.: The Influence of Lubricating Oil Viscosity on Cylinder Wear. SAE Journ. 1943, Mai, S. 105.

98. Lubrication 11, 1953, Nr. 6. Herausgeg. Caltex Petroleum Products.

99. Some Factors Affecting Piston Ring and Cylinder Wear. Recent Shell Research Work on Oil Engines. The Oil Engine and Gas Turbine 1957 Juni, S. 44.

100. Bouman, C. A.: Bericht Petroleumtagung Royal Dutch, Delft 22. 6. 1939; Die Verwendung von Flugmotorölen im Betrieb und ihre Prüfung. Öl und Kohle 13, 1937, S. 1235/45.

101. Ottaway, E. C.: Eine Untersuchung über den Einfluß von Kolben und Zylindern auf den Ölverbrauch. Bericht Brit. Inst. Autom. Engrs. Jan. 1932.

102. Robertson, B. T.: Factors Controlling the Performance of Piston and Piston Rings. SAE Journ. 36 u. 37, 1935, S. 370 u. 77.

103. Bleicken, B.: Betriebserfahrungen auf Seeschiffen. Berlin: VEB-Verlag Technik, 1953.

104. Suida, H.: Über Alterung von Schmierölen. Öl und Kohle 13, 1937, S. 201/06, 225/32.

105. Kadmer, E. H.: Über die künstliche und natürliche Alterung von Fahrzeugmotorölen. Öl und Kohle 13, 1937, S. 101/06, 129/33.

106. Haus, E.: Öl und Kohle 14, 1938, S. 326; vgl. Erdöl und Teer 1938, S. 328.

107. Jaklitsch, F.: Schmierungsprobleme bei höheren Temperaturen. MTZ 15, 1954, S. 204.

108. v. Philippovich, A.: Über die Beständigkeit von Flugmotorenölen und ihre Prüfung. Luftfahrtforschung 14, 1937, S. 254; Die Veränderung von Flugmotorenölen im Betrieb und ihre Prüfung. Öl und Kohle 13, 1937, S. 1235/45.

109. Bridgeman, O. C.: The Problem of Ring-Sticking in Aviation Engines. SAE Journ. (Transact.) 41, Nr. 6, Dez. 1937, S. 545; Bridgeman, O. C., E. W. Aldrich und J. B. Romans: Oil Filters and Detergent Oils. SAE Quarterly Transact 1, April 1947, S. 309.

110. Test, L. J. und C. H. Hall: New Lub. Tests Diagnose Piston Oil Ring Plugging. SAE Journ. 1950, S. 28.

111. Stansfield, R. und J. C. Cree: Lubricating Oil Testing in Engines. Journ. Inst. Petroleum 34, 1948, S. 271.

112. Gebhardt, W.: Das Festwerden von Kolbenringen in einem luftgekühlten Zweitaktmotor und seine Beeinflussung durch verschiedene Maßnahmen. ATZ 42, 1939, Heft 18.

113. Glaser, W.: Der Einfluß der Betriebsbedingungen auf das Kolbenringstecken bei Betriebsstoff-Dauerprüfungen. Luftfahrtforschung 16, 1939, Lfg. 8, S. 438.

114. Kern: Siehe Holzer, Zylinder-Verschleiß in Verbrennungsmotoren. München: Verlag Oldenbourg, 1952, S. 131.

115. Rosen, O. G. A.: Engine Temperature as Affecting Lubrication and Ring-Sticking. SAE Journ. April 1937.

116. Downs, D. und J. H. Pigneguy: Lubricating Oil Tests. Autom. Engr. 1949, Febr., S. 51.

117. Kuhm, M.: Ringbewegungen und Ringbrechen. Jahrb. dtsch. Luftfahrtforschung II. Teil, S. 167/174.

118. v. Aue, G.: Some Investigations into Piston Ring Behaviour. Berichte Int. Verbr. Mot. Kongr. Paris, Mai 1951. Vgl. auch: Some Piston Ring Behaviour. Sulzer Techn. Review 1953, Nr. 4, S. 3.

119. Dykes, P. de K.: Piston Ring Movement in High Speed Petrol Engines. Transact. Inst. Mech. Engrs. Nr. 2, 1947/48, S. 71/83.

120. Hurst, J. E.: A System for the Investigation of the Mechanical Properties of Cast Iron. Metallurgia, Okt. 1938, S. 197/200.

121. Bauer, W.: Schwerölbetrieb in Schiffsmotoren. Betriebsökon. Zeitschr. f. Energiewirtsch. i. Land- u. Schiffsbetr. **1954**, Heft **6**.
122. Kolbenringe mit konischer Laufflächenbearbeitung (sog. Minuten- oder Topringe). Folge Nr. 9 der Hauszeitschr. „Der Kolbenring", herausgeg. v. Goetzewerke A.G., Burscheid bei Köln.
123. Vgl. Form Cast Rings. Autom. Engr. 1938 März, S. 83/88.
124. Kuhm, M.: Die neuerliche Entwicklung der Kolbenringe, insbesondere der Spannungsverteilung. Techn. Mitt. Nr. 250, Aluminiumwerke Nürnberg GmbH.
125. Radialdruckmessung bei Kolbenringen. Folge Nr. 14 d. Hauszeitschr. „Der Kolbenring", herausgeg. v. Goetzewerke A.G., Burscheid bei Köln.
126. Williams, C. G. und H. A. Young: Piston Ring Blow-By on High Speed Petrol Engines. Inst. Autom. Engr. Journ. **1936—38**, Juni—Juli, Journ. **1938**, Nr. 9, Bd. VI, S. 13.
127. Englisch, C.: Meßgerät zur Bestimmung des radialen Anpreßdruckes von Kolbenringen. ATZ **43**, 1940, S. **42/44**.
128. Richter, K.: Meßgerät zur Ermittlung der Verteilung des radialen Anpreßdruckes von Kolbenringen. Kraftfahrzeugtechnik **6**, 1956, S. 405/08.
129. Teetor, R. R. und H. Bramberry: Piston Ring Progress. SAE Transact. **27**, Aug. 1932, S. 323/26.
130. Friend, P. E.: Lap Gap Examinations. Reveals Importance of Piston Ring Accuracy. Autom. Industr. **1939**, 15. Okt., S. **442**.
131. Roux: Experimentelle Untersuchung selbstspannender Dichtungsringe. Diss. TH. Breslau, 1921.
132. Mundorff, H.: Technisches über Kolbenringe. Druckschrift der Mahle K.G. Stuttgart, 1939.
133. Bubb, F. W., G. C. Mayfield und R. A. Pepping: Photoelastic Measurement of Radial Pressure Distribution Around Piston Rings. Proc. 16th semiannual Eastern Photoelasticity Conference, Departm. Mechanics. Illinois Inst. of Technology Nov. 13/14, 1942, S. 11/13.
134. Exline, P. G.: Pneumatic Piston Ring Gauge for Radial Pressure Measurement. ASME Transact. **67**, Aug. 1945, S. 491/96.
135. Shaw, M. C., C. D. Strang und O. W. Hart: Measurement of Piston Ring Radial Pressure Distribution. SAE Quart. Transact. **2**, Jan. 1948, Nr. 1, S. **169/89**.
136. Brandenberger, H., Neue Theorie der Elastizität und Festigkeit. SDV-Fachbücher. Zürich: Schweiz. Druck- u. Verlagshaus.
137. Teetor, M. O.: Experiences with Chromium Plated Cylinders and Piston Rings. Slight History. Veröffentlichung Perfect Circle Piston Ring Corp.
138. Teetor, M. O.: Importance of Compression Rings in Controlling Oil Consumption. SAE Journ. **1943**, Jan., S. 20. Vgl. auch Autom. Engr. **1943**, S. 185.
139. Modern Oils for Modern Engines. Lubrication **11**, Nr. 4, April **1956**. Herausgeg. v. Caltex Petroleum Products. Railroad Diesel Fuels and Lubricants. Lubrication **11**, Nr. 5, Mai 1956. Herausgeg. v. Caltex Petroleum Products.
140. Additives with a Purpose. Lubrication **12**, Nr. 9, Sept. 1957. Herausgeg. v. Caltex Petroleum Products.

Sachverzeichnis

Kolbenringe

Von

Dr.-Ing. Carl Englisch

In zwei Bänden

Im Juni 1958 erschien:

Erster Band

Theorie, Herstellung und Bemessung

Mit 485 Textabbildungen. VII, 457 Seiten. ·Gr.-8⁰. 1958
Ganzleinen S 468.—, DM 78.—, sfr. 79.90, $ 18.55

Inhaltsübersicht

Erster Teil

Einleitung.
Theorie der selbstspannenden Kolbenringe. Runde Ringe (Die Gestalt des spannungslosen runden Ringes, Praktische Anwendung der Theorie des runden Kolbenringes). Unrunde Ringe (Die Gestalt des spannungslosen unrunden Ringes, Über die Verteilung des Anpreßdruckes bei Unrundringen, Ringovalität, Kolbenringbeanspruchung bei Unterschieden zwischen Nenndurchmesser und Einbaudurchmesser). Exzentrische und konzentrische Ringe.
Wirkungsweise der Kolbenringdichtungen. Bestimmung des Druckverlaufs innerhalb von Ringdichtungen. Lässigkeitsverluste. Durchblasekurven. Bewegungsverhältnisse des Kolbenrings im Betrieb (Kräfte am Kolbenring, Ungestörte und gestörte Ringbewegung, Das Ringflattern, Einflüsse auf das Durchblasen und Ringflattern; Ergebnisse von Motorversuchen, Flattererscheinungen bei Großkolbenringen, Eigenschwingungen von Kolbenringen.
Die Kolbenringreibung. Über Schmierung und Reibung gleitender Teile im allgemeinen. Schmierungs- und Reibungsverhältnisse am Kolbenring (Der „wirksame Anpreßdruck" von Kolbenringen, Die rechnerische Bestimmung der Ringreibungskräfte, Versuche zur Klärung der Schmierungsverhältnisse am Kolbenring; Messung der Kolbenringreibung, Der Schmierzustand an der Ringlauffläche; Versuchsergebnisse, Der Reibungsbeiwert der Kolbenringreibung).

Zweiter Teil: **Die Herstellung von Kolbenringen**

Kolbenringwerkstoffe. Allgemeine Anforderungen. Gußeisen als Kolbenringwerkstoff.
Herstellung von Graugußrohlingen für Kleinringe. Das Einzelgußverfahren. Büchsengußverfahren.
Die Herstellung von Grauguß-Rohgußteilen für Großkolbenringe. Einzelgußverfahren. Büchsengußverfahren. Standguß.
Die Gefügeausbildung in Grauguß-Kolbenringen.
Die Werkstoffeigenschaften von Kolbenring-Gußeisen.
Herstellung von Kolbenringen: Die Bearbeitungsverfahren zur Erzeugung der Grundringformen. Die Bearbeitung von Kleinringen. Die Bearbeitung großer Kolbenringe: Büchsengußringe. Die Bearbeitung großer Einzelgußringe.
Unterlagen für die Bemessung von Kolbenringen. Bemessung von Klein- und Großkolbenringen.
Gestaltung der Kolbenringe: Profilgebung. Verdichtungsringe. Ölringe. Ausbildung des Ringstoßes. „Gasdichte" Ringe. Sicherung der Ringe gegen das Wandern (Verdrehen) in der Nut. Feuerringe. Entlastete Dichtungsringe.
Hilfsgespannte Ringe (Expanderringe) und anschmiegsame Ringe. Fremdgespannte Ringe.
Stützfedern für Kolbenringe (Expander). Stützfedern (Expander). Fremdgespannte Ringe.
Stahlkolbenringe. Stahl-Vollringe. Stahlbandringe.
Laufflächenbewehrte und oberflächenbehandelte Kolbenringe. Laufflächenbewehrte Kolbenringe. Oberflächenbehandelte Kolbenringe.
Besondere Kolbenringwerkstoffe.
Innenspannende Ringe.
Literatur- und Sachverzeichnis.

If you have any concerns about our products,
you can contact us on
ProductSafety@springernature.com

In case Publisher is established outside the EU,
the EU authorized representative is:
Springer Nature Customer Service Center GmbH
Europaplatz 3, 69115 Heidelberg, Germany

Printed by Libri Plureos GmbH
in Hamburg, Germany